TECNOLOGIA DO
CONCRETO

A.M. Neville é consultor de Engenharia Civil. Ele foi Vice Presidente da Royal Academy of Engineering, Reitor e Vice-Chanceler da University of Dundee. Tem anos de experiência como professor, pesquisador e consultor em Engenharia Civil e Estrutural na Europa e América do Norte e no Extremo Oriente. Recebeu inúmeros prêmios e medalhas, e é membro Honorário do American Concrete Institute, da British Concrete Society e do Instituto Brasileiro de Concreto.

J.J. Brooks é consultor, ex-professor sênior na Engenharia Civil e de Materiais e Diretor dos Estudos de Pós-Graduação na Escola de Engenharia Civil da University of Leeds. É membro do American Concrete Institute e da International Masonry Society.

```
N523t    Neville, A. M.
             Tecnologia do concreto / A. M. Neville, J. J. Brooks ;
         tradução: Ruy Alberto Cremonini. – 2. ed. – Porto Alegre :
         Bookman, 2013.
             xx, 448 p. : il. ; 25 cm.

             ISBN 978-85-8260-071-9

             1. Engenharia civil. 2. Concreto. I. Brooks, J. J. II. Título.

                                                          CDU 691.32
```

Catalogação na publicação: Ana Paula M. Magnus – CRB 10/2052

A.M. NEVILLE | J.J. BROOKS

TECNOLOGIA DO
CONCRETO

2ª EDIÇÃO

Tradução:
Ruy Alberto Cremonini
Engenheiro Civil pela Universidade do Estado do Rio de Janeiro
Mestre em Engenharia Civil pela Universidade Federal do Rio Grande do Sul
Doutor em Engenharia Civil pela Universidade de São Paulo

2013

Obra originalmente publicada sob o título *Concrete Technology* 02 Edition
ISBN 0273732196 / 9780273732198

Copyright © Pearson Education Limited 2010
This translation of CONCRETE TECHNOLOGY 02 Edition is published by arrangement with Pearson Education Limited.

Gerente editorial: *Arysinha Jacques Affonso*

Colaboraram nesta edição:

Coordenadora editorial: *Denise Weber Novaczyck*

Capa: *Marcio Monticelli*

Crédito da imagem: © Sekundator/Dreamstime.com

Leitura final: *Renata Ramisch*

Editoração: *Techbooks*

Reservados todos os direitos de publicação, em língua portuguesa, à
BOOKMAN EDITORA LTDA., uma empresa do GRUPO A EDUCAÇÃO S.A.
Av. Jerônimo de Ornelas, 670 – Santana
90040-340 – Porto Alegre – RS
Fone: (51) 3027-7000   Fax: (51) 3027-7070

É proibida a duplicação ou reprodução deste volume, no todo ou em parte, sob quaisquer formas ou por quaisquer meios (eletrônico, mecânico, gravação, fotocópia, distribuição na Web e outros), sem permissão expressa da Editora.

Unidade São Paulo
Av. Embaixador Macedo Soares, 10.735 – Pavilhão 5 – Cond. Espace Center
Vila Anastácio – 05095-035 – São Paulo – SP
Fone: (11) 3665-1100   Fax: (11) 3667-1333

SAC 0800 703-3444 – www.grupoa.com.br

IMPRESSO NO BRASIL
PRINTED IN BRAZIL
Impresso sob demanda na Meta Brasil a pedido de Grupo A Educação.

Apresentação à Edição Brasileira

Fazer a apresentação deste livro torna-se fácil na medida que conheço bem as qualificações e a trajetória profissional do Prof. Dr. Ruy Alberto Cremonini, tradutor e revisor técnico da edição brasileira desta obra magnífica, objetiva e indispensável para o bom exercício profissional de autoria do consagrado Adam Neville.

A primeira edição, em inglês, deste livro data de 1987 e não houve publicação em língua brasileira apesar de haver sido publicada em muitos países, assim como o foi seu livro mais conhecido e denominado *Concrete Properties*. Agora, esta obra em sua nova edição de 2010 chega ao alcance dos estudantes e engenheiros brasileiros.

Trata-se de excelente texto focado na tecnologia do concreto, por um lado o mais empregado material de construção da atualidade e por outro ainda tão pouco devidamente conhecido. A apresentação didática, clássica e cartesiana de Adam Neville começando pelos materiais constituintes do concreto, aspectos de dosagem, efeitos do meio ambiente, procedimentos executivos de cura e concluindo com concretos especiais, entre os quais o autoadensável, faz desta obra uma consulta prazerosa e de fácil assimilação, na qual o leitor vai evoluindo junto com as operações mais complexas de tecnologia de concreto.

Este livro tem caráter mais abrangente que o conhecido *Propriedades do Concreto* e é mais prático, sem descuidar do embasamento científico. Um dos maiores méritos deste livro de Adam Neville é que discute cada aspecto da tecnologia de concreto quase que de forma universal, pois sempre se refere a normas Europeias que são utilizadas pelo menos em 20 importantes países e a normas Americanas adotadas em cerca de 50 outros países, cobrindo a esmagadora maioria do uso do concreto na atualidade.

Esta tradução teve ainda a felicidade de ampliar o espectro de normas citadas, incluindo a citação e os comentários precisos de normas brasileiras.

O resultado não podia ser outro: uma obra atual, original e completa que apresenta de forma clara os conceitos e princípios básicos para o bom conhecimento e uso do concreto em estruturas, com segurança, durabilidade e sustentabilidade.

Felicitações ao meio técnico brasileiro que pode dispor de obra atualizada que contribui sobremaneira para a melhoria da capacidade nacional de projeto, construção e controle de estruturas de concreto.

Paulo Helene
Prof. Titular da Universidade de São Paulo
Diretor da PhD Engenharia

Prefácio

Este livro é direcionado principalmente a estudantes de cursos técnicos e universitários que pretendem entender o concreto com o objetivo de utilizá-lo na prática profissional.

A grande incidência de falhas do material, independentemente de falhas estruturais, em estruturas de concreto nos últimos anos – pontes, edifícios, pavimentos e pistas de pouso – é uma clara indicação de que o engenheiro de campo nem sempre tem o conhecimento suficiente sobre concreto. Possivelmente, como consequência desse desconhecimento, ele não se atenha tanto quanto deveria à seleção de componentes corretos para a produção do concreto, a fim de obter uma mistura adequada que resulte em obras de concreto de qualidade adequada. Os efeitos do clima, da temperatura e das condições de exposição nem sempre parecem ter sido considerados a fim de garantir obras duráveis.

A solução está em adquirir tal conhecimento ao mesmo tempo em que se está aprendendo sobre projeto estrutural, pois o objetivo de conhecer o concreto e seu comportamento é dar suporte ao projeto estrutural de maneira que seus objetivos sejam totalmente alcançados e não invalidados pela passagem do tempo e pelos agentes ambientais. Na verdade, o projetista estrutural *deve* estar suficientemente familiarizado com o concreto, já que o detalhamento estrutural pressupõe um sólido entendimento de como o concreto se comporta sob as ações, mudanças de temperatura e umidade, bem como sob as condições de exposição e em ambientes industriais. Este livro vai ao encontro desses objetivos.

Como a construção é regida por contratos e especificações, as diversas propriedades do concreto devem ser descritas conforme as normas nacionais e por métodos de ensaio válidos. O livro faz referência a importantes normas britânicas, europeias e americanas e mostra como elas abordam as características essenciais do comportamento do concreto.*

Como um engenheiro envolvido na construção de uma estrutura de concreto, desde uma barragem a uma pista de pouso, de uma ponte a um arranha-céu, deve saber dosar o concreto, que, diferentemente do aço, não pode ser comprado pelo catálogo de um fornecedor, o livro apresenta exemplos completos de dois dos mais conhecidos métodos de dosagem de concreto: um americano e outro britânico.

---

* N. de T.: Sempre que possível, será feita também, menção às normas brasileiras vigentes.

A produção de uma segunda edição de um livro merece uma explicação ou mesmo uma justificativa.

Primeiro, em 22 anos, desde que *Concrete Technology* foi publicado – em 1987 – ocorreram muitos avanços e mudanças na tecnologia de concreto. Mais que isso, novas normas foram publicadas, não só mais avançadas tecnicamente, mas também no sentido de suas abrangência e aplicabilidade.

As antigas normas britânicas não são mais vigentes, pois foram substituídas pelas normas europeias, utilizadas nos 27 países da Comunidade Europeia, além da Suíça, Noruega e Islândia. Um livro que utiliza a nova normalização provavelmente será válido nesses países e em muitos outros, especialmente na África e na Ásia, que se baseiam total ou parcialmente nas normalizações europeias e americanas. Simultaneamente, as normas americanas, publicadas pela American Society for Testing and Materials (ASTM), bem como as normas e manuais publicados pelo American Concrete Institute (ACI) evoluíram, muitas vezes significativamente. Um livro que se pretende que tenha uma abrangência mundial deve refletir essas evoluções.

Além da atualização das normas, a segunda edição contém novos itens sobre o desenvolvimento da tecnologia de concreto. Especificamente, foram incluídas seções sobre filers nos materiais cimentícios, aditivos impermeabilizantes e bactericidas, agregados reciclados de concreto e concreto autoadensável. Por outro lado, os compósitos de concreto sulfuroso* que apareceram com grande alarde, não são mais utilizados e, por isso, foram retirados do livro.

Finalmente, deve-se destacar que, já que o sucesso de uma estrutura de concreto é o objetivo tanto do projetista estrutural quanto do executante, nenhum engenheiro, independente dos planos para sua carreira, deve desconhecer a tecnologia do concreto. Mesmo que sua especialidade não seja tecnologia do concreto, o engenheiro ainda vai necessitar desse material para estruturas de contenção e fundações, para resistência ao fogo e acabamentos e inúmeros trabalhos complementares. Portanto, é aconselhável que o engenheiro fique totalmente familiarizado com o conteúdo deste livro.

A segunda razão para uma segunda edição de *Concrete Technology* é mais sutil. A primeira edição "sobreviveu" e tem sido bem aceita por um período que pode ser considerado bastante longo no meio técnico. Houve várias revisões e pequenas atualizações, com quinze reimpressões. Nós estamos orgulhosos dessa visível homenagem à qualidade de nosso livro, mas sentimos que não devemos nos deitar sobre os louros: a confiança dada a nós merece um esforço de nossa parte para produzir uma versão melhor de *Concrete Technology*, e esperamos que ela também tenha uma vida longa. A realização dessa esperança, é claro, está nas mãos dos leitores.

Adam Neville
London 2010

J. J. Brooks
Leeds 2010

---

* N. de T.: No original, *sulfur concrete composites*.

Agradecimentos

Somos gratos a todos que permitiram a reprodução dos materiais com direitos autorais:

Figuras

Figura 2.4 from US Bureau of Reclamation (1975) *Concrete Manual*, 8th edn, US Bureau of Reclamation: Denver, CO; Figura 2.5 from G.J. Verbeck and C.W. Foster (1950) 'The heats of hydration of the cements', in *Long-time Study of Cement Performance in Concrete: Proceedings of the ATSM*, Vol. 50, Chapter 6, pp. 1235–57, copyright ©ASTM International; Figura 3.3 from E.C. Higginson, G.B. Wallace and E.L. Ore (1963) *Symposium on Mass Concrete: American Concrete Institute Special Publication, No. 6*, pp. 219–56, American Concrete Institute; Figura 5.1 from W.H. Glanville, A.R. Collins and D.D. Matthews (1950) *The Grading of Aggregates and Workability of Concrete: Road Research Technical Paper No. 5*, HMSO, Crown Copyright material is reproduced with permission under the terms of the Click-Use License; Figura 5.7 from A.R. Cusens (1956) 'The measurement of workability of dry concrete mixes', *Magazine of Concrete Research*, 22, pp. 23–30, Thomas Telford; Figura 6.5 from T.C. Powers (1949) 'The non-evaporable water content of hardened Portland cement paste: its significance for concrete research and its method of determination', *ASTM Bulletin*, 158, pp. 68–76, copyright ©ASTM International; Figura 6.7 from D.M. Roy and G.R. Gouda (1973) 'Porosity–strength relation in cementitious materials with very high strengths', *Journal of the American Ceramic Society*, 53(10), pp. 549–50, Wiley-Blackwell; Figura 6.13 from P.T. Wang, S.P. Shah and A.E. Naaman (1978) 'Stress-strain curves of normal and lightweight concrete in compression', *Journal of the American Concrete Institute*, 75, pp. 603–11, American Concrete Institute; Figura 6.16 from B.G. Singh (1958) 'Specific surface of aggregates related to compressive and flexural strength of concrete', *Journal of the American Concrete Institute*, 54, pp. 897–907, American Concrete Institute; Figura 9.1 from P. Kleiger (1958) 'Effect of mixing and curing temperature on concrete strength', *Journal of the American Concrete Institute*, 54, pp. 1063–81, American Concrete Institute; Figura 10.1 from W.H. Price (1951) 'Factors influencing concrete strength', *Journal of the American Concrete Institute*, 47, pp. 417–32, American Concrete Institute; Figura 10.2 from P. Kleiger (1957) 'Early high-strength concrete for prestressing', *Procee-*

dings of the World Conference on Prestressed Concrete, University of California, San Francisco, July 1957, pp. A5.1–A5.14; Figura 10.9 from US Bureau of Reclamation (1975) *Concrete Manual*, 8th edn, US Bureau of Reclamation, Denver, CO; Figura 11.8 from H.A.W. Cornelissen (1984) 'Fatigue of concrete in tension', *HERON*, 29(4), pp. 1–68, TNO Built Environment and Geosciences, Delft, and the Netherlands School for Advanced Studies in Construction; Figura 11.9 from H. Green (1964) 'Impact strength of concrete', *Proceedings of the Institute of Civil Engineering*, 28, pp. 383–96, HMSO, Crown Copyright material is reproduced with permission under the terms of the Click-Use License; Figura 11.10 from C. Popp (1977) 'Untersuchen uber das Verhalten von Beton bei schlagartigen Beanspruchung', *Deutscher Ausschuss fur Stahlbeton*, 281, pp. 1–66, German Committee for Reinforced Concrete; Figura 11.11 from F.L. Smith (1958) 'Effect of aggregate quality on resistance of concrete to abrasion', *ASTM Special Technical Publication, 205*, pp. 91–105, copyright ©ASTM International; Figura 11.12 from W.H. Price (1951) 'Factors influencing concrete strength', *Journal of the American Concrete Institute*, 47, 417–32, American Concrete Institute; Figura 12.10 from O. Wagner (1958) 'Das Kriechen unbewehrten Betons', *Deutscher Ausschuss fur Stahlbeton*, 131, p. 74, German Committee for Reinforced Concrete; Figura 12.11 from R. L'Hermite (1959) 'What do we know about plastic deformation and creep of concrete?', *RILEM Bulletin*, 1, pp. 21–5; Figura 12.12 from G.E. Troxell, J.M. Raphael and R.E. Davis (1958) 'Long-time creep and shrinkage tests of plain and reinforced concrete', *Proceedings of the ATSM*, 58, pp. 1101–20, copyright ©ASTM International; Figura 12.16 from R. Johansen and C.H. Best (1962) 'Creep of concrete with and without ice in the system', *RILEM Bulletin*, 16, pp. 47–57; Figuras 13.5 and 13.7 from G.E. Troxell, J.M. Raphael and R.E. Davis (1958) 'Long-time creep and shrinkage tests of plain and reinforced concrete', *Proceedings of the ASTM*, 58, pp. 1101–20, copyright ©ASTM International; Figura 13.8 from T.C. Hansen and A.H. Mattock (1966) 'The influence of size and shape of member on the shrinkage and creep of concrete', *Journal of the American Concrete Institute*, 63, pp. 267–90, American Concrete Institute; Figura 13.14 from Concrete Society (1982) *Non-structural Cracks in Concrete (Technical Report) No. 22*, p. 38, reproduced with permission of the Concrete Society; Figura 14.1 from T.C. Powers (1958) 'Structure and physical properties of hardened Portland cement paste', *Journal of the American Ceramic Society*, 41, pp. 1–6, Wiley-Blackwell; Figura 14.2 from T.C. Powers, L.E. Copeland, J.C. Hayes and Mann (1954) 'Permeability of Portland cement paste', *Journal of the American Concrete Institute*, 51, pp. 285–98, American Concrete Institute; Figura 15.2 from US Bureau of Reclamation (1956) *The Air-void Systems of Highway Research Board Co-operative Concretes (Concrete Laboratory Report) No. C-824*; Figura 15.4 from P.J.F. Wright (1953) 'Entrained air in concrete', *Proceedings of the Institute of Civil Engineers, Part 1*, 2(3), pp. 337–58, HMSO, Crown Copyright material is reproduced with permission under the terms of the Click-Use License; Figura 16.10 from Bellander (1978) *Strength in Concrete Structures: CBI Report, 1*, p. 15, Swedish Cement and Concrete Research Institute, SP Technical Research Institute of Sweden; Figura 16.12 from R. Jones and E.N. Gatfield (1955) *Testing Concrete by an Ultrasonic Pulse Technique: DSIR Road Re-*

search Technical Paper, No. *34*, HMSO, Crown Copyright material is reproduced with permission under the terms of the Click-Use License; Figura 19.3 from D.C. Teychenné, J.C. Nicolls, R.E. Franklin and D.W. Hobbs (1988) *Design of Normal Concrete Mixes*, Building Research Establishment, Department of the Environment, HMSO, Crown Copyright material is reproduced with permission under the terms of the Click-Use License; Figura 19.4 from Building Research Establishment, Department of the Environment, HMSO, Crown Copyright material is reproduced with permission under the terms of the Click-Use License.

Tabelas

A Tabela 4.1 contém dados reimpressos com permissão de ASTM C1602/ C160M–06, Standard Specification for Mixing Water Used in the Production of Hydraulic Cement Concrete, copyright ASTM International, 100 Barr Harbor Drive, West Conshoken, PA 19428.

Tabelas 5.1, 13.3, 19.5, 19.6 da Building Research Establishment, Department of the Environment, HMSO, Crown Copyright material reproduzido sob permissão dos termos da Click-Use License; Tabela 6.1 da T.C. Powers, L.E. Copeland and H.M. Mann (1959) 'Capillary continuity or discontinuity in cement pastes', *Journal of the Portland Cement Association Research and Development Laboratories*, 1(2), pp. 38–48; Tabela 13.4 da Concrete Society (1992) *Non-structural Cracks in Concrete: Concrete Society Technical Report*, No. *22*, reproduzido com permissão da Concrete Society; Tabela 15.2 da T.C. Powers (1954) 'Void spacing as a basis for producing air-entrained concrete' [and Discussion], *Journal of the American Concrete Institute*, 50, pp. 741–60 [760.1–760.15], American Concrete Institute; Tabela 16.1 from Concrete Society (1976) *Concrete Core Testing for Strength (Technical Report)*, No. *11*, p. 44, reproduzido com permissão da Concrete Society; Tabela 20.2 from J.T. Dikeau (1980) 'Development in use of polymer concrete and polymer impregnated concrete: Energy, mines and resources, Ottawa' in *Progress in Concrete Technology* (Malhotra, V.M., ed.), pp. 539–82, Natural Resources Canada, reproduzido com permissão do Minister of Natural Resources Canada, 2009; Tabela 20.3 from C.D. Johnston (1980) 'Fibre-reinforced concrete: Energy, mines and resources, Ottawa' in *Progress in Concrete Technology* (Malhotra, V.M., ed.), pp. 451–504, Natural Resources Canada, reproduzido com permissão do Minister of Natural Resources Canada, 2009.

Padrões britânicos e europeus

Os seguintes trechos dos padrões britânicos e europeus, denominados BS EM, foram incluídos no livro:

BS EN 197–1: 2000: valores da Tabela 2; BS 8500 –1: 2006: valores das Tabelas A.1, A.5, A.6, A.7 and A.8; BS EN 933–2: 1996: valores da Seção 5; BS EN 12620: 2002: reprodução parcial da Tabela 2; BS EN 1008: 2002: valores da Tabela 2; BS EN 934–2: 2001: valores das Tabelas 2 a 16; BS 8110–1: 1997: valores derivados da Tabela 6.1; BS EN 206–1: 2000: Tabelas 13, 14, 15, 16, 19a e 19b, e reprodução parcial das Tabelas 17 e 18.

A permissão para reproduzir os trechos anteriormente citados da British Standards foi concedida pela BSI, sob a licença No. 2009ET0034. Esses padrões (British Standards) podem ser obtidos em PDF ou em cópia impressa pela loja online da BSI, www.bsigroup.com/Shop, ou contratando os BSI Costumer Services, apenas para cópias impressas: Tel.: +44 (0) 208996 9001; email: cservices@bsigroup.com.

O American Concrete Institute concedeu permissão para reimprimir o seguinte material: Tabela 1.1 da ACI 210.2R–92; Tabela 6.3.4(a) da ACI 211.1–91(02); Tabela 5.3 da ACI 306R–88(02); Seções 4.2.2 e 4.4.1 da ACI 318–05. O endereço da ACI é 38800 Country Club Drive, Farmington Hills, MI 48331, USA.

Em alguns casos, os editores não conseguiram contatar os proprietários de materiais protegidos por direitos autorais, então agradeceriam qualquer informação que lhes ajudassem a contatá-los.

Durante a produção da primeira edição deste livro, contamos com a equipe da Pearson; gostaríamos de agradecer a Pauline Gillet e a Dawn Phillips por sua amizade e ajuda. A nova edição foi apoiada por Rufus Curnow, e estamos muito gratos por ter sido tão proativo e atencioso.

Sumário

1 Concreto como um Material Estrutural 1
 O que é o concreto? 2
 O bom concreto 3
 Materiais compósitos 4
 Papel das interfaces 5
 Forma de abordagem do estudo do concreto 6

2 Cimento 8
 Produção do cimento Portland 8
 Química básica de cimento 9
 Hidratação do cimento 12
 Calor de hidratação e resistência 13
 Ensaios em cimento 15
 Finura do cimento 16
 Pasta de consistência normal 18
 Tempo de pega 18
 Expansibilidade 19
 Resistência 20
 Tipos de cimentos Portland 22
 Cimento Portland comum (Tipo I) 25
 Cimento Portland de alta resistência inicial (Tipo III) 27
 Cimentos Portland de alta resistência inicial especiais 27
 Cimento Portland de baixo calor de hidratação (Tipo IV) 27
 Cimento modificado (Tipo II) 28
 Cimento resistente a sulfatos (Tipo V) 28
 Cimento Portland de alto-forno (Tipo IS) 29
 Cimento supersulfatado (cimento de escória) 30
 Cimentos brancos e coloridos 31
 Cimento Portland pozolânico (Tipo IP, P e I(PM)) 31
 Outros cimentos Portland 33

	Cimentos expansivos	33
	Pozolanas	34
	Cimento de elevado teor de alumina (HAC)	35
	Outras pozolanas	38
	Materiais cimentícios	38
	Bibliografia	39
	Problemas	39
3	**Agregados**	**41**
	Classificação segundo as dimensões	42
	Classificação petrográfica	42
	Classificação segundo forma e textura	44
	Propriedades mecânicas	47
	Aderência	47
	Resistência	47
	Tenacidade	49
	Dureza	50
	Propriedades físicas	51
	Massa específica	51
	Massa unitária	52
	Porosidade e absorção	53
	Teor de umidade	55
	Inchamento da areia	56
	Sanidade	56
	Propriedades térmicas	57
	Substâncias deletérias	57
	Impurezas orgânicas	58
	Argila e outros materiais finos	58
	Contaminação por sais	59
	Partículas instáveis	60
	Análise granulométrica	61
	Curvas granulométricas	62
	Módulo de finura	63
	Requisitos de granulometria	63
	Dimensão máxima do agregado	65
	Granulometrias práticas	67
	Granulometria descontínua	71
	Bibliografia	72
	Problemas	72
4	**Qualidade da Água**	**74**
	Água de amassamento	74
	Água de cura	76

Ensaios em água	76
Bibliografia	77
Problemas	77

5 Concreto Fresco 78

Trabalhabilidade	78
Fatores que afetam a trabalhabilidade	79
Coesão e segregação	81
Exsudação	82
Ensaios de trabalhabilidade	83
Abatimento de tronco de cone	83
Ensaio do fator de compactação e outros ensaios de compacidade	86
Ensaio Vebe	88
Ensaio de espalhamento	89
Ensaio de penetração de bola	90
Comparação de ensaios	91
Massa específica do concreto fresco	93
Bibliografia	93
Problemas	94

6 Resistência do Concreto 95

Abordagem segundo a mecânica da fratura	95
Considerações sobre a resistência à tração	96
Comportamento sob tensões de compressão	98
Critério prático de resistência	100
Porosidade	101
Relação gel/espaço	106
Vazios totais no concreto	108
Distribuição dos tamanhos dos poros	111
Microfissuração e relação tensão-deformação	112
Fatores influentes na resistência do concreto	115
Relação água/cimento, grau de adensamento e idade	116
Relação agregado/cimento	117
Propriedades dos agregados	118
Zona de transição	119
Bibliografia	120
Problemas	120

7 Mistura, Transporte, Lançamento e Adensamento do Concreto 122

Betoneiras	122
Carregamento da betoneira	124
Uniformidade da mistura	124

Tempo de mistura	125
Mistura prolongada	126
Concreto dosado em central	126
Transporte	127
Concreto bombeado	128
Lançamento e adensamento	131
Vibração do concreto	134
Vibradores internos	136
Vibradores externos	137
Mesas vibratórias	137
Revibração	138
Concreto projetado	138
Concreto com agregado pré-colocado	141
Bibliografia	143
Problemas	143

8 Aditivos 145

Aceleradores	150
Retardadores de pega	152
Redutores de água (plastificantes)	153
Superplastificantes	154
Adições e filers	157
Polímeros	158
Aditivos impermeabilizantes e bactericidas	158
Observações finais	159
Bibliografia	159
Problemas	159

9 Problemas de Temperatura em Concretagem 161

Problemas devido a climas quentes	161
Concretagem em climas quentes	163
Concreto massa	164
Concretagem em clima frio	168
Bibliografia	173
Problemas	173

10 Cura do Concreto 175

Cura normal	175
Métodos de cura	177
Influência da temperatura	180
Maturidade	183
Cura a vapor	185

Bibliografia	188
Problemas	189

11 Outras Propriedades da Resistência do Concreto — 190

Relação entre a resistência à compressão e a resistência à tração	190
Fadiga	192
Resistência ao impacto	198
Resistência à abrasão	201
Aderência à armadura	203
Bibliografia	204
Problemas	204

12 Elasticidade e Fluência — 206

Elasticidade	206
Fatores que afetam o módulo de elasticidade	211
Coeficiente de Poisson	212
Fluência	212
Fatores que influenciam na fluência	215
Magnitude da fluência	221
Previsão da fluência	223
Efeitos da fluência	228
Bibliografia	229
Problemas	230

13 Deformação e Fissuração Sem Carregamento — 232

Retração e expansão	232
Retração por secagem	234
Retração por carbonatação	235
Fatores que influenciam na retração	236
Previsão da retração por secagem e expansão	241
Movimentação térmica	245
Efeitos da restrição e fissuração	248
Tipos de fissuração	250
Bibliografia	253
Problemas	254

14 Permeabilidade e Durabilidade — 256

Permeabilidade	256
Ataque por sulfatos	259
Ataque por água do mar	264
Ataque por ácidos	265
Reação álcali-agregado	266

Corrosão da armadura	268
Bibliografia	276
Problemas	276

15 Resistência ao Gelo-Degelo — 278

Ação do congelamento	278
Concreto resistente ao congelamento	280
Agentes incorporadores de ar	284
Fatores que influenciam na incorporação de ar	287
Determinação do teor de ar	288
Outros efeitos da incorporação de ar	290
Bibliografia	291
Problemas	291

16 Ensaios — 293

Precisão dos ensaios	293
Análise do concreto fresco	295
Ensaios de resistência	296
Resistência à compressão	296
Resistência à tração	302
Ensaios em testemunhos	305
Cura acelerada	307
Esclerômetro Schmidt	311
Resistência à penetração	313
Ensaio de arrancamento (Pull-out Test)	314
Ensaio de velocidade de propagação de onda ultrassônica	314
Outros ensaios	318
Bibliografia	318
Problemas	318

17 Conformidade com as Especificações — 320

Variabilidade da resistência	320
Recebimento e conformidade	325
Exigências de conformidade para outras propriedades	328
Gráficos de controle de qualidade	331
Bibliografia	337
Problemas	337

18 Concreto Leve — 338

Classificação dos concretos leves	338
Tipos de concreto leve	339

Propriedades do concreto com agregados leves	347
Concreto celular	350
Concreto sem finos	352
Bibliografia	354
Problemas	354

19 Dosagem — 356

Fatores a serem considerados	357
Relação água/cimento	357
Tipo de cimento	360
Durabilidade	361
Trabalhabilidade e quantidade de água	362
Escolha do agregado	366
Consumo de cimento	370
Consumo de agregados	371
Misturas experimentais	377
Método americano – exemplos	377
Exemplo I	377
Exemplo II	380
Método britânico – exemplos	382
Exemplo III	382
Exemplo IV	383
Dosagem de concreto com agregados leves	384
Exemplo V	389
Exemplo VI	390
Bibliografia	391
Problemas	392

20 Concretos Especiais — 395

Compósitos de concreto polímero	395
Concreto com agregados reciclados	398
Concreto reforçado com fibras	401
Argamassa armada	407
Concreto compacto com rolo	407
Concreto de alto desempenho	408
Concreto autoadensável	409
Bibliografia	410
Problemas	410

21 Uma Visão Geral — 411

Problemas	413

Normas brasileiras citadas 414

Normas americanas importantes 424

Normas britânicas importantes 430

Índice 441

1
Concreto como um Material Estrutural

O leitor deste livro provavelmente é alguém interessado na utilização do concreto em estruturas, sejam pontes, edifícios, rodovias ou barragens. Do ponto de vista dos autores, para que seja possível utilizar o concreto de maneira satisfatória, o projetista e o executante devem estar familiarizados com a tecnologia do concreto.

Atualmente dois materiais estruturais são os mais utilizados: o concreto e o aço. Algumas vezes eles se complementam e, outras, competem entre si, de maneira que muitas estruturas de mesmo tipo e função podem ser construídas com qualquer um desses materiais. Ainda assim, as universidades e escolas de engenharia ensinam muito menos sobre concreto do que sobre o aço. Isso poderia não ser importante se, na prática, o engenheiro de campo não precisasse saber mais sobre concreto do que aço. Segue uma explicação.

O aço é produzido sob condições rigidamente controladas, sempre em um ambiente industrial sofisticado. As propriedades de cada tipo de aço são determinadas em laboratório e apresentadas no certificado do fabricante. Portanto, o projetista de estruturas metálicas precisa somente especificar o aço conforme as normas, e o construtor deve somente garantir que o aço correto seja utilizado e que as conexões entre os elementos sejam adequadamente executadas.

Em um canteiro de obras de um edifício em concreto, a situação é totalmente diferente. A qualidade do cimento é garantida pelo fabricante de maneira similar ao aço e, quando um cimento adequado é escolhido, sua qualidade dificilmente será causa de falhas em estruturas de concreto. Entretanto, não é o cimento o material de construção, e sim o concreto. O cimento está para o concreto assim como a farinha está para um bolo, sendo a qualidade do bolo dependente do cozinheiro.

É possível obter concreto de qualidade especificada a partir de uma empresa fornecedora de concreto pré-misturado, mas mesmo nesse caso são somente as matérias-primas que são adquiridas. O transporte, o lançamento e, acima de tudo, o adensamento influenciam em muito a qualidade final do produto. Além disso, diferentemente do aço, as opções de misturas são quase infinitas e, portanto, a seleção não pode ser feita sem um sólido conhecimento das propriedades e do comportamento do concreto. Isso é atribuição do projetista e do responsável pela especificação, que determinam a qualidades *potenciais* do concreto, sendo a competência do executante e do fornecedor que controla a qualidade *efetiva* do concreto na estrutura acabada. Ou seja, eles devem estar totalmente familiarizados com as propriedades do concreto e com sua produção e lançamento.

O que é o concreto?

Uma visão geral do concreto como um material nesse momento é difícil, pois não serão citados conhecimentos específicos ainda não apresentados. Serão então citadas somente algumas características do concreto.

O concreto, no sentido mais amplo, é qualquer produto ou massa produzido a partir do uso de um meio cimentante. Geralmente esse meio é o produto da reação entre um cimento hidráulico e água, mas atualmente mesmo essa definição pode cobrir uma larga gama de produtos. O concreto pode ser produzido com vários tipos de cimento e também conter pozolanas, como cinza volante, escória de alto-forno, sílica ativa, adições minerais, agregados de concreto reciclado, aditivos, polímeros e fibras. Além disso, esses concretos podem ser aquecidos, curados a vapor, autoclavados, tratados a vácuo, prensados, vibrados por impactos (*shock-vibrated*), extrudados e projetados. Este livro considerará somente a mistura de cimento, água, agregados (miúdos e graúdos) e aditivos.

Isso gera imediatamente uma pergunta: qual é a relação entre os constituintes dessa mistura? Existem três possibilidades. Na primeira, o meio cimentício, ou seja, os produtos da hidratação do cimento é considerado *o* principal material de construção, com os agregados cumprindo o papel de enchimento barato ou mais barato. Na segunda, os agregados graúdos podem ser interpretados como uma espécie de pequenos blocos de alvenaria, unidos pela argamassa, isto é, a mistura de cimento hidratado e agregados miúdos. A terceira possibilidade é entender que o concreto consiste em duas fases: a pasta de cimento hidratada e os agregados e, como resultado, suas propriedades são regidas pelas propriedades das duas fases, bem como pelas interfaces entre elas.

A segunda e a terceira visão têm algum mérito e podem ser utilizadas para explicar o comportamento do concreto. A primeira, que considera a pasta de cimento diluída pelos agregados, deve ser rejeitada. Suponha que seja possível comprar cimento mais barato que os agregados: você usaria uma mistura somente de cimento e água como material de construção? A resposta é um enfático *não*, porque as alterações de volume[1] da pasta de cimento hidratada são muito grandes: a retração da pasta de cimento pura é quase dez vezes maior que a retração[2] de um concreto com 250 kg de cimento por metro cúbico. Praticamente o mesmo ocorre com a fluência[3]. Além disso, o calor gerado pela hidratação[4] de uma grande quantidade de cimento, principalmente em climas quentes[5], pode levar à fissuração[6]. Deve ser destacado também que a maioria dos agregados são menos propensos a sofrerem ataques

---

[1] Capítulo 12
[2] Capítulo 13

químicos[7] que a pasta de cimento, ainda que esta seja bastante resistente. Portanto, independentemente do custo, o uso de agregados no concreto é vantajoso.

O bom concreto

Vantajoso significa que a influência é boa, e pode ser – na verdade, deve ser – questionado: o que é um bom concreto? É mais fácil anteceder a resposta citando que o concreto *ruim*, infelizmente, é um material de construção muito comum. Por um concreto ruim entende-se uma substância com consistência[9] similar a uma sopa, que endurece com aspecto de uma colmeia[10], não homogêneo e fraco. Esse material é produzido simplesmente pela mistura de cimento, agregados e água. O surpreendente é que os ingredientes do bom concreto são exatamente os mesmos, e a diferença é relacionada ao *know-how*.

Com esse *know-how*, pode ser produzido um bom concreto, e existem dois critérios pelos quais ele pode ser definido: deve ser satisfatório em seu estado endurecido[11], e em seu estado fresco[12], enquanto é transportado da betoneira até o lançamento nas fôrmas. Em geral, as exigências no estado fresco são que a consistência da mistura seja tal que o concreto possa ser adensado[13] com os meios disponíveis no canteiro de obras e que a mistura também seja coesa[14] o suficiente para ser transportada[15] e lançada sem segregação[16] com os meios disponíveis. É óbvio que essas exigências não são absolutas, mas dependem de se o transporte é feito por uma caçamba com descarga pela parte inferior ou por um caminhão comum (claro que esta última não é considerada uma boa prática).

Quanto ao concreto no estado endurecido[17], é considerada como exigência usual uma resistência à compressão satisfatória[18]. A resistência é invariavelmente especificada porque é fácil de ser medida, embora o "número" resultante do ensaio certamente *não* é o valor da resistência intrínseca do concreto na estrutura, mas somente de sua qualidade. Em todo caso, a resistência é uma maneira fácil de verificar o atendimento às especificações[19] e obrigações contratuais. Entretanto, também existem outras razões para a preocupação com a resistência à compressão, já que várias propriedades do concreto estão relacionadas a ela, como: massa específica[20], impermeabilidade[21], durabilidade[22], resistência à abrasão[23], resistência ao impacto[24], resistência à tração[25], resistência a sulfatos[26] e várias outras, mas não à retração[27] e não necessariamente à fluência[28]. Não está sendo dito que essas propriedades são simples e exclusivamente função da resistência à compressão, e uma questão bem conhecida é se a durabilidade[29] é mais bem-assegurada pela especificação da resistência[30], da

---

[3] Capítulo 12
[4] Capítulo 2
[5] Capítulo 9
[6] Capítulo 13
[7] Capítulo 14
[8] Capítulo 3

[9] Capítulo 5
[10] Capítulo 6
[11] Capítulo 6
[12] Capítulo 5
[13] Capítulo 7
[14] Capítulo 5

[15] Capítulo 7
[16] Capítulo 5
[17] Capítulo 6
[18] Capítulo 6
[19] Capítulo 17
[20] Capítulo 6

[21] Capítulo 14
[22] Capítulo 14
[23] Capítulo 11
[24] Capítulo 11
[25] Capítulo 11

relação água/cimento[31] ou do consumo de cimento[32]. O ponto é que, de forma muito *geral*, um concreto de resistência mais elevada tem mais propriedades desejáveis. Um estudo detalhado de tudo isso é sobre o que trata a tecnologia do concreto.

Materiais compósitos

O concreto tem sido citado como um material bifásico. Agora esse tema será aprofundado, com ênfase no módulo de elasticidade[33] do material compósito. Em termos gerais, um material compósito, constituído por duas fases, pode ter duas formas fundamentalmente diferentes. A primeira delas é um material compósito ideal *duro*, que tem uma matriz contínua constituída por uma fase elástica com alto módulo de elasticidade e partículas de menor módulo dispersas. O segundo tipo de estrutura é a de um material ideal *macio*, constituído por partículas elásticas com alto módulo de elasticidade, dispersas em uma fase matriz contínua com módulo mais baixo.

A diferença entre os dois casos pode ser grande quando se calcula o módulo de elasticidade do compósito. No caso de um compósito duro, considera-se que a deformação é constante em qualquer seção transversal, enquanto as tensões nas fases são proporcionais ao seu módulo respectivo. Esse é o caso da Fig. 1.1. (esquerda). Por outro lado, para um material compósito macio, o módulo de elasticidade é calculado a partir da consideração de que a tensão é constante em qualquer seção transversal, enquanto a deformação nas fases é inversamente proporcional ao módulo respectivo. Isso está representado na parte direita da Fig. 1.1, e as equações correspondentes são:

para um material compósito duro

$$E = (1 - g)E_m + gE_p$$

e para um material compósito macio

$$E = \left[\frac{1-g}{E_m} + \frac{g}{E_p}\right]^{-1}$$

onde E = módulo de elasticidade do material compósito
 E_m = módulo de elasticidade da matriz
 E_p = módulo de elasticidade da fase particulada
 g = fração volumétrica das partículas

Não se deve ver de forma ingênua a simplicidade dessas equações e concluir que tudo o que deve ser conhecido é se o módulo de elasticidade do agregado é maior ou menor que o da pasta. O fato é que essas equações representam limites para o módulo de elasticidade do compósito. Como na realidade a distribuição dos agregados no concreto é aleatória, sequer os limites podem ser alcançados, tampouco podem ser

---

[26] Capítulo 14   [28] Capítulo 12   [30] Capítulo 6   [32] Capítulo 19
[27] Capítulo 13   [29] Capítulo 14   [31] Capítulo 6   [33] Capítulo 12

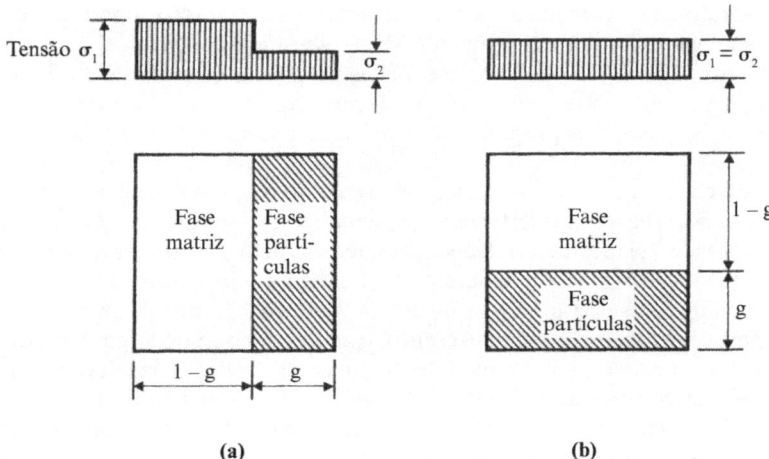

Figura 1.1 Modelos para: (a) material compósito duro e (b) material compósito macio.

atendidos os requisitos de equilíbrio e compatibilidade. Para fins práticos, uma aproximação razoável é dada pela expressão para os materiais macios para misturas com agregados normais[34]. Para misturas com agregados leves, a expressão para materiais compósitos duros é mais apropriada.

Do ponto de vista científico, existe algo mais a ser dito sobre o enfoque bifásico e que pode ser aplicado para a fase cimentícia sozinha como uma espécie de segundo passo. A pasta de cimento[36] pode ser vista como constituída de grãos duros de cimento anidro em uma matriz macia de produtos de hidratação[37]. Os produtos de hidratação, por sua vez, consistem em poros capilares[38] "macios" em uma matriz dura de gel de cimento[39]. Equações apropriadas podem ser facilmente apresentadas, mas, para o objetivo atual, é suficiente saber que rígido e macio são termos relativos e não absolutos.

Papel das interfaces

As propriedades do concreto são influenciadas não somente pelas propriedades de suas fases constituintes, mas também pela existência de suas interfaces. Para analisar esse aspecto, deve-se destacar que o volume ocupado por um concreto fresco adequadamente adensado é um pouco maior do que seria o volume compactado dos agregados contidos nesse concreto. Essa diferença significa que não há um contato direto entre as partículas de agregados, mas sim que elas estão separadas umas das

---

[34] Capítulo 3
[35] Capítulo 18
[36] Capítulo 2
[37] Capítulo 2
[38] Capítulo 2
[39] Capítulo 2

outras por uma fina camada de pasta de cimento, ou seja, estão cobertas pela pasta. Essa diferença de volume é tipicamente 3%, às vezes mais.

Um corolário dessa observação é que as propriedades mecânicas do concreto, como a rigidez, não podem ser atribuídas às propriedades mecânicas da *aglomeração* de agregados, mas sim às propriedades *individuais* das partículas dos agregados *e* da matriz.

Outro corolário é que a interface influencia no módulo de elasticidade do concreto. A importância das interfaces é apresentada no Capítulo 6 e uma figura nesse capítulo (Fig. 6.11) mostra as relações entre tensão-deformação[40] para os agregados, a pasta de cimento pura e o concreto. Aqui surge um primeiro paradoxo: o agregado sozinho apresenta uma relação tensão-deformação linear, da mesma forma que a pasta de cimento pura; entretanto, o material compósito constituído pelos dois, ou seja, o concreto, tem uma relação curva. A explicação se deve à influência das interfaces, conhecidas como *zona de transição* (Capítulo 6), no desenvolvimento de microfissuração[41] nessas interfaces quando submetidas a carregamentos. Essas microfissuras se desenvolvem progressivamente nas interfaces, em ângulos variáveis com as tensões aplicadas; portanto, ocorre um aumento progressivo na intensidade da tensão localizada e na magnitude da deformação. Assim, a deformação aumenta em uma velocidade maior que a tensão aplicada e a curva tensão-deformação continua a se curvar com um comportamento aparente pseudoplástico.

Forma de abordagem do estudo do concreto

A apresentação feita introduziu vários termos e conceitos que podem não ser bem claros ao leitor. O melhor procedimento é estudar os capítulos seguintes e então retornar a este.

A ordem de apresentação é a seguinte. Inicialmente, os ingredientes do concreto: cimento[42], agregados normais[43] e água de amassamento[44]. Em seguida, o concreto no estado fresco[45]. O capítulo seguinte discute a resistência do concreto, sendo esta, uma das propriedades mais importantes do concreto e sendo sempre destacada na especificação.

Tendo sido instituído como produzir concreto e o que é fundamentalmente exigido, abordam-se algumas técnicas: mistura e manuseio[47], uso de aditivos para modificar propriedades nesse estágio[48] e métodos de tratar os problemas com temperatura[49].

Nos capítulos seguintes, são tratados o desenvolvimento da resistência[50], outras propriedades resistentes além da resistência à compressão e à tração[51] e o comportamento sob tensão[52]. Em seguida, aborda-se o comportamento em ambientes normais[53], durabilidade[54] e, em um capítulo separado, a resistência ao gelo e degelo[55].

---

[40] Capítulo 12
[41] Capítulo 6
[42] Capítulo 2
[43] Capítulo 3
[44] Capítulo 4
[45] Capítulo 5
[46] Capítulo 6
[47] Capítulo 7
[48] Capítulo 8
[49] Capítulo 9

Após o estudo das diversas propriedades do concreto, são abordados os ensaios e a verificação da conformidade às especificações[57] e finalmente a dosagem[58], pois afinal de contas é isso que um engenheiro deve ser capaz de fazer de maneira a escolher a mistura adequada para um determinado uso. Dois capítulos ampliam o conhecimento sobre materiais menos comuns: o concreto leve[59] e os concretos especiais[60]. Como *fechamento*, são revisadas as vantagens e desvantagens do concreto como material estrutural.

---

[50] Capítulo 10
[51] Capítulo 11
[52] Capítulo 12
[53] Capítulo 13
[54] Capítulo 14
[55] Capítulo 15
[56] Capítulo 16
[57] Capítulo 17
[58] Capítulo 19
[59] Capítulo 18
[60] Capítulo 20
[61] Capítulo 21

2
Cimento

Os antigos romanos foram, provavelmente, os primeiros a utilizarem um concreto (palavra de origem latina) baseado em um *cimento hidráulico*, que é um material que endurece pela ação da água. Essa propriedade e a característica de não sofrer alterações químicas pela exposição à água ao longo do tempo são as mais importantes e contribuíram para difundir o uso do concreto como material de construção. O cimento romano caiu em desuso, e somente em 1824 o cimento moderno, conhecido como cimento Portland, foi patenteado por Joseph Aspdin, um construtor de Leeds.

Cimento Portland é o nome dado ao cimento obtido pela mistura íntima de calcário, argila ou outros materiais silicosos, alumina e materiais que contenham óxido de ferro. Essa mistura é queimada à temperatura de clinquerização, sendo o material resultante dessa queima, o clínquer, moído. As definições das normas britânicas, bem como das normas europeias e americanas são baseadas nestes princípios: nenhum material, além de gipsita (sulfato de cálcio), água e agentes de moagem, deve ser adicionado após a queima.

Produção do cimento Portland

A partir da definição do cimento Portland dada, pode-se deduzir que ele é produzido essencialmente da mistura de um material cálcico, como calcário ou giz, e a sílica e a alumina encontradas em argilas ou folhelhos. O processo de produção consiste em moer as matérias-primas cruas até a obtenção de um pó bastante fino, misturá-las intimamente em proporções predeterminadas e queimá-las em um grande forno rotativo em uma temperatura próxima a 1400°C. No forno, ocorre a sinterização do material e sua fusão parcial na forma de clínquer, que após ser resfriado recebe uma determinada quantidade de gipsita (sulfato de cálcio), sendo então novamente moído até resultar em um pó fino. O produto resultante é o cimento Portland comercial, utilizado em todo o mundo.

A mistura e a moagem das matérias-primas podem ser feitas tanto com uso de água como em condição seca: daí surgem as denominações processo por via úmida e por via seca. A mistura é levada a um forno rotativo, que pode chegar (no processo por via úmida) a 7 m de diâmetro e 230 m de comprimento. O forno é levemente inclinado, e a mistura é carregada pela extremidade superior enquanto carvão pulverizado (ou outra fonte de calor) é insuflado por um jato de ar na extremidade mais baixa do forno, onde a temperatura pode alcançar 1500°C. A quantidade de carvão necessária para a produção de uma tonelada de cimento varia entre 100 kg e 350 kg, dependendo do processo utilizado. Atualmente também são utilizados gás e outros materiais combustíveis.

Como a mistura das matérias-primas se movimenta no forno no sentido descendente, ela encontra temperaturas progressivamente mais altas, de modo que várias reações químicas ocorrem ao longo do forno. Inicialmente a água é eliminada e CO_2 é liberado do carbonato de cálcio. Na sequência, o material seco passa por uma série de reações químicas, até que finalmente, na parte mais quente do forno, cerca de 20 a 30% do material se liquefaz e cal (óxido de cálcio), sílica e alumina se recombinam. A massa se funde na forma de esferas com diâmetros variáveis entre 3 e 25 mm, sendo esse material conhecido como clínquer.

Posteriormente o clínquer passa por resfriadores que proporcionam meios para uma troca de calor com o ar a ser utilizado na combustão do carvão pulverizado. O clínquer resfriado, um material bastante duro, é moído em conjunto com o sulfato de cálcio de maneira a prevenir a pega instantânea do cimento. O material triturado, ou seja, o cimento, tem cerca de $1,1 \times 10^{12}$ partículas por quilograma.

Um único forno moderno (utilizando o processo por via seca) pode produzir cerca de 6.200 toneladas de clínquer por dia. Para se ter uma ideia do que esse valor representa, podem ser citados os valores da produção anual recente dos Estados Unidos, 92 milhões de toneladas, e do Reino Unido, 12 milhões de toneladas. Analisando o consumo de cimento (que é um valor diferente da produção, devido às exportações e importações) por habitante, obtém-se o valor de 385 kg nos Estados Unidos e 213 kg no Reino Unido. O consumo por habitante mais elevado em países altamente industrializados foi registrado na Coreia (1.216 kg). Outro dado interessante é o consumo de cerca de 4.000 kg per capita na Arábia Saudita, no Catar e nos Emirados Árabes Unidos. Recentemente a China se tornou o maior consumidor de cimento no mundo, respondendo por cerca de metade do consumo mundial.*

Química básica de cimento

Como já visto, a matéria-prima utilizada para a produção do cimento Portland consiste principalmente em calcário, sílica, alumina e óxido de ferro. Esses compostos se combinam no forno e formam uma série de produtos mais complexos e, apesar de um pequeno resíduo de cal não combinada devido ao tempo insuficiente para a reação, é alcançado um estado de equilíbrio químico. Entretanto, o equilíbrio não é mantido durante o resfriamento, e a velocidade de resfriamento afeta o grau de cristalização e a quantidade de material amorfo presente no clínquer resfriado. As propriedades desse material amorfo, conhecido como fase vítrea, diferem considera-

---

* N. de T.: Segundo o Sindicato Nacional da Indústria do Cimento (SNIC), no ano de 2011 o Brasil produziu cerca de 64 milhões de toneladas e o consumo per capita foi de 333 kg/habitante. Em 2010, o maior produtor de cimento no mundo foi a China com 1,881 bilhão de toneladas e a produção mundial no mesmo ano foi de 3,344 bilhões de toneladas.

velmente das propriedades de compostos cristalinos de mesma composição química. Outra complicação advém da interação da parte líquida do clínquer com os compostos cristalinos já presentes.

Apesar disso, o cimento pode ser considerado como em equilíbrio congelado, ou seja, admite-se que os produtos resfriados reproduzem o equilíbrio existente na temperatura de clinquerização. Essa consideração é de fato adotada no cálculo da composição de compostos dos cimentos comerciais: a composição "potencial" é calculada a partir da quantidade medida de óxidos presentes no clínquer, admitindo-se a ocorrência da cristalização total dos produtos do equilíbrio.

Quatro compostos são destacados como os principais constituintes do cimento e estão listados na Tabela 2.1, juntamente com suas abreviações. Essa denominação abreviada, utilizada pela química de cimento, descreve cada óxido por uma letra, ou seja: $CaO = C$; $SiO_2 = S$; $Al_2O_3 = A$ e $Fe_2O_3 = F$. Da mesma forma que H_2O no cimento hidratado é representado como H.

Tabela 2.1 Principais compostos do cimento Portland

Nome do composto	Composição em óxidos	Abreviatura
Silicato tricálcico	$3CaO.SiO_2$	C_3S
Silicato dicálcico	$2CaO.SiO_2$	C_2S
Aluminato tricálcico	$3CaO.Al_2O_3$	C_3A
Ferroaluminato tetracálcico	$4CaO.Al_2O_3.Fe_2O_3$	C_4AF

O cálculo da composição potencial do cimento Portland é baseado no trabalho de R.H. Bogue e outros e é frequentemente denominado composição de Bogue. As equações de Bogue para as porcentagens dos principais compostos do cimento são apresentadas a seguir. Os termos em parênteses representam a porcentagem de determinado óxido na massa total de cimento.

$C_3S = 4,07(CaO) - 7,60(SiO_2) - 6,72(Al_2O_3) - 1,43(Fe_2O_3) - 2,85(SO_3)$

$C_2S = 2,87(SiO_2) - 0,754(3CaO.SiO_2)$

$C_3A = 2,65(Al_2O_3) - 1,69(Fe_2O_3)$

$C_4AF = 3,04(Fe_2O_3)$.

Os silicatos C_3S e C_2S são os compostos mais importantes, pois são responsáveis pela resistência da pasta de cimento hidratada. Na realidade, os silicatos no cimento não são compostos puros, pois contêm alguns óxidos secundários na solução sólida. Esses óxidos têm efeitos significativos no arranjo atômico, forma dos cristais e propriedades hidráulicas dos silicatos.

A presença de C_3A no cimento é indesejável, pois ele contribui pouco ou praticamente nada para a resistência do cimento, exceto nas primeiras idades. Além disso, quando a pasta endurecida de cimento é atacada por sulfatos, a formação de sulfoaluminato de cálcio (etringita) pode causar a desagregação do concreto. Apesar disso, o C_3A é benéfico à produção do cimento, pois facilita a combinação do óxido de cálcio com a sílica.

O C_4AF também está presente em pequenas quantidades no cimento e, comparado com os outros três compostos, não afeta significativamente seu comportamento. Entretanto, ele reage com a gipsita para formar sulfoferrito de cálcio e sua presença pode acelerar a hidratação dos silicatos.

A quantidade de sulfato de cálcio adicionada ao clínquer é fundamental e depende dos teores de C_3A e álcalis do cimento. O aumento da finura do cimento tem o efeito de aumentar a quantidade de C_3A disponível nas primeiras idades e, com isso, ocasionar a necessidade de aumento do teor de sulfato de cálcio, que, em excesso, pode causar expansão e consequente desagregação da pasta de cimento endurecida. O teor ótimo de sulfato de cálcio é determinado com base no calor de hidratação gerado (ver página 13) de maneira que uma determinada parte das reações iniciais ocorra, garantindo que a quantidade de C_3A disponível, após todo o sulfato de cálcio se combinar, seja pequena. A ASTM C 150–05 e a BS EN 197–1 especificam a quantidade de sulfato de cálcio como a massa de trióxido de enxofre (SO_3) presente.*

Além dos principais compostos listados na Tabela 2.1, existem compostos secundários, como MgO, TiO_2, Mn_2O_3, K_2O e Na_2O que normalmente perfazem um pequeno percentual da massa de cimento. Dois desses compostos são de interesse: os óxidos de sódio e potássio (Na_2O e K_2O), conhecidos como os *álcalis*, apesar da existência de outros álcalis no cimento. Eles podem reagir com alguns agregados, e os produtos dessa reação *álcali-agregado* causam a desintegração do concreto (ver página 267). Também foi verificado que os álcalis influenciam na velocidade de desenvolvimento de resistência do cimento. Deve ser destacado que a denominação "compostos secundários" se deve principalmente à sua quantidade e não à sua importância.

Uma ideia geral da composição do cimento pode ser visualizada na Tabela 2.2, que apresenta os limites da composição em óxidos dos cimentos Portland. A Tabela 2.3 fornece a composição em óxidos de um cimento típico e a composição de compostos calculada a partir das equações de Bogue apresentadas na página 10.

Dois termos usados na Tabela 2.3 requerem explicações. O *resíduo insolúvel*, determinado pelo tratamento com ácido clorídrico, é uma medida da adulteração do cimento, em grande parte decorrente de impurezas na gipsita. A BS EN 197–1 limita o resíduo insolúvel em 5% da massa de cimento e filer; já na ASTM C 150, o limite é 0,75%.** A *perda ao fogo* indica a extensão da carbonatação e hidratação da cal e do magnésio livres devido à exposição ao ar. O limite especificado tanto pela ASTM C 150–05 como pela BS EN 197–1 é 3%, exceto para o cimento ASTM tipo IV (2,5%)

---

* N. de T.: As normas brasileiras especificam o valor de 4,0%, em relação à massa, como o limite máximo de SO_3 para todos os cimentos, exceto para o cimento de alta resistência inicial, para os quais o teor máximo é 3,5% ou 4,5%, respectivamente, se o teor de C_3A for menor ou igual a 8% ou maior que 8%.

** N. de T.: No Brasil, os valores limites para resíduo insolúvel são variáveis conforme o tipo de cimento: CP I ≤ 1,0%; CP I S ≤ 5,0%; CP II E ≤ 2,5%; CP II Z ≤ 16,0%; CP II F ≤ 2,5%; CP III ≤ 1,5%; CP V ≤ 1,0% e Cimento Portland Branco Estrutural ≤ 3,5%.

Tabela 2.2 Limites aproximados da composição do cimento Portland

Óxido	Teor (%)
CaO	60–67
SiO_2	17–25
Al_2O_3	3–8
Fe_2O_3	0,5–6,0
MgO	0,1–4,0
Álcalis	0,2–1,3
SO_3	1–3

Tabela 2.3 Óxidos e composição dos compostos de um cimento Portland típico

Composição de óxidos típica (%)		Composição de compostos calculada segundo as fórmulas de Bogue (%)	
CaO	63	C_3A	10,8
SiO_2	20	C_3S	54,1
Al_2O_3	6	C_2S	16,6
Fe_2O_3	3	C_4AF	9,1
MgO	1½	Compostos secundários	–
SO_3	2		
K_2O } Na_2O	1		
Outros	1		
Perda ao fogo	2		
Resíduo insolúvel	½		

e os cimentos com filers da BS EN (5%). Como a cal hidratada livre, até um determinado teor é inócua, uma maior perda ao fogo é vantajosa.*

Hidratação do cimento

Até o momento, o cimento foi discutido na forma de pó, mas o material de interesse prático é o produto da reação do cimento com a água, ou seja, a pasta de cimento endurecida. O que acontece é que, na presença de água, os silicatos e aluminatos (Tabela 2.1) do cimento Portland se hidratam, formando compostos hidratados que, com o passar do tempo, produzem uma massa sólida e resistente. Como definido anterior-

---

* N. de T.: No Brasil são especificados os seguintes valores máximos para perda ao fogo: CP I ≤ 2,0%; CP I S ≤ 4,5%; CP II E, CP II Z e CP II F ≤ 6,5%; CP III ≤ 4,5%; CP IV ≤ 4,5%; CP V ≤ 4,5% e Cimento Portland Branco Estrutural ≤ 12,0%.

mente, os dois silicatos de cálcio (C_3S e C_2S) são os principais compostos cimentícios do cimento, sendo que o primeiro se hidrata muito mais rápido que o segundo. Nos cimentos comerciais, os silicatos de cálcio contêm pequenas impurezas de óxidos presentes no clínquer que exercem um forte efeito nas propriedades dos silicatos hidratados. O C_3S "impuro" é conhecido como alita, o C_2S "impuro", como belita.

O produto da hidratação do C_3S é o composto hidratado microcristalino $C_3S_2H_3$ com a liberação de cal na forma cristalina de $Ca(OH)_2$. O C_2S se comporta de maneira similar, mas evidentemente contém menos cal. Hoje os silicatos de cálcio hidratados são descritos como C–S–H (anteriormente era denominado gel de tobermorita). As reações de hidratação aproximadas são apresentadas a seguir:

C_3S

$2C_3S + 6H \longrightarrow C_3S_2H_3 + 3Ca(OH)_2$.
[100]   [24]   [75]   [49]

C_2S

$2C_2S + 4H \longrightarrow C_3S_2H_3 + Ca(OH)_2$.
[100]   [21]   [99]   [22]

Os números entre colchetes são as massas correspondentes; sendo assim, ambos silicatos requerem aproximadamente a mesma quantidade de água para hidratação, mas o C_3S produz mais que o dobro de $Ca(OH)_2$ que o C_2S.

A quantidade de C_3A na maioria dos cimentos é relativamente pequena. Sua estrutura hidratada é uma forma cristalina cúbica circundada pelos silicatos de cálcio hidratados. A reação do C_3A puro com a água é muito rápida e resulta na *pega instantânea*, que é prevenida pela adição do sulfato de cálcio ao clínquer. Mesmo assim, a velocidade de reação do C_3A é mais rápida que a dos silicatos de cálcio, e a reação aproximada é mostrada a seguir:

$C_3A + 6H \longrightarrow C_3AH_6$.
[100]   [40]   [140]

As massas entre colchetes mostram que a quantidade de água necessária é maior que a requerida na hidratação dos silicatos.

Um modelo da formação e hidratação do cimento está mostrado de forma resumida na Fig. 2.1.

Calor de hidratação e resistência

Da mesma forma que várias outras reações químicas, a hidratação dos compostos do cimento é exotérmica. A quantidade de calor liberada (em joules) por grama de cimento anidro até a hidratação completa a uma dada temperatura é definida como o calor de hidratação. Métodos para determinação desse valor estão descritos na BS 4550: Parte 3 Seção 3.8: 1978 e na ASTM C 186–05.*

---

* N. de T.: No Brasil, o ensaio é normalizado pelas NBR 8809:1985 e NBR 12006:1990.

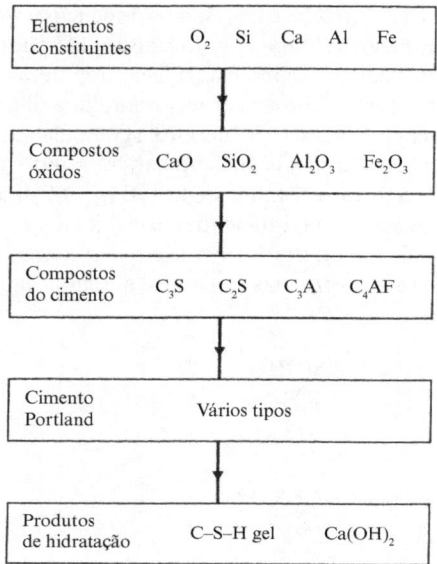

Figura 2.1 Representação esquemática da formação e hidratação do cimento Portland.

A temperatura em que ocorre a hidratação afeta fortemente a velocidade de desenvolvimento de calor, que para fins práticos é mais importante que o calor total de hidratação. O mesmo valor total de calor produzido em um período de tempo maior pode ser dissipado de forma gradual e, por consequência, com menor elevação da temperatura. Esse problema é discutido na página 166.

Para os cimentos Portland usuais, cerca de metade do calor total é liberado entre 1 e 3 dias, cerca de ¾ em 7 dias e aproximadamente 90% em 6 meses. Na realidade o calor de hidratação depende da composição química do cimento e é quase igual à soma do calor de hidratação de cada composto puro hidratado separadamente. Valores usuais do calor de hidratação dos compostos estão apresentados na Tabela 2.4.

Tabela 2.4 Calor de hidratação dos compostos puros

Composto	Calor de hidratação	
	J/g	Cal/g
C_3S	502	120
C_2S	260	62
C_3A	867	207
C_4AF	419	100

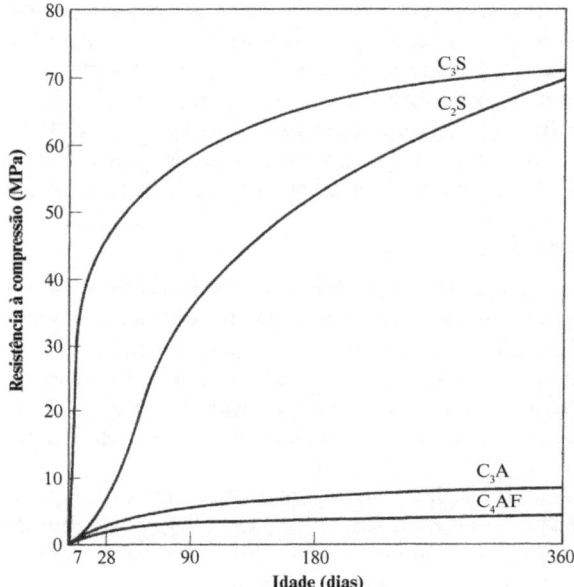

Figura 2.2 Desenvolvimento de resistência dos compostos puros.
(De: R. H. BOGUE, *Chemistry of Portland Cement* (New York, Reinhold, 1955).)

Ao reduzir as proporções de C_3A e C_3S, o calor de hidratação (e a velocidade de liberação) do cimento pode ser reduzido. A finura do cimento afeta a taxa de liberação, mas não o total de calor liberado, que pode ser controlado no concreto pela quantidade de cimento na mistura (riqueza).

Deve ser destacado que não existe relação entre o calor de hidratação e as propriedades cimentantes dos compostos individuais. Como foi dito, os dois principais componentes responsáveis pela resistência do cimento hidratado são o C_3S e o C_2S, e assume-se na prática que o C_3S contribui principalmente para o desenvolvimento de resistência durante as primeiras quatro semanas, enquanto o C_2S influencia no ganho de resistência posterior. Na idade próxima a um ano, os dois componentes, massa por massa, têm contribuição aproximadamente igual na resistência do cimento hidratado. A Figura 2.2 mostra o desenvolvimento da resistência dos quatro compostos puros do cimento; entretanto, ao contrário do calor de hidratação, em que é possível fazer uma previsão do valor total a partir dos compostos, não é possível prever a resistência do cimento hidratado com base em sua composição de compostos.

Ensaios em cimento

A qualidade do cimento é fundamental para a produção de um bom concreto; portanto, a fabricação de cimento requer um rígido controle. Inúmeras verificações são feitas no laboratório da fábrica de cimento para assegurar que ele tenha a qualidade

desejada e atenda às exigências das normas. Também é recomendável que o comprador ou um laboratório independente realize *ensaios de aceitação* periódicos ou examine as propriedades de um cimento a ser utilizado para algum propósito especial. Ensaios relativos à composição química estão além do escopo deste livro, e o leitor deve consultar a Bibliografia ou as normas ASTM C 114–05 e BS EN 196–2 1995.*
Os ensaios de finura, tempo de pega, expansibilidade e resistência como prescritos pelos métodos da ASTM e BS EN estão descritos, de forma resumida, a seguir.

Finura do cimento

Como a hidratação começa na superfície das partículas do cimento, é a área superficial total de cimento que representa o material disponível para hidratação. Portanto, a velocidade de hidratação depende da finura das partículas do cimento e, para um rápido desenvolvimento de resistência, é necessária uma finura elevada. Entretanto, o custo de moagem e o efeito da finura em outras propriedades, por exemplo, teor de sulfato de cálcio necessário, trabalhabilidade do concreto e comportamento em longo prazo, devem ser levados em conta.

A finura é uma propriedade vital do cimento, e tanto a BS quanto a ASTM exigem a determinação da *superfície específica* (em m^2/kg). Uma abordagem direta seria medir a distribuição dos tamanhos das partículas por sedimentação ou decantação. Esses métodos estão baseados na lei de Stokes, que dá a velocidade terminal de queda, pela ação da gravidade, de uma partícula esférica em um meio fluido. Uma evolução é o turbidímetro de Wagner, especificado na ASTM C 115–96a (Reapproved 2003). Aqui, a concentração de partículas em suspensão em um dado nível, em querosene, é determinada com a utilização de um feixe de luz. A porcentagem de luz transmitida e, portanto, a área das partículas são medidas por uma fotocélula. Uma curva típica da distribuição das dimensões das partículas é mostrada na Fig. 2.3, que também indica a correspondente contribuição dessas partículas na área superficial total da amostra.

A superfície específica do cimento pode ser determinada pelo método da permeabilidade ao ar (Lea e Nurse), descrito pela BS EN 196-6: 1992, que mede a queda de pressão quando o ar seco flui a uma velocidade constante através de uma camada de cimento de porosidade e espessura conhecidas. A partir disso, a área superficial por unidade de massa da camada pode ser relacionada à permeabilidade da camada. Uma modificação desse método é conhecida como Blaine (ASTM C 204–05), no qual o ar não passa através da camada a uma velocidade constante, mas um volume conhecido de ar passa a uma pressão média prescrita, com a velocidade do fluxo diminuindo progressivamente. O tempo gasto para o fluxo de ar passar é medido e, para um determinado aparelho e porosidade padrão, a superfície específica pode ser calculada.**

---

* N. de T.: No Brasil, as determinações das exigências químicas estão normalizadas pelas normas NBR NM 10:2012; 11–1:2004; 11–2:2009; 12:2004; 13:2004; 14:2012; 15:2012; 16:2012; 17:2004; 18:2012; 19:2004; 20:2009; 21:2004; 22:2004; 124/2009 e 125:1997)

** N. de T.: No Brasil, as normas de cimento especificam valores de finura em relação à área específica, sendo o método Blaine normalizado pela NBR NM 76:1998. Existe também a especificação da finura determinada através da peneira 75 μm, segundo a NBR 11579:1991. A NBR 12826:1993 estabelece um método para determinação do índice de finura por meio de peneirador aerodinâmico.

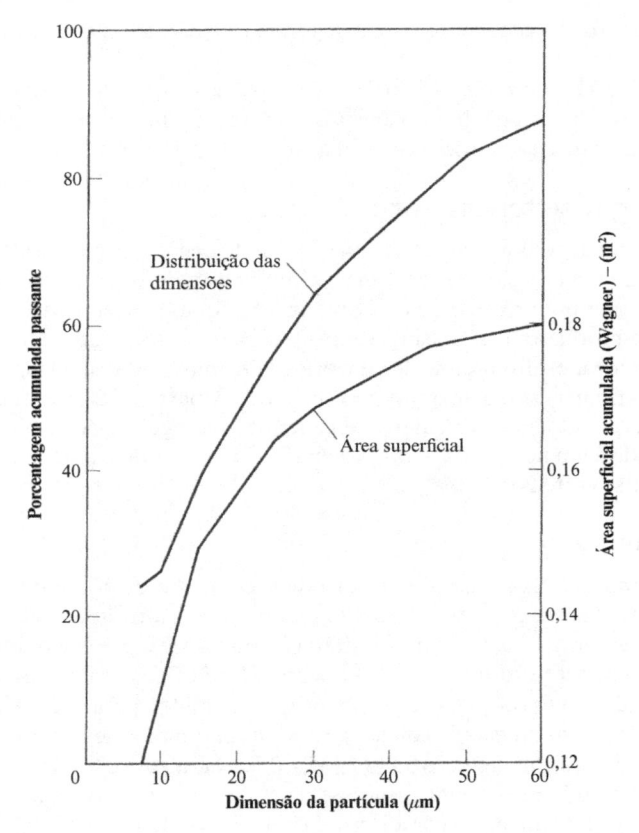

Figura 2.3 Exemplo da distribuição das dimensões das partículas e contribuição de área superficial acumulada até um determinado tamanho de partícula para 1 grama de cimento.

Ambos métodos de permeabilidade ao ar dão resultados semelhantes, mas muito mais elevados que o método do turbidímetro de Wagner (ver Tabela 2.5). Isso é resultante da hipótese de Wagner sobre a distribuição das dimensões que, efetivamente, subestima a área superficial das partículas menores que 7,5 μm. Entretanto, na prática,

Tabela 2.5 Exemplos de superfície específica do cimento medidos por diferentes métodos

Cimento	Superfície específica (m²/kg) medida por:		
	Método Wagner	Método Lea e Nurse	Método de adsorção de nitrogênio
A	180	260	790
B	230	415	1.000

todos os métodos são adequados para a determinação da variação *relativa* na finura do cimento.

Também está mostrada na Tabela 2.5 a superfície específica medida pelo método de adsorção de nitrogênio, que resulta em valores muito mais elevados devido a uma área maior de cimento ser acessível às moléculas de nitrogênio.

Pasta de consistência normal

Para a determinação dos tempos de início e fim de pega e para o ensaio de expansibilidade de Le Chatelier, deve ser utilizada uma pasta de cimento pura com consistência padrão, sendo necessário determinar, para qualquer cimento, a quantidade de água que produzirá essa pasta. A consistência é determinada pelo aparelho de Vicat, que mede a profundidade de penetração de uma sonda de 10 mm de diâmetro (sonda de Tetmajer) sob a ação do peso próprio. A pasta de consistência normal é estabelecida quando a profundidade de penetração atinge um determinado valor. A quantidade de água necessária expressa como uma porcentagem da massa de cimento seco situa-se entre 26 e 33%.*

Tempo de pega

Este é o termo utilizado para descrever o enrijecimento da pasta de cimento. Genericamente falando, pega se refere à mudança do estado fluido para o rígido. A pega é causada principalmente pela hidratação do C_3A e C_3S e é acompanhada pela elevação da temperatura na pasta de cimento. O *início de pega* corresponde a uma rápida elevação e o *fim de pega* corresponde ao pico de temperatura. O início e o fim de pega devem ser diferenciados da *falsa pega* que algumas vezes ocorre após poucos minutos da mistura com água (ASTM C 451–05). Na falsa pega, não há liberação de calor e o concreto pode ser remisturado sem a adição de água. A *pega instantânea,* já mencionada anteriormente, é caracterizada pela liberação de calor.

Para a determinação do tempo de início de pega, o aparelho de Vicat é novamente utilizado, dessa vez com uma agulha de 1 mm de diâmetro, sob a ação de um peso normalizado, penetrando em uma pasta de cimento de consistência normal. Quando a agulha não penetra mais que 5 mm, a partir do fundo do molde, considera-se que o início de pega ocorreu (sendo o tempo medido desde a adição de água ao cimento). A BS EN 197–1 estabelece o tempo mínimo de 45 minutos para cimentos de classe de resistência 52,5 N e 62,5 N, enquanto 60 minutos é o tempo especificado para as classes de resistência 32,5 N e R e 42,5 N e R.**

Um procedimento similar é especificado pela ASTM C 191–04b, mas uma profundidade de penetração menor é especificada e o tempo de pega mínimo de 60 minutos é prescrito para os cimentos Portland (ASTM C 150–05).

---

* N. de T.: O ensaio para determinação da consistência da pasta normal é normalizado no Brasil pela NBR NM 43:2002.

** N. de T.: O tempo mínimo de início de pega especificado, em horas, para todos os cimentos brasileiros é de 1 hora.

O fim de pega é determinado por uma agulha com um acessório vazado de metal, de forma a deixar uma marca circular de 5 mm de diâmetro, acoplado a 0,5 mm acima da ponta da agulha. O tempo de fim de pega é estabelecido quando a agulha faz uma marca na superfície da pasta, mas a borda cortante não consegue marcar a pasta. As normas britânicas estabelecem que o fim de pega deve ocorrer em um tempo máximo de 10 horas para os cimentos Portland, sendo este o mesmo valor especificado pelas normas americanas ASTM. Um método alternativo é a agulha de Gilmore, normalizado pela ASTM C 266–04.*

Os tempos de início e fim de pega são aproximadamente relacionados:

Fim de pega (min) = 90 + 1,2 [início de pega (min.)]

(exceto para o cimento com elevado teor de alumina). Como a temperatura afeta os tempos de pega, a BS EN 196–3 1995 especifica que a mistura deve ser feita em uma temperatura de 20 ± 2°C e umidade relativa mínima de 65% e a pasta de cimento armazenada a 20 ± 1°C e umidade relativa máxima de 90%.**

Expansibilidade

É essencial que a pasta de cimento, após a pega, não sofra uma grande alteração de volume. Um limite estabelecido é que não deve haver expansão significativa em casos em que existam restrições, pois isso pode causar a desagregação da pasta de cimento endurecida. Essas expansões podem ser causadas devido às reações de cal livre, magnésio e sulfato de cálcio, e os cimentos que apresentam esse tipo de expansão são classificados como expansivos.

A cal livre está presente no clínquer, intercristalizada com outros compostos e, em função disso, hidrata-se muito lentamente, ocupando um volume maior que óxido de cálcio livre original. A cal livre não pode ser determinada pela análise química do cimento por não ser possível distinguir entre o CaO que não reagiu e o $Ca(OH)_2$ produzido pela hidratação parcial dos silicatos quando o cimento é exposto ao ar.

O magnésio (MgO) reage com água de maneira similar ao CaO, mas somente sua forma cristalina tem uma reação deletéria que causa expansibilidade. O sulfato de cálcio é o terceiro composto causador de expansão, pela formação de sulfoaluminato de cálcio (etringita) devido à reação com o sulfato de cálcio excedente (não utilizado pelo C_3A durante a pega).

O ensaio acelerado de Le Chatelier, descrito pela BS EN 196–3: 1995, somente possibilita a verificação de expansibilidade devido à cal livre; uma descrição simplificada do procedimento é apresentada a seguir. A pasta de cimento de consistência

---

* N. de T.: No Brasil, o tempo máximo de fim de pega é estabelecido em 10 horas para todos os cimentos, exceto para os cimentos Portland de alto-forno e pozolânico, em que esse tempo é de 12 horas. Os tempos de início e fim de pega no Brasil são determinados pela NBR NM 65:2002, com uso do aparelho e agulha de Vicat. O início de pega é determinado quando a agulha penetra na pasta até uma distância de (4 ± 1) mm da placa base. O fim de pega é estabelecido no momento em que a agulha penetra 0,5 mm na pasta.
** N. de T.: No Brasil, as condições ambientais para preparo da pasta e ensaio são estabelecidas pela NBR NM 43:2002; enquanto as condições de armazenamento, pela NBR NM 65:2002).

normal é armazenada em água por 24 horas. Após esse período, a temperatura é aumentada, sendo mantida em água fervente por 1 hora, seguindo-se o resfriamento até a temperatura inicial. Caso a expansão exceda um determinado valor, outro ensaio é realizado, dessa vez após o cimento ter sido espalhado e exposto ao ar por 7 dias. Ao fim desse período, a cal pode ter sofrido hidratação ou carbonatação. Novo ensaio de expansão é então realizado e o valor resultante deve atingir no máximo 50% do valor especificado originalmente. Um cimento que não atende a pelo menos um desses ensaios não deve ser utilizado. Na prática, a expansibilidade decorrente da cal livre é bastante rara.*

O magnésio raramente está presente em grandes quantidades nas matérias-primas utilizadas na fabricação de cimento no Reino Unido, mas esse não é o caso dos Estados Unidos. Por isso, a ASTM C 151–05 especifica o ensaio em autoclave sensível à determinação tanto do magnésio quanto da cal livre. Um corpo de prova de pasta de cimento pura de comprimento conhecido é submetido à cura em ar úmido por 24 horas e então aquecido por vapor de alta pressão (2 MPa) por cerca de 1 hora até que seja atingida uma temperatura de 216°C. Essas temperatura e pressão são mantidas por mais 3 horas; então a autoclave é resfriada de maneira que a pressão caia no prazo de 1,5 hora, e o corpo de prova é resfriado em água até 23°C em 15 minutos. Após mais 15 minutos, o comprimento do corpo de prova é medido e a expansão devido ao processo de autoclavagem não deve superar 0,8% do comprimento original. Esse ensaio acelerado, na realidade, fornece apenas uma indicação da possibilidade de expansão em longo prazo.

Nenhum ensaio é válido para determinar a instabilidade devido ao excesso de sulfato de cálcio, mas seu teor pode ser facilmente determinado pela análise química.

Resistência

Os ensaios de resistência não são feitos na pasta de cimento pura devido à dificuldade de obtenção de bons corpos de prova e de ensaio, e consequente variabilidade dos resultados. Uma argamassa de cimento e areia e, em alguns casos, concreto com proporções normalizadas, produzida com materiais específicos sob condições rigidamente controladas, é utilizada para a determinação da resistência do cimento.

Existem vários ensaios para determinação da resistência: tração direta, compressão e flexão. Os ensaios de tração foram gradualmente substituídos pelo ensaio de compressão e, portanto, não serão discutidos.

O método estabelecido pela norma BS EN 196–1: 2005 especifica ensaios em prismas de argamassa. Os cimentos são designados segundo as classes de resistência; a letra N indica cimento de crescimento de resistência normal, e a letra R, cimentos com propriedades de alta resistência inicial.

A ASTM C 109–05 prescreve uma argamassa de cimento e areia com proporção de 1:2,75, relação água/cimento igual a 0,485 e utilização de areia normalizada

---

* N. de T.: O ensaio de expansibilidade de Le Chatelier é normalizado no Brasil pela NBR 11582:1991, e é prevista a avaliação da expansibilidade a frio e a quente.

Tabela 2.6 Exigências mínimas de resistência dos cimentos, segundo BS EN 197-1:2000 e ASTM C 150-05 (MPa)

Idade (dias)	Classes de resistência, BS EN 197–1: 2000 (prismas de argamassa)					
	32,5 N	32,5 R	42,5 N	42,5 R	52,5 N	62,5 R
2	–	10	10	20	20	20
7	16	–	–	–	–	–
28	32,5*	32,5*	42,5	42,5**	52,5	62,5

Idade (dias)	Tipo de cimento, ASTM C 150–05 (cubos de argamassa), (Tabela 2.7)							
	I	IA	II#	IIA#	III	IIIA	IV	V
1	–	–	–	–	12,0	10,0	–	–
3	12,0	10,0	10,0	8,0	24,0	19,0	–	8,0
7	19,0	16,0	17,0	14,0	–	–	7,0	15,0
28	28,0a	22,0a	28,0a	22,0a	–	–	17,0	21,0

* e não mais que 52,5; ** e não mais que 62,5
# os valores de resistência dependem do calor de hidratação especificado ou dos limites químicos do silicato tricálcico e aluminato tricálcico
a opcional

(ASTM C 778–06) para a produção de cubos de 51 mm. Os procedimentos de mistura e moldagem são semelhantes aos prescritos pela BS EN 196, mas os cubos são curados em água saturada com cal à temperatura de 23°C até serem ensaiados.*

Um método de ensaio alternativo é o método do *cubo modificado* (ASTM C 349–02), que utiliza as seções de prismas já ensaiados à flexão (ver abaixo).

As exigências mínimas de resistência para diferentes tipos de cimento, estabelecidas pelas normas britânicas e americanas, são mostradas na Tabela 2.6. Deve ser ressaltado que as resistências listadas pela BS EN e ASTM são resistências características (ver página 324) e resistências médias, respectivamente.**

---

* N. de T.: No Brasil, a determinação da resistência à compressão do cimento é normalizada pela NBR 7215:1996 versão corrigida 1997. Nesse ensaio, os corpos de prova são cilíndricos (diâmetro de 50 mm e altura de 100 mm), produzidos com argamassa de cimento e areia normal (NBR 7214:1982) na proporção, em massa, de 1:3, sendo a relação água/cimento igual a 0,48.
** N. de T.: No Brasil, as normas de cimento estabelecem três classes de resistência, 25 MPa, 32 MPa e 40 MPa, para os cimentos CP I, CP II, CP III e CP IV. Esse valor corresponde à média de quatro corpos de prova, ensaiados à compressão aos 28 dias. Para o cimento CP V, por se tratar de cimento de alta resistência inicial, não é feita exigência de resistência aos 28 dias, sendo adotado a idade de sete dias e resistência mínima de 34 MPa nesta idade.

O ensaio de resistência à flexão, descrito na ASTM C 348–02, utiliza um prisma de argamassa simplesmente apoiado, com carregamento no meio do vão. As proporções da mistura e os procedimentos para armazenamento e cura são os mesmos dos ensaios de resistência à compressão. Como citado anteriormente, uma vantagem desse teste é que o ensaio do cubo modificado também pode ser executado.

Tipos de cimentos Portland

Até agora, o cimento Portland foi considerado como um material genérico. Entretanto, quando hidratados, cimentos com diferentes composições químicas podem apresentar propriedades diferentes. Assim, é possível selecionar composições de matérias-primas para a produção de cimentos com várias propriedades desejadas. Na verdade, vários tipos de cimentos Portland estão disponíveis comercialmente e outros tipos adicionais podem ser produzidos para usos específicos. A Tabela 2.7 apresenta os principais tipos de cimento Portland, conforme classificação das normas BS, ASTM e a nova BS EN, enquanto a Tabela 2.8 mostra os valores médios da composição de compostos.

Vários cimentos foram desenvolvidos para garantir a boa durabilidade do concreto sob uma variedade de condições. Entretanto, não é possível encontrar na composição do cimento uma resposta completa ao problema da durabilidade do concreto. As principais propriedades físicas e mecânicas do concreto endurecido, como resistência, retração, permeabilidade, resistência às intempéries e fluência, também são afetadas por fatores além da composição do cimento, embora ela tenha grande influência na velocidade de crescimento da resistência. A Figura 2.4 mostra a velocidade de desenvolvimento de resistência de concretos produzidos com diferentes tipos de cimento: embora as taxas de crescimento variem consideravelmente, existe pouca variação na resistência aos 90 dias de todos os tipos de cimento. A tendência geral é que cimentos com baixa velocidade de endurecimento tenham maior resistência final. Por exemplo, o cimento Portland de baixo calor de hidratação (Tipo IV) tem a menor resistência aos 28 dias, mas desenvolve a maior resistência aos 5 anos de idade.

Todavia, deve ser destacado que essas tendências são de certa forma influenciadas por alterações nas proporções das misturas. Diferenças significativas nas propriedades físicas importantes dos diferentes tipos de cimentos são observadas somente nos estágios iniciais de hidratação. Em pastas bem hidratadas, as diferenças são menores.

A divisão de cimentos em diferentes tipos não é nada mais que uma classificação ampla e, algumas vezes, existirão grandes diferenças entre cimentos de mesmo tipo nominal. Por outro lado, frequentemente não há diferenças sensíveis nas propriedades de diferentes tipos de cimentos e alguns podem ser classificados como mais de um tipo.

A obtenção de algumas propriedades especiais dos cimentos pode levar a características indesejáveis. Por essa razão, um balanço das necessidades é relevante e o as-

Tabela 2.7   Principais tipos de cimento

Classificação tradicional		Classificação europeia (BS 8500–1: 2006)	
Britânica	**Americana**		
Portland comum (BS 12)	Tipo I (ASTM C 150)	Tipo (CEM) I	Portland
Portland de alta resistência inicial (BS 12)	Tipo III (ASTM C 150)	Tipo IIA	Portland com 6 a 20% de cinza volante, eaf, calcário ou 6 a 10% de sílica ativa
Portland de baixo calor de hidratação (BS 1370)	Tipo IV (ASTM C 150)		
Cimento modificado	Tipo II (ASTM C 150)	Tipo IIB-S	Portland com 21 a 35% de eaf
Portland resistente a sulfatos (SRPC) (BS 4027)	Tipo V (ASTM C 150)		
Portland de alto-forno (cimento de escória) (BS 146)	Tipo IS Tipo S Tipo I(SM) (ASTM C 595)	Tipo IIB-V	Portland com 21 a 35% de cinza volante
Alto teor de escória de alto-forno (BS 4246)	–	Tipo IIB+SR	Portland com 25 a 35% de cinza volante com moderada resistência a sulfatos
Portland branco (BS 12)	–	Tipo IIIA	Portland com 36 a 65% de eaf
Portland pozolânico (BS 6588; BS 3892)	Tipo IP Tipo P Tipo I(PM) (ASTM C 595)	Tipo IIIA+SR	Portland com 36 a 65% de eaf com moderada resistência a sulfatos
		Tipo IIIB	Portland com 66 a 80% de eaf
		Tipo IIIB+SR	Portland com 66 a 80% de eaf com moderada resistência a sulfatos
		Tipo IIIC	Portland com 81 a 95% de eaf
		Tipo IVB-V	Portland com 36 a 55% de cinza volante

Nos cimentos americanos, a adição de incorporador de ar é designada pela letra A (ver página 285).
Os cimentos de moderada resistência a sulfatos (ver página 262) ou moderado calor de hidratação (ver página 166), são identificados pela ASTM C 525, pela adição das siglas MS ou MH
EaF é escória granulada de alto-forno

pecto econômico da produção também deve ser considerado. O cimento modificado (Tipo II) é um exemplo de cimento de "harmonização" completa.

Tabela 2.8 Valores médios típicos da composição de compostos de diferentes tipos de cimentos Portland

Tipo de cimento	Composição de compostos (%)							
	C_3S	C_2S	C_3A	C_4AF	$CaSO_4$	CaO livre	MgO	Perda ao fogo
I	59	15	12	8	2,9	0,8	2,4	1,2
II	46	29	6	12	2,8	0,6	3,0	1,0
III	60	12	12	8	3,9	1,3	2,6	1,9
IV	30	46	5	13	2,9	0,3	2,7	1,0
V	43	36	4	12	2,7	0,4	1,6	1,0

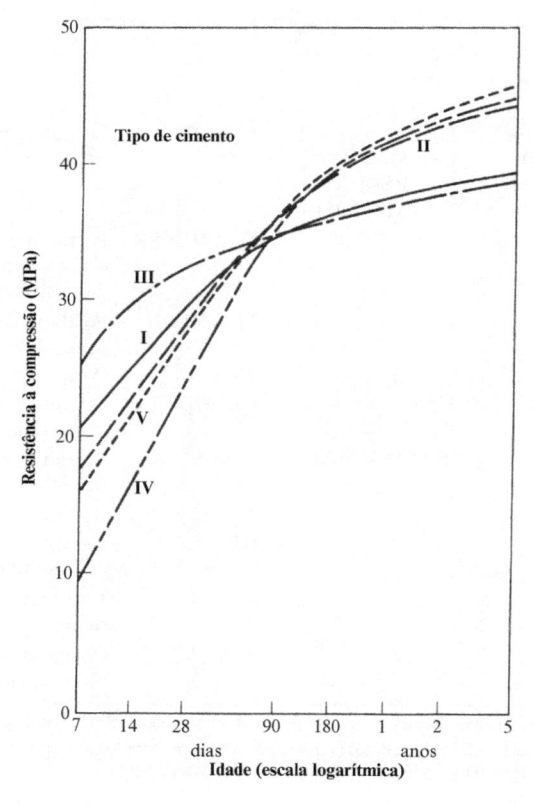

Figura 2.4 Desenvolvimento da resistência de concretos contendo 335 kg de cimento por metro cúbico, produzidos com diferentes tipos de cimento: comum (Tipo I), modificado (Tipo II), endurecimento rápido (Tipo III), baixo calor de hidratação (Tipo IV) e resistente a sulfatos (Tipo V).
(De: US BUREAU OF RECLAMATION, *Concrete Manual*, 8th Edn (Denver, Colorado, 1975).)

Os métodos de fabricação apresentaram grande progresso ao longo dos anos e existe um desenvolvimento contínuo de cimentos para atender a diferentes propósitos com correspondentes alterações nas especificações.

Cimento Portland comum (Tipo I)

Acompanhando a tendência atual de especificações baseadas no desempenho, a BS EN 197–1 estabelece poucas especificações em relação à composição química desse cimento. A única especificação feita é de que ele seja constituído por 95–100% de clínquer Portland e 0–5% de constituintes secundários, que podem ter características cimentantes ou fíler para melhorar a trabalhabilidade ou retenção de água. Outras exigências são que a relação entre CaO e SiO_2 não deve ser menor que 2,0 e que o teor de MgO seja limitado a 5%.

O cimento Portland comum é, sem sombra de dúvidas, o cimento mais utilizado em construções correntes de concreto onde não haja exposição a sulfatos no solo ou água subterrânea. Na antiga norma BS 12: 1996, era especificado um limite de 10 mm nos ensaios de expansão de Le Chatelier (ver página 19). Na ASTM C 150–05, não existem limites para o teor de cal livre, embora esse teor seja, geralmente, menor que 0,5%.

Outras exigências de interesse da antiga BS 12: 1996 e da ASTM C 150–05 são:

	BS 12: 1996	ASTM C 150–05
Óxido de magnésio	⩽ 5 %	⩽ 6 %
Resíduo insolúvel	⩽ 1,5 %	⩽ 0,75 %
Perda do fogo	⩽ 3 %	⩽ 3 %
Cloretos	⩽ 0,10 %	
Teor de gipsita (expresso em SO_3) quando o teor de C_3A for:		
não especificado	⩾ 3,5	–
⩽ 8%	–	3 %
> 8%	–	3,5 %

Ao longo dos anos, ocorreram alterações nas características do cimento Portland comum: cimentos modernos têm maior teor de C_3S e são mais finos que há 40 anos. As normas não especificam mais valores de finura mínima, mas o controle da finura pode ser exigido. Como consequência, os cimentos modernos desenvolvem maiores resistências aos 28 dias que os cimentos antigos, mas o ganho em maiores idades é menor. Uma consequência prática disso é que não é mais possível esperar "melhoria com a idade". Esse é um aspecto importante a ser destacado, já que as especificações das construções de concreto são, em geral, referenciadas à resistência do concreto aos 28 dias. Além disso, com a utilização de um cimento de alta resistência inicial para uma especificação de resistência aos 28 dias, é possível utilizar uma mistura mais pobre com uma relação água/cimento mais elevada, mas algumas dessas mistura têm durabilidade inadequada.

O cimento Portland comum (Tipo I) é um excelente cimento de uso geral e é o cimento mais largamente utilizado.*

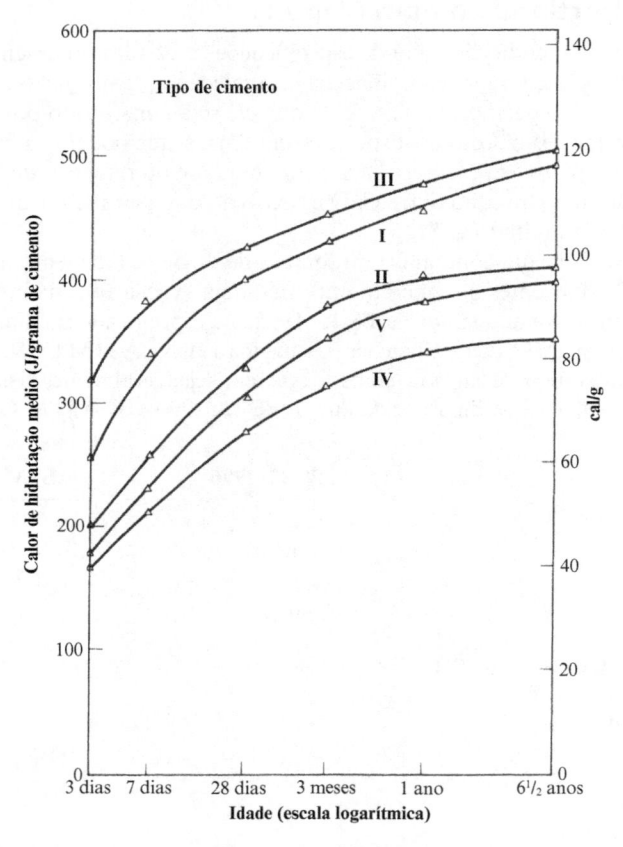

Figura 2.5 Desenvolvimento do calor de hidratação de diferentes cimentos Portland curados à temperatura de 21°C e relação a/c igual a 0,40: comum (Tipo I), modificado (Tipo II), alta resistência inicial (Tipo III), baixo calor de hidratação (Tipo IV) e resistente a sulfatos (Tipo V).
(De: G. J. VERBECK and C. W. FOSTER, Long-time study of cement performance in concrete, Chapter 6: The heats of hydration of the cements, *Proc.* ASTM, 50, pp. 1235-57 (1950).)

---

* N. de T.: No Brasil, o cimento Portland comum é normalizado pela NBR 5732:1991, possuindo duas especificações: CP I, quando constituído exclusivamente por clínquer Portland e sulfato de cálcio, e CP I-S, que pode conter até 5% de escória granulada de alto-forno, pozolanas ou fíler calcário. As classes de resistência normalizadas são 25, 32 e 40 MPa.

Cimento Portland de alta resistência inicial (Tipo III)

Este cimento é similar ao cimento Tipo I e tem suas especificações determinadas pelas mesmas normas. Como o nome indica, a resistência desse cimento se desenvolve rapidamente devido, como pode ser deduzido da Tabela 2.8, a um maior teor de C_3S (acima de 70%) e maior finura (mínimo 325 m^2/kg). Atualmente a finura é o fator diferenciador entre o cimento Portland comum e o cimento Portland de alta resistência inicial, com pouca diferença na composição química.

A principal utilização do cimento Tipo III é nos casos de necessidade de remoção rápida das fôrmas para reutilização ou onde uma determinada resistência mínima, necessária para a continuidade da obra, deve ser atingida rapidamente. O cimento Portland de alta resistência inicial não deve ser utilizado em obras de concreto massa ou em elementos estruturais com seções de grande porte devido à maior velocidade de liberação de calor de hidratação (ver Fig. 2.5). Por outro lado, para construções em baixas temperaturas, o uso desse cimento é uma alternativa satisfatória contra os danos causados pelo congelamento nas primeiras idades (ver Capítulo 15).

O tempo de pega dos cimentos Tipo III e I são os mesmos. O custo do cimento Tipo III é um pouco maior que o do cimento Portland comum.*

Cimentos Portland de alta resistência inicial especiais

Estes são cimentos especialmente fabricados, que desenvolvem resistência de forma bastante rápida. No Reino Unido, é permitida a utilização de um cimento Portland de resistência inicial muito alta para fins estruturais. A resistência inicial muito alta é obtida por uma finura mais elevada (700 a 900 m^2/kg) e pelo teor de sulfato de cálcio mais elevado, mas sem que isso cause instabilidade de volume em longo prazo. Casos de aplicação de protensão em curtas idades e reparos de emergência são utilizações típicas desse cimento.

Em alguns países, um cimento de pega regulada (ou jet cement) é produzido a partir da mistura de cimento Portland e fluoraluminato de cálcio e um retardador de pega adequado (normalmente ácido cítrico). O tempo de pega (1 a 30 minutos) pode se controlado na fabricação do cimento, tendo em vista que as matérias-primas são moídas e queimadas em conjunto, enquanto o desenvolvimento da resistência inicial é controlado pelo teor de fluoraluminato de cálcio. Esse cimento tem custo elevado, mas aceitável quando uma resistência inicial bastante elevada for necessária.

Cimento Portland de baixo calor de hidratação (Tipo IV)

Desenvolvido nos Estados Unidos para uso em grandes barragens de gravidade, este cimento tem um baixo calor de hidratação. Tanto a ASTM C 150–05 quanto a BS 1370: 1979 limitam o calor de hidratação em 250 J/g na idade de 7 dias e 290 J/g aos 28 dias.

---

* N. de T.: No Brasil, o cimento de alta resistência inicial é normalizado pela NBR 5733:1991, sendo denominado CP V–ARI. Sua composição pode ter, no máximo, 5% de fíler calcário, e o restante é constituído por clínquer Portland e sulfato de cálcio. Diferentemente dos demais cimentos que têm especificação de resistência aos 3, 7 e 28 dias, o cimento CP V ARI tem as exigências de resistências estabelecidas para 1, 3 e 7 dias, com os valores mínimos, respectivamente, 14 MPa, 24 MPa e 34 MPa.

A BS 1370: 1979 controla o teor de óxido de cálcio, pela limitação do *fator de saturação de cal* entre 0,66 a 1,08. Devido ao baixo teor de C_3S e C_3A, o desenvolvimento da resistência é mais lento do que o cimento Portland comum, embora a resistência final não seja afetada. Para assegurar uma velocidade de ganho de resistência razoável, a finura não deve ser menor que 320 m^2/kg.

Nos Estados Unidos, o cimento Portland pozolânico (Tipo P) pode ser especificado como sendo de baixo calor de hidratação, enquanto o cimento Tipo IP pode ser estabelecido como moderado calor de hidratação. Esses cimentos são normalizados pela ASTM C 595–05.*

Cimento modificado (Tipo II)

Para algumas aplicações, uma resistência inicial muito baixa pode ser uma desvantagem e, por essa razão, foi desenvolvido um cimento modificado nos Estados Unidos. Esse cimento tem uma taxa de liberação de calor mais alta que o cimento do Tipo IV e ganho de resistência semelhante ao cimento Tipo I. O uso do cimento Tipo II é recomendado para estruturas nas quais um moderado calor de hidratação é desejado ou onde um moderado ataque por sulfatos pode ocorrer (ver página 262). Esse cimento não está disponível no Reino Unido.

Cimento resistente a sulfatos (Tipo V)

Este cimento tem baixo teor de C_3A de maneira a evitar o ataque por sulfatos externos ao concreto. Caso contrário, a formação de sulfoaluminato de cálcio e gipsita pode causar a desagregação do concreto devido ao maior volume dos compostos resultantes. Os sais mais ativos são os sulfatos de magnésio e sódio, sendo que o ataque por sulfatos é bastante acelerado quando acompanhado por ciclos de molhagem-secagem, por exemplo, em estruturas marinhas sujeitas a marés ou respingos.

Para alcançar a resistência a sulfatos, o teor de C_3A nos cimentos resistentes a sulfatos é limitado a 3,5% (BS 4027: 1996), e o teor de SO_3 é limitado a 2,5%. No restante, deve atender às especificações do cimento Portland comum. Nos Estados Unidos, quando o limite de expansão por sulfatos não for especificado, o teor de C_3A é limitado a 5% (ASTM C 150–05) e o teor total de C_4AF somado ao dobro do teor de C_3A é limitado a 25%. O teor de sulfato de cálcio também é limitado a 2,3% quando o teor de C_3A for 8% ou menor.

Nos Estados Unidos, existem também cimentos de moderada resistência a sulfatos. Eles são normalizados pela ASTM C 595–05 e estão listados na Tabela 2.7. Com exceção dos cimentos Tipo S e SA, a exigência opcional para resistência a sulfatos é a expansão máxima de 0,01% em 180 dias, determinada segundo a ASTM C 1012–04.

---

* N. de T.: No Brasil, o cimento de baixo calor de hidratação é normalizado pela NBR 13116:1994, que estabelece que os cimentos normalizados (CP I, CP II, CP III, CP IV e CP V ARI) podem ser considerados como de baixo calor de hidratação, desde que os valores máximos de calor de hidratação liberado aos 3 e 7 dias, sejam, respectivamente 260 J/g e 300 J/g. Esses cimento são designados pelas sigla e classe originais de seu tipo, acrescidas de "BC". A determinação do calor de hidratação é realizada pelo método da garrafa de Langavant, normalizado pela NBR 12006:1990.

Requisitos para cimento resistente a sulfatos com baixo teor de álcalis constam na BS 4027–1996.

O calor desenvolvido pelos cimentos resistentes a sulfatos não é muito mais elevado que o do cimento de baixo calor de hidratação, o que é uma vantagem, mas o custo do primeiro é maior em função da composição especial das matérias–primas. Portanto, na prática, o cimento resistente a sulfatos somente deve ser especificado nos casos de real necessidade, pois não é um cimento de uso geral.*

Cimento Portland de alto-forno (Tipo IS)

Este tipo de cimento é produzido pela moagem conjunta ou mistura de clínquer Portland com escória granulada de alto-forno. A escória de alto-forno é um resíduo da fabricação de ferro-gusa; desse modo, há um menor consumo de energia para a produção do cimento. A escória contém óxido de cálcio, sílica e alumina, mas não nas mesmas proporções que no cimento Portland, e sua composição pode apresentar grandes variações. Algumas vezes esses cimentos são denominados cimento de *escória*.

A hidratação da escória se inicia quando a cal liberada na hidratação do cimento Portland proporciona a alcalinidade adequada, sendo que a continuação da hidratação não depende da cal.

Segundo a ASTM C 595–05, o teor de escória deve estar entre 25 e 70% em relação à massa da mistura. A BS 146: 2002 especifica um teor máximo de 65% e a BS 4246: 1996 estabelece uma faixa entre 50 e 85% para a produção de cimento Portland de alto-forno de baixo calor de hidratação.

Conforme mostrado na Tabela 2.7, a BS EN 197-1: 2000 reconhece três classes de cimento Portland de alto-forno, denominadas IIIA, IIIB e IIIC. Nesses três cimentos, é permitida a adição de fíler em até 5%, mas o teor de escória granulada de alto-forno moída (eaf) varia entre 36 e 65%, 66 e 80% e 81 e 95%, respectivamente para os cimentos IIIA, IIIB e IIIC; o percentual de escória é referido em relação à massa total de material cimentício.

Além disso, a Tabela 2.7 mostra que a BS EN 197-1: 2000 estabelece dois tipos adicionais de cimento Portland de escória que contêm menores teores de escória: a Classe IIA, com teores entre 6 e 20%, e Classe IIB, com teores entre 21 e 35%.

Para garantir finura mínima e alta alcalinidade, a BS 6699: 1992 exige ensaios similares aos do cimento Portland. A relação máxima de cal/sílica é 1,4 e a relação entre a massa de CaO e MgO em relação à massa de SiO_2 deve ser maior que 1,0. A

---

* N. de T.: Estes cimentos são normalizados no Brasil pela NBR 5737:1992, e são considerandos como resistentes a sulfatos os cimentos: (a) cujo teor de C_3A seja ≤ 8% e o teor de adições carbonáticas, ≤ 5% da massa do aglomerante total e/ou; (b) cimentos Portland de alto-forno (CP III) cujo teor de escória granulada de alto-forno esteja entre 60 e 70% e/ou; (c) os cimentos Portland pozolânicos (CP IV) cujo teor de materiais pozolânicos esteja entre 25 e 40% e/ou; (d) os cimentos que tenham antecedentes com base em resultados de ensaios de longa duração ou referências de obras que comprovadamente indiquem resistência a sulfatos. Além disso, o cimento Portland de alta resistência inicial, CP V ARI, para ser considerado como resistente a sulfatos, pode receber a adição de escória de alto-forno ou materiais pozolânicos. Os cimentos Portland resistentes a sulfatos são designados pela sigla original de seu tipo, acrescida de "RS".

massa de óxidos é determinada segundo a BS EN 196–2: 2005. Também são especificados valores para resistência à compressão, tempos de pega e expansibilidade.

A ASTM C 989–05 estabelece para a escória granulada de alto-forno moída um percentual máximo de 20% de grãos maiores que 45 μm. O aumento da finura do cimento Portland acompanhado pela otimização de teor de SO_3 resulta em aumento da resistência.

As exigências em relação a finura, tempo de pega e expansibilidade do cimento Portland de alto-forno são similares ao cimento Portland comum (Tipo I). As resistências iniciais são, em geral, mais baixas que do cimento Tipo I, mas as resistências finais são similares. A BS 146: 1991 estabelece duas classes de cimentos de baixa resistência inicial: a classe 42,5 L, que deve resultar em pelo menos 20 MPa aos 7 dias, e a classe 52,5 L com a exigência de resistência mínima aos 2 dias de 10 MPa.

Os usos comuns do cimento Portland de alto-forno são em obras de concreto-massa, devido ao baixo calor de hidratação, e obras em água do mar, devido à maior resistência a sulfatos (devido ao baixo teor de C_3A), quando comparado ao cimento Portland comum. A escória com baixo teor de álcalis pode também ser utilizada com um agregado potencialmente reativo com álcalis (ver página 267).

Uma variação utilizada no Reino Unido é a substituição parcial, na betoneira, do cimento por escória granulada seca de mesma finura.

O cimento Portland de alto-forno é de uso comum em países onde a escória é largamente disponível e pode ser considerado como um cimento de uso geral.*

Cimento supersulfatado (cimento de escória)

O cimento supersulfatado, embora não seja um cimento Portland, será apresentado neste item, por ser produzido a partir da escória granulada de alto-forno.

Cimento supersulfatado é produzido pela moagem conjunta de uma mistura de 80 a 85% de escória granulada de alto-forno com 10 a 15% de sulfato de cálcio (na forma de gesso desidratado ou anidrita) e cerca de 5% de clínquer Portland. São comuns valores de finura entre 400 e 500 m²/kg. O cimento supersulfatado tem baixo calor de hidratação (cerca de 200 J/g aos 28 dias). Apesar de não disponível no Reino Unido, esse cimento é normalizado pela BS 4248: 2004.

As vantagens do cimento supersulfatado estão na alta resistência à água do mar e a ataques por sulfatos, bem como a ácidos húmicos e óleos. O uso desse cimento requer atenção especial devido à velocidade de ganho de resistência ser bastante afetada por baixas ou altas temperaturas. Não deve ser misturado com cimentos Portland, e sua dosagem deve ser feita em faixas limitadas de maneira a não afetar o desenvolvimento de resistência. Esse cimento deve ser armazenado em ambientes bastante secos, pois há risco de se deteriorar rapidamente.

---

* N. de T.: No Brasil, o cimento Portland de alto-forno é normalizado pela NBR 5735:1991 e tem o limite de escória estabelecido entre 35 e 70%. É permitido um teor de até 5% de fíler calcário, sendo o restante constituído por clínquer e sulfato de cálcio. Esse cimento é identificado como CP III e estão normalizadas as classes de resistências de 25, 32 e 40 MPa).

Cimentos brancos e coloridos

O concreto de cor branca ou, especialmente em países tropicais, o acabamento (revestimento) em cor pastel é algumas vezes necessário para fins arquitetônicos. Nestes casos, é utilizado o cimento branco. Esse cimento também é menos sujeito a manchamentos, devido ao seu baixo teor de álcalis solúveis. O cimento branco é produzido a partir da mistura de caulim, que contém baixos teores de óxidos de ferro e manganês, com giz ou calcário livres de determinadas impurezas. Além disso, são tomados cuidados durante a moagem do clínquer para evitar contaminações. Essas razões fazem com que o custo do cimento branco seja elevado (o dobro do cimento Portland comum), sendo esse o motivo do concreto branco ser frequentemente utilizado na forma de uma camada de acabamento superficial aderida de forma adequada a um substrato de concreto convencional.

As cores pastéis podem ser obtidas por pintura ou pela adição de pigmentos à betoneira, desde que não ocorra efeito prejudicial à resistência. Pigmentos com incorporador de ar estão disponíveis nos Estados Unidos e uma maior uniformidade de cor é conseguida com o uso de aditivos superplastificantes (ver página 154). Alternativamente, é possível obter cimento branco a partir da moagem conjunta com um pigmento (BS 12687:2005). Cimentos brancos com alto teor de alumina também são fabricados, mas têm elevado custo (ver página 34).*

Cimento Portland pozolânico (Tipo IP, P e I(PM))

Estes cimentos são obtidos pela moagem conjunta ou mistura de pozolanas (ver página 33) com cimento Portland. A ASTM C 618–06 descreve *pozolana* como um material silicoso ou silico-aluminoso que, por si mesmo, possui pouco ou nenhum valor cimentício, mas quando finamente dividido e na presença de umidade, reage quimicamente com a cal (liberada na hidratação do cimento Portland) em temperatura ambiente formando compostos com propriedades cimentícias.

Como regra, o cimento Portland pozolânico tem um ganho de resistência lento e, portanto, exige que seja curado por maior tempo; entretanto, a resistência em longo prazo é alta (ver Fig. 2.4). A Figura 2.6 mostra que ocorre um comportamento similar quando há a substituição de parte do cimento por pozolana, e a resistência em longo prazo dependerá do teor de substituição.

A ASTM C 595–05 prescreve o cimento Tipo IP para construções em geral e o Tipo P para uso nos casos em que resistências elevadas nas primeiras idades não sejam necessárias. O Tipo I(PM) é um cimento Portland pozolânico modificado para uso geral em construções. O teor de pozolana é estabelecido entre 15 e 40% da massa

---

* N. de T.: O cimento Portland branco é normalizado no Brasil pela NBR 12989:1993. Esse cimento é identificado pela sigla CPB, podendo ser estrutural ou não estrutural. O primeiro, pela norma, deve ser composto por clínquer branco + sulfato de cálcio (75 a 100 %) e materiais carbonáticos (0 a 25%). Para o cimento não estrutural, os limites são: clínquer + sulfato de cálcio entre 50 e 74% e materiais carbonáticos entre 26 e 50%. O cimento estrutural está normalizado em três classes de resistência: 25, 32 e 40 MPa.

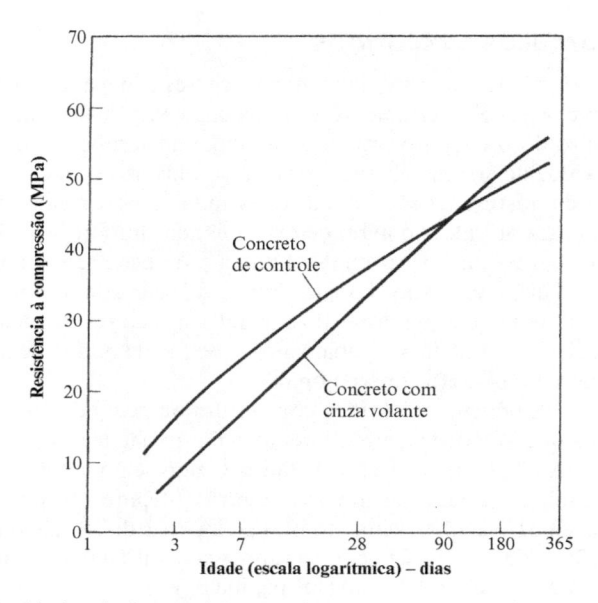

Figura 2.6 Velocidades de desenvolvimento de resistência típicas de concreto com cimento Portland (controle) e concreto com substituição de cinza volante.

total de material cimentício para os Tipos IP e P, enquanto o Tipo I(PM) tem 15% como limite máximo de pozolana.

O tipo mais comum de pozolana é a cinza volante silicosa Classe F (também conhecida como cinza volante pulverizada – ver página 33). A BS EN 197-1: 2000, conforme mostra a Tabela 2.7, estabelece duas subclasses de cimento pozolânico. A Classe IIA tem um teor de cinza volante de 6 a 30%, enquanto a Classe IIB tem um teor de cinza volante de 21 a 35%. Esses limites superiores são um pouco inferiores que os especificados pela antiga norma BS 6588: 1996 (40%). Entretanto, a BS 6610 1996 permite um teor mais elevado de cinza volante (53%) para produzir cimento pozolânico de cinza volante. A BS 6610 descreve um ensaio para determinação das propriedades pozolânicas da cinza volante em cimento pozolânico, sendo que este deve atender às exigências de pozolanicidade.

Esses cimentos são utilizados em concreto compactado com rolo (ver página 408), em concretos com requisitos de baixo calor de hidratação e concretos com exigências de boa resistência química. O uso da cinza volante melhora, em especial, a resistência a sulfatos. A cinza volante também é utilizada com cimentos Portland de escória de alto-forno de baixo calor de hidratação, desde que nenhuma propriedade importante seja significativamente afetada.

As pozolanas são frequentemente mais baratas que o cimento Portland que substituem, mas sua maior vantagem é a lenta hidratação e a consequente baixa velocidade de liberação de calor, sendo essa a razão da utilização do cimento Portland pozolânico ou a substituição parcial de cimento Portland por pozolana em construções em concreto massa.

A substituição parcial do cimento Portland por pozolana deve ser cuidadosamente definida, tendo em vista que sua massa específica (1,9 a 2,4 g/cm^3) é bem mais baixa que a do cimento (3,15 g/cm^3). Sendo assim, a substituição em massa resulta em um volume consideravelmente maior de material cimentício. Nos casos em que a exigência de resistência inicial for mantida e houver a necessidade de utilização de pozolanas, por exemplo, devido à reatividade álcali-agregado (ver página 267), a *adição* de pozolana é preferível à substituição.*

Outros cimentos Portland

Inúmeros cimentos têm sido desenvolvidos para usos específicos, como cimento de alvenaria, cimento hidrófugo e cimento bactericida. Esses cimentos não estão no escopo deste livro, devendo o leitor consultar a bibliografia para maiores informações.

Em vários países, já há algum tempo, têm sido adicionado filers inertes ao cimento Portland, mas somente recentemente esse procedimento foi permitido nos cimentos do Reino Unido. A BS EN 197–1 limita o teor de fíler a 5%, mas permite o uso de calcário em até 35% para a produção de cimento Portland de calcário.**

Cimentos expansivos

Para muitos propósitos, pode ser vantajoso o uso de um cimento que não sofra alterações de volume devido à retração por secagem (evitando assim a fissuração) ou, em casos especiais, até mesmo se expanda durante o processo de endurecimento. Concretos que contenham esse cimento expandem nos primeiros dias de idade e uma forma de protensão é obtida pela restrição dessa expansão com o uso de armadura: o aço é submetido à tração e o concreto, à compressão. A restrição por meios externos também é possível. Deve ser destacado que o uso de cimento expansivo não pode produzir um concreto "não fissurável", já que a retração ocorre após o término da cura úmida. Entretanto, a magnitude da expansão pode ser ajustada de maneira que a expansão e posterior retração sejam iguais e opostas.

---

* N. de T.: O cimento Portland pozolânico é normalizado no Brasil pela NBR 5736:1991 versão corrigida 1999. Esse cimento é identificado como CP IV e estão normalizadas as classes de resistência de 25 e 32 MPa. O teor de material pozolânico é estabelecido entre 15 e 50%, sendo permitido um teor máximo de 5% de fíler calcário e o restante constituído por clínquer e sulfato de cálcio.

** N. de T.: No Brasil, além dos cimentos citados anteriormente, é normalizado pela NBR 11578:1991 o cimento Portland composto, nos seguintes tipos: cimento Portland composto com escória (CP II E), com composição de 56 a 94% de clínquer Portland + sulfato de cálcio, 6 a 34% de escória de alto-forno e 0 a 10% de material carbonático. O cimento Portland composto com pozolana (CP II Z) tem composição de 76 a 94% de clínquer Portland + sulfato de cálcio, 6 a 14% de material pozolânico e 0 a 10% de material carbonático. Para o cimento Portland composto com fíler, a composição é de 90 a 94% de clínquer Portland + sulfato de cálcio e 6 a 10% de material carbonático Esses cimentos têm as classes de resistência de 25, 32 e 40 MPa.

Os cimentos expansivos consistem em uma mistura de cimento Portland, um agente expansor e um estabilizador. O agente expansor é obtido pela queima de uma mistura de gipsita, bauxita e giz, resultando em sulfato de cálcio e aluminato de cálcio (principalmente C_3A_3). Na presença de água, esses compostos reagem, formando sulfoaluminato de cálcio hidratado (etringita), que resulta em expansão da pasta de cimento. A escória de alto-forno é o agente estabilizador, que lentamente reage com o sulfato de cálcio excedente e finaliza com a expansão.

Três tipos principais de cimentos expansivos podem ser produzidos. São eles: Tipos K, M e S, mas somente o tipo K é disponível comercialmente nos Estados Unidos. A ASTM C 845–04 classifica os cimentos expansivos, coletivamente referidos como Tipo E–1, conforme o agente expansor utilizado com o cimento Portland e sulfato de cálcio. Em cada caso, o agente é a fonte do aluminato reativo que reage com os sulfatos do cimento Portland para formar a etringita expansiva. Cimentos expansivos especiais contendo alto teor de alumina podem ser usados em condições especiais que requerem expansões extremamente elevadas.

Visto que a formação de etringita no concreto endurecido é danosa (ver página 262), uma formação controlada de etringita nas primeiras idades, após o lançamento do concreto, é utilizada para obter um efeito compensador da retração ou obter uma protensão inicial advinda da restrição pela armadura.

Cimentos expansivos são utilizados em situações especiais, como prevenção de vazamentos de água e geralmente para minimizar os efeitos de fissuração causada pela retração por secagem em lajes de concreto, pavimentos e estruturas.

O *concreto com retração compensada* é abordado pelo Committee 223 da ACI. Nesse concreto, a expansão é restringida pelo uso de armaduras (preferencialmente triaxial) de maneira que são induzidas tensões de compressão no concreto. Essas tensões equilibram as tensões de tração decorrentes da retração por secagem restringida pela armadura. Também é possível utilizar o cimento expansivo para produzir *concreto autotensionante*, em que existem tensões residuais de compressão (de até 7 MPa) após a maior parte da retração por secagem ter ocorrido.

Vale a pena deixar claro que o uso de cimento expansivo não previne o desenvolvimento da retração. O que acontece é que a expansão inicial restringida aproximadamente contrabalança a retração normal subsequente. Normalmente uma expansão residual é buscada para assegurar que reste alguma tensão de compressão residual no concreto, prevenindo a fissuração por retração.

Pozolanas

O uso de pozolanas em cimentos Portland pozolânicos já foi citado na página 30, juntamente com a definição de pozolana. Materiais pozolânicos típicos são cinzas vulcânicas (a pozolana original), pumicita, xisto, cherts, terras diatomáceas calcinadas, argila calcinada e cinza volante.

Para a avaliação da atividade pozolânica com o cimento, avalia-se o *índice de atividade pozolânica* conforme a ASTM C 311–05, que é definido pela ASTM C 618–93 como a relação entre a resistência à compressão de uma mistura com um teor especificado de substituição de cimento por pozolana e a resistência de uma mistura sem substituição. A BS EN 450–1: 2005 especifica um método similar para cinza volante. Também existe um *índice de atividade pozolânica com cal* (atividade total). A BS EN 196–5: 2005 compara a quantidade de Ca(OH)$_2$ presente na fase líquida em contato com o cimento pozolânico hidratado com a quantidade de Ca(OH)$_2$ capaz de saturar um meio de mesma alcalinidade. Se a concentração de Ca(OH)$_2$ na solução for menor que a do meio saturado, o cimento satisfaz o teste para *pozolanicidade*.*

A pozolana artificial mais comum é a cinza volante ou cinza volante pulverizada, que é obtida por meios mecânicos ou eletrostáticos a partir dos gases de combustão de fornalhas em usinas termoelétricas à base de carvão. As partículas de cinza volante são esféricas e possuem, no mínimo, a mesma finura que o cimento, de maneira que a sílica está facilmente disponível para reação. A uniformidade das propriedades é importante e a BS EN 450–1: 2005 especifica que a finura, expressa como a massa percentual retida no ensaio na peneira de malha 45 μm, deve ser no máximo 12 %. A perda ao fogo não deve exceder 9%, o teor de MgO é limitado a 4%, o teor de SO$_3$ tem limite máximo de 3%. Para cinzas fornecidas e armazenadas secas, a quantidade total de água requerida para a mistura da cinza volante e o cimento Portland comum não deve exceder 95% da água necessária ao cimento Portland sozinho. A norma ASTM C 618–05 exige um teor mínimo de 70% de sílica, alumina e óxido de ferro, somados os valores de cada um. O teor máximo de SO$_3$ é 5% e a perda ao fogo máxima é 12%. Além disso, para controle de reação álcali-agregado, a expansão das misturas de cinza volante ensaiadas não deve exceder, aos 14 dias, a expansão da mistura de controle, produzida com cimento de baixo teor de álcalis.

A classificação americana da cinza volante, dada pela ASTM C 618–05, é baseada no tipo de carvão que originou a cinza. A cinza mais comum derivada do carvão betuminoso é principalmente silicosa, e é classificada como Classe F. Carvão sub-betuminoso e lignita resultam em cinza com alto teor de cal, classificada como Classe C. Comparadas com outras, as cinzas Classe C são mais claras e podem ter um maior teor de MgO, que, juntamente com a cal, podem causar expansões deletérias. Além disso, o comportamento de sua resistência em altas temperaturas é suspeito. **

Cimento de elevado teor de alumina (HAC)

O cimento de elevado teor de alumina*** foi desenvolvido no início do século XX com o objetivo de resistir ao ataque por sulfatos, mas logo passou a ser utilizado como um cimento de resistência inicial muito alta.

---

* N. de T.: No Brasil, a avaliação da atividade pozolânica com cimento é normalizada pela NBR 5752:1992, enquanto o ensaio realizado com cal é normalizado pela NBR 5751:1992. A NBR 5753:2010 estabelece os critérios para a determinação da pozolanicidade para cimento pozolânico., utilizando o método da comparação do teor de cal na solução.
** N. de T.: No Brasil, a especificação dos materiais pozolânicos é feita pela NBR 12653:1992, Errata 1:1999 sendo distribuídos em três classes: N, C e E, respectivamente materiais naturais e artificiais que obedecem os requisitos da norma citada; cinza volante produzida pela queima de carvão em usinas termoelétricas que atendem os requisitos da normas e, na classe E, qualquer pozolana cujos requisitos diferem das classes anteriores.
*** N. de T.: Também conhecido como cimento aluminoso.

O cimento de elevado teor de alumina é fabricado a partir do calcário e bauxita, sendo esta constituída por alumina hidratada, óxidos de ferro e titânio e pequenas quantidades de sílica. Após a moagem, as matérias-primas são aquecidas até o ponto de fusão, cerca de 1600°C, sendo o produto resultante resfriado e fragmentado antes de ser moído até uma finura na faixa de 250 a 320 m²/kg. A elevada dureza do clínquer, juntamente com o alto custo da bauxita e a alta temperatura de queima, resulta em um cimento mais caro que o cimento Portland de alta resistência inicial.

A Tabela 2.9 dá valores típicos da composição de óxidos do cimento de elevado teor de alumina. Um teor mínimo de alumina de 32% é prescrito pela BS 915: 1972 (1983), substituída pela BS EN 14647: 2005, que também exige que a relação alumina/cal seja entre 0,85 e 1,3.

Os principais compostos cimentícios são aluminatos de cálcio: CA e C_5A_3 (ou $C_{12}A_7$). Outras fases presentes são o $C_6A_4.FeO.S$ e $C_6A_4MgO.S$ isomorfo, enquanto o C_2S (ou C_2AS) não soma mais que um pequeno porcentual. Existem outros compostos secundários, mas não existe cal livre e, portanto, a expansibilidade nunca é um problema. A hidratação do CA resulta na formação de CAH_{10} e uma pequena quantidade de C_2AH_8 e gel de alumina ($Al_2O_3.aq$). Com o tempo, os cristais hexagonais de CAH_{10} tornam-se cristais cúbicos de C_3AH_6 e gel de alumina. Essa transformação, conhecida como *conversão*, é acelerada por temperaturas elevadas e uma elevada concentração de cal ou aumento da alcalinidade. Acredita-se que o produto da hidratação do C_5A_3 seja o C_2AH_8.

Como mencionado anteriormente, o cimento de elevado teor de alumina é altamente satisfatório na resistência ao ataque por sulfatos devido, principalmente, à ausência de $Ca(OH)_2$ nos produtos de hidratação. Entretanto, misturas magras são muito menos resistentes a sulfatos e a resistência química também diminui drasticamente após a conversão.

Como já mencionado, o cimento de elevado teor de alumina apresenta uma velocidade de desenvolvimento de resistência muita elevada. Cerca de 80% de sua resistência final, antes da conversão, é alcançada à idade de 24 horas, e mesmo em 6 a 8 horas é obtida uma resistência suficiente para remoção das fôrmas. A rápida hidratação produz uma elevada liberação de calor; esse valor é cerca de 2,5 vezes maior

Tabela 2.9 Composição de óxidos típica do cimento de elevado teor de alumina

Óxido	Teor (%)
SiO_2	3 a 8
Al_2O_3	37 a 41
CaO	36 a 40
Fe_2O_3	9 a 10
FeO	5 a 6
TiO_2	1,5 a 2
MgO	1
Resíduo insolúvel	1

que o cimento Portland de alta resistência inicial, apesar do calor de hidratação total de ambos cimentos ser de mesma ordem.

Deve ser destacado que a rapidez de endurecimento do cimento de elevado teor de alumina não é acompanhada pela pega rápida. Na verdade, esse cimento é de pega lenta, mas o fim de pega se dá em um intervalo de tempo menor, contado a partir do início de pega, quando comparado ao cimento Portland. O tempo de pega é bastante afetado pela adição de gesso, cal, cimento Portland e matéria orgânica. No caso de misturas de cimento Portland e cimento de elevado teor de alumina, pode ocorrer a pega instantânea quando um dos cimentos constituir entre 20 e 80% da mistura. Essa característica de pega rápida é interessante para estancar o ingresso de água e casos similares, mas a resistência em longo prazo dessa mistura é bastante baixa.

A conversão de cimento de elevado teor de alumina é de grande interesse prático, por levar à perda de resistência em função de o C_3AH_6 cúbico convertido hidratado ter uma densidade maior que o CAH_{10} hexagonal não convertido hidratado. Assim, se o volume total do corpo é constante, a conversão resulta em aumento da porosidade da pasta, com influência fundamental na resistência do concreto (ver página 100). A Figura 2.7 mostra a perda de resistência típica devido à conversão, que é função

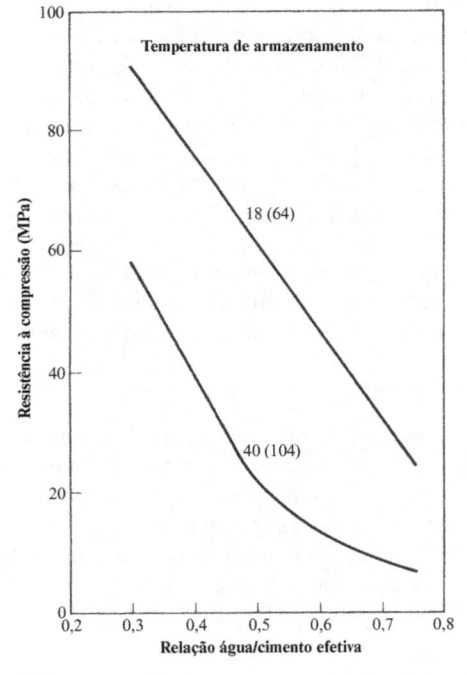

Figura 2.7 Influência da relação água/cimento efetiva (ver página 54) na resistência de cubos de concreto com cimento de elevado teor de alumina curados em água entre 18°C e 40°C por 100 dias.

tanto da temperatura quanto da relação água/cimento. Em relações água/cimento moderadas e elevadas, a resistência residual pode ser bastante baixa, de maneira que é inaceitável para a maioria dos usos estruturais. De qualquer forma, mesmo com relações água/cimento baixas, a conversão aumenta a porosidade, de modo que podem ocorrer ataques químicos. Tendo em vista os efeitos da conversão, o cimento de elevado teor de alumina não é mais utilizado em concretos estruturais, mas é um material útil para serviços de reparos emergenciais provisórios e obras temporárias. Uma revisão extensa dos insucessos na utilização do cimento de elevado teor de alumina é apresentada em "History do high-alumina cement" de A.M. Neville em Proceedings ICE, *Engineering History and Heritage*, pp. 81–101, (May, 2009).

O concreto de elevado teor de alumina é um dos principais materiais refratários, especialmente para temperaturas superiores a 1000°C. Dependendo do tipo de agregado, a resistência mínima nessas temperaturas varia entre 5 e 25% da resistência inicial, e temperaturas na ordem de 1600 a 1800°C podem ser suportadas com agregados especiais. O concreto refratário desse tipo tem uma boa resistência química e outras vantagens, como resistência à movimentação térmica e a choques térmicos.*

Outras pozolanas

Outros tipos de pozolanas são *casca de arroz, metacaulim* e *sílica ativa*. A casca de arroz é um resíduo natural com alto teor de sílica que, quando queimado lentamente em temperaturas entre 500 e 700°C, resulta em um material amorfo com uma estrutura porosa. O metacaulim também é um material silicoso amorfo obtido pela calcinação de argilas cauliníticas, puras ou refinadas, em temperaturas entre 650 e 850°C. A sílica ativa é um resíduo da produção de silício ou ligas de ferro-silício a partir de quartzo de alta pureza e carvão mineral em fornos elétricos de arco submerso. O SiO_2 expelido na forma de gás se oxida e se condensa na forma de partículas esféricas extremamente finas de sílica amorfa (vidro). Essas partículas são altamente reativas, o que acelera a reação com o $Ca(OH)_2$ produzido pela hidratação do cimento Portland. As pequenas partículas de sílica ativa também preenchem o espaço entre os grãos de cimento, melhorando assim o empacotamento (ver página 409).**

Materiais cimentícios

Os diversos materiais que contribuem para a resistência do concreto, seja por ação química, seja por ação física, são coletivamente denominados como *materiais cimentícios*. Assim, quando, para a produção de concreto, são utilizadas cinza volante, sílica ativa ou escória de alto-forno em conjunto com o cimento, um dos fatores mais importantes é a relação água/aglomerantes (a/agl) ou água/materiais cimentícios.

Um concreto com relação água/aglomerantes menor que 0,28, é considerado como um *concreto de alto desempenho* (ver página 408).

---

* N. de T.: No Brasil, somente é normalizado o cimento aluminoso para uso em materiais refratários, pela NBR 13847:2012.
** N. de T.: Estão normalizados no Brasil a sílica ativa e o metacaulim, respectivamente pelas normas NBR 13956-1:2012 e NBR 15894–1:2010.

Capítulo 2 Cimento   39

Bibliografia

2.1 A. M. NEVILLE, Whither expansive cement?, *Concrete International*, 16, No. 9, pp. 34–5 (1994).
2.2 ACI COMMITTEE 223-98, Standard practice for the use of shrinkage-compensating concrete, Part 1. *ACI Manual of Concrete Practice* (2007).
2.3 M. H. ZHANG, T. W. BREMNER and V. M. MALHOTRA, The effect of Portland cement type on performance. *Concrete International*, 25, No. 1, pp. 87–94 (2003).
2.4 R. H. BOGUE, *Chemistry of Portland Cement* (New York, Reinhold, 1955).
2.5 F. M. LEA, *The Chemistry of Cement and Concrete* (London, Arnold, 1970).
2.6 A. M. NEVILLE in collaboration with P. J. Wainwright, *High-alumina Cement Concrete* (Lancaster/New York, Construction Press, 1975).

Problemas

2.1 Como o calor de hidratação do cimento pode ser reduzido?
2.2 Quais são os principais produtos de hidratação do cimento de elevado teor de alumina?
2.3 Existe alguma relação entre as propriedades cimentantes e o calor de hidratação do cimento?
2.4 Por que são necessários ensaios em cimento em uma fábrica de cimento?
2.5 Quais são as causas de expansibilidade do cimento?
2.6 Descreva os importantes efeitos do C_3A nas propriedades do concreto.
2.7 Por que o teor de C_3A no cimento é importante?
2.8 Descreva os efeitos de C_3S nas propriedades do concreto.
2.9 Como o sulfato de cálcio influencia na hidratação do C_3A?
2.10 Compare a contribuição dos diversos compostos do cimento em seu calor de hidratação.
2.11 Como a finura do cimento é medida?
2.12 O que se entende por água de hidratação?
2.13 Como é medida a consistência da pasta de cimento?
2.14 Qual é a diferença entre falsa pega e pega instantânea?
2.15 Quais são as principais etapas da produção de cimento Portland?
2.16 Quais são as principais etapas da produção do cimento de elevado teor de alumina?
2.17 Quais são as reações de hidratação dos principais compostos do cimento Portland?
2.18 Qual é o método para cálculo da composição de compostos do cimento Portland a partir de sua composição de óxidos?
2.19 Quais são os principais compostos do cimento Portland?
2.20 Quais são os compostos secundários do cimento Portland? Qual seu papel?
2.21 O que se entende por perda ao fogo?
2.22 Qual é a diferença entre falsa pega, início e fim de pega?
2.23 Como são realizados os ensaios de resistência de cimento?
2.24 Qual é a diferença entre cimento Portland comum (Tipo I) e cimento Portland de alta resistência inicial (Tipo III)? Quais desses cimentos você utilizaria em concreto massa?
2.25 Descreva as reações químicas que ocorrem durante as primeiras 24 horas da hidratação do cimento Portland comum (Tipo I DSTM) à temperatura normal.
2.26 Compare as contribuições do C_3S e C_2S para a resistência aos 7 dias do concreto.
2.27 O que se entende por calor total de hidratação do cimento?
2.28 O que se entende por conversão do cimento de elevado teor de alumina?
2.29 Quais são as consequências da conversão do cimento de elevado teor de alumina?

2.30 Em que condições você recomendaria o uso de cimento de elevado teor de alumina?
2.31 Descreva as consequências da mistura de cimento Portland e cimento de elevado teor de alumina.
2.32 Você recomendaria o cimento de elevado teor de alumina para uso estrutural?
2.33 Por que o sulfato de cálcio é adicionado na produção do cimento Portland?
2.34 Por que um cimento resistente a sulfatos (Tipo V DSTM) é adequado para um concreto sujeito a ataque por sulfatos?
2.35 Por que o C_3A é indesejável no cimento?
2.36 Como o teor de sulfato do cálcio do cimento Portland é especificado?
2.37 O que são os álcalis do cimento?
2.38 O que é o resíduo insolúvel do cimento?
2.39 Que cimento você usaria para fins refratários?
2.40 Por que o teor de sulfato de cálcio adicionado ao cimento é cuidadosamente controlado?
2.41 Que cimento você utilizaria para minimizar o calor de hidratação e o ataque por água do mar?
2.42 Que cimento você utilizaria para reduzir a reação álcali-agregado?
2.43 O que é o índice de atividade pozolânica?
2.44 O que produz as propriedades expansivas em cimentos expansivos?
2.45 Qual é a pozolana artificial mais comum e como ela é utilizada no cimento?
2.46 Quais são as vantagens do uso de cinza volante e escória de alto-forno?
2.47 O que é um cimento composto?
2.48 Em que condições a cinza volante e a escória não devem ser utilizadas?
2.49 Calcule a composição de Bogue dos cimentos a partir da composição de óxidos dada abaixo:

Óxido	Teor (%)		
	Cimento A	Cimento B	Cimento C
SiO_2	22,4	25,0	20,7
CaO	68,2	61,0	64,2
Fe_2O_3	0,3	3,0	5,3
Al_2O_3	4,6	4,0	3,9
SO_3	2,4	2,5	2,0
Cal livre	3,3	1,0	1,5

Resposta:

Cimento	Compostos (%)			
	C_3S	C_2S	C_3A	C_4AF
A	69,3	12,0	11,7	0,9
B	20,0	56,6	5,5	9,1
C	64,5	10,8	1,3	16,1

3
Agregados

Aproximadamente ¾ do volume de concreto são ocupados pelos agregados, então é de se esperar que sua qualidade seja de grande importância. Os agregados não só limitam a resistência do concreto, como também suas propriedades afetam significativamente a durabilidade e o desempenho estrutural do concreto.

Os agregados eram tidos no início como materiais inertes, de baixo custo, dispersos na pasta de cimento de forma a produzir um grande volume de concreto. Na realidade, eles não são realmente inertes, já que suas propriedades físicas, térmicas e algumas vezes químicas influenciam no desempenho do concreto, por exemplo, melhorando sua estabilidade dimensional e durabilidade em relação às da pasta de cimento. Do ponto de vista econômico, é vantajoso produzir misturas com o maior teor de agregados e a menor quantidade de cimento possível, mas a relação custo/benefício deve ser contrabalançada com as propriedades desejadas do concreto no estado fresco e endurecido.

Os agregados naturais são formados por processos de intemperismo e abrasão ou por britagem de grandes blocos da rocha-mãe. Sendo assim, muitas propriedades dos agregados dependem das propriedades da rocha-mãe, por exemplo, composição química e mineral, classificação petrográfica, massa específica, dureza, resistência, estabilidade física e química, estrutura de poros, cor, etc. Além disso, há outras propriedades dos agregados que são inexistentes na rocha-mãe: forma e dimensão das partículas, textura superficial e absorção. Todas essas propriedades podem exercer considerável influência na qualidade do concreto fresco e endurecido.

Mesmo quando todas essas propriedades são conhecidas, é difícil definir um bom agregado para concreto. Enquanto agregados com todas as propriedades satisfatórias sempre resultarão em concretos de boa qualidade, um agregado de qualidade aparentemente inferior também pode resultar em concretos de qualidade, sendo essa a razão para utilização de critérios de desempenho na seleção de agregados. Por exemplo, uma amostra de rocha pode se desagregar por congelamento; entretanto, o mesmo pode não ocorrer quando imersa no concreto. Contudo, em geral, se um agregado possui mais de uma característica inadequada, dificilmente resultará em concreto de boa qualidade. Dessa maneira, ensaios em agregados são importantes para verificar sua adequação ao uso em concreto.

Classificação segundo as dimensões

O concreto geralmente é produzido com agregados de dimensões máximas que variam entre 10 mm a 50 mm, sendo 20 mm um valor típico. A distribuição das dimensões é denominada *granulometria*. Concretos de menor exigência de qualidade podem ser produzidos com agregados de jazidas que contêm toda uma variação de dimensões, dos maiores aos menores, denominados *bica corrida*. A alternativa mais usual e sempre utilizada para a produção de concretos de boa qualidade é a obtenção de agregados separados em duas partes; a separação principal é a dimensão de 5 mm ou a peneira ASTM N° 4, estabelecendo assim a divisão entre agregados *miúdos* (areia) e agregados *graúdos* (ver Tabela 3.6). Algumas vezes o termo agregado é utilizado para designar os agregados graúdos, de forma a distingui-los da areia, mas essa não é a denominação correta.

Considera-se que a areia, em geral, tem como dimensão mínima o valor de 0,07 mm ou pouco menor. O material com dimensões entre 0,06 mm e 0,002 mm é classificado como *silte* e as partículas menores, denominadas argila. *Marga* é um material de consistência mole, constituído de areia, silte e argila em iguais proporções.*

Classificação petrográfica

Do ponto de visto petrográfico, os agregados podem ser divididos em vários grupos de rochas com características comuns (ver Tabela 3.1). A classificação em grupos não significa a adequação do agregado à produção de concreto, pois materiais inadequados podem ser encontrados em qualquer grupo, embora alguns grupos tenham a tendência de ter melhores resultados que outros. Deve ser ressaltado que várias denominações comerciais e usuais frequentemente não correspondem à classificação petrográfica correta. A descrição petrográfica é apresentada na BS 812: Parte 102: 1989.

Na norma americana ASTM C 294–05, são apresentadas as descrições dos minerais mais comuns ou importantes encontrados nos agregados, ou seja:

    Minerais de sílica – (quartzo, opala, calcedônia, tridimita, cristobalita)
    Feldspatos
    Minerais micáceos
    Minerais carbonáticos
    Minerais sulfáticos
    Minerais de sulfeto de ferro
    Minerais ferromagnesianos
    Zeólitos
    Minerais de óxido de ferro
    Minerais argilosos

Os detalhes de métodos mineralógicos e petrográficos estão além do escopo deste livro, mas é importante ter consciência de que o exame geológico dos agregados é uma poderosa ferramenta na determinação de sua qualidade e, em especial, para

---

* N. de T.: A norma brasileira **NBR** 7211:2009 estabelece 4,75 mm como a divisão entre agregados miúdos e agregados graúdos. A mesma norma define agregado total como aquele resultante de britagem de rochas cujo beneficiamento resulta em uma distribuição granulométrica formada por agregados miúdos e graúdos ou pela mistura intencional de areia natural e agregados britados.

Tabela 3.1 Classificação dos agregados naturais segundo o tipo de rocha

Grupo Basalto	Grupo Flint	Grupo Gabro
Andesito	Chert	Diorito básico
Basalto	Flint	Gnaisse básico
Porfiritos básicos		Gabro
Diabásio		Hornblenda
Todos os tipos de doleritos, incluindo teralito e teschenito		Norito
		Peridotito
Epidiorito		Picrito
Lamprófiro		Serpentinito
Quartzo-dolerito		
Espilito		
Grupo Granito	**Grupo Arenito (incluindo rochas vulcânicas fragmentadas)**	**Grupo Hornfels**
Gnaisse		Todos os tipos de rochas de contato alteradas, exceto mármore
Granito		
Granodiorito	Arcósio	
Granulito	Grauvaca	
Pegmatito	Arenito	
Quartzo-diorito	Tufo	
Sienito		
Grupo Calcário	**Grupo Porfirítico**	**Grupo Quartzito**
Dolomito	Aplito	Quartzito
Calcário	Dacito	Arenito quarzítico
Mármore	Felsito	Quartzito recristalizado
	Granófiro	
	Queratófiro	
	Microgranito	
	Pórfiro	
	Quartzo-porfirítico	
	Riólito	
	Traquito	
Grupo Xisto		
Filito		
Xisto		
Folhelho		
Todas as rochas altamente cisalhadas		

comparar um novo agregado com um de histórico conhecido. Além disso, propriedades adversas, como a presença de formas instáveis de sílica, pode ser identificada. Nos casos de agregados artificiais (ver Capítulo 18), a influência dos métodos de produção e processamento também é estudada.*

---

* N. de T.: As normas NBR NM 66:1998 (Agregados – Constituintes mineralógicos dos agregados naturais – Terminologia) e NBR 6502:1995 (Rochas e solos – Terminologia) definem, respectivamente, os termos utilizados na descrição dos constituintes mineralógicos dos agregados naturais utilizados no concreto e os termos relativos aos materiais da crosta terrestre, rochas e solos, para fins de engenharia geotécnica de fundações e obras de terra. Os termos apresentados nesta seção foram baseados, sempre que possível, nessas normas.

Classificação segundo forma e textura

As características externas dos agregados, em especial a forma e a textura superficial da partícula, são importantes para as propriedades do concreto fresco e endurecido. A forma de corpos tridimensionais é de difícil descrição, sendo, então, importante definir algumas características geométricas desses corpos.

O *arredondamento* avalia a agudeza relativa ou angulosidade das arestas de uma partícula. O arredondamento real é consequência da resistência mecânica e resistência ao desgaste da rocha-mãe e do desgaste a que a partícula foi submetida. No caso de agregados britados, a forma depende das características da rocha-mãe, do tipo de britador e de sua taxa de redução, isto é, a relação da dimensão do produto britado quando comparado à dimensão inicial. Uma classificação geral prática das formas das partículas é dada na Tabela 3.2.

Tabela 3.2 Classificação segundo a forma das partículas e exemplos

Classificação	Descrição	Exemplos
Arredondado	Totalmente desgastado pela ação de água ou totalmente conformado por atrito	Seixo de rio ou zonas litorâneas marítimas; areia de deserto, de origem eólica ou de litoral marítimo
Irregular	Naturalmente irregular ou parcialmente conformado por atrito com arestas arredondadas	Outros seixos, flint
Lamelar	Material em que a espessura é menor que as outras duas dimensões	Rochas lamelares
Anguloso	Possuem arestas bem definidas na interseção de faces razoavelmente planas	Pedras britadas de todos os tipos, talus e escória britada
Alongado	Material, em geral, anguloso no qual o comprimento é consideravelmente maior que as outras duas dimensões	—
Lamelar e alongado	Material com o comprimento bem maior que a largura e esta bem maior que a espessura	—

Embora não exista normalização da ASTM, algumas vezes é utilizada nos Estados Unidos a seguinte classificação:

Totalmente redondo – sem face original
Arredondado – quase todas as faces inexistentes
Subarredondado – consideravelmente desgastado, faces com área reduzida
Subanguloso – algum desgaste com faces intactas
Anguloso – poucas evidências de desgaste

Como o grau de empacotamento das partículas de um mesmo tamanho depende de sua forma, a angulosidade do agregado pode ser estimada pela proporção de vazios entre as partículas compactadas segundo um procedimento padronizado. Originalmente a BS 812: parte 1: 1975 quantificava esse efeito pelo índice de angulosidade, ou seja, 67 menos a porcentagem de volume de sólidos em um recipiente preenchido, de maneira normalizada, com agregados. As dimensões das partículas usadas no ensaio devem ser controladas dentro de limites estreitos e devem preferencialmente estar em uma das quatro faixas: 20,0 e 14,0 mm; 14,0 e 10,0 mm; 10,0 e 6,3 mm e 6,3 e 5,0 mm.

O número 67 na expressão do cálculo do índice de angulosidade representa o volume de sólidos da maioria dos cascalhos arredondados; portanto, o índice de angulosidade mede a porcentagem de vazios de um material em relação ao índice do cascalho, isto é, 33. Para agregados de uso prático, o índice varia entre 0 e 11, e quanto maior o valor, mais anguloso é o agregado.

Outro aspecto da forma dos agregados graúdos é sua *esfericidade*, definida como uma função da relação entre a área superficial da partícula e seu volume (superfície específica). A esfericidade está relacionada à estratificação e clivagem da rocha-mãe e é influenciada também pelo tipo de equipamento de britagem nos casos de redução das dimensões artificialmente. Partículas com elevada relação entre área superficial e volume são de especial interesse, já que diminuem a trabalhabilidade das misturas (ver página 79). Partículas alongadas e lamelares têm essa característica, sendo que as últimas podem influenciar negativamente na durabilidade do concreto, pois têm a tendência de se acomodar segundo um plano orientado, com formação de vazios e acúmulo de água abaixo dele. A presença de partículas alongadas ou lamelares, acima de 10 a 15% em relação à massa de agregados graúdos, geralmente é considerada indesejável, apesar de não haver limites estabelecidos.

A classificação dessas partículas é feita por meio de gabaritos, conforme descrição da BS 812–105.1 e 2. O método é baseado no pressuposto de que uma partícula é lamelar se sua espessura (menor dimensão) é 0,6 vezes menor que a dimensão média da peneira da fração de tamanho a que pertence a partícula. De mesma forma, a partícula na qual o comprimento (maior dimensão) é maior que 1,8 vezes a dimensão média da peneira da fração de tamanho a que ela pertence é dita como alongada. A dimensão média é definida como a média aritmética entre a dimensão da peneira onde a partícula ficou retida e a dimensão da peneira acima. Um controle dimensional rígido é necessário e as peneiras consideradas não são da série normal para agregados, mas 75,0; 63,0; 50,0; 37,5; 28,0; 20,0; 14,0; 10,0; 6,30 e 5,00 mm. A BS EN 1933–4: 2000 descreve um ensaio para avaliação da forma que é similar ao ensaio de alongamento, mas, embora úteis, nenhum desses ensaios descreve adequadamente a forma da partícula.

A massa de partículas lamelares expressa como uma porcentagem da amostra é denominada como *índice de lamelaridade*. O *índice de alongamento* e o *índice de forma* são definidos da mesma maneira. Algumas partículas são ao mesmo tempo alongadas e lamelares, sendo então contabilizadas em ambas categorias.*

---

* N. de T.: A NBR 7809:2006 normaliza a determinação do índice de forma do agregado graúdo pelo método do paquímetro. Segundo a NBR 7211:2009, esse índice não deve ser superior a 3.

Enquanto a BS EN 12620: 2002 limita o índice de lamelaridade dos agregados graúdos em 50, a BS 882: 1992 especifica o mesmo limite para cascalho; entretanto, para agregados britados ou parcialmente britados, o limite é 40%.

Agregados de regiões marinhas podem conter conchas que devem ter seu teor controlado por serem frágeis e também por poderem diminuir a trabalhabilidade das misturas. O teor de conchas é determinado por pesagem das conchas e de fragmentos coletados manualmente de uma amostra de agregados maiores que 5 mm. Detalhes do ensaio são apresentados nas normas BS 812–106: 1985 e BS EN 933–7: 1998.

Segundo a BS EN 12620: 2002, quando necessário, o teor de conchas dos agregados graúdos deve ser classificado em duas categorias: maior ou menor que 10%. A norma britânica BS 882: 1992 limita o teor de conchas em agregados graúdos em 20% quando a dimensão máxima é 10 mm e em 8% quando for superior. Os limites se aplicam a um agregado de dimensão única, graduado e brita corrida. Não há limites para o teor de conchas em agregados miúdos.

A classificação segundo a *textura superficial* é baseada no grau de polimento da superfície das partículas, sendo polidas ou opacas, lisas ou ásperas. O tipo de aspereza também deve ser analisado. A textura superficial depende da dureza, de dimensões dos grãos e de características de porosidade da rocha-mãe (rochas duras, densas e grãos finos em geral resultam em superfícies de fratura lisas), bem como o grau com que as forças atuantes sobre a superfície das partículas as tenham alisado ou tornado ásperas. A avaliação visual da aspereza é bastante aceitável, mas para evitar erros pode ser adotada a classificação da Tabela 3.3.

Tabela 3.3 Classificação dos agregados segundo a textura superficial e exemplos

Grupo	Textura superficial	Características	Exemplos
1	Vítrea	Fratura conchoidal	Flint negro, escória vitrificada
2	Lisa	Desgastado por água ou alisado devido à fratura de rochas laminadas ou de granulação fina	Seixo, chert, ardósia, mármore e alguns riólitos
3	Granular	Fratura mostrando grãos mais ou menos uniformes arredondados	Arenito, oólito
4	Áspera	Fratura áspera de rochas de granulação fina ou média contendo constituintes cristalinos de difícil visualização	Basalto, felsito, pórfiro, calcário
5	Cristalina	Presença de constituintes cristalinos de fácil visualização	Granito, gabro, gnaisse
6	Alveolar	Com poros e cavidades visíveis	Tijolo, pedra-pome, escória expandida, clínquer, argila expandida

A forma e a textura superficial dos agregados, especialmente dos agregados miúdos, exercem grande influência na demanda de água da mistura (ver página 79). Em termos práticos, mais água será necessária quanto maior for o teor de vazios de agregados no estado solto. Geralmente, a lamelaridade e a forma do agregado graúdo têm um importante efeito sobre a trabalhabilidade do concreto, sendo esta decrescente com o aumento do índice de angulosidade.

Propriedades mecânicas

Embora os diversos ensaios descritos nos itens seguintes deem um indicativo da qualidade do agregado, não é possível relacionar as propriedades dos agregados ao desenvolvimento da resistência potencial do concreto e, na realidade, não é possível traduzir as propriedades dos agregados em propriedades de produção do concreto.

Aderência

Tanto a forma quanto a textura superficial influenciam consideravelmente na resistência do concreto, em especial para concretos de alta resistência, sendo que a resistência à flexão é mais afetada que a resistência à compressão. Um agregado de textura mais áspera resulta em melhor aderência entre as partículas e a matriz de cimento. Da mesma forma, a maior área superficial de agregados mais angulosos resulta em maior aderência. Em geral, características de textura que não permitem a penetração da pasta na superfície das partículas não contribuem para uma boa aderência e, assim, agregados mais macios, porosos e com partículas mineralogicamente heterogêneas resultam em melhor aderência.

A determinação da qualidade da aderência ainda é difícil e não existem ensaios confiáveis. Em geral, quando a aderência é boa, um corpo de prova de concreto rompido deve conter algumas partículas partidas, além de um maior número de partículas separadas da pasta. Entretanto, um excesso de partículas fraturadas pode indicar um agregado de baixa resistência.

Resistência

Obviamente a resistência à compressão do concreto não pode ser muito maior do que a resistência da *maior* parte dos agregados nele contidos, apesar de não ser fácil determinar a resistência à compressão do agregado propriamente dito. Algumas poucas partículas fracas podem ser admitidas e, além disso, os vazios podem ser considerados como partículas de agregados com resistência nula.

As informações necessárias sobre as partículas de agregado devem ser obtidas a partir de métodos de ensaios indiretos, como ensaios de resistência ao esmagamento de amostras preparadas de rocha, valores de esmagamento de agregados soltos e desempenho do agregado em concreto. Este último pode significar experiências anteriores com um determinado agregado ou verificações experimentais, substituindo um agregado de qualidade reconhecida em uma determinada composição de concreto pelo agregado em análise.

Ensaios em amostras preparadas são pouco utilizados, mas o valor de 200 MPa pode ser citado como um bom valor médio de amostras submetidas a ensaios de resistência à compressão, apesar de que vários agregados excelentes apresentam valores inferiores a 80 MPa. Deve-se destacar que a resistência necessária do agregado é consideravelmente maior que os valores normais da resistência do concreto em função de as tensões reais nos pontos de contato das partículas individuais poderem superar em muito a tensão de compressão nominal aplicada. Por outro lado, agregados de resistência e módulo de elasticidade moderados ou baixos podem ser úteis para preservar a integridade do concreto, pois as mudanças de volume resultantes de causas térmicas ou variações de umidade resultam em menor tensão na pasta de cimento quando o agregado é compressível, enquanto um agregado rígido pode levar à fissuração da pasta de cimento envolvente.

O ensaio do *índice de esmagamento do agregado* é prescrito pela BS 812–110: 1990 e pela BS EN 1097–2: 1998 e é uma importante ferramenta quando da utilização de agregados de desempenho desconhecido.

O material a ser ensaiado deve passar na peneira 14,0 mm e ficar retido na peneira 10,0 mm. Quando, no entanto, essa dimensão não estiver disponível, partículas de outras dimensões podem ser usadas, mas, em geral, dimensões maiores resultam em valores de esmagamento mais elevados, enquanto as menores resultam em valores mais baixos que ensaios realizados com a mesma rocha na dimensão normalizada. A amostra deve ser seca em estufa na faixa de 100 a 110°C por 4 horas e, então, colocada em um molde cilíndrico e compactada segundo procedimento normalizado. Um pistão é colocado no topo dos agregados e todo o conjunto posicionado em uma máquina de ensaio à compressão, sendo submetido a uma carga de 400 kN (tensão de 22,1 MPa) na área total do pistão; a carga é aumentada gradualmente em um período de 10 minutos. Após o alívio da carga, os agregados são removidos e peneirados em uma peneira de 2,36 mm[3] no caso de amostras de dimensões padrões, ou seja, entre 14,0 e 10,0 mm. Para amostras de outras dimensões, a dimensão da peneira é prescrita pelas normas BS 812–110: 1990 e BS EN 1097–2: 1998. A relação da massa de material passante na peneira, em relação à massa total da amostra, é denominada índice de esmagamento do agregado.*

Não há relação explícita entre o índice de esmagamento do agregado e sua resistência à compressão, mas esse valor é, em geral, maior quanto menor for a resistência à compressão. Para índices de esmagamento entre 25 e 30, o ensaio é pouco sensível à variação da resistência de agregados mais fracos. Isso se deve ao fato dos agregados mais fracos serem esmagados antes da aplicação do carregamento total de 400 kN, o que faz com que esses materiais sejam compactados e, assim, a quantidade total esmagada durante as etapas finais do ensaio seja reduzida.

Por essa razão, o *valor de 10% de finos* é incluído na BS 812–111:1990 e um ensaio de *resistência à fragmentação* é prescrito pela BS EN 1097–2:1998. A BS 812–111: 1990 utiliza o ensaio de esmagamento para determinar a carga necessária para

---

[3] Para dimensões das peneiras, ver Tabela 3.6
* N. de T.: A NBR 9938:1987 estabelece o método para avaliação da resistência ao esmagamento de agregados graúdos, similar ao método descrito.

produzir 10% de finos a partir de partículas de 14,0 a 10,0 mm. Isso é alcançado pela aplicação de uma carga progressivamente maior no pistão de maneira a causar uma penetração em 10 minutos de cerca de:

15 mm para agregados arredondados ou parcialmente arredondados;
20 mm para agregados britados;
24 mm para agregados alveolares (como a argila expandida ou escória expandida – ver Capítulo 18).

Essas penetrações devem resultar em uma porcentagem de finos passantes na peneira 2,36 mm entre 7,5 e 12,5%. Sendo y a porcentagem de finos devido à carga máxima de x kN, então a carga necessária para resultar em 10% de finos é dada por:

$$\frac{14x}{y+4}.$$

O ensaio de resistência à fragmentação envolve o esmagamento dinâmico de uma amostra de agregados de dimensões entre 12,5 e 8 mm, por 10 impactos, sendo medida a porcentagem de finos passantes por cinco peneiras abaixo de 8 mm. A resistência à fragmentação é dada pela quantidade total passante por todas as peneiras dividida por 5.

Em função de a resistência ao esmagamento de alguns agregados ser significativamente menor quando em condição saturado superfície seca (ver página 53), as normas BS 812–111: 1990 e BS EN 1097–2: 1998 estabelecem essa condição de umidade, que é mais representativa de condições reais que a condição seca em estufa. Entretanto, após o esmagamento, os finos devem ser secos até massa constante ou por 12 horas a 105°C.

Deve ser destacado que, nesse ensaio, diferentemente do ensaio de esmagamento, um resultado numérico maior indica uma maior resistência do agregado. A BS 882: 1992 prescreve um valor mínimo de 150 kN para agregados a serem utilizados em acabamentos de pisos de concreto sujeitos a uso pesado, 100 kN para agregados de utilização em superfícies de pavimentos de concreto sujeitos à abrasão e 50 kN quando utilizados em outros concretos.

Tenacidade

A tenacidade pode ser definida como a resistência do agregado à ruptura por impacto, sendo usual a determinação do *índice de impacto de agregados* soltos. Os procedimentos detalhados dos ensaios são apresentados pelas normas BS 812–112: 1990 e BS EN 1097–2: 1998.* O resultado desses ensaios é relacionado ao índice de esmagamento e pode ser utilizado como um ensaio alternativo. Pelas mesmas razões apresentadas na página 50, ambas normas citam que os agregados podem ser ensaiados também na condição saturado e superfície seca. As dimensões das partículas ensaiadas são as mesmas do ensaio de esmagamento, bem como os teores admitidos da fração menor que

---

* N. de T.: O termo original *toughness* define a medida da capacidade de um material em absorver energia até a fratura. O ensaio descrito não se relaciona a essa propriedade, pois avalia a resistência de partículas de agregados submetidas a repetidos impactos. Não há medida de absorção de energia ou deformação. O referido ensaio não é normalizado no Brasil.

2,36 mm. O impacto é dado por 15 quedas de um martelo-padrão, sujeito ao peso próprio, sobre o agregado no interior de um recipiente cilíndrico. Esse procedimento resulta em uma fragmentação similar à produzida pelo pistão no ensaio de esmagamento. A BS 882: 1992 estabelece os seguintes valores máximos para a média de duas amostras:

25% quando o agregado será utilizado em acabamentos de piso de concreto submetido a uso pesado

30% quando o agregado será utilizado em superfícies de concreto sujeitas à abrasão

45% quando utilizado em outros concretos

Dureza

A dureza ou resistência ao desgaste é uma importante propriedade de concretos utilizados em rodovias e em pisos sujeitos a tráfego pesado. O *índice de desgaste por abrasão* dos agregados é determinado pela BS 812–113: 1990. Uma camada de resina com partículas de agregados incorporadas, com dimensões entre 14,0 e 20,0 mm, é submetida à abrasão por areia em uma máquina giratória. O índice de desgaste por abrasão é definido como a porcentagem de massa perdida. O *índice de polimento de rocha* é uma avaliação alternativa, em que o agregado graúdo é submetido ao polimento por pneus de borracha, conforme prescrito pela BS EN 1097–8: 2000. O índice de polimento é determinado a partir de medições do atrito. Caso esse índice exceda 60, o índice de desgaste por abrasão deve ser utilizado para a avaliação do desgaste. O desgaste também pode ser avaliado pelo *teste de atrito* (BS EN 1097–1: 1996).

O *ensaio Los Angeles* combina os processos de atrito e abrasão e dá resultados que mostram uma boa correlação, não somente com o desgaste real dos agregados no concreto, mas também com as resistências à compressão e flexão do concreto produzido com o mesmo agregado. Nesse ensaio, o agregado de uma determinada granulometria é colocado em um tambor cilíndrico, montado horizontalmente, que possui uma aleta interna. Uma carga de esferas de aço é adicionada e o tambor é girado por um determinado número de rotações. As quedas e tombamentos do agregado e das esferas resultam em abrasão e atrito do agregado, e é medido o valor percentual de material fragmentado.

O ensaio Los Angeles pode ser realizado em agregados de diferentes dimensões, obtendo-se o mesmo valor de desgaste, desde que a massa da amostra, a carga de bolas e o número de rotações sejam adequados. Esses valores estão estabelecidos pela ASTM C 131–06.

Para verificar a possibilidade de degradação de um agregado miúdo desconhecido em uma mistura prolongada de concreto fresco, é aconselhada a realização de um ensaio de atrito em condição úmida para determinar quanto material menor que 75 μm (peneira nº 200) é produzido. Entretanto, o ensaio de abrasão Los Angeles não é muito adequado para essa determinação; na realidade, não existe nenhum equipamento normalizado adequado.*

---

* N. de T.: No Brasil, a avaliação da dureza de agregados é feita pelo ensaio de abrasão Los Angeles, normalizado pela NBR NM 51:2001.

Propriedades físicas

Várias propriedades físicas dos agregados, similares às estudadas em física básica, são importantes para o seu comportamento no concreto e para as propriedades do concreto produzido com um determinado agregado. Essas propriedades físicas dos agregados e suas determinações serão analisadas a partir de agora.

Massa específica*

Como os agregados em geral contêm poros permeáveis e impermeáveis (ver página 52), *massa específica* deve ser cuidadosamente definida e, de fato, há diversos tipos de massa específica.

A massa específica *absoluta* refere-se ao volume de material sólido excluindo todos os poros. Massa específica é a relação entre a massa de agregado seco e seu volume excluindo os capilares. A massa específica *aparente* é definida como a relação entre a massa do agregado seco e seu volume, incluindo os poros permeáveis.**

A massa específica normalmente é a grandeza necessária em tecnologia do concreto e pode ser obtida pela relação entre a massa do agregado seco em estufa à temperatura de 100 a 110°C durante 24 horas e a massa de água que ocupa um volume igual ao volume de sólidos, incluindo os poros impermeáveis. A massa de água é determinada com a utilização de um recipiente cuidadosamente preenchido com água até um volume determinado. Esse método é normalizado pela ASTM C 128-04a para agregados miúdos.*** Sendo D a massa de agregados secos em estufa, C a massa do recipiente cheio de água e B a massa do recipiente com a amostra e completado com água, a massa de água que ocupa o mesmo volume que os sólidos é $C - (B - D)$; portanto, a massa específica é:

$$\frac{D}{C - (B - D)}.$$

O recipiente, conhecido como *picnômetro*, normalmente é um frasco de capacidade de 1 litro com tampa metálica estanque de formato cônico e com um pequeno orifício na parte superior. Dessa forma, o picnômetro pode ser enchido com água de maneira que contenha sempre o mesmo volume.****

Para a massa específica dos agregados graúdos, a ASTM C 127-04 prescreve o método da *balança hidrostática*. A BS 812-102: 1995 e a BS EN 1097-3: 1998 também prescrevem o método da balança hidrostática para agregados com dimensões

---

* N. de T.: Tendo em vista a diferença de nomenclaturas, este item foi adaptado às normas e aos termos brasileiros.
** N. de T.: As definições de massa específica e massa específica aparente constam da NBR NM 52:2009, sendo ambas expressas em g/cm^3.
*** N. de T.: Conhecido como método do picnômetro.
**** N. de T.: No Brasil a determinação da massa específica de agregados miúdos é normalizada pela NBR NM 52:2009.

entre 63 mm e 5 mm devido às dificuldades do método do picnômetro e à variação dos valores de massa específica para diferentes partículas.*

Os cálculos em tecnologia do concreto em geral são realizados em agregados na condição saturado superfície seca (SSS, ver página 53) porque a água contida em *todos* como os poros não participa das reações químicas do cimento, podendo, portanto, ser considerada parte do agregado. Assim, se a massa da amostra de um agregado na condição saturado superfície seca (SSS) é A, a expressão *massa específica* do agregado (SSS) é utilizada, sendo:**

$$\frac{A}{C - (B - A)}$$

A massa específica (SSS) é a mais frequente e facilmente determinada, sendo necessária para os cálculos na produção de concreto ou para a determinação da quantidade de agregados necessária em determinado volume de concreto.

A maior parte dos agregados naturais tem massa específica entre 2,6 e 2,7 g/cm^3, enquanto os valores para agregados leves e artificiais variam em uma faixa considerável, abaixo e muito acima desses valores (ver Capítulo 18). Como o valor da massa específica não é uma indicação da qualidade do agregado, ele não deve ser especificado, a menos que esteja sendo utilizado um material com alguma característica petrológica em que a variação na massa específica pode ter reflexos na porosidade das partículas. Uma exceção é o caso de construções, como uma barragem de gravidade, em que um valor mínimo de massa específica do concreto é essencial para a estabilidade estrutural.

Massa unitária

A massa específica refere-se somente ao volume de partículas individuais, e não é fisicamente possível compactar essas partículas de maneira que não existam vazios entre elas. Portanto, quando o agregado vai ser proporcionado em volume, é necessário conhecer sua *massa unitária*, definida como a massa real necessária para preencher um recipiente de volume unitário, sendo esse o valor utilizado para realizar as conversões entre massa e volume.

A massa unitária depende do nível de compactação do agregado e, portanto, da granulometria e forma das partículas. Sendo assim, o grau de compactação deve ser especificado. A BS 812–2: 1995 e BS EN 1097–3: 1998 estabelecem dois níveis: *solto* e *compactado*. O ensaio é realizado usando um cilindro metálico de diâmetro e altura normalizados conforme a dimensão máxima do agregado, bem como de qual verificação será realizada, ou seja, massa unitária compactada ou em estado solto. Para esta última, a determinação é feita pelo preenchimento cuidadoso do recipiente com agregados secos até que haja excesso de material; então a superfície é nivelada pela rolagem de uma haste na parte superior do recipiente. Para a determinação da

---

* N. de T.: Este método para determinação da massa específica de agregados graúdos é normalizado no Brasil pela **NBR NM 53:2009**.

** N. de T.: A NBR NM 52:2009 e a NBR NM 53:2009 estabelecem os métodos de ensaio para a determinação da massa específica do agregado saturado superfície seca.

massa unitária compactada, o recipiente é preenchido em três etapas. Cada terço do volume é socado com um determinado número de golpes de uma haste de ponta arredonda de 16 mm de diâmetro, e o excesso de material é removido. A massa líquida do agregado contido no recipiente dividida pelo seu volume representa a massa unitária de cada grau de compactação. A relação entre a massa unitária em estado solto e a massa unitária compactada, em geral, resulta em valores entre 0,87 e 0,96. As normas ASTM C 29/C 29-97 (2003) prescrevem procedimentos semelhantes.*

Conhecendo-se a massa específica aparente de um agregado na condição saturado superfície seca, o *índice de vazios* pode ser calculado a partir da expressão:

$$\text{Índice de vazios} = 1 - \frac{\text{Massa unitária}}{\text{Massa específica aparente SSS}}$$

Desse modo, o índice de vazios é um indicativo do volume de argamassa necessário para preencher os espaços entre as partículas de agregados graúdos. No entanto, se o agregado contém água superficial, ele irá se acomodar de maneira menos densa devido ao efeito do inchamento (ver página 55). Além disso, a massa unitária conforme determinada em laboratório pode não representar o valor de campo e, portanto, não ser adequada para o objetivo de conversão entre massa e volume na produção de concreto.

Conforme já citado, a massa unitária depende da distribuição de dimensões das partículas do agregado. Partículas de uma única dimensão podem ser compactadas até um certo limite, mas partículas menores podem ser adicionadas aos vazios entre as maiores, aumentando assim a massa unitária. Na realidade, a massa unitária máxima de uma mistura de agregados miúdos e graúdos é obtida quando a massa de agregados miúdos é em torno de 35 a 40% da massa total de agregados. Consequentemente, o menor volume de vazios restante determina um volume mínimo de pasta de cimento, ou seja, um menor teor de cimento, sendo este um importante aspecto econômico.

Porosidade e absorção

Porosidade, permeabilidade e absorção dos agregados influenciam na aderência entre eles e a pasta de cimento, na resistência do concreto ao gelo-degelo, bem como em sua estabilidade química, resistência à abrasão e massa específica.

Os poros dos agregados apresentam grande variação de dimensões, mas mesmo os menores poros são maiores que os poros da pasta de cimento. Alguns poros dos agregados são totalmente internos, enquanto outros apresentam aberturas para a superfície das partículas, de forma que a água pode penetrar. A quantidade e a velocidade de penetração dependem do tamanho, da continuidade e do volume total de poros. A porosidade, em rochas comuns, varia em uma faixa entre 0 e 50% e, como os agregados representam cerca de ¾ do volume do concreto, fica claro que a porosidade dos agregados contribui para a porosidade total do concreto (ver página 107).

---

* N. de T.: No Brasil, a determinação da massa unitária de agregados no estado solto, compactado e índice de vazios é normalizada pela NBR NM 45:2006. Todas as normas brasileiras citadas são as vigentes no momento da produção desta obra.

54 Tecnologia do Concreto

Quando todos os poros nos agregados estão cheios, diz-se que ele está na condição *saturado superfície seca*. Caso esse agregado seja exposto ao ar seco, uma parte da água evapora, sendo então denominado *seco ao ar*. A secagem prolongada em estufa pode remover totalmente a umidade e, nesse estágio, o agregado é definido como *completamente seco* (ou *seco em estufa*). Esses diversos estágios, incluindo um estágio inicial úmido, estão esquematizados na Fig. 3.1.

A *absorção de água* é determinada pela medida do decréscimo da massa de uma amostra saturado superfície seca após secagem em estufa por 24 horas. O valor de perda de massa em relação à massa da amostra seca expressa como uma porcentagem é denominada absorção. Os procedimentos normalizados são descritos na BS 813–2: 1995 e na BS EN 1097–3: 1998.

A consideração de que um agregado seco em estufa utilizado em uma mistura real absorveria água suficiente para levá-lo à condição saturado e superfície seca pode não ser válida. A quantidade de água absorvida depende da ordem de colocação dos componentes na betoneira e do envolvimento dos agregados graúdos pela pasta de cimento. Assim, o momento mais realista para a determinação de absorção

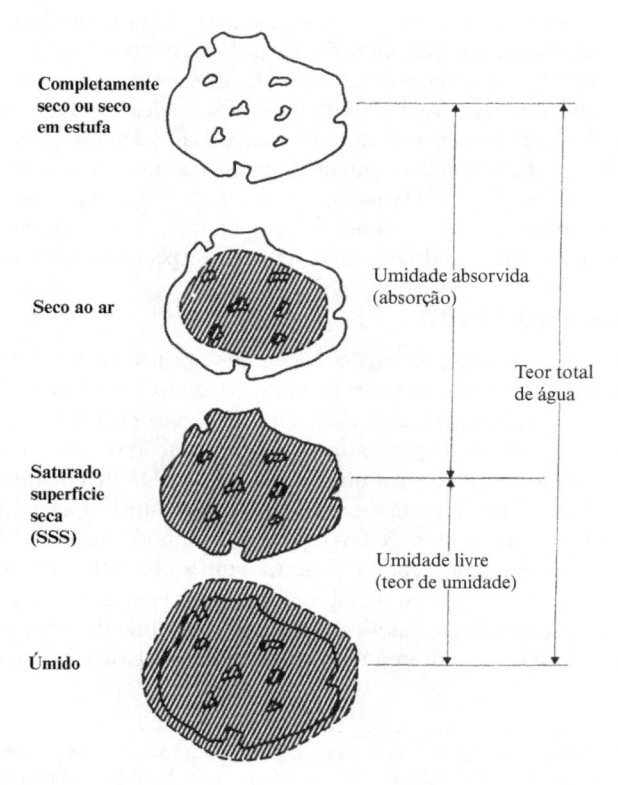

Figura 3.1 Representação esquemática da umidade no agregado.

de água é entre 10 e 30 minutos, em vez de 24 horas. Além disso, se o agregado está na condição seco ao ar, a água absorvida real será correspondentemente menor. A absorção de água real dos agregados deve ser descontada da água *total* demandada pela mistura de maneira a se obter a relação *água/cimento efetiva*, que controla tanto a trabalhabilidade quanto a resistência do concreto.*

Teor de umidade

Como a absorção representa a água contida no agregado na condição saturado superfície seca, o *teor de umidade* pode ser definido como a água excedente a essa condição. Portanto, o conteúdo total de água em um agregado úmido é a soma da absorção e do teor de umidade (ver Fig. 3.1).

Agregados expostos à chuva incorporam uma quantidade considerável de água na superfície das partículas e, exceto na camada superficial da pilha de agregados, mantêm essa umidade por longo tempo. Isso é especialmente verdadeiro para agregados miúdos e o teor de umidade deve ser avaliado para o cálculo das quantidades de materiais para a produção e para a quantidade total de água das misturas. Na realidade, a massa de água a ser adicionada à mistura deve ser reduzida e a massa de agregados aumentada em uma quantidade igual à massa do teor de umidade. Como o teor de umidade muda com as condições climáticas e também varia de uma pilha para outra, ele deve ser medido frequentemente.

Existem diversos métodos disponíveis, mas a precisão dos resultados depende da representatividade da amostra a ser ensaiada. Em laboratório, o teor total de umidade pode ser determinado por meio de secagem em estufa, conforme estabelecido pelas BS 812–109: 1990 e BS EN 1097–5: 1999. Sendo A a massa de um recipiente estanque ao ar, B a massa do recipiente preenchido com a amostra e C a massa do recipiente e a amostra após secagem até massa constante, o teor total de umidade (%) da massa seca de agregado é:

$$\frac{B-C}{C-A} \times 100.$$

O método da ASTM C 70–06 é baseado na medida do teor de umidade de um agregado de massa específica conhecida, a partir da perda aparente de massa pela imersão em água (*método da balança*). O teor de umidade pode ser lido diretamente da balança se o tamanho da amostra for ajustado segundo a massa específica do agregado, de maneira que uma amostra em estado saturado e superfície seca tenha uma massa padronizada quando imersa. O ensaio é rápido e fornece o resultado do teor de umidade com aproximação de 0,5%.

Alguns equipamentos elétricos foram desenvolvidos para fornecer resultados imediatos ou para a leitura contínua do teor de agregados em silos. Esses equipamentos são baseados na variação de resistência elétrica ou capacitância com a

---

* N. de T.: A absorção de água de agregados graúdos é normalizada pela NBR NM 53:2009, e, para os agregados miúdos, a determinação é realizada segundo as recomendações da NBR NM 30:2001.

variação do teor de umidade. Algumas centrais de concreto utilizam medidores de umidades conectados a equipamentos automáticos que controlam a quantidade de água a ser adicionada ao misturador, mas não se consegue uma precisão maior que 1%.*

Inchamento da areia

No caso da areia, outro efeito da presença de umidade é o inchamento, que é o aumento de volume de uma determinada massa de areia causado pelo afastamento das partículas devido ao filme de água em torno dos grãos. Apesar de o inchamento *por si mesmo* não afetar o proporcionamento dos materiais em massa, nos casos em que o proporcionamento é realizado em volume, o inchamento resulta em menor massa de areia ocupando o volume fixo da caixa de medida ou padiola.**

Sanidade

As causas físicas de variações de volume grandes ou permanentes em agregados são ação de gelo e degelo, variações térmicas em temperaturas acima do congelamento e ciclos alternados de molhagem e secagem. Caso o agregado seja *instável*, essas alterações das condições físicas resultam na deterioração do concreto na forma de escamações localizadas, e até mesmo fissuração superficial generalizada. A instabilidade ocorre em flints porosos e cherts, principalmente os leves com estrutura de poros de textura fina, por alguns folhelhos e outras partículas que contenham minerais argilosos.

Métodos para avaliação da retração por secagem devido aos agregados no concreto são estabelecidos pelas BS 812–120: 1989 e BS EN 1367–4: 1998. Para verificação da sanidade, as normas BS 812–121: 1989, ASTM C 88–05 e BS EN 1367–2: 1998 prescrevem ensaios nos quais o agregado é exposto a sulfato de magnésio e à secagem. Esse processo causa a desagregação das partículas devido à pressão gerada pela formação de cristais de sal. O grau de instabilidade é expresso pela redução da dimensão da partícula após um determinado número de ciclos. Outros ensaios consistem em submeter o agregado a ciclos de gelo-degelo. Entretanto, as condições de todos esses ensaios não representam as condições reais do agregado como parte do concreto, quando seu comportamento é influenciado pela presença da pasta de cimento envolvente. Sendo assim, somente um histórico de uso pode comprovar de forma satisfatória a durabilidade de qualquer agregado.

---

* N. de T.: A NBR 9775:2011 estabelece os procedimentos para determinação da umidade superficial em agregados miúdos e a NBR 9939:2011 normaliza a determinação do teor de umidade total, por secagem em agregado graúdo.

** N. de T.: Embora o proporcionamento do concreto em volume resulte em maior variabilidade, a NBR 12655:2006 permite a produção de concretos de resistência à compressão de até 20 MPa, com medida dos agregados em volume e utilização do inchamento da areia para correção do volume da areia. No Brasil, a determinação do inchamento da areia é normalizada pela NBR 6467: 2006 versão corrigida 2:2009.

Para a ocorrência de danos devido ao congelamento, devem haver condições críticas do teor de água e falta de drenagem, sendo estas governadas pela distribuição das dimensões, forma e continuidade dos poros no agregado, pois essas características controlam a velocidade e o teor de absorção, bem como a velocidade com que a água pode sair da partícula do agregado. Na verdade, esses parâmetros são mais importantes do que somente o volume total de poros, dado pela absorção total. A BS 812–124: 1989 estabelece um método para avaliação da expansão devido ao congelamento do agregado e a BS EN 1367–1: 2007 detalha ensaios em que os agregados são submetidos a ciclos de gelo e degelo.*

Propriedades térmicas

As três propriedades térmicas importantes para o desempenho do concreto são coeficiente de dilatação térmica, *calor específico* e condutividade. As duas últimas são de interesse para obras em concreto massa em que será aplicado isolamento (ver página 168), mas em geral não são importantes para obras de concreto estrutural comum. O *coeficiente de dilatação térmica* do agregado influencia no valor correspondente do concreto, mas sua influência depende do teor de agregados e das proporções da mistura em geral (ver página 246). A durabilidade de concretos sujeitos a ciclos de gelo-degelo pode ser bastante prejudicada caso o coeficiente de dilatação térmica do agregado tenha uma diferença maior que $5,5 \times 10^{-6}/°C$ em relação ao coeficiente da pasta de cimento. Diferenças menores entre os coeficientes de expansão térmica da pasta e do agregado provavelmente não são prejudiciais em faixas de temperaturas entre 4 e 60°C devido à ação da retração e fluência.

A Tabela 3.4 mostra que o coeficiente de dilatação térmica das rochas mais comuns utilizadas para a produção de agregados varia entre 5 e $13 \times 10^{-6}/°C$. A pasta de cimento Portland hidratada normalmente apresenta valores de coeficiente de dilatação térmica entre 11 e $16 \times 10^{-6}/°C$, dependendo do grau de saturação.

Substâncias deletérias

Existem três categorias principais de substâncias deletérias possíveis de serem encontradas nos agregados: *impurezas* que interferem no processo de hidratação do cimento, *películas* que impedem o desenvolvimento de uma boa aderência entre o agregado e a pasta de cimento, e algumas partículas específicas que são *fracas* ou *instáveis*. Os efeitos nocivos são diferentes dos causados pelo desenvolvimento de reações químicas entre os agregados e a pasta de cimento, como as reações álcali--agregado e álcali-carbonato (ver Capítulo 14). Os agregados podem ainda conter cloretos e sulfatos e os métodos para determinação de seus teores são prescritos, respectivamente, pelas normas BS 812–117 e BS–118: 1998 e pela BS EN 1744–1: 1998.

---

* N. de T.: As normas brasileiras avaliam o comportamento dos agregados por meio da ciclagem. São estabelecidos três processos: ciclagem natural, ciclagem artificial e ciclagem acelerada, normalizados, respectivamente, pelas NBR 12695:1992, NBR 12696:1992 e NBR 12697:1992.

Tabela 3.4 Coeficiente de dilatação térmica linear de diferentes tipos de rochas

Tipo de rocha	Coeficiente de dilatação térmica linear $10^{-6}/°C$
granito	1,8 a 11,9
diorito, andesito	4,1 a 10,3
gabro, basalto, diabásio	3,6 a 9,7
arenito	4,3 a 13,9
dolomita	6,7 a 8,6
calcário	0,9 a 12,2
chert	7,4 a 13,1
mármore	1,1 a 16,0

Impurezas orgânicas

Agregados naturais podem ser suficientemente fortes e resistentes ao desgaste e mesmo assim não ser adequados para a produção de concreto caso contenham impurezas orgânicas que interfiram no processo de hidratação. A matéria orgânica consiste em produtos de decomposição de matéria vegetal na forma de húmus ou argila orgânica e ocorre com maior frequência na areia do que nos agregados graúdos e é facilmente removida por lavagem.

Os efeitos da matéria orgânica podem ser verificados pelo método colorimétrico da ASTM C 40–04. Quantidades normalizadas de agregado e uma solução de NaOH a 3% são colocadas em um recipiente, e os ácidos da amostra são neutralizados pela solução. A mistura é agitada vigorosamente de forma a permitir o contato íntimo, necessário à reação química, e então deixada em repouso por 24 horas. Após esse período, o teor de matéria orgânica é analisado pela cor da solução: quanto mais escura for, maior será o teor de matéria orgânica. Caso o líquido acima da amostra não seja mais escuro que a cor amarela padrão, considera-se que a amostra contém um teor inofensivo de impurezas orgânicas. Se a cor é mais escura que o padrão, o agregado contém um alto teor de impurezas orgânicas que podem ou não ser prejudiciais. Em função disso, outras verificações são necessárias: são moldados corpos de prova de concreto com o agregado suspeito e suas resistências são comparadas à resistência de um concreto produzido com as mesmas proporções de materiais, produzido com uma areia de qualidade reconhecida.*

Argila e outros materiais finos

A argila pode estar presente nos agregados na forma de uma película superficial que interfere na aderência entre o agregado e a pasta de cimento. Além disso, o silte e o pó de britagem podem estar presentes tanto na forma de película como material solto. Mesmo nesse estado, o silte e o material fino não devem estar presentes em gran-

---

* N. de T.: O método colorimétrico é normalizado no Brasil pela NBR NM 49:2001 versão corrigida: 2001. A verificação da qualidade de um agregado miúdo suspeito, sob ponto de vista de impurezas orgânicas, é normalizada pela NBR 7221:1987 Errata 1:2000.

des quantidades, pois, devido à sua finura e consequente grande área superficial, aumentam a demanda de água necessária para a molhagem de todas as partículas da mistura.

Em função disso, a BS 882: 1992 limita o teor da massa total dos três materiais em conjunto a no máximo 16% para agregado miúdo obtido pela britagem de rocha (9% quando o uso for em acabamento de piso submetido a uso intenso) e 11% o limite para o agregado total obtido por britagem de rocha. Para agregado graúdo britado, areia natural ou areia obtida por britagem de pedregulho, o limite é 4%, sendo 3 % para o agregado total de pedregulho. Para pedregulho e agregado graúdo obtido a partir da britagem de pedregulho, o limite máximo é de 2%.

A BS EN 12620: 2002 define argila, silte e pó coletivamente como *finos*, e considera o material menor que 0,063 mm. Limites similares aos apresentados pela BS 882: 1992 são especificados juntamente com a avaliação da nocividade.

A ASTM C 33–03 estabelece exigências similares, mas diferencia o concreto sujeito à abrasão de outros concretos. Para o primeiro caso, o teor de material passante na peneira 75 μm (ASTM N° 200) é limitado a 3% da massa de areia, enquanto para os outros concretos o valor é 5%. Para agregados graúdos, o limite é 1% para todos os tipos de concreto. Na mesma norma, os limites para torrões de argila e partículas friáveis são especificados em separado: 3% para agregados miúdos; e o 3 e 5% para agregados graúdos, respectivamente para concretos sujeitos à abrasão e outros concretos.

Deve-se destacar que diferentes métodos de ensaios são prescritos pelas diferentes especificações, de maneira que os resultados não podem ser comparados diretamente.

Os teores de argila, silte e pó em agregados miúdos podem ser determinados pelo método de *sedimentação* (BS 812–103.2: 1989), enquanto o método de *peneiramento por lavagem* pode ser usado para agregados graúdos (BS 812–103.1: 1985, BS EN 933–1: 1997 e ASTM C 117–04).*

Contaminação por sais

A areia obtida da orla marinha ou do estuário de um rio contém sal, que pode ser removido por lavagem em água doce. Cuidados especiais são necessários com depósitos de areia situados logo acima da linha de maré alta, pois contêm grandes quantidades de sal (algumas vezes acima de 6% da massa de areia). Isso pode ser extremamente perigoso para estruturas de concreto armado devido à possibilidade

---

* N. de T.: A determinação do teor de argila em torrões e materiais friáveis é normalizada pela NBR 7218:2010, enquanto a NBR NM 46:2003 estabelece os procedimentos para a determinação do teor de material fino passante na peneira 75 μ por lavagem. Os teores desses materiais estão estabelecidos pela NBR 7211:2009, e são torrões de argila e materiais friáveis, 3% para agregados miúdos e 1, 2 e 3% para agregados graúdos utilizados em concretos, respectivamente, aparente, sujeito a desgaste superficial e demais concretos. O teor de material fino (pulverulento) para agregados miúdos é de 3 e 5%, respectivamente para concreto submetido a desgaste superficial e protegido do desgaste superficial. Para agregados graúdos, o teor é 1%. Para agregado total, o valor é 6,5%.

de corrosão das armaduras. Entretanto, em geral, a areia do leito do mar lavada, mesmo em água salgada, não contém quantidades nocivas de sais.

Existe ainda outra consequência do sal nos agregados: ele irá absorver umidade do ar e causar *eflorescências*, depósitos esteticamente desagradáveis na superfície de concreto (ver página 263).*

Partículas instáveis

Existem dois tipos de partículas de agregados instáveis: aquelas que não mantêm sua integridade devido às impurezas não duráveis, e as que desagregam no congelamento ou mesmo quando expostas à água, ou seja, em função de variações de volume como resultado de mudanças nas condições físicas. Estas últimas já foram discutidas (ver página 58).

Folhelhos e outras partículas de baixa massa específica são considerados instáveis, assim como incrustações moles, como torrões de argila, madeira e carvão, pois resultam em falhas e escamação. Essas partículas, se presentes em grandes quantidades (acima de 2 a 5% da massa do agregado), podem afetar negativamente a resistência do concreto e sem dúvida não devem existir em concretos expostos à abrasão. A presença de carvão e outros materiais de baixa massa específica pode ser determinada pelo método descrito na ASTM C 123–04.

Mica, gesso e outros sulfatos devem ser evitados, bem como sulfetos (pirita e marcassita). Os teores das partículas instáveis estabelecidos pela ASTM C 33–92a estão apresentados de forma resumida na Tabela 3.5.**

Tabela 3.5 Teores admissíveis de partículas instáveis, prescritos pela ASTM C 33–03

Tipo de partícula	Teor máximo, % de massa	
	Em agregados miúdos	Em agregados graúdos
partículas friáveis	3,0	3,0 a 10,0[a]
partículas moles	–	
carvão	0,5 a 1,0[b]	0,5 a 1,0[b]
chert de fácil desagregação	–	3,0 a 8,0[c]

[a] Incluindo chert.
[b] Dependendo da importância da aparência.
[c] Dependendo da exposição.

---

* N. de T.: A NBR 7211:2009 estabelece os teores máximos de cloretos e sulfatos para os agregados miúdos e graúdos, sendo 0,2% para concreto simples, 0,1% para concreto armado e 0,01% para concreto protendido. A determinação de sais, cloretos e sulfatos solúveis é feita pela NBR 9917:2009.
** N. de T.: Os teores máximos de substâncias deletérias, como argila em torrões e materiais friáveis, materiais carbonosos, é estabelecida na NBR 7211:2009. Para a determinação do teor de materiais carbonosos, é adotada a norma americana ASTM C 123–04.

Análise granulométrica

O processo de dividir uma amostra de agregado em frações de partículas de mesma dimensão é denominado análise granulométrica, e seu objetivo é determinar a graduação ou distribuição das dimensões do agregado. Uma amostra de agregado seca ao ar é classificada por meio da agitação ou vibração de uma série de peneiras empilhadas em ordem decrescente, por um tempo especificado, de maneira que o material retido em cada peneira represente a fração de material maior que a peneira em questão, mas menor que a peneira acima.

Tabela 3.6 Dimensões das peneiras utilizadas nos ensaios de granulometria de agregados prescritos pelas normas BS, ASTM e BS EN

Agregado graúdo					
BS		ASTM		BS EN	
Abertura	Anterior	Abertura	Anterior	Abertura	
–	–	125 mm (5 in.)	5 in.	125 mm (5 in.)	
–	–	100 mm (4 in.)	4 in.	–	
75 mm (3 in.)	3 in.	75 mm (3 in.)	3 in.	–	
63 mm (2.5 in.)	$2\frac{1}{2}$ in.	63 mm (2.5 in.)	$2\frac{1}{2}$ in.	63 mm (2.5 in.)	
50 mm (2 in.)	2 in.	50 mm (2 in.)	2 in.	–	
37,5 mm (1.5 in.)	$1\frac{1}{2}$ in.	37.5 mm (1.5 in.)	$1\frac{1}{2}$ in.	31,5 mm (1.24 in.)	
28 mm (1.1 in.)	1 in.	25 mm (1 in.)	1 in.	–	
20 mm (0.786 in.)	$\frac{3}{4}$ in.	19 mm (0.75 in.)	$\frac{3}{4}$ in.	–	
14 mm (0.51 in.)	$\frac{1}{2}$ in.	12,5 mm (0.5 in.)	$\frac{1}{2}$ in.	16 mm (0.63 in.)	
10 mm (0.393 in.)	$\frac{3}{8}$ in.	9,5 mm (0.374 in.)	$\frac{3}{8}$ in.	–	
6,3 mm (0.248 in.)	$\frac{1}{4}$ in.	6,3 mm (0.248 in.)	$\frac{1}{4}$ in.	8 mm (0.315 in.)	
Agregado miúdo					
BS		ASTM		BS EN	
Abertura	Anterior	Abertura	Anterior	Abertura	
5 mm (0.197 in.)	$\frac{3}{16}$ in.	4,75 mm (0.187 in.)	Nº 4	4 mm (0.157 in.)	
2,36 mm (0.0937 in.)	Nº 7	2,36 mm (0.0937 in.)	Nº 8	2 mm (0.0787 in.)	
1,18 mm (0.0469 in.)	Nº 14	1,18 mm (0.0469 in.)	Nº 16	1 mm (0.0394 in.)	
600 μm (0.0234 in.)	Nº 26	600 μm (0.0234 in.)	Nº 30	0,5 mm (0.0197 in.)	
300 μm (0.0117 in.)	Nº 52	300 μm (0.0117 in.)	Nº 50	0,25 mm (0.0098 in.)	
150 μm (0.0059 in.)	Nº 100	50 μm (0.0059 in.)	Nº 100	0,125 mm (0.0049 in.)	
–	–	–	–	0,063 mm (0.0025 in.)	

A Tabela 3.6 lista as dimensões das peneiras normalmente utilizadas para a determinação da distribuição granulométrica conforme a BS 812–103:1 1985, BS EN 933.2: 1996 e ASTM C 136–06. Também são mostradas as designações anteriores da dimensão mais aproximada. Deve ser lembrado que a linha divisória entre agregados miúdos e graúdos situa-se entre 4 e 5 mm.*

Curvas granulométricas

O resultado de uma análise granulométrica pode ser apresentado em forma de tabelas, conforme mostra a Tabela 3.7. A coluna 2 mostra a massa retida em cada peneira, enquanto a coluna 3 apresenta esse valor expresso como uma porcentagem da massa total da amostra. Portanto, a porcentagem *acumulada* passante (com aproximação de 1%) em cada peneira pode ser calculada a partir das menores dimensões para as maiores (coluna 4). Essa porcentagem é utilizada para traçar a curva granulométrica, na qual as ordenadas representam as porcentagens acumuladas passantes e as abscissas são as aberturas das peneiras, em escala logarítmica, que resulta em um espaçamento constante para a série normal de peneiras. Isso está ilustrado na Fig. 3.2, que representa os dados da Tabela 3.7.**

Tabela 3.7 Exemplo de análise por peneiramento

Dimensão da peneira		Massa retida (g)	Porcentagem retida (g)	Porcentagem passante acumulada	Porcentagem retida acumulada
BS (1)	ASTM (1)	(2)	(3)	(4)	(5)
10,0 mm	$\frac{3}{8}$ in.	0	0,0	100	0
5,00 mm	4	6	2,0	98	2
2,36 mm	8	31	10,1	88	12
1,18 mm	16	30	9,8	78	22
600 µm	30	59	19,2	59	41
300 µm	50	107	34,9	24	76
150 µm	100	53	17,3	7	93
<150 µm	<100	21	6,8	–	–
		Total = 307		Total = 246	
				Módulo de finura = 2,46	

---

* N. de T.: A NBR 7211:2009 define agregado miúdo como o material cujos grãos passam na peneira com abertura de malha de 4,75 mm. Agregado graúdo é definido como o material cujos grãos passam na peneira de abertura de malha de 75 mm e ficam retidos na peneira 4,75 mm.

** N. de T.: No Brasil, a determinação da composição granulométrica de agregados é prescrita pela NBR NM 248:2003. Esse ensaio calcula a porcentagem retida e retida acumulada (colunas 3 e 5 da Tabela 3.7).

Módulo de finura

Um parâmetro simples, calculado a partir da análise granulométrica, é por vezes utilizado, especialmente nos Estados Unidos. Esse parâmetro, o módulo de finura (MF), é definido como a soma das porcentagens *retidas* acumuladas nas peneiras da série normal dividida por 100. A série normal é constituída por peneiras; cada uma delas tem duas vezes a dimensão da abertura da anterior, ou seja, 150; 300; 600 μm; 1,18; 2,36; 5,00 mm até a maior peneira utilizada (ASTM Nº 100, 50, 30, 16, 8 e 4). Deve-se lembrar que, quando todas as partículas de uma amostra são maiores que uma determinada peneira, por exemplo, 600 μm, a porcentagem acumulada retida na peneira 300 μm é 100%, e da mesma forma na peneira 150 μm. Para o exemplo da Tabela 3.7, o módulo de finura é 2,46 (coluna 5). A curva granulométrica está apresentada na Fig. 3.2.

Em geral, o módulo de finura é calculado preferencialmente para agregados miúdos. Valores típicos variam entre 2,3 e 3,0, sendo que um valor mais alto indica um agregado mais grosso. A utilidade do módulo de finura está na detecção de pequenas variações em agregados de uma *mesma* origem, que podem afetar a trabalhabilidade do concreto fresco.*

Requisitos de granulometria

Viu-se como avaliar a granulometria de uma amostra de agregados, mas ainda falta estabelecer quando uma determinada granulometria é adequada ou não para produzir um "bom" concreto. Em primeira instância, a granulometria é importante apenas se afetar a trabalhabilidade, pois ela não tem relação com a resistência. No entanto, a obtenção de alta resistência exige um adensamento máximo, obtido com a aplicação de uma quantidade de energia aceitável, o que somente pode ser alcançado com uma mistura suficientemente trabalhável. Na realidade, não existe uma granulometria *ideal* devido à interação entre os principais fatores que afetam a trabalhabilidade, ou seja, a área superficial do agregado que determina a quantidade de água necessária à molhagem de todos os sólidos, o volume relativo ocupado pelo agregado, a tendência à segregação e a quantidade de finos da mistura.

Inicialmente será analisada a área superficial das partículas do agregado. A relação água/cimento da mistura, em geral, é fixada a partir de requisitos de resistência ou durabilidade. Ao mesmo tempo, a quantidade de pasta de cimento deve ser suficiente para envolver todas as partículas. Dessa forma, quanto menor a área superficial do agregado, menor a quantidade de pasta e, assim, menos água é necessária. A área superficial é medida em termos de superfície específica, ou seja, a relação entre

---

* N. de T.: O ensaio de granulometria, normalizado no Brasil pela NBR NM 248::2003, utiliza duas séries de peneiras: a série normal e a série intermediária. A série normal é constituída pelas peneiras 150 μm; 300 μm; 600 μm; 1,18 mm, 2,36 mm, 4,75 mm, 9,5 mm; 19 mm; 37,5 mm e 75 mm. A série intermediária é constituída pelas peneiras, com dimensões em mm, 6,3; 12,5; 25; 31,5; 50 e 63. O módulo de finura é a soma das porcentagens retidas acumuladas em massa nas peneiras da série normal, dividida por 100.

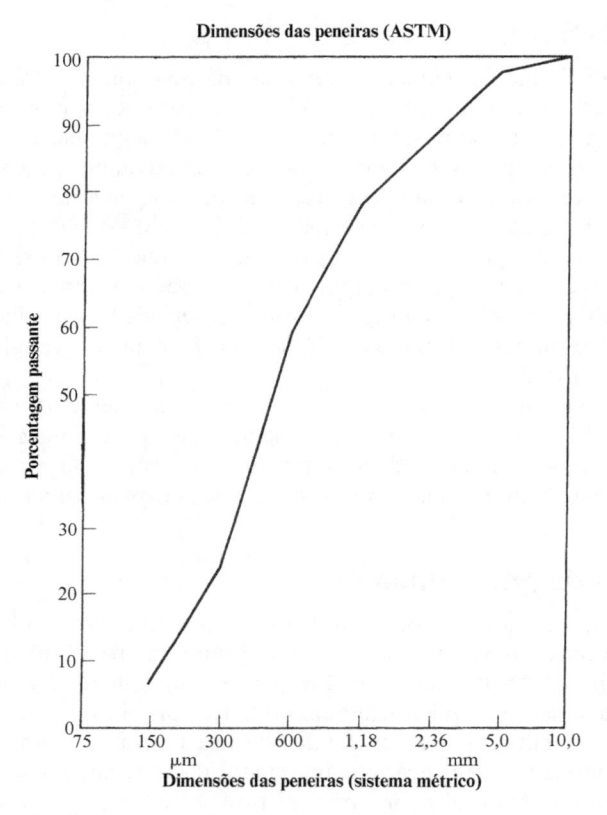

Figura 3.2 Exemplo de curva granulométrica (ver Tabela 3.7).

a superfície de todas as partículas e seu volume. No caso de um agregado graduado, a granulometria e a superfície específica total estão relacionadas entre si, uma vez que partículas de dimensões maiores têm menor superfície específica. Consequentemente, se a distribuição das partículas é constituída por partículas de maiores dimensões, a superfície específica total diminui, bem como a demanda de água. Existe, porém, uma falha na utilização da superfície específica para estimar a demanda de água e, com isso, a trabalhabilidade. Partículas menores que 150 μm parecem atuar com um lubrificante e não requerem molhagem da mesma maneira que as partículas mais grossas. Em consequência, a superfície específica pode dar uma ideia enganosa sobre a trabalhabilidade a ser obtida.

O volume relativo dos agregados também afeta a trabalhabilidade. Como os agregados são mais baratos que a pasta de cimento, uma exigência econômica é que os agregados ocupem o maior volume relativo possível. Entretanto, se o volume máximo de agregados for determinado pela maior densidade, ou seja, baseado na distribuição granulométrica que resulte no mínimo teor de vazios entre as partículas, o resultado obtido será um concreto de aparência áspera e não trabalhável. A trabalhabilidade é melhorada quando existe um excesso de pasta para o preenchimento dos vazios da areia, bem como quantidade de argamassa (cimento e areia) acima do necessário para preencher os vazios dos agregados graúdos, porque o material menor serve como "lubrificante" para as partículas maiores.

O terceiro fator é a tendência à segregação do concreto, discutida na página 80. Infelizmente, as exigências de trabalhabilidade e segregação são em parte incompatíveis, pois, quanto mais fácil for obter compactação com partículas de diferentes dimensões, com as menores preenchendo os vazios entre as maiores, também será mais fácil que as partículas menores sejam deslocadas dos vazios, causando assim a segregação no estado seco. Na realidade, para a obtenção de um concreto satisfatório, a argamassa é que não deve ser deslocada para fora dos vazios dos agregados graúdos.

O quarto fator que afeta a trabalhabilidade é a quantidade de material de dimensão menor que 300 μm existente. Para ter uma trabalhabilidade satisfatória, não áspera, a mistura deve conter o volume de finos (< 125 μm) apresentado na tabela seguinte. Nesta tabela, o volume absoluto de finos inclui as parcelas contidas nos agregados, cimento e qualquer fíler. Além disso, metade do volume de ar aprisionado pode ser considerado como material fino e deve ser incluído no volume de finos.

Dimensão máxima do agregado (mm)	Volume absoluto de finos como uma fração do volume de concreto
8	0,165
16	0,140
32	0,125
63	0,110

Dimensão máxima do agregado

Foi mencionado anteriormente que quanto maior a partícula do agregado, menor a área superficial a ser molhada por unidade de massa (ou seja, superfície específica). Assim, levando a distribuição granulométrica do agregado até uma dimensão maior, será menor a demanda de água da mistura, ou seja, para uma determinada trabalhabilidade e riqueza da mistura, a relação água/cimento pode ser reduzida com consequente aumento da resistência do concreto. Entretanto, existe um limite para a dimensão máxima do agregado, além da qual o decréscimo da demanda de água é contrabalançado pelos efeitos prejudiciais de uma menor superfície de aderência e pelas descontinuidades introduzidas pelas partículas muito grandes. Em consequência, o concreto se torna bastante heterogêneo e de baixa resistência.

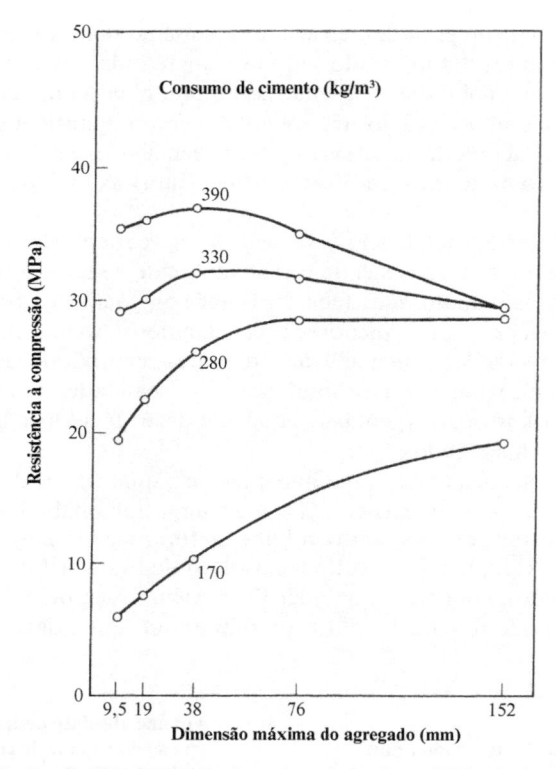

Figura 3.3 Influência da dimensão máxima do agregado na resistência aos 28 dias de concreto de diferentes teores de cimento.
(De: E. C. HIGGINSON, G. B. WALLACE and E. L. ORE, Effect of maximum size of aggregate on compressive strength of mass concrete, *Symp. on Mass Concrete, Amer. Concr. Inst. Sp. Publicn.* No. 6, pp. 219-56 (1963).)

O efeito adverso do aumento da dimensão das partículas maiores na mistura existe para todas as dimensões, mas abaixo de 40 mm, é preponderante a vantagem de diminuição de água. Para maiores dimensões, o equilíbrio entre os dois efeitos depende da riqueza da mistura, conforme mostrado na Fig. 3.3. Por exemplo, para um concreto pobre, com consumo de cimento de 170 kg/m^3, o uso de agregados de 150 mm é vantajoso. Entretanto, no concreto estrutural a dimensão máxima é normalmente restringida a 25 ou 40 mm, devido às seções dos elementos de concreto e ao espaçamento da armadura. Na Inglaterra, a dimensão máxima do agregado deve ser 5 mm menor que o espaçamento das barras horizontais e menor que 2/3 do espaçamento vertical. Além disso, na decisão sobre a dimensão máxima, o custo de armazenamento de uma grande variedade de dimensões deve ser considerado em

Correto　　　　　　　　　　Incorreto

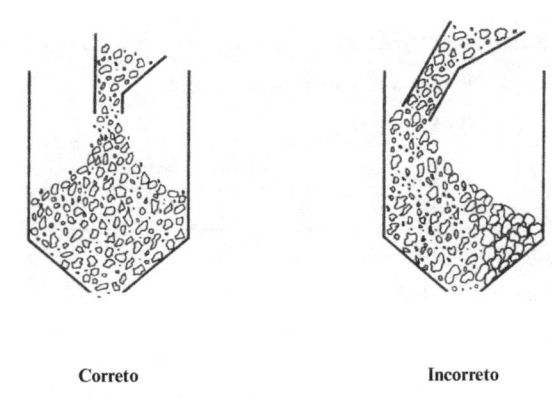

Figura 3.4 Descarga de agregado em uma tremonha.
(Baseado em: *ACI Manual of Concrete Practice*.)

conjunto aos problemas de manuseio, que podem aumentar o risco de segregação (ver Fig. 3.4).*

Granulometrias práticas

A partir do breve resumo das seções anteriores, pode ser vista a importância da utilização de agregados com uma granulometria que possibilite a obtenção de uma trabalhabilidade razoável, com mínima segregação, de maneira a obter um concreto resistente e econômico. O processo de cálculo das proporções de agregados de diferentes dimensões para a obtenção da granulometria desejada será apresentado juntamente com o conteúdo de dosagem (ver Capítulo 19), mas os limites granulométricos que reconhecidamente atendem as exigências já analisadas serão apresentados nesta seção.

As normas BS 882: 1992 e ASTM C 33–03 especificam os limites granulométricos de agregados miúdos conforme apresentados na Tabela 3.8. A primeira norma estabelece limites gerais e, além disso, especifica que somente uma em dez amostras consecutivas pode ter a distribuição fora dos limites de qualquer *uma* das granulometrias, identificadas como G (grossa), M (média) e F (fino). Entretanto,

---

* N. de T.: A NBR NM 248:2003 define dimensão máxima característica do agregado como a dimensão da peneira onde a porcentagem retida acumulada é igual ou inferior a 5%. Em relação à dimensão do agregado, a NBR 6118:2007 estabelece que a dimensão máxima característica do agregado graúdo não deve superar em 20% a espessura do cobrimento nominal da armadura. Além disso, na mesma norma são apresentadas relações máximas entre a dimensão do agregado graúdo e espaçamento mínimo dos elementos estruturais. Para vigas, o espaçamento mínimo das armaduras na direção horizontal deve ser maior ou igual a 1,2 vezes a dimensão máxima característica, e na direção vertical, o espaçamento deve ser maior ou igual a 0,5 vezes a dimensão máxima. Para pilares, o espaçamento mínimo das barras longitudinais deve ser maior ou igual a 1,2 vezes a dimensão máxima do agregado graúdo.

Tabela 3.8 Exigências granulométricas para agregados miúdos segundo a BS e ASTM

Dimensão da peneira		Porcentagem passante, em massa				
		BS 882: 1992				ASTM C 33-03
BS	ASTM No.	Limites totais	Limites adicionais*			
			G	M	F	
10 mm	$\frac{3}{8}$ in.	100	–	–	–	100
5 mm	$\frac{3}{16}$ in.	89–100	–	–	–	95–100
2,36 mm	8	60–100	60–100	65–100	80–100	80–100
1,18 mm	16	30–100	30–90	45–100	70–100	50–85
600 mm	30	15–100	15–54	25–80	55–100	25–60
300 mm	50	5–70	5–40	5–48	5–70	10–30
150 mm	100	0–15†	–	–	–	2–10

* G = grosso; M = médio; F = fino
† Para areia obtida por britagem de rocha, o limite admitido é aumentado para 20%, exceto para utilização em pisos sujeitos a tráfego pesado.

agregados miúdos que não atendem às exigências da BS 882: 1992 podem ser utilizados, desde que seja possível a produção de concretos com a qualidade desejada. Os limites da ASTM C 33–03 são bem mais rigorosos que os limites gerais da BS 882: 1992, sendo admitidas porcentagens reduzidas de material passante nas peneiras 300 μm e 150 μm quando o consumo de cimento for superior a 297 kg/m³ ou quando for utilizado aditivo incorporador de ar com um consumo mínimo de cimento de 237 kg/m³.

As exigências da BS 882: 1992 para a granulometria de agregados graúdos estão reproduzidas na Tabela 3.9, sendo apresentados os valores para agregados graduados e para os agregados de dimensão nominal única. Para efeito de comparação, alguns limites da ASTM C 33–03 são dados na Tabela 3.10. As exigências reais de granulometria dependem, em certa medida, da forma e das características superficiais das partículas, por exemplo, partículas de formas angulosas e superfícies ásperas devem ter uma granulometria ligeiramente mais fina, de maneira a diminuir a possibilidade de intertravamento e para compensar o elevado atrito entre as partículas.

A BS 882: 1992 inclui as exigências de granulometria para agregado total (ver página 41), e os detalhes são mostrados na Tabela 3.11.*

A norma europeia BS EN 12620: 2002 especifica os limites gerais de granulometria para agregados graúdos e miúdos para substituir os da BS 882: 1992; eles estão apresentados na Tabela 3.12.

---

* N. de T.: A NBR 7211:2009 define agregado total como o agregado resultante da britagem de rocha cujo beneficiamento resulta numa distribuição granulométrica constituída de agregados graúdos e miúdos ou por mistura intencional de agregados britados e areia natural ou britada.

Tabela 3.9 Exigências granulométricas para agregados graúdos segundo a BS 882: 1992

Porcentagem passante em massa (peneira BS)

Dimensão da peneira		Agregado graduado de dimensão nominal			Agregado de dimensão nominal única				
mm	in	40 a 5 mm	20 a 5 mm	14 a 5 mm	40 mm	20 mm	14 mm	10 mm	5 mm
50,0	2	100	–	–	100	–	–	–	–
37,5	$1\frac{1}{2}$	90–100	100	–	85–100	100	–	–	–
20,0	$\frac{3}{4}$	35–70	90–100	100	0–25	85–100	100	–	–
14,0	$\frac{1}{2}$	–	–	90–100	–	–	85–100	100	–
10,0	$\frac{3}{8}$	10–40	30–60	50–85	0–5	0–25	0–50	85–100	100
5,00	$\frac{3}{16}$	0–5	0–10	0–10	–	0–5	0–10	0–25	50–100
2,36	Nº 7	–	–	–	–	–	–	0–5	0–30

Tabela 3.10 Algumas exigências granulométricas para agregados graúdos segundo a ASTM C 33-03

Dimensão da peneira (mm)	Agregado de graduado de dimensão nominal			Agregado de dimensão nominal única	
	37,5 a 4,75 mm	19,0 a 4,75 mm	12,5 a 4,75 mm	63 mm	37,5 mm
75	–	–	–	100	–
63,0	–	–	–	90–100	–
50,0	100	–	–	35–70	100
38,1	95–100	–	–	0–15	90–100
25,0	–	100	–	–	20–55
19,0	35–70	90–100	100	0–5	0–15
12,5	–	–	90–100	–	–
9,5	10–30	20–55	40–70	–	0–5
4,75	0–5	0–10	0–15	–	–
2,36	–	0–5	0–5	–	–

Tabela 3.11 Exigências granulométricas para agregado total segundo a BS 882: 1992

Dimensão da peneira (mm)	Porcentagem passante, em massa, por peneira de dimensão nominal			
	40 mm	20 mm	10 mm	5 mm
50	100	–	–	–
37,5	95–100	100	–	–
20,0	45–80	95–100	–	–
14,0	–	–	100	–
10,0	–	–	95–100	–
5,0	25–50	35–55	30–65	70–100
2,36	–	–	20–50	25–70
1,18	–	–	15–40	15–45
600 μm	8–30	10–35	10–30	5–25
300 μm	–	–	5–15	3–20
150 μm	0–8*	0–8*	0–8*	0–15

* aumentado para 10% para finos de rocha britada

Tabela 3.12 Exigências granulométricas gerais para agregados segundo a BS EN 12620: 2002

Agregado	Dimensão*	Porcentagem passante, em massa				
		2D	1,4D	D	d	d/2
Graúdo	D/d < 2 e D < 11,2 mm	100	98–100	85–99	0–20	0–5
		100	98–100	80–99	0–20	0–5
	D/d > 2 e D > 11,2 mm	100	98–100	90–99	0–5	0–5
		100	95–100	85–99	–	–
Fino	D ≤ 4 mm e d = 0	100	95–100	85–99	–	–
Graduado natural	D = 8 mm e d = 0	100	98–100	90–99	–	–
Total	D ≤ 45 mm e d = 0	100	98–100	90–99	–	–
		100	98–100	85–99	–	–

* D = dimensão da peneira superior, d = dimensão da peneira inferior e $D/d \geq 1,4$

Granulometria descontínua

Conforme citado anteriormente, as partículas de agregado de uma determinada dimensão se acomodam de tal maneira que formam vazios que somente serão preenchidos se as partículas da dimensão inferior seguinte forem suficientemente pequenas. Isso significa dizer que deve haver uma diferença mínima entre as dimensões de duas frações de partículas adjacentes. Em outras palavras, dimensões que apresentem pequenas diferenças não podem ser utilizadas juntas, surgindo então o conceito de agregados de granulometria descontínua, diferenciando dos agregados convencionais de *granulometria contínua*. Na curva granulométrica, a granulometria descontínua é representada por uma linha horizontal na faixa de dimensões omitidas (ver Fig. 3.5).

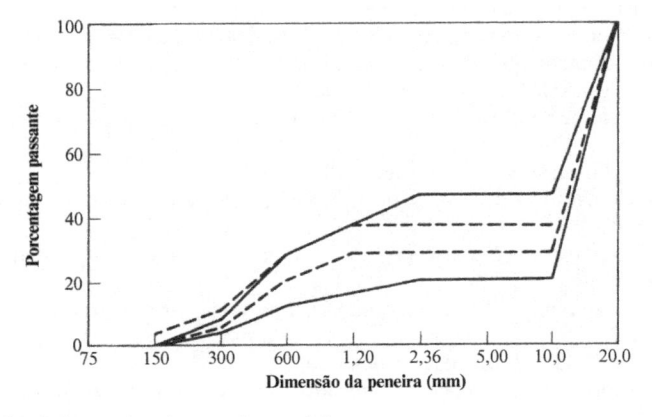

Figura 3.5 Granulometrias descontínuas típicas.

Agregados de granulometria descontínua podem ser utilizados em qualquer concreto, mas há usos preferenciais: concreto com agregados pré-colocados (ver página 141) e concreto com agregado exposto onde se obtém um acabamento agradável, uma vez que uma grande quantidade de agregados graúdos de uma mesma dimensão ficam expostos após o tratamento. Entretanto, para evitar a segregação, a granulometria descontínua é recomendada principalmente para mistura de trabalhabilidade relativamente baixa que serão compactadas por vibração, sendo essencial um bom controle e cuidado no manuseio.

Bibliografia

3.1 ACI COMMITTEE 221 R–89 (Reapproved 2001). Guide for use of normal weight and heavyweight aggregates in concrete, Part 1, *ACI Manual of Concrete Practice* (2007).

Problemas

3.1 O que se entende por textura superficial de um agregado?
3.2 O que se entende por esfericidade do agregado?
3.3 Uma partícula de agregado pode ser lamelar e alongada simultaneamente?
3.4 Por que se determina o índice de alongamento?
3.5 Por que se determina o índice de lamelaridade?
3.6 Quais podem ser as consequências de impurezas nos agregados?
3.7 O que se entende por sanidade ou estabilidade do agregado?
3.8 Qual propriedade de agregados obtidos por dragagem marinha exige atenção especial?
3.9 Como a forma das partículas de agregados influencia nas propriedades do concreto fresco?
3.10 O que é o inchamento da areia?
3.11 Como pode ser determinado se um agregado contém impurezas orgânicas?
3.12 Quais são as consequências da impureza orgânica no concreto?
3.13 Defina módulo de finura do agregado.
3.14 O que é o índice de angulosidade?
3.15 O que é uma mistura de granulometria descontínua?
3.16 Quais são as vantagens de uma mistura de granulometria descontínua?
3.17 Como a granulometria descontínua é visualizada na curva granulométrica?
3.18 Como é avaliada a qualidade da aderência?
3.19 Discorra sobre a influência da granulometria dos agregados na massa específica do concreto.
3.20 Qual é a dimensão máxima do agregado miúdo?
3.21 Quais são as substâncias deletérias comuns passíveis de serem encontradas nos agregados?
3.22 Por que a granulometria dos agregados é importante para as propriedades do concreto endurecido?
3.23 Por que a granulometria dos agregados é importante para as propriedades do concreto fresco?
3.24 Como é avaliada a forma das partículas de agregado?
3.25 Como a forma das partículas de agregados influencia as propriedades do concreto fresco?

3.26 Como a forma das partículas de agregados influencia nas propriedades do concreto endurecido?
3.27 Qual é a influência do módulo de finura nas propriedades das misturas de concreto?
3.28 O que se entende por agregados na condição saturado superfície seca e agregado completamente seco? Defina absorção e teor de umidade.
3.29 O que se entende pelo termo granulometria dos agregados?
3.30 Como a granulometria dos agregados influencia na demanda de água da mistura?
3.31 Explique a diferença entre massa específica aparente e massa unitária dos agregados.
3.32 Quais são as substâncias deletérias usuais em agregados naturais?
3.33 Como pode ser avaliada a resistência dos agregados?
3.34 Explique o valor de 10% de finos.
3.35 Defina tenacidade dos agregados.
3.36 Como a resistência do agregado ao desgaste pode ser estimada?
3.37 Como pode ser determinada massa específica de agregados graúdos? Cite um valor típico para agregados naturais.
3.38 O que é massa unitária e índice de vazios?
3.39 O que é o ensaio do método da balança?
3.40 Cite um valor típico do coeficiente de dilatação térmica de agregados comuns.
3.41 Quais são os efeitos de argila e material muito fino nas propriedades do concreto?
3.42 Como um agregado pode causar eflorescências no concreto?
3.43 Como a dimensão máxima do agregado afeta a trabalhabilidade do concreto com um determinado teor de água?
3.44 Como a variação do teor de umidade dos agregados afeta a trabalhabilidade do concreto fresco e a resistência do concreto endurecido?
3.45 Existe uma granulometria ideal para agregados? Discorra sobre o assunto, relacionando à trabalhabilidade.
3.46 Calcule: (i) massa específica e (ii) massa específica (SSS) da areia, com os seguintes dados:

massa de areia (seca em estufa)	= 480 g
massa de areia (saturada, superfície seca)	= 490 g
massa do picnômetro cheio de água	= 1400 g
massa do picnômetro com areia e preenchido com água	= 1695 g

Resposta: (i) 2,59 g/cm^3; (ii) 2,51 g/cm^3

3.47 A massa de um recipiente cheio de água é igual a 15 kg e quando vazio é 5 kg. Sendo a massa do recipiente com agregado graúdo compactado igual a 21 kg, calcule a massa unitária e o índice de vazios do agregado graúdo.

Resposta: 1,60 g/cm^3; 0,38

3.48 Calcule a absorção da areia utilizada na questão 3.48. Considerando que areia na pilha tem um teor de umidade total de 3,5%, qual o teor de umidade?

Resposta: 2,1%; 1,4%

4

Qualidade da Água

No Capítulo 6, no qual será analisada a resistência do concreto, a importância fundamental da *quantidade* de água de amassamento na resistência ficará clara. Nesta etapa, a abordagem está focada nos ingredientes individuais do concreto: cimento, agregados e água. Este capítulo trata da *qualidade* da água.

A qualidade da água é importante porque suas impurezas podem interferir na *pega* do cimento, afetar negativamente a *resistência* do concreto ou causar *manchamento* de sua superfície, podendo ainda levar à *corrosão* das armaduras. Por essas razões, a adequabilidade da água de amassamento e de cura deve ser verificada. Deve ficar clara a diferença entre os efeitos da *água de amassamento* e o *ataque* ao concreto endurecido por águas agressivas, pois algumas destas últimas podem ser prejudiciais ou mesmo benéficas quando utilizadas na mistura.

Água de amassamento

Em muitas especificações, a qualidade da água é definida por uma cláusula que estabelece que a água potável é adequada para uso em concreto.

Essa água muito raramente contém sólidos dissolvidos acima de 2000 partes por milhão (ppm) e, em geral, menos que 1000 ppm. Para uma relação água/cimento, em massa, igual a 0,5, isso representa uma quantidade de sólidos igual a 0,05% sobre a massa de cimento; portanto, qualquer efeito dos sólidos comuns (considerados como agregados) será pequeno. Caso o teor de silte seja maior que 2000 ppm, é possível reduzi-lo pela colocação da água em um tanque de decantação antes do uso. A água utilizada para lavagem dos caminhões-betoneira é satisfatória para uso como água de amassamento (devido aos sólidos serem os próprios constituintes do concreto), desde que, obviamente, tenha sido aprovada para o uso inicial. A ASTM 94–05 permite o uso de água de lavagem, mas é claro que diferentes cimentos e aditivos não devem ser misturados.

O critério de potabilidade da água não é absoluto, pois a água potável pode ser inadequada como água de amassamento quando contiver uma alta concentração de sódio e potássio, e existe o risco de ocorrência de reação álcali-agregado (ver página 267).

Em geral, a utilização de água potável é segura, porém a água não potável também pode ser satisfatória para a produção de concreto. Como regra, qualquer água com pH (grau de acidez) entre 6,0 e 8,0, sem sabor salino ou salobro é adequada ao uso, e a coloração escura ou odor não necessariamente implicam em dizer que existem substâncias deletérias. Águas naturais levemente ácidas são inofensivas, mas água que contenha ácido húmico ou outros ácidos orgânicos pode afetar negativamente o endurecimento do concreto. Essas águas, bem como águas altamente alcalinas, devem ser ensaiadas.

Dois comentários adicionais devem ser feitos. A presença de algas na água de amassamento resulta em incorporação de ar e consequente perda de resistência. A dureza da água não afeta a eficiência de aditivos incorporadores de ar.

Algumas vezes pode ser difícil obter quantidade suficiente de água doce e somente água salobra, contendo cloretos e sulfatos, está disponível. Para íons cloreto, a BS 3148: 1980 recomenda um limite geral máximo de 500 mg por litro, enquanto para a BS EN 1008: 2002 e ASTM C 1602–06 os teores variam conforme a utilização do concreto. A Tabela 4.1 compara os limites para cloretos, sulfatos e álcalis de várias normas. Os métodos para avaliação do teor de sólidos na água são prescritos pela ASTM C 1603–05a.

Tabela 4.1 Limites de impurezas na água de amassamento (mg por litro (ppm))

Impureza	BS 3148: 1980	BS EN 1008: 2002	ASTM C 1602/C 1602M–06
Íon cloreto			
concreto protendido	500	500	500*
concreto armado		1000	1000
concreto simples		4500	–
Sulfato	1000 (SO_3)	2000 (SO_3)	3000 (SO_4)
Álcalis	1000	1500	600

* Também para deques de pontes.

Eventualmente, o uso de *água do mar* como água de amassamento precisa ser considerado. A água do mar tem, tipicamente, uma salinidade total de 3,5% (sendo 78% dos sólidos dissolvidos NaCl e 15% $MgCl_2$ e $MgSO_4$). Essa água resulta em uma resistência inicial um pouco maior, mas menor nas maiores idades. A perda de resistência é geralmente menor que 15% e pode, portanto, ser tolerada. Os efeitos no tempo de pega não são claros, mas são menos relevantes se a água for aceitável em relação aos aspectos de resistência. As normas britânicas e americanas fazem exigências em relação à resistência e ao tempo de pega (ver página 75).

A água do mar (ou qualquer água contendo grandes quantidades de cloretos) tem a tendência de causar umidade constante e eflorescências (ver página 263). Essa água não deve ser utilizada onde a aparência do concreto seja importante ou onde haverá a aplicação de acabamento em gesso.

No caso de concreto *armado*, a água do mar aumenta o risco de corrosão da armadura, especialmente em países tropicais (ver página 269). Tem sido verificada a corrosão em estruturas expostas ao ar úmido quando o cobrimento de armadura é inadequado ou o concreto não é suficientemente denso, pois, dessa maneira, na presença de umidade, pode ter início a ação corrosiva dos sais residuais. Por outro lado, quando o concreto armado está permanentemente em água, seja água do mar ou doce, o uso de água do mar na mistura parece não ter efeitos danosos. Entretanto, na prática, considera-se desaconselhável o uso de água do mar para o amassamento.

Referente a todas as impurezas da água, é importante considerar a umidade superficial dos agregados como outra possível fonte, que pode representar uma importante parcela da água total de amassamento.*

Água de cura

Em geral, a água satisfatória para amassamento também é adequada para a cura (ver Capítulo 10). Entretanto, ferro ou matéria orgânica podem causar manchamento, em especial se a água flui lentamente sobre o concreto e evapora rapidamente. Em alguns casos, a ocorrência de descoloração não é importante e, sendo assim, qualquer água adequada ao amassamento ou mesmo de qualidade um pouco inferior é aceitável para a realização de cura. É essencial que a água de cura seja isenta de substâncias que ataquem o concreto endurecido, por exemplo, águas que contenham CO_2 livre. O fluxo de água, formado por degelo ou condensação, que contenha um pequeno teor de CO_2 dissolve o $Ca(OH)_2$ e causa erosão superficial. Esse assunto será discutido no Capítulo 14. A cura com água do mar pode causar ataque às armaduras.

Ensaios em água

Uma maneira simples de verificar a adequação da água para o amassamento é comparar o tempo de pega do cimento e a resistência de cubos de argamassa utilizando a água em questão com os resultados obtidos com a utilização de água deionizada ou destilada, conforme prescrito pela BS EN 1008: 2002. Essa norma estabelece que o tempo de início de pega não deve ser menor que 1 hora e a variação máxima em relação ao resultado com água destilada não deve ser maior que 25%. O tempo de fim de pega não deve ser maior que 12 horas, com uma margem também de 25%. A resistência média deve alcançar no mínimo 90%. Essas exigências podem ser comparadas com a BS 3146: 1980, que sugere uma tolerância de 30 minutos para o início de

---

* N. de T.: A NBR 15900–1:2009 estabelece os requisitos para a água ser adequada ao preparo do concreto. Segundo essa norma, em função do tipo de água, é possível verificar se ela é adequada ao uso em concreto. A água de abastecimento público é considerada adequada, sem a necessidade de ensaios. A água de fontes subterrâneas, natural de superfície, captação pluvial e residual industrial pode ser utilizada, desde que ensaiada. A água salobra somente pode ser usada em concreto simples. A água de esgoto e a proveniente de esgoto não tratado são adequadas para uso em concreto. A água recuperada de processos de preparo de concreto pode ser utilizada, desde que atenda a uma série de critérios estabelecidos pela norma. Essa norma estabelece, entre outros, requisitos em relação à presença de óleos, matéria orgânica, odor, etc. Em relação às propriedades químicas, limita o teor de cloretos, sulfatos e álcalis aos mesmos valores da BS EN 1008:2002, citada na Tabela 4.1.

pega e recomenda uma tolerância de 10% para a resistência. A exigência da ASTM C 1602–06 para o tempo de pega é de 1 hora para menos e 1 hora e 30 minutos para mais, enquanto a resistência deve ser no mínimo 90%.

A ocorrência ou não de manchamento devido às impurezas na água de cura não pode ser determinada por análise química e deve ser verificada por um ensaio de desempenho que simule umedecimento e secagem.*

Bibliografia

4.1 F. M. LEA, *The Chemistry of Cement and Concrete* (London, Arnold, 1970).

4.2 A. M. NEVILLE, *Neville on Concrete: an Examination of Issues in Concrete Practice*, Second Edition (BookSurge LLC and www.amazon.co.uk 2006).

Problemas

4.1 O que se entende por concentração de íons sulfatos na água?
4.2 Como o teor de sólidos na água é expresso?
4.3 Especifique a água para ser utilizada como água de amassamento de concreto.
4.4 A água de lavagem de betoneira pode ser utilizada como água de amassamento?
4.5 Comente o uso de água salobra nos diversos tipos de construção.
4.6 Quais são as exigências para a água a ser utilizada para a cura do concreto?
4.7 A água potável é sempre adequada para o uso como água de amassamento?
4.8 Por que a preocupação com o teor de sólidos na água de amassamento?
4.9 Quais são os riscos de utilização de água do mar como água de amassamento?
4.10 Descreva um ensaio para determinar a adequação de uma água para amassamento.

---

* N. de T.: A NBR 15900–2: 2009 descreve os procedimentos de coleta de amostra e NBR 15900–3:2009 trata da avaliação preliminar da água. As demais partes (NBR 15900–4 a 11) detalham os procedimentos de análise químicas para várias substâncias.

5
Concreto Fresco

Tendo analisado os ingredientes individuais do concreto, serão estudadas agora as propriedades do concreto fresco.

Uma vez que as propriedades de longo prazo do concreto endurecido, como resistência, estabilidade de volume e durabilidade, são bastante afetadas pelo grau de adensamento, é de vital importância que a consistência ou a trabalhabilidade do concreto fresco seja tal que ele possa ser adequadamente transportado, lançado, adensado e acabado de forma relativamente fácil, sem sofrer segregação, o que pode ser prejudicial ao adensamento.

Trabalhabilidade

Rigorosamente falando, a trabalhabilidade pode ser definida como a quantidade de trabalho interno útil necessário à obtenção do adensamento total. O trabalho interno útil é uma propriedade física *inerente* do concreto e é o trabalho ou energia exigido para vencer o atrito interno entre as partículas individuais do concreto. Entretanto, na prática é necessária energia adicional para vencer o atrito superficial entre o concreto e as fôrmas ou as armaduras. Também é desperdiçada energia pela vibração das fôrmas e pela vibração de concreto já adensado. Portanto, na prática é difícil medir a trabalhabilidade conforme a definição e o que se avalia é a trabalhabilidade resultante do método específico adotado.

Outro termo utilizado para descrever o estado do concreto fresco é *consistência*, que é resistência da forma de uma substância ou a facilidade com que ela flui. No caso do concreto, a consistência é algumas vezes tomada como uma medida do grau de umidade, pois, dentro de certos limites, concretos com maior quantidade de água são mais trabalháveis que concretos secos. Entretanto, concretos de mesma consistência podem apresentar trabalhabilidades variáveis.

Devido à resistência do concreto ser afetada significativa e negativamente pela presença de vazios na massa compactada, é fundamental alcançar a maior massa específica possível. Isso requer uma trabalhabilidade suficiente para se obter um adensamento "teoricamente" total, utilizando uma quantidade de energia razoável sob determinadas condições. A necessidade de compactação pode ser vista na Fig. 5.1, que mostra o aumento da resistência à compressão com o aumento da massa específica.

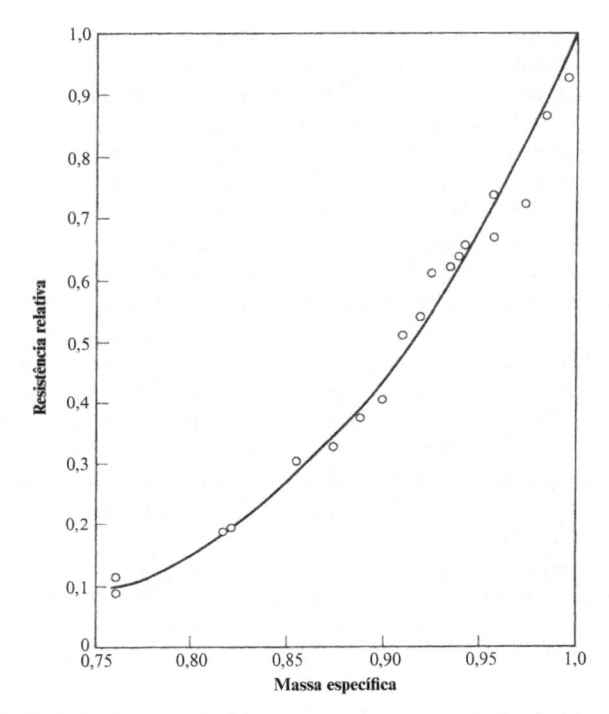

Figura 5.1 Relação entre a resistência relativa e a massa específica relativa. (De: W. H. GLANVILLE, A. R. COLLINS and D. D. MATTHEWS, The grading of aggregates and workability of concrete, *Road Research Tech. Paper No. 5*, London, H.M.S.O. (1950). Crown copyright)

Fica visível que a presença de vazios no concreto reduz sua massa específica e diminui bastante a resistência: 5% de vazios podem diminuir em cerca de 30 % a resistência.

Vazios no concreto endurecido são, na verdade, bolhas de *ar aprisionado* ou espaços deixados após a saída da *água excedente*. O volume desta última depende somente da relação água/cimento da mistura, enquanto a presença de bolhas de ar é regida pela granulometria das partículas finas na mistura e pelo fato das bolhas serem mais facilmente expelidas de misturas úmidas que secas. Segue-se então que, para um determinado método de adensamento, existe um teor ótimo de água na mistura no qual a *soma dos volumes* das bolhas de ar e do espaço de água será o mínimo, e a massa específica será a máxima. No entanto, o teor ótimo de água irá variar com os diferentes meios de adensamento.

Fatores que afetam a trabalhabilidade

Pode-se ver que a trabalhabilidade depende de vários fatores que interagem: a quantidade de água, o tipo e a granulometria dos agregados, a relação agregado/cimento, a presença de aditivos (ver Capítulo 8) e a finura do cimento. O principal fator é o teor de água da mistura, uma vez que pela simples adição de água a lubrificação entre as partículas é aumentada. Todavia, para se conseguir as condições ótimas de mínimo de vazios ou maior adensamento sem segregação, a influência do tipo de agregado e da granulometria deve ser considerada, conforme discutido nos Capítulos 3 e 19. Por exemplo, partículas mais finas requerem mais água para a molhagem de suas grandes superfícies específicas, enquanto a forma irregular e textura rugosa de um agregado anguloso demandam mais água que um agregado arredondado. A porosidade ou absorção do agregado é também importante, já que parte da água de amassamento será removida daquela necessária à lubrificação das partículas.

Agregados leves tendem a diminuir a trabalhabilidade (Capítulo 18). Na realidade, a trabalhabilidade é governada pelas proporções *volumétricas* de partículas de diferentes dimensões, de modo que, quando agregados de massas específicas diferentes são utilizados, como agregados leves, as proporções das misturas devem ser calculadas com base no volume absoluto de cada fração de dimensão.

Para uma relação água/cimento constante, a trabalhabilidade aumenta conforme a relação agregado/cimento diminui devido à quantidade de água em relação à superfície total de sólidos ser aumentada.

Uma relação elevada entre o volume de agregados graúdos em relação a agregados miúdos pode resultar em segregação e menor trabalhabilidade, obtendo-se um mistura *áspera* e de difícil acabamento. Por outro lado, muito material fino resulta em maior trabalhabilidade, mas uma mistura com excesso de areia produz concretos menos duráveis. A influência dos aditivos na trabalhabilidade é discutida no Capítulo 8, mas deve ser mencionado aqui que a incorporação de ar reduz a necessidade de água para uma determinada trabalhabilidade (ver Capítulo 15). A finura do cimento é de influência secundária na trabalhabilidade, mas quanto mais fino o cimento, maior a demanda de água.

Existem outros dois fatores que afetam a trabalhabilidade: tempo e temperatura. O concreto fresco enrijece com o tempo, mas isso não deve ser confundido com a pega do cimento. Trata-se simplesmente da absorção de parte da água pelos agregados, perda por evaporação (principalmente se o concreto for exposto ao sol ou ao vento) e remoção de parte da água pelas reações químicas iniciais. O enrijecimento do concreto é medido de maneira eficiente pela perda de trabalhabilidade com o tempo, conhecida como *perda de abatimento* que varia com a riqueza da mistura, o tipo de cimento, a temperatura do concreto e a trabalhabilidade inicial. Devido à mudança na trabalhabilidade aparente ou consistência e por ser de real interesse a trabalhabilidade no momento do lançamento, ou seja, algum tempo após a mistura, é preferível retardar o ensaio adequado até, por exemplo, 15 minutos após a mistura.

Uma temperatura mais elevada reduz a trabalhabilidade e aumenta a perda de abatimento. Na prática, quando as condições ambientais são incomuns, a melhor opção é realizar ensaios em situações reais para determinar a trabalhabilidade da mistura.*

---

* N. de T.: A avaliação da perda de abatimento é normalizada no Brasil pela NBR 10342:1992.

Coesão e segregação

Nas considerações sobre a trabalhabilidade do concreto, foi destacado que ele não deve segregar, ou seja, deve ser coeso: é essencial que não ocorra segregação para que seja possível obter de um adensamento máximo. A segregação pode ser definida como a separação dos constituintes de uma mistura heterogênea de modo que sua distribuição não seja mais uniforme. No caso do concreto, é a diferença entre as dimensões das partículas (e em algumas vezes a diferença entre a massa específica dos constituintes da mistura) que é a causa principal da segregação, mas sua amplitude pode ser controlada pela escolha de granulometrias adequadas e cuidado no manuseio.

Existem duas formas de segregação. Na primeira, as partículas maiores tendem a se separar já que elas deslizam em superfícies inclinadas ou se assentam mais que partículas mais finas. A segunda forma de segregação, que ocorre principalmente em misturas com excesso de água, é manifestada pela separação da pasta (cimento e água) da mistura. Com algumas granulometrias, quando uma mistura pobre é utilizada, a primeira segregação ocorre se a mistura é muito seca, mas quando a mistura se torna muito úmida, pode ocorrer a segunda forma de segregação.

A influência da granulometria na segregação é discutida em detalhes no Capítulo 3, mas a extensão *real* da segregação depende do método de manuseio e lançamento do concreto. Caso o concreto não tenha de ser transportado por grandes distâncias e seja lançado diretamente da caçamba ou carrinhos de mão em sua posição final nas fôrmas, o risco de segregação é pequeno. Por outro lado, o lançamento do concreto de alturas consideráveis, passando por calhas, em especial com mudanças de direção e descarga contra um obstáculo favorece a ocorrência de segregação; portanto, nessas circunstâncias devem ser utilizadas misturas de maior coesão. Com métodos adequados de manuseio, transporte e lançamento, a probabilidade de ocorrência de segregação pode ser bastante diminuída. Existem muitas regras práticas e estas devem ser aprendidas pela experiência.

Mesmo assim, deve-se reforçar que o concreto deve sempre ser lançado diretamente em sua posição final e não se deve permitir que ele seja movimentado ou trabalhado *ao longo* das fôrmas. Essa proibição inclui o uso de vibrador para espalhar um monte de concreto em uma área maior. A vibração é o melhor meio de adensar um concreto, mas, devido à grande quantidade de energia empregada, o risco de segregação (no lançamento, diferentemente do manuseio) é aumentado pelo uso indevido do vibrador. Isso ocorre em muitas misturas, particularmente quando se permite que a vibração dure um tempo excessivo, com a separação do agregado graúdo em direção ao fundo da forma e a pasta de cimento em direção ao topo. Obviamente esse concreto será fraco e a *nata* em sua superfície será muito rica e com excesso de água, de maneira que resulta em uma superfície fissurada com tendência à formação de *pó* (ver página 81).

O risco de segregação pode ser reduzido pelo uso de aditivo incorporador de ar (ver Capítulo 15). Por outro lado, o uso de agregado graúdos com massa específica muito maior que a do agregado miúdo pode levar a aumento da segregação.

É difícil avaliar quantitativamente a segregação, mas ela é detectada com facilidade quando o concreto é manuseado no canteiro por qualquer das maneiras citadas anteriormente como inadequadas. Uma boa ideia da coesão da mistura é obtida pelo ensaio da mesa de consistência (ver página 88). A tendência à segregação devido à vibração excessiva pode ser verificada de maneira prática: vibrar um cubo ou cilindro de concreto por cerca de 10 minutos e em seguida desmoldar e observar a distribuição dos agregados graúdos: qualquer segregação será facilmente observada.

Exsudação

A exsudação é uma forma de segregação na qual parte da água da mistura tende a migrar para a superfície do concreto recém-lançado. Isso é causado pela incapacidade dos constituintes sólidos da mistura em reter toda a água de amassamento quando eles se assentam em direção ao fundo. A exsudação pode ser expressa quantitativamente como o assentamento total (redução na altura) por unidade de altura do concreto e a capacidade de exsudação, bem como a velocidade de exsudação, pode ser determinada experimentalmente pelo ensaio da ASTM C 232–04. Quando a pasta de cimento apresenta um enrijecimento suficiente, a exsudação do concreto para de ocorrer.*

Como resultado da exsudação, o topo de qualquer camada de concreto lançada pode ter excesso de água e, caso a água seja aprisionada pelo concreto sobreposto, o resultado será uma camada de concreto porosa, fraca e não durável. Caso a água de exsudação seja remisturada durante o acabamento superficial, será formada uma superfície de baixa resistência ao desgaste. Isso pode ser evitado pelo retardo das operações de acabamento até que a água de exsudação tenha evaporado, usando desempenadeiras de madeira e evitando o excesso de trabalho na superfície. Por outro lado, se a evaporação da água da superfície do concreto é mais rápida que a velocidade de exsudação, pode ocorrer a fissuração por retração plástica (ver página 251).

Além da água acumulada na face superior do concreto, parte da água ascendente fica retida embaixo das maiores partículas de agregados ou das armaduras, criando, então, regiões de baixa aderência. Essa água deixa vazios e, como todos esses vazios são orientados em uma mesma direção, a permeabilidade do concreto no plano horizontal pode ser aumentada. Um pequeno número de vazios sempre está presente, mas a exsudação significativa deve ser evitada visto que pode aumentar o risco de danos por congelamento (ver Capítulo 15). A exsudação é com frequência acentuada em lajes de pequena espessura, como nos pavimentos rodoviários, nos quais o congelamento representa um risco significativo.

A exsudação não é necessariamente prejudicial. A relação água/cimento efetiva pode ser diminuída, com consequente aumento da resistência, se a exsudação não for pertubada (e a água evaporar). Por outro lado, se a água ascendente carrega uma quantidade considerável de partículas mais finas do cimento, será formada uma camada de nata e, caso se concentre na camada superior da laje, o resultado será uma superfície porosa, permanentemente geradora de pó. No topo de uma camada pode ser formar um plano de fraqueza, tornando a aderência com próxima camada inadequada. Por essa razão, a nata deve ser sempre removida por escovamento e lavagem. Essa nata também pode ser induzida pelo acabamento superficial que pode

---

* N. de T.: A determinação da exsudação em concreto é normalizada pela NBR 15558:2008.

ser danificado devido às bolhas de ar ou água de exsudação aprisionada na forma de *vesículas*.

Apesar de dependente da quantidade de água da mistura, a tendência à exsudação depende em muito das propriedades do cimento. A exsudação é menor com cimentos mais finos e é afetada por alguns fatores químicos: ocorre menor exsudação quando o cimento tem alto teor de álcalis, maior teor de C_3A ou é adicionado cloreto de cálcio (nos dois últimos itens, ocorrem efeitos colaterais indesejáveis). Uma temperatura mais elevada, dentro das variações normais, aumenta a taxa de exsudação, mas a *capacidade total de exsudação* provavelmente não é afetada. Misturas ricas são menos propensas à exsudação que misturas mais pobres e obtém-se a redução da exsudação pela adição de pozolanas ou pó de alumínio. Os aditivos incorporadores de ar efetivamente reduzem a exsudação de tal maneira que o acabamento pode ser executado logo após a moldagem.

Ensaios de trabalhabilidade

Infelizmente não existem ensaios aceitáveis que avaliem a diretamente a trabalhabilidade, conforme definição anterior. Os métodos apresentados a seguir dão uma medida da trabalhabilidade, que é válida somente como referência ao método em questão. Entretanto, estes métodos têm aceitação universal e seu maior mérito é a simplicidade de execução como uma ferramenta para a detecção de variações na uniformidade de uma mistura de determinadas proporções.

Abatimento de tronco de cone

Existem algumas pequenas diferenças nos procedimentos utilizados em diferentes países, mas não são significativas. As recomendações da ASTM C 143–05a estão resumidas a seguir.

O molde para o ensaio de abatimento de tronco de cone é um tronco de cone, com 305 mm de altura, base de 203 mm e abertura superior de 102 mm. O molde é posicionado em uma superfície plana e preenchido com três camadas de concreto. Cada camada recebe 25 golpes com uma haste metálica normalizada, com extremidades arredondadas e diâmetro igual a 16 mm. A camada final é rasada pela ação de movimentos de rolagem da haste metálica. O molde deve estar firmemente imobilizado contra sua base durante toda a operação, sendo esta tarefa facilitada pelas alças e apoios para os pés existentes no molde.

Logo após o preenchimento, o cone é lentamente erguido e o concreto liberado sofre um abatimento, daí o nome do ensaio*. A diminuição na altura do *centro*[1] do concreto após a realização do ensaio é denominada abatimento de tronco de cone e é medida com aproximação de 5 mm. Com o objetivo de reduzir a influência do atrito superficial no resultado, a superfície interna do molde e sua base devem ser umedeci-

---

* N. de T.: É comum a denominação do ensaio pelo nome em língua inglesa, *slump*.
[1] As normas BS 1881–102: 1983 e BS EN 12350–2: 2000 estabelecem que o abatimento deve ser medido na parte mais alta do concreto.

dos *antes* da realização de cada ensaio e, antes da elevação do molde, a área ao redor da base do cone deve ser limpa do concreto que possa ter caído acidentalmente.*

Caso, em vez de um abatimento uniforme, como no abatimento verdadeiro (Fig. 5.2), uma das metades do cone deslizar segundo um plano inclinado, diz-se que ocorreu um *abatimento cisalhado* e o ensaio deve ser repetido. A ocorrência continuada de abatimento cisalhado pode ser um indicativo de misturas ásperas, mostrando falta de coesão da mistura.

Misturas de consistência seca têm *abatimento zero*, de modo que, no campo das misturas secas, nenhuma variação pode ser detectada entre misturas de diferentes trabalhabilidades. Com misturas ricas não ocorrem problemas, pois o abatimento

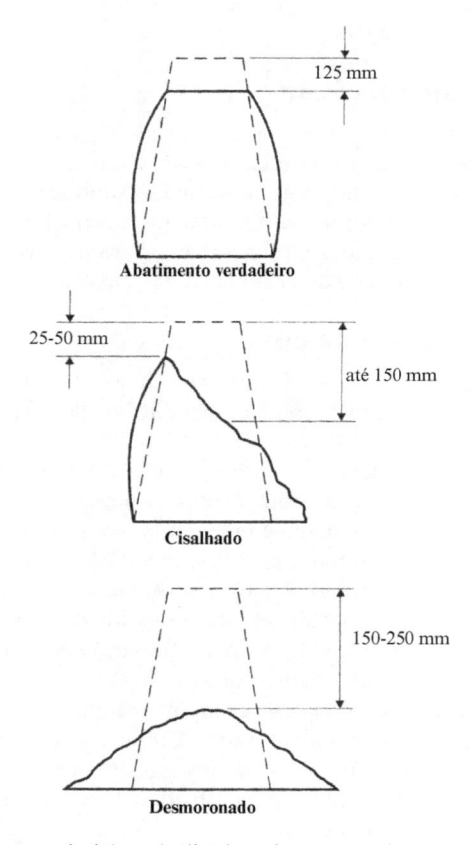

Figura 5.2 Abatimento verdadeiro, cisalhado e desmoronado.

---

* N. de T.: No Brasil, o ensaio de abatimento de tronco de cone é normalizado pela NBR NM 67:1998, sendo os procedimentos similares aos da norma americana citada.

de tronco de cone é sensível a variações na trabalhabilidade. Entretanto, em misturas pobres com tendência à aspereza, um abatimento verdadeiro pode facilmente se tornar cisalhado ou mesmo desmoronar (Fig. 5.2), e valores com grandes variações podem ser obtidos em diferentes amostras da mesma mistura; portanto, o ensaio de abatimento de tronco de cone não é apropriado a misturas pobres.

A ordem de grandeza do abatimento para diferentes trabalhabilidades é dada na Tabela 5.1 (ver também a Tabela 19.3). É preciso lembrar que com diferentes agregados o mesmo abatimento pode indicar diferentes trabalhabilidades, ou seja, de fato o abatimento não tem nenhuma relação com a definição de trabalhabilidade apresentada anteriormente.

Tabela 5.1 Trabalhabilidade, abatimento de tronco de cone e fator de compactação de concretos com agregados de dimensão máxima de 19 ou 38 mm*

Grau de trabalhabilidade	Abatimento de tronco de cone (mm)	Fator de compactação	Uso indicado do concreto
Muito baixo	0–25	0,78	Pavimentos vibrados por máquina vibratórias mecanizadas. Os concretos mais trabalháveis deste grupo podem ser adensados com equipamentos manuais
Baixo	25–50	0,85	Pavimentos vibrados com equipamentos manuais. Os concretos mais trabalháveis deste grupo podem ser adensados manualmente em pavimentos que utilizem agregados de forma arredondada ou irregular. Concreto massa para fundações sem adensamento ou seções de concreto armado vibradas, com baixa taxa de armadura.
Médio	25–100	0,92	Os concretos de menor trabalhabilidade deste grupo podem ser adensados para o uso em lajes lisas utilizando agregados britados. Concreto com taxa de armadura normal, com adensamento manual e seções densamente armadas com vibração.
Alto	100–175	0,95	Para seções com congestionamento de armaduras, usualmente de vibração inviável.

* N. de T.: A NBR 8953:2009 versão corrigida 1:2011 classifica os concretos em relação à trabalhabilidade, medida pelo abatimento de tronco de cone (5), em cinco classes: S10 (concreto com consistência seca, de 10 a 45 mm); S50 (concretos pouco trabalháveis, de 50 a 95 mm); S100 (concretos de aplicação normal, de 100 a 155 mm); S160 (concretos plásticos para bombeamento, de 160 a 215 mm) e S220 (concretos fluidos).

Apesar dessas limitações, o ensaio de abatimento é muito útil em canteiro de obras como uma verificação da variação diária ou mesmo horária dos materiais que estão sendo carregados na betoneira. Um aumento do abatimento pode indicar, por exemplo, que o teor de umidade dos agregados apresentou um aumento inesperado ou uma alteração na granulometria dos agregados, como uma deficiência de areia. Um abatimento muito alto ou muito baixo dá um aviso imediato e permite que o operador corrija a situação. A aplicabilidade do ensaio de abatimento, bem como sua simplicidade, é responsável pelo seu uso disseminado.

Ensaio do fator de compactação e outros ensaios de compacidade

Apesar de não haver um método totalmente aceito para medir a trabalhabilidade de forma direta, ou seja, a quantidade de trabalho necessária para a obtenção do adensamento completo, provavelmente o melhor ensaio ainda disponível utiliza um princípio inverso: a determinação de grau de adensamento obtido pela aplicação de uma determinada quantidade de trabalho. O esforço aplicado inclui necessariamente aquele realizado para vencer o atrito superficial, mas este é reduzido ao mínimo, apesar de provavelmente o atrito real variar com a trabalhabilidade da mistura.

O grau de adensamento, denominado fator de compactação, é medido pela relação entre a massa específica real, obtida no ensaio, e a massa específica do mesmo concreto totalmente adensado.

O ensaio, conhecido como ensaio do fator de compactação, foi desenvolvido no Reino Unido e está descrito na BS 1881-103: 1993. Ele é adequado para agregados de dimensão máxima de até 40 mm. O equipamento consiste essencialmente em dois funis, cada um na forma de um tronco de cone, e um cilindro, sendo os três posicionados um acima do outro. Os funis possuem portas articuladas na parte inferior, conforme mostrado na Fig. 5.3. Todas as superfícies internas são polidas para reduzir o atrito.

O funil superior é preenchido cuidadosamente com concreto, de maneira que nessa etapa não seja aplicado nenhum esforço que possa resultar no adensamento do concreto. A porta inferior do funil é, então, aberta e o concreto cai no funil mais baixo. Este funil, menor que o superior, é preenchido até extravasar, contendo assim sempre aproximadamente a mesma quantidade de concreto na condição padrão, reduzindo a influência pessoal no preenchimento do funil superior. A porta inferior do funil de baixo é aberta e o concreto cai no cilindro. O excesso de concreto é rasado por réguas na seção superior do molde, e a massa líquida do concreto no cilindro de volume conhecido é determinada.

A massa específica do concreto no cilindro é calculada e a relação entre esse valor e a massa específica do concreto totalmente adensado é definida como o fator de compactação. O valor desta última pode ser obtido pelo preenchimento do cilindro com concreto, em quatro camadas, sendo cada uma delas compactada ou vibrada, ou, alternativamente, pode ser calculado a partir dos volumes absolutos dos ingredientes da mistura (ver Eq. 19.2). Como alternativa, a redução de volume pode ser utilizada para calcular o fator de compactação.

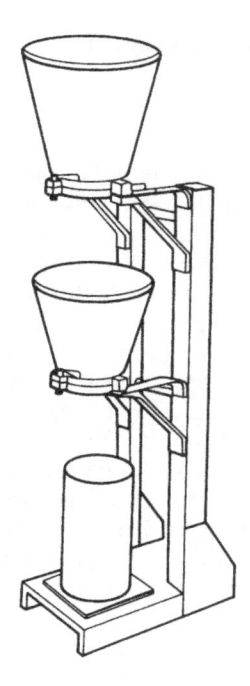

Figura 5.3 Aparelho do ensaio do fator de compactação.

A Tabela 5.1 apresenta valores do fator de compactação para diferentes trabalhabilidades. Diferentemente do ensaio de abatimento, as variações na trabalhabilidade de concretos secos são mostradas como uma *grande* variação no fator de compactação, ou seja, o ensaio é mais sensível a concretos de menor trabalhabilidade que os de elevada. Apesar disso, misturas muito secas tendem a aderir a um ou ambos funis, e o material deve ser solto com golpes suaves de uma haste metálica. Além disso, parece que para um concreto de trabalhabilidade muito baixa, o trabalho real necessário ao adensamento total depende da riqueza da mistura, enquanto o fator de compactação não: misturas pobres necessitam maior esforço que as ricas. Isso significa dizer que o conceito implícito de que todas as misturas de mesmo fator de compactação exigem a mesma quantidade de esforço não é sempre válido. Apesar disso, o ensaio do fator de compactação indiscutivelmente é uma boa medida da trabalhabilidade.

O equipamento para avaliação do fator de compactação mostrado na Fig. 5.3 tem cerca de 1,2 m de altura e não é muito adequado para utilização em campo. Assim, embora fornecendo resultados confiáveis, o equipamento do fator de compactação raramente é utilizado fora de empresas de pré-moldados de concreto e grandes obras.

Um ensaio de compacidade que simplesmente avalia a redução no volume após a vibração de um concreto lançado sem compactação em um recipiente de volume conhecido foi introduzido pela BS EN 12350–4: 2000. O *grau de compacidade* é dado pela relação entre a altura do cilindro cheio de concreto não adensado e a altura do concreto adensado por vibração.

Ensaio Vebe

O nome Vebe é derivado das iniciais de V. Bährmer, sueco, que desenvolveu o ensaio. É normalizado pelas normas BS 1881–104: 1983, BS EN 12530–3: 2000 e ACI 211.3R–02.

O equipamento, mostrado na Fig. 5.4, consiste em um cone normalizado de abatimento, colocado no interior de um cilindro de 240 mm de diâmetro e 200 mm de altura. O cone de abatimento é preenchido conforme o procedimento normalizado e o molde é removido. Um disco transparente (com peso de 2,75 kg) é posicionado no topo do concreto. A compactação é obtida com a utilização de uma mesa com um peso excêntrico girando a 50 Hz, de modo que a amplitude vertical da mesa com o cilindro vazio seja aproximadamente ± 0,35 mm.

Considera-se que a compactação está completa quando o disco transparente estiver totalmente coberto com concreto e todas as cavidades na superfície do concreto tenham desaparecido. Esse julgamento é visual e a dificuldade em estabelecer o final do ensaio pode ser uma fonte de erros. Para superar essa dificuldade, um equipa-

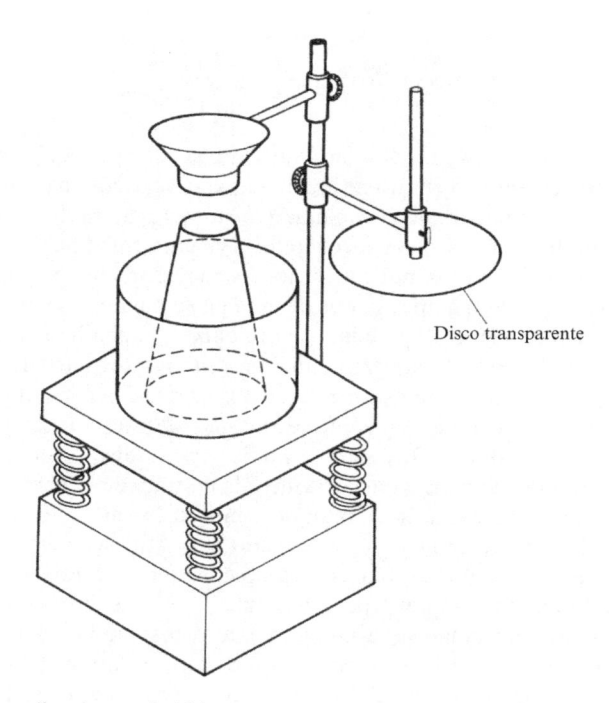

Figura 5.4 Aparelho do ensaio Vebe.

mento de operação automática para registrar o movimento da placa em relação ao tempo pode ser ajustado, mas não é um procedimento normalizado.

A quantidade de trabalho empregada para a compactação total é adotada como a medida da trabalhabilidade da mistura, sendo expressa em *segundos Vebe* (*índice Vebe*), ou seja, o tempo necessário para o ensaio. Em algumas ocasiões, é aplicada uma correção para a alteração do volume do concreto de V_2, antes da vibração, para V_1, após a vibração, sendo o tempo multiplicado por V_2/V_1.

O Vebe é um bom ensaio de laboratório, em especial para misturas muito secas, diferenciando-se do ensaio do fator de compactação, no qual um erro pode ser introduzido pela tendência de algumas misturas secas aderirem aos funis. O ensaio Vebe tem como vantagem adicional o fato do manuseio do concreto durante o ensaio ser bastante aproximado aos métodos de lançamento na prática.

Ensaio de espalhamento

Este ensaio teve seu uso disseminado mais recentemente, em especial para concretos fluidos produzidos com aditivos superplastificantes (ver página 154). O aparelho, mostrado na Fig. 5.5, consiste em uma placa de madeira coberta por uma placa metálica com massa total de 16 kg. Essa placa é articulada por um dos lados à placa de base e ambas têm 700 mm de lado. A placa superior pode ser erguida até um determinado ponto onde existe uma peça que limita a elevação da borda livre em 40 mm. Marcas na placa indicam a posição para colocação do concreto na mesa.

A parte superior da mesa é umedecida e um tronco de cone com 200 mm de altura, 200 mm de diâmetro inferior e 130 mm de diâmetro superior é posicionado sobre ela. O tronco de cone é preenchido com concreto e levemente compactado com um soquete de madeira, conforme procedimento prescrito. Antes da retirada do molde, o excesso de concreto é removido e a mesa é limpa e, após um intervalo de 30 segundos, o molde é lentamente retirado. A mesa superior é erguida e deixada cair, evitando-se impacto significativo no limitador. O ciclo, que deve durar aproximadamente 4 segundos, é repetido por 15 vezes, causando o espalhamento do concreto; é medido o maior espalhamento paralelo às duas bordas. A média de dois valores, com aproximação de milímetro, representa o espalhamento. Um valor de 400 indica uma trabalhabilidade média e 500, uma alta trabalhabilidade. O concreto, nesse estágio, deve se

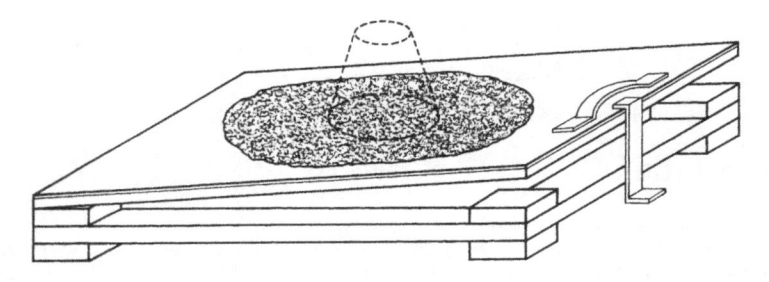

Figura 5.5 Mesa de ensaio de espalhamento.

apresentar uniforme e coeso ou o ensaio é considerado inadequado para uma determinada mistura. Sendo assim, o ensaio fornece uma indicação da coesão da mistura. Maiores detalhes sobre esse ensaio são dados pela BS 1881: Part 105: 1984 e sua substituta BS EN 12350–5: 2000. A norma alemã DIN 1048: Part 1 também descreve esse ensaio, juntamente com um ensaio de compactação que serve de base para a determinação do grau de compacidade (ver página 86). O grau de compactação é relacionado à recíproca do fator de compactação. A ASTM C 1611–05 descreve o *slump-flow test*, que é similar ao ensaio da mesa de espalhamento, sem, entretanto, as operações de elevação e queda.*

Ensaio de penetração de bola

Este é um ensaio de campo simples que consiste na determinação da profundidade de penetração no concreto fresco de um hemisfério metálico com 152 mm de diâmetro, pesando 14 kg, sob a ação do peso próprio. Um croqui do equipamento, conforme concebido por J.W. Kelly e conhecido como *bola de Kelly*, é mostrado na Fig. 5.6.

A utilização desse ensaio é similar a do ensaio de abatimento de tronco de cone, ou seja, verificação de rotina da consistência para fins de controle. O ensaio não é mais coberto pelas normas americanas e é raramente utilizado no Reino Unido. Entretanto, é válido considerar o ensaio da bola de Kelly como uma alternativa ao ensaio de abatimento, em relação ao qual apresenta algumas vantagens. Em especial, o ensaio da bola é mais simples e de realização mais rápida e, mais importante, pode ser aplicado a concretos em um carrinho de mão ou mesmo nas fôrmas. Com objeti-

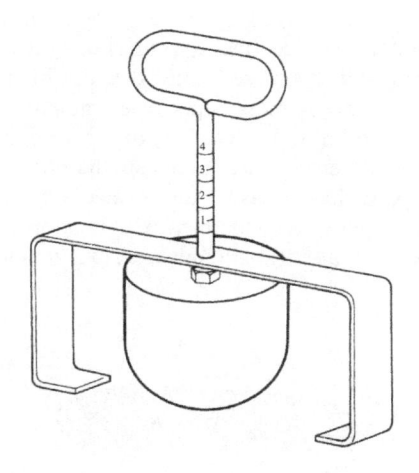

Figura 5.6 Bola de Kelly.

---

* N. de T.: No Brasil, o ensaio da mesa de espalhamento, denominada mesa de Graff, é normalizado pela NBR NM 68: 1998. Também é normalizado, pela NBR 15823–2:2010, um método para concretos autoadensáveis que determina o espalhamento e o tempo de escoamento – método do cone de Abrams.

vo de evitar o efeito-parede, a profundidade do concreto a ser ensaiado não deve ser menor que 200 mm e a distância lateral mínima deve ser 460 mm.

Como esperado, não existe uma correlação simples entre a penetração e o abatimento, já que nenhum dos dois ensaios avalia qualquer propriedade básica do concreto, mas somente a resposta a condições específicas. Apesar disso, quando uma mistura específica é utilizada, uma relação linear pode ser encontrada. Na prática, o ensaio de bola é essencialmente utilizado para avaliar variações na mistura, como as resultantes da variação do teor de umidade dos agregados. Hoje o ensaio da bola de Kelly raramente é utilizado.

Comparação de ensaios

Deve ser salientado que, a princípio, nenhuma relação única entre os resultados dos vários ensaios deve ser esperada, já que cada ensaio avalia o comportamento do concreto sob diferentes condições. As utilizações específicas de cada ensaio foram citadas.

O fator de compactação é intimamente relacionado à recíproca da trabalhabilidade, e o índice Vebe é uma função direta da trabalhabilidade. O ensaio Vebe avalia

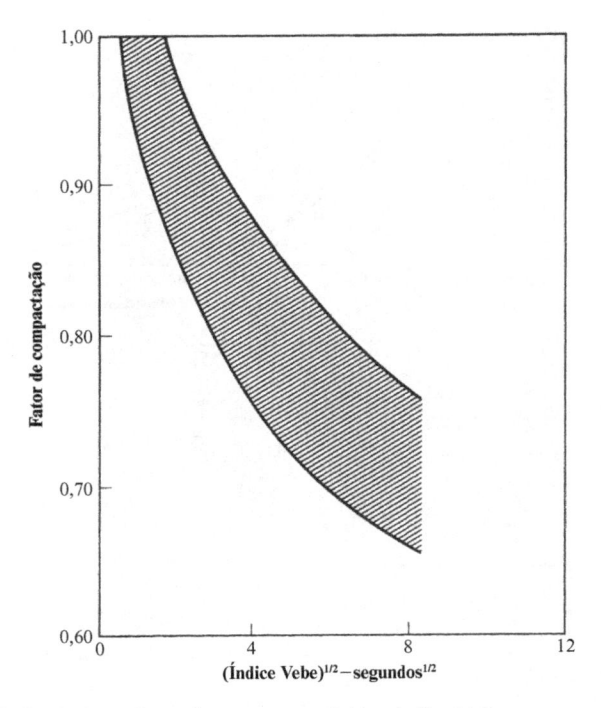

Figura 5.7 Relação entre o fator de compactação e o índice Vebe.
(De: A. R. CUSENS, The measurement of the workability of dry concrete mixes, *Mag. Concr. Res.*, 8, No. 22, pp. 23–30 (March 1956).)

as propriedades do concreto sob vibração em comparação com as condições de queda livre do ensaio do fator de compactação.

Uma indicação da relação entre o fator de compactação e o índice Vebe é dada pela Fig. 5.7, mas somente é aplicável às misturas utilizadas; a relação não deve ser considerada como de aplicação geral, já que depende de fatores como a forma e a textura dos agregados ou a presença de ar incorporado, bem como das proporções da mistura. Para misturas específicas, a relação entre o fator de compactação e o abatimento de tronco de cone tem sido obtida, mas também é função das propriedades da mistura. Uma indicação geral do modelo da relação entre fator de compactação, índice Vebe e abatimento é mostrada na Fig. 5.8. A influência da riqueza da mistura (ou relação agregado/cimento) em duas destas relações é clara. A ausência de influência no caso da relação entre o abatimento e o índice Vebe é ilusória por abatimento não ser sensível em uma extremi-

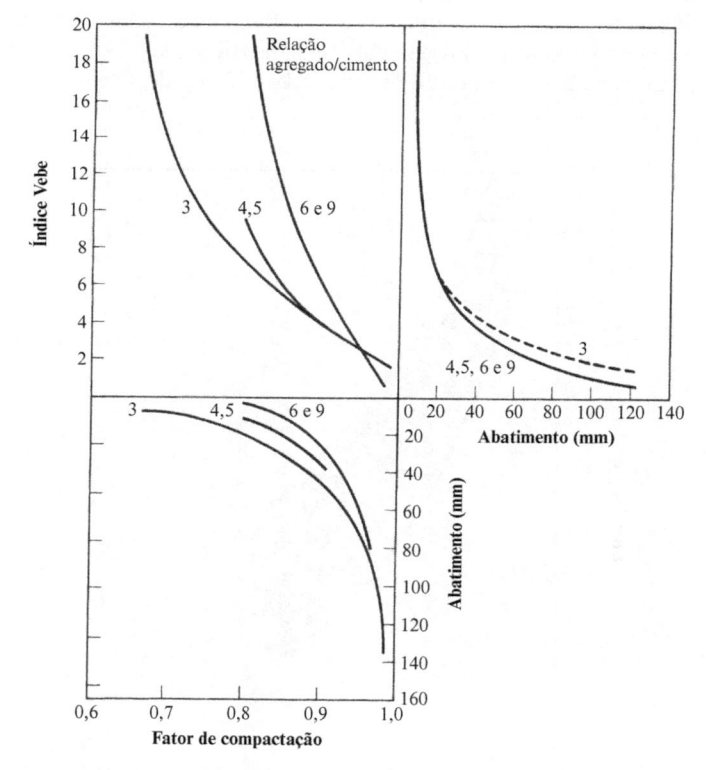

Figura 5.8 Modelo geral das relações entre os ensaios de trabalhabilidade para misturas de relações agregados/cimento variáveis.
(De: J. D. DEWAR, Relations between various workability control tests for ready-mixed concrete, *Cement Concr. Assoc. Tech. Report TRA/375* (London, Feb. 1964).)

dade da escala (baixa trabalhabilidade) e o índice Vebe na outra (alta trabalhabilidade); portanto, duas linhas assintóticas com uma parte em comum estão presentes.

Conforme já citado, o ensaio ideal para a trabalhabilidade ainda está por ser concebido. Por essa razão, vale a pena valorizar a inspeção visual da trabalhabilidade e avaliá-la com uma colher de pedreiro para verificar a facilidade de acabamento. A experiência é claramente necessária, mas, uma vez que tenha sido adquirida, a observação visual, especialmente com o objetivo de verificar a uniformidade, é rápida e confiável.

Massa específica do concreto fresco

É comum a determinação da massa específica do concreto fresco compactado quando está sendo avaliada a trabalhabilidade ou o teor de ar (ver Capítulo 15). A massa específica é facilmente obtida pela pesagem do concreto fresco compactado em um recipiente padrão de volume e massas conhecidos. Esse ensaio é descrito pelas normas ASTM C 138–01a, BS 1881–107: 1983 e BS 12350–6. Sendo conhecida a massa específica em kg/m³ (γ_c), o volume de concreto pode ser obtido a partir da massa dos ingredientes. Quando estes estão expressos como quantidades de materiais para uma amassada na betoneira, pode-se calcular a *produção* de concreto por betonada.

Sendo as massas, por betonada, de água, cimento, areia e brita, respectivamente Ag, C, A e B, o volume de concreto compactado (V) produzido em uma betonada (ou rendimento) é:

$$V = \frac{C + A + B + Ag}{\gamma_c} \quad (kg/m^3) \tag{5.1}$$

O consumo de cimento (isto é, massa de cimento para dado volume de concreto) é:

$$\frac{C}{V} = \gamma_c - \frac{A + B + Ag}{V} \quad (kg) \tag{5.2}$$

O consumo de cimento por metro cúbico de concreto pode ser calculado como:

$$C = \frac{\gamma_c}{1 + a + p + a/c} \quad (kg/m^3) \tag{5.3}$$

onde:
a = relação agregado miúdo seco/cimento em massa, (kg/kg)
p = relação agregado graúdo seco/cimento em massa (kg/kg)
a/c = relação água/cimento em massa (kg/kg)

Bibliografia

5.1 ACI COMMITTEE 211.3R–02, Standard practice for selecting proportions for no--slump concrete, Part 1, *ACI Manual of Concrete Practice* (2007).

5.2 T. C. POWERS, *The Properties of Fresh Concrete* (Wiley, 1968).

Problemas

5.1 O que é concreto massa?
5.2 Discuta o uso de uma mesa de espalhamento.
5.3 Para quais misturas o abatimento de tronco de cone não é um bom ensaio?
5.4 Para quais misturas o ensaio Vebe não é adequado?
5.5 O que se entende por consistência de uma mistura?
5.6 Qual é a relação entre coesão e segregação?
5.7 O que se entende por segregação de uma mistura de concreto?
5.8 O que se entende por exsudação do concreto?
5.9 Dê exemplos de misturas com o mesmo abatimento, mas diferentes trabalhabilidades.
5.10 Qual é a importância da exsudação em uma construção onde a concretagem é executada em diversas camadas?
5.11 Quais são os fatores que afetam a trabalhabilidade do concreto?
5.12 Por que é importante o controle da trabalhabilidade do concreto no canteiro?
5.13 Discuta as vantagens e desvantagens do ensaio Vebe.
5.14 Discuta os fatores que afetam a trabalhabilidade do concreto.
5.15 Discuta os fatores que afetam a coesão do concreto.
5.16 Discuta os fatores que afetam a exsudação do concreto.
5.17 Explique o significado do termo nata de cimento.
5.18 Quais são as exigências de trabalhabilidade para concreto em estruturas com alta taxa de armadura?
5.19 Qual é a relação entre exsudação e assentamento plástico?
5.20 Por que o abatimento não é uma medida direta da trabalhabilidade?
5.21 O que se entende por concreto pobre?
5.22 O que se entende por mistura pobre?
5.23 Por que é importante que não ocorra a segregação?
5.24 Discuta a aplicabilidade dos vários ensaios de trabalhabilidade em concretos de diferentes níveis de trabalhabilidade.
5.25 Qual forma de abatimento em um ensaio de abatimento de tronco de cone é insatisfatória?
5.26 Por que a trabalhabilidade diminui com o tempo?
5.27 Defina trabalhabilidade do concreto.
5.28 Como é medido o fator de compactação?
5.29 O que se entende por rendimento?
5.30 Um concreto tem as seguintes proporções, em massa: 1:1,8:4,5, em massa, tem relação água/cimento igual a 0,6. Calcule o consumo de cimento no concreto, sabendo que sua massa específica compactada é 2400 kg/m^3.

Resposta: 304 kg/m^3.

6

Resistência do Concreto

A resistência do concreto normalmente é considerada a propriedade mais importante, embora, em muitas situações práticas, outras características, como durabilidade, impermeabilidade e estabilidade de volume podem ser de fato mais importantes. No entanto, a resistência normalmente dá uma ideia geral da qualidade do concreto, por estar diretamente ligada à estrutura da pasta de cimento.

A resistência, bem como a durabilidade e alterações de volume da pasta de cimento endurecido, parece não depender tanto da composição química quanto da estrutura física dos produtos de hidratação do cimento e de suas proporções volumétricas relativas. Em especial, a presença de falhas, descontinuidades e poros é significante e, para entender suas influências na resistência, é importante considerar a mecânica da fratura do concreto sob tensão. No entanto, uma vez que nosso conhecimento desta abordagem fundamental é inadequado, é necessário relacionar a resistência a parâmetros mensuráveis da estrutura da pasta de cimento hidratada. Será mostrado que um fator de fundamental importância é a *porosidade*, isto é, o volume relativo de poros ou vazios na pasta de cimento. Os vazios podem ser considerados como causas de diminuição da resistência. Outras fontes de enfraquecimento vêm da presença do agregado, que pode conter falhas em sua estrutura, além de ser causador de microfissuração na interface com a pasta de cimento. Infelizmente, a porosidade da pasta de cimento hidratada e a microfissuração são de difícil quantificação de maneira eficiente, de modo que para fins de engenharia é necessário recorrer a um estudo empírico dos efeitos de vários fatores sobre a resistência do concreto. Na realidade, será visto que o fator primordial é a relação água/cimento, sendo as demais proporções das misturas de importância secundária.

Abordagem segundo a mecânica da fratura

Mecânica da fratura é o estudo do comportamento de tensões e deformações em materiais frágeis e homogêneos. É possível considerar o concreto como um material frágil, apesar dele apresentar uma pequena plasticidade aparente (ver página 112), devido à ruptura sob cargas de curta duração ocorrer com deformação total relativamente baixa: deformações de 0,001 a 0,005 na ruptura têm sido sugeridas como o limite do comportamento frágil. Por outro lado, o concreto dificilmente pode ser considerado um material homogêneo, devido às propriedades de seus constituintes serem diferentes e ele é, até certo ponto, anisotrópico. Mesmo assim, a abordagem segundo a mecânica da fratura contribui para o entendimento do mecanismo de ruptura do concreto. Deve ficar claro que somente os princípios básicos são abordados neste livro.

Considerações sobre a resistência à tração

Mesmo quando é eliminada uma causa de heterogeneidade, ou seja, o agregado, verifica-se que a resistência à tração real da pasta de cimento hidratada é muito menor que a *resistência teórica*, estimada com base na coesão molecular da estrutura atômica e calculada a partir da energia necessária para criar novas superfícies pela fratura de um material perfeitamente homogêneo e sem falhas. Essa resistência teórica é estimada como sendo 1000 vezes maior que a resistência real medida.

A discrepância entre as resistências teórica e real pode ser explicada, conforme estabelecido por Griffith, pela presença de falhas ou fissuras que resultam em altíssimas concentrações de tensões em suas pontas quando submetidas a um carregamento (ver Fig. 6.1). Desse modo, pode ocorrer a fratura microscópica localizada, apesar da tensão média (nominal) em todo o material ser relativamente baixa. A concentração de tensões na ponta da fissura é, na verdade, tridimensional, mas a maior fragilidade ocorre quando a orientação da fissura é normal à direção do carregamento aplicado, conforme mostrado na Fig. 6.1. Também a tensão máxima é maior, quanto mais extensa e afiada for a fissura, ou seja, quanto maior o valor de c e menor o valor de r, conforme mostrado pela relação:

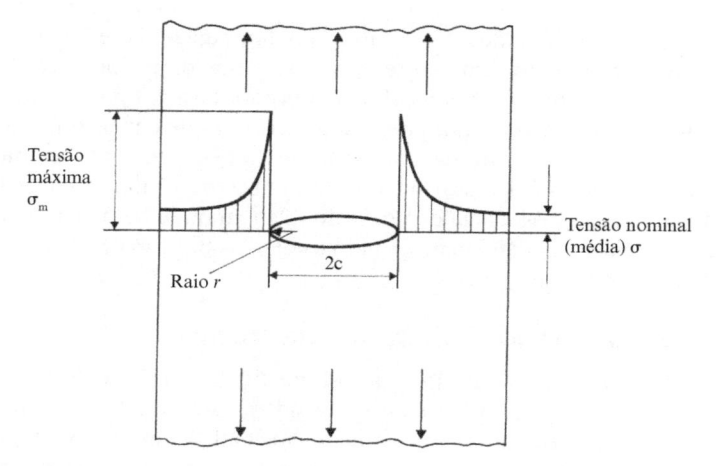

Figura 6.1 Concentração de tensões na ponta de uma fissura de um material frágil submetido à tração.

$$\frac{\sigma_m}{\sigma} = 2\left(\frac{c}{r}\right)^{\frac{1}{2}}. \tag{6.1}$$

A legenda é explicada na Fig. 6.1.

Quando o carregamento externo aumenta, a tensão máxima σ_m aumenta até atingir a tensão de ruptura do material que contém a fissura, conhecida como a *resistência à ruptura frágil* do material, σ_f. Sendo dada por

$$\sigma_f = \left(\frac{WE}{\pi c}\right)^{\frac{1}{2}}. \tag{6.2}$$

onde W é o trabalho necessário para causar a fratura e E é o módulo de elasticidade. Nesse estágio, novas superfícies se formam, a fissura se alonga e ocorre a liberação da energia elástica armazenada no material. Caso essa energia seja suficiente para continuar a propagação da fissura, existe então a condição para a ruptura iminente de todo o material, Por outro lado, se a energia liberada é muito baixa, a fissura é contida até que o carregamento externo seja aumentado.

Segundo a teoria da fratura frágil, a ruptura inicia-se pela maior fissura que é orientada na direção normal à carga aplicada, então a ocorrência de tal fissura é um problema de probabilidade estatística. Isso significa que a dimensão e, possivelmente, a forma do corpo de prova são fatores influentes na resistência, em função de, por exemplo, existir uma maior probabilidade de existência de fissuras críticas, passíveis de iniciar a fratura, em corpos de prova maiores.

Em um material verdadeiramente frágil, a energia liberada no início da propagação da fissura é suficiente para continuar sua propagação, pois, conforme a fissura aumenta (aumento de c), a tensão máxima aumenta (Eq. 6.1) e a resistência à ruptura frágil diminui (Eq. 6.2). Em consequência disso, o processo é acelerado. No entanto, no caso da pasta de cimento, a energia liberada no início da fissuração pode não ser suficiente para continuar a propagação de uma fissura por ela poder ser bloqueada pela presença de um "obstáculo", como um poro de grandes dimensões, um grão de cimento não hidratado ou pela presença de um material mais dúctil, que exige mais energia para causar a fratura.

Esse argumento pressupõe uma distribuição uniforme de tensões (nominais). No caso de tensões não uniformes, a propagação de uma fissura é contida, *adicionalmente*, pelo material circundante a uma tensão menor. Isso ocorre, por exemplo, na flexão. Consequentemente, qualquer que seja o tipo distribuição de tensões, a carga externa deve ser aumentada antes que outra fissura ou falha seja submetida ao mesmo processo, de modo que eventualmente há uma ligação de fissuras independentes antes que a falha total ocorra.

A estrutura da pasta de cimento é complexa e existem diversas fontes de falhas e descontinuidades, mesmo antes da aplicação do carregamento externo. Cerca de 50% do volume da pasta de cimento pode ser constituída por poros (ver página 105). A presença dos agregados agrava a situação, como já mencionado. As fissuras de origens diversas são distribuídas de maneira aleatória no concreto e têm dimensões e orientações variadas. Consequentemente o concreto é menos resistente que a pasta de cimento nele contida. As linhas reais das falhas seguem as interfaces das partículas dos maiores agregados, cortando a pasta de cimento e, ocasionalmente, através das próprias partículas de agregados.

Comportamento sob tensões de compressão

Na seção anterior, foi analisada a ruptura sob a ação de um esforço de tração uniaxial e, de fato, o trabalho de Griffith se aplica a esse caso. O concreto é principalmente utilizado de maneira a explorar sua boa resistência à compressão, e deve-se analisar a abordagem da mecânica da fratura para um material em estado duplo ou triplo de tensões e compressão uniaxial. Mesmo quando as duas tensões principais são de compressão, a tensão ao longo da borda de uma falha interna é de tração em alguns pontos, de modo que a ruptura pode ocorrer. Os critérios de fratura para uma combinação de duas tensões principais P e Q, onde K é a resistência à tração direta são representados graficamente na Fig. 6.2. A fratura ocorre sob uma combinação de P e Q, de modo que o ponto que representa o estado de tensões cruza a curva externamente ao lado sombreado. Pode-se notar que, quando é aplicada compressão unia-

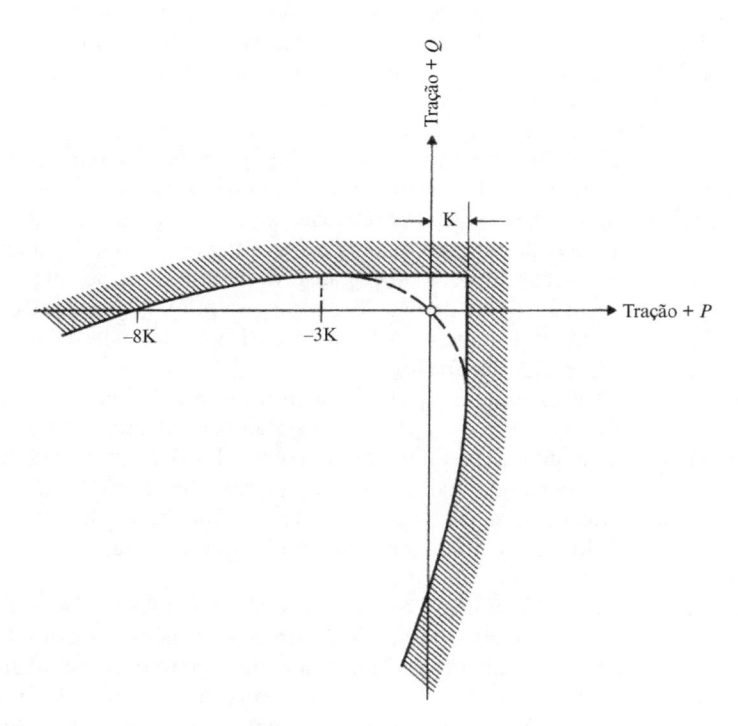

Figura 6.2 Critério de Orowan para ruptura sob tensões biaxiais.

xial, a resistência à compressão é 8K, ou seja, oito vezes a resistência à tração direta. Esse valor é da mesma ordem da relação observada entre as resistências à compressão e à tração do concreto (ver Capítulo 10). Existem, entretanto, algumas dificuldades em harmonizar alguns aspectos da hipótese de Griffith com as direções de fissuras observadas em corpos de prova submetidos à compressão.

A Fig. 6.3 mostra os padrões de fissuras observados em concreto submetido a diferentes estados de tensões. Sob tração uniaxial, a fratura ocorre aproximadamente no plano normal à direção do carregamento.

Sob compressão uniaxial, as fissuras são aproximadamente paralelas à carga aplicada, mas algumas fissuras se formam em ângulo em relação à carga aplica-

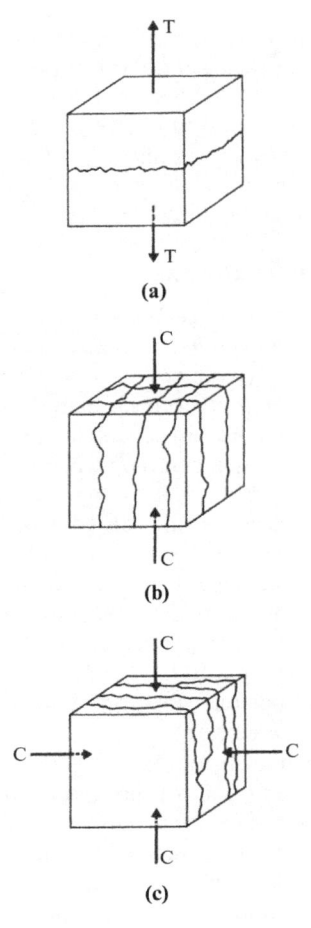

Figura 6.3 Padrões de fratura do concreto sob: (a) tração uniaxial, (b) compressão uniaxial e (c) compressão biaxial.

da. As fissuras paralelas são causadas por uma tensão de tração localizada, normal à carga de compressão. As fissuras inclinadas ocorrem devido ao colapso causado pelo desenvolvimento de planos de cisalhamento. Deve ser destacado que as fissuras são formadas em *dois* planos paralelos ao carregamento, de modo que o corpo de prova de desintegra em fragmentos semelhantes a um pilar (Fig. 6.3(b)).

Sob compressão biaxial, a fratura ocorre em um plano paralelo à carga aplicada e resulta na formação de fragmentos semelhantes a uma laje (Fig. 6.3(c)).

Deve ser destacado que os padrões de fratura da Fig. 6.3 são somente para tensões diretas. Portanto, não deve haver *restrição* devido aos pratos do equipamento de ensaio, embora na realidade eles introduzam alguma compressão lateral devido ao atrito gerado entre o prato de aço e o concreto. Em uma máquina de ensaios comum, é difícil eliminar o atrito, mas esse efeito pode ser minimizado pela utilização de corpos de prova com relação comprimento/largura (ou comprimento/diâmetro) maior que 2, de modo que a posição central do corpo de prova seja livre da *restrição do prato* (ver Capítulo 16).

Sob compressão triaxial, a ruptura ocorre por esmagamento, não se tratando mais de fratura frágil; portanto, o mecanismo de fratura é bastante diferente dos descritos anteriormente. A ruptura do concreto sob outros tipos de carregamentos além da compressão simples será analisada no Capítulo 11.

Critério prático de resistência

A discussão na seção anterior foi baseada na premissa de que a resistência do concreto é governada por uma *tensão limite*, mas existem fortes indícios de que o critério real é a *deformação limite*, que é geralmente adotada como sendo entre 100×10^{-6} e 200×10^{-6} na tração. O valor real depende do método de ensaio e do *nível* de resistência do concreto. Quanto maior a resistência, menor a deformação limite última. Os valores correspondentes para deformação na compressão variam entre cerca de 2×10^{-3} para um concreto de 70 MPa a 4×10^{-3} para concreto de 14 MPa. Em análise estrutural, é normalmente utilizado o valor de $3,5 \times 10^{-3}$.

Enquanto a resistência ideal do concreto é uma propriedade inerente ao material, na prática, a resistência é dependente do sistema de tensões atuantes. Idealmente é possível expressar todos os critérios de ruptura sob todas as combinações possíveis de tensões por um parâmetro único de tensão, como a resistência sob tração uniaxial. Entretanto, essa solução ainda não foi encontrada, apesar de várias tentativas de desenvolvimento de relações empíricas para o critério de ruptura, que seriam úteis para o projeto de estruturas.

Conforme mencionado anteriormente, não é possível englobar os vários parâmetros da resistência do concreto, como as proporções da mistura, na forma de uma equação de resistência. Tudo o que se tem é um acúmulo de experiências em níveis empíricos e científicos. Essa abordagem deve ser utilizada para a discussão dos principais fatores influentes na resistência do concreto.

O parâmetro *prático* mais importante é a relação água/cimento, mas o parâmetro *oculto* é o número e dimensão dos poros na pasta de cimento endurecida, conforme citado na página 96. Na realidade, a porosidade da pasta de cimento endurecida é determinada essencialmente pela relação água/cimento da mistura, conforme será mostrado na próxima seção.

Porosidade

A pasta de cimento fresca é uma rede plástica de partículas de cimento dispersas em água, mas, uma vez que a pega tenha ocorrido, seu volume aparente ou total permanece *aproximadamente* constante. Conforme mostrado no Capítulo 2, a pasta consiste em vários compostos hidratados de cimento e $Ca(OH)_2$ e o volume total disponível para esses produtos hidratados consiste na soma do volume absoluto de cimento *anidro* e o volume da água de amassamento (considerando que não há perda de água devido à exsudação ou evaporação). Devido à hidratação, a água assume uma das três formas: água combinada, água de gel e água capilar.

A Fig. 6.4 ilustra as proporções, em volume, dos constituintes da pasta de cimento antes e durante a hidratação do cimento. O cimento hidratado ou *gel de cimento* consiste em *produtos sólidos da hidratação* mais a água que é retida fisicamente ou é adsorvida nas grandes superfícies dos hidratos. Essa água é denominada *água de gel* e está localizada entre os produtos sólidos da hidratação, nos chamados *poros de gel* (*espaços interlamelares*), que possuem dimensões bastante reduzidas (cerca de 2 mm

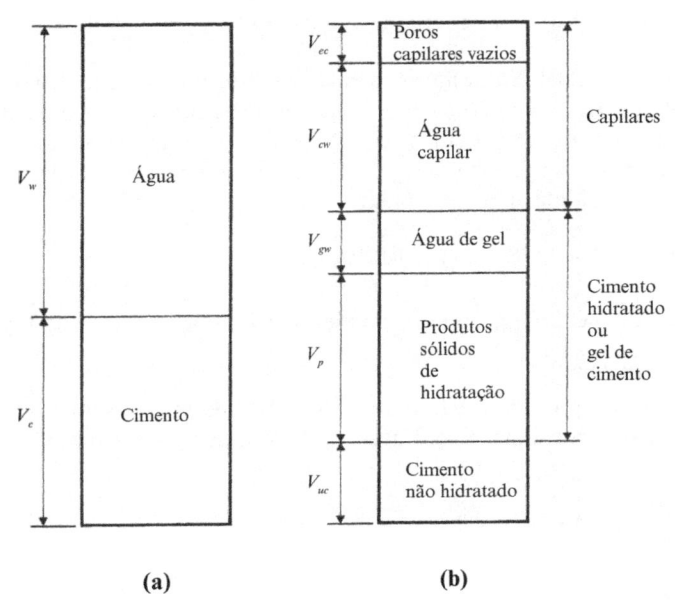

Figura 6.4 Representação esquemática das proporções volumétricas: (a) antes da hidratação (grau de hidratação, $h = 0$), e (b) durante a hidratação (grau de hidratação, h).

de diâmetro). Foi determinado que o volume de água de gel corresponde a 28% do volume do gel de cimento.

Além da água de gel, existe a água que é combinada química ou fisicamente com os produtos de hidratação e é, portanto, fortemente retida. A quantidade de *água combinada* pode ser considerada como o teor de água não evaporável e, em um cimento totalmente hidratado, representa cerca de 23% da massa de cimento anidro.

Sendo assim, os produtos sólidos hidratados ocupam um volume menor que a soma dos volumes absolutos do cimento anidro original (que hidratou) e da água combinada; consequentemente, há um espaço residual no interior do volume total da pasta. Para um cimento totalmente hidratado, sem água excedente àquela necessária para a hidratação, esse espaço residual representa cerca de 18,5% do volume original de cimento anidro. O espaço residual forma os vazios ou *poros capilares*, que podem estar vazios ou cheios de água, dependendo da quantidade de água de amassamento original, bem como do ingresso de água adicional durante a hidratação. Os poros capilares são bem maiores que os poros de gel (diâmetro de cerca de 1 μm).

Caso a mistura contenha mais água que a necessária para a hidratação completa, existirão poros capilares em excesso, além do volume de 18,5% já citado e estarão cheios de água.

Para a análise das mudanças de volume devido à hidratação do cimento, considera-se que a pasta de cimento fresca está totalmente compactada (ver Fig. 6.4) e que a massa de água combinada é 23% da massa de cimento anidro que se hidratou totalmente. Portanto, se a proporção de cimento hidratado, ou seja, o grau de hidratação é h, então para a massa original de cimento C, a massa de água combinada será 0,23 Ch.

Conforme estabelecido anteriormente, quando um volume de cimento V_c se hidrata totalmente, é formado um volume de poros capilares vazios igual a 0,185 V_c. A massa específica (em termos gerais) do cimento anidro é cerca de 3,15 g/cm³; portanto, a massa[1] ocupada pelo sólido V_c é 3,15 V_c. Sendo assim, para um grau de hidratação h, o volume de poros capilares vazios é:

$$V_{ec} = 0{,}185\ V_c h = 0{,}185\ \frac{C}{3{,}15}h = 0{,}059\ Ch. \tag{6.3}$$

Portanto, o volume de água combinada menos o volume de poros capilares vazios é:

(0,23 − 0,059) Ch = 0,171 Ch.

O volume dos produtos de hidratação sólidos é dado pela soma dos volumes de água combinada e de cimento hidratado sem considerar os poros capilares vazios, ou seja:

$$V_p = \frac{Ch}{3{,}15} + 0{,}171\ Ch = 0{,}488\ Ch. \tag{6.4}$$

---

[1] A massa é dada em gramas e o volume em cm³.

Para obter o volume de água de gel, V_{gw}, considera-se o fato de que ela sempre ocupa 28% do volume de gel de cimento, ou, em outras palavras, que a *porosidade de gel* é:

$$p_g = 0{,}28 = \frac{V_{gw}}{V_p + V_{gw}}. \tag{6.5}$$

Substituindo a partir das Equações (6.4) e (6.5),

$$V_{gw} = 0{,}190\, Ch. \tag{6.6}$$

O volume ocupado pela água capilar, V_{cw}, conforme a Fig. 6.4, como:

$$V_{cw} = V_c + V_w - [V_{uc} + V_p + V_{gw} + V_{ec}] \tag{6.7}$$

onde V_c = volume original de cimento anidro = $C/3{,}15$

V_{uc} = volume de cimento não hidratado, ou seja,

$$V_{uc} = V_c(1 - h) \tag{6.8}$$

Sendo V_p, V_{gw} e V_{ec} dados pelas Equações (6.4), (6.6) e (6.3), respectivamente.
Após a substituição, a Eq. (6.7) fica

$$V_{cw} = V_w - 0{,}419\, Ch. \tag{6.9}$$

Com a utilização das equações anteriores, a composição volumétrica da pasta de cimento pode ser estimada para diferentes níveis de hidratação. A Fig. 6.5 ilustra a influência da relação água/cimento nos valores resultantes. Um aspecto interessante desta figura é que existe uma relação água/cimento mínima necessária à hidratação completa (aproximadamente 0,36, em massa), pois abaixo desse valor não há espaço suficiente para a acomodação de todos os produtos de hidratação (ver página 106). Essa situação se aplica a uma pasta de cimento curada sob a água, ou seja, quando existe uma fonte externa de água que pode absorvida para o interior dos poros capilares vazios onde ocorre a hidratação.

Por outro lado, quando a mistura original é selada, ou seja, não há acesso à água externa, é necessária uma relação água/cimento mínima mais elevada para que ocorra a hidratação total. Isso se dá devido à hidratação somente poder ocorrer quando os poros capilares contiverem água suficiente para garantir uma umidade relativa interna elevada, e não somente a quantidade de água necessária para as reações químicas.

O volume total de poros capilares ou vazios é um fator fundamental na definição das propriedades do concreto endurecido. Esse volume é dados pelas Eqs. (6.9) e (6.3);

$$V_{cw} + V_{ec} = V_w - 0{,}36\, Ch = \left[\frac{A}{C} - 0{,}36\, h\right]C. \tag{6.10}$$

A expressão agora está em termos da relação água/cimento original em massa, A/C. É comum expressar o volume de poros capilares como uma fração do volume total da pasta de cimento hidratada, sendo denominada como *porosidade capilar* p_c, dada por:

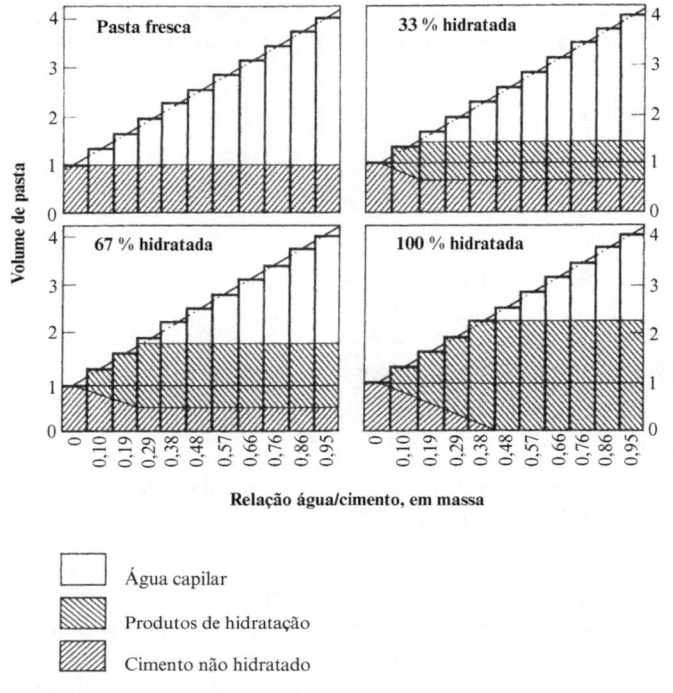

Figura 6.5 Composição da pasta de cimento em diferentes estágios de hidratação. A porcentagem indicada se aplica somente a pastas com espaços cheios de água suficientes para a acomodação dos produtos de hidratação no grau de hidratação indicado.
(De: T. C. POWERS, The non-evaporable water content of hardened Portland cement paste: its significance for concrete research and its method of determination, *ASTM Bul.*, No. 158, pp. 68-76 (May 1949).)

$$p_c = \frac{\left[\dfrac{A}{C} - 0{,}36\,h\right]C}{V_c + V_w}$$

ou

$$p_c = \frac{\dfrac{A}{C} - 0{,}36\,h}{0{,}317 + \dfrac{A}{C}}. \tag{6.11}$$

A *porosidade total* da pasta de cimento, p_t, pode ser calculada como a relação da soma dos volumes dos poros de gel com os poros capilares em relação ao volume total da pasta de cimento:

$$p_t = \frac{0{,}190\ Ch + \left[\dfrac{A}{C} - 0{,}36\ h\right] C}{0{,}317 + \dfrac{A}{C}}$$

de onde

$$p_t = \frac{\dfrac{A}{C} - 0{,}17\ h}{0{,}317 + \dfrac{A}{C}}. \tag{6.12}$$

As Equações (6.11) e (6.12) demonstram que a porosidade depende da relação água/cimento e do grau de hidratação. De fato, o termo A/C no numerador dessas equações é o principal fator influente na porosidade, como pode ser visto na Fig. 6.6. Esta figura mostra também a diminuição da porosidade com o aumento do grau de hidratação. A magnitude da porosidade é tal, que para valores usuais de relação água/cimento, a pasta de cimento é somente "metade sólida". Por exemplo, para uma relação água/cimento igual a 0,6, o volume total de poros está entre 47 e 60% do volume total da pasta de cimento, dependendo do grau de hidratação.

A expressão da porosidade deduzida antes considera que a pasta de cimento fresca é totalmente compacta, isto é, não contém ar acidental, aprisionado. Quando existe esse ar ou se for utilizado um aditivo incorporador de ar, as equações (6.11) e (6.12) se modificam, respectivamente para:

$$p_c = \frac{\dfrac{A}{C} + \dfrac{ar}{C} - 0{,}36}{0{,}317 + \dfrac{A}{C} + \dfrac{ar}{C}} \tag{6.13}$$

e

$$p_t = \frac{\dfrac{A}{C} + \dfrac{ar}{C} - 0{,}17\ h}{0{,}317 + \dfrac{A}{C} + \dfrac{ar}{C}} \tag{6.14}$$

onde ar = volume de ar na pasta de cimento fresca.

A relação entre a relação água/cimento e a porosidade da pasta de cimento endurecida agora é clara. Existe uma relação de correspondência entre a porosidade e resistência e ela é independente dos poros capilares estarem cheios de água ou vazios. A Figura 6.7 mostra a relação entre a porosidade e a resistência de pastas de cimento de resistências extremamente elevadas, obtidas pela aplicação de pressão elevada, de modo a obter uma boa compactação com relações água/cimento extremamente baixas.

É interessante destacar que a relação entre resistência e porosidade não é exclusiva do concreto, mas também aplicada a metais e a alguns outros materiais.

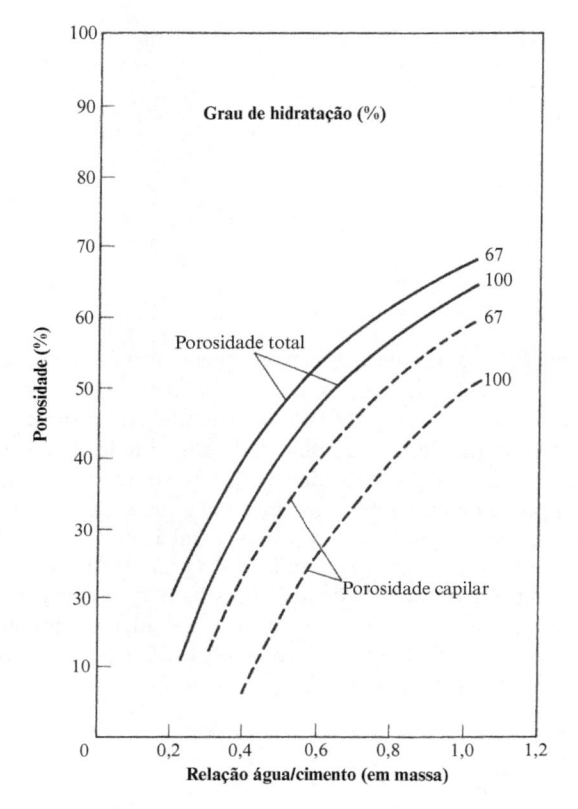

Figura 6.6 Influência da relação água/cimento e grau de hidratação na porosidade capilar e total da pasta de cimento, conforme as Eqs. (6.11) e (6.12).

Relação gel/espaço

Um parâmetro alternativo à porosidade é a relação gel/espaço, x, que é definida como a relação entre o volume de gel de cimento e a soma dos volumes de gel de cimento e poros capilares, ou seja:

$$x = \frac{V_p + V_{gw}}{(V_p + V_{gw}) + (V_{cw} + V_{ec})}. \tag{6.15}$$

Com a utilização das equações deduzidas anteriormente, a Eq. (6.15) fica:

$$x = \frac{0{,}678\,h}{0{,}318\,h + \dfrac{A}{C}} \tag{6.16}$$

ou, para o caso de presença de ar aprisionado ou incorporado

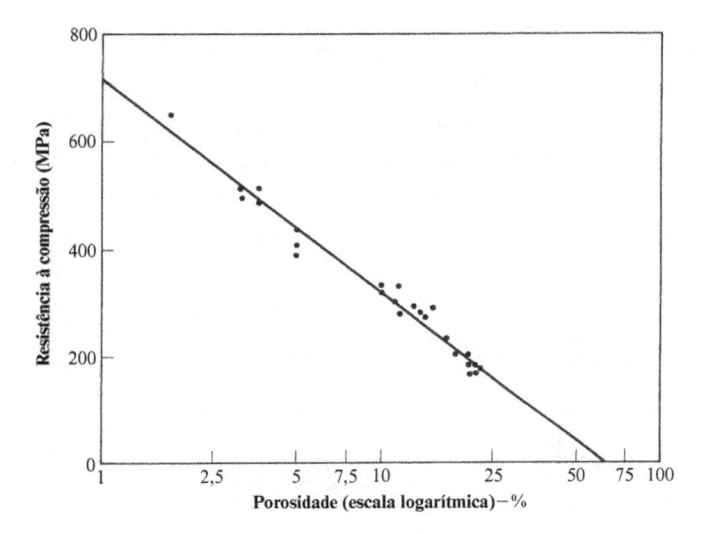

Figura 6.7 Relação entre a resistência à compressão e logaritmo da porosidade de compactos de pasta de cimento para diferentes tratamentos de pressão e alta temperatura. (De: D. M. ROY and G. R. GOUDA, Porosity – strength relation in cementitious materials with very high strengths, *J. Amer. Ceramic Soc.*, 53, No. 10, pp. 549-50 (1973).)

$$x = \frac{0{,}678\,h}{0{,}318\,h + \dfrac{A}{C} + \dfrac{ar}{C}}. \qquad (6.17)$$

A relação gel/espaço pode ser utilizada para estimar a mínima relação água/cimento necessária para que o gel de cimento ocupe somente os espaços disponíveis, ou seja, para $x = 1$. Por exemplo, a mínima relação água/cimento para valores de h iguais a 33, 67 e 100 % são 0,12, 0,24 e 0,36, sendo estes valores correspondentes aos da Fig. 6.5.

A relação gel/espaço tem sido correlacionada à resistência à compressão f_c por uma expressão do tipo:

$$f_c = A x^b \qquad (6.18)$$

onde A e b são constantes que dependem do tipo de cimento. Essa relação está mostrada na Fig. 6.8. A constante A representa a resistência intrínseca ou máxima do gel (quando $x = 1$) para os tipos de cimento e corpo de prova utilizado. Em outras palavras, a máxima resistência possível é alcançada em uma pasta de cimento totalmente hidratada de relação água/cimento igual a 0,36, adensada de maneira usual. No entanto, o conceito da relação gel/espaço tem sua aplicação limitada, pois, como já citado, podem ser obtidas pasta de cimento parcialmente hidratadas com resistências mais elevadas e relações água/cimento menores, desde que submetidas a elevada pressão para diminuir a porosidade.

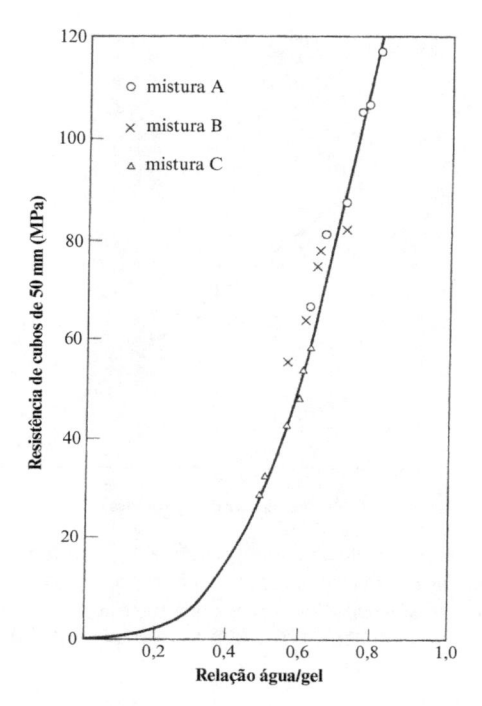

Figura 6.8 Relação entre a resistência à compressão de argamassa e relação gel/espaço. (De: T. C. POWERS, Structural and physical properties of hardened Portland cement, *J. Amer. Ceramic Soc.*, 41, pp. 1-6 (Jan 1958).)

Vazios totais no concreto

Na seção anterior, o volume total de vazios, ou seja, o volume de poros e de ar acidental ou aprisionado, foi expresso como uma proporção do volume de gel de cimento incluindo vazios (Eq. 6.14). Entretanto, o volume de vazios considerado como uma proporção do volume de concreto também é de interesse.

Considerando o concreto como uma mistura proporcional de cimento, agregado miúdo e agregado graúdo[2], em massa, $C:A:P$, e uma relação água cimento, A/C, também expressa em massa e um volume de ar aprisionado, ar.

O volume total de vazios no concreto V_v é dado por:

$$V_v = V_{gw} + V_{cw} + V_{ec} + ar$$

Com a utilização das Equações (6.6) e (6.10), pode ser escrito:

---

[2] Esta é a maneira usual de descrever as proporções da mistura, por exemplo, uma mistura 1:2:4 consiste em 1 parte de cimento, 2 partes de agregados miúdos e 4 partes de agregados graúdos, todos expressos em massa. Do mesmo modo, uma mistura 1:6, consiste em 1 parte de cimento e 6 partes de agregados totais.

$$V_v = \left[\frac{A}{C} - 0{,}17\, h\right] C + ar. \tag{6.19}$$

Sendo então o volume total de concreto V dado por

$$V = \frac{C}{3{,}15} + \frac{A}{\gamma_a} + \frac{P}{\gamma_p} + A/C + ar. \tag{6.20}$$

onde γ_a e γ_p são, respectivamente, as massas específicas do agregado miúdo e graúdo.

Da mesma forma que antes, está sendo considerado que não há perda de água por exsudação ou segregação. Sendo o agregado não absorvente, a massa específica é utilizada na Eq. (6.20), caso o agregado absorva água e esteja em condição saturada, superfície seca no momento da mistura, a massa específica aparente é utilizada para o cálculo do volume de concreto. Contudo, se o agregado está seco no momento da mistura, sua absorção deve ser determinada e a relação água/cimento *efetiva* utilizada na Eq. (6.19). Também nesse caso a massa específica aparente do agregado é a apropriada para cálculo do volume de concreto (ver Capítulo 3).

A proporção de vazios totais no concreto, ou seja, a *porosidade do concreto*, P, pode ser deduzida das Eqs. (6.19) e (6.20):

$$P = \frac{V_v}{V} = \frac{\dfrac{A}{C} - 0{,}17\, h + \dfrac{ar}{C}}{0{,}317 + \dfrac{1}{\gamma_a}\dfrac{A}{C} + \dfrac{1}{\gamma_p}\dfrac{P}{C} + \dfrac{A}{C} + \dfrac{ar}{C}}. \tag{6.21}$$

Como um exemplo específico, será considerado um concreto com proporções de 1:2:4, em massa e relação água/cimento de 0,55. O teor de ar foi medido como 2,3 % do volume de concreto e a massa específica do agregado miúdo e graúdo é, respectivamente, 2,60 e 2,65 (g/cm³). O teor de ar por unidade de massa de cimento é dado pela Eq. (6.20) como:

$$\frac{ar}{V} = \frac{\dfrac{ar}{C}}{\dfrac{1}{3{,}15} + \dfrac{2}{2{,}6} + \dfrac{4}{2{,}65} + 0{,}55 + \dfrac{ar}{C}} = \frac{2{,}3}{100}.$$

Portanto, o volume de ar aprisionado por unidade de massa de cimento é $\dfrac{ar}{C} = 0{,}074$.

Sendo o grau de hidratação 0,7, a porosidade do concreto, obtida pela Eq. (6.21) é $P = 15{,}7\%$. A Fig. 6.9 mostra as proporções volumétricas do concreto recém-misturado e com hidratação de 70% ($h = 0{,}7$). Este último valor foi obtido pelas Eqs. (6.3), (6.4) e (6.6) a (6.8). A situação correspondente para uma mistura 1:4 com relação água/cimento igual a 0,40 está mostrada na Fig. 6.10(a); para uma mistura 1:6 e relação água/cimento igual a 0,55, está mostrada na Fig 6.10(b); e para uma

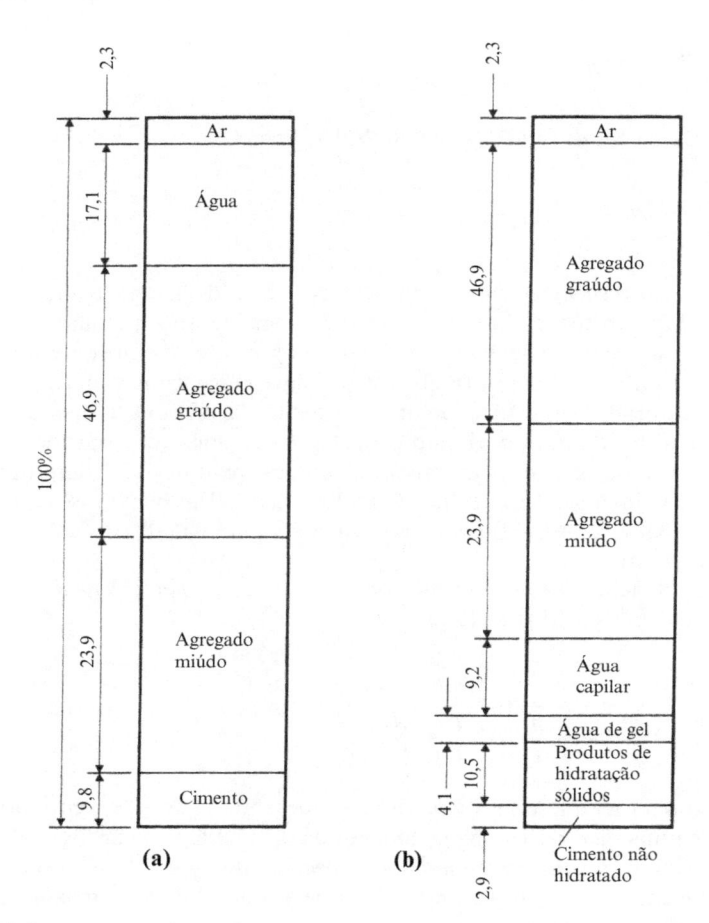

Figura 6.9 Proporções volumétricas concreto com proporções 1:2:4, em massa, com relação água/cimento de 0,55 e teor de ar aprisionado de 2,3%: (a) antes da hidratação; (b) com grau de hidratação $h = 0,7$.

mistura 1:9 com relação água/cimento 0,75, na Fig. 6.10(c). Em todos esses casos, o grau de hidratação é $h = 0,7$ e a massa específica dos agregados, 2,6 g/cm^3.

A discussão nesta e nas seções anterior tornou claro que a porosidade é um dos principais fatores que influenciam na resistência do concreto. Contudo, o volume total de poros não é o único fator influente. Outros aspectos dos poros são também importantes, embora sejam de difícil quantificação. Esses fatores estão discutidos a seguir.

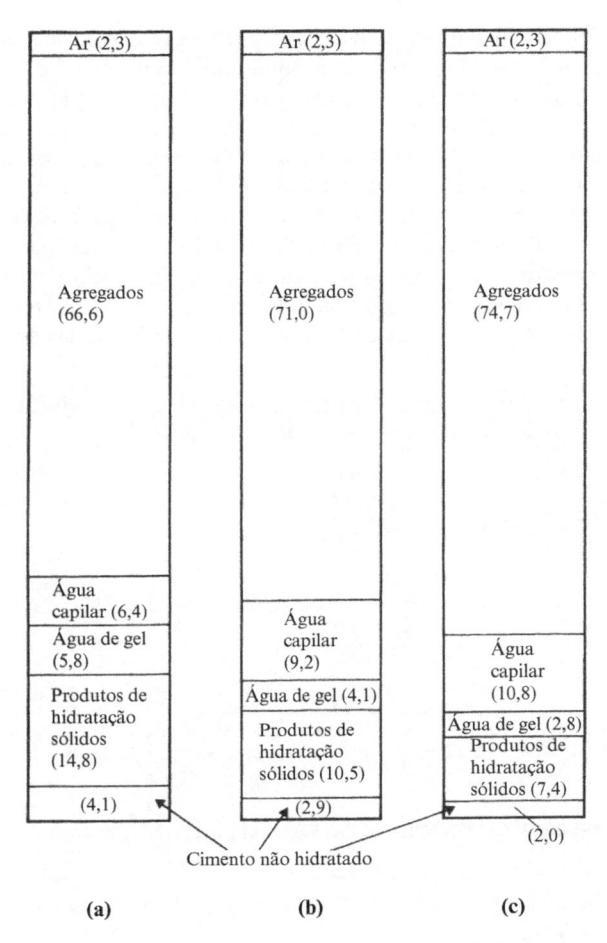

Figura 6.10 Proporções volumétricas do concreto com grau de hidratação $h = 0,7$ para as seguintes misturas, em massa: (a) 1:4 com relação água/cimento de 0,40; (b) 1:6 com relação água/cimento de 0,55 e (c) 1:9 com relação água/cimento de 0,75; teor de ar aprisionado igual a 2,3% e massa específica dos agregados igual a 2,6.

Distribuição dos tamanhos dos poros

Como exposto, os poros capilares são muito maiores que os poros do gel, apesar de na realidade existir uma distribuição completa de dimensões por toda a pasta de cimento endurecida. Quando parcialmente hidratada, a pasta contém um sistema interconectado de poros capilares e a consequência disso é uma menor resistência e, devido ao aumento da porosidade, uma maior vulnerabilidade aos ciclos de gelo-degelo e a ataques químicos. Essa vulnerabilidade depende também da relação água/cimento.

Esses problemas são evitados se o grau de hidratação é suficientemente alto para que o sistema de poros capilares seja interrompido por bloqueios parciais devido ao desenvolvimento do gel de cimento. Nesse caso, os poros capilares estão interconectados somente pelos poros de gel, de dimensões bem menores, que são impermeáveis. Uma indicação do período mínimo de cura necessário à interrupção dos poros capilares é dada na Tabela 6.1. No entanto, deve ser destacado que quanto mais fino o cimento, menor o período de cura necessário para produzir um determinado grau de hidratação para uma determinada relação água/cimento. A Tabela 6.1 mostra que, para misturas com relações água/cimento mais baixas, o período de cura necessário para a obtenção de concretos duráveis é menor. Essas misturas, naturalmente, têm maior resistência devido à menor porosidade. A permeabilidade e a porosidade são discutidas no Capítulo 14.

Tabela 6.1 Período de cura aproximado necessário para a produção do grau de hidratação onde os poros capilares são interrompidos

Relação água/cimento, em massa	Grau de hidratação (%)	Período de cura necessário
0,40	50	3 dias
0,45	60	7 dias
0,50	70	14 dias
0,60	92	6 meses
0,70	100	1 ano
acima de 0,70	100	impossível

De: T. C. POWERS, L. E. COPELAND and H. M. MANN, Capillary continuity or discontinuity in cement pastes, *J. Portl. Cem. Assoc. Research and Development Laboratories*, 1, No. 2, pp. 38–48 (May 1959).

Microfissuração e relação tensão-deformação

Até agora, o foco esteve nas propriedades da pasta de cimento endurecida, mas, a partir de agora, será considerada a presença dos agregados, ou seja, será levado em consideração o concreto. Foi mostrado que existem *fissuras* muito finas na interface entre o agregado graúdo e a pasta de cimento hidratada mesmo antes da aplicação de um carregamento. Essa microfissuração ocorre como um resultado das alterações de volume diferenciais entre a pasta de cimento e o agregado, ou seja, devido às diferenças no comportamento tensão-deformação e nas movimentações de origem térmica e de variação de umidade. Essas fissuras permanecem estáveis e não aumentam sob tensão de até cerca de 30% da resistência última do concreto.

A Fig. 6.11 mostra que as relações tensão-deformação do agregado isoladamente e da pasta de cimento são lineares, mas para o concreto a relação tensão-deformação se torna curvilínea nas tensões mais elevadas. Esse aparente paradoxo é explicado pelo desenvolvimento de fissuras na interface entre duas fases, isto é, devido à microfissuração em tensões acima de 30% da resistência final. Nesse ponto, as microfissuras começam a aumentar de comprimento, abertura e número. Em consequência, a deformação aumenta mais rapidamente que a tensão. Essa é a fase de *propagação lenta* das microfissuras, que provavelmente são estáveis sob um carregamento de longa duração (apesar de que, para períodos prolongados, a tensão aumenta devido à fluência (ver Capítulo 12)). Esse desenvolvimento de microfissuras, juntamente com a fluência, contribui para a capacidade do concreto de redistribuir elevadas tensões localizadas para regiões de menores tensões, evitando assim uma fratura localizada prematura.

Em um valor de 70 a 90% da resistência final, as fissuras se abrem pela matriz de argamassa (pasta de cimento e agregado miúdo) e se vinculam às fissuras na interface, de modo que um padrão de fissuras contínuas é formado. Esse é o estágio de *propagação rápida* de fissuras e, se a carga for mantida, a ruptura provavelmente vai ocorrer com o decorrer do tempo. Isso é denominado como fadiga estática (ver Capítulo 11). Claro que, se a carga for aumentada, vai ocorrer uma ruptura rápida com a resistência nominal última.

O exposto é uma descrição do comportamento tensão-deformação na compressão como indicado pela medida da deformação *axial* (à compressão) quando a carga é aumentada em uma velocidade constante de tensão até a ocorrência da ruptura na

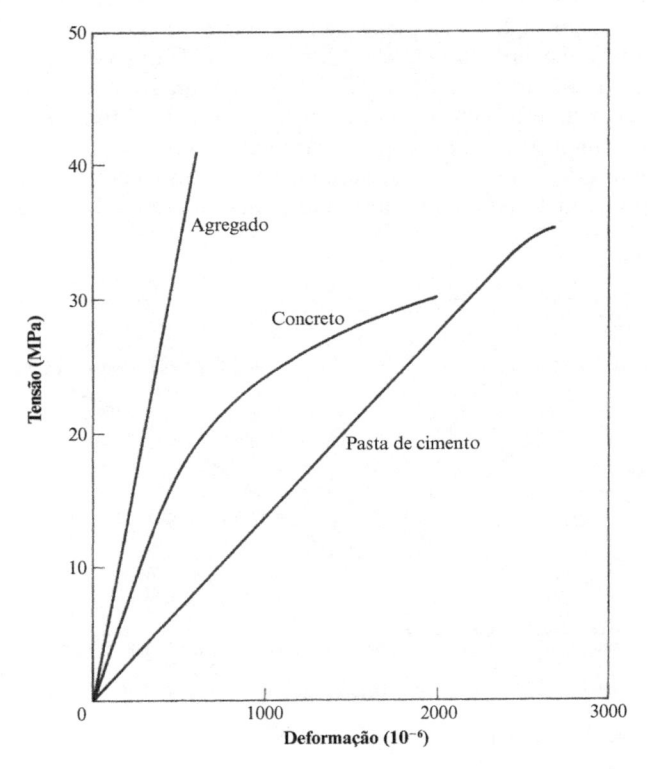

Figura 6.11 Relações tensão-deformação para pasta de cimento, agregado e concreto.

tensão máxima. Caso seja observada uma deformação *lateral*, verifica-se um alongamento correspondente (Fig. 6.12). A relação entre a deformação lateral e a deformação axial (ou seja, coeficiente de Poisson) é constante para tensões inferiores a aproximadamente 30% da resistência última. Além desse ponto, o coeficiente de Poisson aumenta lentamente e, entre 70 e 90% da resistência última, aumenta rapidamente devido, principalmente, à formação de fissuras verticais instáveis. Nesse ponto, o corpo de prova não é mais um elemento contínuo, conforme mostrado pela curva de *deformação volumétrica* da Fig. 6.12: ocorre uma alteração da lenta contração de volume para um rápido aumento de volume.

O progresso da fissuração pode também ser detectado por ensaios de ultrassom (ver Capítulo 16) e por ensaios de emissão acústica. Conforme a fissuração se desenvolve, a velocidade de propagação transversal do pulso ultrassônico diminui e o nível de som emitido aumenta, com ambas exibindo grandes alterações antes da ruptura.

Conforme estabelecido anteriormente, o tipo de curva tensão-deformação mostrada na Fig. 6.11 é observada quando o concreto é carregado com compressão uniaxial, com a tensão sendo aumentada em uma velocidade constante. Esse é, por exemplo, o caso dos ensaios de normalizados de compressão em cubos ou cilindros. No entanto, se o corpo de prova é carregado a uma *taxa de deformação* constante, a parte descendente da curva tensão-deformação é obtida antes da ruptura (esse tipo de ensaio exige o uso de uma máquina de ensaio com uma estrutura rígida, devendo ser controlado o deslocamento e não a carga). A Fig. 6.13 mostra curvas tensão-deformação completas para esse tipo de carregamento.

A existência de um trecho descendente mostra que o concreto tem a capacidade de suportar alguma carga após a carga máxima ter sido atingida devido à

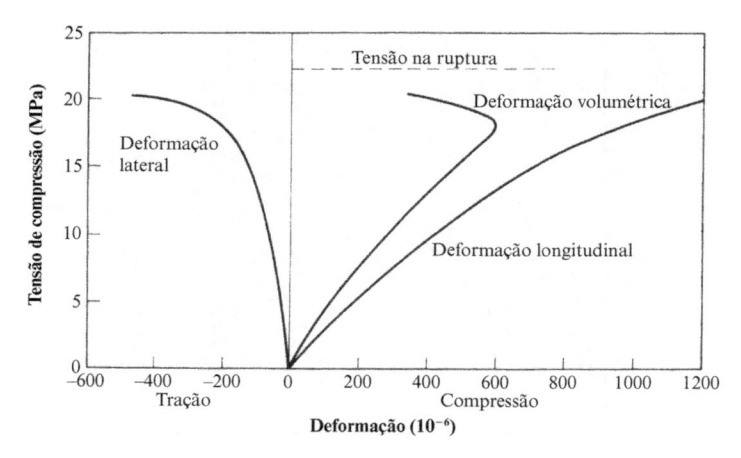

Figura 6.12 Deformação em um prisma ensaiado até a ruptura por compressão.

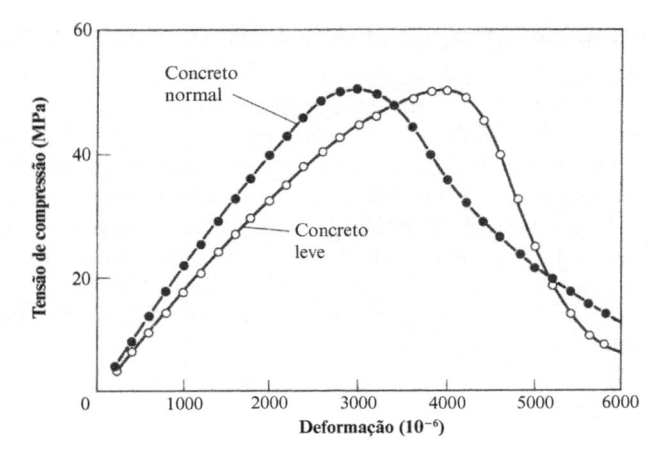

Figura 6.13 Relação tensão-deformação para concretos ensaiados a uma taxa constante de deformação.
(De: P. T. WANG, S. P. SHAH, and A. E. NAAMAN, Stress–strain curves of normal and lightweight concrete in compression. *J. Amer. Concr. Inst.*, 75, pp. 603–11 (Nov. 1978).)

vinculação das microfissuras ser retardada antes do colapso total. A curva descendente mais íngreme para o concreto com agregado leve (ver Fig. 6.13) indica que ele tem uma característica mais frágil que o concreto produzido com agregados normais. No concreto de alta resistência, ambas partes, ascendente e descendente, da curva são mais íngremes e, de novo, isso implica em um tipo de comportamento mais frágil.

A área abaixo de toda a curva tensão-deformação representa o trabalho necessário para causar a ruptura ou a *tenacidade à fratura*.

Fatores influentes na resistência do concreto

Embora a porosidade seja um fator fundamental atuante sobre a resistência, na prática é uma propriedade difícil de ser determinada ou mesmo de ser calculada, já que o grau de hidratação não é facilmente determinado (presumindo, é claro, que a relação água/cimento é conhecida). Da mesma forma, a influência do agregado na microfissuração não é facilmente quantificada. Por essas razões, os principais fatores influentes na resistência verificados na prática são: a relação água/cimento, o grau de adensamento, a idade e a temperatura. No entanto, existem outros fatores que afetam a resistência, como a relação agregado/cimento, a qualidade do agregado (granulometria, textura superficial, forma, resistência e rigidez), a dimensão máxima do agregado e a zona de transição. Esses fatores frequentemente são considerados de importância secundária quando são utilizados agregados normais de dimensão máxima de até 40 mm.

Relação água/cimento, grau de adensamento e idade

Em construções comuns, não é possível expulsar todo o ar do concreto, de modo que, mesmo em um concreto totalmente adensado, existem alguns vazios devido ao ar aprisionado, estando valores típicos mostrados na Tabela 6.2. Pressupondo o adensamento total, a resistência do concreto em uma determinada idade e em temperatura normal pode ser considerada como inversamente proporcional à relação água/cimento[3]. Essa é a relação é conhecida como *Lei de Abrams* e está apresentada na Figura 6.14, que mostra também os efeitos do adensamento parcial na resistência do concreto.

A Lei de Abrams é um caso especial para uma regra geral formulada empiricamente por Feret:

$$f_c = K \left[\frac{V_c}{V_c + V_w + ar} \right]^2 \quad (6.22)$$

onde:

f_c é a resistência do concreto;
V_c, V_v e ar são, respectivamente, os volumes absolutos de cimento, água e ar aprisionado;
K é uma constante.

Deve-se relembrar que, em um determinado grau de hidratação, a relação água/cimento determina a porosidade da pasta de cimento. Assim, a Eq. 6.22 considera a influência do volume total de vazios na resistência, ou seja, poros de gel, poros capilares e ar aprisionado.

Tabela 6.2 Teor de ar características para diferentes dimensões de agregados, segundo a ACI 211.1-91 (Reapproved 2002)

Dimensão nominal máxima do agregado (mm)	Teor de ar aprisionado (%)
10	3
12,5	2,5
20	2
25	1,5
40	1
50	0,5
70	0,3
150	0,2

---

[3] Para exemplo, consultar a Tabela 19.1

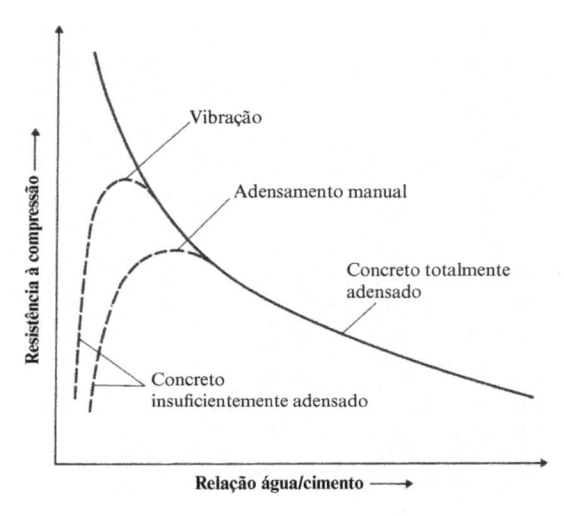

Figura 6.14 Relação entre a resistência e a relação água/cimento do concreto.

Com o aumento da idade, o grau de hidratação geralmente aumenta; portanto, a resistência cresce. Esse efeito é mostrado na Fig. 6.15 para concretos produzidos com cimento Portland comum. Deve ser enfatizado que a resistência depende da relação água/cimento *efetiva*, que é calculada a partir da água de amassamento menos a água absorvida pelo agregado. Em outras palavras, assume-se que o agregado utiliza alguma parte da água de modo a alcançar a condição saturado superfície seca no momento da mistura.

Relação agregado/cimento

Verificou-se que, para uma relação água/cimento constante, uma mistura pobre resulta em uma maior resistência[4].*

A influência da relação agregado/cimento na resistência do concreto é mostrada na Fig. 6.16. A principal explicação para isso está no volume total de vazios no *concreto*. Relembrando os cálculos da porosidade total da pasta de cimento hidratada (ver página 104), verifica-se claramente que, se a pasta representa uma proporção menor do volume de concreto (como é o caso de uma mistura mais pobre), então a porosidade total do concreto é menor e a resistência é maior. O argumento apresentado ignora vazios existentes no agregado, mas em agregados normais estes são mínimos.

---

[4] É considerado como *concreto pobre* a mistura com elevadas relações agregado/cimento (em geral inferior a 10) e deve ser distinguida de *concreto magro* para lastro. Este é utilizado em obras de rodovias, deve possuir uma relação agregado/cimento próxima a 20 e é apropriado para a compactação com rolos (ver Capítulo 20).

* N. de T.: Também utiliza-se a expressão concreto magro para misturas com baixo consumo de cimento.

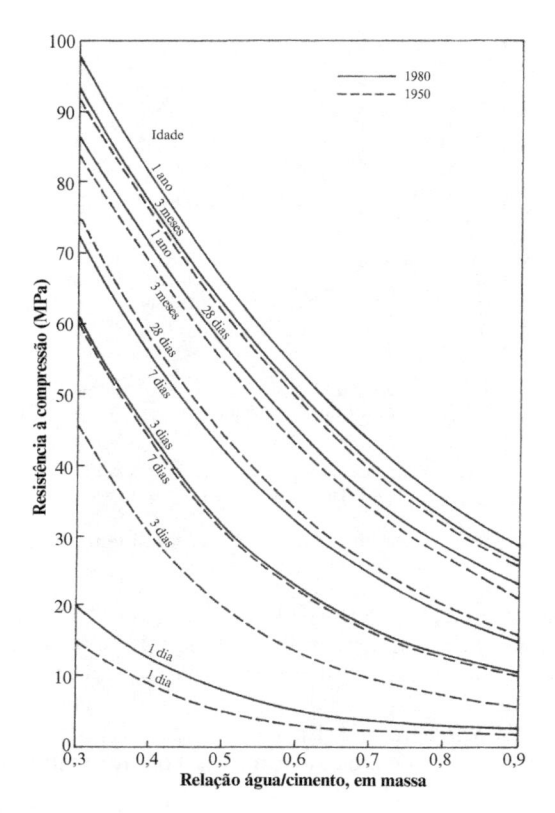

Figura 6.15 Influência da idade na resistência à compressão de concreto produzido com cimento Portland comum com diferentes relações água/cimento. Os dados são típicos de cimentos produzidos em 1950 e 1980.
(Baseado em Concrete Society Technical Report No. 29, Changes in the properties of ordinary Portland cement and their effects on concrete, 1986 and D. C. Teychenné, R. E. Franklin and H. Erntroy, Design of Normal Concrete Mixes, Building Research Establishment, Department of the Environment, London, HMSO, 1986.)

Propriedades dos agregados

Conforme estabelecido anteriormente, a influência das propriedades dos agregados na resistência é de importância secundária. Algumas dessas propriedades são discutidas no Capítulo 11 e, agora, somente a forma do agregado será considerada. A tensão na qual a fissuração significativa é iniciada é afetada pela forma do agregado: pedregulhos ou seixos lisos determinam a ocorrência de fissuras em tensões mais baixas que agregados britados rugosos e angulosos, sendo mantidas as demais condições. O efeito, idêntico tanto na tração quanto na compressão, é devido a uma melhor aderência e menor microfissuração com os agregados britados angulosos.

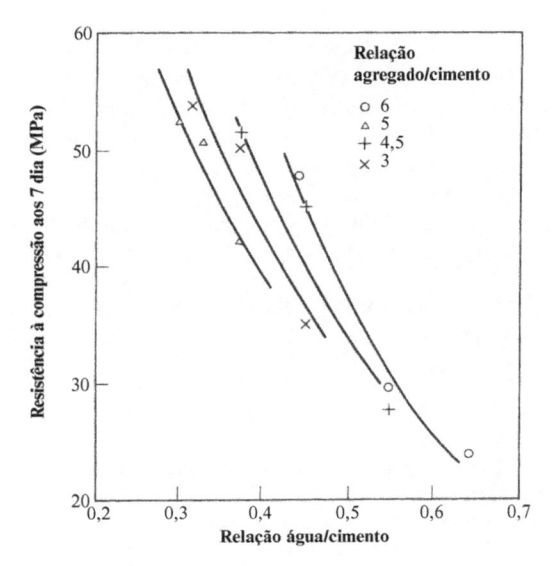

Figura 6.16 Influência da relação agregado/cimento na resistência do concreto. (De: B. G. SINGH, Specific surface of aggregates related to compressive and flexural strength of concrete, *J. Amer. Concr. Inst.*, 54, pp. 897-907 (April 1958).)

Na realidade, a influência da forma dos agregados é mais presente no ensaio de resistência à flexão que em ensaios de resistência à compressão ou tração, provavelmente devido à presença de um gradiente de tensões que retarda o progresso da fissuração que leva à ruptura. Desse modo, concretos produzidos com um agregado anguloso terão uma resistência à flexão mais elevada do que quando for utilizado um agregado arredondado, especialmente em misturas de baixa relação água/cimento. Entretanto, em misturas reais, de mesma trabalhabilidade, um agregado arredondado demanda menor quantidade de água que agregados angulosos e, portanto, as resistências à flexão de ambos concretos são semelhantes.

Zona de transição

A interface entre o agregado e a pasta de cimento hidratada é denominada *zona de transição* e tem uma maior porosidade, sendo, portanto, de menor resistência que a pasta hidratada mais afastada do agregado. A superfície do agregado é coberta com uma fina camada de $Ca(OH)_2$, seguida por uma fina camada de C–S–H e por camadas mais espessas dos mesmos materiais, mas nenhum composto anidro do cimento. A resistência da zona de transição pode aumentar com o tempo devido à reação secundária entre o $Ca(OH)_2$ e pozolanas, como a sílica ativa, que possuem partículas mais finas que o cimento. Agregados calcários produzem uma zona de transição mais densa e o mesmo acontece com agregados leves de superfície porosa.

Bibliografia

6.1 L. E. COPELAND and J. C. HAYES, The determination of non-evaporable water in hardened cement paste, *ASTM Bull.* No. 194, pp. 70–4 (Dec. 1953).
6.2 A. M. NEVILLE, *Properties of Concrete* (London, Longman, 1995).
6.3 T. C. POWERS, Structure and physical properties of hardened Portland cement paste, *J. Amer. Ceramic Soc.*, **41**, pp. 1–6 (Jan. 1958).
6.4 T. C. POWERS and T. L. BROWNYARD, Studies of the physical properties of hardened Portland cement paste (Nine parts), *J. Amer. Concr. Inst.*, **43** (Oct. 1946 to April 1947).
6.5 A. M. NEVILLE, *Concrete: Neville's Insights and Issues* (Thomas Telford 2006).
6.6 G. J. VERBECK, Hardened concrete – pore structure, *ASTM Sp. Tech. Publicn.* No. 169, pp. 136–42 (1955).

Problemas

6.1 Quais são os tipos de materiais compósitos? Descreva dois modelos importantes simples e comente sobre suas validades.
6.2 Discorra sobre a propagação de fissuras no concreto.
6.3 Descreva o modelo de Griffith para a fissuração do concreto.
6.4 Qual é o significado de uma falha na pasta de cimento?
6.5 Qual é o significado de um limitador de fissuras no concreto?
6.6 Comente sobre a afirmação de que o concreto não é um material frágil.
6.7 Quais são os modelos de concentração de volumes para a previsão do módulo de elasticidade do concreto? Explique como eles foram deduzidos. Comente sobre suas validades.
6.8 Explique a influência da relação água/cimento na resistência do concreto.
6.9 O que se entende por capacidade de deformação?
6.10 O que se entende por deformação última?
6.11 Esboce os padrões de ruptura de corpos de prova de concreto submetidos à tração uniaxial e compressão uniaxial e biaxial, considerando que não há restrições nas extremidades.
6.12 Quais são os vários tipos de água na pasta de cimento hidratada?
6.13 O que é tenacidade à fratura?
6.14 O que se entende por água não evaporável?
6.15 Qual é a diferença entre poros do gel e poros capilares?
6.16 Qual é a relação água/cimento mínima para a hidratação completa do cimento?
6.17 Por que a porosidade é importante para: (a) resistência (b) durabilidade?
6.18 Estabeleça a diferença entre porosidade capilar, porosidade de gel, porosidade total e porosidade do concreto.
6.19 Defina a relação gel/espaço.
6.20 Discuta o efeito da cura no sistema de poros capilares e como isso afeta a durabilidade.
6.21 Descreva as características da tensão-deformação do concreto até a ruptura. Existe alguma diferença entre as características de tensão-deformação do agregado e da pasta de cimento?
6.22 Defina o coeficiente de Poisson.
6.23 O que é deformação volumétrica?

6.24 Como a aplicação de uma deformação a uma taxa constante afeta a curva tensão--deformação do concreto?

6.25 Discuta os efeitos do grau de adensamento e da idade na resistência do concreto.

6.26 Qual é a relação água/cimento efetiva?

6.27 Uma mistura tem uma relação agregado/cimento de 6 e a porosidade do concreto é 17%. Considerando que não exista ar aprisionado, calcule a relação água/cimento da mistura, sabendo que a massa específica do agregado é 2,6 g/cm^3 e o grau de hidratação é 90%.

Resposta: 0,72

6.28 Calcule a porosidade do concreto caso 2,0% de ar for acidentalmente aprisionado na mistura da questão 6.28 e sendo a relação água/cimento igual a 0,72.

Resposta: 18,6%

7
Mistura, Transporte, Lançamento e Adensamento do Concreto

Até agora foi apresentado o que pode ser considerado uma receita para o concreto. Foram conhecidas as propriedades dos ingredientes, mas não muito sobre suas proporções. Também são conhecidas as propriedades da mistura, o concreto fresco; agora deve-se dar atenção aos meios práticos de produção do concreto fresco e do lançamento nas fôrmas de maneira que possa endurecer, tornando-se um material estrutural ou de construção, ou seja, o concreto endurecido – normalmente denominado apenas concreto. A sequência de operações é a seguinte: as quantidades corretas de cimento, agregados e água (possivelmente também aditivos) são colocadas e misturadas em uma betoneira. O concreto fresco produzido é transportado do misturador até seu destino final e, então, lançado nas fôrmas e adensado de modo a obter uma massa densa que irá endurecer, eventualmente com alguma ajuda. Cada uma dessas operações será analisada.

Betoneiras

A operação de mistura consiste essencialmente na rotação ou agitação com o objetivo cobrir todas as superfícies das partículas de agregados com pasta de cimento e misturar todos os ingredientes do concreto até uma massa uniforme. Essa uniformidade não deve ser afetada pelo processo de descarga da betoneira.

O tipo comum de betoneira é aquela com capacidade para uma betonada (ou amassada), ou seja, uma betonada é misturada e descarregada antes que mais materiais sejam carregados. Existem quatro tipos de betoneiras.

A *betoneira basculante* (ou de eixo inclinado) é aquela em que o tambor onde a mistura ocorre é inclinado para a descarga. O tambor é cônico ou na forma de um balão com aletas internas. A descarga é rápida e sem segregação, de maneira que são equipamentos adequados para misturas de baixa trabalhabilidade e para aquelas que contêm agregados de grandes dimensões.

A *betoneira não basculante* ou de eixo horizontal é aquela na qual o eixo é sempre horizontal, e a descarga é feita pela introdução de uma calha no interior do tambor ou pela reversão da direção ou rotação do tambor (*betoneira de tambor reversível*). Devido à baixa velocidade de descarga, pode ocorrer alguma segregação, com parte do agregado graúdo sendo descarregado no final. Esse tipo de misturador é carregado por meio de uma caçamba, que também é utilizada com betoneiras basculantes de grandes dimensões; é importante que toda a carga seja transferida da caçamba para o interior do misturador.

A *betoneira planetária* (ou de eixo vertical) é um misturador de ação forçada, distinguindo-se dos misturadores de tambor, que se baseiam na queda livre do concreto no seu interior. A betoneira planetária consiste essencialmente em um recipiente circular (cuba) que gira sobre seu eixo com um ou dois conjuntos de pás que giram em torno de um eixo vertical *não* coincidente com o eixo do recipiente. Algumas vezes, o recipiente está parado e o eixo do conjunto de pás percorre um trajeto circular sobre o eixo do recipiente. Em ambos os casos, o concreto em qualquer posição do recipiente é totalmente misturado e lâminas raspadeiras garantem que não reste argamassa aderida nos lados. A altura das pás pode ser ajustada para prevenir a formação de uma camada de argamassa no fundo do recipiente. A betoneiras planetárias são particularmente eficientes com misturas ásperas e coesas e são, por isso, frequentemente utilizadas para concreto pré-moldado, bem como para a mistura de pequenas quantidades de concreto ou argamassa em laboratório.

A *betoneira de tambor duplo* é, algumas vezes, utilizada em obras rodoviárias. Nesse caso, são dois tambores em série, e o concreto é misturado parte do tempo em um deles, sendo então transferido para o outro para o tempo restante de mistura antes da descarga. Enquanto isso, o primeiro tambor é recarregado de maneira que a mistura inicial ocorra sem que haja contato entre as cargas. Dessa forma, a produção de concreto pode ser dobrada, o que é uma vantagem considerável no caso de obras de rodovias, onde o espaço ou acesso é frequentemente limitado. Misturadores de tambores triplos também são utilizados.

É importante ressaltar que, nas betoneiras de tambor, não é realizada nenhuma raspagem das paredes durante a mistura; portanto, uma determinada quantidade de argamassa adere às paredes do tambor, permanecendo até que seja realizada a limpeza da betoneira. Como consequência, no início da concretagem, a primeira mistura pode perder parte de sua argamassa. O material descarregado é, então, composto principalmente por agregados graúdos revestidos com argamassa. Essa mistura inicial deve ser descartada, mas, como alternativa, uma determinada quantidade de argamassa (concreto sem agregados graúdos) pode ser adicionada à betoneira antes da mistura do concreto; esse procedimento é conhecido como *imprimação*. A argamassa excedente aderida à betoneira pode ser utilizada na obra, por exemplo, em uma junta fria. A necessidade de imprimação não deve ser esquecida quando da utilização de uma betoneira de laboratório.

O tamanho da betoneira é descrito pelo volume de concreto *após* o adensamento, sendo diferente do volume dos materiais em estado solto, ainda não misturados, que é até 50 % maior que o volume adensado. Existem misturadores de vários tamanhos, desde 0,04 m^3, para uso laboratorial, até 13 m^3. Caso a quantidade misturada represente somente uma pequena fração da capacidade do misturador, a operação será antieconômica e a mistura resultante pode não ser uniforme, o que não é, portanto, uma prática adequada. A sobrecarga do misturador em até 10% em geral não é prejudicial, mas acima disso não se obtém uma mistura uniforme, o que também não é uma prática adequada.

Todas as betoneiras descritas até agora são descontínuas (ou intermitentes), mas existem também as *betoneiras contínuas*, com alimentação automática por meio de um sistema contínuo de dosagem em massa. A betoneira em si pode ser de tambor ou na forma de um parafuso em uma instalação estacionária. Betoneiras específicas são utilizadas em concreto projetado (ver página 138) e para argamassa para concreto com agregados pré-colocados (ver página 141).

Carregamento da betoneira

Não existem regras gerais para a ordem de colocação dos materiais no misturador, já que isso depende das propriedades da betoneira e da mistura. Em geral, adiciona-se primeiro uma pequena quantidade de água, seguida por todos os materiais sólidos, de preferência colocados uniforme e simultaneamente na betoneira. Caso seja possível, a maior parte da água deveria ser adicionada ao mesmo tempo, sendo o restante colocado após os materiais sólidos. Entretanto, quando da utilização de misturas muito secas em misturadores de tambor, é necessária a colocação do agregado graúdo logo após a adição de uma pequena quantidade de água inicial, de modo a garantir que a superfície do agregado esteja suficientemente umedecida. Além disso, a falta de agregado graúdo no início pode causar a aglutinação dos materiais mais finos na boca da betoneira, ou seja, a ocorrência de grumos. Caso a adição de água ou cimento seja feita muito rapidamente ou os materiais estiverem muito quentes, há o risco da formação de pelotas de cimento, algumas vezes na dimensão de 75 mm de diâmetro.

Nas pequenas betoneiras de laboratório e misturas muito secas, a areia deve ser colocada em primeiro lugar, seguida de parte do agregado graúdo, cimento e água e, finalmente, o restante do agregado graúdo de modo a desmanchar qualquer nódulo de argamassa.

Uniformidade da mistura

Em qualquer betoneira, é essencial que ocorra uma alternância suficiente de materiais entre as diferentes partes do tambor, de modo que seja produzido um concreto uniforme. A eficiência da betoneira pode ser avaliada pela variabilidade de amostras da mistura. A ASTM C 94–05 estabelece que devem ser retiradas amostras em cerca de $\frac{1}{6}$ e $\frac{5}{6}$ da carga e as diferenças entre as propriedades não devem exceder os seguintes valores:

(a) massa específica do concreto: 16 kg/m³;
(b) teor de ar: 1%;
(c) abatimento de tronco de cone: 25 mm quando a média for menor que 100 mm e 40 mm quando a média estiver entre 100 e 150 mm;
(d) porcentagem de agregado retido na peneira 4,75 mm: 6%;
(e) massa específica da argamassa sem ar: 1,6%;
(f) resistência à compressão (valor médio de 3 cilindros ensaiados aos 7 dias): 7,5%.

Para uma avaliação adequada do desempenho de betoneiras, são realizados ensaios em *duas* amostras de cada quarto de uma betonada. É utilizada uma mistura normalizada e cada amostra é submetida à análise úmida (ver página 296), conforme a BS 1881: Part 125: 1996 para as seguintes determinações:

(a) teor de água, expresso como uma porcentagem dos sólidos (precisão de 0,1%);
(b) teor de agregados miúdos expresso como uma porcentagem do agregado total (precisão de 0,5%);
(c) cimento expresso como uma porcentagem do agregado total (precisão de 0,01%);
(d) relação água/cimento (precisão de 0,01).

A *precisão da amostragem* é garantida por um limite na *amplitude* média de pares e, caso duas amostras de um par apresentem diferença excessiva, seus resultados são descartados. O *desempenho da betoneira* é avaliado pela diferença entre a maior e a menor *média* dos pares de cada betonada utilizando ensaios de três diferentes misturas; dessa forma, uma operação inadequada de mistura não condena a betoneira.

Tempo de mistura

No canteiro, há a tendência de se misturar o concreto tão rápido quanto possível e, em função disso, é importante conhecer o tempo mínimo de mistura necessário para a produção de um concreto de composição uniforme e, consequentemente, de resistência adequada. O tempo ótimo de mistura depende do tipo e tamanho da betoneira, da velocidade de rotação e da qualidade da mistura dos ingredientes durante o carregamento da betoneira. Em geral um tempo de mistura menor que 1 a $1\frac{1}{4}$ minutos produz uma não uniformidade importante da mistura e resistência significativamente menor. Misturas além de 2 minutos não causam melhorias significativas nessas propriedades.

A Tabela 7.1 dá valores típicos de tempos de mistura para betoneiras de diversas capacidades, sendo o tempo de mistura contado a partir do momento em que *todos* os materiais sólidos tenham sido carregados. A água deve ser adicionada em até ¼

Tabela 7.1 Tempos mínimos de mistura recomendados

Capacidade da betoneira m³	Tempo de mistura (min)
0,8	1
1,5	$1\frac{1}{4}$
2,3	$1\frac{1}{2}$
3,1	$1\frac{3}{4}$
3,8	2
4,6	$2\frac{1}{4}$
7,6	$3\frac{1}{4}$

ACI 304R–00 e ASTM C 94–05.

do tempo de mistura. Os valores na Tabela 7.1 se referem a betoneiras comuns, mas várias betoneiras modernas maiores apresentam resultados satisfatórios com tempos de mistura de 1 a 1½ minutos, enquanto para misturadores de cuba de alta velocidade o tempo pode ser da ordem de 35 segundos. Por outro lado, quando são utilizados agregados leves, o tempo de mistura não deve ser menor que 5 minutos, algumas vezes divididos em 2 minutos de mistura do agregado e água, seguidos por 3 minutos após a adição do cimento. No caso de concreto com ar incorporado, um tempo de mistura menor que 2 a 3 minutos pode causar incorporação de ar inadequada.

Mistura prolongada

Caso a mistura se dê por um longo período, pode ocorrer a evaporação da água da mistura, com a consequente diminuição da trabalhabilidade e um aumento da resistência. Um efeito secundário é a *trituração* dos agregados, especialmente se forem moles. A granulometria se torna mais fina e a trabalhabilidade, menor. O efeito do atrito também produz um aumento na temperatura da mistura. No caso de concreto com ar incorporado, a mistura prolongada reduz o teor de ar em cerca de 1/6 do seu valor por hora (dependendo do tipo de agente incorporador de ar), enquanto um atraso no lançamento sem agitação contínua (ver página 127) ocasiona uma queda no teor de ar de cerca de 1/10 de seu valor por hora.

A mistura intermitente entre 3 a 6 horas não é prejudicial em relação a resistência e durabilidade, mas a trabalhabilidade diminui, a menos que a perda de água da mistura seja prevenida. A adição de água para restaurar a trabalhabilidade (*redosagem*) possivelmente irá causar a diminuição da resistência e o aumento da retração, mas o efeito depende de quanto a água adicionada contribui para a relação água/cimento *efetiva* do concreto (ver página 54).

Concreto dosado em central

Caso o concreto, em vez de ser dosado e misturado no canteiro, seja entregue para o lançamento a partir de uma central, ele é denominado concreto pré-misturado. Esse tipo de concreto é largamente utilizado, já que oferece várias vantagens quando comparado aos métodos tradicionais de produção:

(a) rigoroso controle de qualidade de proporcionamento (dosagem), o que reduz a variabilidade das propriedades desejadas do concreto endurecido;
(b) utilização em canteiros congestionados ou obras rodoviárias onde existe pouco espaço para a central de mistura e estoque de agregados;
(c) uso de caminhões dotados com dispositivo de agitação para garantir os cuidados no transporte, prevenindo assim a segregação e mantendo a trabalhabilidade;
(d) comodidade quando são necessárias pequenas quantidades de concreto ou lançamento intermitente.

O custo do concreto pré-misturado pode ser um pouco maior do que o do concreto produzido em canteiro, mas isso é frequentemente compensado pela economia na organização do canteiro, no pessoal de supervisão e no consumo de cimento. Este último vem do melhor controle, de modo que é necessária uma menor margem de segurança para controlar as variações.

Existem duas principais categorias de concreto pré-misturado: *concreto misturado em central* e *concreto misturado em trânsito* ou *misturado no caminhão*. Na primeira categoria, a mistura é feita na central e o concreto é transportado por um caminhão com agitação. Na segunda categoria, os materiais são dosados na central, mas são misturados no caminhão, seja em trânsito ou imediatamente antes da descarga do concreto no canteiro. A mistura em trânsito permite um deslocamento maior e é menos vulnerável em caso de atraso, mas a capacidade do caminhão é menor que o mesmo caminhão que contém concreto pré-misturado. Para compensar a desvantagem da capacidade reduzida, algumas vezes o concreto é parcialmente misturado na central, sendo a mistura completada em *trânsito*, o que é conhecido como concreto *parcialmente misturado*.

Deve-se explicar que a *agitação* se diferencia da mistura somente pela velocidade da rotação da betoneira. A velocidade de agitação é entre 2 e 6 rpm, enquanto a velocidade de mistura é entre 4 e 16 rpm. Destaca-se que a velocidade de mistura afeta a velocidade de enrijecimento do concreto, enquanto o número de rotações controla a uniformidade da mistura. O limite de 300 rotações é estabelecido pela ASTM C 94–05, tanto para a mistura quanto para a agitação ou, alternativamente, o concreto deve ser lançado dentro do limite de 1½ hora de mistura. No caso de mistura em trânsito, a água não deve ser adicionada até próximo ao início da mistura, mas segundo a BS 5328: 1991, o tempo em se permite o contato entre o cimento e o agregado umedecido é limitado a 2 horas. Esses limites tendem a estar a favor da segurança, e ultrapassá-los não necessariamente afeta a resistência do concreto, desde que a mistura continue suficientemente trabalhável para o adensamento total. Os efeitos da mistura prolongada e redosagem do concreto pré-misturado são os mesmos do concreto produzido em canteiro (ver página 126).

As normas BS 5328: 1991 e BS EN 206–1: 2000 prescrevem métodos para a especificação de concreto, incluindo concreto pré-misturado.*

Transporte

Existem vários métodos de transporte do concreto da betoneira ao canteiro e, na realidade, um desses métodos foi discutido na seção anterior. A escolha do método obviamente depende de considerações econômicas e da quantidade de concreto a ser transportada. Existem várias possibilidades, variando de carrinhos de mão a jericas, caçambas, esteiras transportadoras e bombeamento, mas em todos os casos a exigência importante é que a mistura seja adequada para o método escolhido, ou seja, ela deve permanecer coesa e não deve segregar. Métodos de transporte inadequados que causam segregação devem, obviamente, ser evitados (ver Figs. 7.1 a 7.3). Neste capítulo, somente o bombeamento será discutido, uma vez que é bastante especializado.**

---

* N. de T.: A NBR 7212:2012 estabelece as condições para a produção de concreto dosado em central.
** N. de T.: A NBR 14931:2004 estabelece os requisitos para a execução de obras de concreto.

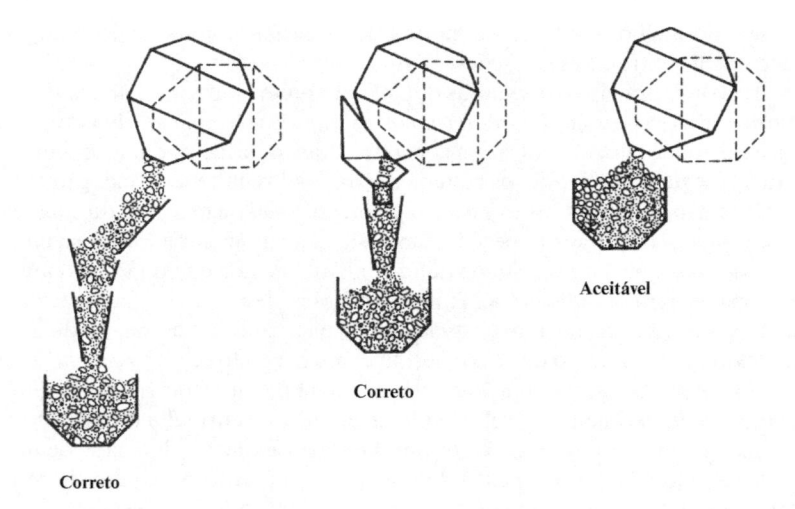

Figura 7.1 Controle da segregação durante a descarga do concreto de uma betoneira. (Baseado em *ACI Manual of Concrete Practice*.)

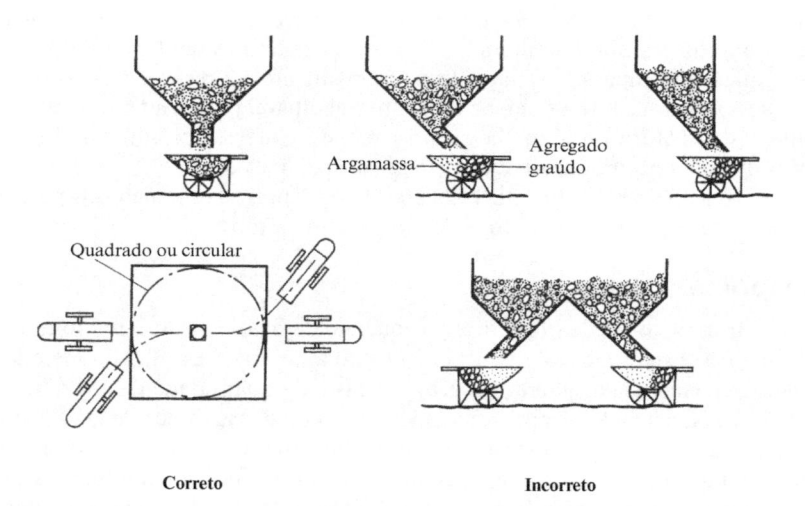

Figura 7.2 Controle da segregação na descarga do concreto de uma caçamba. (Baseado em *ACI Manual of Concrete Practice*.)

Concreto bombeado

Hoje grandes quantidades de concreto podem ser transportadas por meio de bombeamento por tubulações em grandes distâncias, a locais onde não é fácil o acesso

Correto   Incorreto

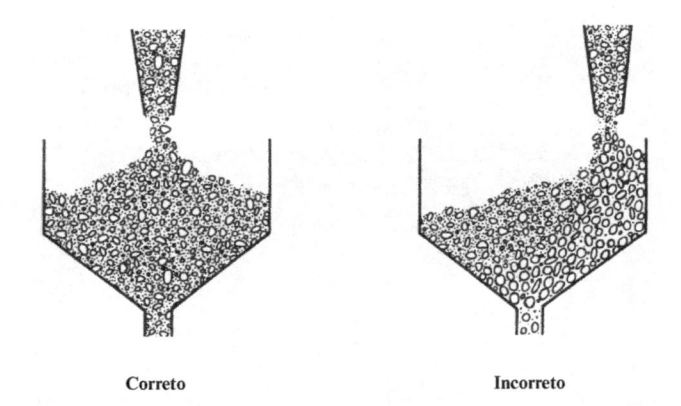

Figura 7.3 Controle da segregação no carregamento de uma caçamba com concreto. (Baseado em *ACI Manual of Concrete Practice*.)

por outros meios. Esse sistema consiste essencialmente em uma tremonha ou cocho, onde o concreto é descarregado da betoneira, uma bomba de concreto e tubos por onde o concreto é bombeado.

Várias bombas são de ação direta: um *pistão* horizontal* com válvulas semirrotativas montadas de forma a garantir a passagem das maiores partículas de agregado (ver Fig. 7.4). A bomba é alimentada com concreto por gravidade e, parcialmente, por sucção, devido ao movimento do pistão, enquanto as válvulas se abrem e fecham de maneira intermitente de modo que o concreto se move em uma série de pulsos, mas a tubulação permanece sempre cheia. A utilização de dois pistões produz um fluxo mais estável. Produções de até 60 m^3 por hora podem ser obtidas com o uso de tubos de 220 mm de diâmetro.

Também existem pequenas bombas portáteis, do tipo peristáltico, em algumas ocasiões denominadas como *bombas tipo bisnaga* ou *tubo deformável* (ver Fig. 7.5). O concreto depositado em uma tremonha coletora é enviado por lâminas rotativas através de um tubo flexível conectado à câmara de bombeamento, que está sob vácuo de cerca de 600 mm de mercúrio. O vácuo garante que, exceto quando está sendo pressionado por um rolete, o tubo permaneça de forma cilíndrica, permitindo um fluxo contínuo de concreto. Dois roletes rotativos pressionam progressivamente o tubo flexível e movem o concreto para o tubo de descarga. Bombas desse tipo com frequência são montadas sobre um caminhão e podem lançar o concreto por uma lança dobrável. Produções de até 20 m^3 por hora podem ser obtidas com tubos de 75 cm de diâmetro.

Bombas de tubo deformável transportam concreto em distâncias de até 90 metros horizontalmente e 30 metros na vertical. Entretanto, com a utilização de bom-

---

* N. de T.: Bomba de cilindro.

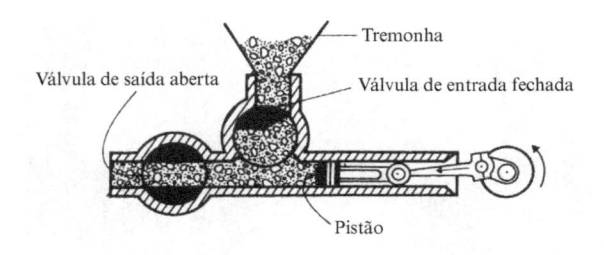

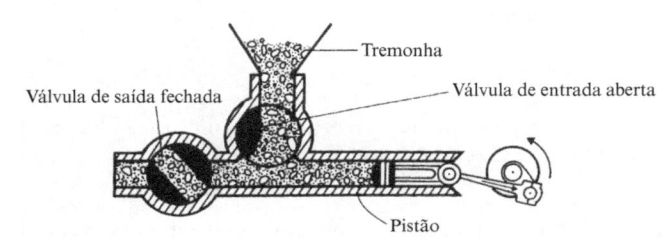

Figura 7.4 Bomba de ação direta (bomba de pistão).
(Baseado em *ACI Manual of Concrete Practice*.)

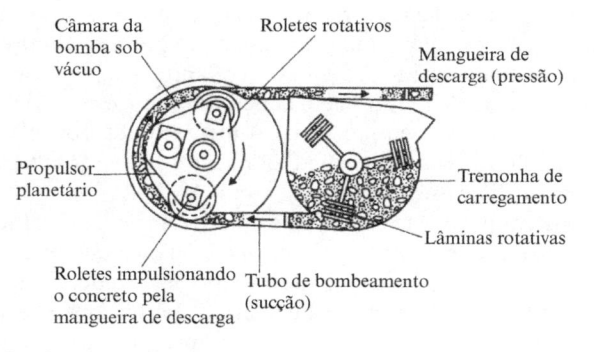

Figura 7.5 Bomba de tubo deformável.
(Baseado em *ACI Manual of Concrete Practice*.)

bas de pistão, o concreto pode ser transportado por até 450 m horizontalmente e 40 m verticalmente. A relação da distância horizontal em relação à elevação depende da consistência da mistura e da velocidade do concreto na tubulação, e quanto maior a velocidade, menor será a relação. Curvas acentuadas e mudanças repentinas da seção do tubo devem ser evitadas Para maiores distâncias, é possível a utilização de bombeamento em série, e alturas muito maiores foram obtidas recentemente.

O diâmetro do tubo deve ser no mínimo três vezes maior que a dimensão máxima do agregado. Podem ser utilizados tubos rígidos ou flexíveis; entretanto, estes últimos causam perdas adicionais por atrito e problemas de limpeza. Tubos de alumínio não devem ser usados porque esse metal reage com os álcalis do cimento e forma hidrogênio, o que cria vazios no concreto endurecido com consequente perda de resistência.*

A mistura adequada ao bombeamento não deve ser áspera ou viscosa, nem muito seca, nem com excesso de água, ou seja, sua consistência é crítica. Um abatimento de tronco de cone entre 40 e 100 mm, ou um fator de compactação de 0,90 a 0,95, ou índice Vebe entre 3 e 5 segundos é, em geral, recomendado para a mistura lançada na tremonha ou no cocho da bomba. Como o bombeamento causa um adensamento parcial, o abatimento de tronco de cone na descarga pode ser diminuído entre 10 e 25 mm. As exigências de consistência são necessárias para evitar uma excessiva resistência devido ao atrito na tubulação no caso de misturas muito secas ou segregação nas misturas muito plásticas. Em especial, a porcentagem de finos é importante, já que, quando muito pequena, pode causar segregação, e quando muito elevada, causa atrito excessivo e um possível entupimento da tubulação. A situação ideal é aquela na qual existe um mínimo de atrito nas paredes da tubulação e um teor mínimo de vazios na mistura. Isso é obtido quando existe uma granulometria contínua de agregados. Para concretos com agregados de dimensão máxima de 20 mm, o teor ideal de finos fica entre 35 e 40%, sendo que o material menor que 300 μm deve representar 15 a 20% da massa total de agregados miúdos. Além disso, a proporção de agregado miúdo passante na peneira 150 μm deve ser cerca de 3% (areia ou uma adição como tufos vulcânicos) de maneira a prover uma continuidade na granulometria até a fração do cimento.

O bombeamento de concreto com agregados leves pode ser realizado com a utilização de aditivos especiais (auxiliares de bombeamento) para contornar os problemas de perda de trabalhabilidade devido à alta absorção de água das partículas porosas. O concreto com ar incorporado somente é bombeado por distâncias pequenas, até 45 m, devido ao ar incorporado se comprimir, com uma consequente perda de trabalhabilidade.

Lançamento e adensamento

As operações de lançamento e adensamento são interdependentes e executadas quase simultaneamente. São as mais importantes para garantir as exigências de resistência, impermeabilidade e durabilidade do concreto endurecido na estrutura *real*. Desde o início do planejamento do lançamento, o principal objetivo deve ser depositar o concreto o mais próximo possível de sua destinação final, evitando assim a segregação e permitindo seu total adensamento (ver Figs. 7.6 a 7.9). Para alcançar esses objetivos, as seguintes regras devem ser obedecidas:

(a) evitar arrastamento do concreto de forma manual e transporte por vibradores de imersão (vibrador de agulha);

---

* N. de T.: A NBR 14931:2004 recomenda que o diâmetro interno do tubo deve ser no mínimo 4 vezes o diâmetro máximo do agregado.

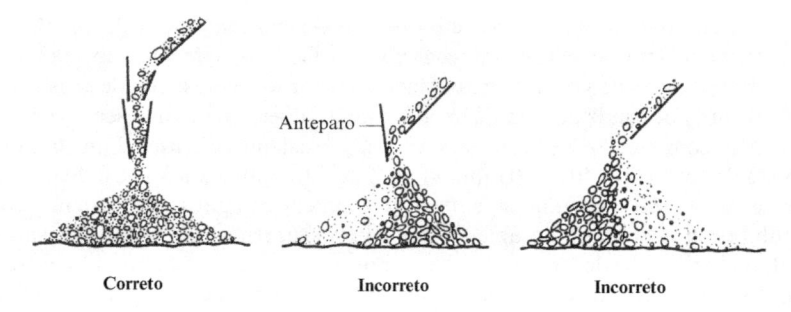

Figuras 7.6 Controle da segregação na extremidade de calhas de concreto. (Baseado em *ACI Manual of Concrete Practice*.)

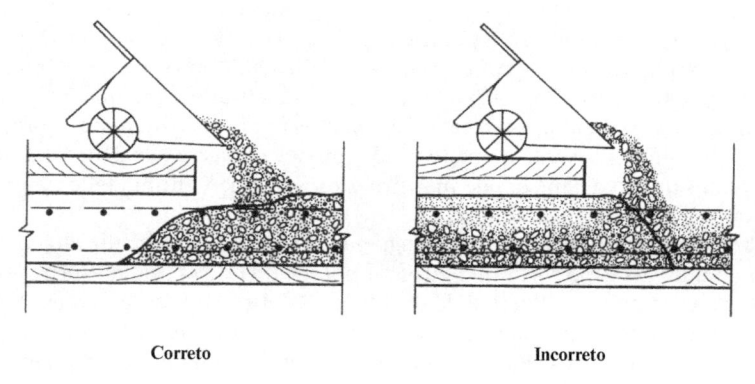

Figura 7.7 Lançamento do concreto com jericas. (Baseado em *ACI Manual of Concrete Practice*.)

(b) o concreto deve ser lançado em camadas uniformes e não em grandes montes ou pilhas;
(c) a espessura da camada deve ser compatível com o método de vibração de modo que o ar aprisionado possa ser removido da base de cada camada;
(d) as velocidades de lançamento e adensamento devem ser iguais;
(e) em pilares e paredes onde um bom acabamento e uniformidade de coloração forem necessários, as formas devem ser preenchidas em uma velocidade de no mínimo 2 m por hora, evitando retardos (tempo excessivo pode causar a formação de juntas frias);
(f) cada camada deve ser totalmente adensada antes do lançamento da próxima, e cada camada subsequente deve ser lançada enquanto a camada anterior ainda esteja no estado plástico, obtendo assim uma construção monolítica;

Capítulo 7 Mistura, Transporte, Lançamento e Adensamento do Concreto   **133**

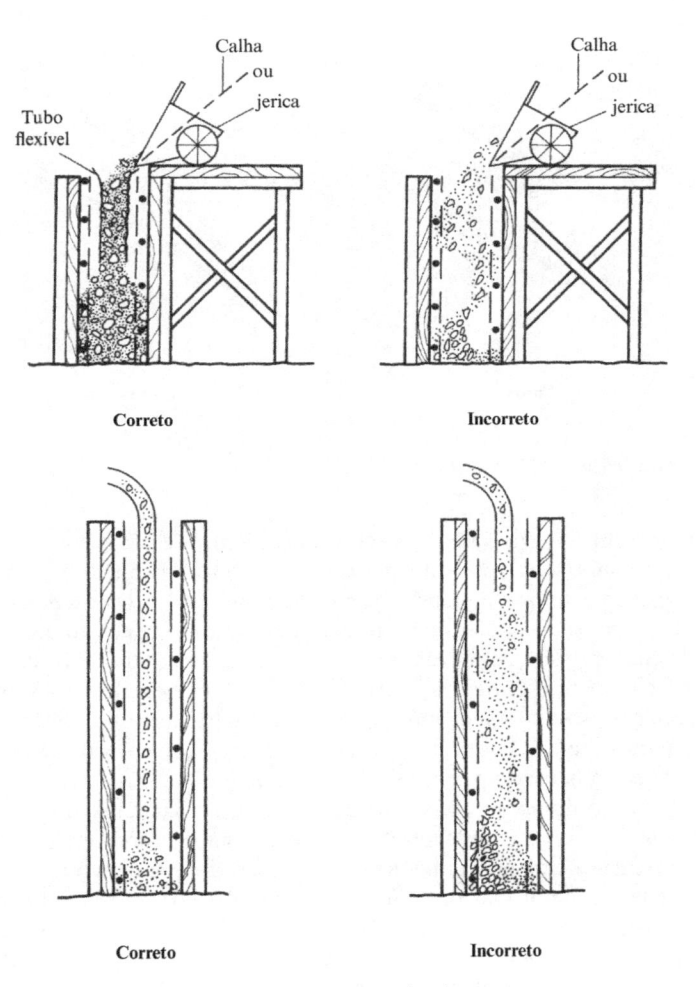

Figura 7.8 Lançamento de concreto em uma parede alta.
(Baseado em *ACI Manual of Concrete Practice*.)

(g) devem ser evitados os impactos entre o concreto e as fôrmas ou armaduras. Para seções mais altas, um tubo ou um funil garantem o lançamento do concreto com um mínimo de segregação;

(h) o concreto deve lançado em um plano vertical. Em formas horizontais ou inclinadas, o concreto deve ser lançado verticalmente, junto ao concreto lançado anteriormente. Para inclinações maiores que 10°, deve ser utilizada régua deslizante (ver Bibliografia).

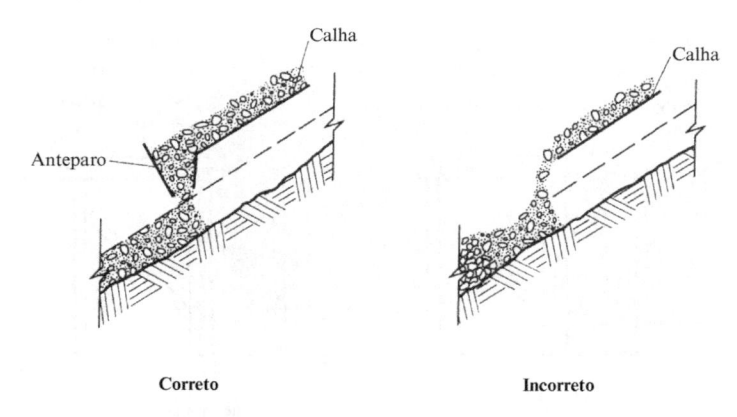

Figura 7.9 Lançamento de concreto em uma superfície inclinada. (Baseado em *ACI Manual of Concrete Practice*.)

Existem técnicas especializadas para lançamento de concreto, como fôrmas deslizantes, concretagem com tubo tremonha, concreto projetado, concreto com agregados pré-colocados e concreto compactado com rolo. *Fôrma deslizante* é um processo de lançamento e adensamento contínuo, usando concreto de baixa trabalhabilidade cujas proporções devem ser cuidadosamente controladas. Podem existir fôrmas deslizantes horizontais ou verticais, sendo que este último sistema é mais lento e requer o uso de fôrmas até que o concreto atinja uma resistência mínima necessária para suportar o concreto e as fôrmas acima. O custo dos equipamentos é elevado, mas é compensado pela alta velocidade de produção.

O lançamento do concreto com tubo tremonha é particularmente adequado para o uso em fôrmas de grande altura onde o adensamento por meios comuns não é possível e para concretagem submersa. Nesse método, um concreto de alta trabalhabilidade é lançado por gravidade através de um tubo que é gradualmente erguido. A mistura deve ser coesa, sem segregação ou exsudação e, em geral, tem elevado teor de cimento, elevada proporção de finos e contém um agente que contribui para a trabalhabilidade (como pozolanas ou um aditivo).

Como citado no Capítulo 6, o objetivo do adensamento é remover a maior quantidade possível de ar aprisionado, de modo que o concreto endurecido tenha um mínimo de vazios e, consequentemente, seja resistente, durável e de baixa permeabilidade. Concretos de baixo abatimento de tronco de cone contêm mais ar aprisionado que concretos de alto abatimento e, em função disso, exigem mais energia para um adensamento satisfatório. Essa energia é dada, principalmente, pela utilização de vibradores.

Vibração do concreto

O processo de adensamento do concreto por vibração consiste essencialmente em eliminar o ar aprisionado e forçar que as partículas tenham uma configuração

Capítulo 7 Mistura, Transporte, Lançamento e Adensamento do Concreto   **135**

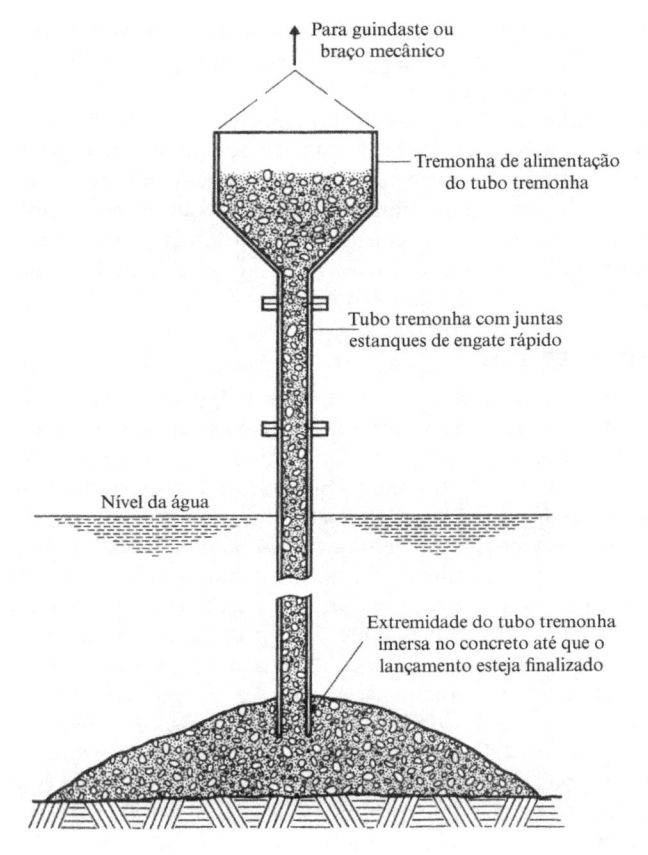

Figura 7.10 Concretagem submersa.
(Baseado em CONCRETE SOCIETY, Underwater concreting, *Technical Report, No.* 3, p. 13 (London, 1971).)

de maior proximidade. É possível vibrar misturas extremamente secas e ásperas, de forma que, comparando com o adensamento manual, pode-se obter uma determinada resistência com menor consumo de cimento. Isso gera economia, mas deve ser contrabalançado pelo custo do equipamento de vibração e do sistema de fôrmas mais pesado e reforçado. De qualquer maneira, em todos casos o custo da mão de obra provavelmente será o fator decisivo quando o custo total for analisado.

Ambas formas de adensamento, manual ou por vibração, podem produzir concretos de boa qualidade com uma mistura e mão de obra adequadas. Da mesma forma, ambos processos podem produzir concretos de má qualidade. No caso de adensamento manual, a falha mais comum é o mau adensamento, enquanto no caso de vibração, o adensamento não uniforme pode ocorrer por vibração inadequada ou excesso de vibração, que causa segregação. Esta última pode ser prevenida pelo uso de mistura bem graduada e mais seca.

A consistência especificada da mistura determina a escolha do vibrador. Por exemplo, misturas adequadas a bombeamento podem ter uma consistência muito plástica para a vibração; portanto, para um adensamento eficiente, a consistência do concreto e as características do vibrador disponível devem ser combinadas. Essencialmente existem três métodos de adensamento do concreto por vibração, que estão discutidos em seguida. Existem variações nesses tipos, que foram desenvolvidas para fins específicos, mas estão além do objetivo deste livro.

Vibradores internos

Dos diversos tipos de vibradores, este talvez seja o mais comum. Consiste em um tubo (agulha) que contém em seu interior um eixo excêntrico movimentado por motor através de um cabo flexível. A agulha é imersa no concreto, aplicando assim esforços aproximadamente harmônicos. Em função disso, tem como nomes alternativos *vibrador de agulha* ou *vibrador de imersão*.

A frequência de vibração normalmente varia entre 70 e 200 Hz com uma aceleração maior que 4 g. A agulha deve ser movimentada com facilidade de um local a outro de modo que o concreto seja vibrado a cada 0,5 a 1,0 m em um intervalo de 5 segundos a 2 minutos, dependendo da consistência da mistura. O término da vibração pode ser avaliado na prática pela aparência da superfície do concreto, que não deve conter vazios ou excesso de argamassa. É recomendada a retirada gradual da agulha, em uma velocidade de cerca de 80 mm/s, de maneira que a cavidade deixada pelo vibrador se feche totalmente sem deixar ar aprisionado. O vibrador deve ser imerso rapidamente por toda a altura do concreto fresco recém-lançado e na camada inferior se esta ainda estiver plástica ou puder ser tornada plástica (ver Fig. 7.11). Dessa maneira, obtém-se um concreto monolítico, evitando assim planos de fraqueza na união entre as duas camadas, possíveis fissuras por assentamento plástico e efeitos internos de exsudação. Deve ser ressaltado que, para camadas de espessura superior a 50 cm, o vibrador pode não ser eficiente em retirar o ar da parte inferior da camada.*

Ao contrário de outros tipos, os vibradores internos são comparativamente eficientes, desde que toda a energia seja aplicada direito *no* concreto. Eles são produzidos em dimensões desde 20 mm de diâmetro, de modo que são utilizáveis em seções densamente armadas ou relativamente inacessíveis. Entretanto, um vibrador de imersão não irá retirar o ar na proximidade da fôrma, de modo que é necessário um "corte" ao longo da fôrma por meio de uma lâmina plana na borda. O uso de revestimentos absorventes nas fôrmas é válido, mas caro nesses casos.

---

* N. de T.: A NBR 14931:2004 estabelece que a altura máxima das camadas adensadas por vibração deve ser 50 cm.

Capítulo 7 Mistura, Transporte, Lançamento e Adensamento do Concreto 137

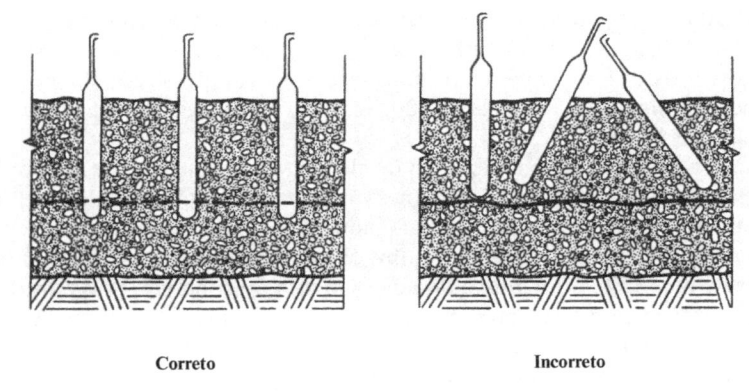

Correto   Incorreto

Figura 7.11 Utilização de vibradores de agulha.
(Baseado em *ACI Manual of Concrete Practice*.)

Vibradores externos

Este tipo de vibrador é firmemente fixado às fôrmas, que são apoiadas sobre um suporte elástico, de modo que tanto a fôrma quanto o concreto são vibrados. Como resultado, uma parte considerável da energia aplicada é usada para a vibração da fôrma, que deve ser resistente e estanque para prevenir deformações e vazamento de nata.

O princípio do vibrador externo é o mesmo do interno, mas a frequência situa-se entre 50 e 150 Hz. Em algumas situações, os fabricantes indicam o número de impulsos, ou seja, meios-ciclos. Os vibradores externos são utilizados em pré-moldados ou seções estreitas moldadas *in situ*, com forma ou espessura incompatível com os vibradores internos.

O concreto deve ser lançado em camadas de espessura adequada ou o ar não poderá ser expelido por uma camada de concreto de grande altura. A posição do vibrador pode ser mudada com o andamento da concretagem. Vibradores externos portáteis, não fixáveis, podem ser utilizados em seções que de outro modo não seriam acessíveis, mas o alcance de sua ação é muito limitado. Outro vibrador semelhante é um martelete elétrico, algumas vezes utilizado para o adensamento de corpos de prova de concreto.

Mesas vibratórias

Uma mesa vibratória fornece um modo de adensamento confiável para elementos de concreto pré-moldado e tem a vantagem de garantir uma vibração uniforme. O sistema pode ser considerado como caso de uma fôrma acoplada a um vibrador, ao contrário dos vibradores externos, mas o princípio de vibração do concreto e da fôrma em conjunto é o mesmo. Geralmente, uma massa excêntrica rotativa de grande velocidade faz a mesa vibrar em movimento circular, mas, como possui dois eixos girando em sentido contrário, a componente horizontal da vibração pode ser neutralizada. Desse modo, a mesa transmite somente um movimento harmônico simples na direção vertical. Também existem pequenas mesas vibratórias de boa qualidade, movidas por meio eletromagnéticos e corrente alternada. A gama de frequências utilizada varia de 25 até 120 Hz e essa amplitude permite alcançar acelerações entre 4 e 7 g.

Quando utilizada para a vibração de elementos de concreto de dimensões variadas e para uso laboratorial, uma mesa de amplitude variável e de preferência também com frequência variável é mais indicada, embora na prática a frequência raramente é variável. O ideal seria a utilização de frequência crescente e amplitude decrescente conforme o progresso do adensamento do concreto, pois o movimento induzido deve corresponder ao espaçamento das partículas. Uma vez que ocorre o adensamento parcial, o uso de uma frequência mais alta permite um maior número de movimentos de ajuste em um determinado tempo. A vibração com uma amplitude muito grande em relação ao espaço entre as partículas resulta em um concreto em constante estado de fluidez, de modo que o adensamento completo nunca é alcançado. Entretanto, infelizmente não é possível prever as amplitudes ótimas e a frequência necessária para uma determinada mistura.

Revibração

As seções anteriores se referiram à vibração do concreto logo após o lançamento, de modo que o adensamento é geralmente completado antes do concreto ter endurecido. Entretanto, conforme citado na página 136, com o objetivo de garantir uma adequada aderência entre camadas, a camada inferior deve ser revibrada, desde que ainda esteja plástica ou possa recuperar o estado plástico. Essa aplicação sucessiva de revibração levanta a questão sobre se a revibração do concreto é vantajosa ou não.

Na realidade, a revibração realizada em 1 ou 2 horas após o lançamento aumenta a resistência à compressão do concreto em até 15%, mas os valores reais dependem da trabalhabilidade da mistura. Em geral, a melhora na resistência é mais notada nas idades iniciais e é maior em concretos passíveis de grande exsudação, já que a água aprisionada é expelida pela revibração. Pela mesma razão, a aderência entre o concreto e a armadura é igualmente melhorada. Existe também a possibilidade de diminuição das tensões devido à retração plástica no entorno das partículas dos agregados maiores.

Apesar dessas vantagens, a revibração não é largamente utilizada, pois implica em uma etapa adicional na produção de concreto e, com isso, um aumento de custo. Além disso, se aplicada muito tarde, a revibração pode prejudicar o concreto.

Concreto projetado

Esta é a denominação dada à argamassa ou concreto transportado através de uma mangueira e projetado pneumaticamente em alta velocidade sobre um substrato. A energia do impacto do jato na superfície adensa o material de modo que ele pode se autossustentar sem ceder ou escorrer, mesmo em uma superfície vertical ou em um teto. O concreto projetado é mais formalmente denominado como *argamassa* ou *concreto aplicado pneumaticamente*; é conhecido também como *gunite*, embora nos Estados Unidos esse nome somente se aplique ao concreto projetado por via seca. No Reino Unido, o termo *concreto jateado* é utilizado, mas, em geral, é empregado para argamassa em vez do concreto, ou seja, a dimensão máxima do agregado é 5 mm.*

O concreto projetado é utilizado para seções finas, levemente armadas, como cascas, coberturas plissadas, revestimento de túneis e tanques de concreto protendido. O concreto projetado também é utilizado em reparos de concreto deteriorado, estabilização de taludes rochosos, revestimento de aço para proteção contra fogo, e como um revestimento de pequena espessura em concreto, alvenaria ou aço.

É o processo de aplicação que dá vantagens significativas ao concreto projetado nas aplicações citadas acima. Ao mesmo tempo, uma considerável habilidade e experiência são exigidas, já que a qualidade do concreto projetado depende muito do operador, especialmente de sua habilidade no controle e lançamento eficiente pelo bico.

Como o concreto é projetado sobre uma superfície e gradualmente vai aumentando a espessura até 100 mm, somente um lado da fôrma é necessário. Isso representa economia por não haver necessidade de travamentos e suportes. Por outro lado, o teor de cimento do concreto projetado é elevado e o equipamento necessário e modo de lançamento são mais caros que no concreto convencional.

Existem dois processos básicos de aplicação do concreto projetado. O mais comum é o *processo de mistura por via seca*, no qual cimento e agregados umedecidos são intimamente misturados e colocados em uma alimentadora mecânica ou bomba (ver Fig. 7.12(a)). A mistura é então transferida a uma velocidade conhecida por um distribuidor a uma corrente de ar comprimido em uma mangueira ligada ao bico de projeção. No interior do bico, existe um tubo perfurado através do qual são introduzidos água pressurizada e outros ingredientes, antes que a mistura seja projetada em alta velocidade.

No *processo de mistura por via úmida*, todos os ingredientes, incluindo a água, são pré-misturados (ver Fig. 7.12(b)). A mistura é então introduzida na câmara do equipamento de lançamento e então transportada pneumaticamente ou por uma bomba de deslocamento positivo do tipo mostrado na Fig. 7.5. O ar comprimido (ou, no caso de mistura transportada pneumaticamente, ar adicional) é injetado no bico para estabelecer uma alta velocidade.

O processo de mistura por via úmida resulta em melhor controle da quantidade da água de mistura, que é medida na etapa de pré-mistura, e de qualquer outro aditivo utilizado. O processo por via úmida também resulta em menor produção de pó, de modo que as condições de trabalho são melhores que no processo de mistura por via seca.

---

* N. de T.: No Brasil, o termo normalizado é concreto projetado, segundo a NBR 14026:1997, embora também existam as denominações concreto jateado e gunitagem.

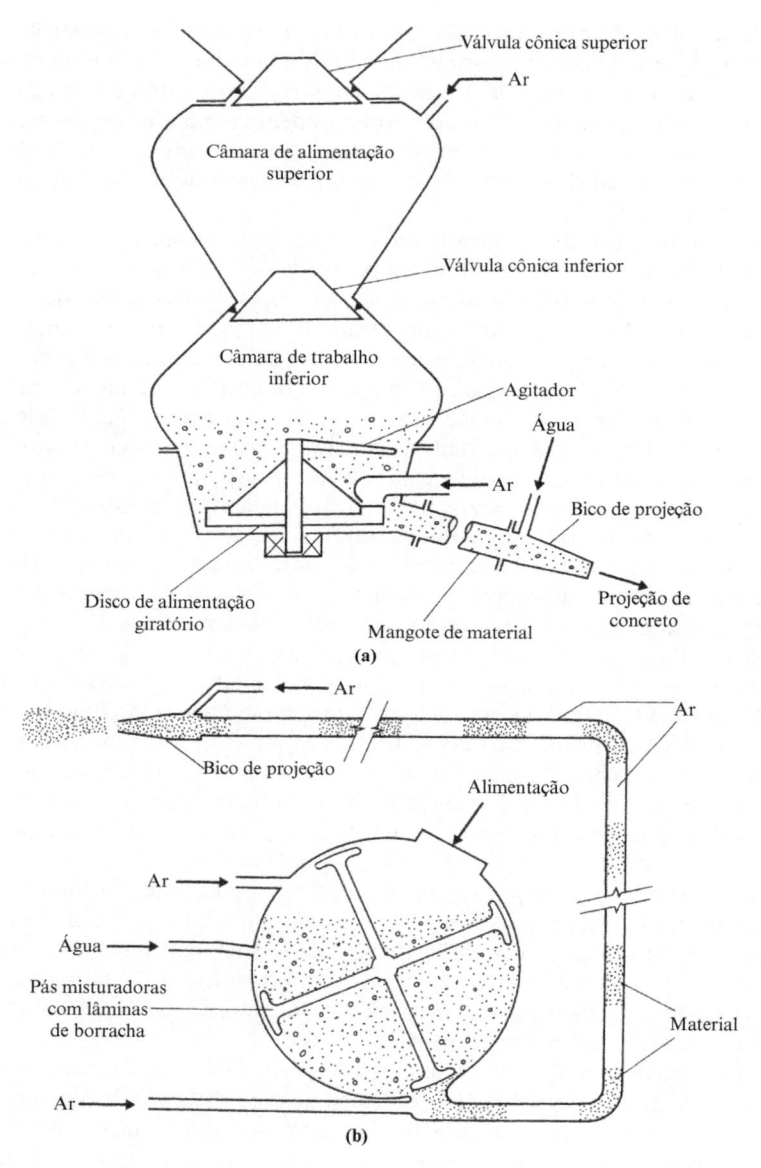

Figura 7.12 Esquemas típicos de concreto projetado: (a) processo de mistura via seca; (b) processo de mistura via úmida.

Ambos processos podem produzir um excelente produto final, mas o processo de mistura por via seca é mais compatível com agregados leves e porosos e também é capaz de lançamentos a maiores distâncias. Esse processo pode ser utilizado com um produto acelerador de pega, que é necessário quando a superfície a ser revestida possui água corrente. O acelerador afeta negativamente a resistência, mas torna o reparo possível.

O concreto projetado deve ter uma consistência relativamente seca, de modo que o material possa se suportar por si só em qualquer posição. Ao mesmo tempo, a mistura deve ser úmida o suficiente para a obtenção do adensamento, sem rebote excessivo.

É óbvio que nem todo o concreto projetado em uma superfície permanece na posição porque partículas maiores são mais suscetíveis ao *rebote* (ou reflexão) na superfície. A maior parte do rebote ocorre nas camadas iniciais e é mais acentuado em tetos (até 50%) que pisos e lajes (até 15%). A importância do rebote não se deve tanto o desperdício de material, mas o risco de acúmulo de material em uma posição na qual ficará incorporado às camadas subsequentes de concreto projetado. Além disso, a perda de agregados resulta em uma mistura com maior retração. Para evitar bolsões de material de rebote em cantos, base de paredes, atrás de armaduras ou tubos embutidos e superfícies horizontais, é necessário o uso de armaduras de pequenas dimensões e grande atenção à projeção.

A faixa usual da relação água/cimento varia entre 0,35 e 0,50, ocorrendo alguma exsudação. As argamassas têm proporções usuais entre 1:3,5 e 1:4,5, com a areia de mesma granulometria de argamassas convencionais. No caso do *concreto*, a dimensão máxima do agregado é 25 mm, mas o teor de agregado graúdo é menor que no concreto convencional. Em função do importante problema do rebote, a utilização do concreto projetado é pequena e suas vantagens, limitadas.

A cura do concreto projetado é bastante importante devido à rápida secagem em função da alta relação superfície/volume, devendo ser seguidas práticas recomendadas, como as estabelecidas pela ACI 506.R–05 (ver Bibliografia).*

Concreto com agregado pré-colocado

Este tipo de concreto, também conhecido como *concreto pré-acondicionado*, pode ser utilizado em locais de difícil acesso para as técnicas de concreto convencional ou onde elas sejam inadequadas. Ele é produzido em duas etapas: os agregados graúdos são colocados e adensados nas fôrmas, sendo então os vazios, constituindo cerca de 33% do volume total, preenchidos com argamassa. Fica claro que o agregado é de granulometria descontínua; granulometrias típicas são dadas na Tabela 7.2. Para garantir uma boa aderência, o agregado graúdo deve ser isento de sujidades e pó, já que estes não serão removidos na mistura. Além disso, devem ser totalmente molhados ou saturados antes da argamassa ser introduzida, mas a água não deve ser mantida por longo tempo, pois pode ocorrer o crescimento de algas nos agregados.

A argamassa é bombeada sob pressão através de tubos corrugados, normalmente com diâmetro em torno de 35 m, espaçados a cada 2 m, de centro a centro. Os tubos são retirados de maneira gradual conforme a elevação do nível da argamassa.

---

* N. de T.: A NBR 14026:1997 estabelece os critérios e condições para emprego do concreto projetado, e a NBR 14279:1999 estabelece os parâmetros para a aplicação de concreto projetado por via seca.

Não é utilizado nenhum tipo de vibração interna, mas a vibração externa no nível do topo da argamassa pode melhorar a superfície exposta.

Uma argamassa típica é constituída por duas partes (em massa) de cimento Portland, uma parte de cinza volante, três a quatro partes de areia fina e água suficiente para formar uma mistura fluida. O objetivo do uso da pozolana é reduzir a exsudação e segregação e ao mesmo tempo melhorar a fluidez da argamassa. Outro agente plastificante, que também retarda o endurecimento, é adicionado. Esse agente contém uma pequena quantidade de alumínio em pó, que reage produzindo hidrogênio, o que causa uma pequena expansão antes da pega. Como uma alternativa, uma argamassa de cimento e areia fina pode ser produzida em um misturador especial caloidal de elevada velocidade de rotação, de modo que o cimento permaneça em suspensão até o bombeamento ser terminado. Esse tipo de concreto com agregados pré-colocados é, algumas vezes, denominado como concreto *coloidal*.

O concreto com agregados pré-colocados é econômico em relação ao cimento (entre 120 e 150 kg/m^3 de concreto), mas a elevada relação água/cimento necessária à obtenção da fluidez necessária resulta em um concreto de resistência limitada (20 MPa). Entretanto, essa resistência é, em geral, adequada para as utilizações usuais do concreto com agregados pré-colocados. Além disso, o material obtido é denso, impermeável, durável e uniforme.

Um uso específico do concreto com agregados pré-colocados é em seções que contêm uma grande quantidade de itens embutidos que necessitam de uma localização precisa. Isso ocorre, por exemplo, em blindagens nucleares. Nesse caso, o risco de segregação dos agregados graúdos pesados, em especial agregados metálicos, é eliminado devido à colocação separada dos agregados graúdos e miúdos. Deve ser salientado que em obras de blindagens nucleares não deve ser utilizada a pozolana devido à redução da massa específica do concreto.

O concreto com agregados pré-colocados também é adequado para construções submersas, devido à reduzida segregação. Outras aplicações são na construção de estruturas de contenção de água e em grandes blocos monolíticos, assim como em serviços de reparos, principalmente porque esse tipo de concreto possui menor re-

Tabela 7.2 Granulometrias típicas de agregados para concreto com agregados pré-colocados

Agregado graúdo				Agregado miúdo			
Dimensão da peneira (mm)	Porcentagem acumulada			Dimensão da peneira		Porcentagem acumulada	
				Sistema métrico	ASTM		
150	100	–	–	2,36 mm	8	100	
75	67	100	–	1,18 mm	16	98	
38	40	62	97	600 μm	30	72	
19	6	4	9	300 μm	50	34	
13	1	1	1	150 μm	100	11	

tração e menor permeabilidade e, com isso, maior resistência ao gelo-degelo que o concreto convencional.

O concreto com agregados pré-colocados pode ser utilizado quando um acabamento com agregados expostos for exigido, devido à uniformidade do agregado graúdo. Em obras de concreto massa, existe a vantagem da possibilidade de controle da elevação da temperatura durante a hidratação (ver Capítulo 9) pela circulação de água resfriada em volta dos agregados antes do lançamento da argamassa. No outro extremo, em clima frio, onde há possibilidade de danos por congelamento, pode ser feita a circulação de vapor entre os agregados.

O concreto com agregados pré-colocados parece, então, possuir várias características úteis; entretanto, devido a várias dificuldades práticas, são necessárias grande experiência e habilidade na execução dos procedimentos e obtenção de bons resultados.

Bibliografia

7.1 ACI COMMITTEE 304.R–00, Recommended practice for measuring, mixing, transporting and placing concrete, Part 2, *ACI Manual of Concrete Practice* (2007).

7.2 ACI COMMITTEE 304.2R–96, Placing concrete by pumping methods, Part 2, *ACI Manual of Concrete Practice* (2007).

7.3 ACI COMMITTEE 304.3R–96, Heavy weight concrete: measuring, mixing, transporting and placing, Part 2, *ACI Manual of Concrete Practice* (2007).

7.4 ACI COMMITTEE 318.R–05, Building code requirements for reinforced concrete and commentary, Part 3, *ACI Manual of Concrete Practice* (2007).

7.5 ACI COMMITTEE 506.2–95, Specification for shotcrete, Part 6, *ACI Manual of Concrete Practice* (2007).

7.6 ACI COMMITTEE 506.R–05, Guide to shotcrete, Part 6, *ACI Manual of Concrete Practice* (2007).

Problemas

7.1 Compare a vibração interna e externa do concreto.
7.2 Quais são as exigências específicas para a capacidade de bombeamento de uma mistura de concreto?
7.3 Como é avaliada a eficiência de mistura de uma betoneira?
7.4 Qual é a influência do tempo de mistura na resistência do concreto?
7.5 Comente sobre a relação entre a dimensão máxima do agregado e o diâmetro do tubo.
7.6 Quais são os problemas específicos no bombeamento de concreto com agregados leves?
7.7 Quais são os problemas específicos no bombeamento de concreto com ar incorporado?
7.8 Explique a diferença entre as betoneiras: basculante, não basculante, planetária e tambor duplo.
7.9 Qual é a sequência adequada de colocação de materiais na betoneira?
7.10 Quais são as exigências específicas das proporções de uma mistura de concreto a ser bombeado?
7.11 Quais são as exigências de trabalhabilidade do concreto a ser bombeado?
7.12 Qual é a causa de bolhas de ar na superfície do concreto?

7.13 Quais são os efeitos da redosagem nas propriedades do concreto?
7.14 O que é: (i) imprimação (ii) grumos?
7.15 O que é uma mistura coloidal?
7.16 Como o desempenho de uma betoneira é avaliado?
7.17 Como o bombeamento afeta a trabalhabilidade da mistura?
7.18 Quais são os dois principais tipos de concreto pré-misturado?
7.19 Quais são as vantagens da utilização de concreto pré-misturado?
7.20 Quais são as desvantagens da utilização de concreto pré-misturado?
7.21 O que se entende por segregação do agregado na pilha de agregados?
7.22 Qual é a diferença entre agitação e mistura?
7.23 Por que os tubos para bombeamento não feitos de alumínio?
7.24 Com que método você lançaria o concreto submerso?
7.25 Descreva o processo de concreto projetado por via seca.
7.26 Descreva o processo de concreto projetado por via úmida.
7.27 O que você deve fazer com o material de rebote?
7.28 Quais são as vantagens do lançamento do concreto por bombeamento?
7.29 O que é a concreto parcialmente misturado?
7.30 Qual é a principal exigência para o transporte adequado do concreto?
7.31 Quais são as vantagens e desvantagens da revibração do concreto?
7.32 Estabeleça algumas denominações alternativas para concreto com agregados pré--colocados e dê algumas utilizações típicas desse concreto.

8

Aditivos

Frequentemente, em vez da utilização de um cimento especial, é possível alterar algumas das propriedades dos cimentos de uso mais comum pela incorporação de uma adição, um aditivo para cimento ou um aditivo para concreto. Em alguns casos, essa incorporação é a única maneira de se alcançar um determinado efeito. Existe um grande número de produtos registrados disponíveis. Seus efeitos desejados são descritos pelos fabricantes, mas alguns outros efeitos podem não ser conhecidos, de modo que um enfoque cauteloso, incluindo ensaios de desempenho, é sensato. Deve ser ressaltado que os termos "adição"* e "aditivo"**

Este capítulo trata principalmente dos aditivos químicos. Os agentes incorporadores de ar que têm como objetivo principal a proteção do concreto contra os efeitos deletérios de ciclos de gelo-degelo serão considerados no Capítulo 15. Os aditivos químicos são, essencialmente, os redutores de água (plastificantes), retardadores de pega e aceleradores, classificados pela ASTM C 494–05a, respectivamente, como Tipo A, B e C. A classificação dos aditivos pela BS 5075–1: 1982 é praticamente a mesma, mas a BS EN 934–2: 2001 abrange mais tipos de aditivos. As Tabelas 8.1 e 8.2 listam as exigências especificadas pela BS EN 934–2 e ASTM C 494, respectivamente. Informações úteis também são dadas pela ACI Committee 212.3R–04.***

---

* N. de T.: No Brasil, o termo adição é utilizado para os produtos, em geral, em forma de pó, adicionados tanto ao cimento, quanto ao concreto, também conhecidos como adições minerais, ou simplesmente adições. O uso de adições em cimento foi abordado no Capítulo 2. Os aditivos para cimento são produtos adicionados ao moinho, juntamente com o clínquer Portland e demais materiais, para a melhorar as condições de moagem. A NBR 11768:2011 define aditivo como o produto que, adicionado durante o processo de preparação do concreto, em quantidade máxima de 5% da massa de material cimentício, modifica suas propriedades no estado fresco e/ou endurecido. Não são considerados nesta definição os pigmentos orgânicos destinados à produção de concreto colorido.

** N. de T.: No original: *additive e admixture*, são frequentemente usados como sinônimos, embora, estritamente falando, *adição* refere-se à substância que é adicionada na etapa de produção do cimento, enquanto *aditivo* implica na adição na etapa de mistura.

*** N. de T.: A norma brasileira em vigor, NBR 11768:2011, estabelece os seguintes tipos de aditivos para concreto: redutor de água/plastificante (PR, PA, PN); alta redução de água/superplastificante Tipo I (SP–I R, SP–I A, SP–I N); alta redução de água/superplastificante Tipo II (SP–II R, SP–II A, SP–II N); incorporador de ar (IA); acelerador de pega (AP); acelerador de resistência (AR) e retardador de pega (RP). As letras R, A e N nos redutores de água classificam esses aditivos em relação à influência no tempo de pega, sendo respectivamente Retardador, Acelerador e Neutro ou Normal.

Tabela 8.1 Especificações para vários tipos de aditivos segundo a BS EN 934-2: 2001; os limites estão expressos como uma porcentagem dos valores da mistura de controle

Tipo de aditivo	Redução de água (%)	Consistência		Tempo de pega		Resistência à compressão		Teor de ar (%)
		Abatimento de tronco de cone (%)	Retenção	Início	Fim	Idade	%	
Redutor de água/plastificante (mesma consistência)	≥ 5	100	—	—	—	7 dias 28 dias	≥ 110 ≥ 110	≤ 2 acima[1]
Redutor de água de alto desempenho/superplastificante (mesma consistência)	≥ 12	100	—	—	—	1 dia 28 dias	≥ 140 ≥ 115	≤ 2 acima[1]
Redutor de água de alto desempenho/superplastificante (mesma relação a/c)[2]	0	≥ 120 ou ≥ 160 espalhamento	30 min	—	—	28 dias	≥ 90	≤ 2 acima[1]
Retentor de água (mesma consistência)[3]	—	100	—	—	—	28 dias	≥ 80	≤ 2 acima[1]
Incorporador de ar (mesma consistência)	—	100	—	—	—	28 dias	≥ 75	≥ 2,5 acima[1]
Acelerador de pega	—	100	—	A 20°C, ≥ 30 min A 5°C, ≤ 60% controle	—	28 dias 90 dias	≥ 80 ≥ resistência aos 28 dias	≤ 2 acima[1]
Acelerador de endurecimento (mesma consistência)	—	100	—	—	—	24 horas 48 horas 28 dias	A 20°C, ≥ 120 min A 5°C, ≥ 130 min A 20°C, ≥ 90	≤ 2 acima[1]

Tipo de aditivo							
Retardador de pega (mesma consistência)	—	100	—	≥ (controle + 90 min)	≤ (controle + 360 min)	7 dias ≥ 80 / 28 dias ≥ 90 / 28 dias ≥ 85	≤ 2 acima[1]
Resistente à água (mesma consistência ou mesma relação água/cimento)[5]	—	—	—	—	—	—	≤ 2 acima[1]
Retardador de pega/redutor de água/plastificante (mesma consistência)	≥ 5	100	—	≥ (controle + 90 min)	≤ (controle + 360 min)	28 dias ≥ 100	≤ 2 acima[1]
Retardador de pega/redutor de água de alto desempenho/superplastificante (mesma consistência)	≥ 12	100	—	≥ (controle + 90 min)	≤ (controle + 360 min)	7 dias ≥ 100 / 28 dias ≥ 115	≤ 2 acima[1]
Retardador de pega/redutor de água de alto desempenho/superplastificante (mesma relação água/cimento)	—	≥ 100	60 min	—	—	28 dias ≥ 90	≤ 2 acima[1]
Acelerador de pega/redutor de água/plastificante (mesma consistência)	≥ 5	100	—	A 20 °C, ≥ 30 min / A 5 °C, ≤ 60% control	—	28 dias ≥ 100	≤ 2 acima[1]

[1] Acima do teor de ar do controle, exceto quando indicado pelo fabricante;
[2] Consistência de controle = 30 ± 10 mm (abatimento de tronco de cone) ou 350 ± 20 mm (espalhamento)
[3] Exsudação ≤ 50% do controle
[4] Acima do teor de ar do controle, exceto quando indicado pelo fabricante, com o teor total de ar entre 4 e 6% e fator de espaçamento ≤ 0,2 mm (ver página 286);
[5] Absorção capilar ≤ 50% do controle quando ensaiado por 7 dias após 7 dias de cura; ≤ 60% quando ensaiado por 28 dias após 90 dias de cura.

Tabela 8.2 Especificação para vários tipos de aditivos segundo a ASTM 494–05a

Propriedade	Tipo A (redutor de água)	Tipo B (retardador)	Tipo C (acelerador)	Tipo D (redutor de água e acelerador)	Tipo E (redutor de água e acelerador)	Tipo F (redutor de água de alto desempenho)	Tipo G (redutor de água de alto desempenho e retardador)
Teor de água (% máximo do controle)	95	–	–	95	95	88	88
Tempo de pega (desvio admissível em relação ao controle, min)							
Início: mínimo não mais que	–	60 depois	60 antes	60 depois	60 antes	–	60 depois
	60 antes	210 depois	210 antes	210 depois	210 antes	60 antes	210 depois
Fim: mínimo não mais que	–	–	60 antes	–	60 antes	–	–
	60 antes	210 depois	–	210 depois	–	60 antes	210 depois
	90 depois						
Resistência à compressão (% mínimo em relação ao controle)[a]							
1 dia	–	–	–	–	–	140	125
3 dias	110	90	125	110	125	125	125
7 dias	110	90	100	110	110	115	115
28 dias	110	90	100	110	110	110	110
6 meses	100	90	90	100	100	100	100
1 ano	100	90	90	100	100	100	100

Capítulo 8 Aditivos 149

Resistência à flexão (mínimo em relação ao controle)[a]							
3 dias	100	90	110	100	110	135	110
7 dias	100	90	100	100	100		100
28 dias	100	90	100	100	100		100
Variação de comprimento, retração máxima (exigências alternativas)[b]							
% do controle	135		135	135	135		135
Aumento acima do controle	0,010		0,010	0,010	0,010		0,010
Fator de Durabilidade Relativa (mínimo)[c]	80	80	80	80	80		80

[a] A resistência à compressão e à flexão do concreto com aditivo em análise, ensaiado em qualquer idade, não deve ser inferior a 90% da resistência obtida em ensaios anteriores na mesma idade. O objetivo deste limite é exigir que a resistência à compressão ou à flexão do concreto com aditivo em avaliação não diminua com a idade.
[b] Exigências alternativas, limite % de controle se aplica quando a variação de comprimento de controle é 0,030% ou maior; aumento acima do controle se aplica quando a variação de comprimento é menor que 0,030%.
[c] Esta exigência é aplicável somente quando o aditivo será utilizado em concreto com ar incorporado a ser exposto a gelo-degelo em condição úmida.

Aceleradores

São aditivos que aceleram o *endurecimento* ou o desenvolvimento da resistência inicial do concreto. O aditivo não deve ter efeitos específicos sobre o tempo de início de pega (enrijecimento). Entretanto, na prática, o tempo de pega é reduzido, conforme as prescrições da ASTM C 494–05a e a BS 5075:Part I: 1982 para o aditivo Tipo A. Deve ser destacado que também existem aditivos *aceleradores de pega* (ou de *pega rápida*) com função específica de reduzir o tempo de pega. Um exemplo de aditivo acelerador de pega é o carbonato de sódio, que é utilizado para promover a pega imediata no concreto projetado (ver página 139). Isso afeta negativamente a resistência, mas torna possível a realização de reparos urgentes. Outros exemplos de aditivos aceleradores de pega são cloreto de alumínio, carbonato de potássio, fluoreto de sódio, aluminato de sódio e sais férricos. Nenhum deles deve ser utilizado sem um estudo aprofundado sobre todas as consequências.

Retomando a discussão sobre os aceleradores, o mais comum é o cloreto de cálcio ($CaCl_2$), que acelera principalmente o desenvolvimento da resistência *inicial* do concreto. Algumas vezes, esse aditivo é utilizado em situações cujo concreto será lançado sob baixas temperaturas (2 a 4°C) ou quando são necessários serviços de reparos urgentes uma vez que ele aumenta a liberação de calor durante as primeiras horas após a mistura. O cloreto de cálcio provavelmente age como um catalisador na hidratação do C_3S e C_2S ou, alternativamente, a redução da alcalinidade da solução promove a hidratação dos silicatos. A hidratação do C_3A é um pouco retardada, mas o processo normal da hidratação do cimento não é alterado.

O cloreto de cálcio pode ser adicionado ao cimento de alta resistência inicial (Tipo III ASTM), bem como ao cimento Portland comum (Tipo I ASTM), e quanto maior a velocidade normal de endurecimento do cimento, maior é o efeito do acelerador. O cloreto de cálcio, entretanto, não deve ser utilizado com cimento de alto teor de alumina. A Figura 8.1 mostra o efeito do cloreto de cálcio na resistência inicial de concretos produzidos com diferentes tipos de cimento. Já sobre a resistência final, acredita-se que não seja afetada.

A quantidade de cloreto de cálcio adicionada à mistura deve ser cuidadosamente controlada. Para calcular a quantidade necessária, pode-se considerar que a adição de 1% de cloreto de cálcio anidro, $CaCl_2$ (como uma fração da massa de cimento), afeta a velocidade de endurecimento tanto quanto a elevação da temperatura em 6°C. Um teor de cloreto de cálcio de 1 a 2% é, em geral, suficiente, sendo que o último limite não deve ser excedido, a menos que sejam realizados ensaios utilizando o cimento a ser usado, já que o efeito do cloreto de cálcio depende, em parte, da composição do cimento. O cloreto de cálcio geralmente acelera a pega, e uma superdosagem pode causar pega imediata.

É importante que o cloreto de cálcio seja uniformemente distribuído na mistura, e isso é alcançado pela dissolução do aditivo na água de amassamento. É preferível preparar uma solução aquosa concentrada utilizando cloreto de cálcio

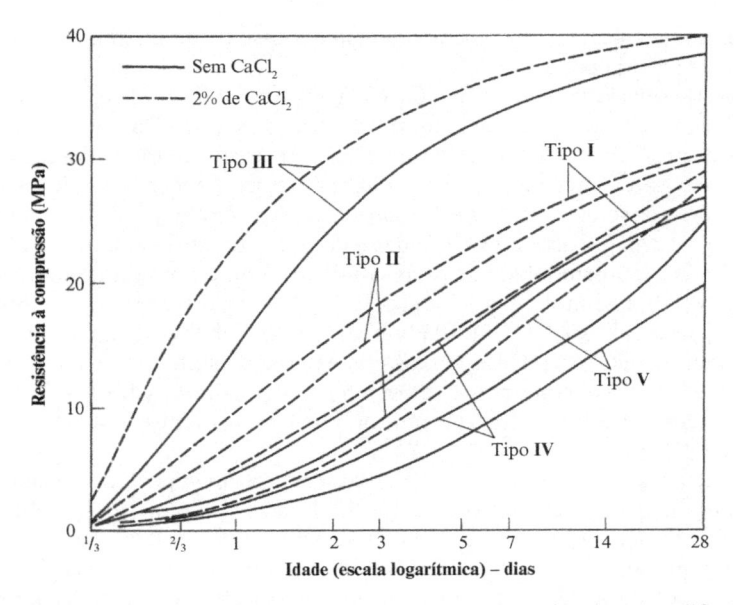

Figura 8.1 Influência do CaCl$_2$ na resistência de concretos produzidos com diferentes tipos de cimento: cimento Portland comum (Tipo I ASTM), Portland modificado (Tipo II ASTM), Portland de alta resistência inicial (Tipo III ASTM), baixo calor de hidratação (Tipo IV ASTM) e resistente a sulfatos (Tipo V ASTM).
(Baseado em: US BUREAU OF RECLAMATION, *Concrete Manual*, 8th Edn. (Denver, Colorado, 1975), and W. H. PRICE, Factors influencing concrete strength, *J. Amer. Concr. Inst.*, 47, pp. 417-32 (Feb. 1951).)

em flocos que a forma granular que se dissolve muito lentamente. Os flocos são constituídos por CaCl$_2$.2H$_2$O, de modo que 1,37 g de flocos é equivalente a 1 g de CaCl$_2$.

O uso de cloreto de cálcio reduz a resistência do cimento ao ataque por sulfatos, especialmente nas misturas pobres, e o risco da reação álcali-agregado é aumentado em caso de agregados reativos. Outro efeito indesejável é que a adição de cloreto de cálcio aumenta a retração e a fluência (ver Capítulos 12 e 13). Existe ainda uma diminuição da resistência do concreto com ar incorporado ao gelo e degelo nas maiores idades. Entretanto, existe o efeito benéfico do aumento da resistência do concreto à erosão e à abrasão.

A possibilidade de corrosão da armadura pelo cloreto de cálcio integral tem sido objeto de controvérsia há algum tempo. Quando utilizado nas proporções corretas, verificou-se que, em alguns casos, o cloreto de cálcio causou corrosão, enquanto em outros a corrosão não ocorreu. A explicação para a controvérsia provavelmente está associada à distribuição não uniforme dos íons cloretos com a migração destes íons em concretos permeáveis, acompanhada pelo ingresso de umidade e oxigênio, especialmente em condições quentes.*

Embora aqui esteja sendo discutida a adição de cloreto de cálcio, o que é relevante em relação à corrosão é o íon cloreto, Cl⁻. Todas as fontes do íon, incluindo, por exemplo, os presentes na superfície de agregados de origem marinha, devem ser consideradas. Deve-se ter em conta que 1,56 g de $CaCl_2$ correspondem a 1 g de íon cloreto.

Quando o concreto está *permanentemente* seco de modo que nenhuma umidade esteja presente, não existe a possibilidade de início da corrosão, mas, sob outras circunstâncias, a possibilidade de corrosão da armadura representa um sério risco à estrutura. Por esse motivo, a BS 8110–1: 1997 limita o teor total de cloretos em concreto estrutural. A ACI 318R–05 também recomenda baixos limites de cloretos solúveis (ver Tabela 14.3). Esses baixos limites praticamente proíbem o uso de aditivos com cloretos em concretos que contenham armadura. A BS EN 934–2: 2001 exige que todos os aditivos tenham um total de cloretos limitado a 0,1% da massa de cimento.**

A aceleração sem risco de corrosão pode ser conseguida pelo uso de cimentos de pega muito rápida ou com aditivos isentos de cloretos. A maioria destes últimos tem como base o formiato de cálcio que, sendo levemente ácido, acelera a hidratação do cimento. Algumas vezes, o formiato de cálcio é misturado a nitratos solúveis, benzoatos e cromatos. Esse tipo de aditivo possui um maior efeito acelerador a baixas temperaturas do que em temperaturas ambientes, mas em qualquer temperatura seu efeito acelerador é menor que o cloreto de cálcio. A influência em longo prazo dos aditivos à base de formiato de cálcio em outras propriedades do concreto ainda não foi totalmente avaliada.

Retardadores de pega

Estes são aditivos que retardam a pega do concreto medida pelo ensaio de penetração. As especificações desses aditivos constam da BS EN 934–2: 2001 e ASTM C 494–05a (ver Tabelas 8.1 e 8.2).

Os retardadores são úteis em concretagens em climas quentes, onde o tempo normal de pega é diminuído pela alta temperatura, e na prevenção da formação de juntas frias entre camadas sucessivas. Em geral, com o uso do retardador também ocorre um atraso no endurecimento, uma propriedade útil para a obtenção de acabamentos superficiais arquitetônicos com agregados expostos.

A ação de retardo é obtida pela adição de açúcar, derivados de carboidratos, sais solúveis de zinco, boratos solúveis e outros. Na prática, retardadores que também

---

* N. de T.: A norma brasileira de projeto de estruturas de concreto (NBR 6118:2007) não permite o uso de aditivos que contenha cloreto em sua composição em estruturas de concreto armado ou protendido. A NBR 11768 estabelece que aditivos que contenham um teor de cloretos solúveis inferior a 0,15%, em massa, podem ser considerados como isentos de cloretos.

** N. de T.: No Brasil, o teor máximo de cloretos provenientes de todas as fontes é estabelecido pela NBR 7211:2009 em: 0,06% para concreto protendido, 0,15% para concreto armado exposto a cloretos nas condições de serviço, 0,40% para concreto armado não exposto a condições severas e 0,30% para os demais de construções de concreto armado, sendo todos os valores em relação à massa de cimento.

são redutores de água são de uso mais comum e estão descritos na próxima seção. Quando utilizado de maneira cuidadosamente controlada, cerca de 0,05% de açúcar em relação à massa de cimento irá atrasar o tempo de pega por cerca de 4 horas. Entretanto, o efeito exato do açúcar depende da composição química do cimento e do desempenho do açúcar; na verdade, para qualquer retardador, deve ser determinado seu desempenho por misturas experimentais com o cimento a ser utilizado na construção. Uma grande quantidade de açúcar, por exemplo, 0,2 a 1% da massa de cimento, irá efetivamente impedir a pega do cimento, uma característica útil em caso de mau funcionamento da betoneira.

O tempo de pega do concreto é aumentado pelo atraso da adição do retardador à mistura. O aumento do retardo ocorre especialmente com cimento com alto teor de C_3A, uma vez que parte do C_3A se hidrata e não absorve o aditivo, estando, então, disponível para a ação com os silicatos de cálcio.

O mecanismo de retardo não é bem conhecido. Os aditivos modificam o crescimento dos cristais ou a morfologia, de modo que existe uma barreira mais eficiente à continuidade da hidratação do que sem retardador. Eventualmente o retardador é removido da solução pela incorporação ao material hidratado, mas a composição ou os tipos de produtos da hidratação não mudam. Esse também é o caso de aditivos retardadores de pega e redutores de água.

Comparado com um concreto sem aditivo, o uso de aditivos retardadores diminui a resistência inicial, mas posteriormente a taxa de desenvolvimento da resistência é maior, de modo que a resistência final não é muito diferente. Os retardadores também tendem a aumentar a retração plástica devido ao prolongamento do estado plástico, mas a retração por secagem não é afetada.

Redutores de água (plastificantes)

Estes aditivos são utilizados para três propósitos:

(a) para obter uma resistência mais elevada pela redução da relação água/cimento para a mesma trabalhabilidade de uma mistura sem aditivo;
(b) para obter a mesma trabalhabilidade pela redução do teor de cimento, bem como para reduzir o calor de hidratação em concreto massa;
(c) para aumentar a trabalhabilidade de modo a facilitar o lançamento em locais inacessíveis.

Como mostra a Tabela 8.2, a ASTM classifica os aditivos redutores de água *somente* como Tipo A, mas, caso as propriedades de redução de água forem acompanhadas por retardo de pega, o aditivo é classificado como Tipo D. Existem também aditivos redutores de água e aceleradores (Tipo E). As exigências correspondentes da BS EM 934–2: 2001 são dadas na Tabela 8.1.

Os principais componentes ativos dos aditivos redutores de água são agentes tensoativos que se concentram na interface entre duas fases imiscíveis e que alteram as forças físico-químicas nessa interface. Os agentes tensoativos são adsorvidos pelas partículas de cimento, dando a elas cargas negativas, que causam repulsão entre as partículas, resultando na estabilização de sua dispersão. Bolhas de ar também são repelidas e não podem aderir às partículas de cimento. Além disso, a carga negativa causa o desenvolvimento de invólucro de moléculas de água orientadas em volta de cada partícula, separando-as. Em função disso, ocorre uma grande mobilidade de partículas e a água, livre da ação restritiva do sistema floculado, torna-se disponível para lubrificar a mistura e aumentar a trabalhabilidade.

A redução da quantidade da água de amassamento, pelo uso dos aditivos, varia entre 5 e 15%. Uma parte, em muitos casos, é devido ao ar incorporado introduzido pelo aditivo. A diminuição real da água de amassamento depende do teor de cimento, do tipo de agregado e da presença ou não de pozolanas e agente incorporador de ar. Misturas experimentais são, portanto, essenciais para se obter as propriedades ótimas, bem como verificar qualquer efeito colateral indesejável: segregação, exsudação e perda de trabalhabilidade com o tempo (ou perda de abatimento de tronco de cone).

Contrastando com os agentes incorporadores de ar, os aditivos redutores de água nem sempre melhoram a coesão do concreto. Aditivos à base de ácido hidroxicarboxílico podem aumentar a exsudação em concretos de alta trabalhabilidade, mas, por outro lado, aditivos à base de ácido lignosulfônico normalmente melhoram a coesão por promoverem a incorporação de ar; entretanto, algumas vezes é necessário o uso de uma agente desincorporador de ar para evitar o excesso de ar. Deve ser destacado que, embora a pega seja retardada pelo uso desses aditivos, a velocidade da perda de trabalhabilidade com o tempo nem sempre é reduzida. Em geral, quanto maior a trabalhabilidade inicial, maior a velocidade de perda de trabalhabilidade. Caso isso seja um problema, pode ser feita a redosagem, desde que seja provado que o retardo de pega não será afetado negativamente.

A capacidade dispersante dos aditivos redutores de água resulta em uma maior área superficial de cimento exposta à hidratação, ocasionando um aumento da resistência nas idades iniciais quando comparado com uma mistura sem aditivo e com mesma relação água/cimento. A resistência em longo prazo também pode ser aumentada devido a uma distribuição mais uniforme do cimento por todo o concreto. Em termos gerais, esses aditivos são eficientes com todos os tipos de cimento, embora sua influência na resistência seja maior com cimentos com baixo C_3A ou baixo teor de álcalis. Não existem efeitos deletérios em outras propriedades de longo prazo do concreto e, quando o aditivo é utilizado corretamente, a durabilidade pode ser melhorada.

Como em outros tipos de aditivos, o uso de equipamentos de dosagem confiáveis é essencial, já que os teores de dosagem de aditivo representam somente a fração de 1% da massa de cimento.

Superplastificantes

Estes são o mais recente e eficiente tipo de aditivo redutor de água, conhecido nos Estados Unidos como *redutor de água alto desempenho* e denominado como Tipo F pela ASTM. Existe também o aditivo redutor de água de alto desempenho e retardador de pega, classificado como Tipo G. A Tabela 8.1 detalha os requisitos da BS EN 934–2: 2001 e a Tabela 8.2 lista as especificações americanas equivalentes, segundo a ASTM C 494–05a.

Os teores de dosagem são, normalmente, maiores que os redutores de água convencionais e possíveis efeitos colaterais indesejados são bastante reduzidos. Por exemplo, por reduzirem a tensão superficial de maneira acentuada, os superplastificantes não incorporam uma quantidade significativa de ar.

Os superplastificantes são utilizados para produzir concreto *fluido* em situações nas quais é necessário o lançamento em locais inacessíveis, em pisos ou lajes, ou onde é necessário um lançamento muito rápido. Uma segunda utilização dos superplastificantes é na produção de concreto de alta resistência, de trabalhabilidade normal, mas com relação água/cimento muito baixa. A Fig. 8.2 ilustra essas duas aplicações dos superplastificantes.

Os superplastificantes são à base de condensados de formaldeído-sulfonato de melamina ou de naftaleno, sendo este último mais eficiente, especialmente quando modificado pela inclusão de um copolímero. O superplastificante faz com que o cimento se disperse pela ação do ácido sulfônico adsorvido à superfície das partículas de cimento, tornando-as carregadas negativamente e, portanto, mutuamente repelentes. Isso aumenta a trabalhabilidade para uma determinada relação água/cimento, sendo típico um aumento do abatimento de tronco de cone de 75 mm para 200 mm. No Reino Unido, a alta trabalhabilidade é medida pelo ensaio de espalhamento na mesa de espalhamento (ver página 88) e valores entre 500 e 600 mm são típicos. O concreto fluido resultante é coeso e não sujeito à excessiva exsudação ou segregação, principalmente se é evitado o uso de agregados muito angulosos, lamelares ou alongados e o teor de agregado miúdo é aumentado em 4 a 5%. Deve ser lembrado, ao projetar as fôrmas, que o concreto fluido pode exercer grande pressão hidrostática.

Quando o objetivo é obter alta resistência para uma determinada trabalhabilidade, o uso de superplastificante pode resultar em redução de água na faixa de 25 a

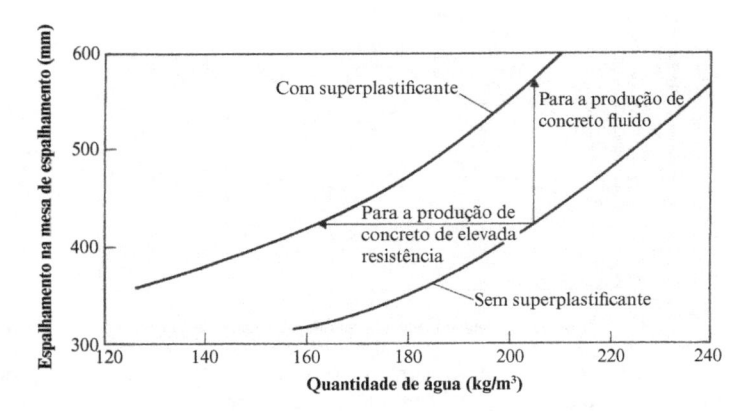

Figura 8.2 Relação típica entre o espalhamento na mesa de espalhamento e relação água/cimento de concreto produzido com e sem superplastificante.
(Baseado em: A. MEYER, Experiences in the use of superplasticizers in Germany, Superplasticizers in concrete, *Amer. Concr. Inst. Sp. Publicn. No. 62*, pp. 21–6 (1979).)

35% (comparativamente, os valores obtidos com aditivos redutores de água convencionais são cerca de metade desses valores). Como consequência, torna-se possível o uso de baixas relações água/cimento de modo que se obtém concreto com resistência muito elevada (ver Fig. 8.3). Resistências altas, como 100 MPa aos 28 dias, são obtidas com relação água/cimento de 0,28. Com uso de cura a vapor ou autoclave, valores ainda mais elevados são possíveis. Para melhorar ainda mais a resistência nas primeiras idades, os superplastificantes podem ser utilizados em concreto com substituição parcial do cimento por cinza volante.

A melhora na trabalhabilidade produzida pelo superplastificante é de curta duração e, assim, ocorre uma alta taxa de perda de abatimento de tronco de cone, sendo que entre 30 e 90 minutos a trabalhabilidade volta ao normal. Por essa razão,

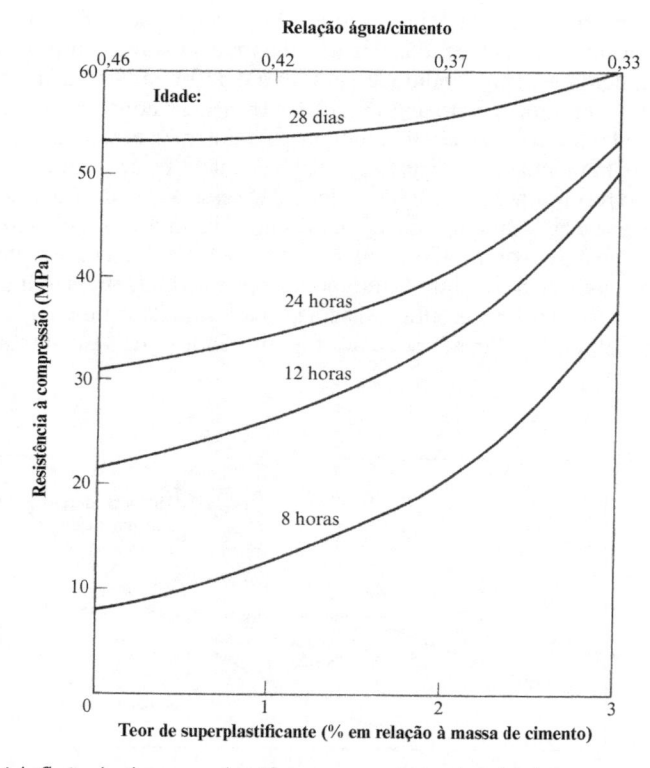

Figura 8.3 A influência do superplastificante na resistência inicial do concreto produzido com um teor de cimento de 370 kg/m^3 e moldado em temperatura ambiente. Todos os concretos têm mesma trabalhabilidade e foram produzidos com cimento Portland de alta resistência inicial (Tipo III ASTM).
(De: A. MEYER, Steigerung der Fruhfestigkeit von Beton, *Il Cemento*, 75, No. 3, pp. 271-6 (July-Sept. 1978).)

O superplastificante deve ser adicionado à mistura imediatamente antes do lançamento. Em geral, a mistura convencional é seguida pela adição do superplastificante e um pequeno tempo de mistura *adicional*. No caso de concreto pré-misturado, um período de 2 minutos de remistura é essencial. Embora, devido ao risco de segregação, a redosagem do superplastificante não seja recomendada, esse procedimento tem sido realizado com sucesso para manter a trabalhabilidade em até 160 minutos.

Os superplastificantes não afetam significativamente a pega do concreto, exceto no caso de cimentos com teor de C_3A muito baixo, quando pode ocorrer retardo excessivo. Outras propriedades de longo prazo do concreto não são afetadas significativamente. Entretanto, o uso de superplastificantes com um aditivo incorporador de ar pode, em alguns casos, reduzir o total de ar incorporado e modificar o sistema de vazios, mas superplastificantes especiais modificados, aparentemente compatíveis com agentes incorporadores de ar convencionais, estão disponíveis. A única desvantagem real dos superplastificantes é seu custo relativamente alto, que é resultante do custo de produção de um produto de elevada massa molecular.

Adições e filers

O uso de pozolanas e escória de alto-forno foi discutido no Capítulo 2, mas esses dois materiais podem ser considerados como adições com *propriedades cimentícias*, já que reagem principalmente com o hidróxido de cálcio liberado pela hidratação dos silicatos do cimento.*

Na classificação dos cimentos Portland (ver página 23), foi citado que os filers podem ser adicionados até um determinado teor máximo. Um fíler é um material finamente moído, com aproximadamente a mesma finura do cimento Portland, que, devido às suas propriedades físicas, tem efeitos benéficos sobre as propriedades do concreto, como trabalhabilidade, massa específica, permeabilidade, exsudação capilar e tendência à fissuração. Os filers são, em geral, quimicamente inertes, mas não é considerado um fator negativo se tiverem algumas propriedades hidráulicas ou se participarem de reações inofensivas com os produtos da pasta de cimento hidratada.

Os filers podem melhorar a hidratação do cimento Portland atuando como pontos de nucleação. Esse efeito pode ser observado em um concreto que contém cinza volante e dióxido de titânio na forma de partículas menores que 1 μm. De modo adicional ao papel de nucleação, o $CaCO_3$ se incorpora à fase C–S–H, o que tem um efeito benéfico na estrutura da pasta de cimento hidratada.

Os filers podem ser materiais de origem natural ou materiais processados inorgânicos. É essencial que tenham propriedades uniformes, em especial a finura. Eles não devem aumentar a demanda de água quando utilizados em concretos, a menos que utilizados com aditivos redutores de água, ou podem afetar negativamente a resistência do concreto ao intemperismo ou a proteção do concreto às armaduras. Obviamente eles não devem causar uma diminuição da resistência no longo prazo da resistência do concreto, mas esse problema não tem sido observado.

---

* N. de T.: No Brasil, o termo fíler é utilizado para os materiais inertes, enquanto como adições são designados os materiais que desenvolvem reações.

Devido à reação dos filers ser predominantemente física, eles devem ser fisicamente compatíveis com o cimento a que serão incorporados. Como o fíler é mais macio que o clínquer, a moagem do material composto deve ser mais prolongada, de modo a garantir a presença de algumas partículas de cimento de maior finura, necessárias à resistência inicial.

Outros materiais finos adicionados à mistura são *inertes*, por exemplo, a cal hidratada ou o pó de agregados normais. Materiais inertes obviamente não contribuem para a resistência do concreto e são, geralmente, utilizados como auxiliares à trabalhabilidade para grautes e argamassas de alvenaria. Pigmentos também podem ser classificados como adições inertes.

Por outro lado, o pó de zinco ou alumínio liberam hidrogênio na presença de álcalis ou hidróxido de cálcio. Esse processo é utilizado na produção de concreto *celular* ou concreto *aerado* (ver página 351), que é especialmente indicado para os casos de necessidade de isolamento térmico. Esses materiais são definidos como aditivos *formadores de gás* e geram bolhas, da mesma forma que o peróxido de hidrogênio gera bolhas de oxigênio que se incorporam à mistura de areia e cimento, formando o concreto aerado.

Polímeros

As emulsões poliméricas (látex) melhoram a aderência do concreto fresco com o concreto endurecido, e são especialmente úteis para obras de reparos. A emulsão é uma suspensão coloidal aquosa de um polímero que, quando utilizada em combinação com o concreto, produz um concreto modificado com látex (CML) ou concreto polimérico de cimento Portland. Embora caros, os polímeros de látex melhoram a resistência à tração e à flexão, bem como a durabilidade e propriedades de aderência (ver Capítulo 20).

Aditivos impermeabilizantes e bactericidas

O concreto absorve água devido à tensão capilar dos poros da pasta de cimento hidratada "puxar" a água por sucção capilar; o objetivo dos aditivos impermeabilizantes é evitar essa penetração. Seu desempenho é muito dependente da pressão da água; se é baixa, como o caso de chuva (sem ação de vento) ou ascensão capilar; ou se existe pressão hidrostática, como no caso de estruturas de contenção de água.

Os aditivos impermeabilizantes podem atuar de diversas maneiras, mas seu efeito é, principalmente, tornar o concreto hidrófobo, ou seja, a água é repelida devido ao aumento do ângulo de contato entre as paredes dos capilares e ela. Alguns exemplos são o ácido esteárico e algumas gorduras vegetais e animais.

Os aditivos impermeabilizantes devem ser diferenciados de *hidrorrepelentes* (ou hidrofugantes), baseados em resinas de silicone, que são aplicados sobre a superfície do concreto. As membranas impermeabilizantes são revestimentos à base de emulsões asfálticas que produzem uma película resistente com propriedades elásticas.

Alguns organismos, como as bactérias, fungos ou insetos, podem afetar negativamente o concreto pela corrosão da armadura ou deterioração superficial. Devido à natureza rugosa da superfície do concreto servir de abrigo às bactérias, a limpeza superficial não é eficaz, sendo necessário incorporar à mistura alguns aditivos tóxicos a esses organismos. O aditivo pode ser de ação bactericida, fungida ou inseticida (ver ACI 212.3R–04).

Observações finais

Os diversos aditivos discutidos neste capítulo oferecem várias vantagens, mas devem ser tomados cuidados de modo a conseguir todos seus benefícios. Alguns aditivos de desempenho reconhecido em temperaturas normais podem se comportar diferentemente em temperaturas muito altas ou baixas. Os aditivos podem ser usados combinados, mas alguns aditivos de desempenho reconhecido quando utilizados sozinhos podem não ser compatíveis quando misturados. Um fornecedor conceituado fornecerá todas as informações técnicas e possíveis efeitos colaterais para um uso específico, mas é fundamental a realização de misturas experimentais para qualquer combinação de aditivos utilizando os materiais *reais* da mistura a ser usada, para evitar qualquer perda de eficiência ou um efeito de sinergia. Também deve ser adotada uma supervisão adequada na etapa de dosagem, a fim de garantir que os teores corretos dos aditivos sejam utilizados e adicionados na parte correta da etapa de mistura.*

Bibliografia

8.1 ACI COMMITTEE 212.3R–04, Chemical admixtures for concrete, Part 1, *ACI Manual of Concrete Practice* (2007).
8.2 ACI COMMITTEE 212.4R–04, Guide for use of high-range water-reducing admixtures (superplasticizers) in concrete, Part 1, *ACI Manual of Concrete Practice* (2007).
8.3 A. M. NEVILLE, *Concrete: Neville's Insights and Issues*, Thomas Telford (2006).
8.4 V. M. MALHOTRA and D. MALANKA, Performance of Superplasticzers in Concrete: laboratory investigation – Part 1, *Concrete International*, 26, No. 8, pp. 96–114 (2004).
8.5 M. CORRADI, R. KHURANAN and R. MAGAROTTO, Controlling Performance in Ready-mixed Concrete, *Concrete International*, 26, No. 8, pp. 123–6 (2004).

Problemas

8.1 O que é um concreto fluido?
8.2 Quais são os principais tipos de aditivos?
8.3 Qual é a diferença entre uma adição e um aditivo?
8.4 Qual cimento não deve ser utilizado com cloreto de cálcio?
8.5 O cloreto de cálcio deve ser utilizado em concreto armado no interior de um edifício? Dê suas razões.
8.6 Dê um exemplo de: (i) um acelerador e (ii) um aditivo acelerador de pega.

---

* N. de T.: Além dos tipos de aditivos normalizados, existem diversos tipos de aditivos disponibilizados pelos diversos fabricantes, dos mais variados tipos e funções, como controladores de hidratação, modificadores de viscosidade, redutores de expansão, expansores, antissegregantes, entre outros.

8.7 O que você recomendaria como um aditivo acelerador isento de cloretos?
8.8 O que você faria se um caminhão-betoneira tivesse problemas, mas a betoneira continuasse em operação?
8.9 Quais são os usos dos plastificantes?
8.10 Explique os mecanismos de ação dos retardadores.
8.11 O que se entende por um retardador?
8.12 O que se entende por um acelerador?
8.13 Quais são as vantagens do uso do cloreto de cálcio no concreto de cimento Portland?
8.14 Quais são as desvantagens do uso de cloreto de cálcio no concreto de cimento Portland armado e simples?
8.15 Descreva o mecanismo de ação dos plastificantes.
8.16 Quais são as principais diferenças entre plastificantes e superplastificantes?
8.17 Quais são as desvantagens dos superplastificantes?
8.18 Dê exemplos de plastificantes e superplastificantes.
8.19 Estabeleça as vantagens e desvantagens dos superplastificantes.
8.20 O que é perda de abatimento de tronco de cone?
8.21 Dê exemplos de adições minerais.
8.22 Defina emulsão.
8.23 Como você pode melhorar a aderência entre o concreto fresco e endurecido?
8.24 Existe algo como um aditivo impermeabilizante?
8.25 Estabeleça como você pode verificar os efeitos colaterais de qualquer aditivo.

9
Problemas de Temperatura em Concretagem

Existem alguns problemas relacionados às concretagens em climas quentes advindos tanto de uma temperatura elevada do concreto como, em muitos casos, da elevada taxa de evaporação da mistura fresca. No caso de grandes volumes ou massas de concreto, os problemas são associados com uma possível fissuração decorrente da elevação e queda da temperatura devido ao calor de hidratação do cimento e pela ação concomitante da restrição às variações de volume. Por outro lado, em concretagem em climas frios são necessárias precauções para evitar os efeitos danosos do congelamento no concreto fresco ou novo. Em todos esses casos, devem ser tomadas providências adequadas na mistura, no lançamento e na cura do concreto.

Problemas devido a climas quentes

Uma temperatura do concreto fresco mais elevada que o normal resulta em uma hidratação do cimento mais rápida e leva, portanto, a pega acelerada e menor resistência em longo prazo do concreto endurecido (ver Fig. 9.1), já que é formada uma estrutura de gel menos uniforme (ver Capítulo 10). Além disso, se a alta temperatura é acompanhada por uma baixa umidade relativa do ar, ocorre a rápida evaporação de parte da água de amassamento, causando uma maior perda de trabalhabilidade, maior retração plástica e maior formação de fissuras (ver Capítulo 13). A temperatura elevada do concreto fresco também é prejudicial no lançamento de grandes volumes de concreto devido aos grandes diferenciais de temperatura que podem surgir entre as partes da massa de concreto pelo desenvolvimento mais rápido do calor de hidratação do cimento. O resfriamento subsequente induz a tensões de tração que podem causar fissuras de origem térmica (ver página 163 e Capítulo 13).

Outro problema é a maior dificuldade de incorporação de ar em elevadas temperaturas, embora isso possa ser remediado pela simples utilização de maiores teores de aditivos incorporadores de ar. Um problema relacionado ocorre caso seja permitida a expansão de um concreto relativamente frio, lançado a uma temperatura do ar mais elevada. Os vazios de ar se expandem e a resistência do concreto diminui. Isso pode ocorrer, por exemplo, com painéis horizontais, mas não em painéis verticais em fôrmas metálicas onde a expansão é impedida.

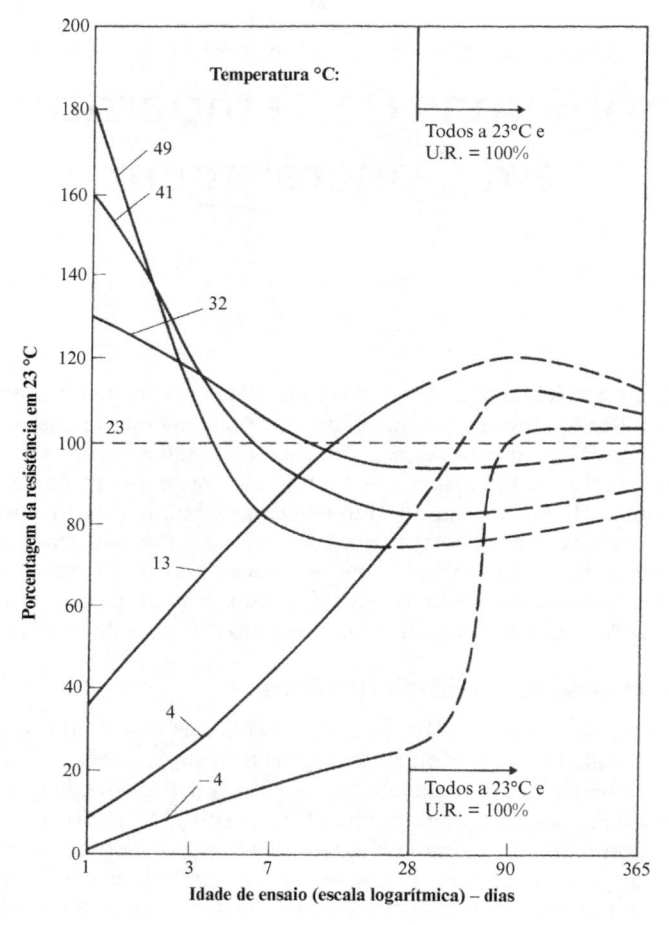

Figura 9.1 Efeito da temperatura na resistência do concreto durante os primeiros 28 dias (relação água/cimento = 0,41; teor de ar = 4,5%, cimento Portland comum (Tipo I ASTM)). (De: P. KLIEGER, Effect of mixing and curing temperature on concrete strength, *J. Amer. Concr. Inst.*, 54, pp. 1063-81 (June 1958).)

A cura em temperaturas elevadas e ar seco apresenta problemas adicionais, já que a água de cura tende a evaporar rapidamente, com consequente diminuição da velocidade de hidratação. Como resultado, tem-se um desenvolvimento de resistência inadequado e a ocorrência de uma rápida retração por secagem, sendo que esta pode causar tensões de tração de magnitude suficiente para causar fissuração no concreto endurecido (ver Capítulo 13). Conforme se observa, a prevenção da evaporação pela superfície de concreto é essencial, e métodos de cura adequados para alcançar esse objetivo são discutidos no Capítulo 10.

Concretagem em climas quentes

Existem várias medidas que podem ser tomadas para combater os problemas descritos na seção anterior. Em primeiro lugar, a temperatura do concreto produzido na obra ou entregue deve ser mantida baixa, de preferência, a no máximo 16°C, com um limite superior de 32°C. A temperatura do concreto fresco pode ser facilmente calculada a partir da temperatura de seus ingredientes, usando a expressão:

$$T = \frac{0{,}22(T_m W_m + T_c W_c) + T_{ag} W_{ag} + T_m W_{ab}}{0{,}22(W_m + W_c) + W_{ag} + W_{ab}} \quad (9.1)$$

onde T significa temperatura (°C), W é a massa do ingrediente por unidade de volume de concreto (kg/m^3) e os sufixos m, c, ag, ab significam, respectivamente, agregado seco, cimento, água adicionada e água absorvida pelo agregado. O valor de 0,22 é a relação aproximada do calor específico dos ingredientes secos em relação à água.

A temperatura *real* do concreto será um pouco maior que a indicada pela expressão acima devido ao trabalho mecânico produzido na mistura e ao desenvolvimento inicial do calor de hidratação do cimento. Apesar disso, a expressão é, em geral, suficientemente precisa.

Como é comum que se tenha um certo grau de controle sobre a temperatura de pelo menos alguns dos ingredientes do concreto, é interessante analisar a influência da alteração de suas temperaturas. Por exemplo, para uma relação água/cimento de 0,50 e uma relação de agregado/cimento de 5,6, a diminuição de 1°C na temperatura do concreto fresco pode ser obtida pela diminuição da temperatura do cimento em 9°C *ou* da água em 3,6°C *ou* dos agregados em 1,6°C. Pode ser visto que, devido à quantidade relativamente pequena na mistura, é necessária uma diminuição maior da temperatura do cimento que para os outros ingredientes. Além disso, é muito mais fácil resfriar a água que o cimento ou o agregado.

É possível ainda usar gelo como parte da água de amassamento. Esse procedimento é mais eficiente porque mais calor é retirado dos outros ingredientes para prover o calor latente de fusão do gelo. Nesse caso, a temperatura do concreto fresco é dada por

$$T = \frac{0{,}22(T_m W_m + T_c W_c) + T_{ag} W_{ag} + T_m W_{ab} - L W_g}{0{,}22(W_m + W_c) + W_{ag} + W_{ab} + W_g} \quad (9.2)$$

onde os termos são os mesmos da Equação (9.1), exceto que a massa total de água adicionada à mistura é a massa de água no estado líquido, W_{ag}, na temperatura T_{aa}, mais a massa do gelo W_g. L é a relação entre o calor latente de fusão do gelo e o calor específico da água e é equivalente a 80°C.[1]

O uso do gelo deve ser feito com cuidado, pois é essencial que todo o gelo esteja derretido antes do término da mistura.

---

[1] Calor latente de fusão do gelo = 335 kJ/kg.
Calor específico da água = 4,2 kJ/kg/°C

Apesar de o resfriamento dos agregados ser menos eficiente, uma redução interessante da temperatura de lançamento do concreto pode ser conseguida de modo simples e barato, por meio da proteção das pilhas de agregados da exposição direta ao sol e por uma aspersão controlada de água nas pilhas de agregados, de modo que o calor seja dissipado por evaporação. Outras medidas utilizadas são enterrar as tubulações de água, pintar todos os tubos expostos e tanques de cor branca, aspergir água nas fôrmas antes do início do lançamento e iniciar o lançamento pela manhã.

Em relação à escolha de misturas de proporções adequadas à redução dos efeitos da alta temperatura ambiente, o consumo de cimento deve ser o mais baixo possível, de modo que o calor total de hidratação seja baixo. Para evitar problemas de trabalhabilidade, o tipo e a granulometria dos agregados devem ser escolhidos de modo que sejam evitadas altas taxas de absorção e a mistura seja coesa. Contaminantes no agregado, como sulfatos, embora sejam sempre indesejáveis, são especialmente nocivos, já que podem causar a falsa pega ou a pega instantânea.

Para reduzir a perda de trabalhabilidade e também aumentar o tempo de pega, pode ser utilizado um aditivo retardador de pega (ver Capítulo 8), ainda com a vantagem de prevenir a formação de juntas frias entre camadas sucessivas. Podem ser necessárias altas dosagens de aditivos, e deve-se buscar o apoio de um especialista em aditivos para usos especiais.

Após o lançamento, deve-se evitar a evaporação da água da mistura. Taxas de evaporação superiores a 0,25 kg/m^2 de superfície exposta por hora devem ser evitadas para garantir uma cura satisfatória e prevenir a retração plástica. A velocidade de evaporação depende da temperatura do ar, da temperatura do concreto, da umidade relativa do ar e da velocidade do vento. Valores da velocidade de evaporação podem ser estimados a partir da Fig. 9.2. O concreto deve ser protegido da ação do sol para evitar a fissuração de origem térmica que poderá ocorrer no caso de uma noite fria subsequente. Esse fenômeno é provocado pela restrição da retração causada pelo resfriamento do concreto a partir de uma temperatura inicial desnecessariamente elevada. A amplitude da fissuração está diretamente relacionada à diferença de temperatura entre o concreto e o ar externo (ver Capítulo 13).

Em clima seco, a molhagem do concreto e a posterior ocorrência da evaporação resultam em um eficiente meio de resfriamento e cura. Outros métodos de cura (ver Capítulo 10) são menos eficientes. Caso sejam utilizadas mantas plásticas ou membranas, elas devem ser brancas de modo a refletir os raios do sol. Grandes áreas de concreto expostas, como pavimentos rodoviários e pistas de aeroportos, são, em especial, vulneráveis a esses tipos de problemas relacionados à temperatura; portanto, o lançamento e a cura do concreto nesses casos devem ser cuidadosamente planejados e executados.

Concreto massa

Quando grandes volumes de concreto simples (não armado) são lançados, por exemplo, em barragens de gravidade, existe o risco de *fissuração térmica* devido à restrição à retração no resfriamento a partir de uma temperatura de pico causada pela hidratação do cimento. Essa fissuração pode levar várias semanas para ocorrer. Indepen-

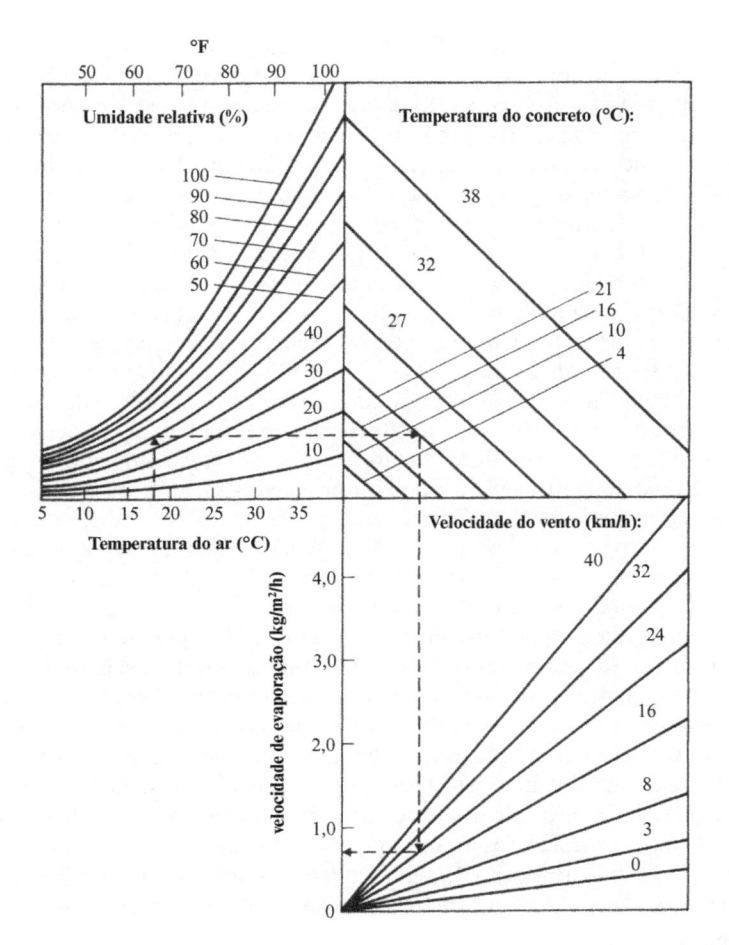

Figura 9.2 Efeito da temperatura do concreto e do ar, umidade relativa e velocidade do vento na taxa de evaporação da água superficial do concreto.
(Baseado em: ACI 305.R-99.)

dentemente, existe o risco de fissuração térmica nas primeiras idades em seções mais esbeltas, a menos que sejam devidamente armadas.

A fissuração térmica deve ser bem distinguida da *fissuração plástica*, que ocorre na, ou próximo a, superfície do concreto ainda no estado plástico, quando da ocorrência da rápida evaporação da água do concreto. Deve ser ainda citado que a secagem pode também causar a *fissuração por retração*, que normalmente ocorre após a fissuração térmica.

Os diferentes tipos de fissuração são discutidos no Capítulo 13. Neste capítulo, o enfoque será somente na influência da temperatura na fissuração térmica, apesar de existirem outros fatores que influenciam, como grau de restrição, coeficiente de dilatação térmica do concreto e sua capacidade de deformação na tração.

Quando uma massa de concreto não é isolada do meio, existe um gradiente de temperatura no interior do concreto, em função de seu interior se aquecer, enquanto a superfície perde calor para o ambiente. A dilatação completa do interior é, portanto, contida, de forma que é induzida uma tensão de compressão no interior, que é equilibrada pela tensão de tração no exterior. Ambas tensões são, até certo ponto, aliviadas pela fluência (ver página 212), mas a tensão de tração pode ser suficiente para causar fissuração na superfície. Como o concreto começa a se resfriar e contrair, a tensão de tração no exterior é aliviada e as fissuras superficiais se fecham e são, portanto, inofensivas. Como o interior se contrai mais que o exterior, a tensão no primeiro é restringida e uma tensão de tração é novamente induzida, sendo compensada por uma tensão de compressão no exterior. Durante a fase de resfriamento, ocorre um menor alívio de tensão pela fluência do que na fase de aquecimento, devido ao concreto estar mais maduro. Assim, a tensão de tração induzida, causada pela *restrição interna* no resfriamento, pode ser grande o suficiente para causar fissuras no interior da massa de concreto. Consequentemente, caso se deseje evitar a fissuração do concreto, é necessário limitar o diferencial de temperatura ou o gradiente interno do concreto.

Por outro lado, quando toda a massa de concreto é isolada do ar ambiente ou solo, de modo que a temperatura seja uniforme por todo o concreto, a fissuração somente irá ocorrer se toda a massa sofrer uma restrição externa, seja total ou parcial, que impeça sua contração durante o período de resfriamento. Essa forma de restrição é denominada *restrição externa* e, para evitar a fissuração, é necessário minimizar a diferença entre o pico de temperatura do concreto e a temperatura ambiente ou minimizar a restrição. A diferença de temperatura admissível entre o pico e a temperatura ambiente final deve ser limitada a cerca de 20°C quando for utilizado agregado de flint e 40°C quando utilizados alguns agregados de calcário, mas pode ser elevada para até 130°C com a utilização de alguns agregados leves (ver Capítulo 18).

Várias medidas podem ser tomadas para minimizar a diferença de temperatura ou gradiente:

(a) resfriar os componentes da mistura por qualquer método dado na página 163, de modo a reduzir a temperatura do concreto fresco para cerca de 7°C. Por esses meios, a diferença entre as temperaturas de pico e ambiente no resfriamento será reduzida;

(b) resfriar a superfície do concreto, mas *somente* nas seções menores que 500 mm de espessura, utilizando fôrmas que ofereçam pouco isolamento, como por exemplo, de aço. Nesse caso, o resfriamento da superfície do concreto reduz a elevação da temperatura do núcleo sem causar gradientes de temperatura prejudiciais que induzam a restrição interna;

(c) isolar toda a superfície de concreto (incluindo a parte superior) para seções de espessura superior a 500 mm, utilizando fôrmas de materiais apropriados, de modo que os gradientes de temperatura sejam minimizados. O concreto es-

tará, então, liberado para expandir e contrair livremente, desde que garantido que não exista *restrição externa*;
(d) selecionar cuidadosa dos componentes da mistura.

A seleção dos ingredientes da mistura é, em parte, dependente de outros fatores que influenciam na fissuração, além da temperatura. Um agregado adequado pode contribuir para reduzir o coeficiente de dilatação térmica do concreto e aumentar sua capacidade de deformação na tração. Por exemplo, um concreto produzido com agregados angulosos tem maior capacidade de deformação na tração que o concreto produzido com agregados arredondados. O mesmo ocorre com agregados leves, quando comparados com agregados normais. Entretanto, essa vantagem é, em parte, anulada pela necessidade de maior consumo de cimento para a obtenção de concretos de mesma resistência e trabalhabilidade com agregados leves.

Geralmente, o uso de cimento de baixo calor de hidratação, substituições pozolânicas, baixo consumo de cimento e uso de aditivos redutores de água são úteis na redução da temperatura de pico. A escolha do tipo de cimento é determinada pelas características da evolução de calor, que afetam a elevação de temperatura, isto é, a *velocidade* de desenvolvimento do calor e o calor *total*. Este último é, obviamente, maior quanto maior for o consumo de cimento por unidade volumétrica de concreto. Em seções pequenas, a velocidade de evolução de calor é mais importante que a elevação de temperatura devido ao calor ser constantemente dissipado, enquanto em seções maiores, a elevação de temperatura é mais dependente do calor total desenvolvido devido ao maior autoisolamento.

Pode-se verificar, assim, que a elevação da temperatura depende de vários fatores: tipo e quantidade de cimento (ou rigorosamente falando, tipo e quantidade de todos os materiais cimentícios), dimensão da seção, características isolantes das fôrmas e temperatura de lançamento do concreto. Em relação a esta, pode-se observar que quanto maior a temperatura de lançamento, mais rápida a hidratação do cimento e maior a elevação de temperatura.

Na prática, a menor elevação de temperatura é alcançada por uma mistura de cimento resistente a sulfatos e escória granulada de alto-forno moída. A segunda melhor solução é obtida pela mistura de cimento Portland comum e escória, seguida da substituição parcial do cimento Portland por cinza volante. Em seções de grandes dimensões, a quantidade de material cimentício, ou seja, cimento e escória ou cinza volante é governada mais pelas exigências de impermeabilidade e durabilidade (relação água/cimento máxima) do que pela resistência à compressão específica aos 28 dias, a qual não deve ultrapassar 14 MPa. Entretanto, em concreto armado, uma resistência inicial maior pode ser crítica de modo que é necessária utilização de cimento Portland comum sem adições, em maiores quantidades, sendo preciso, portanto, adotar medidas alternativas para minimizar os efeitos prejudiciais da elevação de temperatura.

Foram mencionados anteriormente os diferenciais de temperatura tolerados. O diferencial em um determinado caso pode ser calculado a partir do conhecimento das características térmicas do concreto e de seu isolamento térmico, mas, na prática, a temperatura deve ser monitorada em diversos pontos com o uso de termopares. Isso torna possível ajustar o isolamento de modo a manter o diferencial de temperatura dentro dos limites. O isolamento deve controlar a perda de calor por evaporação, bem como por condução e radiação. Para a obtenção do primeiro, pode ser utilizada uma membrana plástica ou um agente de cura, enquanto uma chapa de aglomerado pode ser usada para isolar contra as outras formas de perda de calor. Acolchoados com revestimento plástico são válidos para todos os aspectos.

Os prazos de desforma são importantes em relação à minimização dos diferenciais de temperatura. Em seções esbeltas, ou seja, menores que 500 mm, a retirada precoce das fôrmas permite que a superfície do concreto se resfrie mais rapidamente. Entretanto, para seções maiores com isolamento, este deve permanecer no local até que toda a seção tenha se resfriado suficientemente, de modo que quando todas as fôrmas sejam removidas, a queda na temperatura superficial não exceda metade dos valores já citados, por exemplo, 10°C para concreto produzido com agregado de flint. A razão para esses valores admissíveis menores para o diferencial de temperatura é que, quando o isolamento é removido, o resfriamento é mais rápido, de modo que a fluência não pode contribuir no aumento da capacidade de deformação na tração do concreto. Por essa razão, as fôrmas e o isolamento de seções de grande porte devem permanecer no local por pelo menos duas semanas antes que o concreto tenha se resfriado a um nível de temperatura seguro. Entretanto, se a seção está sujeita à restrição externa, essa medida não irá impedir a fissuração, e outras medidas corretivas devem ser consideradas. Isso envolve a sequência de construção e a previsão de juntas de movimentação, e estão citadas no Capítulo 13.*

Concretagem em clima frio

Os problemas de concretagem em clima frio vêm da ação do congelamento no concreto *fresco* (ver página 281). Caso o concreto que ainda não tenha entrado em *pega* congele, a água de amassamento se transforma em gelo e ocorre um aumento do volume total de concreto. Como, portanto, não há água disponível para as reações químicas, a pega e o endurecimento do concreto são retardados e, consequentemente, há pouca pasta de cimento que poderá ser desagregada pela formação do gelo. Quando mais tarde ocorrer o degelo, o concreto irá entrar em pega e endurecer em sua condição expandida, de modo que irá conter um grande volume de poros, resultando, consequentemente, em baixa resistência.

É possível realizar a revibração do concreto após o degelo e com isso adensar o concreto, mas esse procedimento em geral não é recomendado, já que é difícil garantir exatamente quando o concreto tenha iniciado a pega.

Caso o congelamento ocorra *após* o concreto ter entrado em pega, mas antes do desenvolvimento de uma resistência razoável, a expansão associada à formação

---

* N. de T.: Segundo a NBR 14931:2004, devem ser adotadas medidas para evitar a perda de consistência e reduzir a temperatura da massa de concreto quando a temperatura ambiente for ≥ 35°C e a umidade relativa do ar for ≤ 50%. Salvo disposições contrárias previstas em projeto ou estabelecidas pelo responsável técnico da obra, a concretagem deve ser suspensa quando a temperatura ambiente for maior que 40°C.

de gelo causa desagregação e perda irreparável de resistência. No caso do concreto ter atingido uma resistência suficiente antes do congelamento, ele consegue resistir à pressão interna gerada pela formação do gelo a partir da água de amassamento restante. A quantidade de gelo formada é pequena nesse estágio, porque parte da água de amassamento está combinada com o cimento no processo de hidratação e parte está localizada nos pequenos poros de gel e, portanto, não é capaz de congelar. Infelizmente, não é fácil determinar a idade na qual o concreto é resistente o suficiente para resistir ao congelamento, embora existam alguns dados práticos. Em geral, quanto mais avançada for a hidratação do cimento e maior a resistência do concreto, menos vulnerável ele será aos danos por congelamento.

Além de ser protegido dos danos do congelamento nas idades iniciais, o concreto deve ser capaz de resistir, caso exista a possibilidade de ocorrência, aos ciclos de gelo-degelo ao longo da vida da estrutura. Esse aspecto será considerado, para concretos produzidos em temperatura normal, no Capítulo 15. Nesse estágio, o enfoque será na prevenção do congelamento do concreto fresco e sua proteção durante o início da hidratação. Para isso, deve-se garantir que a temperatura de lançamento seja alta o suficiente para prevenir o congelamento da água de amassamento e que o concreto tenha uma proteção térmica por um período de tempo suficiente para o desenvolvimento de uma resistência adequada. A Tabela 9.1 mostra as temperaturas do concreto mínimas recomendadas para o lançamento em clima frio, para várias temperaturas ambientes e dimensões de seção. Pode-se verificar que a temperatura mínima admissível, de *lançamento* e *manutenção*, das seções maiores, é mais baixa devido à menor perda de calor nesses casos.

A partir da mesma tabela, verifica-se que, quando a temperatura do ar é menor que 5°C, o concreto deve ser misturado em uma temperatura mais elevada para levar em conta a perda de calor durante o transporte e lançamento. Além disso, deve existir a certeza de que o concreto fresco não será lançado sobre uma superfície congelada. Para evitar a possibilidade de fissuração térmica nas primeiras 24 horas após o fim da proteção, quando o concreto resfria até a temperatura ambiente, a queda máxima permitida de temperatura nestas 24 horas não deve exceder aos valores dados na Tabela 9.1.

Deve ser ressaltado que concreto com agregados leves retém mais calor; desse modo, as temperaturas mínimas de lançamento e manutenção podem ser menores.

Os períodos recomendados para proteção contínua de concreto com *ar incorporado* produzido com agregados normais, lançado e mantido nas temperaturas dadas na Tabela 9.1, estão mostrados na Tabela 9.2. Onde é passível a ocorrência de gelo-degelo nas condições de uso, o concreto com ar incorporado deveria, é claro, ser utilizado, mas caso a construção seja em concreto convencional, sem ar incorporado, os tempos de proteção da Tabela 9.2 devem ser pelo menos dobrados devido a esse concreto, especialmente em condição saturada, ser mais vulnerável aos danos pelo congelamento (ver Capítulo 15). O período de proteção dado na Tabela 9.2 depende do tipo e da quantidade de cimento, do uso ou não de aditivo acelerador e das condições de uso. Esses períodos de proteção devem garantir a prevenção dos danos resultantes do congelamento nas primeiras idades e dos problemas de durabilidade em longo prazo.

Tabela 9.1 Temperaturas do concreto recomendadas para concretagem em climas frios

Temperatura do ar	Dimensão mínima da seção			
	Menor que 300 mm	300 – 900 mm	900 – 1800 mm	Maior que 1800 mm
	Temperatura mínima para *lançamento e manutenção*			
	13°C	10°C	7°C	5°C
	Temperatura mínima do concreto *misturado* nas para temperaturas ambientes indicadas			
Acima –1°C	16°C	13°C	10°C	7°C
–18 a –1°C	18°C	16°C	13°C	10°C
Abaixo de –18°C	21°C	18°C	16°C	13°C
	Redução máxima da temperatura do concreto admissível nas primeiras 24 horas após o fim da proteção			
	28°C	22°C	17°C	11°C

Baseado em ACI 306R–88 (Reapproved 2007).

Tabela 9.2 Tempos de proteção recomendados para concretagem em clima frio (com utilização de incorporador de ar)

Tipo de cimento, aditivo e consumo de cimento	Tempo de proteção para obtenção de um nível de resistência seguro (dias), segundo o tipo de solicitação			
	Sem carregamento, não exposto	Sem carregamento, exposto	Carregamento parcial, exposto	Carregamento total, exposto
Cimento Portland comum (Tipo I ASTM) modificado (Tipo II ASTM)	2	3	6	Ver Tabela 9.3
Portland de alta resistência inicial (Tipo III ASTM) ou com aditivo acelerador ou com 60 kg/m³ adicionais de cimento	1	2	4	Ver Tabela 9.3

Baseado em ACI 306R–88 (Reapproved 2007).

Tabela 9.3 Tempos de proteção recomendados para concretos com carregamento total, expostos a clima frio

Tipo de cimento	Duração da proteção (dias)			
	Porcentagem da resistência aos 28 dias			
	50	65	85	95
	Para temperatura do concreto de 10°C			
Cimento Portland comum (Tipo I)	6	11	21	29
Cimento modificado (Tipo II)	9	14	28	35
Cimento Portland de alta resistência inicial (Tipo III)	3	5	16	26
	Para temperatura do concreto de 21°C			
Cimento Portland comum (Tipo I)	4	8	16	23
Cimento modificado (Tipo II)	6	10	18	24
Cimento Portland de alta resistência inicial (Tipo III)	3	4	12	20

Baseado em ACI 306R–88 (Reapproved 2007).

Nas situações em que grande parte da resistência de projeto do concreto estrutural deve ser alcançada antes de ser segura a remoção das fôrmas e escoramentos, os tempos de proteção são dados na Tabela 9.3. Esses valores são típicos para a resistência aos 28 dias entre 21 e 34 MPa. Para outras condições de uso e tipos de cimento, os tempos de proteção devem ser obtidos de relações predeterminadas entre resistência e maturidade (ver Capítulo 10).

Pelas Tabelas 9.2 e 9.3, fica claro que, para se obter uma elevada taxa de desenvolvimento de calor e, com isso, elevação precoce da temperatura, deve ser utilizado cimento de alta resistência inicial (Tipo III ASTM) ou um aditivo acelerador, preferencialmente com uma mistura rica e baixa relação água/cimento.

Fez-se referência anteriormente à temperatura mínima necessária no momento do lançamento. Deve-se buscar um valor entre 7 e 21°C. Excedendo o valor máximo, é provável a ocorrência de um efeito adverso sobre a resistência em longo prazo. A temperatura do concreto no momento do lançamento é função da temperatura dos componentes da mistura e pode ser calculada pela Equação (9.1) e, caso necessário, é possível aquecer os componentes. Em analogia ao que foi citado na seção relacionada à concretagem em clima quente, é mais fácil e mais eficiente aquecer a água, mas é desaconselhável exceder uma temperatura entre 60 e 80°C, devido à possibilidade de ocorrência da pega instantânea do cimento. A diferença de temperatura entre a água e o cimento é importante; também é preciso prevenir que o cimento entre em contato direto com a água quente, pois isso pode causar aglomerações de cimento (grumos de cimento). Por essa razão, a ordem de colocação dos materiais na betoneira deve ser adequadamente planejada.

Caso o aquecimento da água não eleve a temperatura do concreto o suficiente, os agregados podem ser aquecidos de modo indireto, pelo uso de vapor via serpentinas, até cerca de 52°C, pois o aquecimento direto com vapor pode causar uma variação no teor de umidade dos agregados. Quando a temperatura do agregado é menor que 0 °C, a umidade absorvida está em um estado de congelamento; portanto, não só o calor necessário para elevar a temperatura do agregado T_m para 0°C, mas também o calor necessário para transformar o gelo em água (calor latente de fusão) devem ser levados em conta. Nesse caso, a temperatura do concreto fresco mistura é

$$T = \frac{0{,}22(T_m W_m + T_c W_c) + T_{ag}W_{ag} + W_{ab}(0{,}5T_m - L)}{0{,}22(W_m + W_c) + W_{ag} + W_{ab}} \qquad (9.3)$$

onde 0,5 é a relação entre o calor específico do gelo em relação ao da água e L é definido conforme a Equação (9.2).

Após o lançamento, uma temperatura adequada do concreto é obtida isolando-o do ambiente e, se necessário, construindo uma proteção em torno da estrutura e providenciando uma fonte de calor interna ao fechamento. A forma de aquecimento deve ser tal que o concreto não seque rapidamente, que nenhuma de suas partes se aqueça em excesso e que não ocorra uma alta concentração de CO_2 (que pode causar carbonatação, ver página 236) no ambiente resultante. Por essas razões, a emissão de vapor é provavelmente a melhor fonte de calor. Algumas vezes são utilizadas fôrmas metálicas com isolamento e circulação de água quente.

Em estruturas importantes, a temperatura do concreto deve ser monitorada e, na decisão da localização dos termômetros ou termopares, deve ser lembrado que cantos e faces são particularmente vulneráveis ao congelamento. A monitoração da temperatura torna possível controlar o isolamento ou aquecimento, de modo a acompanhar trocas das condições ambientes, como, por exemplo, um vento acompanhado de uma diminuição súbita da temperatura do ar, condição esta que agrava o efeito do congelamento. Por outro lado, a neve age como um isolante, fornecendo, assim, um isolamento natural.*

Bibliografia

9.1 ACI-COMMITTEE 305R–99, Hot-weather concreting, Part 2, *ACI Manual of Concrete Practice* (2007).

9.2 ACI-COMMITTEE 306R–88 (Reapproved 2007), Cold-weather concreting, Part 2, *ACI Manual of Concrete Practice* (2007).

9.3 C. V. NEILSEN and A. BERRIG, Temperature calculations during hardening, *Concrete International*, 27, No. 2, pp. 73–6 (2005).

Problemas

9.1 Que precauções específicas você deve tomar quando realizar concretagem: (i) no inverno (ii) em clima quente?
9.2 Quais são as causas de fissuração térmicas em paredes de concreto?
9.3 Quais são os problemas térmicos do concreto massa?
9.4 Quais são os problemas térmicos de um lançamento de concreto armado de grande volume?
9.5 Quais são as alterações físicas do concreto submetido a um ciclo de congelamento?
9.6 Por que algumas vezes é utilizado isolamento em lançamentos de grandes volumes de concreto?
9.7 Quais são os efeitos do clima quente no concreto fresco?
9.8 Quais são os efeitos do clima quente no concreto endurecido?
9.9 Que medidas especiais são necessárias para concretagem em clima quente?
9.10 Dois cimentos têm o mesmo calor hidratação total, mas diferentes velocidades de liberação de calor. Compare seus desempenhos em concreto massa.
9.11 Qual é a ação do congelamento no concreto fresco?
9.12 Em concretagem em clima frio, quais materiais devem ser previamente aquecidos antes da colocação na betoneira? Justifique. Existe alguma limitação de temperatura?
9.13 Qual é a taxa máxima de evaporação da água superficial do concreto fresco para que não ocorra fissuração plástica?
9.14 O concreto deve lançado em camadas ou continuamente? Justifique.
9.15 Quando deve ser colocado gelo na betoneira?

---

* N. de T.: A NBR 14931:2004 estabelece que a temperatura da massa de concreto, no momento do lançamento, não deve ser inferior a 5°C. Salvo disposições em contrário, estabelecidas no projeto ou definidas pelo responsável técnico pela obra, a concretagem deve ser suspensa sempre que estiver prevista queda na temperatura ambiente para abaixo de 0°C nas 48h seguintes. Em relação ao uso de aditivos, é requerida comprovação prévia de seu desempenho, não devendo ser utilizados em nenhum caso produtos que possam atacar quimicamente as armaduras, em especial aditivos à base de cloreto de cálcio.

174 Tecnologia do Concreto

9.16 Cite as medidas utilizadas para minimizar os gradientes de temperatura.
9.17 Descreva os métodos de controle da temperatura em lançamento de concreto massa.
9.18 Como o tipo de agregado influencia na fissuração térmica do concreto?
9.19 Por que o agregado leve é melhor que o agregado convencional na redução do risco de fissuração térmica?
9.20 Que tipo de cimento você escolheria para: (i) concreto massa e (ii) concreto armado?
9.21 Discuta a influência da retirada das fôrmas no risco de fissuração térmica.
9.22 Como você pode reduzir: (i) a restrição interna e (ii) a restrição externa às mudanças de temperatura?
9.23 Por que a dimensão da seção é relevante para a temperatura mínima de lançamento necessária para prevenir os danos por congelamento nas primeiras idades?
9.24 Dê uma variação de temperatura do concreto adequada no momento do lançamento de modo a prevenir os danos por congelamento.
9.25 Como a temperatura do concreto no lançamento pode ser elevada e, posteriormente, mantida?
9.26 Uma mistura 1:1,8:4,5 tem relação água/cimento igual a 0,6 e consumo de cimento de 300 kg/m^3. As temperaturas dos componentes são as seguintes:

Cimento: 18°C
Agregado: 30°C
Água: 20°C

Considerando que a absorção do agregado é desprezível, calcule a temperatura do concreto fresco.

Resposta: 26°C

9.27 Para o concreto da questão 9.26, quanto gelo é necessário para reduzir a temperatura do concreto fresco para 16°C? Qual a massa de água no estado líquido adicionada para manter a mesma relação água/cimento?

Resposta: 67 kg/m^3
113 kg/m^3

10
Cura do Concreto

Com objetivo de obter um concreto de boa qualidade, o lançamento de uma mistura adequada deve ser seguido pela cura em um ambiente adequado durante os primeiros estágios de endurecimento. *Cura* é o nome dado aos procedimentos utilizados para promover a hidratação do cimento e, com isso, o desenvolvimento da sua resistência. Os procedimentos de cura consistem em controle da temperatura e do movimento de água de dentro para fora concreto e vice-versa, que afetam não somente a resistência, mas também a durabilidade. Este capítulo trata dos vários métodos de cura, tanto em temperatura normal, como em temperatura elevada. Esta última acelera a velocidade das reações químicas de hidratação e o ganho de resistência. Entretanto, deve ser destacado que a aplicação precoce de uma temperatura mais alta pode afetar negativamente a resistência em longo prazo, ou seja, a influência da temperatura deve ser cuidadosamente analisada.

Cura normal

O objetivo da cura à temperatura normal é manter o concreto saturado ou o mais próximo disso possível, até que os espaços na pasta de cimento fresca, inicialmente preenchidos com água, sejam ocupados até um nível desejado, pelos produtos de hidratação do cimento. No caso de concretos aplicados em canteiros, a cura quase sempre cessa bem antes de atingir a máxima hidratação possível. A influência da cura úmida na resistência pode ser verificada na Fig. 10.1, sendo que as resistências à tração e à compressão são afetadas de maneira similar. A deficiência no ganho de resistência em consequência da cura inadequada, ou seja, devido à perda de água por evaporação, é mais pronunciada em elementos esbeltos e misturas ricas, mas menor em concreto com agregados leves. A influência das condições de cura na resistência é menor no caso de concreto com ar incorporado que em concreto sem incorporação de ar.

A necessidade de cura vem do fato de que a hidratação do cimento somente pode ocorrer em capilares preenchidos com água, sendo essa a razão da prevenção da perda de água pelos poros. Além disso, a água perdida internamente pela *autodessecação* deve ser substituída pela água do exterior, ou seja, deve ocorrer o ingresso de água no concreto. A autodessecação ocorre em concreto selado quando a relação água/cimento é menor que 0,5 (ver Capítulo 2), devido à umidade relativa interna

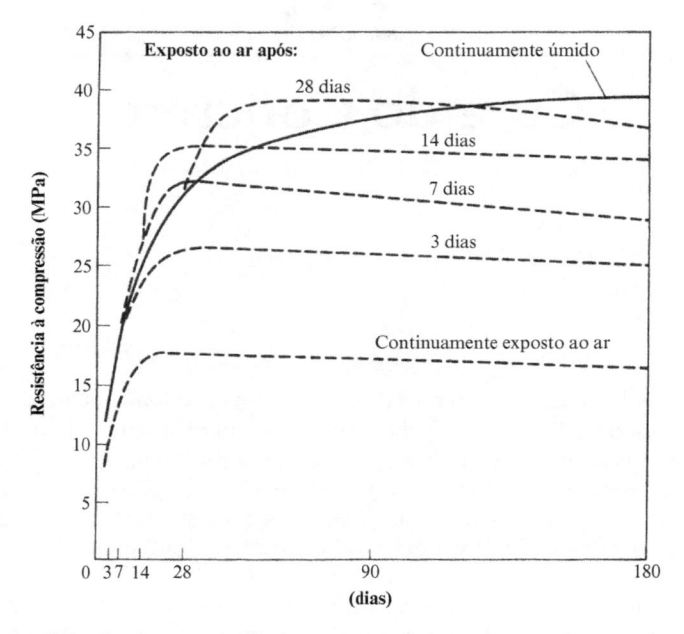

Figura 10.1 Influência da cura úmida na resistência de um concreto com relação água/cimento igual a 0,50.
(De: W. H. PRICE, Factors influencing concrete strength, *J. Amer. Concr. Inst.*, 47, pp. 417-32 (Feb. 1951).)

nos capilares cair a valores abaixo do mínimo necessário para a ocorrência da hidratação, isto é, 80%.

Deve ser reforçado que, para um desenvolvimento satisfatório de resistência, não é necessário que *todo* o cimento se hidrate e, na realidade, na prática, somente em raras ocasiões isso ocorre. Entretanto, se a cura é realizada até que os capilares na pasta de cimento hidratada se tornem segmentados (ver página 112), o concreto será impermeável (bem como de resistência satisfatória), sendo isso vital para uma boa durabilidade. Para se conseguir essa condição, a evaporação da água superficial do concreto deve ser evitada. A evaporação nas etapas iniciais após o lançamento depende da temperatura e umidade relativa do ar ambiente e da velocidade do vento, que influencia a troca de ar sobre a superfície do concreto. Conforme citado no Capítulo 9, taxas de evaporação maiores que 0,5 kg/m^2 por hora devem ser evitadas (ver Fig. 9.2).

Métodos de cura

Apenas alguns aspectos dos diferentes métodos de cura serão apresentados aqui, já que os procedimentos reais variam largamente, dependendo das condições do canteiro e da dimensão, forma e posição do concreto em questão.

No caso de elementos de concreto com pequena relação superfície/volume, a cura pode ser favorecida pela lubrificação e umedecimento das fôrmas antes da moldagem. As fôrmas devem ser mantidas no lugar por algum tempo e, sendo de material adequado, umedecidas durante o endurecimento. Caso sejam removidas precocemente, o concreto deve receber aspersão de água e coberto com mantas de polietileno ou outros materiais apropriados.

Grandes superfícies horizontais de concreto, como pavimentos rodoviários, são um problema mais sério. De modo a prevenir a fissuração da superfície pela secagem, deve ser evitada a perda de água antes da pega. Como o concreto nessa etapa é mecanicamente fraco, é necessário usar uma cobertura suspensa sobre a superfície do concreto. Essa proteção é necessária somente em clima seco, mas também pode ser útil para prevenir que a chuva deteriore a superfície de concreto fresco.

Uma vez que tenha ocorrido a pega do concreto, a cura úmida pode ser realizada pela manutenção do concreto em contato com a água. Isso pode ser feito por aspersão ou represamento, pela cobertura do concreto com areia, terra, serragem ou palha úmida. Mantas de algodão ou de aniagem periodicamente umedecidas podem ser utilizadas ou ainda uma cobertura absorvente, com acesso à água, pode ser colocada sobre o concreto. Um fornecimento contínuo de água é, naturalmente, mais eficiente que um intermitente, e a Fig. 10.2 compara o desenvolvimento de resistência de corpos de prova cilíndricos de concreto cujos topos foram molhados durante as primeiras 24 horas com corpos de prova cobertos com aniagem úmida. A diferença é maior para baixas relações água/cimento em que a autodessecação acontece rapidamente.

Outro processo de cura é selar a superfície do concreto com uma película impermeável, com mantas plásticas ou com papel impermeável. A película, desde que garantido que não esteja perfurada ou danificada, irá prevenir eficientemente a evaporação da água do concreto, mas não vai permitir o ingresso de água para compensar a perda por autodessecação. A película é produzida por produtos selantes aplicados no estado líquido, manualmente ou por aspersão, após a superfície do concreto não apresentar mais água, mas antes que os poros do concreto sequem e possam absorver o produto. A película pode ser clara, branca ou preta. Os compostos opacos têm efeito de sombreamento do concreto e cores claras resultam em menor absorção de calor do sol e, com isso, um risco menor de elevação da temperatura do concreto. A eficiência (medida pela resistência do concreto) de uma película branca e de mantas translúcidas de polietileno é a mesma. Nos Estados Unidos, a ASTM C 309–66 estabelece os requisitos para os compostos para as películas de cura e a ASTM C 171–03 para os materiais plásticos e papel para as mantas de cura. Os ensaios para verificação da eficiência dos materiais de cura são prescritos pela ASTM C 156–05. Para atender as especificações para rodovias e pontes, a BS 8110–1: 1997 exige uma *eficiência de cura* de 90% para qualquer tipo de película de cura. A eficiência de cura é avaliada pela comparação da perda de umidade de um corpo de prova selado com a perda de um corpo de prova não selado, ambos produzidos e curados em condições normalizadas.

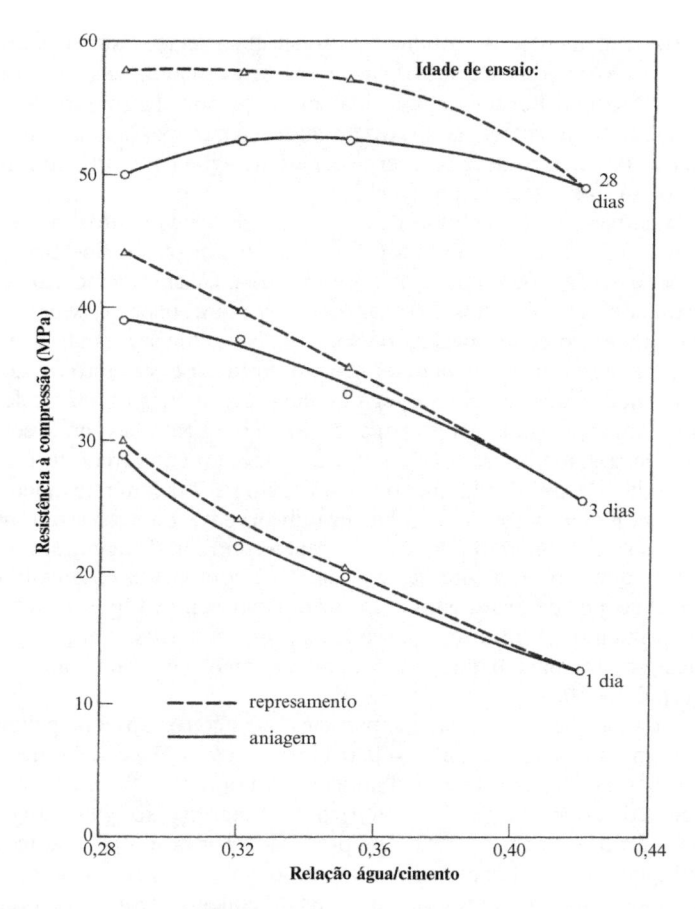

Figura 10.2 Influência das condições de cura na resistência de corpos de prova cilíndricos. (De: P. KLIEGER, Early high strength concrete for prestressing, *Proc. of World Conference on Prestressed Concrete*, pp. A5-1 to A5-14 (San Francisco, July 1957).)

Exceto quando utilizadas em um concreto com elevada relação água/cimento, as películas de cura reduzem o grau e velocidade de hidratação quando comparadas a uma cura úmida eficiente. Entretanto, a cura úmida é frequentemente realizada de maneira intermitente de modo que, na prática, a película pode levar a resultados melhores que o esperado. O papel reforçado, uma vez removido, não interfere com a aderência da próxima camada de concreto, mas os efeitos das películas em relação a esse aspecto devem ser verificados em cada caso. As mantas plásticas podem causar descoloração ou manchamento devido à condensação não uniforme da água abaixo da manta. Para prevenir essa ocorrência e, portanto, a perda de água, as mantas plásticas devem ser assentadas de maneira justa sobre a superfície de concreto.

O período de cura não pode ser facilmente prescrito, mas se a temperatura é superior a 10°C, a ACI 308.R–01 estabelece um mínimo de 3 dias para cimento Portland de alta resistência inicial (Tipo III ASTM), um mínimo de 7 dias para cimento Portland comum (Tipo I ASTM) e um mínimo de 14 dias para cimento Portland de baixo calor de hidratação (Tipo IV ASTM). Entretanto, a temperatura também afeta a duração do período de cura exigido e a BS 8110–01: 1997 estabelece os períodos mínimos de cura para diferentes cimentos e condições de exposição, conforme mostra a Tabela 10.1. Quando a temperatura cai abaixo de 5°C, são necessárias precauções especiais (ver Capítulo 9). A norma ACI 308–01 também apresenta vastas informações sobre a cura. Prazos para retirada das fôrmas são dados pela publicação britânica, Report 67 da CIRIA (Construction Industry Research and Information Association), publicada em 1977.

O concreto de alta resistência deve ser curado desde as idades iniciais porque a hidratação parcial pode causar descontinuidades capilares. Com isso, na continuidade da cura, a água pode não ser capaz de penetrar no concreto, resultando em paralisação da hidratação. Entretanto, misturas com elevadas relações água/cimento sempre têm um grande volume de capilares contínuos, de modo que a cura pode ser

Tabela 10.1 Período mínimo de proteção requeridos por diferentes cimentos e condições de cura, conforme prescrições da BS 8110–1: 1997

		Período mínimo de cura e proteção para temperatura média da superfície do concreto (dias)	
Condições de cura	Tipo de cimento	Entre 5 a 10°C	Qualquer temperatura, t^* entre 10 e 25°C
Boa: úmida e protegida (umidade relativa > 80%, protegida do sol e vento)	Todos tipos	Nenhuma exigência especial	
Média: entre boa e ruim	Portland de classe 42,5 ou 52,5 e Portland resistente a sulfatos de classe 42,5	4	$60/(t + 10)$
	Todos os tipos exceto os acima	6	$80/(t + 10)$
Ruim: seca ou não protegido (umidade relativa < 50%, não protegida do vento e sol)	Portland, classes 42,5 e 52,5 e Portland resistente a sulfatos de classe 42,5	6	$80/(t + 10)$
	Todos os tipo, exceto os acima	10	$140/(t + 10)$

* t = temperatura (°C) na fórmula para calcular o período mínimo de proteção, em dias

efetivamente retomada. Porém, é aconselhável começar a cura o mais cedo possível porque, na prática, a secagem precoce pode causar retração e fissuração (ver Capítulo 13).*

Influência da temperatura

Geralmente, quanto maior a temperatura do concreto no lançamento, maior o desenvolvimento da resistência inicial, mas menor a resistência em longo prazo. Por isso a importância da redução da temperatura do concreto fresco nas concretagens em climas quentes (ver Capítulo 9). A explicação é que a rápida hidratação inicial causa uma distribuição não uniforme do gel de cimento com uma estrutura física mais pobre, provavelmente mais porosa que a estrutura desenvolvida em temperaturas normais. Com uma temperatura inicial alta, não há tempo disponível suficiente para que os produtos de hidratação se afastem dos grãos de cimento e para uma precipitação uniforme nos espaços intersticiais. Como resultado, a concentração de produtos hidratados se localiza nas proximidades dos grãos de cimento em hidratação, um processo que retarda a hidratação subsequente e, com isso, o desenvolvimento da resistência em longo prazo.

A influência da temperatura de cura na resistência está ilustrada na Fig. 10.3, que indica claramente um maior desenvolvimento de resistência inicial, mas uma menor resistência aos 28 dias, com a elevação da temperatura. Deve ser destacado que, para os ensaios citados nesta figura, a temperatura foi mantida constante até e durante os ensaios. Entretanto, quando o concreto foi resfriado para 20°C por um período de duas horas antes do ensaio, somente temperaturas acima de 65°C tiveram um efeito prejudicial (Fig. 10.4); portanto, a temperatura no momento do ensaio também parece afetar a resistência.

Os resultados das Figs. 10.3 e 10.4 são para compactos puros de cimento Portland comum (Tipo I ASTM), mas uma influência similar ocorre com o concreto. A Fig. 10.5 mostra que uma temperatura mais elevada produz uma maior resistência durante o primeiro dia, mas para as idades de 3 a 28 dias, a situação muda radicalmente. Para qualquer idade dada, existe uma temperatura ótima que produz uma resistência máxima, mas essa temperatura ótima diminui conforme o período de cura aumenta. Com cimento Portland comum (Tipo I ASTM) ou modificado (Tipo II ASTM), a temperatura ótima para produzir a máxima resistência aos 28 dias é

---

* N. de T.: A norma NBR 14931:2004 estabelece que, enquanto não atingir endurecimento satisfatório, o concreto deve ser curado e protegido contra agentes prejudiciais para evitar a perda de água pela superfície exposta; assegurar uma superfície com resistência adequada e assegurar a formação de uma capa superficial durável. Não são citados prazos mínimos de cura. É feita uma recomendação em função da resistência, sendo estabelecido que elementos estruturais de superfície devem ser curados até que atinjam resistência característica à compressão (f_{ck}), de acordo com a ABNT NBR 12655, igual ou maior que 15 MPa. Não são citadas recomendações para os demais elementos estruturais, nem feita menção aos procedimentos a serem adotados. No caso de utilização de água, esta deve ser potável ou satisfazer às exigências da ABNT NBR 12654. Cita ainda que o endurecimento do concreto pode ser acelerado por meio de tratamento térmico ou pelo uso de aditivos que não contenham cloreto de cálcio e devidamente controlado, não se dispensando as medidas de proteção contra a secagem.

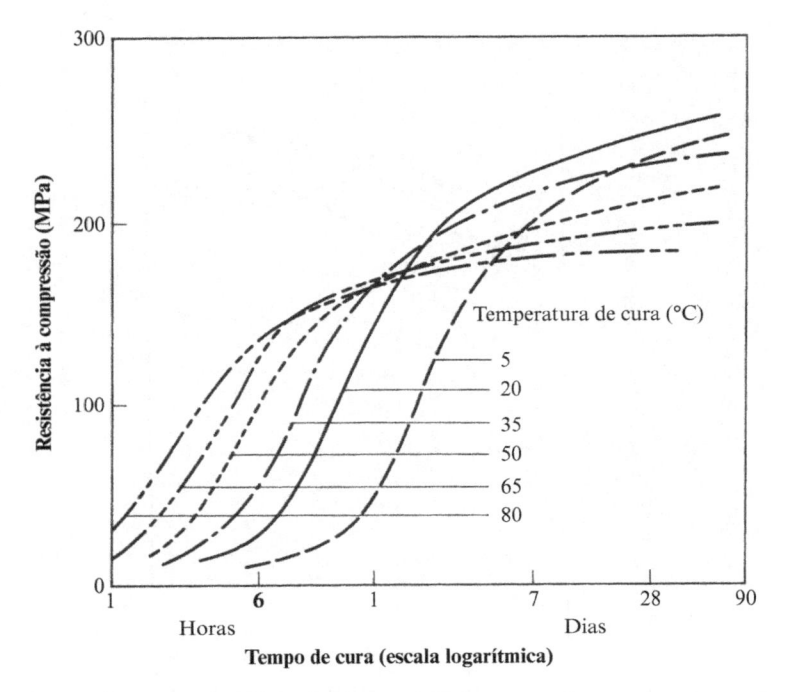

Figura 10.3 Relação entre resistência à compressão e tempo de cura de compactos de pasta de cimento pura em diferentes temperaturas de cura. A temperatura dos corpos de prova foi mantida constante até e durante o período de ensaios.
(De: CEMENT AND CONCRETE ASSOCIATION, Research and development – Research on materials, *Annual Report*, pp. 14–19 (Slough 1976).)

aproximadamente 13°C. Para cimento Portland de alta resistência inicial (Tipo III ASTM), a temperatura ótima correspondente é menor. É interessante destacar que mesmo o concreto moldado a 4°C e armazenado a uma temperatura abaixo do ponto de congelamento da água é capaz de sofrer hidratação (Fig. 10.5). Além disso, quando o mesmo concreto é armazenado a 23°C por um prazo maior que 28 dias, sua resistência aos três meses supera a do concreto similar armazenado continuamente a 23°C, conforme mostrado na Fig. 9.1.

As observações até agora dizem respeito ao concreto produzido em laboratório, e parece que o comportamento no canteiro, em clima quente, pode não ser o mesmo. Nessa situação, existem alguns fatores adicionais atuando: umidade do ambiente, radiação direta do sol, velocidade do vento e método de cura. Esses fatores já foram mencionados no Capítulo 9. Também deve ser lembrado que a qualidade do concreto depende de *sua* temperatura e não da temperatura do ambiente ao redor, de modo que a dimensão do elemento também é um fator devido ao calor de hidratação do cimento. Do mesmo modo, a cura por represamento em condições de tempo ventoso

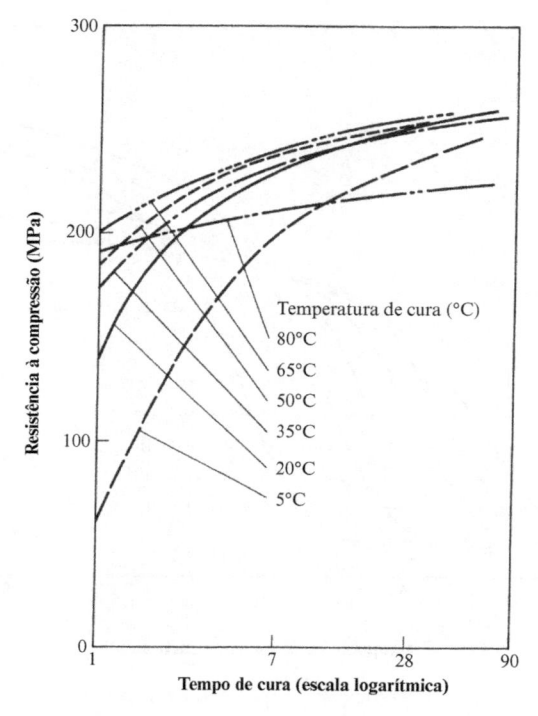

Figura 10.4 Relação entre resistência à compressão e tempo de cura de compactos de pasta de cimento pura em diferentes temperaturas de cura. A temperatura de cura dos corpos de prova foi ajustada para 20°C a uma velocidade constante em um período de tempo de duas horas antes do ensaio (relação água/cimento = 0,14; cimento Portland comum (Tipo I ASTM)).
(De: CEMENT AND CONCRETE ASSOCIATION, Research and development – Research on materials, *Annual Report*, pp. 14-19 (Slough 1976).)

resulta em perda de calor por evaporação e, com isso, a temperatura do concreto é mais baixa, resultando em maior resistência do que quando é utilizado um composto selante. A evaporação imediatamente após a moldagem também é benéfica para a resistência de misturas de elevadas relações água/cimento em função de a água ser retirada do concreto enquanto os capilares ainda podem se fechar, de modo que a relação água/cimento efetiva e a porosidade diminuem. Entretanto, caso a evaporação ocorra até causar a retração da superfície, pode ocorrer a retração plástica e fissuração.

Entretanto, em termos gerais, pode-se esperar que o concreto moldado no verão tenha uma resistência menor que a mesma mistura moldada no inverno.

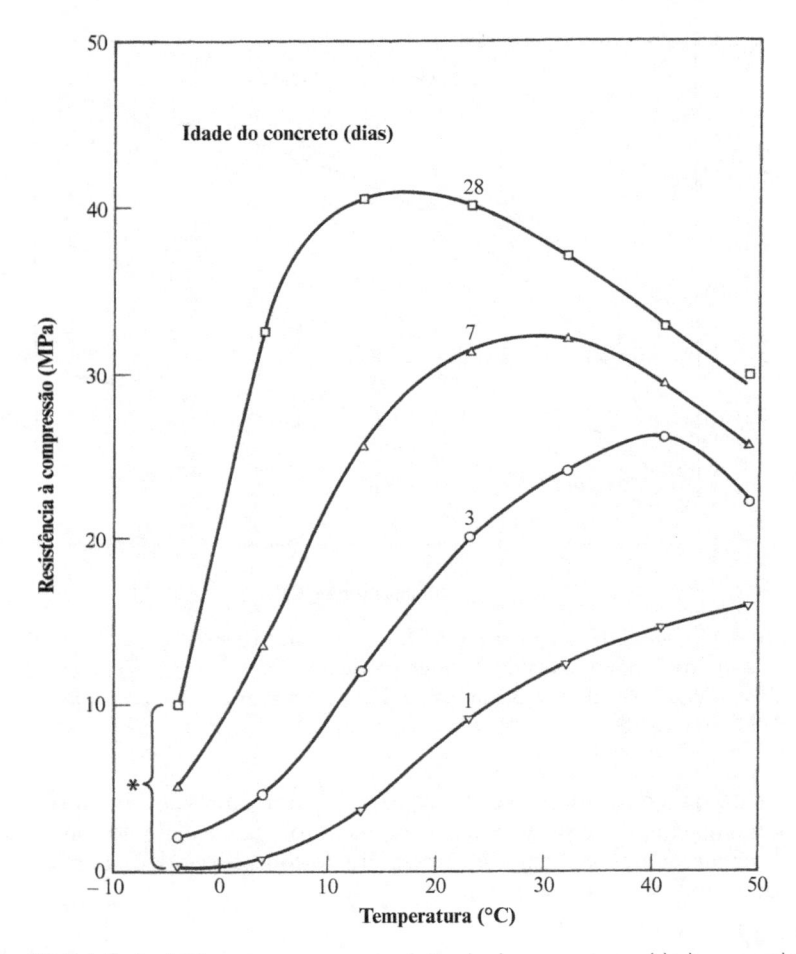

Figura 10.5 Influência da temperatura na resistência do concreto moldado e curado na temperatura indicada.
(Baseado em: P. KLIEGER, Effect of mixing and curing temperature on concrete strength, *J. Amer. Concr. Inst.*, 54, pp. 1063–81 (June 1958).)
* Concreto moldado a 4°C e curado a –4°C desde a idade de 1 dia

Maturidade

Na seção anterior, foi analisado o efeito benéfico da temperatura no ganho de resistência, mas também ressaltou-se a necessidade de um período inicial de cura em temperatura ambiente. A Figura 10.6 mostra alguns dados típicos.

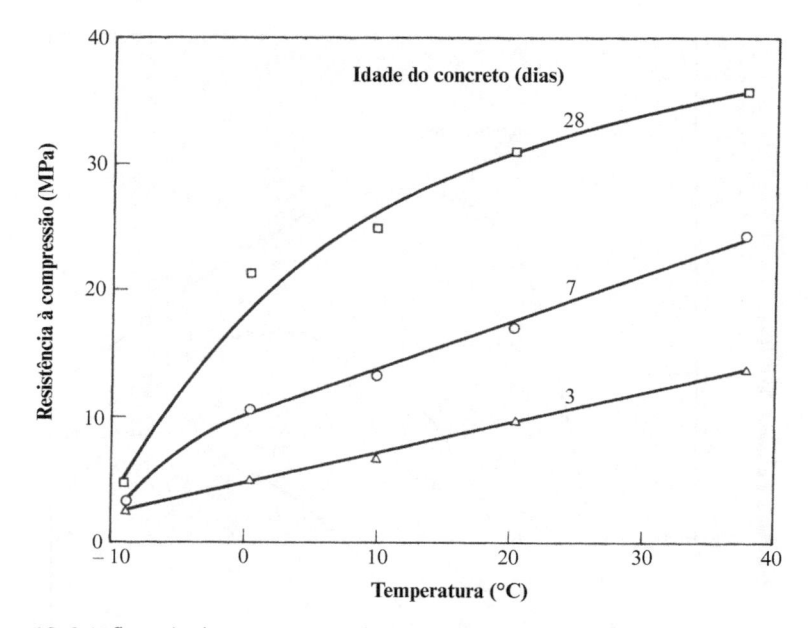

Figura 10.6 Influência da temperatura de cura do concreto curado a 10°C nas primeiras 24 horas antes de armazenamento na temperatura indicada.
(Baseado em: W. H. PRICE, Factors influencing concrete strength, *J. Amer. Concr. Inst.*, 47, pp. 417-32 (Feb. 1951).)

O efeito da temperatura é acumulativo e pode ser expresso como o somatório do produto da temperatura e tempo em que ela durou. Isso é definido como maturidade, devendo ser destacado que a temperatura do concreto em si que é relevante. A maturidade pode ser expressa como:

$$M = \sum T \cdot \Delta t$$

onde Δt é o intervalo de tempo (normalmente em dias) em que a temperatura é T, sendo T a temperatura medida a partir da origem de $-11°C$, que é a temperatura em que o desenvolvimento de resistência cessa. Desse modo, para 30°C, $T = 41°C$.

Em função disso, as unidades de maturidade são °C dias ou °C h. A Figura 10.7 mostra os dados da Fig. 10.6 com a resistência expressa como uma função da maturidade. Caso a maturidade seja plotada em escala logarítmica, a relação abaixo do período é aproximadamente linear (Fig. 10.8).

A maturidade pode ter uso prático na estimativa da resistência do concreto. Entretanto, a relação entre resistência e maturidade depende do cimento utilizado, da relação água/cimento e se houve perda de água durante a cura. Além disso, qualquer efeito prejudicial de uma temperatura elevada precoce invalida a maturidade. Por

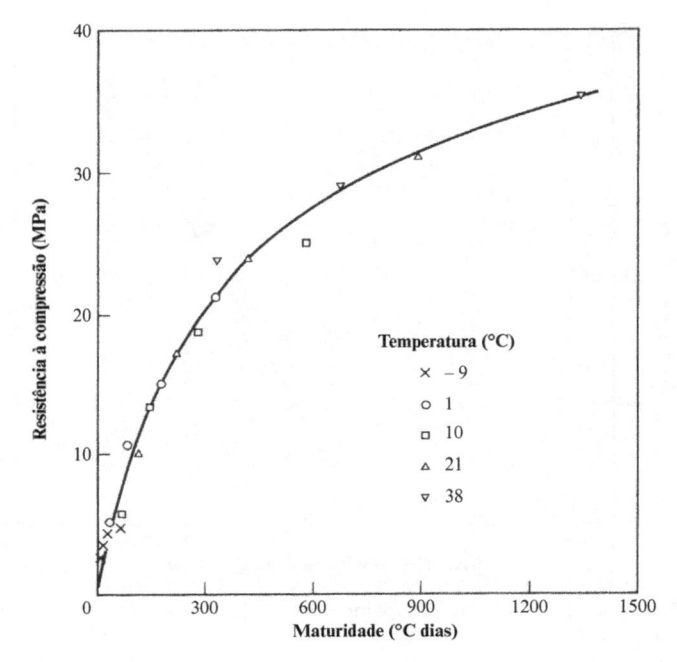

Figura 10.7 Resistência à compressão como uma função da maturidade para os dados da Fig. 10.6.

essas razões, a maturidade não é largamente utilizada e é útil somente em sistemas de concretagem bem controlados.

Cura a vapor

Como uma elevação na temperatura de cura do concreto aumenta sua velocidade de crescimento de resistência, o ganho de resistência pode ser acelerado pela cura em vapor. O vapor, à pressão atmosférica, ou seja, quando a temperatura é menor que 100°C, é úmido, de modo que o processo pode ser considerado como um caso especial de cura úmida, sendo conhecido como cura a vapor. Cura a vapor em alta pressão, processo conhecido como *autoclavagem*, é uma operação totalmente diferente e fora do escopo deste livro.

O objetivo principal da cura a vapor é obter uma resistência inicial suficientemente alta, de modo que os produtos de concreto possam ser manuseados logo após a moldagem, permitindo a remoção das formas ou liberação das pistas de protensão mais cedo que no caso de cura úmida normal, resultando também em menor necessidade de espaço de armazenamento. Todas as opções representam vantagens econômicas.

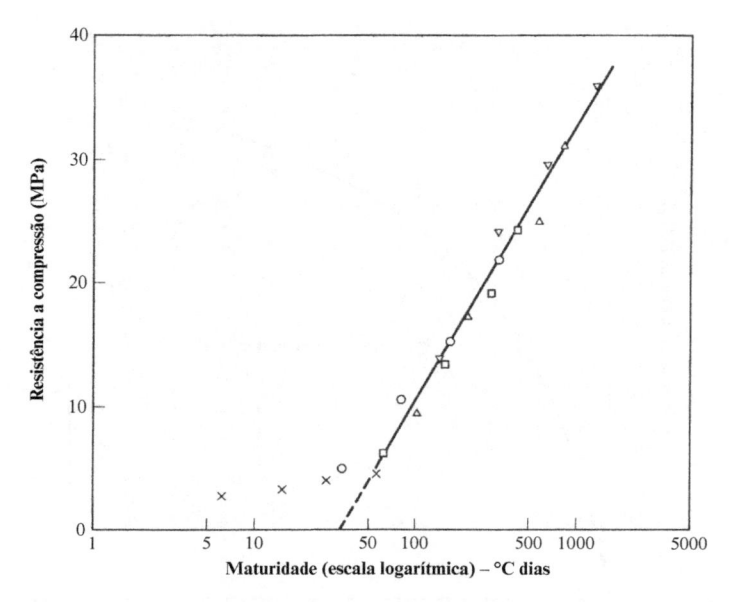

Figura 10.8 Resistência à compressão como uma função logarítmica da maturidade para os dados da Fig. 10.6.

Devido à natureza das operações necessárias à cura a vapor, o processo é utilizado principalmente em produtos pré-moldados. A cura a vapor é aplicada, normalmente, em câmaras especiais ou em túneis, por onde os produtos são transportados por correias transportadoras. Alternativamente podem ser colocadas coberturas portáteis ou coberturas plásticas sobre os componentes pré-moldados, sendo o vapor aplicado por tubulações flexíveis.

Em função da influência adversa da temperatura durante os estágios iniciais de endurecimento sobre a resistência final (ver Fig. 10.9), não deve ser permitida a elevação rápida da temperatura. O efeito prejudicial é mais pronunciado quanto maior for a relação água/cimento da mistura, e é também mais notado em cimento Portland de alta resistência inicial (Tipo III ASTM) que em cimento Portland comum (Tipo I ASTM). Um atraso na aplicação da cura a vapor é vantajoso quando a resistência final for exigência. Uma temperatura mais elevada exige um retardo maior, e, nesse caso, a relação resistência-maturidade é seguida. Entretanto, em alguns casos, a resistência final pode ser de menor importância que os requisitos relacionados à resistência inicial.

Na prática, os ciclos de cura são escolhidos como um balanço entre as exigências de resistência inicial e final, mas também são governados pelo tempo disponível (por exemplo, duração dos turnos de trabalho). Considerações econômicas determinam se o ciclo de cura deve ser adaptado a uma determinada composição de concreto ou, alternativamente, se a composição deve ser selecionada de modo

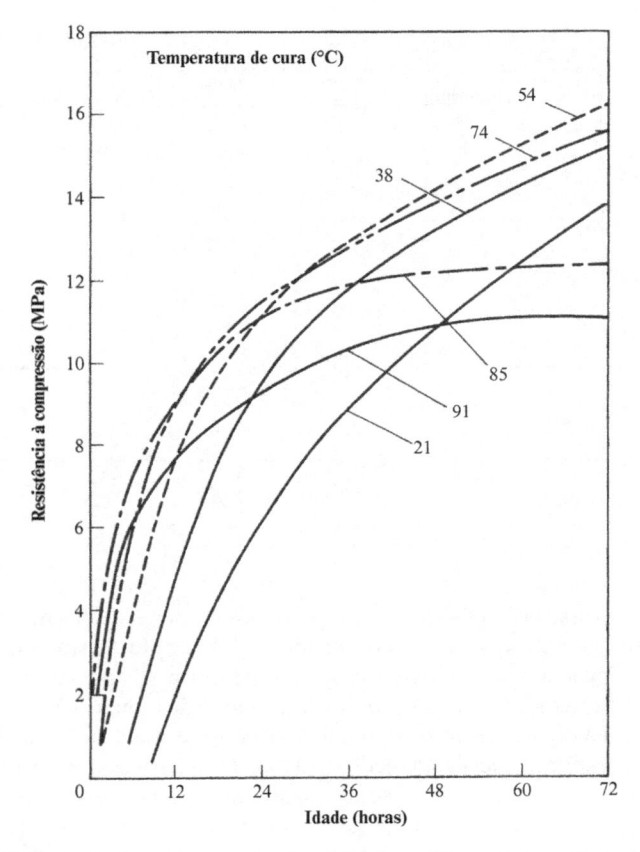

Figura 10.9 Resistência do concreto curado em vapor a diferentes temperaturas (relação água/cimento = 0,50, cura a vapor aplicada imediatamente após a moldagem).
(De: US BUREAU OF RECLAMATION, *Concrete Manual*, 8th Edn. (Denver, Colorado, 1975).)

a se ajustar a um ciclo de cura a vapor adequado. Embora detalhes de ciclos de cura ótimos dependam do tipo de produtos de concreto tratados, um ciclo de cura típico pode ser aquele mostrado na Fig. 10.10. Após um período de espera (cura à umidade normal) de 3 a 5 horas, a temperatura é elevada a uma velocidade de 22 a 33°C por hora até um máximo de 66 a 82°C. Essa temperatura é mantida, possivelmente seguida por um período de conservação em que nenhum calor é adicionado, mas o concreto recebe calor residual e umidade antes do resfriamento em uma velocidade moderada. O ciclo total (excluindo o período de espera) não deve exceder, preferencialmente, 18 horas. Concretos com agregados leves podem ser aquecidos entre 82 e 88°C, mas o ciclo ótimo não é diferente do concreto produzido com agregados normais.

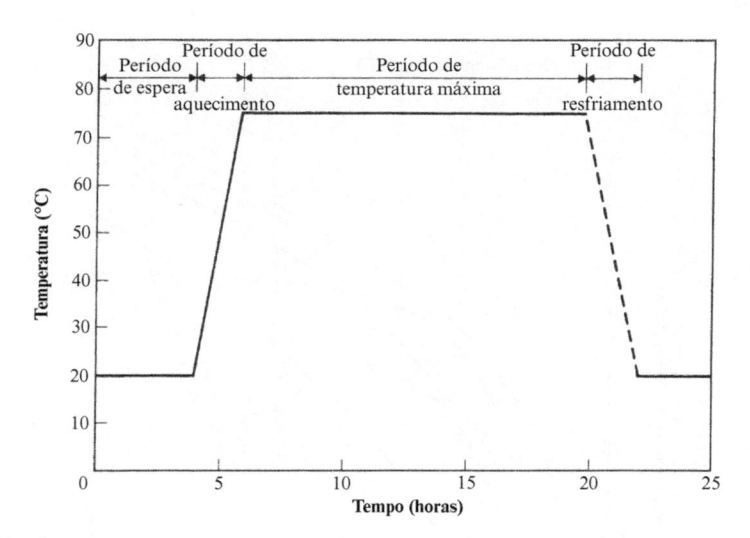

Figura 10.10 Ciclo de cura a vapor típico.

As temperaturas citadas são referentes ao vapor, mas não são necessariamente as mesmas do concreto que está sendo produzido. Durante a primeira ou segunda hora após a colocação na câmara de cura, a temperatura do concreto é inferior a do ar, mas posteriormente, devido ao calor de hidratação do cimento, a temperatura do concreto supera a do ar. A utilização máxima do calor armazenado na câmara pode ser obtida se o vapor for desligado cedo e adotado um período de cura prolongado. Uma velocidade baixa, quer seja de aquecimento, quer seja de resfriamento, é desejável; caso contrário, os elevados gradientes de temperatura no concreto podem causar tensões internas, possivelmente resultando em fissuração térmica devido ao choque térmico. Isso significa que, se o período de espera é reduzido, então uma velocidade de aquecimento menor deve ser aplicada, não só para a prevenção contra o choque térmico, mas também para garantir uma resistência final adequada.

A cura a vapor nunca deve ser utilizada com cimento de alto teor de alumina, devido ao efeito deletério das condições de temperatura elevada e umidade na resistência deste cimento (ver página 34).

Bibliografia

10.1 ACI COMMITTEE 308R–01, Standard Practice for curing concrete, Part 2, *ACI Manual of Concrete Practice* (2007).

10.2 P. C. AITCIN and A. M. NEVILLE, How the water/cement ratio affects concrete strength, *Concrete International*, 25, No. 8, pp. 51–58 (2003).

Problemas

10.1 Qual é o efeito da temperatura durante as primeiras 24 horas na resistência aos 28 dias do concreto?
10.2 Compare o desenvolvimento de resistência do concreto armazenado úmido desde a desmoldagem em 24 horas a 5°C e 40°C.
10.3 Quais são as desvantagens da película de cura quando comparada com a cura com água?
10.4 Descreva os fatores positivos da película de cura.
10.5 Descreva o ciclo típico de temperatura da cura a vapor.
10.6 Quais são as várias temperaturas limites no ciclo de cura a vapor?
10.7 O que se entende por autodessecação e quando isso ocorre?
10.8 O que se entende por cura do concreto?
10.9 Por que a cura é importante?
10.10 Quais são as limitações da previsão da resistência do concreto a partir de sua maturidade?
10.11 Defina a maturidade do concreto.
10.12 "A duração da cura deve ser suficiente para produzir um concreto impermeável". Discorra sobre essa afirmação.
10.13 Por que a cura a vapor inclui um período de resfriamento?
10.14 Explique o termo eficiência de cura.
10.15 O que se entende por concreto autoclavado?
10.16 Compare os mecanismos de hidratação a alta temperatura e em temperatura normal.
10.17 Dê algumas vantagens da cura a vapor.
10.18 Quais são as limitações da validade da equação da maturidade?
10.19 Com quais materiais a cura a vapor nunca deve ser utilizada?
10.20 A relação entre resistência e maturidade para um concreto é conhecida e apresentada a seguir:

$$f_c = -33 + 21 \log M$$

Calcule a resistência quando o concreto for curado a 30°C por 7 dias. Que temperatura seria necessária para alcançar a resistência de 30 MPa aos 28 dias?

Resposta: 18,6 MPa; 25°C.

11
Outras Propriedades da Resistência do Concreto

O título deste capítulo se refere à resistência do concreto submetido a diversos tipos de solicitações diferentes da compressão estática. No projeto de estruturas, o concreto é utilizado de modo a não depender de sua resistência à tração, que é baixa. Entretanto, obviamente as tensões de tração não podem ser evitadas. Elas estão relacionadas com o cisalhamento e são geradas por movimentos diferenciais, como a retração, que com frequência resulta em fissuração e diminuição da durabilidade. Consequentemente é necessário entender como a resistência à tração se relaciona com a resistência à compressão.

Em algumas estruturas, são aplicadas solicitações cíclicas e, nesse caso, é necessário conhecimento sobre a fadiga do concreto. A resistência a impactos também pode ser de interesse e, em algumas situações, as superfícies de concreto são submetidas ao desgaste, de modo que a resistência à abrasão é importante.

Finalmente, já que a maior parte do concreto estrutural contém armaduras, a capacidade de aderência entre os dois materiais deve ser satisfatória, de modo a manter a integridade da estrutura.

Relação entre a resistência à compressão e a resistência à tração

Na discussão da resistência no Capítulo 6, a resistência à compressão teórica foi citada como sendo oito vezes maior que a resistência à tração. Isso sugere uma relação fixa entre as duas resistências. Na realidade, existe uma relação próxima, mas não diretamente proporcional, já que a relação entre as duas resistências depende do *nível* de resistência do concreto. Em geral, a relação entre as resistências à compressão e tração é menor quanto maior for a resistência à compressão. Assim, por exemplo, o crescimento da resistência à tração com a idade é menor que o da resistência à compressão. Entretanto, existem vários outros fatores que afetam a relação entre as duas resistências, sendo os principais: os métodos de ensaios do concreto à tração, a dimensão do corpo de prova, a forma e textura superficial do agregado graúdo e a condição de umidade do concreto.

É difícil ensaiar o concreto à tração *direta* (uniaxial) devido à dificuldade de fixação adequada (de forma que uma ruptura precoce não ocorra junto à extremidade fixada) do corpo de prova e porque não deve haver excentricidade da carga aplicada. O ensaio de tração direta, portanto, não é normalizado e raramente é utilizado. As normas ASTM C 78–02, ASTM C 496–04, BS 1881:1983 e BS EN 12390–1: 2009 prescrevem métodos alternativos para a determinação da resistência à tração: tração na flexão (*módulo de ruptura*) e tração indireta (*tração por compressão diametral*) (ver Capítulo 16).

Os diferentes métodos e ensaio fornecem resultados numéricos diferentes, ordenados como segue: tração direta < tração por compressão diametral < tração na flexão. Há duas razões para isso. Primeiro, com as dimensões usuais dos corpos de prova utilizados, o volume de concreto submetido à tensão de tração diminui na sequência listada, e estatisticamente existe uma maior chance de um "ponto fraco" e, portanto, de ruptura em um volume maior que em um menor. Segundo, tanto o ensaio de tração por compressão diametral como o ensaio de tração na flexão implicam em distribuições de tensões não uniformes, que impedem a propagação de uma fissura e, com isso, retardam a ruptura. Por outro lado, na tração direta, a distribuição de tensões é uniforme, de modo que, uma vez que uma fissura é formada, ela pode se propagar rapidamente pela seção do corpo de prova. A Figura 11.1 mostra valores típicos de resistência à tração como uma função da resistência à compressão para os diferentes métodos de ensaio.

Existe pouca influência do tipo de agregado na resistência à tração direta e por compressão diametral, mas a resistência à flexão do concreto é maior quando são utilizados agregados britados angulosos em vez de cascalhos naturais arredondados. A explicação é que a aderência melhorada do agregado britado mantém o material unido, mas é ineficaz na tração direta ou indireta. Como a resistência à compressão é pouco afetada pela forma e textura superficial do agregado, a relação entre a tração na flexão e a resistência à compressão é maior para agregados britados angulosos, especialmente para maiores resistências à compressão.

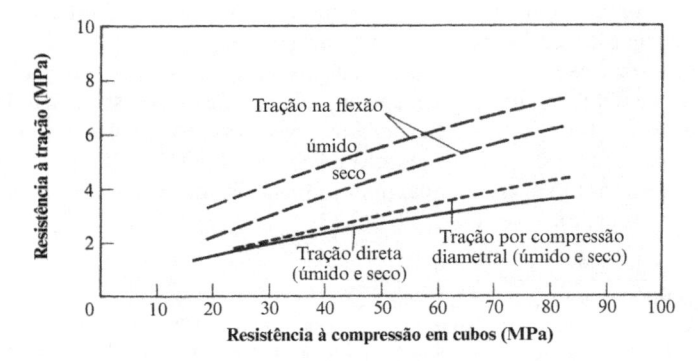

Figura 11.1 Relação entre as resistências à tração e à compressão de um concreto produzido com agregados graúdos arredondados normais e leves. Tração na flexão: prismas de 100 × 100 × 500 mm; tração por compressão diametral: cilindros de 150 × 300 mm; tração direta: corpos de prova (*bobbins*) de 75 × 355 mm; compressão: cubos de 100 mm.

A condição de umidade do concreto influencia na relação entre as resistências à tração na flexão e à compressão. A Figura 11.1 compara um concreto mantido em condição úmida constante com um concreto submetido à cura úmida e então armazenado em ambiente seco. Nessas circunstâncias, a resistência à compressão do concreto seco é maior que o concreto mantido em ambiente úmido. As resistências de tração por compressão diametral e tração direta não são afetadas de mesma maneira. Entretanto, a resistência à tração por flexão do concreto seco é menor que a do concreto úmido, provavelmente devido à sensibilidade desse ensaio à presença de fissuras de retração.

Várias fórmulas empíricas foram sugeridas para relacionar as resistências tração (f_t) e compressão (f_c). A maior parte é do tipo

$$f_t = k f_c^n$$

onde k e n são coeficientes que dependem dos principais fatores discutidos anteriormente e, claro, da forma do corpo de prova do ensaio à compressão (cubo ou cilindro). Não é importante citar aqui valores específicos dos coeficientes, por serem afetados pelas propriedades da mistura utilizada. Entretanto, a expressão utilizada pela ACI é interessante:*

$$f_t = k f_c^{0,5}.$$

Fadiga

Dois tipos de ruptura por fadiga podem acontecer no concreto. Na primeira, a ruptura ocorre sob um carregamento de *longa duração* (ou um pequeno acréscimo de carga) próximo, mas menor que a resistência sob um carregamento crescente, como nos ensaios normalizados. Isso é conhecido como *fadiga estática* ou *ruptura por fluência*. O segundo tipo de ruptura ocorre sob carregamentos *cíclicos* ou repetitivos e é conhecido simplesmente como fadiga. Em ambos casos, a ruptura dependente do tempo ocorre somente em tensões maiores que um determinado limite, mas menores que a resistência estática a cargas de curta duração.

É apropriado nesse estágio destacar que, no método normalizado, a resistência à compressão é determinada em um ensaio de curta duração, isto é, 2 a 4 minutos. A duração do ensaio é importante porque a resistência é dependente da taxa de carregamento. É por essa razão que tanto a BS EN 12390–3: 2002 quanto a ASTM C 39–05 estabelecem taxas de carregamento normalizadas para a determinação da resistência à compressão (ver Capítulo 16).**

---

* N. de T.: A NBR 6118:2007 estabelece que a resistência à tração indireta ($f_{ct,sp}$) e a resistência à tração na flexão ($f_{ct,f}$) devem ser obtidas em ensaios realizados segundo a NBR 7222:2011 e a NBR 12142:2010, respectivamente. O primeiro estabelece os procedimentos para o ensaio por compressão diametral, enquanto o segundo, para o ensaio de tração na flexão. A mesma norma cita que a resistência à tração direta (f_{ct}) pode ser considerada igual a $0{,}9 f_{ct,sp}$ ou $0{,}7 f_{ct,f}$. Na falta de ensaios para obtenção de $f_{ct,sp}$ e $f_{ct,f}$, pode ser avaliado o seu valor médio ou característico por meio das seguintes equações, sendo $f_{ct,m}$ e f_{ck}, expressos em MPa: $f_{ct,m} = 0{,}3 f_{ck}^{2/3}$ e $f_{ctk,inf} = 0{,}7 f_{ct,m}$; $f_{ctk,sup} = 1{,}3 f_{ct,m}$.
** N. de T.: O mesmo faz a NBR 5739:2007.

A Figura 11.2 mostra que, conforme a taxa de carregamento diminui (ou a duração do ensaio aumenta), a aplicação de um carregamento crescente a uma taxa constante resulta em uma resistência menor que no caso do ensaio normalizado. Por outro lado, se o carregamento é aplicado de modo extremamente rápido (ou instantâneo), obtém-se uma resistência maior e a deformação na ruptura (*capacidade de deformação*) é menor. Verifica-se que, em taxas de carregamento maiores, o concreto parece de natureza mais frágil que sob menores taxas de carregamento onde a fluência (ver Capítulo 13) e a microfissuração aumentam a capacidade de deformação.

Sob baixas velocidades de carregamento, a fadiga estática ocorre quando a tensão excede cerca de 70 a 80% da resistência em curto prazo. Esse valor limite representa o início de um rápido desenvolvimento de microfissuras, que eventualmente se unem e causam a ruptura. Portanto, quando a tensão excede o valor limite, o concreto irá romper após um período que é indicado pela envoltória de ruptura da Fig. 11.2.

Um fenômeno similar ocorre sobre carga de longa duração (ver Fig 11.3). Nesse caso, um determinado carregamento é aplicado de forma bastante rápida e então mantido constante. Acima do mesmo limite de cerca de 70 a 80% da resistência de curto prazo, o carregamento de longa duração irá eventualmente resultar em ruptura. Em tensões abaixo do limite, a ruptura não irá ocorrer e o concreto irá continuar a se deformar (ver Capítulo 12).

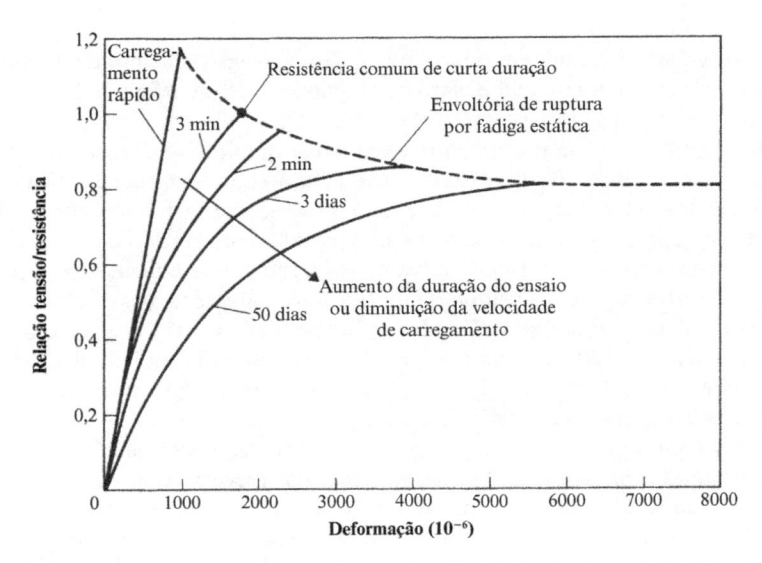

Figura 11.2 Influência da duração do ensaio (ou velocidade de carregamento) na resistência e na capacidade de deformação na compressão.
(Baseado em H. RÜSCH, Researches toward a general flexural theory for structural concrete, *ACI Journal*, Vol. 57, No. 1, pp. 1–28, (July 1960).)

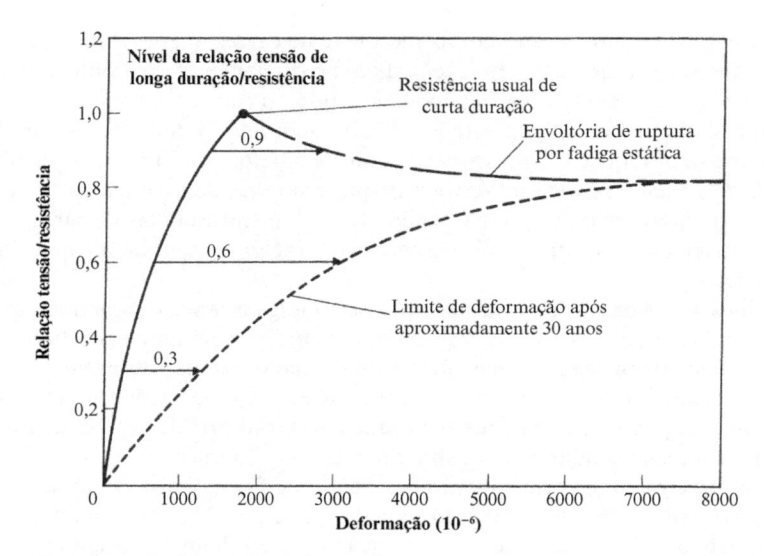

Figura 11.3 Influência da tensão de longa duração na resistência e na capacidade de deformação do concreto na compressão.
(Baseado em H. RÜSCH, Researches toward a general flexural theory for structural concrete, *ACI Journal*, Vol. 57, No. 1, pp. 1–28 (July 1960).)

A fadiga estática também ocorre na tração em tensões acima de 70 a 80% da resistência de curto prazo, mas é claro que a capacidade de deformação na tração é muito menor que na compressão.

Merece análise o comportamento do concreto quando uma tensão de compressão é alternada entre zero e uma determinada fração da resistência estática de curta duração. A Fig. 11.4 mostra que existe uma mudança na forma das curvas tensão--deformação sob uma carga crescente e decrescente conforme os ciclos de carregamento aumentam. Inicialmente a curva de carregamento é côncava em direção ao eixo das deformações; em seguida, é reta e, eventualmente, côncava em direção ao eixo das tensões. A extensão desta última concavidade é refletida por um aumento na deformação elástica e, em função disso, por uma diminuição do módulo de elasticidade secante (ver Capítulo 12), um comportamento que indica quão perto o concreto está da ruptura por fadiga.

A área contida por duas curvas sucessivas de carregamento e descarregamento é proporcional à *histerese* e representa a energia irreversível de deformação, ou seja, a energia resultante da formação de fissuras ou fluência irreversível (ver Capítulo 12). No primeiro carregamento a uma tensão elevada, a histerese é grande, mas diminui com o aumento do número de ciclos. Quando a ruptura por fadiga se aproxima, ocorre uma expressiva fissuração na interface dos agregados e, consequentemente, a histerese e a deformação plástica aumentam rapidamente. Da mesma forma que na fadiga estática, a deformação plástica e a ruptura por fadiga e,

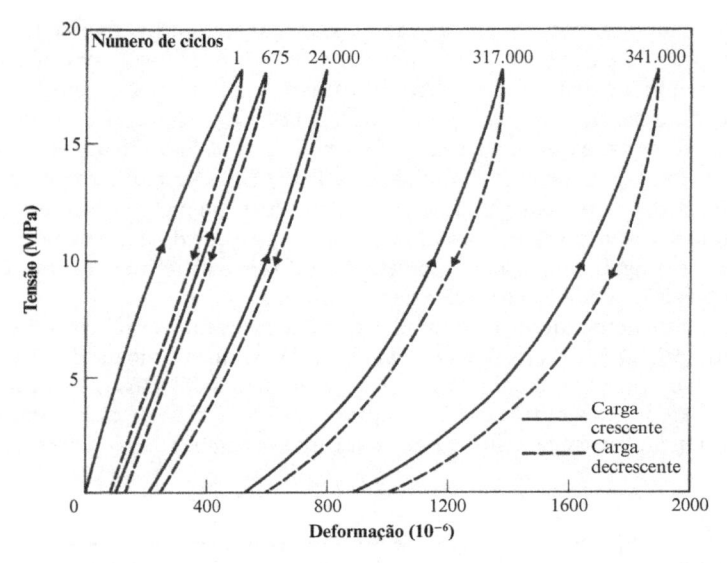

Figura 11.4 Relação tensão-deformação do concreto sob carregamentos cíclicos de compressão.

por consequência, a capacidade de deformação são muito maiores que na ruptura de curta duração.

Retornando à análise da fadiga, verifica-se que, para uma amplitude constante de tensões alternadas, a resistência à fadiga diminui conforme o número de ciclos aumenta. Essa afirmação está ilustrada na Fig. 11.5 pelas *curvas* conhecidas como S–N, onde S é a relação entre a tensão máxima e a resistência estática de curta dura-

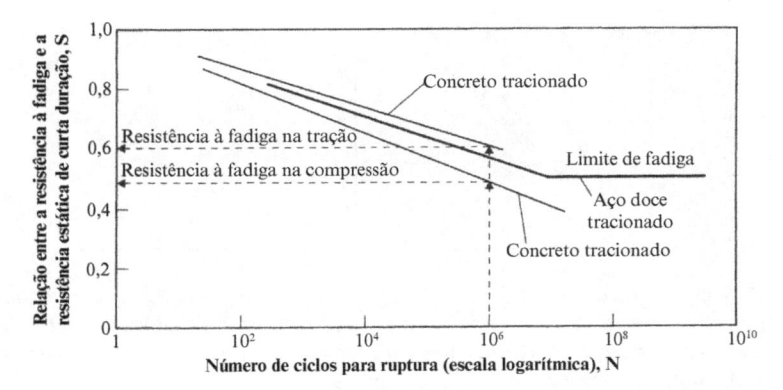

Figura 11.5 Relações típicas entre resistência à fadiga e número de ciclos para concreto e aço doce com tensão mínima igual a zero.

ção e N é o número de ciclos na ruptura. O valor máximo de S, abaixo do qual não ocorre ruptura, é conhecido como um *limite de fadiga*. Considerando-se que aço doce tem um limite de fadiga de cerca de 0,5, isso significa que, quando S < 0,5, N é infinito. Não parece haver um limite correspondente para o concreto. Portanto, é necessário definir a resistência à fadiga do concreto considerando um número muito grande de ciclos, por exemplo, 1 milhão (ver Fig. 11.5). Na realidade, a curva S–N para o concreto tem uma dispersão muito grande devido à incerteza da resistência de curta duração do corpo de prova submetido à fadiga e devido à natureza estocástica da fadiga. Isso significa que, para um determinado ciclo de tensões, é difícil determinar com precisão o número de ciclos para a ruptura.

O efeito de uma mudança na amplitude de tensões na resistência à fadiga é representado pelo *diagrama de Goodman modificado*, conforme mostrado na Fig. 11.6. No gráfico, a ordenada, medida a partir de uma linha a 45° passando pela origem, indica a faixa de tensões que causa a ruptura após 1 milhão de ciclos. Para efeitos práticos, o menor carregamento é devido à carga permanente e o maior é devido à

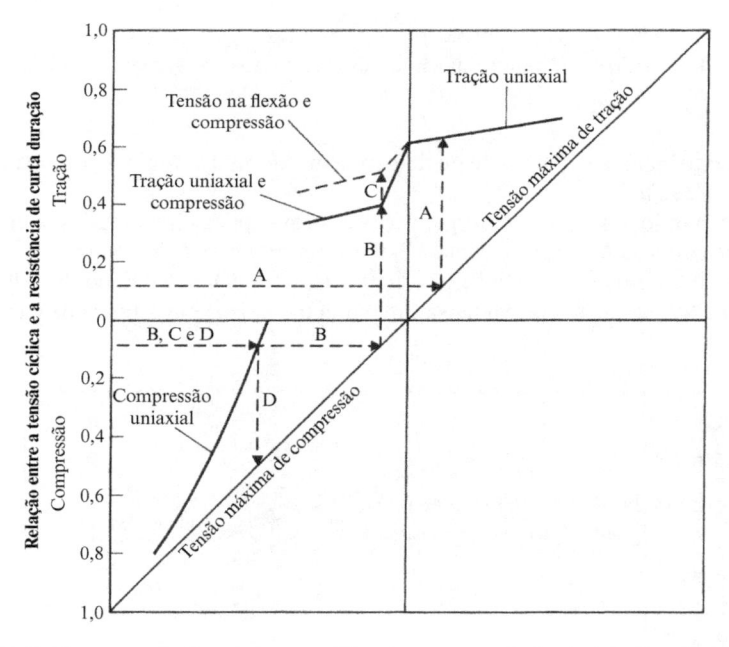

Figura 11.6 Diagrama de Goodman modificado para a resistência à fadiga do concreto à tração uniaxial, tração na flexão e compressão após 1 milhão de ciclos. Os símbolos indicam a resistência à fadiga para um carregamento mínimo de 0,1 da resistência de curta duração. Os símbolos estão definidos na página 197.
(Baseado em H. A. W. CORNELISSEN, Fatigue of concrete in tension, *Heron*, Vol. 29, No. 4, p. 68 (1984).)

carga permanente e cargas variáveis (acidentais). A Fig. 11.6 mostra a resistência à fadiga para várias combinações de carregamentos de compressão e tração. Por exemplo, quando a tensão mínima é 10% da resistência estática de curta duração, a tensão máxima correspondente e a faixa de tensões (expressa como proporções da resistência estática de curta duração) são as seguintes:

Tipo de tensão mínima	Símbolo na Fig. 11.6	Tensão máxima (S) e tipo	Amplitude de tensão
tração uniaxial	A	0,6, tração uniaxial	0,5
compressão uniaxial	B	0,4, tração unixial	0,5
flexocompressão	C	0,5, tração na flexão	0,6
compressão uniaxial	D	0,5, compressão uniaxial	0,4

Portanto, pode-se verificar que a maior amplitude de tensões é admitida na flexão (C) quando a tensão mínima é de compressão e a máxima, de tração. Essa combinação é de especial interesse por ocorrer em uma viga de concreto protendido em serviço.

Como a resistência do concreto aumenta com a idade, a resistência à fadiga cresce proporcionalmente, de modo que, para um determinado número de ciclos, a ruptura por fadiga ocorre na mesma proporção da resistência final. Uma diminuição na frequência de carregamentos cíclicos diminui levemente a resistência à fadiga, mas somente em frequências muito baixas (< 1 Hz), quando a deformação por ciclo é significativa. A condição de umidade do concreto afeta marginalmente a resistência à fadiga, exceto, talvez, no caso de um concreto muito seco, no qual a resistência à fadiga é um pouco maior que do concreto úmido.

Até agora foi considerada a resistência à fadiga do concreto quando submetido a uma amplitude constante de tensões. Em uma situação prática, a amplitude pode variar, sendo relevante todo o histórico de carregamentos cíclicos. A *lei de Miner* considera que a ruptura irá ocorrer se o dano total acumulado de um histórico de carregamentos M for igual a unidade. A contribuição do dano individual de um carregamento específico é igual à relação entre o número de ciclos, n_i, em um determinado ciclo de tensões, i, e o número de ciclos até a ruptura, N_i, naquela tensão. Portanto,

$$M = \frac{n_1}{N_1} + \frac{n_2}{N_2} + \ldots + \frac{n_k}{N_k} = \sum_{i=1}^{k} \frac{n_i}{N_i} = 1.$$

Para qualquer ciclo de tensões, i, o valor de N_i, é obtido a partir da curva S–N apropriada. Esse ponto é a deficiência da lei de Miner: existe uma grande dispersão associada à curva S–N e, como consequência, a lei Miner não é muito precisa.

Uma abordagem alternativa é relacionar o número de ciclos até a ruptura à taxa de fluência secundária (ver Figs. 11.7 e 11.8), que é uma medida do dano real parcial na fadiga. Embora a dispersão seja muito reduzida, a deformação variável com o

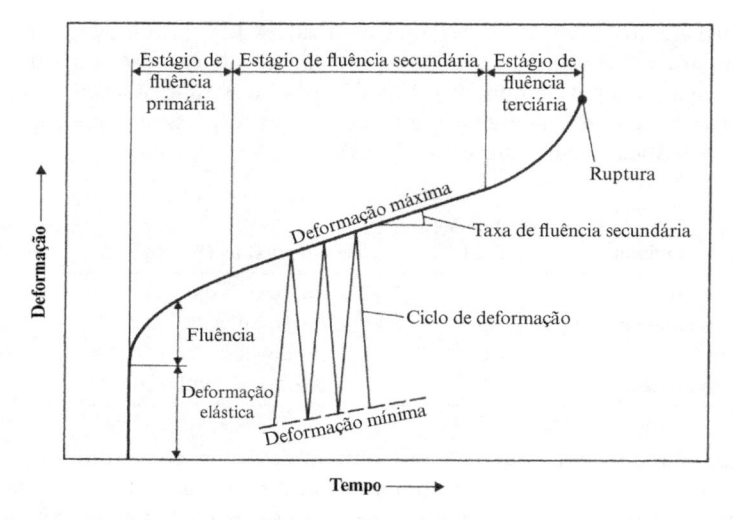

Figura 11.7 Definição da taxa da fluência secundária para determinação do dano parcial na fadiga.

tempo deve ser monitorada continuamente. A aplicação da lei de Miner baseada na taxa de fluência secundária parece ser mais satisfatória, sendo então M somente um pouco maior que a unidade e, portanto, $M = 1$ parece ser um critério seguro para projeto.*

Resistência ao impacto

A resistência ao impacto tem importância para estacas de concreto cravadas, em fundações de máquinas que exerçam cargas instantâneas, bem como em situações em que exista a possibilidade de impacto, como em movimentações de elementos de concreto pré-moldado.

Não existe uma relação única entre a resistência ao impacto e a resistência à compressão estática. Por essa razão, a resistência ao impacto tem de ser avaliada, normalmente, pela capacidade de um corpo de prova de concreto em suportar golpes repetidos e absorver energia. Por exemplo, o número de golpes que o concreto pode suportar antes de atingir a condição de "sem rebote" indica um estado explícito de dano. Em geral, para um determinado tipo de agregado, quanto maior a resistência à compressão do concreto, menor a energia absorvida por golpe antes da fissuração, mas maior o número de golpes para atingir a condição "sem rebote".

---

* N. de T.: A NBR 6118:2007 estabelece que, quando a estrutura de concreto estiver sujeita a choques ou vibrações, seus efeitos devem ser considerados na determinação das solicitações, e a possibilidade de fadiga deve ser considerada no dimensionamento dos elementos estruturais, segundo procedimento estabelecido pela própria norma. São consideradas as ações de fadiga de média e baixa intensidade e número de repetições de até 2.000.000 de ciclos.

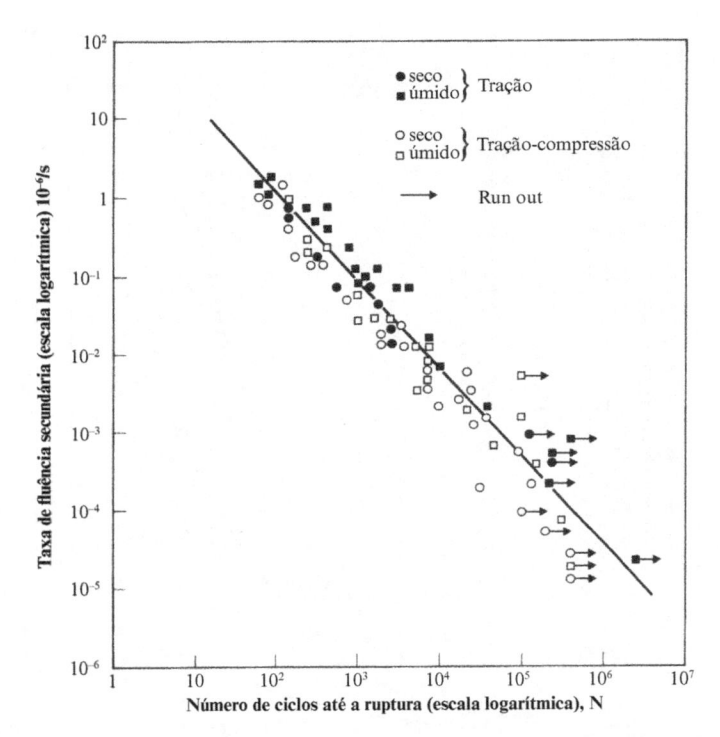

Figura 11.8 Relação entre a taxa de fluência secundária e o número de ciclos até a ruptura. (De: H. A. W. CORNELISSEN, Fatigue of concrete in tension, *Heron*, Vol. 29, No. 4, p. 68 (1984).)

Consequentemente, a resistência ao impacto e a energia total absorvida pelo concreto aumentam com sua resistência à compressão estática e, portanto, com a idade, em uma taxa progressiva, conforme mostra a Fig. 11.9.

A Figura 11.9 mostra também que a relação entre a resistência ao impacto e a resistência à compressão depende do tipo de agregado graúdo, mas também é dependente da condição de armazenamento do concreto. A resistência ao impacto de um concreto mantido em água é menor do que quando o concreto está seco. Portanto, a resistência à compressão sem referência às condições de armazenamento não dá uma indicação adequada da resistência ao impacto. Além disso, para a mesma resistência à compressão, a resistência ao impacto é maior para concretos produzidos com agregados graúdos de maior angulosidade e rugosidade superficial. Essa característica indica que a resistência ao impacto do concreto é mais intimamente relacionada à resistência à flexão que à resistência à compressão (ver página 191). Como consequência disso, concretos produzidos com seixos têm uma resistência ao impacto menor devido à ligação mais fraca entre a argamassa e o

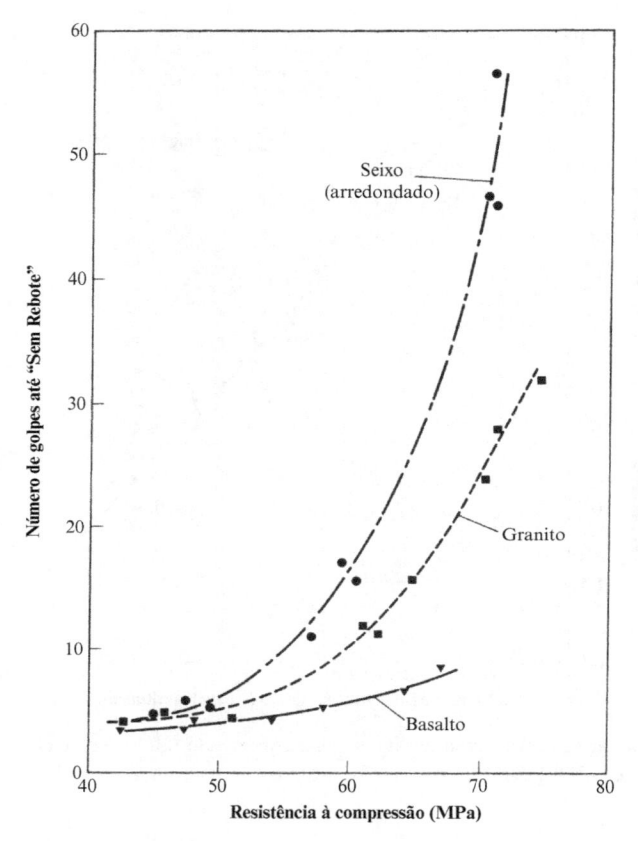

Figura 11.9 Relação entre resistência à compressão e número de golpes até a condição "sem rebote" para concretos produzidos com diferentes agregados e cimento Portland comum (Tipo I ASTM), armazenado em água.
(De: H. GREEN, Impact strength of concrete, *Proc. Inst. C. E.*, 28, pp. 383-96 (London, July, 1964); Building Research Establishment, Crown copyright.)

agregado graúdo. A diminuição da dimensão máxima do agregado melhora significativamente a resistência ao impacto, o mesmo efeito tem o uso de agregados com baixo módulo de elasticidade e baixo coeficiente de Poisson. Para garantir uma resistência ao impacto satisfatória, é vantajoso um consumo de cimento menor que 400 kg/m^3.

O carregamento de impacto pode ser considerado como a aplicação de uma tensão uniforme extremamente rápida, caso em que a resistência medida é mais alta. A Figura 11.10 mostra que a resistência aumenta muito quando a velocidade de aplicação da tensão excede 500 GPa/s, chegando a 5 TPa/s, mais que o dobro da

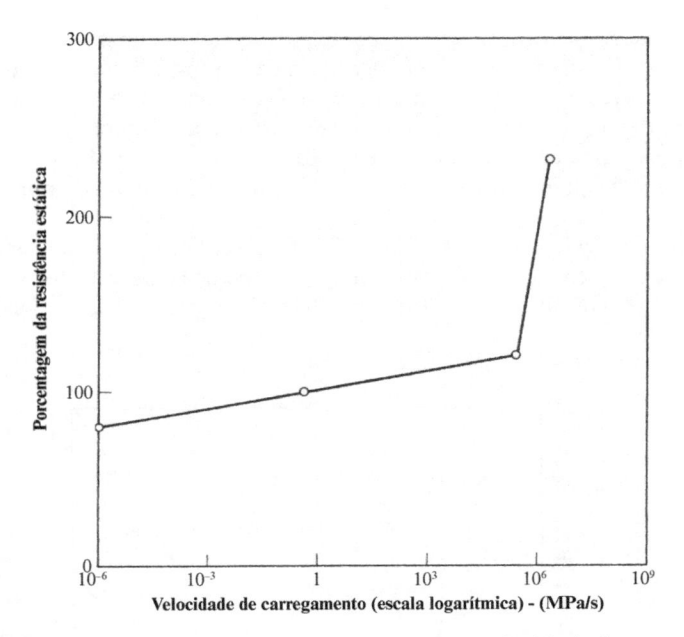

Figura 11.10 Relação entre a resistência à compressão e a velocidade de carregamento até o nível de impacto.
(De: C. POPP, Untersuchen über das Verhalten von Beton bei schlagartigen Beanspruchung, *Deutscher Ausschuss für Stahlbeton*, No. 281, p. 66 (Berlin, 1977).)

resistência à compressão estática em velocidades normais de carregamento (cerca de 0,25 MPa/s).

Resistência à abrasão

As superfícies do concreto podem ser submetidas a vários tipos de desgaste por abrasão. Por exemplo, movimentos de arraste e deslizamentos podem causar *atrito* e, no caso de estruturas hidráulicas, a ação de partículas sólidas abrasivas carregadas pela água em geral causam a *erosão* do concreto. Por essa razão, é importante o conhecimento da resistência à abrasão do concreto. Entretanto, ela é de difícil determinação, já que a ação prejudicial varia conforme a causa do desgaste e nenhum ensaio é satisfatório na avaliação da resistência do concreto às diversas situações de desgaste.

Em todos os ensaios, a espessura desgastada de um corpo de prova é utilizada como uma medida da abrasão. A ASTM C 779–05 prescreve três métodos de ensaios para uso em laboratório ou em campo. No *ensaio do disco giratório*, três superfícies planas giram por um percurso circular a 0,2 Hz, sendo que cada placa gira em torno de seu próprio eixo a 4,7 Hz. O carboneto de silício é utilizado como material abrasivo, sendo colocado entre as placas e o concreto. No método de *ensaio de abrasão das esferas de aço*, a carga é aplicada a uma extremidade rotatória separada do concreto por esferas de aço. O ensaio é realizado com a circulação de água para a remoção do material desgastado. O *ensaio da coroa de desbaste* utiliza uma prensa modificada para aplicar uma carga a três conjuntos de sete coroas de desbaste que estão em contato com o corpo de prova. A extremidade rotatória é acionada por 30 minutos a 0,93 Hz.

Os ensaios prescritos pela ASTM C 779–05 são utilizados para a estimativa da resistência do concreto para trânsito intenso de pessoas, para trânsito de rodas e para pneus com correntes e veículos com esteiras. Em geral, quanto mais severa for

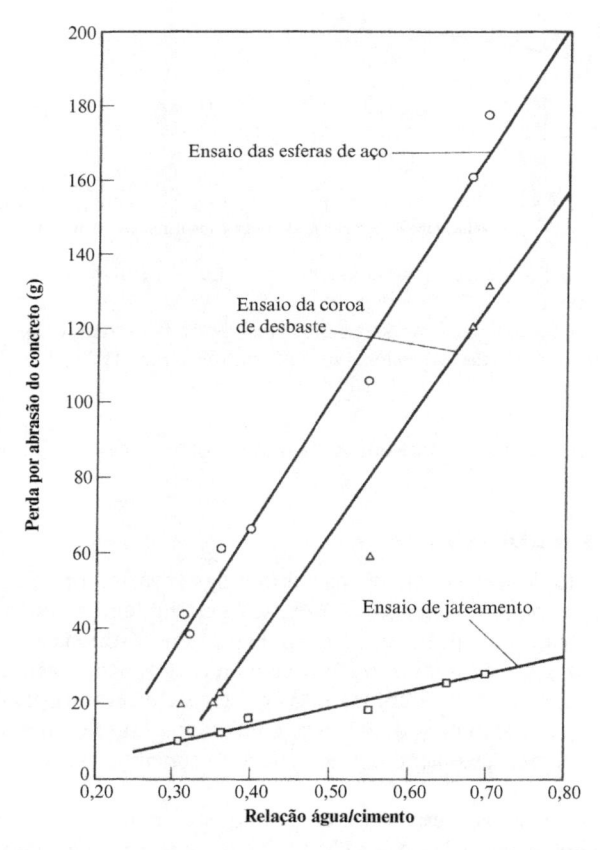

Figura 11.11 Influência da relação água/cimento da mistura na perda por abrasão do concreto por diferentes ensaios.
(De: F. L. SMITH, Effect of aggregate quality on resistance of concrete to abrasion, *ASTM Sp. Tech. Publicn.*, No. 205, pp. 91–105 (1958).)

a abrasão, maior validade terá o ensaio na ordem: disco giratório, coroa de desbaste e esferas de aço.

Por outro lado, a propensão à erosão por sólidos em fluxos de água é medida pelo *ensaio de jateamento*. Nesse ensaio, uma carga de 2.000 fragmentos de aço com dimensão de 850 μm é lançada sob uma pressão de ar de 0,62 MPa através de um bocal de 6,3 mm em um corpo de prova de concreto situado a 102 mm.

A Fig. 11.11 mostra os resultados dos três ensaios da ASTM C 779–05 em diferentes concretos. Devido às condições arbitrárias dos ensaios, os valores obtidos não são comparáveis quantitativamente, mas em todos os casos a resistência à abrasão é proporcional à relação água/cimento e, portanto, relacionada à resistência à compressão.

Pode-se dizer que o principio básico para a seleção de um concreto resistente à abrasão é sua resistência à compressão. A resistência é aumentada pelo uso de misturas razoavelmente pobres. O concreto leve obviamente é inadequado quando o desgaste superficial for importante. Um concreto que sofreu pouca exsudação possui uma camada superficial mais resistente e por isso apresenta maior resistência à abrasão. Um retardo no acabamento é vantajoso e, para resistência elevada, é essencial uma cura úmida adequada e prolongada. Informações sobre métodos de cura são dados pela norma ACI 308R–01.*

Aderência à armadura

A resistência da aderência entre a armadura e o concreto vem principalmente do atrito e da adesão. A aderência é afetada tanto pelas propriedades do aço quanto do concreto e pela movimentação relativa devido às variações de volume (por exemplo, retração do concreto).

Em termos gerais, a resistência da aderência é aproximadamente proporcional à resistência à compressão de concretos até 20 MPa. Para resistências mais elevadas, o aumento da resistência de aderência torna-se progressivamente menor e eventualmente desprezível, conforme mostra a Fig. 11.12.

A resistência de aderência não é facilmente definida. Ela pode ser determinada por um ensaio de arrancamento, no qual uma barra conformada de 19 mm é embutida em um cubo de 150 mm. A barra é tracionada em relação ao concreto até que ocorra a falha de aderência, o concreto se rompa ou ocorra um escorregamento mínimo de 2,5 mm na extremidade carregada da barra. A resistência de aderência é então tomada como a carga da barra no momento da falha dividida pela área superficial nominal da barra embutida.

Tratamentos superficiais para proteção da armadura podem diminuir a resistência da aderência, provavelmente devido ao fato de, em barras tratadas, não existir a vantagem da oxidação superficial. A aderência de armaduras galvanizadas, entretanto, tem se mostrado no mínimo tão boa quanto à obtida em barras e fios comuns.

---

* N. de T.: No Brasil, há um método normalizado para verificação da resistência à abrasão de materiais inorgânicos, NBR 12042:1992, que utiliza um processo de desgaste por meio de um disco giratório, sendo utilizada areia seca como material abrasivo.

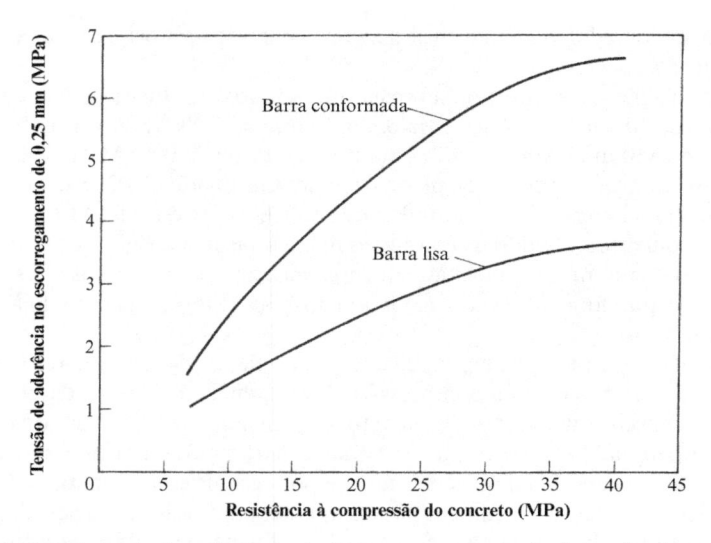

Figura 11.12 Influência da resistência do concreto na aderência determinada pelo ensaio de arrancamento.
(De: W. H. PRICE, Factors influencing concrete strength, *J. Amer. Concr. Inst.*, 47, pp. 417-32 (Feb. 1951).)

A espessura do revestimento galvanizado normalmente varia entre 0,03 e 0,10 mm e o aço está protegido contra a corrosão mesmo quando o cobrimento da armadura é reduzido em até 25%. Além disso, a galvanização permite o uso de concretos com agregados leves sem aumento do cobrimento.

Bibliografia

11.1 H. A. W. CORNELISSEN, Fatigue of concrete in tension, *Heron*, Vol. 29, No. 4, p. 68 (1984).
11.2 A. M. NEVILLE, *Properties of Concrete*, London, Longman (1995).

Problemas

11.1 Discuta a relação entre resistência ao impacto e resistência à compressão do concreto.
11.2 Discorra sobre a relação entre a resistência à compressão e a resistência à tração do concreto.
11.3 Que precauções você deve tomar para garantir uma boa resistência à abrasão do concreto?
11.4 Como você pode avaliar a resistência à abrasão do concreto?
11.5 O que é fadiga ou limite de fadiga?
11.6 Quais são os principais fatores que influenciam na resistência na fadiga do concreto?
11.7 Qual é a diferença entre fadiga e fadiga estática?

11.8 Compare para um determinado concreto a resistência à tração direta, a resistência à tração na flexão e tração por compressão diametral. Explique por que estes valores são diferentes.
11.9 O tipo de agregado exerce alguma influência na resistência à tração do concreto?
11.10 A condição de umidade do concreto exerce alguma influência na resistência à tração do concreto?
11.11 O que é ruptura por fluência?
11.12 Qual é o efeito da velocidade de aplicação de carga na resistência do concreto?
11.13 O que é histerese?
11.14 Como a resistência à fadiga é afetada pelo número de ciclos?
11.15 Explique as expressões: curva S–N, diagrama de Goodman e lei de Miner.

12
Elasticidade e Fluência

Para ser possível o cálculo da deformação e deflexão de componentes estruturais, deve-se conhecer a relação entre tensão e deformação. Em comum com a maioria dos materiais estruturais, o concreto se comporta de modo aproximadamente elástico quando a carga é aplicada pela primeira vez. Entretanto, sob carga de longa duração (ou carga mantida), o concreto apresenta fluência, ou seja, a deformação aumenta com o tempo sob uma tensão constante, mesmo com tensões muito pequenas e sob condições ambientais de temperatura e umidade normais. O aço, por outro lado, sofre fluência à temperatura normal somente com tensões muito elevadas ou mesmo com baixas tensões em temperaturas muito elevadas e, em ambos os casos, ocorre a ruptura em função do tempo. Em compensação, no concreto sujeito a uma tensão cerca de 60 a 70% da tensão de curta duração, não ocorre ruptura por fluência ou por fadiga estática (ver Capítulo 11). Da mesma forma que o concreto, a madeira também sofre fluência sob condições ambientais normais.

Elasticidade

Inicialmente o comportamento elástico do concreto será classificado segundo os vários tipos de comportamento elástico dos materiais de construção. A definição de *elasticidade pura* é que a deformação aparece e desaparece imediatamente na aplicação e remoção da tensão. A curva tensão-deformação da Fig. 12.1 ilustra dois tipos de elasticidade pura: (a) é linear e elástica e (b) é não linear e elástica. O aço se comporta quase como o caso (a), enquanto alguns plásticos e a madeira obedecem ao caso (b). Materiais frágeis como o vidro e a maior parte das rochas são descritos como linear e não elástico (caso (c)), por existirem curvas lineares separadas para os ramos de carregamento e descarregamento do diagrama tensão-deformação e pela existência de uma deformação permanente após a remoção completa da carga. A quarta categoria (caso (d)) da Fig. 12.1 pode ser descrita como o comportamento não linear e não elástico, existindo uma deformação permanente após a remoção da carga. A área entre as curvas de carregamento e descarregamento representa a histerese (ver página 194). Esse comportamento é típico do concreto na compressão ou tração, carregado com tensões moderadas ou elevadas, mas não é muito pronunciado em tensões muito baixas.

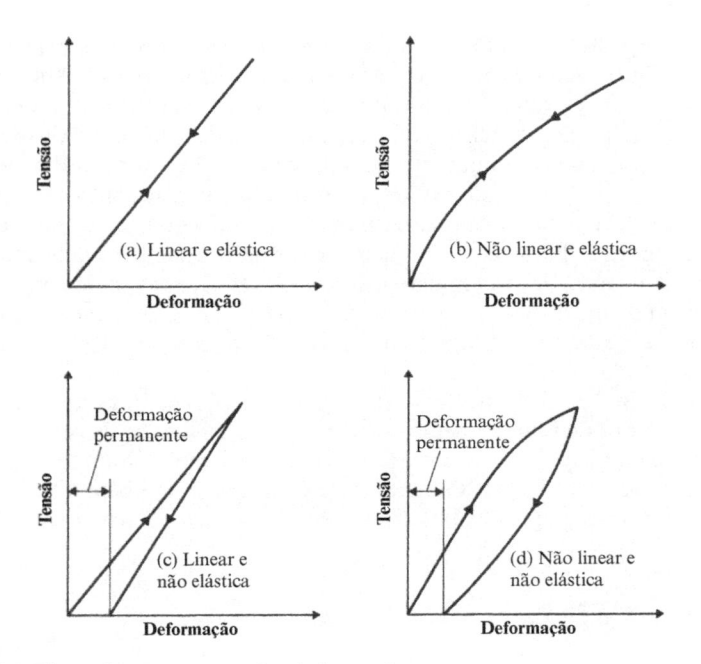

Figura 12.1 Tipos de resposta tensão-deformação.

(a) Linear e elástica
(b) Não linear e elástica
(c) Linear e não elástica
(d) Não linear e não elástica

A inclinação da relação entre tensão e deformação dá o módulo de elasticidade, mas a expressão módulo de Young somente pode ser aplicada aos tipos lineares da Fig. 12.1. Entretanto, como o objetivo é a determinação do módulo de elasticidade do concreto, a Fig. 12.2 será considerada como uma versão ampliada da Fig. 12.1 (d). O módulo de Young pode ser determinado somente para a parte inicial da curva de carregamento, mas, quando existe uma parte não retilínea da curva, também é possível medir a tangente da curva na origem. Esse é o *módulo tangente inicial*. É possível determinar o *módulo tangente* em qualquer ponto da curva tensão-deformação, mas isso se aplica somente a variações muito pequenas da carga acima ou abaixo da tensão onde o módulo tangente foi considerado.

A magnitude das tensões observadas e a curvatura da curva tensão-deformação dependem, em parte, da velocidade de aplicação da tensão. Quando a carga é aplicada muito rapidamente (< 0,01 s), as tensões registradas são bastante reduzidas e a curvatura da curva tensão-deformação se torna bem pequena. Um aumento no tempo de carregamento de 5 segundos para cerca de 2 minutos pode aumentar a tensão em até 15%, mas na faixa de 2 a cerca de 10 minutos, tempo normalmente necessário para ensaiar um corpo de prova em uma máquina de ensaios comum, o aumento na deformação e, com isso, o grau de comportamento não linear são muito pequeno.

A não linearidade no concreto em tensões normais é resultante principalmente da fluência; consequentemente, a demarcação entre deformação elástica e fluência é difícil. Por razões práticas, é feita uma diferenciação arbitrária: a deformação resultante da aplicação da tensão de projeto é considerada como elástica (deformação elástica inicial) e o aumento subsequente na deformação devido ao carregamento de projeto mantido ao longo do tempo é considerado como fluência. O módulo de "elasticidade" no carregamento definido dessa forma é o *módulo secante* da Fig. 12.2. Não existe um método normalizado para a determinação do módulo secante, mas é normalmente medido em tensões variando entre 15 e 50% da resistência de curto prazo. Como o módulo secante é dependente do nível de tensão e de sua velocidade de aplicação, a tensão e o tempo gasto para sua aplicação sempre devem ser relatados.

A determinação do módulo inicial tangente não é fácil, mas um valor aproximado pode ser obtido indiretamente: a secante da curva tensão-deformação no descarregamento (ver Fig. 12.2) é com frequência paralela ao módulo tangente inicial, mas nem sempre este é o caso. O módulo tangente inicial também é quase igual ao *módulo dinâmico* (ver página 210). Vários ciclos de carregamento e descarregamento

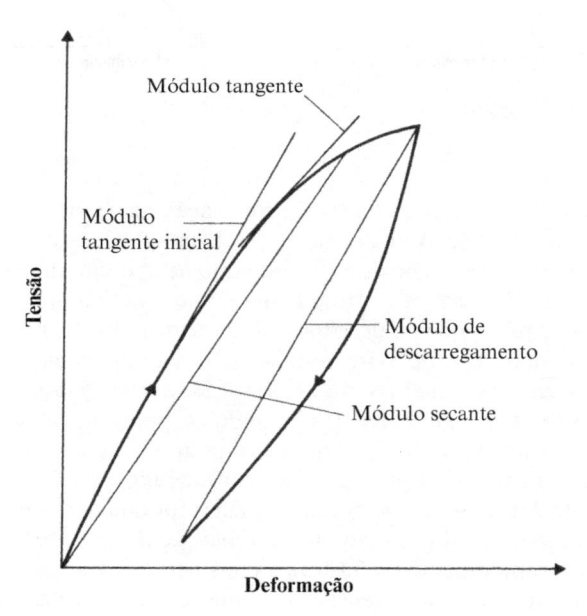

Figura 12.2 Curvas tensão-deformação típicas para o concreto.
Nota: no concreto seco, é observada em alguns casos uma pequena parte côncava da curva no início do carregamento de compressão devido à existência de pequenas fissuras de retração.

Tabela 12.1 Valores típicos de módulo de elasticidade estático aos 28 dias para concretos normais, segundo a BS 8110-02: 1985

Resistência aos 28 dias, em cubos (MPa)	Módulo de elasticidade estático médio, aos 28 dias (GPa)	Variação típica do módulo de elasticidade estático aos 28 dias (GPa)
20	24	18 a 30
25	25	19 a 31
30	26	20 a 32
40	28	22 a 34
50	30	24 a 36
60	32	26 a 38

reduzem a fluência subsequente, de modo que a curva tensão-deformação no carregamento seguinte exibe somente uma pequena curvatura. Esse método é prescrito pela ASTM C-469-02 e BS 1881-121: 1983.* Como em uma máquina de ensaio, a tensão ou deformação não é reduzida a zero (para manter o corpo de prova estável), mas para um valor pequeno, o módulo; estritamente falando, é um *módulo cordal*, mas este termo raramente é utilizado. Deve ser destacado que o módulo determinado por esses métodos é geralmente denominado como *módulo estático*, já que é determinado a partir de uma relação tensão-deformação experimental, em contraposição ao módulo dinâmico.

A British Standard for the Structural Use of Concrete BS 8110-2: 1985 tabela alguns valores típicos do módulo de elasticidade estático na idade de 28 dias para vários valores de resistência medida em cubos de mesma idade, conforme mostrado na Tabela 12.1. O módulo estático E_c (GPa) pode ser relacionado à resistência à compressão do cubo f_{cb} (MPa) pela expressão

$$E_c = 9,1 f_{cb}^{0,33} \tag{12.1}$$

onde a massa específica do concreto ρ, é 2320 kg/m³, para concreto normal.

Quando a massa específica, ρ, situa-se entre 1400 e 2320 kg/m³, a expressão para o módulo estático é

$$E_c = 1,7\rho^2 f_{cb}^{0,33} \times 10^{-6} \tag{12.2}$$

Expressões alternativas recomendadas pela BS 8118-02: 1985 são dadas pelas Equações (12.27) e (12.28).

---

* N. de T.: A NBR 8522:2008 estabelece o método para a determinação do módulo estático de elasticidade do concreto.

O ACI Building Code 318–05 apresenta a seguintes expressões para o módulo estático (GPa) de concreto normal

$$E_c = 4{,}70 f_{cyl}^{0,5} \qquad (12.3)$$

onde f_{cyl} é a resistência à compressão em cilindros (MPa)

Quando a massa específica do concreto for entre 1500 e 2500 kg/m³, o módulo estático é dado por*

$$E_c = 43\rho^{1,5} f_{cyl}^{0,5} \times 10^{-6} \qquad (12.4)$$

As normas BS 1881–209: 1990 e ASTM C 215–02 prescrevem a determinação do módulo de elasticidade dinâmico com o uso de corpos de prova similares aos empregados na determinação da resistência à flexão (ver página 302), ou seja, 150 × 150 × 750 mm ou 100 × 100 × 400 mm. Conforme mostrado na Fig. 12.3, o corpo de prova é fixado em sua seção central e uma unidade excitadora eletromagnética é posicionada junto a uma das extremidades do corpo de prova e um captador junto à outra. O excitador é controlado por um oscilador de frequência variável, em uma faixa de 100 a 10.000 Hz. As vibrações longitudinais propagadas no corpo de prova são recebidas pelo captador e amplificadas, e suas amplitudes são medidas por um indicador adequado. A frequência de excitação é modificada até que seja obtida a ressonância na frequência fundamental (ou seja, a menor) do corpo de prova. Isso é indicado pela deflexão máxima do indicador. Sendo n a frequência indicada em Hz,

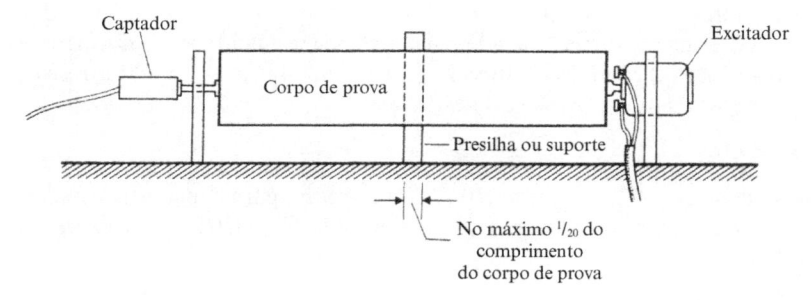

Figura 12.3 Dispositivo para determinação do módulo de elasticidade dinâmico (vibração longitudinal) segundo a BS 1881–209: 1990.

---

* N. de T.: A NBR 6118:2007 estabelece que o módulo de elasticidade deve ser obtido segundo o ensaio da NBR 8522:2008. Quando não forem realizados ensaios e não existirem dados mais precisos, o valor do módulo de elasticidade pode ser estimado pela expressão: $E_{ci} = 5600 f_{ck}^{1/2}$ (em MPa). O módulo de elasticidade secante (E_{cs}) é calculado pela expressão $E_{cs} = 0{,}85\, E_{ci}$.

L o comprimento do corpo de prova (mm) e ρ, sua massa específica (kg/m³) então o módulo de elasticidade dinâmico E_d (GPa) é

$$E_d = 4n^2L^2\rho \times 10^{-15} \tag{12.5}$$

Além do ensaio baseado na frequência de ressonância longitudinal, também podem ser utilizados ensaios que usam a frequência transversal (flexão) e torsional.

Fatores que afetam o módulo de elasticidade

As Equações 12.1 a 12.4 podem ser interpretadas como sugerindo relações únicas entre o módulo de elasticidade e a resistência. Entretanto, essas relações somente são válidas em termos gerais. Por exemplo, a condição de umidade do corpo de prova é um fator: um corpo de prova úmido tem módulo mais elevado entre 3 e 4 GPa que um seco, enquanto a resistência varia em sentido inverso. As propriedades do agregado também influenciam no módulo de elasticidade, apesar de não influenciarem significativamente na resistência à compressão. Considerando o modelo de compósito de duas fases para o concreto (ver página 4), pode-se perceber que a influência do agregado vem do valor do módulo do agregado e de sua proporção volumétrica. Portanto, quanto maior o módulo do agregado, maior o módulo do concreto, e para um agregado que tem módulo maior que a pasta de cimento (normalmente esse é o caso), maior será o módulo do concreto quanto maior for o volume de agregado.

A relação entre o módulo de elasticidade do concreto e a resistência depende também da idade, sendo que o módulo cresce mais rapidamente que a resistência.

O módulo de elasticidade do concreto com agregado leve é, em geral, entre 40 e 80% do módulo do concreto normal de mesma resistência e, na realidade, é similar ao da pasta de cimento. Não é surpresa, portanto, que, no caso do concreto leve, as proporções da mistura exerçam pouca importância sobre o módulo.

Devido à forma da curva tensão-deformação do concreto afetar o módulo estático determinado em laboratório, mas não o módulo dinâmico, a relação entre o módulo estático, E_c, e o módulo dinâmico de elasticidade, E_d, não é constante. Por exemplo, um aumento na resistência à compressão ou na idade resulta em uma relação maior dos módulos devido à curvatura da curva de carregamento ser reduzida. A relação geral entre E_c e E_d dada na BS 8110–2: 1985 é:

$$E_c = 1{,}25E_d - 19 \tag{12.6}$$

onde E_c e E_d são expressos em GPa. A relação não se aplica a concretos que contenham mais de 500 kg de cimento por metro cúbico de concreto ou concreto de agregado leve. Para este último, tem sido sugerida a seguinte expressão:

$$E_c = 1{,}04E_d - 4{,}1 \tag{12.7}$$

Quando é necessário correlacionar o módulo dinâmico com a resistência, o módulo estático pode ser estimado pelas Eq. 12.6 ou 12.7 e substituído na equação apropriada dada anteriormente (Eqs. 12.1 a 12.4).

Coeficiente de Poisson

O projeto e a análise de alguns tipos de estrutura exigem o conhecimento do coeficiente de Poisson, isto é, a relação entre a deformação longitudinal e a deformação transversal resultante da aplicação de uma carga axial. O sinal das deformações é desconsiderado. Normalmente, o interesse é quando a carga é de compressão e, portanto, ocorre a contração longitudinal e expansão transversal. Em geral, o coeficiente de Poisson, μ, para concreto normal e concreto leve varia na faixa de 0,15 a 0,20, quando determinado a partir de medidas de deformações nos ensaios de módulo de elasticidade estático (ASTM C 469–02 2 BS 1881–121: 1983).

Um método alternativo de determinação do coeficiente de Poisson é por meios dinâmicos. Nesse caso, são medidas a velocidade de propagação de ondas ultrassônicas e a frequência de ressonância fundamental da vibração longitudinal da viga de ensaio. A frequência ressonante é obtida no ensaio de módulo dinâmico, conforme prescrição da ASTM C 215–02 e pela BS 1881–209: 1990 (ver página 210). Por outro lado, a velocidade do pulso é obtida utilizando o aparelho de pulso ultrassônico prescrito pela ASTM C 597–02 e pela BS 1881–203: 1986 (ver página 314). O coeficiente de Poisson, μ, pode então ser calculado a partir da expressão:

$$\left(\frac{V}{2nL}\right)^2 = \frac{1-\mu}{(1+\mu)(1-2\mu)} \tag{12.8}$$

onde V é a velocidade do pulso (mm/s), n é a frequência ressonante (Hz) e L é o comprimento da viga (mm). O valor do coeficiente de Poisson determinado dinamicamente é um pouco maior que o obtido nos ensaios estáticos, variando entre 0,2 e 0,24.

Fluência

Na seção anterior, foi visto que, no concreto, a relação entre tensão e deformação é, rigorosamente falando, uma função do tempo. Agora o interesse é com a deformação em tensões bastante inferiores ao limite em que ocorre a fadiga estática, ou, em caso de carregamento cíclico, a fadiga (ver Capítulo 11).

A fluência é definida como o aumento da deformação sob uma tensão mantida constante ao longo do tempo após terem sido consideradas outras deformações dependentes do tempo, não associadas com a tensão, ou seja, retração, expansão e deformações térmicas. Portanto, a fluência é considerada a partir da deformação elástica inicial, conforme dada pelo módulo de elasticidade secante

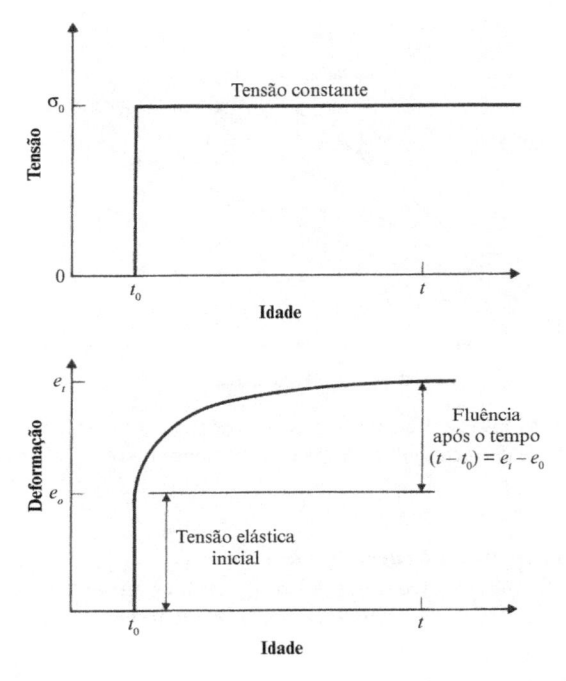

Figura 12.4 Definição da fluência sob uma tensão constante σ_0; E é o módulo de elasticidade secante na idade t_0.

(ver página 208) na idade de carregamento.[2] As Figuras 12.4 e 12.5 ilustram a situação.

Considerando os seguintes exemplos de concreto carregado com uma tensão de compressão σ_0, na idade t_0, e submetidos a mesma tensão σ_0 por um tempo t ($t > t_0$). Em todos os exemplos, considera-se que o concreto recebeu cura úmida até a idade t_0 e foi em seguida armazenado em diversos ambientes. O módulo de elasticidade secante na idade t_0 foi determinado e designado como E. Consequentemente, a deformação elástica é σ_0/E.

(a) *Concreto selado desde a idade t_0*

Na idade t, a deformação medida (ε_a) é composta pela deformação elástica inicial (σ_0/E) e pela fluência (c_a). Logo,

$$c_a = \varepsilon_a - \frac{\sigma_0}{E} \tag{12.9}$$

---

[2] Rigorosamente falando, a fluência deve ser computada desde a deformação elástica até o momento em que a fluência é determinada. Como a deformação elástica diminui com o tempo devido ao aumento do módulo de elasticidade, este efeito é ignorado na definição da fluência.

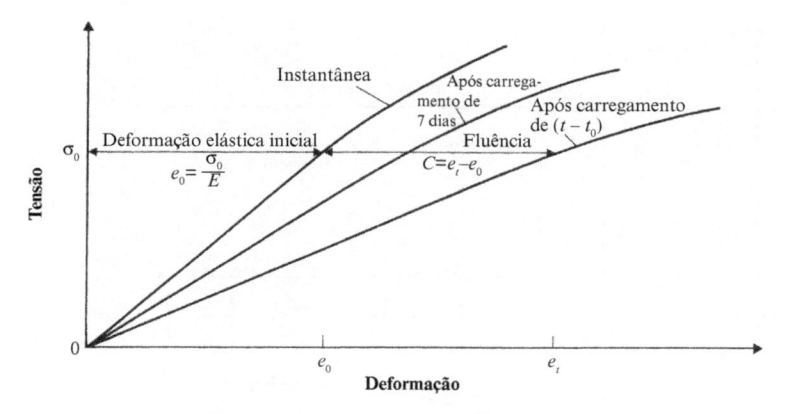

Figura 12.5 Curvas tensão-deformação esquemáticas para o concreto. Na aplicação da carga; após 7 dias de carregamento e após carregamento de $(t - t_0)$ dias. Símbolos conforme Fig. 12.4.

(b) Concreto submetido à secagem desde a idade t_0
Na idade t, a deformação medida (ε_b) é composta, como antes, pela mesma deformação elástica inicial, pela fluência (c_b) e pela retração (s_h). Como a retração é uma contração, tem-se

$$c_b = \varepsilon_b - \frac{\sigma_0}{E} - s_h \tag{12.10}$$

(c) Concreto mantido em água desde a idade t_0
Na idade t, a deformação medida (ε_c) é composta pela mesma deformação elástica inicial, mesma fluência (c_c) e pela expansão (s_w). A expansão é um aumento de volume, portanto,

$$c_c = \varepsilon_c - \frac{\sigma_0}{E} + s_w \tag{12.11}$$

(d) Concreto selado desde a idade t_0 e submetido a uma elevação de temperatura
Na idade t, a deformação medida é composta, como antes, pela mesma deformação elástica inicial, mesma fluência (c_d) e pela expansão térmica (s_T). Portanto

$$c_d = \varepsilon_d - \frac{\sigma_0}{E} + s_T \tag{12.12}$$

Pode-se notar que, para medir a fluência nos casos (b) a (d), é necessário medir s_h, s_w e s_T em corpos de provas independentes (não carregados). Deve ser notado que nas Eqs. 12.9 a 12.2 foram utilizados diferentes índices para a fluência em função de seu valor ser afetado por algumas das deformações independentes da tensão.

Os efeitos da fluência também podem ser vistos de outro ponto de vista. Caso um corpo de prova de concreto carregado seja restringido, de modo que esteja sub-

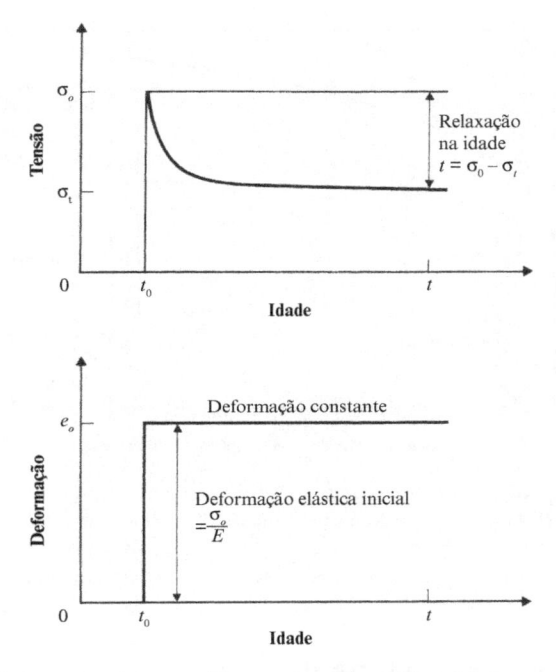

Figura 12.6 Definição da relaxação do concreto submetido inicialmente à tensão σ_0 e após mantido a uma deformação constante. E é o módulo de elasticidade secante na idade t_0.

metido a uma deformação constante, a fluência irá se manifestar como uma diminuição progressiva da tensão com o tempo. Esse fenômeno é denominado como *relaxação* e está mostrado na Fig. 12.6.

Caso a carga mantida seja removida após algum tempo, a deformação diminui imediatamente em um valor igual ao da deformação elástica. Essa deformação é, em geral, menor que a deformação elástica inicial devido ao aumento do módulo de elasticidade com a idade. A *recuperação instantânea* é seguida por uma diminuição gradual da deformação, denominada *recuperação da fluência* (Fig. 12.7). A forma da curva da recuperação da fluência é similar à curva da fluência, mas atinge seu valor máximo muito mais rapidamente. A recuperação da fluência é sempre menor que a fluência anterior, de modo que existe uma *deformação residual* (mesmo após um período de carregamento de somente um dia). A fluência, portanto, não é um fenômeno completamente reversível, e a deformação residual pode ser vista como uma fluência irreversível que contribui com a histerese que ocorre após um ciclo de carregamento de curta duração (ver página 194). O conhecimento da recuperação da fluência é interessante para estimativa de tensões em situações em que ocorra a relaxação, por exemplo, concreto protendido.

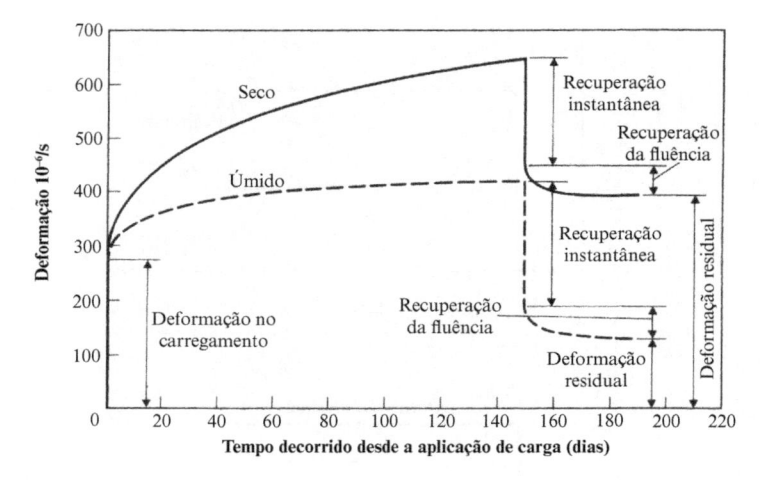

Figura 12.7 Fluência e recuperação da fluência de concreto mantido em água e ao ar desde a idade de 28 dias, submetido a uma tensão de 9 MPa e em seguida descarregado. Proporções da mistura 1:1,7:3,5, em massa, relação água/cimento de 0,5; dimensão do corpo de prova cilíndrico de 75 × 255 mm curado por imersão em água.

Fatores que influenciam na fluência

A origem da fluência em concreto com agregados normais é a pasta endurecida de cimento, já que o agregado não é passível de sofrer fluência no nível de tensões existentes no concreto. Por o agregado ser mais rígido que a pasta de cimento, o principal papel dele é restringir a fluência na pasta de cimento, sendo esse efeito dependente do módulo de elasticidade do agregado e sua proporção volumétrica. Por consequência, quanto mais rígido for o agregado, menor a fluência (Fig. 12.8) e quanto maior o volume de agregado, menor a fluência. Esta última influência é mostrada na Fig. 12.9, em termos de teor de pasta de cimento que é complementar ao teor de agregado em volume (como uma fração do volume total de concreto endurecido). Em outras palavras, se o teor de agregado, em volume, é $g\%$, o teor de pasta de cimento é $(100 - g)\%$.

Na maioria das mistura práticas de mesma trabalhabilidade, a variação do consumo de cimento é muito pequena. Por exemplo, comparando três concretos normais com relações agregado/cimento de 9,6 e 4,5, em massa, sendo as relações água/cimento correspondentes consideradas como 0,75, 0,55 e 0,40, em massa, o teor de cimento é, respectivamente, 24, 27 e 29%.[3] Em função disso, seria esperado que a fluência desses concretos apresentassem pequenas diferenças, mas não é o que ocor-

---

[3] Massa específica do agregado considerado como 2,6 g/cm³.

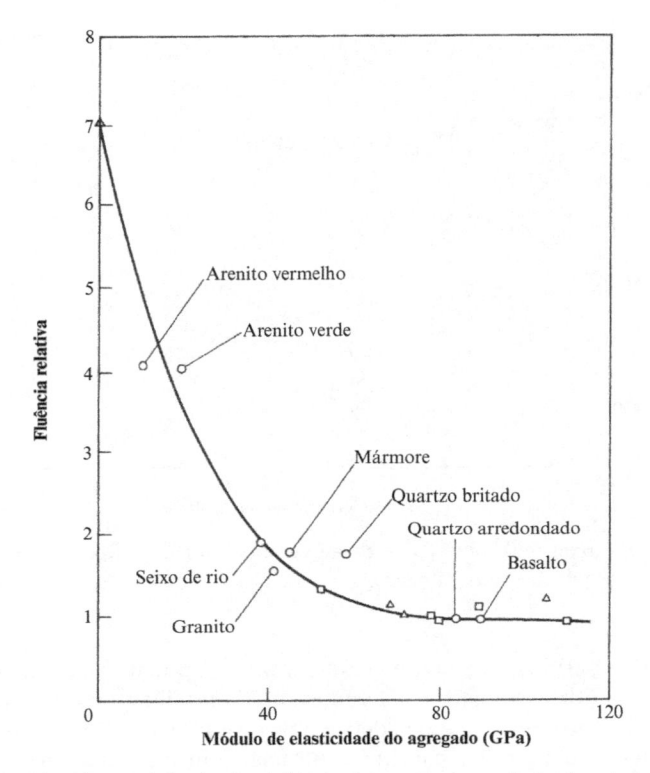

Figura 12.8 Efeito do módulo de elasticidade do agregado na fluência relativa do concreto (igual a 1 para um agregado com módulo de 69 GPa).

re de fato, pois existe outro fator de influência significativa na fluência, ou seja, a relação água/cimento.

Lembre-se do Capítulo 6 que a relação água/cimento é o principal fator influente na porosidade e, com isso, na resistência do concreto, de forma que uma relação água/cimento menor resulta em maior resistência. Assim sendo, para um teor de pasta de cimento constante, o efeito da redução da relação água/cimento é a redução da fluência (ver Fig. 12.10) e, portanto, pode-se esperar que exista uma relação entre a fluência e a resistência. De fato, para uma grande variação de misturas, a fluência é inversamente proporcional à resistência do concreto na idade de aplicação da carga. Além disso, para um determinado tipo de cimento, a fluência pode diminuir conforme a idade de aplicação da carga aumente (ver Fig. 12.11), devido, é claro, ao aumento da resistência com a idade.

Um dos fatores externos mais importantes que influenciam na fluência é a umidade relativa do ar ao redor do concreto. Em geral, para um determinado concreto, a fluência é maior quanto menor for a umidade relativa, conforme mostrado

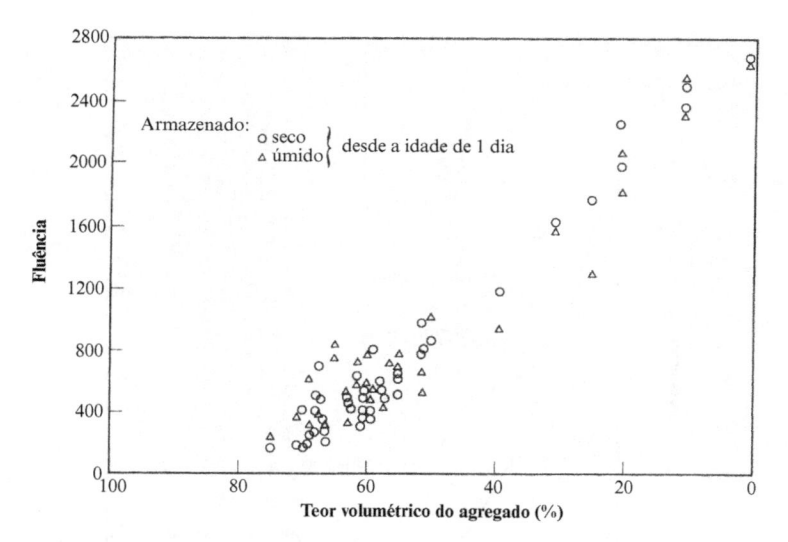

Figura 12.9 Efeito do teor volumétrico do agregado na fluência do concreto, ajustado para variações na relação água/cimento.

na Fig. 12.12 a partir de corpos de prova curados à umidade relativa de 100%, em seguida carregados e expostos a diferentes umidades. Desse modo, mesmo que a retração tenha sido considerada na determinação da fluência (ver página 214), ainda existe uma influência da secagem na fluência. A influência da umidade relativa é muito menor ou inexistente, no caso de corpos de prova que foram submetidos a secagem antes da aplicação da carga, de modo que ocorresse um equilíbrio higroscópico com o meio antes do carregamento. Nesse caso, a fluência é bastante reduzida. Essa prática, entretanto, não é normalmente recomendada como uma maneira de redução da fluência, em especial para concreto jovem, porque a cura inadequada resulta em baixa resistência à tração e, possivelmente, em fissuração por retração (ver página 251).

A influência da umidade relativa na fluência e na retração é similar (ver Capítulo 13) e ambas deformações também são dependentes da dimensão do elemento de concreto. Quando ocorre a secagem a umidade relativa constante, a fluência é menor em um elemento maior. Esse efeito da dimensão é expresso em termos da relação volume/superfície do elemento de concreto (ver Fig. 12.13). Caso não ocorra secagem, como no concreto massa, a fluência é menor e independente da dimensão, por não haver o efeito adicional da secagem na fluência. Os efeitos que foram discutidos podem ser visualizados em termos de valores da fluência dados pelas Eqs. 12.9 a 12.11: $c_b > c_c$ e $c_a \simeq c_c$.

A influência da temperatura na fluência tornou-se importante no caso do uso de concreto em vasos de pressão nucleares, mas o problema também é importante

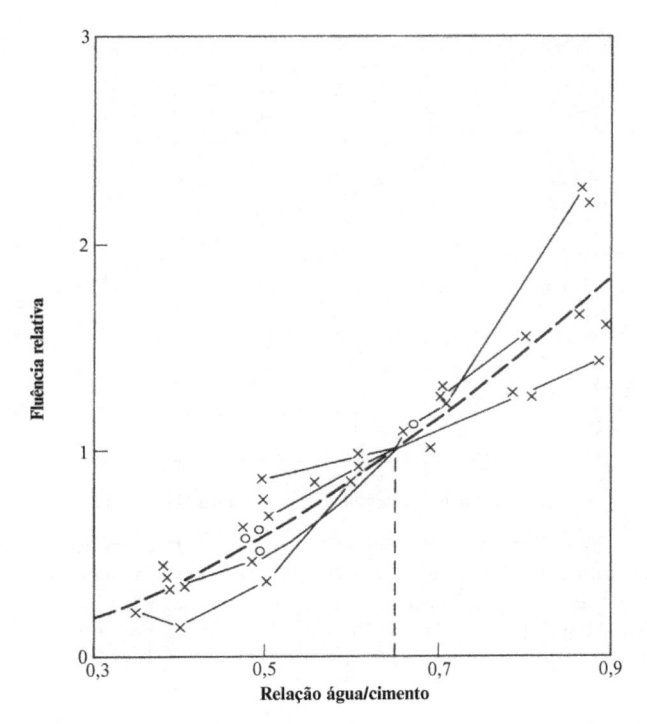

Figura 12.10 Dados de vários pesquisadores, ajustados para o conteúdo volumétrico de pasta de cimento (valor de 20%), com a fluência expressa relativamente à fluência na relação água/cimento de 0,65.
(De: O. WAGNER, Das Kriechen unbewehrten Betons, *Deutscher Ausschuss für Stahlbeton*, No. 131, p. 74, Berlin, 1958.)

em outros tipos de estruturas, por exemplo, pontes. O tempo em que a temperatura do concreto se eleva com relação ao tempo em que a carga é aplicada afeta a relação fluência/temperatura. Caso um concreto saturado (similar ao concreto massa) seja aquecido e carregado ao mesmo tempo, a fluência será maior do que quando o concreto é aquecido durante o período de cura, antes da aplicação da carga. A Figura 12.14 ilustra essas duas condições. A fluência é menor quando o concreto é curado a alta temperatura porque resistência é maior do que concreto curado em temperatura normal antes do aquecimento e carregamento.

Caso um concreto não selado seja submetido à alta temperatura ao mesmo tempo, ou imediatamente antes da aplicação da carga, ocorrerá um rápido aumento da fluência conforme a temperatura alcança aproximadamente 50°C, seguida de uma diminuição da fluência até cerca de 120°C, outro aumento até no mínimo 400°C (ver Fig. 12.15). O aumento inicial na fluência se deve à rápida expulsão da água evapo-

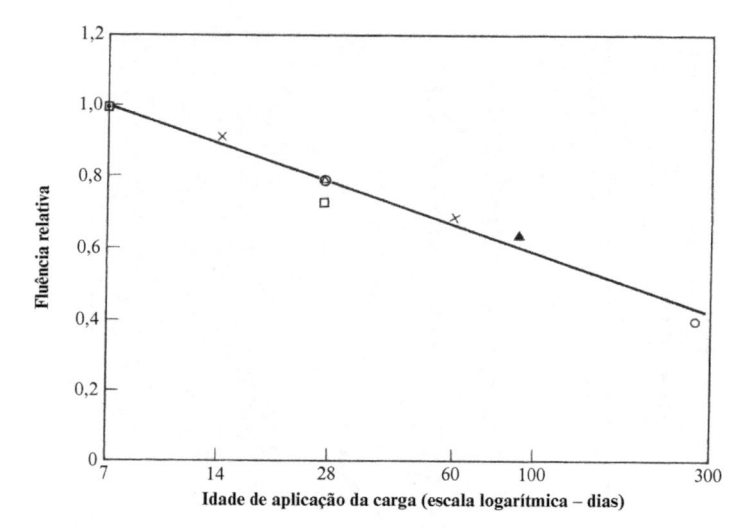

Figura 12.11 Influência da idade de aplicação de carga na fluência do concreto, relativamente à fluência do concreto carregado aos 7 dias, para ensaios de diferentes pesquisadores: concreto mantido em umidade relativa aproximada a 75%.
(De: R. L'HERMITE, What do we know about plastic deformation and creep of concrete? *RILEM Bulletin*, No. 1, pp. 21–5, Paris, March 1959.)

rável. Quando toda a água é removida, a fluência é bastante reduzida e se torna igual à do concreto pré-seco (dessecado).

A Figura 12.16 mostra a fluência em temperaturas baixas como uma proporção da fluência aos 20°C. Em temperaturas menores que 20°C, a fluência diminui até a formação de gelo, o que causa um aumento da fluência; mas, abaixo do ponto de congelamento, novamente ocorre uma redução.

Até o momento, a discussão focou a comparação da influência dos vários fatores na fluência, baseada em tensão constante. É claro que a fluência é afetada pela tensão, e em geral considera-se que a fluência é diretamente proporcional à tensão aplicada até cerca de 40% da resistência de curto prazo, ou seja, dentro da faixa de tensões de trabalho ou projeto. Em função disso, pode ser utilizado o termo *fluência específica*, ou seja, a fluência por unidade de tensão. Acima de 40 a 50% da resistência de curto prazo, a microfissuração contribui para a fluência, de modo que a relação fluência-tensão se torna não linear, com a fluência aumentando a uma velocidade crescente (ver página 193).

A fluência é afetada pelo tipo de cimento, na medida em que ele influencia na resistência do concreto no momento da aplicação da carga. Considerando a relação tensão/resistência constante, a maior parte dos cimentos Portland resulta em praticamente a mesma fluência. Por outro lado, sendo constante a tensão, a fluência

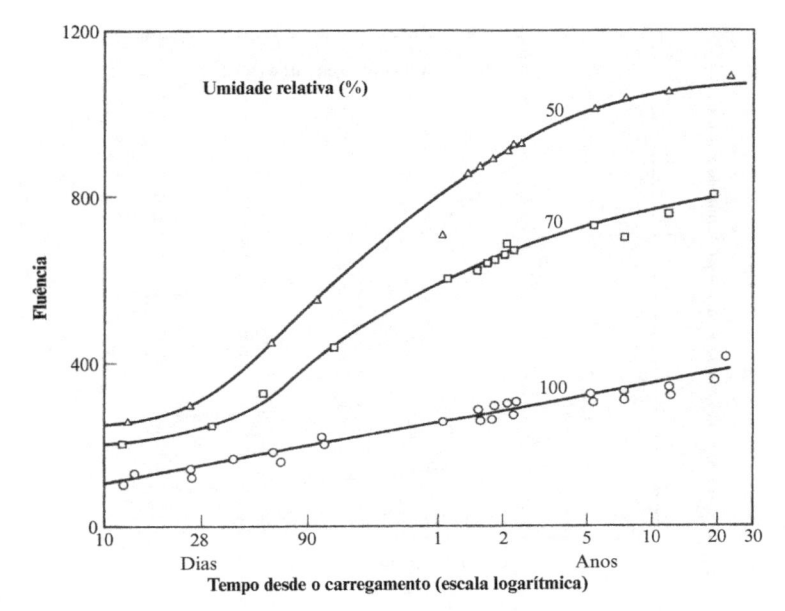

Figura 12.12 Fluência do concreto curado com aspersão de água em névoa por 28 dias, em seguida carregado e mantido a diferentes umidades relativas.
(De: G. E. TROXELL, J. M. RAPHAEL and R. E. DAVIS, Long-time creep and shrinkage tests of plain and reinforced concrete, *Proc. ASTM.*, 58, pp. 1101-20 (1958).)

específica aumenta (na ordem do tipo de cimento) conforme segue: cimento de alto teor de alumina, alta resistência inicial (Tipo III ASTM) e Portland comum (Tipo I ASTM). A ordem de grandeza da fluência dos cimentos Portland de alto-forno (Tipo IS ASTM), Portland de baixo calor de hidratação (Tipo IV ASTM) e Portland pozolânico (Tipo IP ASTM e P ASTM) é menos clara, e assim também é a influência da substituição parcial de cimento por escória de alto-forno ou por cinza volante, já que o efeito depende do ambiente de armazenamento. Por exemplo, quando comparado com o cimento Portland comum (Tipo I ASTM), para concreto selado, a fluência diminui com o aumento do teor de substituição por escória ou cinza volante, mas quando ocorre secagem simultânea, a fluência é, em algumas vezes, mais elevada. Quando esse concreto for utilizado, recomenda-se que sejam realizados ensaios para avaliar a fluência.

Uma recomendação similar se aplica quando são utilizados aditivos. Para concreto selado, nem os plastificantes, nem os superplastificantes afetam a fluência, seja em concreto com redução de água ou fluidos, mas sob condições de secagem o efeito desses aditivos na fluência é incerto.

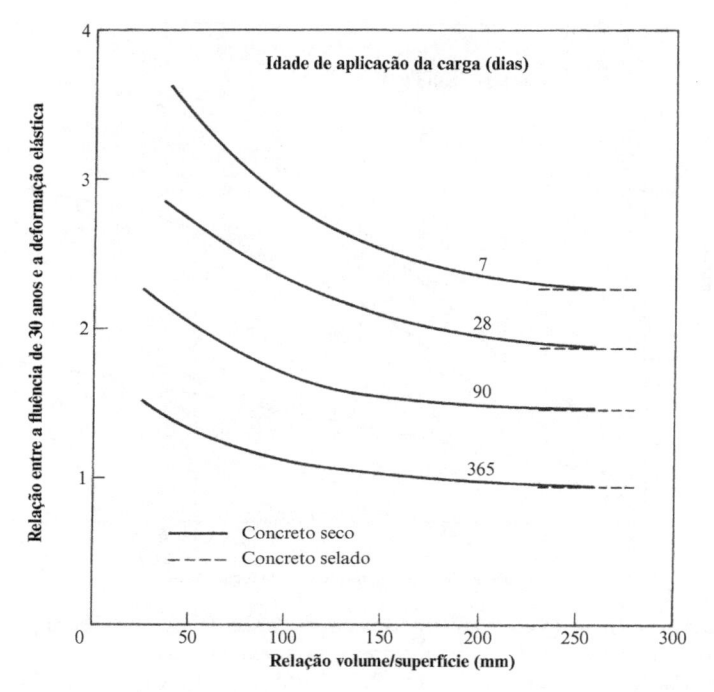

Figura 12.13 Influência da relação volume/superfície na relação entre a fluência e a deformação elástica para concreto selado e para concreto seco armazenado à umidade relativa de 60%.

Magnitude da fluência

Nas seções anteriores, foram dadas informações, relativamente breves, sobre a magnitude da fluência. A razão para esta aparente omissão é que a presença dos vários fatores influentes torna impossível a indicação de valores típicos confiáveis. Apesar disso, faz-se necessário dar alguma indicação.

A Fig. 12.7 mostra o desenvolvimento da fluência com o tempo de uma mistura 1:1,7:3,5, com relação água/cimento de 0,5, utilizando um agregado graúdo granítico arredondado. A forma parabólica inicial da curva com achatamento gradual é sempre presente. Para propósitos práticos, normalmente o interesse é na fluência após vários meses ou anos, ou mesmo o valor final (limite) da fluência. Sabe-se que o aumento da fluência após um carregamento de 20 anos (dentro da faixa das tensões de trabalho) é pequeno e, como um indicativo, pode-se assumir que:

cerca de 25% da fluência aos 20 anos ocorre em 2 semanas;
cerca de 50% da fluência aos 20 anos ocorre em 3 meses;
cerca de 75% da fluência aos 20 anos ocorre em 1 ano.

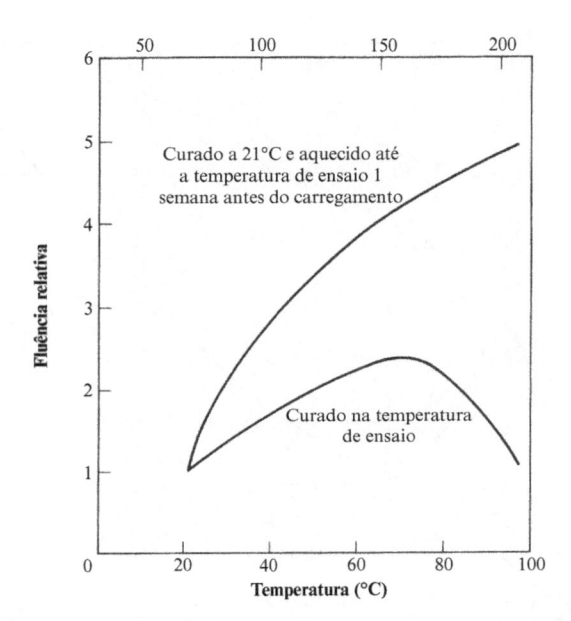

Figura 12.14 Influência da temperatura na fluência do concreto saturado em relação à fluência a 21°C. Corpos de prova curados à temperatura estabelecida desde 1 dia até o carregamento a 1 ano.
(Baseado em: K. W. NASSER and A. M. NEVILLE, Creep of old concrete at normal and elevated temperatures, *ACI Journal*, 64, pp. 97–103, 1967.)

Existem vários métodos para estimativa da fluência (ver Bibliografia), mas com materiais desconhecidos pode ser necessária a determinação da fluência por meio de ensaios. A ASTM C 512-02 e BS EN 1355: 1997 descrevem métodos de ensaio para a determinação de dados de curta duração que podem ser extrapolados por meios analíticos. As equações típicas que relacionam a fluência após o carregamento de qualquer duração, c_t, com a fluência após 28 dias de carregamento, c_{28}, são:

para concreto selado ou saturado: $c_t = c_{28} \times 0{,}5 t^{0,2}$ \hfill (12.13)

para concreto seco: $c_t = c_{28}[-6{,}19 + 2{,}15 \log_e t]^{1/2,64}$ \hfill (12.14)

onde t = tempo sob carga (dias) > 28 dias.

As expressões acima são sensivelmente independentes das proporções da mistura, tipo de agregado e idade no carregamento.

Previsão da fluência

Os métodos seguintes são adequados para concretos normais sujeitos à tensão constante e mantidos em condições ambientais normais. Para outros métodos, carregamentos e condições ambientais, deve ser consultada a Bibliografia.

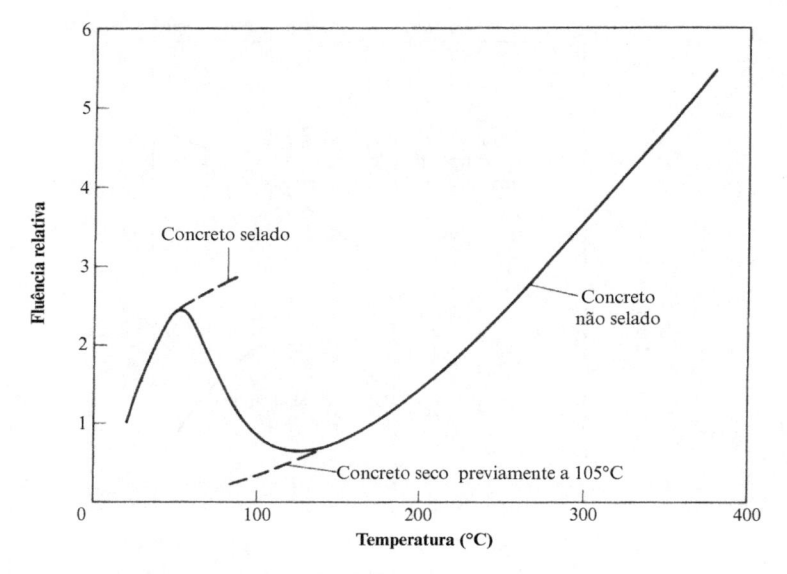

Figura 12.15 Influência da temperatura na fluência do concreto não selado em relação à fluência a 20°C. Corpos de prova curados úmidos por 1 ano e após aquecidos até a temperatura de ensaio por 15 dias antes do carregamento.
(Baseado em: J. C. MARÉCHAL, Le fluage du béton en fonction de la température, *Materials and Structures*, 2, No. 8, pp. 111–15, Paris, 1969.)

A ACI 209R–92 expressa o *coeficiente de fluência* $\phi(t, t_0)$ como uma função do tempo:

$$\phi(t, t_0) = \frac{(t - t_0)^{0,6}}{10 + (t - t_0)^{0,6}} \times \phi_\infty(t_0) \tag{12.15}$$

onde o coeficiente de fluência é a relação entre a fluência $c(t, t_0)$ na idade t devido à tensão unitária aplicada na idade t_0 e a deformação elástica inicial sob uma tensão unitária aplicada na idade t_0, sendo a idade medida em dias. Já que a deformação elástica inicial sob uma tensão unitária é igual à recíproca do módulo de elasticidade $E_c(t_0)$, pode ser escrito

$$\phi(t, t_0) = c(t, t_0) \times E_c(t_0). \tag{12.16}$$

Na Eq. 12.15, $(t - t_0)$ é o tempo decorrido desde a aplicação da carga e $\phi(t, t_0)$ é o coeficiente de fluência final, que é dado por

$$\phi_\infty(t, t_0) = 2{,}35 k_1 k_2 k_3 k_4 k_5 k_6. \tag{12.17}$$

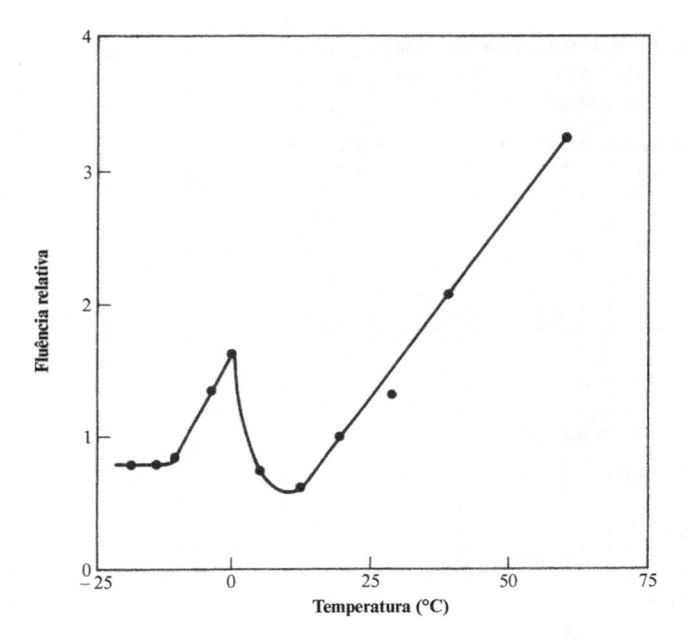

Figura 12.16 Fluência de concreto selado a baixa temperatura em relação à fluência a 20°C.
(De: R. JOHANSEN and C. H. BEST, Creep of concrete with and without ice in the system, *RILEM Bulletin*, No. 16, pp. 47-57, Paris, Sept. 1962.)

Para idades de aplicação de carga maiores que 7 dias em cura úmida ou maiores que 1 a 3 dias para cura a vapor, o coeficiente k_1, é estimado a partir de:

para cura úmida: $k_1 = 1,25 t_0^{-0,118}$ (12.18a)

para cura a vapor: $k_1 = 1,13 t_0^{-0,095}$. (12.18b)

O coeficiente k_2 é dependente da umidade relativa h (%)

$k_2 = 1,27 - 0,006h$ (para $h \geq 40$). (12.19)

O coeficiente k_3 que leva em conta as dimensões dos elementos, em termos da relação volume/superfície, V/S, definida como a relação entre a área da seção transversal e o perímetro exposto à secagem. Para valores de V/S menores que 37,5 mm, k_3 é dado na Tabela 12.2. Quando V/S é 37,5 entre 95 mm, k_3 é dado por:

Para $(t - t_0) \leq 1$ ano:

$k_3 = 1,14 - 0,00364 \dfrac{V}{S}$ (12.20a)

Tabela 12.2 Valores do coeficiente k_3 para considerar a dimensão de componente no método ACI de previsão da fluência

Relação volume/superfície (mm)	Coeficiente k_3
12,5	1,30
19	1,17
25	1,11
31	1,04
37,5	1,00

Para $(t - t_0) > 1$ ano:

$$k_3 = 1,10 - 0,00268 \frac{V}{S} \tag{12.20b}$$

Quando V/S ≥ 95 mm:

$$k_3 = \tfrac{2}{3}[1 + 1,13\, e^{-0,0212(V/S)}] \tag{12.21}$$

Os coeficientes que consideram a composição do concreto são k_4, k_5 e k_6. O coeficiente k_4 é dado por:

$$k_4 = 0,82 + 0,00264 s \tag{12.22}$$

onde s = abatimento de tronco de cone do concreto (mm)

O coeficiente k_5 depende da relação agregado miúdo/agregado total, A_f/A (%) e é dado por:

$$k_5 = 0,88 + 0,0024 \frac{A_f}{A}. \tag{12.23}$$

O coeficiente k_6 depende do teor de ar a (%):

$$k_6 = 0,46 + 0,09 a \geq 1. \tag{12.24}$$

A deformação elástica mais a deformação por fluência sob uma tensão unitária é denominada como *função de fluência*, Φ, e é dada por:

$$\Phi(t, t_0) = \frac{1}{E_c(t_0)}[1 + \phi(t, t_0)] \tag{12.25}$$

onde $E_c(t_0)$ é relacionado à resistência à compressão de corpos de prova cilíndricos pela Eq. 12.4. Caso a resistência na idade t_0 não seja conhecida, ela pode ser obtida a partir da seguinte relação:

$$f_{cyl}(t_0) = \frac{t_0}{X + Y \times t_0} \times f_{cyl28} \tag{12.26}$$

onde f_{cyl28} é a resistência aos 28 dias, e X e Y são dados na Tabela 12.3.

Tabela 12.3 Valores das constantes X e Y da Eq. 12.26 utilizando o método ACI para a determinação da fluência

Tipo de cimento	Condições de cura	Constantes da Eq. 12.26	
		X	Y
Portland comum (Tipo I ASTM)	Úmida	4,00	0,85
	Vapor	1,00	0,95
Portland de alta resistência inicial (Tipo III ASTM)	Úmida	2,30	0,92
	Vapor	0,70	0,98

No Reino Unido, a BS 8110–02: 1985 apresenta um método para a estimativa do coeficiente de fluência final. Para concreto com agregados densos de média e alta qualidade, o módulo de elasticidade $E_c(t_0)$ é relacionado à resistência à compressão em cubos, $f_{cb}(t_0)$, conforme segue:

$$E_c(t_0) = E_{c28}\left[0,4 + 0,6\frac{f_{cb}(t_0)}{f_{cb28}}\right].$$
(12.27)

O módulo de elasticidade aos 28 dias, E_{c28}, é obtido a partir da resistência em cubos aos 28 dias, f_{cb28}, pela seguinte expressão:

em GPa: $E_{c28} = 20 + 0,2 f_{cb28}$ (12.28)

Para concreto com agregado leve com massa específica ρ, o módulo de elasticidade dado pelas equações precedentes deve ser multiplicado por $(\rho/2400)^2$.

O termo da relação das resistências da Eq. 12.27 é melhor determinado por medições, mas podem ser utilizados os valores da Tabela 12.4.

Tabela 12.4 Valores da relação entre resistências $\frac{f_{cb}(t_0)}{f_{cb28}}$ na Equação 12.27 utilizando o método britânico para a previsão da fluência final

Idade t_o	Relação entre resistências
7	0,70
28	1,00
90	1,17
365	1,25

Tecnologia do Concreto

Para carregamento de duração muito longa, a função de fluência final Φ_∞, é dada por:

$$\Phi_\infty = \frac{1}{E_c(t_0)}(1 + \phi_\infty) \tag{12.29}$$

onde ϕ_∞ é o coeficiente de fluência final obtido da Fig. 12.17.

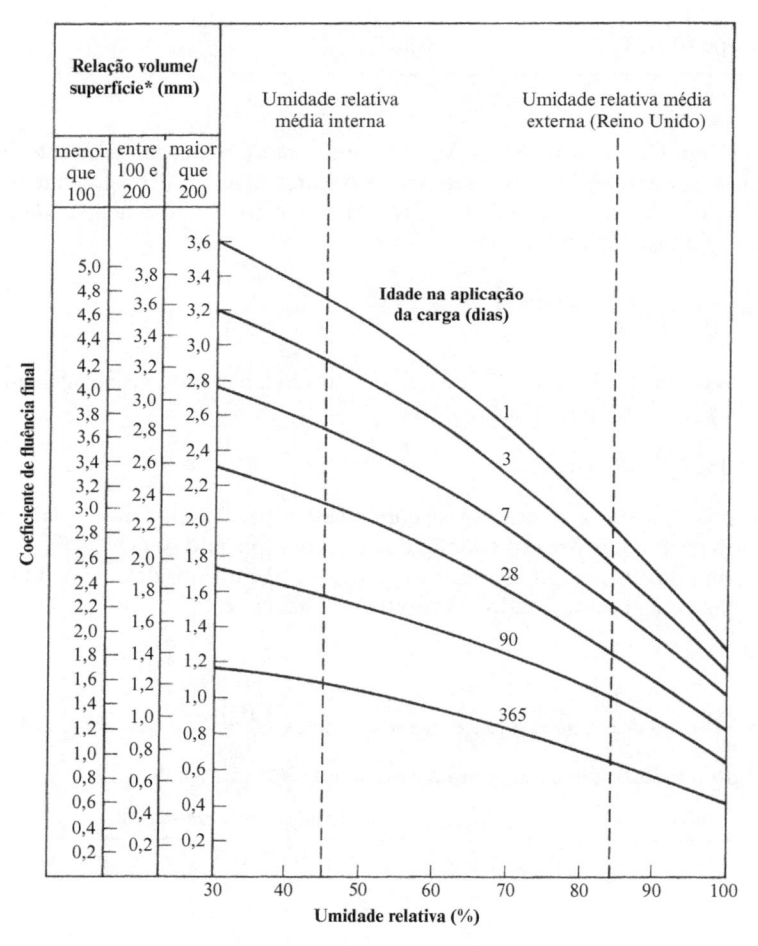

Figura 12.17 Dados para estimativa do coeficiente de fluência final para utilização na Eq. 12.29 (BS 8110-2: 1985).
* Algumas vezes, o termo "espessura efetiva da seção" é utilizado para representar a dimensão de um elemento. A espessura efetiva da seção = 2 × a relação volume/superfície.

Dadas a umidade relativa do ambiente, a idade na aplicação da carga e a relação volume/superfície, a função da fluência final pode ser calculada pela Eq. 12.29. Caso não ocorra troca de umidade, ou seja, o concreto é selado ou trata-se de concreto massa, a fluência é considerada como equivalente a do concreto com uma relação volume/superfície maior que 200 mm em umidade relativa de 100%.

Uma melhoria na precisão da estimativa da fluência pode ser obtida pela realização de ensaios de curta duração e extrapolando pelas Eqs. 12.13 e 12.14. Essa abordagem também é recomendada quando são utilizados agregados desconhecidos ou aditivos.*

Efeitos da fluência

A fluência do concreto aumenta a deflexão de vigas de concreto armado e, em alguns casos, pode ser um parâmetro crítico no projeto. Em pilares de concreto armado, a fluência resulta em uma transferência gradual da carga do concreto para a armadura. Uma vez que ocorra o escoamento do aço, qualquer aumento da carga é suportado pelo concreto, de modo que as resistências totais do aço e do concreto são desenvolvidas antes que ocorra a ruptura – um aspecto considerado na formulação de dimensionamento. Entretanto, em pilares muito esbeltos, carregados excentricamente, a fluência aumenta a deflexão e pode levar à flambagem. Em estruturas estaticamente indeterminadas, a fluência pode aliviar (por relaxação) a concentração de tensões causada por retração, mudanças de temperatura e movimentações dos apoios. Em todas as estruturas de concreto, a fluência reduz as tensões internas resultantes da retração não uniforme ou restringida de modo que ocorre uma redução na fissuração (ver Capítulo 13).

Por outro lado, no concreto massa, a fluência por si só pode ser a causa de fissuração quando o concreto restringido sofre um ciclo de mudança de temperatura devido ao desenvolvimento do calor de hidratação e subsequente resfriamento (ver Capítulos 9 e 13). Outro caso dos efeitos adversos da fluência é em edifícios altos onde a fluência diferencial entre os pilares internos e externos pode causar movimentação e fissuras das divisórias. Um problema relacionado é a fissuração e ruptura do revestimento externo rigidamente fixado ao pilar de concreto armado. Em todos esses exemplos, deve ser feita a previsão de movimentação diferencial.

A perda de protensão devido à fluência do concreto em vigas de concreto protendido é bem conhecida, e certamente colaborou para a ruptura de todas as tentativas iniciais de protensão antes da introdução de aços de alta resistência à tração.

---

* N. de T.: A fluência, no Brasil, é determinada pela NBR6118:2007.

Bibliografia

12.1 ACI COMMITTEE 209R-92 (Reapproved 1997), Prediction of creep, shrinkage and temperature effects in concrete structures, Part 1, *ACI Manual of Concrete Practice* (2007). (See also ACI 209.1R- 05).
12.2 ACI COMMITTEE 318-05, Building code requirements for structural concrete and commentary, Part 3, *ACI Manual of Concrete Practice* (2007).
12.3 J. J. BROOKS, 30-year creep and shrinkage of concrete, *Magazine of Concrete Research*, 57, No. 9, pp. 545-56 (2005).
12.4 A. M. NEVILLE, W. H. DILGER and J. J. BROOKS, *Creep of Plain and Structural Concrete* (London/New York, Construction Press, 1981).
12.5 A. M. NEVILLE, *Creep of Concrete: plain, reinforced, and prestressed* (Amsterdam, North-Holland, 1970).

Problemas

12.1 Como você pode estimar a fluência do concreto produzido com um agregado desconhecido?
12.2 Comente sobre a magnitude da fluência do concreto produzido com diferentes cimentos.
12.3 Descreva o papel do agregado na fluência do concreto.
12.4 Como o coeficiente de Poisson do concreto varia com um aumento da tensão?
12.5 Faça um esboço da curva tensão-deformação para o concreto carregado a uma velocidade constante de tensão.
12.6 Discorra sobre os principais fatores que afetam a fluência do concreto.
12.7 O que significa a área interna ao laço de histerese na curva tensão-deformação no carregamento e descarregamento?
12.8 Compare a fluência do concreto massa e concreto exposto ao ar seco.
12.9 O que é o coeficiente de Poisson?
12.10 Qual é a diferença entre os módulos de elasticidade dinâmico e estático do concreto?
12.11 O que é o módulo de elasticidade secante?
12.12 O que é o módulo de elasticidade tangente?
12.13 O que é o módulo de elasticidade tangente inicial?
12.14 Qual módulo de elasticidade você usaria para determinar a resposta em termos de deformação do concreto a pequenas variações de tensão?
12.15 Qual é a relação entre o módulo de elasticidade do concreto e a resistência?
12.16 Como a relação entre o módulo de elasticidade do concreto e a resistência varia com o tempo?
12.17 Qual é a influência das propriedades do agregado no módulo de elasticidade do concreto?
12.18 Qual é o significado da forma da parte descendente da curva tensão-deformação do concreto sob uma taxa constante de deformação?
12.19 Você descreveria o comportamento elástico do concreto como linear ou não linear?
12.20 O que se entende por fluência específica?
12.21 Como você estimaria a fluência de uma concreto contendo cinza volante ou escória de alto-forno ou superplastificante?
12.22 Defina fluência do concreto.
12.23 Discorra sobre os efeitos benéficos e nocivos da fluência do concreto.
12.24 Um concreto com fluência zero seria vantajoso?

12.25 Calcule o módulo de elasticidade estático de um concreto normal com resistência à compressão de 30 MPa utilizando os métodos americano e britânico.

Resposta: Britânico: 28,0 GPa
Americano: 25,7 GPa

12.26 Use o método da ACI para estimar a fluência específica em 30 anos do concreto sendo dadas as seguintes informações:

Idade na aplicação da carga:	14 dias
Condição de cura:	úmida
Ambiente de armazenamento:	umidade relativa de 70%
Relação volume/superfície:	50 mm
Abatimento de tronco de cone:	75 mm
Relação agregado miúdo/agregado total:	30%
Teor de ar:	2%
Resistência à compressão aos 14 dias (cilindro):	30 MPa
Massa específica do concreto:	2400 kg/m^3

Resposta: $59,6 \times 10^{-6}$ por MPa

12.27 Use o método da BS 8110–2: 1985 para estimar a fluência específica em 30 anos do concreto dado na questão 12.26, considerando que a resistência do cubo é 35 MPa.

Resposta: 106×10^{-6} por MPa

13

Deformação e Fissuração sem Carregamento

Além da fissuração causada por aplicação de tensões, variações de volume devido a retração e a mudanças de temperatura são de considerável importância. Esses movimentos são parcial ou totalmente restringidos e, portanto, induzem tensões. Assim, embora a retração (ou expansão) e a variação térmica sejam consideradas como independentes da ocorrência de tensões, a situação real infelizmente não é tão simples. O maior risco é a presença de tensões de tração induzidas por algumas formas de restrição a esses movimentos, já que o concreto possui uma resistência à tração muito baixa, sendo suscetível à fissuração. As fissuras devem ser evitadas ou controladas e minimizadas, pois afetam a durabilidade e a integridade estrutural, além de serem também esteticamente indesejáveis.

Retração e expansão

A retração é causada pela perda de água por evaporação ou pela hidratação do cimento, e também pela carbonatação. A redução do volume, ou seja, deformação volumétrica é igual a 3 vezes a contração linear e, na prática, mede-se a retração simplesmente como uma deformação linear. Suas unidades são, portanto, mm por mm, normalmente expressas em 10^{-6}.

Enquanto a pasta de cimento ainda é plástica, ela sofre uma contração volumétrica de magnitude na ordem de 1% do volume absoluto do cimento seco. Essa contração é conhecida como *retração plástica* e é causada pela perda de água por evaporação da superfície do concreto ou pela sucção pelo concreto seco situado abaixo. A contração induz tensões de tração nas camadas superficiais devido a elas estarem restringidas pelo concreto interno, não passível de retração, e como o concreto é muito fraco no estado plástico, a fissuração plástica na superfície pode ocorrer facilmente (ver página 251).

A retração plástica é maior quanto maior for a velocidade de evaporação da água, que por sua vez depende da temperatura do ar, da temperatura do concreto, da umidade relativa do ar e da velocidade do vento. Segundo a ACI 305R–99, velocidades de evaporação maiores que 0,25 kg/h/m² de superfície exposta do concreto devem ser evitadas, de modo a prevenir a fissuração plástica (ver página 164). Claramente, a prevenção total da evaporação logo após a moldagem reduz a retração plástica. Devido à perda de água da pasta de cimento ser a responsável pela retração plástica, ela será maior quanto maior for o consumo de cimento da mistura (Fig. 13.1) ou menor quanto maior for o teor de agregado (em volume).

Mesmo quando nenhum movimento de água para o ou do concreto endurecido for possível, ocorre a *retração autógena*. Ela é causada pela perda de água utilizada na hidratação e, exceto em estruturas de concreto massa, não se distingue da retração do concreto endurecido causada pela perda de água para o exterior. Em concreto de resistência normal, a retração autógena é muito pequena, tipicamente entre 50 a 100 × 10^{-6}, mas pode ser grande em concreto de alto desempenho (ver página 408).

Caso exista um fornecimento contínuo de água ao concreto durante a hidratação, ele sofre expansão devido à absorção da água pelo gel de cimento. Esse pro-

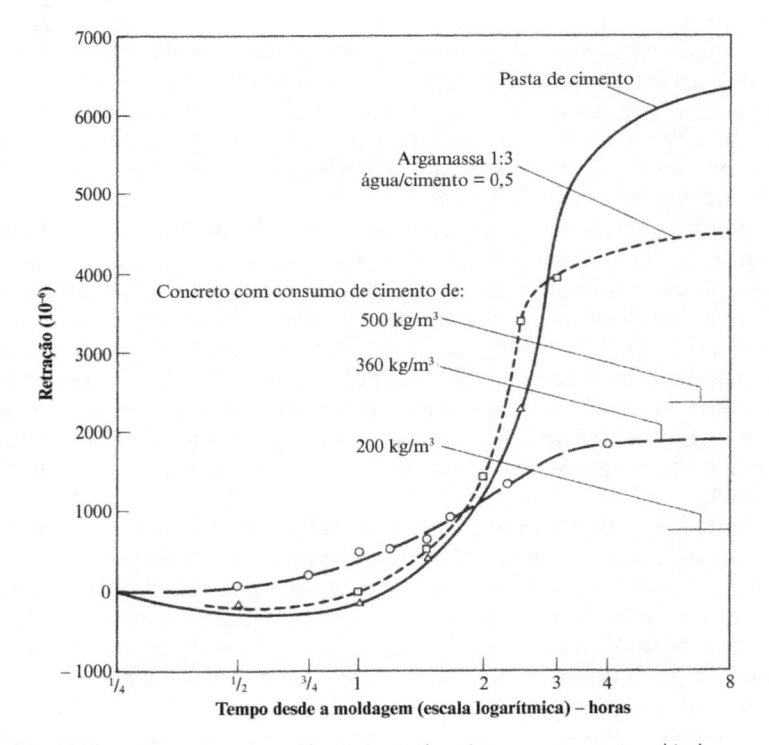

Figura 13.1 Influência do consumo de cimento da mistura na retração plástica ao ar a 20°C e umidade relativa de 50%, com velocidade do vento de 1,0 m/s.
(Baseado em: R. L'HERMITE, Volume changes of concrete, *Proc. Int. Symp. on the Chemistry of Cement*, Washington D.C., 1960, pp. 659-94.)

cesso é conhecido como *expansão*. No concreto produzido com agregado normal, a expansão é 10 a 20 vezes menor que a retração. Por outro lado, a expansão de concreto leve pode ser na faixa de 20 a 80% da retração do concreto endurecido após 10 anos.

Retração por secagem

A saída de água do concreto endurecido mantido ao ar não saturado causa a retração por secagem. Uma parte desse movimento é irreversível e deve ser diferenciado da parte reversível ou *movimentação de umidade*. A Figura 13.2(a) mostra que, se um concreto for deixado a secar ao ar, em uma determinada umidade relativa, e em seguida colocado em água (ou em umidade mais alta), ele irá expandir devido à absorção de água pela pasta de cimento. Entretanto, nem toda retração por secagem inicial é recuperada, mesmo após um longo armazenamento em água. Para a faixa usual de concretos, a movimentação de umidade reversível (ou *expansão por molhagem*) representa cerca de 40 a 70% da retração por secagem, mas isso depende da idade antes do início da primeira secagem. Por exemplo, se o concreto é curado de modo que esteja totalmente hidratado antes do início da secagem, a movimentação de umidade reversível será a maior parte da retração por secagem. Por outro lado, se a secagem for acompanhada por extensa carbonatação (ver página 236), a pasta de cimento não terá mais capacidade de movimentação de umidade; portanto, a retração residual ou irreversível será maior.

O padrão de movimentação de umidade sob ciclos alternados de molhagem e secagem – uma situação comum na prática – é mostrado na Fig. 13.2 (b). A magnitude desse movimento cíclico de umidade obviamente depende da duração dos períodos de molhagem e secagem, mas é importante destacar que a secagem é muito mais lenta que a molhagem. Desse modo, a consequência de secagem prolongada pode ser revertida por um curto período de chuva. O movimento depende também da variação de umidade relativa e da composição do concreto, bem como do grau de hidratação no início da primeira secagem. Em geral, o concreto leve tem uma maior movimentação de umidade que o concreto produzido com agregado normal.

A parte irreversível da retração está associada à formação de ligações físicas e químicas adicionais no gel de cimento quando a água absorvida é removida. O padrão geral de comportamento é o seguinte: quando o concreto seca, inicialmente, ocorre a perda da água livre, ou seja, a água nos capilares que não é fisicamente ligada. Esse processo induz gradientes internos de umidade relativa no interior da estrutura da pasta de cimento, de modo que, com o tempo, as moléculas de água são transferidas da grande área superficial dos silicatos de cálcio hidratados para os capilares vazios e daí para fora do concreto. Como consequência, a pasta de cimento se contrai, mas a redução de volume não é igual ao volume da água removida, devido à perda inicial de água livre não causar uma contração volumétrica da pasta significativa e também restrição interna à consolidação pela estrutura do silicato de cálcio hidratado.

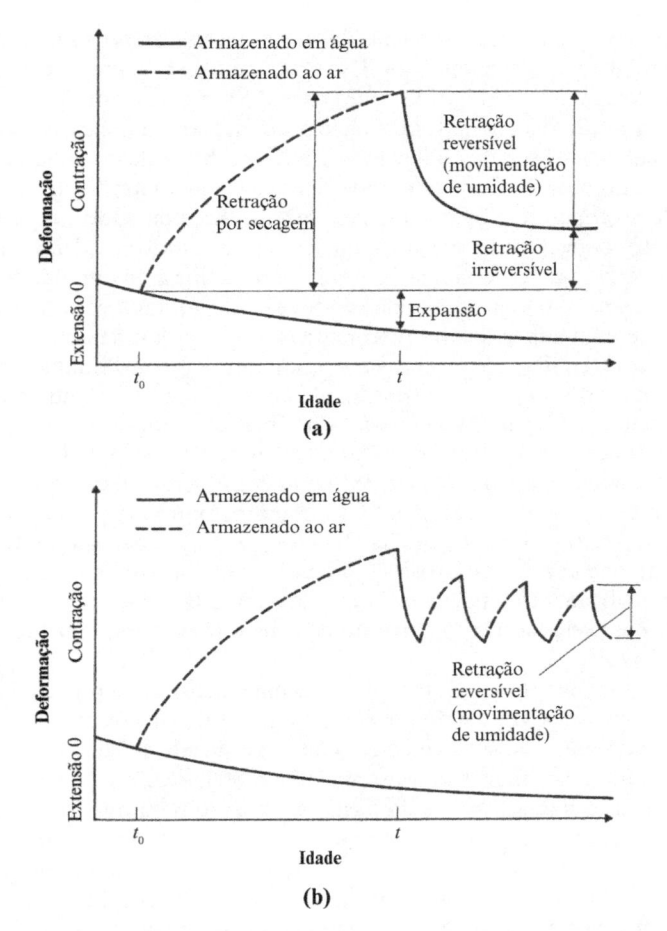

Figura 13.2 Movimentação de umidade no concreto: (a) concreto seco desde a idade t_0 até a idade t, e seguido de nova saturação e (b) concreto seco desde a idade t_0 e posteriormente submetido a ciclos de secagem e molhagem.

Retração por carbonatação

Além da retração por secagem, o concreto sofre retração por carbonatação. Vários dados experimentais incluem ambos os tipos de retração, mas seus mecanismos são diferentes. Por carbonatação entende-se a reação do CO_2 com o cimento hidratado. O gás CO_2, está presente na atmosfera, em concentração em torno de 0,03%, em volume, em ambiente rural; 0,1% ou mais em um laboratório não ventilado e, em geral, acima de 0,3% em grandes cidades. Na presença de umidade, o CO_2 forma ácido carbônico, que reage com o $Ca(OH)_2$, formando $CaCO_3$. Outros compostos do cimento também são decompostos. Um processo consequente da carbonatação é a contração do concreto, conhecido como retração por carbonatação.

A carbonatação ocorre da superfície para o interior, mas é extremamente lenta. A taxa real de carbonatação depende da permeabilidade do concreto, seu teor de umidade e do teor de CO_2 e umidade relativa do meio ambiente. Como a permeabilidade do concreto é governada pela relação água/cimento e pela eficácia da cura, concretos com elevada relação água/cimento e curados inadequadamente serão mais suscetíveis à carbonatação, ou seja, será maior a profundidade de carbonatação. A extensão da carbonatação pode ser determinada com facilidade pelo tratamento de uma superfície recentemente exposta com uma solução de fenolftaleína – o $Ca(OH)_2$ livre se torna rosa, enquanto a parte carbonatada é incolor.

A carbonatação do concreto (produzido com cimento Portland comum (Tipo I ASTM)) resulta em ligeiro aumento da resistência e menor permeabilidade, possivelmente em função da água que é liberada pela decomposição do $Ca(OH)_2$ na carbonatação contribuir para o processo de hidratação e porque o $CaCO_3$ é depositado nos vazios internos da pasta de cimento. Entretanto, muito mais importante é que a carbonatação neutraliza a natureza alcalina da pasta de cimento hidratada, assim, a proteção do aço contra a corrosão é prejudicada. Consequentemente, se toda a espessura de cobrimento da armadura for carbonatada e o ingresso de umidade e oxigênio for possível, ocorrerá a corrosão da armadura e, possivelmente, fissuração (ver página 269).

A Figura 13.3 mostra a retração por secagem de corpos de prova de argamassa secos ao ar, isento de CO_2, em diferentes umidades relativas, bem como a retração total após a carbonatação subsequente. Pode-se ver que a carbonatação aumenta a retração em umidades intermediárias, mas não a 100% e 25%. Neste último caso, existe água insuficiente nos poros da pasta de cimento para o CO_2 formar o ácido carbônico. Por outro lado, quando os poros estão cheios de água, a difusão do CO_2 no interior da pasta é muito lenta. Uma consequência prática disso é que a carbonatação é maior em concretos protegidos da chuva direta, mas expostos ao ar úmido, do que em um concreto periodicamente molhado pela chuva.

Fatores que influenciam na retração

A retração do concreto endurecido é influenciada por vários fatores, da mesma forma que a fluência sob condições secas. A influência mais importante é exercida pelo agregado, que restringe a quantidade da retração da pasta de cimento que pode realmente ocorrer no concreto. Para uma relação água/cimento constante e um determinado grau de hidratação, a relação entre a retração do concreto, s_{hc}, a retração da pasta de cimento pura, s_{hp}, e a concentração relativa, em volume, de agregado, g, é:

$$s_{hc} = s_{hp}(1-g)^n. \tag{13.1}$$

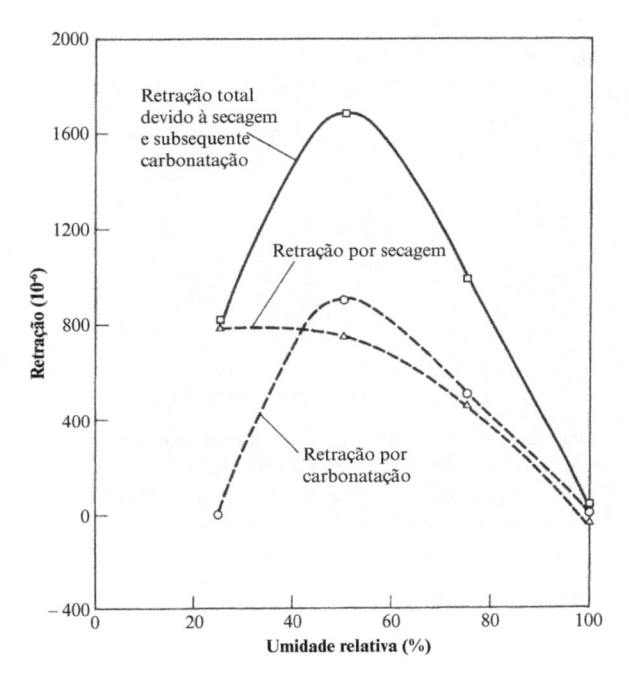

Figura 13.3 Retração por secagem e retração por carbonatação de argamassa em diferentes umidades relativas.
(Baseado em: G. J. VERBECK, Carbonation of hydrated Portland cement, *ASTM Sp. Tech. Publicn.* No. 205, pp. 17-36 (1958).)

A Figura 13.4 mostra resultados típicos e dá um valor de $n = 1,7$, mas n depende do módulo de elasticidade e do coeficiente de Poisson do agregado e do concreto. A dimensão máxima do agregado *por si* não influencia na magnitude da retração do concreto com um determinado volume de agregados e uma dada relação água/cimento. Entretanto, agregados maiores possibilitam o uso de misturas mais magras para uma relação água/cimento constante, resultando dessa forma em menor retração. Por exemplo, o aumento do teor de agregado de 71 para 74% irá reduzir a retração em cerca de 20% (ver Fig. 3.14).

O tipo de agregado, ou rigorosamente falando, seu módulo de elasticidade influencia na retração do concreto de forma que o concreto leve tem maior retração que o concreto produzido com agregado normal. Uma alteração no módulo de elasticidade do agregado se reflete na mudança do valor de n na Eq. 13.1. Mesmo dentro da faixa de agregados normais (não passíveis de retração), existe uma considerável variação na retração (Fig. 13.5) devido à variação no módulo de elasticidade do agregado (ver Fig. 12.8).

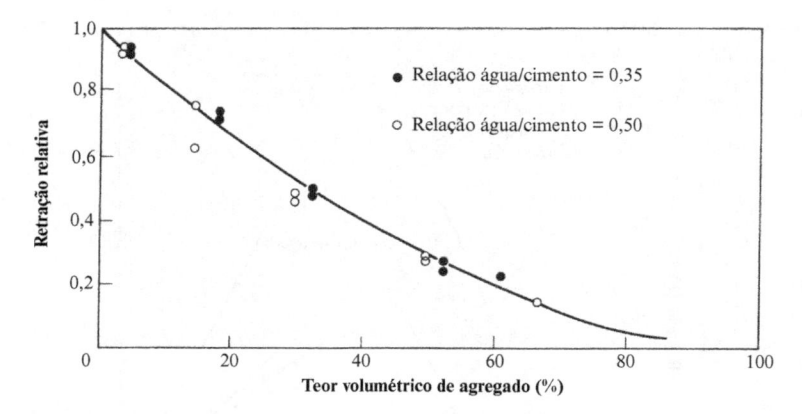

Figura 13.4 Influência do teor volumétrico de agregado no concreto (em volume) na taxa de retração do concreto em relação à pasta de cimento pura.
(Baseado em: G. PICKETT, Effect of aggregate on shrinkage of concrete and hypotheses concerning shrinkage, *J. Amer. Concr., Inst.*, 52, pp. 581-90 (Jan. 1956).)

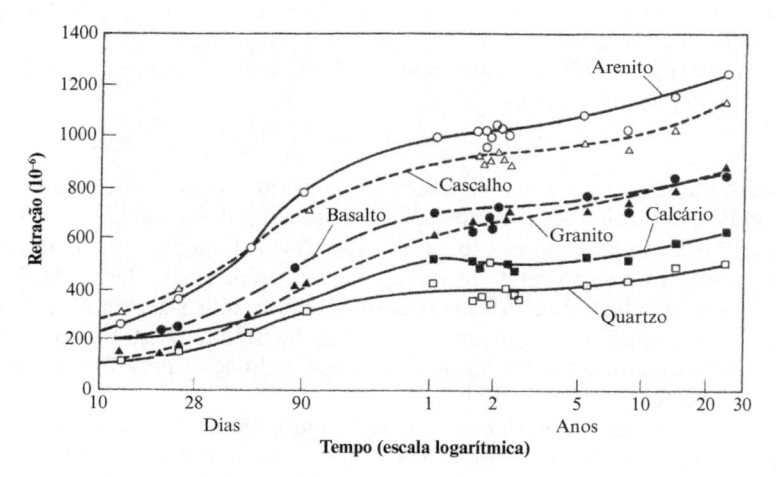

Figura 13.5 Retração de concreto com proporções fixas da mistura, mas produzidos com diferentes agregados e armazenados ao ar a 21°C e umidade relativa de 50%.
(De: G. E. TROXELL, J. M. RAPHAEL and R. E. DAVIS, Long-time creep and shrinkage tests of plain and reinforced concrete, *Proc. ASTM.*, 58, pp. 1101-20 (1958).)

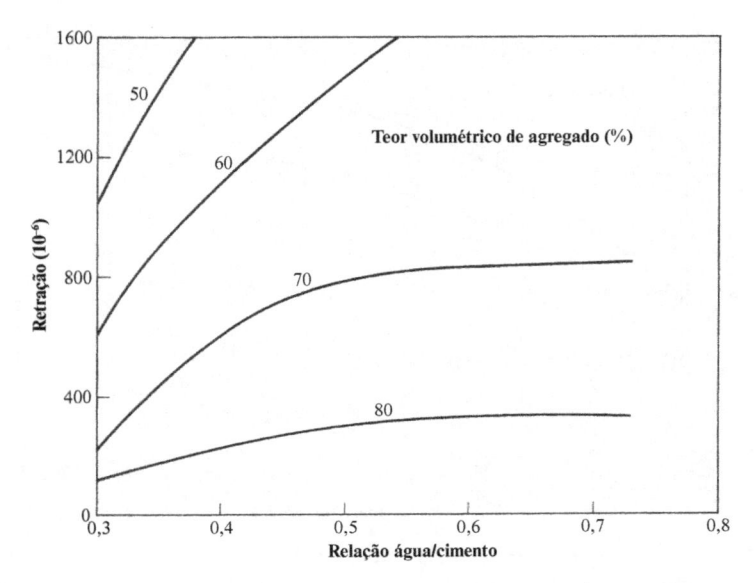

Figura 13.6 Influência da relação água/cimento e teor de agregado na retração. (Baseado em: S. T. A. ODMAN, Effects of variations in volume, surface area exposed to drying, and composition of concrete on shrinkage, *RILEM/CEMBUREAU Int. Colloquium on the Shrinkage of Hydraulic Concretes*, 1, 20 pp. (Madrid, 1968).)

Até o momento, nada foi dito sobre a retração intrínseca da pasta de cimento. Sua qualidade obviamente influencia na magnitude da retração: quanto maior a relação água/cimento, maior a retração. Em consequência, pode ser dito que, para um determinado teor de agregado, a retração do concreto é função da relação água/cimento (ver Fig. 13.6). A retração ocorre por longos períodos, mas parte da retração de longa duração pode ser resultante da carbonatação. Em todo caso, a taxa de retração diminui rapidamente com o tempo, de modo que, em geral:

(a) 14 a 34% da retração aos 20 anos ocorre em 2 semanas
(b) 40 a 80% da retração aos 20 anos ocorre em 3 meses
(c) 66 a 85% da retração aos 20 anos ocorre em 1 ano

A umidade relativa do ar ao redor do concreto influencia enormemente na magnitude da retração, conforme mostrado na Fig. 13.7. No ensaio de retração prescrito pela BS 1881–5: 1970, os corpos de prova são secos por um período especificado, sob condições normalizadas de temperatura e umidade. A retração que ocorre nessas condições aceleradas é de mesma ordem da que ocorre após uma longa exposição ao ar com umidade relativa de aproximadamente 65%, sendo esta representativa da mé-

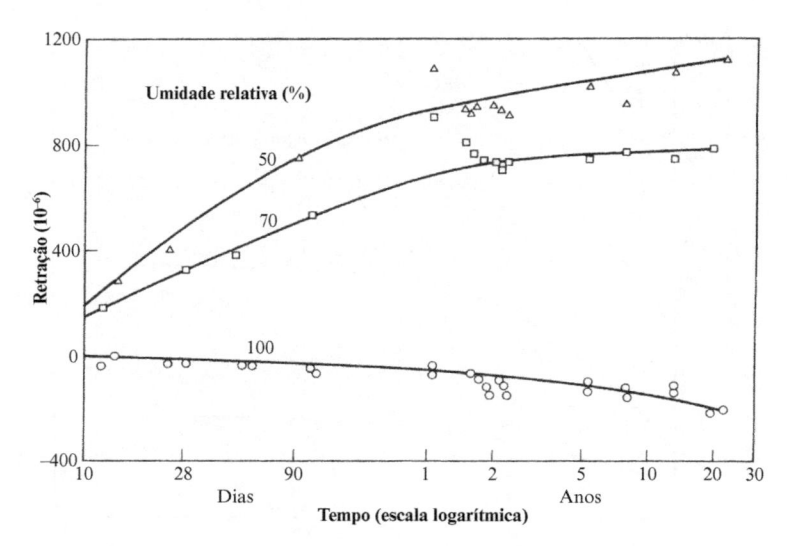

Figura 13.7 Relação entre a retração e o tempo de concretos armazenados em diferentes umidades relativas.
(De: G. E. TROXELL, J. M. RAPHAEL and R. E. DAVIS, Long-time creep and shrinkage tests of plain and reinforced concrete, *Proc. ASTM.*, 58, pp. 1101-20 (1958).)

dia entre as condições internas (45%) e externas (85%) no Reino Unido. Nos Estados Unidos, a ASTM C 157–06 prescreve a temperatura de 23°C e umidade relativa de 50% para a determinação da retração.

A magnitude da retração pode ser determinada com a utilização de um quadro de medidas, com um micrômetro ou relógio comparador acoplado realizando leituras de deformações de 10×10^{-6} ou por meio de um extensômetro ou por extensômetros resistivos (*strain gauges*).

A retração real de um determinado elemento de concreto é influenciada por sua dimensão e forma. Entretanto, a influência da forma é pequena, de modo que a retração pode ser expressa como uma função da relação entre o volume/superfície exposta. A Figura 13.8 mostra que existe uma relação linear entre o logaritmo da retração final e sua relação volume/superfície.

A menor retração em grandes elementos é pelo fato de que somente a parte externa do concreto sofre secagem e sua retração é restringida pelo núcleo sem retração. Na realidade, ocorre a retração *diferencial* ou *restringida*. Em consequência disso, nenhum ensaio mede fielmente a retração, como uma propriedade intrínseca do concreto, de modo que a dimensão do corpo de prova deve sempre ser relatada.

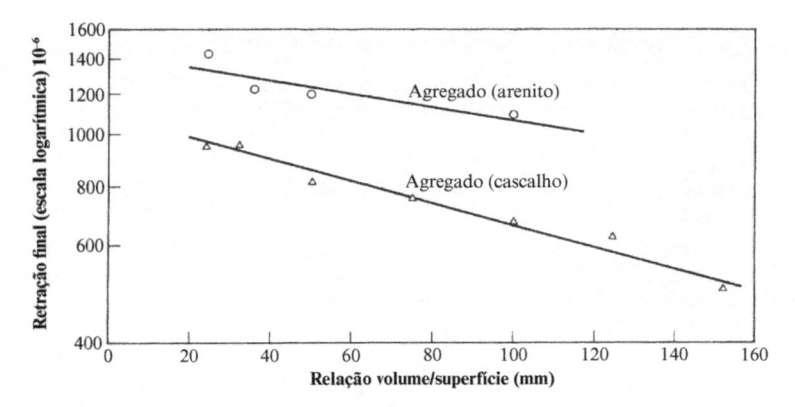

Figura 13.8 Relação entre retração final e relação volume/superfície.
(De: T. C. HANSEN and A. H. MATTOCK, The influence of size and shape of member on the shrinkage and creep of concrete, *J. Amer. Concr. Inst.*, 63, pp. 267-90 (Feb. 1966).)

Previsão da retração por secagem e expansão

Segundo a ACI 209.R–92, a retração $s_h(t, \tau_0)$ no tempo t (dias), medida desde o início da secagem em τ_0 (dias) é expressa conforme segue:

Para cura úmida:

$$s_h(t, \tau_0) = \frac{t - \tau_0}{35 + (t - \tau_0)} s_{h\infty} \right\} \quad (13.2a)$$

para cura a vapor:

$$s_h(t, \tau_0) = \frac{t - \tau_0}{55 + (t - \tau_0)} s_{h\infty} \quad (13.2b)$$

onde $s_{h\infty}$ = retração final, e

$$s_{h\infty} = 780 \times 10^{-6} \, k'_1 k'_2 k'_3 k'_4 k'_5 k'_6 k'_7. \quad (13.3)$$

Para períodos de duração úmida diferentes de 7 dias, o coeficiente da idade, k'_1 é dado na Tabela 13.1; para cura a vapor em um período de 1 a 3 dias, $k'_1 = 1$.

O coeficiente de umidade k'_2 é:

$k'_2 = 1,40 - 0,010h \quad (40 \leq h \leq 80)$

$k'_2 = 3,00 - 0,30h \quad (80 \leq h \leq 100)$ $\quad (13.4)$

onde h = umidade relativa (%)

Tabela 13.1 Coeficiente de retração k_1' para uso na Eq. 13.3

Período de cura úmida (dias)	Coeficiente de retração, k_1'
1	1,2
3	1,1
7	1,0
14	0,93
28	0,86
90	0,75

Como $k_2' = 0$ quando $h = 100\%$, o método da ACI não faz previsão para a expansão.

O coeficiente k_3' considera a dimensão do elemento em termos da relação volume/superfície V/S (ver página 241). Para valores de V/S < 37,5 mm, k_3' é dado pela Tabela 13.2. Quando V/S está entre 37,5 e 95 mm:

Para $(t - \tau_0) \leq 1$ ano

$$k_3' = 1,23 - 0,006 \frac{V}{S} \qquad (13.5(a))$$

Tabela 13.2 Coeficiente de retração k_3' para uso na Eq. 13.3

Relação volume/superfície (V/S), mm	k_3'
12,5	1,35
19	1,25
25	1,17
31	1,08
37,5	1,00

Para $(t - \tau_0) \geq 1$ ano

$$k_3' = 1,17 - 0,006 \frac{V}{S} \qquad (13.5(b))$$

Capítulo 13 Deformação e Fissuração sem Carregamento

Quando V/S ≥ 95 mm

$$k'_3 = 1,2\ e^{-0,00473(V/S)} \tag{13.6}$$

Os coeficientes que levam em consideração a composição do concreto são:

$$k'_4 = 0,89 + 0,00264s \tag{13.7}$$

onde s = abatimento de tronco de cone (mm) do concreto e

$$k'_5 = 0,30 + 0,014\frac{A_f}{A},\quad \left(\frac{A_f}{A} \le 50\right) \tag{13.8}$$

onde A_f/A = relação entre agregado miúdo/agregado total, em massa, (%). Também,

$$k'_6 = 0,75 + 0,00061\gamma \tag{13.9}$$

onde γ = consumo de cimento (kg/m³), e

$$k'_7 = 0,95 + 0,008A \tag{13.10}$$

onde A = teor de ar (%)

No Reino Unido, a BS 8110–2: 1985 dá valores de retração e expansão após períodos de exposição de 6 meses e 30 meses (ver Fig. 13.9) para várias umidades relativas de armazenamento e relações volume/superfície. Os dados se aplicam a concretos produzidos com agregados de alta qualidade, densos e não passíveis de retração e a concretos com teor de água efetivo de 8% da massa original de concreto (esse valor corresponde a aproximadamente 190 litros por metro cúbico de concreto). Para concretos com outros teores de água, a retração da Fig. 13.9 é ajustada em proporção ao teor real de água.

Uma maior precisão na previsão da retração é obtida ao realizar ensaios de curta duração aos 28 dias e extrapolar os resultados para a obtenção de valores de longa duração. A expressão seguinte é aplicável tanto a concreto normal quanto ao concreto leve, mantidos em qualquer ambiente seco, em temperatura normal:

$$s_h(t, \tau_0) = s_{h28} + 100[3,61 \log_e (t - \tau_0) - 12,05]^{\frac{1}{2}} \tag{13.11}$$

onde $s_h (t, \tau_0)$ = retração em longo prazo (10^{-6}), na idade t após a secagem desde uma idade anterior τ_0,

s_{h28} = retração (10^{-6}) após 28 dias, e

$(t - \tau_0)$ = tempo desde o início da secagem (> 28 dias).

O uso da Eq. 13.11 resulta em um erro médio de cerca de ± 17%, quando a retração prevista em 10 anos é comparada com a retração medida.

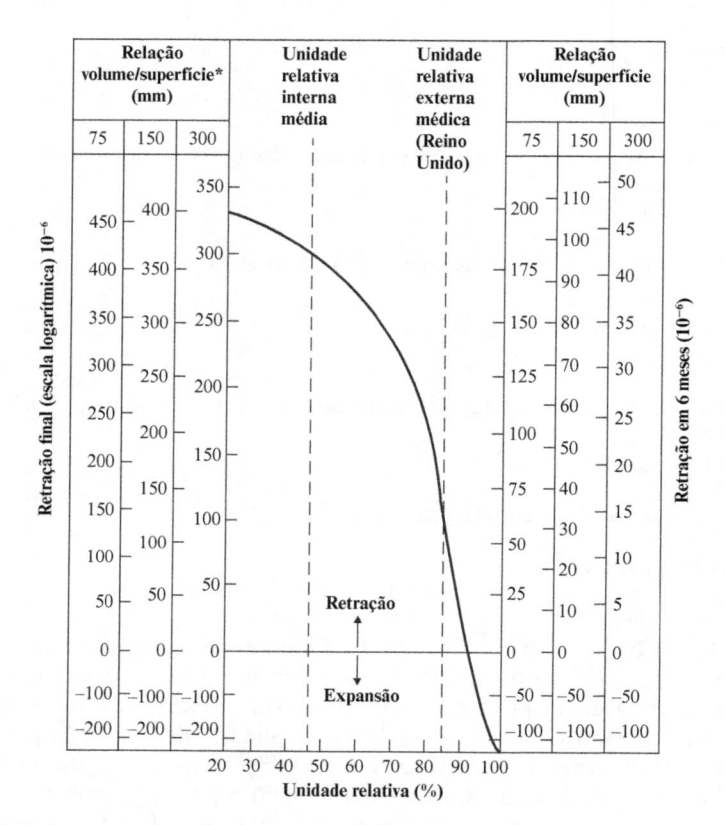

Figura 13.9 Previsão da retração e expansão de concretos com agregados denso e alta qualidade
(De: BS 8110-2: 1985.)
*Em algumas situações, o termo espessura efetiva da seção é utilizado para representar a dimensão de um elemento; espessura efetiva da seção = 2 × relação volume/superfície.

Para a previsão da expansão, um ensaio de duração de 1 ano é necessário para estimar a expansão em longo prazo com uma precisão razoável (por exemplo, um erro médio de ± 18% aos 10 anos). A expressão é a seguinte:

$$s_w(t, \tau_0) = S_{w365}^B \qquad (13.12)$$

onde $B = 0{,}377[\log_e (t - \tau_0)]^{0{,}55}$

$s_w(t, \tau_0)$ = expansão em longo prazo (10^{-6}) na idade t, medida desde a idade τ_0,
s_{w365} = expansão após 1 ano,
e $(t - t_0)$ = tempo desde o início da expansão (> 365 dias)

Movimentação térmica

Da mesma forma que a maioria dos materiais de engenharia, o concreto tem um *coeficiente de dilatação térmica* positivo. O valor depende tanto da composição do concreto como da condição de umidade no momento da variação de temperatura. O enfoque será nas movimentações térmicas causadas por variações normais de temperatura, em uma faixa de aproximadamente –30°C a 65°C.

A influência das proporções da mistura vem do fato de que dois dos principais constituintes do concreto, a pasta de cimento e o agregado, têm diferentes coeficientes térmicos. O coeficiente do concreto é afetado por esses dois valores e também pelas proporções volumétricas e propriedades elásticas desses dois constituintes. Na realidade, aqui o papel do agregado é similar ao seu papel na retração e fluência, ou seja, o agregado restringe a movimentação térmica da pasta de cimento, que tem um coeficiente térmico maior. O coeficiente de dilatação térmica do concreto, α_c, é relacionado aos coeficientes térmicos do agregado, α_g, e da pasta de cimento, α_p, conforme segue:

$$\alpha_c = \alpha_p - \frac{2g(\alpha_p - \alpha_g)}{1 + \frac{k_p}{k_g} + g\left[1 - \frac{k_p}{k_g}\right]} \quad (13.13)$$

onde g = teor volumétrico de agregado, k_p/k_g = relação entre a rigidez da pasta de cimento e do agregado, aproximadamente igual à relação entre seus módulos de elasticidade.

A Equação 13.13 está representada na Fig. 13.10, a partir da qual é visível que, para um determinado tipo de agregado, um aumento de sua concentração, em volume, reduz α_c, enquanto, para uma determinada concentração volumétrica, um menor coeficiente térmico do agregado também reduz α_c. A influência da relação de rigidez é pequena.

A influência do agregado no coeficiente de dilatação térmica do concreto é mostrada na Tabela 13.3. Os valores da pasta de cimento variam entre 11×10^{-6} e 20×10^{-6} por °C, dependendo da condição de umidade. Essa dependência é resultante do fato de que o coeficiente térmico da pasta de cimento tem dois componentes: o *coeficiente térmico verdadeiro* (*cinético*), que é causado pela movimentação molecular da pasta, e o *coeficiente de dilatação higrotérmica*. Este último vem de um aumento da umidade relativa interna (pressão de vapor de água) com o aumento da temperatura, com uma consequente expansão da pasta de cimento. Nenhuma expansão higrotérmica é possível quando a pasta de cimento está totalmente seca ou saturada, já que não pode ocorrer aumento na pressão do vapor de água. Entretanto, a Fig. 13.11 mostra que a expansão higrotérmica ocorre em teores de umidade intermediários e, para uma pasta nova, atinge o máximo na umidade relativa de 70%. Para uma pasta mais velha, a expansão higrotérmica é menor e

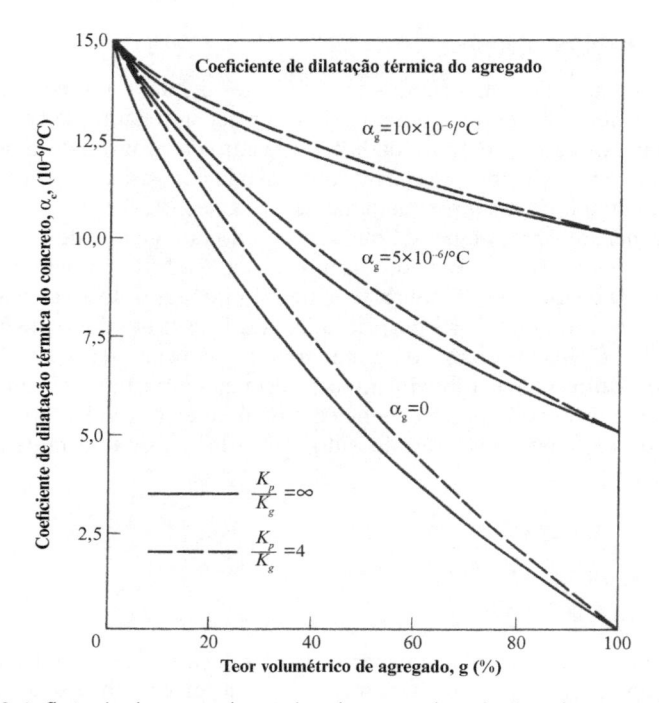

Figura 13.10 Influência do teor volumétrico de agregado e do tipo de agregado no coeficiente de dilatação térmica linear do concreto, utilizando a Eq. 13.13; $\alpha_c = 15 \times 10^{-6}/°C$. (Baseado em: D. W. HOBBS, The dependence of the bulk modulus, Young's modulus, creep, shrinkage and thermal expansion of concrete upon aggregate volume concentration, *Materials and Construction*, Vol. 4, No. 20, pp. 107–14 (1971.)

ocorre em uma umidade relativa interna menor. No concreto, o efeito higrotérmico é naturalmente menor.

A Tabela 13.3 mostra os valores do coeficiente de dilatação térmica para concretos 1:6, curados ao ar, em umidade relativa de 64% e também para concretos saturados (curados em água) produzidos com diferentes tipos de agregados.

A temperatura próxima ao congelamento resulta em um valor mínimo de expansão térmica. Em temperaturas ainda mais baixas, o coeficiente é, novamente, mais elevado. A Figura 13.12 mostra os valores para um concreto saturado ensaiado em ar saturado. No concreto levemente seco, após um período de cura inicial, em seguida mantido e ensaiado em umidade relativa de 90%, não existe diminuição do coeficiente térmico. O comportamento do concreto saturado é de interesse, devido a sua vulnerabilidade ao gelo-degelo (ver Capítulo 15).

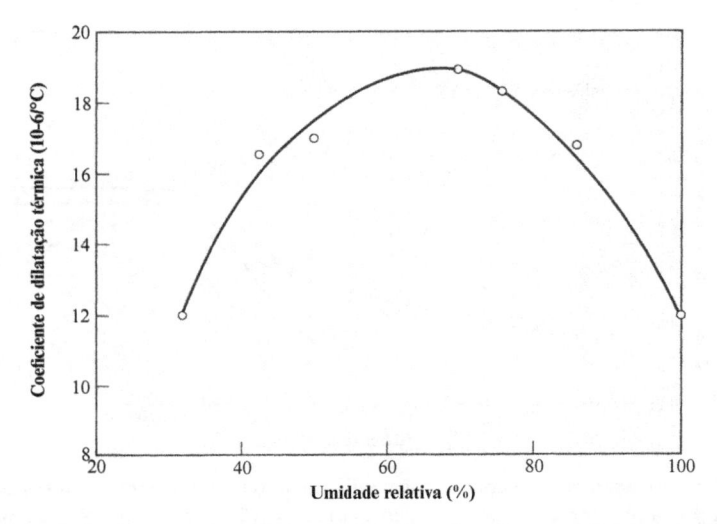

Figura 13.11 Relação entre a umidade relativa do ambiente e o coeficiente de dilatação térmica linear da pasta de cimento pura curada normalmente.
(De: S. L. MEYERS, How temperature and moisture changes may affect the durability of concrete, *Rock Products*, pp. 153-7 (Chicago, Aug. 1951).)

Tabela 13.3 Coeficiente de dilatação térmica de concretos 1:6 produzidos com diferentes agregados

	Coeficiente de expansão térmica linear	
	Concreto curado ao ar	Concreto curado em água
Tipo de agregado	10^{-6} por (°C)	10^{-6} por (°C)
Cascalho	13,1	12,2
Granito	9,5	8,6
Quartzito	12,8	12,2
Dolerito	9,5	8,5
Arenito	11,7	10,1
Calcário	7,4	6,1
Pedra de Portland	7,4	6,1
Escória de alto-forno	10,6	9,2
Escória expandida	12,1	9,2

Building Research Establishment, Crown copyright

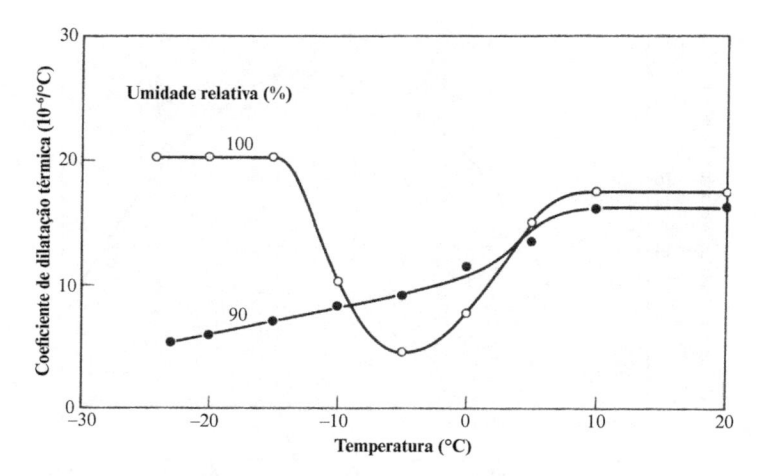

Figura 13.12 Relação entre o coeficiente de dilatação térmica linear e a temperatura de corpos de prova de concreto mantidos e ensaiados sob diferentes condições de umidade na idade de 55 dias.
(De: F. H. WITTMANN and J. LUKAS, Experimental study of thermal expansion of hardened cement paste, *Materials and Structures*, 7, No. 40, pp. 247-52 (Paris, July-Aug. 1974).)

Efeitos da restrição e fissuração

Como a tensão e a deformação ocorrem juntas, qualquer restrição ao movimento introduz uma tensão correspondente à deformação restringida.[1] Caso tensão e deformação restringidas se desenvolvam até exceder a capacidade resistente ou de deformação do concreto, surgem as fissuras. Posteriormente será discutida a fissuração em relação à tensão e resistência em vez da deformação restringida e capacidade de deformação, embora ambos conceitos possam ser utilizados.

A restrição pode induzir tanto compressão quanto tração, mas na maioria dos casos é a tração que causa problemas. Existem duas formas de restrições: *externa* e *interna*. A primeira existe quando o movimento da seção de um elemento de concreto é total ou parcialmente impedido por elementos adjacentes rígidos ou semirrígidos ou por fundações. A restrição interna existe quando existem gradientes de temperatura e umidade no interior da seção. Combinações de restrições internas e externas são possíveis.

Para ilustrar o efeito da restrição externa, será considerada a seção de um elemento de concreto, isolada, cujas extremidades estão totalmente restringidas. A seção está sujeita a um ciclo de temperatura. Quando a temperatura aumenta,

---
[1] A deformação restringida é a diferença entre a deformação livre e a deformação medida.

o concreto é impedido de expandir, de modo que se desenvolvem tensões de compressão uniformes na seção. Em geral, essas tensões são pequenas quando comparadas com a resistência à compressão do concreto; além disso, são parcialmente aliviadas pela fluência nas primeiras idades (ver relaxação de tensões, página 215). Quando a temperatura cai e o concreto resfria, a contração é impedida, de forma que, inicialmente, qualquer tensão de compressão residual é recuperada e, continuando o resfriamento, são induzidas tensões de tração. Caso essas variações de temperatura ocorram de forma lenta, a tensão é parcialmente aliviada pela fluência. Entretanto, devido ao concreto estar agora mais maduro, a fluência é menor, de modo que a tensão de tração pode se tornar bastante grande, atingindo a resistência à tração do concreto. Como consequência, ocorre a fissuração da seção. Caso exista uma quantidade adequada de armadura, a fissuração ainda irá ocorrer, mas, nesse caso, as fissuras serão distribuídas uniformemente e serão de menor abertura – o oposto da pequena quantidade de fissuras, de grande abertura, do concreto não armado.

Um exemplo de restrição interna é uma massa de concreto não isolado, na qual se desenvolve o calor devido à hidratação do cimento. O calor é dissipado da superfície do concreto de tal modo que existe um gradiente de temperatura na seção. Como não são possíveis movimentos relativos entre as partes do concreto, existe uma deformação térmica restringida e, com isso, uma tensão induzida. Esse problema foi discutido na página 164.

Foi visto que, com ciclos de temperatura grandes, mas lentos, a fluência contribui para a fissuração térmica porque a eficácia da relaxação de tensões por fluência é reduzida devido à redução da fluência com o tempo. Entretanto, em outros casos, a fluência é benéfica na prevenção de fissuras. Por exemplo, se um elemento delga-

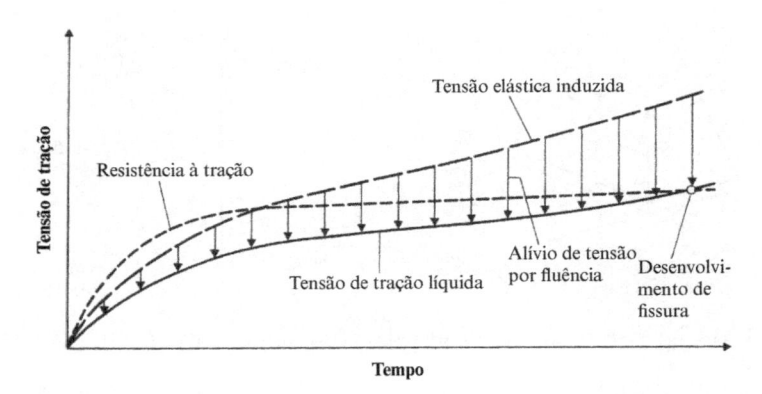

Figura 13.13 Padrão esquemático do desenvolvimento de fissuras quando a tensão de tração devido à retração restringida é aliviada pela fluência.

do de concreto é externamente restringido de modo que a contração resultante da fissuração seja impedida, a tensão de tração elástica uniforme induzida é aliviada pela fluência (ver Fig. 13.13). Em casos de elementos mais espessos, sem restrição externa, mas com a existência de um gradiente de umidade, a fissuração das camadas superficiais é restringida pelo núcleo, de forma que no exterior existe tensão de tração, enquanto no interior a tensão é de compressão. A fluência novamente alivia as tensões, mas, caso a tensão de tração exceda a resistência, irá ocorrer a fissuração superficial por retração.

Tipos de fissuração

Como a fissuração foi citada várias vezes, é interessante revisar os diversos tipos de fissuras. Não serão abordadas aqui as fissuras causadas por carregamentos excessivos, mas somente as intrínsecas ao concreto. Existem três tipos: *fissuras plásticas*; *fissuras térmicas nas primeiras idades* e *fissuras de retração por secagem*. Na realidade, também existem outros tipos de fissuras não estruturais, que estão listadas na Tabela 13.4 e mostradas esquematicamente na Fig. 13.14.

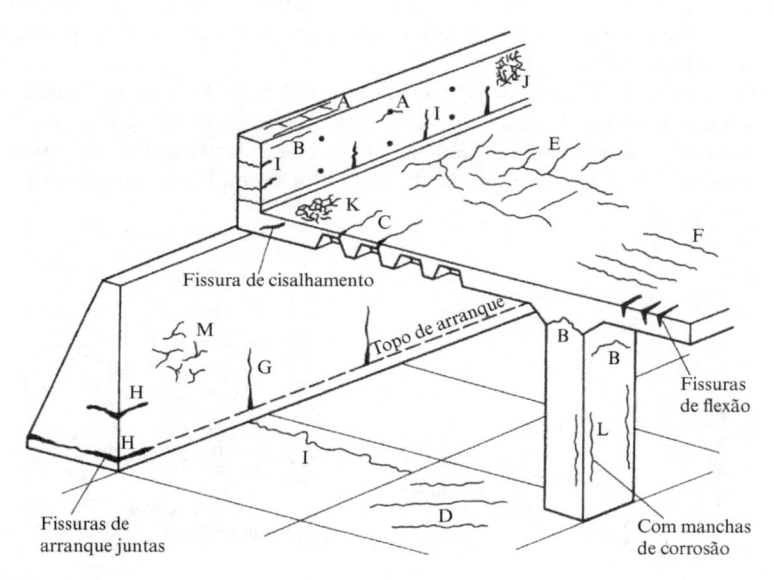

Figura 13.14 Representação esquemática dos vários tipos de fissuras que ocorrem no concreto.
(De: CONCRETE SOCIETY, Non-structural cracks in concrete, *Technical Report*, No. 22, p. 38 (London, 1982).)

Capítulo 13 Deformação e Fissuração sem Carregamento 251

As fissuras plásticas se desenvolvem antes do concreto estar endurecido (ou seja, entre 1 e 8 horas após o lançamento) e são as *fissuras por retração plástica* e *fissuras por assentamento plástico*. A causa e prevenção das primeiras foram citadas na página 233. As segundas surgem quando o assentamento do concreto na exsudação é desigual devido à presença de obstáculos. Estes podem ser constituídos por barras de aço de diâmetro elevado ou mesmo espessura desigual do concreto que é lançado em uma única camada. Para reduzir a incidência das fissuras por assentamento plástico, pode ser utilizado aditivo incorporador de ar (ver Capítulo 15), de modo a reduzir a exsudação e também aumentar o cobrimento da armadura superior. As fissuras por assentamento plástico podem ser eliminadas pela revibração do concreto em um tempo apropriado, que é o último prazo possível em que a agulha do vibrador pode ser inserida no concreto e retirada sem deixar marcas significativas.

As localizações das fissuras térmicas nas primeiras idades são mostradas na Fig. 13.14. Suas causas e métodos de prevenção são discutidos no Capítulo 9.

Conforme mencionado na página 251, as fissuras de retração por secagem em seções grandes dimensões são induzidas por tensões de tração devido à restrição interna causada por *retração diferencial* entre a superfície e o interior do concreto. As fissuras de retração por secagem que levam semanas a meses para surgir ocorrem também devido à restrição externa ao movimento proporcionada por outra parte da estrutura ou pelo subleito. A fissuração por retração por secagem é melhor controlada pela redução da retração (ver página 235). Existem *aditivos redutores de retração*. Além disso, a cura adequada é essencial, de modo a aumentar a resistência à tração do concreto, juntamente com a eliminação das restrições externas pela execução de juntas de movimentação. A abertura das fissuras de retração pode ser controlada por armadura posicionada o mais próximo à superfície possível, atendendo às exigências de cobrimento. Outros tipos de fissuras são causados por corrosão das armaduras e pela reação álcali-agregado, conforme discutidos no Capítulo 14.

Uma forma relacionada de fissuração por retração por secagem é a fissuração *mapeada* (mapeamento superficial) em paredes e lajes, que ocorrem quando a superfície do concreto tem um teor de água mais elevado que o interior (ver Tabela 13.4 e Fig. 13.14). O mapeamento da superfície em geral ocorre antes da fissuração de retração por secagem.

Causas, avaliação e reparos de fissuras não estruturais no concreto são integralmente analisados pela ACI 224.R–01 e pelo Concrete Society Technical Report No. 22.

Tabela 13.4 Classificação de fissuras intrínsecas

Tipo de fissura	Símbolo na Fig. 13.14	Subdivisão	Localização mais comum	Causa principal (excluindo restrição)	Causas secundárias/fatores	Correção (considerando que é impossível refazer o projeto); em todos os casos reduzir restrição	Tempo de aparecimento	Referência neste livro
Assentamento plástico	A	Sobre a armadura	Seções espessas					
	B	Em arco	Topo de pilares	Exsudação excessiva	Condições para secagem precoce	Reduzir a exsudação (revibração ou incorporação de ar); revibrar	10 min a 3 horas	Página 251
	C	Mudança de espessura	Lajes nervuradas					
Retração plástica	D	Diagonal	Pisos e lajes	Secagem precoce		Iniciar a cura mais cedo	30 min a 6 h	Páginas 233 e 251
	E	Aleatória	Lajes armadas		Velocidade de exsudação baixa			
	F	Sobre a armadura	Lajes armadas	Secagem precoce e armadura próxima à superfície				

Capítulo 13 Deformação e Fissuração sem Carregamento

Retração térmica inicial	G	Restrição externa	Paredes espessas	Geração excessiva de calor de hidratação	Resfriamento rápido	Reduzir calor e/ou isolar	Um a dois dias ou três semanas	Páginas 165 e 250
	H	Restrição interna	Lajes espessas	Gradientes de temperatura excessivos				
Retração por secagem em longo prazo	I		Lajes e paredes finas	Juntas ineficientes	Retração excessiva Cura ineficiente	Reduzir quantidade de água Melhorar cura	Várias semanas a meses	Página 251
Mapeadas	J	Junto às formas	Concreto aparente	Formas impermeáveis	Misturas ricas Cura inadequada	Melhorar cura e acabamento	Um a sete dias, algumas vezes mais tarde	Página 254
	K	Concreto desempenado	Lajes	Excesso de desempeno				
Corrosão de armadura	L	Natural	Pilares e vigas	Cobrimento insuficiente	Concreto de baixa qualidade	Eliminar as causas listadas	Mais de dois anos	Página 269
Reação álcali-agregado	M		Locais úmidos	Agregados reativos e cimento com alto teor de álcalis	Eliminar as causas		Mais de cinco anos	Página 267

De: Non-structural cracks in Concrete (1992) Concrete Society Technical Report 22.

Bibliografia

13.1 ACI COMMITTEE 209.R–92 (Reapproved 1997), Prediction of creep, shrinkage and temperature effects in concrete structures, Part 1, *ACI Manual of Concrete Practice* (2007). (See also ACI 209.1R–05).

13.2 ACI COMMITTEE 224.R–01, Control of cracking in concrete structures, Part 3, *ACI Manual of Concrete Practice* (2007).

13.3 ACI 305.R–99, Hot weather concreting, Part 2, *ACI Manual of Concrete Practice* (2007).

13.4 CONCRETE SOCIETY, Non-structural cracks in concrete, *Technical Report*, No. 22, p. 38 (London, 1982).

13.5 A. M. NEVILLE, *Concrete: Neville's Insights and Issues* (Thomas Telford 2006).

13.6 M. R. KIANOUSH, M. ACARCAN and E. DULLERUD, Cracking in liquid-containing structures, *Concrete International*, 28, No. 4, pp. 62–6 (2006).

Problemas

13.1 Qual é a causa do assentamento plástico?
13.2 O que é mapeamento?
13.3 Descreva as várias causas da fissuração no concreto.
13.4 Discorra sobre a influência das proporções da mistura do concreto na retração.
13.5 Descreva o mecanismo da retração por secagem do concreto.
13.6 Compare a carbonatação do concreto exposto à chuva intermitente e protegido da chuva.
13.7 Qual é o efeito do vento no concreto fresco?
13.8 Quais são as principais reações de carbonatação do concreto?
13.9 Discorra sobre os principais fatores que afetam a retração do concreto.
13.10 Como as proporções inadequadas do concreto podem causar a fissuração não estrutural?
13.11 Como os procedimentos de cura podem resultar em fissuração não estrutural?
13.12 Como a restrição de movimentação de um elemento resulta em fissuração por retração?
13.13 Explique o que se entende por retração restringida.
13.14 Descreva o fenômeno de retração da pasta de cimento.
13.15 Discuta a influência do agregado na retração do concreto produzido com uma determinada pasta de cimento.
13.16 O que é retração autógena?
13.17 O que é retração por carbonatação?
13.18 Descreva o ensaio para a determinação da espessura de carbonatação do concreto.
13.19 Em que velocidade a carbonatação do concreto se desenvolve?
13.20 Explique o que se entende por retração diferencial.
13.21 Explique a fissuração por retração plástica.
13.22 Quando o consumo máximo de cimento é especificado?
13.23 Discorra sobre como você pode avaliar a retração por secagem de: (i) concreto normal e (ii) concreto leve.
13.24 Quais são as consequências da fluência do concreto em relação à fissuração?
13.25 Como você pode estimar a retração do concreto contendo: (i) cinza volante, (ii) escória e (iii) superplastificante?
13.26 O coeficiente de dilatação térmica do concreto pode ser estimado pela expansão térmica de dois de seus principais constituintes: pasta de cimento e agregado? Discuta.

Capítulo 13 Deformação e Fissuração sem Carregamento **255**

13.29 Explique os termos: coeficiente térmico cinético real e coeficiente de expansão higrotérmica.

13.30 Discuta a influência da baixa temperatura no coeficiente de expansão térmica do concreto.

13.31 O que é deformação restringida?

13.32 Dê exemplos de restrição externa e restrição interna da retração.

13.33 Como a fissuração por retração por secagem pode ser reduzida?

13.34 Utilize o método da ACI para estimar a retração por secagem final do concreto, dadas as seguintes informações:

    duração da cura úmida: 14 dias
    condições de armazenamento: umidade relativa de 70%
    relação volume/superfície: 50 mm
    abatimento de tronco de cone: 75 mm
    relação agregado miúdo/agregado total: 30%
    consumo de cimento: 300 kg/m^3
    teor de ar: 2%

Resposta: 312×10^{-6}

13.35 Utilize o método da BS 8110-2: 1985 para estimar a retração em 30 anos do concreto da questão 13.34. Considere que o teor original de água é 8%.

Resposta: 320×10^{-6}

13.36 Calcule a retração necessária para causar a fissuração em um elemento de concreto totalmente restringido, sabendo que a resistência à tração é 3 MPa e o módulo de elasticidade é 30 GPa. Considere o concreto como frágil e sem fluência.

Resposta: 100×10^{-6}

13.37 Caso o concreto da questão 13.36 sofra fluência de modo que o módulo de elasticidade efetivo seja 20 MPa, qual será o valor de retração para causar a fissuração?

Resposta: 150×10^{-6}

14
Permeabilidade e Durabilidade

A durabilidade do concreto é uma de suas propriedades mais importantes, pois é essencial que ele seja capaz de suportar as condições para as quais foi projetado durante a vida da estrutura.

A falta de durabilidade pode ser causada por agentes externos advindos do meio ou por agentes internos ao concreto. As causas podem ser classificadas como físicas, mecânicas e químicas. As causas físicas vêm da ação do congelamento (ver Capítulo 15) e das diferenças entre as propriedades térmicas do agregado e da pasta de cimento (ver Capítulo 13), enquanto as causas mecânicas estão associadas principalmente à abrasão (ver Capítulo 11).

Neste capítulo, o enfoque será nas causas químicas: ataques por sulfatos, ácidos, água do mar e cloretos, que induzem a corrosão eletroquímica da armadura. Como esses ataques ocorrem no *interior* da massa de concreto, o agente agressivo deve ser capaz de penetrar no concreto, que, por sua vez, tem de ser permeável. A permeabilidade é, portanto, de fundamental interesse. O ataque é favorecido pelo transporte interno dos agentes agressivos por difusão devido aos gradientes internos de umidade e temperatura e pela osmose.

Permeabilidade

Permeabilidade é a facilidade com a qual líquidos ou gases podem se movimentar através do concreto. Essa propriedade é de interesse para a estanqueidade de estruturas destinadas à contenção de líquidos e para o ataque químico.

Apesar de haver ensaios normalizados pela ASTM e BS, a permeabilidade do concreto pode ser medida por um ensaio simples de laboratório, mas os resultados são, em geral, comparativos. Nesse ensaio, os lados de um corpo de prova de concreto são selados, e somente na superfície superior é aplicada água sob pressão. Quando são alcançadas condições de estabilidade (pode ocorrer em até 10 dias), mede-se a quantidade de água que fluiu por uma determinada espessura de concreto em determinado tempo. A permeabilidade à água é expressa como um *coeficiente de permeabilidade*, K, dado pela lei de Darcy

$$\frac{1}{A}\frac{dq}{dt} = k\frac{\Delta h}{L} \qquad (14.1)$$

onde $\frac{dq}{dt}$ é a velocidade do fluxo de água
A é a área da seção transversal da amostra
Δh é a diferença de altura na coluna hidráulica através da amostra e
L é a espessura da amostra

O coeficiente K é expresso em m/s.

Existe ainda outro ensaio, prescrito pela BS 1881-5: 1970, para a determinação da *absorção superficial inicial*, que é definida como a velocidade de absorção de água do concreto por unidade de área em um determinado tempo. Esse ensaio fornece informação somente sobre uma pequena camada superficial do concreto.

A permeabilidade do concreto ao ar ou outros gases é de interesse para estruturas como tanques de esgotos ou purificadores de gás e em vasos de pressão em reatores nucleares. A Equação 14.1 é aplicável, mas no caso da permeabilidade ao ar a condição estável é alcançada em horas. Deve ser notado, entretanto, que não existe uma relação única entre as permeabilidades ao ar e à água para qualquer concreto, embora ambas sejam dependentes da relação água/cimento e da idade do concreto.*

Para um concreto produzido com agregados normais, a permeabilidade é governada pela porosidade da pasta de cimento, mas a relação não é clara, já que a distribuição das dimensões dos poros é um fator. Por exemplo, embora a porosidade do gel de cimento seja 28%, sua permeabilidade é muito baixa, isto é, 7×10^{-16} m/s, devido à textura extremamente fina do gel e das mínimas dimensões dos poros de gel. A permeabilidade da pasta de cimento hidratada como um todo é maior devido à presença de poros capilares maiores (ver Fig. 14.1). Como a porosidade capilar é governada pela relação água/cimento e pelo grau de hidratação (ver Capítulo 6), a permeabilidade da pasta de cimento é também, principalmente, dependente desses parâmetros. A Figura 14.2 mostra que, para um determinado grau de hidratação, a permeabilidade é menor para pastas de relações água/cimento menores, especialmente abaixo da relação água/cimento próxima a 0,6, na qual os poros se tornam segmentados ou descontínuos (ver página 112). Para uma determinada relação água/cimento, a permeabilidade diminui conforme continua a hidratação do cimento e o preenchimento de parte do espaço da água original (ver Fig. 14.3), sendo a redução da permeabilidade mais rápida quanto menor for a relação água/cimento.

A grande influência da segmentação dos capilares na permeabilidade ilustra o fato de que a permeabilidade não é uma simples função da porosidade. É possível que dois corpos porosos tenham porosidades semelhantes, mas permeabilidades diferentes, conforme mostra a Fig. 14.4. De fato, somente a existência de uma grande abertura conectando os poros capilares irá resultar em uma grande capilaridade, enquanto a porosidade irá continuar praticamente a mesma.

---

* N. de T.: A NBR 10786:1989 determina o coeficiente de permeabilidade à água do concreto endurecido; a NBR 10787:2011 estabelece os procedimentos para a determinação da penetração de água sob pressão no concreto endurecido, enquanto a NBR 9778:2005, versão corrigida 2009, determina o método de ensaio para absorção de água de concretos e argamassas.

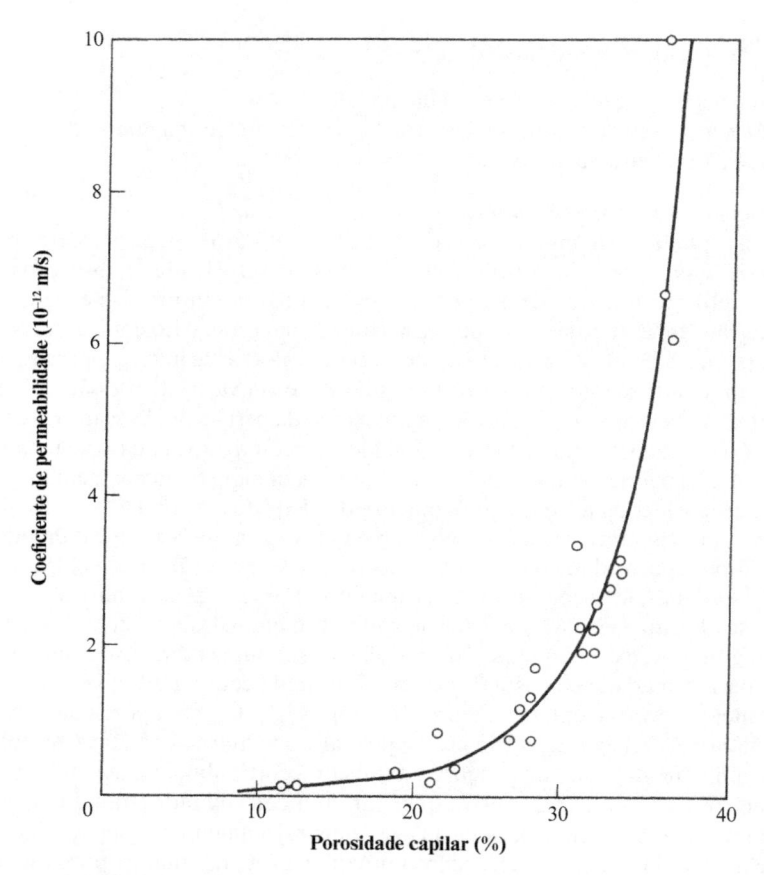

Figura 14.1 Relação entre a permeabilidade e a porosidade capilar da pasta de cimento. (De: T. C. POWERS, Structure and physical properties of hardened Portland cement paste, *J. Amer. Ceramic Soc.*, 41, pp. 1-6 (Jan. 1958).)

Do ponto de vista da durabilidade, é importante a obtenção de uma baixa permeabilidade o mais rápido possível. Consequentemente, uma mistura com baixa relação água/cimento é vantajosa por alcançar o estágio de segmentação dos poros após um curto período de cura úmida (ver Tabela 6.1). A norma ACI 318R–05 cita que, para um concreto de massa específica normal, projetado para ter uma baixa porosidade quando exposto a qualquer tipo de água, a relação água/material cimentício não deve ser maior que 0,50 (Tabela 14.6). Frequentemente é recomendada uma permeabilidade máxima de $1,5 \times 10^{-11}$ m/s.

Até agora foi considerada a permeabilidade da pasta de cimento que recebeu cura úmida. A permeabilidade do *concreto* é em geral de mesma ordem quando este é produzido com agregados normais que tenham permeabilidade similar à da pasta de ci-

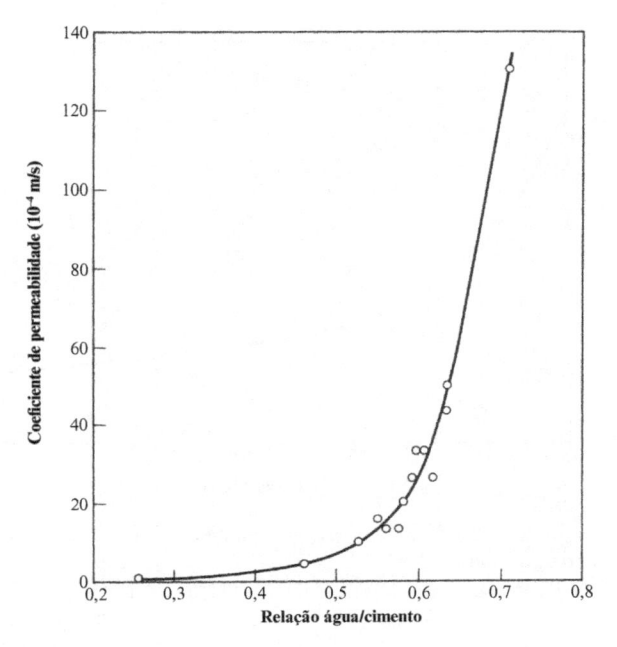

Figura 14.2 Relação entre a permeabilidade e a relação água/cimento para pastas de cimento maduras (93% de cimento hidratado).
(De: T. C. POWERS, L. E. COPELAND, J. C. HAYES and H. M. MANN, Permeability of Portland cement paste, *J. Amer. Concr. Inst.*, 51, pp. 285-98 (Nov. 1954).)

mento, mas a utilização de agregados mais porosos irá aumentar a porosidade do concreto. A interrupção da cura úmida por um período de secagem também irá causar um aumento na permeabilidade pela criação de pontos de ingresso de água pelas pequenas fissuras de retração no entorno das partículas de agregados, especialmente as maiores.

A permeabilidade de concreto curado a vapor é, e geral, maior que a do concreto que recebeu cura úmida e, exceto para concreto submetido a uma cura térmica de longa duração, será necessária uma cura a vapor suplementar para atingir uma permeabilidade aceitável.

Embora uma baixa relação água/cimento seja essencial para o concreto ter uma baixa permeabilidade, isso, por si só, não é suficiente. O concreto deve ser denso e, para tanto, deve ser utilizado um agregado bem graduado. Esse argumento pode ser ilustrado pelo concreto sem finos (ver Capítulo 18), que pode possuir uma baixa relação água/cimento, mas elevada permeabilidade devido aos caminhos fora da pasta de cimento, como no caso de tubos porosos.

Ataque por sulfatos

O concreto atacado por sulfatos tem uma aparência característica, de cor esbranquiçada, com a deterioração normalmente começando pelas bordas e cantos, seguida

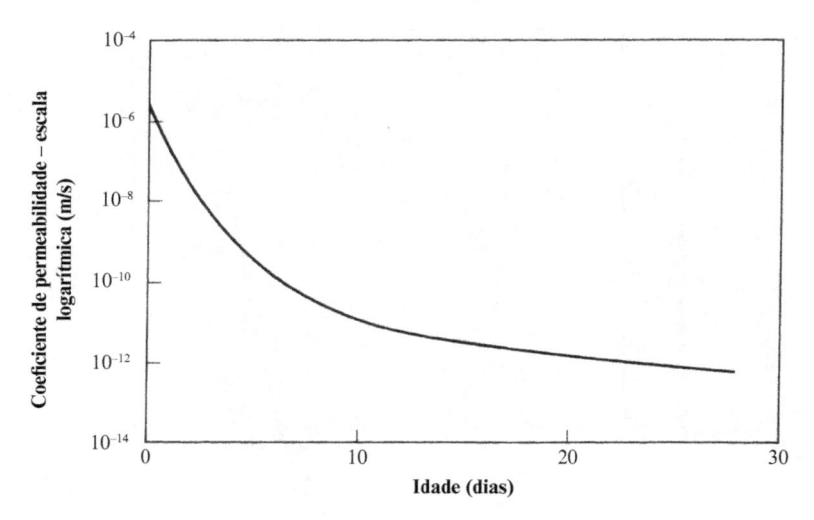

Figura 14.3 Redução da permeabilidade de uma pasta de cimento com o progresso da hidratação; relação água/cimento = 0,7.
(Baseada em: T. C. POWERS, L. E. COPELAND, J. C. HAYES and H. M. MANN, Permeability of Portland cement paste, J. Amer. Concr. Inst., 51, pp. 285-98 (Nov. 1954).)

por fissuração e lascamento do concreto. A razão para essa aparência é que a essência do ataque por sulfatos é a formação de sulfato de cálcio (gesso) e sulfoaluminato de cálcio (etringita), com ambos produtos ocupando um volume maior que os compostos que eles substituíram, resultando em expansão e ruptura do concreto endurecido.

Lembre-se do Capítulo 2 que o sulfato de cálcio é adicionado ao clínquer para prevenir a pega imediata devido à hidratação do aluminato tricálcico (C_3A). O sulfato de cálcio reage rapidamente com o C_3A e produz etringita, que é inofensiva porque, nesse estágio, o concreto ainda está em um estado semiplástico e permite a acomodação da expansão.

Uma reação similar ocorre quando o concreto endurecido é exposto a sulfatos de fontes externas. Os sais sólidos não atacam o concreto, mas quando presentes em solução, podem reagir com os sulfatos da pasta de cimento hidratada. Os sulfatos mais comuns são os de sódio, potássio, magnésio e cálcio que ocorrem em solos e águas subterrâneas. A força da solução é expressa como uma concentração, por exemplo, como o número de partes de massa de trióxido de enxofre $(SO)_3$ por partes de milhão de água (ppm), isto é, mg por litro. Uma concentração de 1000 ppm é considerada moderadamente severa e 2000 ppm é muito severa, especialmente se o sulfato de magnésio for o constituinte predominante.

O sulfato de magnésio tem um efeito mais danoso que outros sulfatos, porque leva à decomposição dos silicatos de cálcio hidratados, bem como do $Ca(OH)_2$ e do C_3A hidratado e, posteriormente, se forma um silicato de magnésio hidratado, sem propriedades aglomerantes. Devido à baixa solubilidade do sulfato de cálcio,

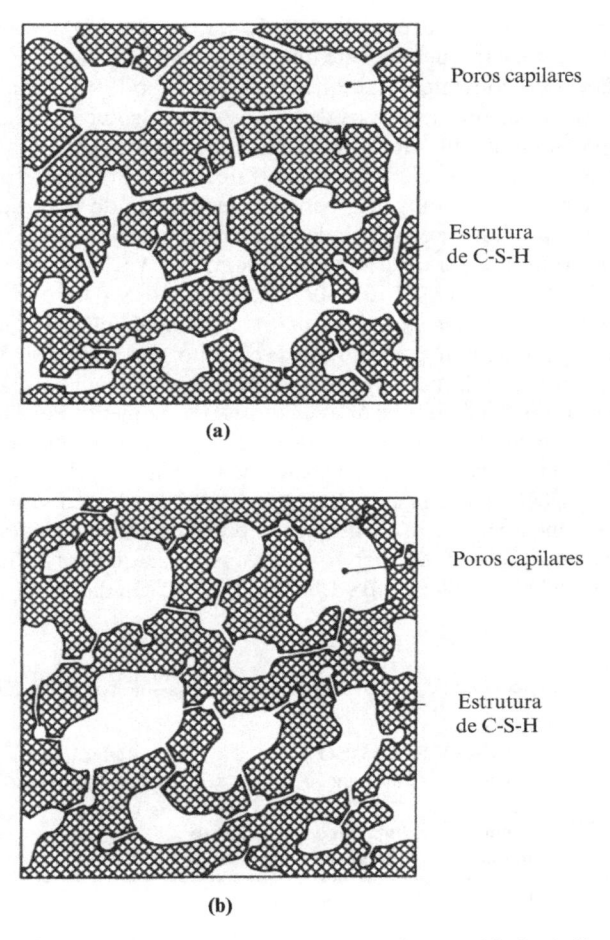

Figura 14.4 Representação esquemática de materiais de porosidade similar mas: (a) alta permeabilidade – poros capilares interconectados por grandes aberturas e (b) baixa permeabilidade – poros capilares segmentados e apenas parcialmente conectados.

as águas subterrâneas com alto teor de sulfato também contêm outros sulfatos. A importância disso reside no fato de que esses outros sulfatos reagem com vários produtos de hidratação do cimento, não somente com o $Ca(OH)_2$.

Os sulfatos em águas subterrâneas são, em geral, de origem natural, mas alguns podem ser provenientes de fertilizantes ou efluentes industriais. Algumas vezes, estes contêm sulfato de amônia, que ataca a pasta de cimento hidratada produzindo gesso. O solo em alguns sítios industriais abandonados, em especial aqueles com atividades com gás, podem conter sulfatos e outras substâncias agressivas. A formação de etringita resultante do ataque por sulfato de cálcio não é diferente da reação correspondente no cimento expansivo tipo K (ver página 32), mas por ocorrer no concreto endurecido, é frequentemente mais destrutiva.

A resistência do concreto ao ataque por sulfatos pode ser avaliada em laboratório pelo armazenamento de corpos de prova em uma solução de sulfato de sódio ou magnésio ou uma mistura dos dois. A molhagem e secagem alternada aceleram a deterioração devido à cristalização dos sais nos poros do concreto. Os efeitos da exposição podem ser estimados pela perda de resistência do corpo de prova, pelas alterações em seu módulo de elasticidade dinâmico, por sua expansão, por sua perda de massa ou pode mesmo ser determinada visualmente. Vários ensaios são prescritos pela ASTM C 452–06, ASTM C 1012–04 e ASTM C 1038–04.*

Como é o C_3A que é atacado pelos sulfatos, a vulnerabilidade do concreto ao ataque por sulfatos pode ser reduzida pelo uso de cimento com baixo teor de C_3A, ou seja, o cimento resistente a sulfatos. Uma resistência maior também é obtida com a utilização de cimento Portland com escória de alto-forno e cimento Portland pozolânico. Entretanto, deve-se enfatizar que o tipo de cimento é de importância secundária, ou ainda de nenhuma importância, se o concreto não for denso e de baixa permeabilidade, ou seja, baixa relação água/cimento. A relação água/cimento é o fator vital, mas um elevado teor de cimento facilita o adensamento total com baixas relações água/cimento.

As exigências típicas para concretos expostos ao ataque por sulfatos, conforme prescrições da ASTM C 318–05 e BS EN 206–1: 2000, são dadas nas Tabelas 14.1 e

Tabela 14.1 Exigências da ACI 318–05 para concretos sujeitos a ataque por sulfatos

Exposição a sulfatos	Sulfato solúvel em água (SO_4) no solo % em massa	Sulfato (SO_4) na água ppm ou mg/litro	Tipo de cimento (ASTM)	Relação a/c livre* máxima, concreto com agregado normal	Resistência à compressão mínima, concreto normal e leve MPa
Desprezível	0 a 0,1	0 a 150	–	–	–
Moderado (água do mar)	0,1 a 0,2	150 a 1500	II, IP(MS), IS(MS), P(MS), I(PM)(MS), I(SM)(MS)	0,50	28
Severo	0,2 a 2		V	0,45	31
Muito severo	Acima de 2	Acima de 10.000	V com pozolana	0,45	31

* uma relação a/c mais baixa e maior resistência podem ser exigidas para proteção contra a corrosão de itens embutidos ou contra congelamento (Tabelas 14.6 e 15.2)

---

* N. de T.: A ABNT NBR 13583:1996 estabelece os procedimentos para a determinação da variação dimensional de barras de argamassa de cimento Portland expostas à solução de sulfato de sódio.

14.2, respectivamente. Para esta última, os limites são para cimento Portland comum, com a recomendação da utilização de cimento Portland resistente a sulfatos onde a agressividade, em função dos sulfatos, seja moderada ou alta. Uma classificação mais elaborada dos ambientes agressivos é dada pela BS 8500-1: 2006, que é baseada na BRE Special Digest No 1.

A amplitude do ataque por sulfatos depende de sua concentração e da permeabilidade do concreto, ou seja, da facilidade com que o sulfato pode circular pelo sistema de poros. Caso o concreto seja muito permeável, de modo que a água possa percolar direto por sua espessura, o $Ca(OH)_2$ será lixiviado. A evaporação na superfície do concreto deixa depósitos de carbonato de cálcio formado pela reação do $Ca(OH)_2$ com o dióxido de carbono. Esse depósito, esbranquiçado, é conhecido como *eflorescência*.

Isso é observado, por exemplo, quando a água percola através de um concreto mal-compactado, através de fissuras ou por juntas mal-executadas e quando a evaporação pode ocorrer na superfície do concreto.

A eflorescência, em geral, não é prejudicial. Entretanto, uma lixiviação excessiva do $Ca(OH)_2$ aumentará a porosidade, de modo que o concreto se torna progressivamente mais fraco e mais propenso a ataques químicos. A cristalização de outros sais também causa estes depósitos.

A eflorescência que ocorre em um concreto poroso próximo à superfície pode ser causada pelo tipo de fôrma, bem como pelo grau de adensamento e pela relação água/cimento. Sua ocorrência é maior quando um período de tempo frio e úmido é seguido por um período quente e seco. A eflorescência também pode ser causada pelo uso de agregados de origem marinha não lavados. O transporte de sais do solo através de concreto poroso até uma superfície em processo de secagem é outra causa deste problema.

Dois procedimentos são utilizados para a prevenção das eflorescências. O primeiro é minimizar o teor de C_3A no cimento, ou seja, utilizar cimento Portland resistente a sulfatos. O segundo é reduzir a quantidade de $Ca(OH)_2$ na pasta de cimento hidratado pelo uso de cimentos compostos com escória de alto-forno ou pozolanas.

Tabela 14.2 Exigências da BS EN 206-1: 2000 para concreto sujeito a ataque por sulfatos em águas subterrâneas

Classe de exposição	Concentração de sulfatos mg/l	pH	a/c máxima	Consumo mínimo de cimento kg/m³	Classe de resistência mínima*
Levemente agressiva	≥ 200 ≤ 600	≤ 6,5 ≥ 5,5	0,55	300	C30/37
Moderadamente agressiva	> 600 ≤ 3000	< 5,5 ≥ 4,5	0,50	320	C30/37
Altamente agressiva	> 3000 ≤ 6000	< 4,5 ≥ 4,0	0,45	360	C35/45

* Classe em resistência característica de cilindros/resistência característica de cubos em MPa (ver página 324)

Em temperaturas menores que cerca de 15°C, e especialmente entre 0 e 5°C, na presença de sulfato ou carbonato no agregado ou bicarbonato na água, o C–S–H pode estar sujeito a uma forma diferente de ataque por sulfatos, que resulta na formação de *taumasita*, $CaSiO_3.CaCO_3.CaSO_4.15H_2O$ e na diminuição da resistência. O *ataque por sulfatos por taumasita* se diferencia do ataque por sulfatos usual, pois nesse caso o cimento Portland resistente a sulfatos com baixo teor de C_3A é ineficaz como medida preventiva. O ataque por taumasita pode ser minimizado pelo uso de um aditivo superplastificante com o objetivo de se obter uma baixa relação água/cimento e pela utilização de cimentos compostos para reduzir a permeabilidade.

Outro efeito adverso na durabilidade do concreto é o tipo de ataque por sulfatos denominado formação de *etringita tardia*, que ocorre, em especial, após a cura térmica em temperaturas acima de 60°C. A etringita tardia pode ocorrer, por exemplo, em grandes lançamentos de concreto onde não houve restrição ao aumento de temperatura devido ao calor de hidratação. O problema pode ser evitado com a adoção de medidas para reduzir o pico de temperatura de hidratação utilizando os mesmos procedimentos adotados para minimizar o risco de fissuração térmica (ver página 165).*

Ataque por água do mar

A água do mar contém sulfatos e pode atacar o concreto de maneira similar à descrita na seção anterior, mas, como os cloretos também estão presentes, o ataque pela água do mar em geral não causa a expansão do concreto. A explicação está no fato de o gesso e a etringita serem mais solúveis em solução com cloretos que em água. Isso significa que eles podem ser lixiviados mais facilmente pela água do mar. Como resultado, não ocorre a desagregação, somente um aumento muito lento da porosidade e, com isso, uma diminuição da resistência.

Por outro lado, a expansão pode ocorrer como resultado da pressão exercida pela cristalização dos sais nos poros do concreto. A cristalização ocorre acima do nível da maré alta (zona de respingos) quando da evaporação da água. Entretanto, como a solução salina ascende no concreto por ação capilar, o ataque somente ocorre onde a água pode penetrar no concreto, ou seja, novamente a permeabilidade do concreto é de grande importância.

O concreto na zona de variação de marés, submetido a umedecimento e secagem alternadas, é severamente atacado, enquanto o concreto permanentemente submerso é menos atacado. O ataque pela água do mar, porém, é retardado pelo bloqueio dos poros do concreto devido à deposição de hidróxido de magnésio, formado, juntamente com o gesso, pela reação do sulfato de magnésio com o $Ca(OH)_2$.

Em alguns casos, a ação da água do mar no concreto é acompanhada pela ação destrutiva de congelamento, impacto de ondas e abrasão. Danos adicionais podem ser causados pela ruptura do concreto ao redor da armadura corroída devido à ação eletroquímica gerada pela absorção de sais pelo concreto (ver página 269).

---

* N. de T.: A NBR 12655:2006 estabelece os requisitos para concreto exposto a soluções contendo sulfatos.

O ataque por água do mar pode ser prevenido pelas mesmas medidas utilizadas para a prevenção do ataque por sulfatos, mas aqui o tipo de cimento é de pouca importância quando comparado à exigência de baixa permeabilidade. Em concreto armado, é essencial um cobrimento adequado (no mínimo 50 a 75 mm). São recomendados consumos de cimento de 350 kg/m^3 acima da linha de maré e 300 kg/m^3 abaixo, sendo a relação água/cimento limitada entre 0,40 e 0,45. Um concreto bem adensado e bem acabado, principalmente na execução das juntas é de importância vital.*

Ataque por ácidos

Nenhum cimento Portland é resistente ao ataque por ácidos. Em ambientes úmidos, o dióxido de enxofre (SO_2) e o dióxido de carbono (CO_2), bem como outros gases presentes na atmosfera, formam ácidos que atacam o concreto, dissolvendo e removendo parte da pasta de cimento hidratada, deixando uma massa friável e de resistência muito baixa. Essa forma de ataque é encontrada em vários ambientes industriais, como chaminés, e em alguns ambientes agrícolas, como pisos de fábricas de laticínios.

Na prática, o grau do ataque aumenta com o aumento da acidez. O ataque ocorre em valores de pH menores que 6,5, sendo que um pH menor que 4,5 origina um ataque severo. A velocidade do ataque depende também da facilidade de difusão dos íons de hidrogênio no gel de cimento (C–S–H) após a dissolução e lixiviação do $Ca(OH)_2$.

Conforme mencionado no Capítulo 5, o concreto também é atacado pela água que contém dióxido de carbono livre em concentrações mínimas entre 15 e 60 ppm. Estas são as águas pantanosas e as águas correntes puras formadas pelo degelo ou por condensação. As águas turfosas com níveis de dióxido de carbono acima de 60 ppm são particularmente agressivas, pois podem ter um pH bastante baixo, como 4,4.

Embora seja alcalino por natureza, o esgoto doméstico causa deterioração de tubos de esgoto, especialmente em temperaturas elevadas, quando os compostos de enxofre do esgoto são reduzidos por bactérias anaeróbicas para H_2S. Este não é por si próprio um agente destrutivo, mas se dissolvido em filmes úmidos na superfície exposta do concreto e se sofrer oxidação pelas bactérias anaeróbicas, produz ácido sulfúrico. Portanto, o ataque ocorre acima do nível do fluxo de esgoto. O cimento é gradualmente dissolvido e ocorre a deterioração progressiva do concreto.

O ataque pelo $Ca(OH)_2$ pode ser prevenido ou diminuído por sua fixação. Isso pode ser alcançado pelo tratamento com vidro líquido diluído (silicato de sódio) para formar silicatos de cálcio nos poros. Tratamentos superficiais à base de alcatrão, pinturas emborrachadas ou betuminosas, resinas epóxi e outros agentes têm sido utilizados com sucesso. O grau de proteção resultante de cada tratamento varia, mas em todos os casos é essencial que a camada de proteção esteja bem aderida ao concreto e permaneça intacta aos agentes mecânicos; sendo assim, em geral, é necessário um

---

* N. de T.: A NBR 12655:2006 classifica a agressividade do ambiente marinho e zona de respingos de maré respectivamente como forte e muito forte. Para essas condições, para concreto armado e concreto protendido, são estabelecidas as seguintes condições, respectivamente: (i) relação água cimento ≤ 055 e ≤ 0,45; (ii) resistência do concreto ≥ 30 MPa e ≥ 40 MPa; (iii) consumo de cimento ≥ 320 kg/m^3 e ≥ 360 kg/m^3. No caso de exposição de cloretos provenientes de água do mar ou respingos, a mesma norma estabelece que a relação a/c máxima deve ser 0,40 e a resistência mínima 45 MPa.

acesso para inspeção e substituição do revestimento. Informações detalhadas sobre proteções superficiais são dadas em algumas publicações listadas na Bibliografia.

Reação álcali-agregado

O concreto pode ser degradado por uma reação química entre a sílica reativa, constituinte dos agregados, e os álcalis no cimento. Esse processo é conhecido como *reação álcali-sílica*. As formas de sílica reativa são opala (amorfa), calcedônia (criptocristalina fibrosa) e tridimita (cristalina). Esses materiais ocorrem em diversos tipos de rochas: opalina ou cherts calcedônicos, calcários silicosos, riólitos e tufo riolítico, dacito e tufo dacítico, andesito e tufo andesítico e filitos. Como é comum que os agregados leves sejam compostos por silicatos em geral amorfos, eles parecem ser potencialmente reativos com os álcalis do cimento; entretanto, não há evidencias de deterioração em concreto com agregados leves causados por reação álcali-agregado.

Agregados contendo sílica reativa são encontrados principalmente no oeste do Estados Unidos e, em menor extensão, em Midlands e sudoeste da Inglaterra. São também encontrados em vários outros países.*

A reação inicia com o ataque dos materiais silicosos dos agregados pelos hidróxidos alcalinos derivados dos álcalis do cimento (Na_2O e K_2O). O gel de álcali-silicato formado atrai água por absorção ou por osmose, tendendo a aumentar o volume. Como o gel é confinado pela pasta de cimento circundante, surgem pressões internas que eventualmente causam expansão, fissuração e desagregação da pasta de cimento e *fissuras mapeadas* no concreto (ver Fig 13.14 e Tabela 13.4). A expansão da pasta de cimento parece ser causada pela pressão hidráulica gerada pela osmose, mas também pode ser gerada pela pressão da expansão dos produtos, ainda em estado sólido, da reação álcali-silica. Por essa razão, acredita-se que a expansão das partículas duras de agregado seja o aspecto mais danoso ao concreto. A velocidade em que a reação ocorre é controlada pela dimensão das partículas silicosas: partículas pequenas (20 a 30 μm) causam expansão entre quatro a oito semanas, enquanto partículas maiores somente causam problemas após alguns anos. Geralmente quanto mais tarde ocorre a deterioração devido à reação álcali-agregado, em geral após mais de cinco anos, maior será a razão para preocupação e incerteza.

Outros fatores que influenciam na evolução da reação álcali-agregado são porosidade do agregado, quantidade de álcalis no cimento, disponibilidade de água na pasta e permeabilidade da pasta de cimento. A reação ocorre, principalmente, no exterior do concreto em condição úmida constante ou quando existe uma alternância entre molhagem e secagem ou em temperaturas elevadas (na faixa de 10 a 38°C). Consequentemente, recomenda-se evitar essas condições ambientais.

Embora seja conhecido que certos tipos de agregados tendem a ser reativos, não existe uma maneira simples de determinar se um agregado específico irá causar expansão excessiva devido à reação com os álcalis do cimento. Para agregados com histórico de potencialmente seguros, mesmo um teor tão pequeno como 0,5% de agregados reativos pode causar danos.

---

* N. de T.: No Brasil, também são encontrados agregados reativos.

Nos Estados Unidos, a ASTM C 295–03 prescreve o exame petrográfico dos agregados que indica a quantidade de minerais reativos, mas eles não são de fácil identificação, especialmente quando não existe experiência prévia com o agregado. Existe um método químico (ASTM C 289–03), mas também não é confiável. É provável que o ensaio mais adequado seja o ensaio com barras de argamassa (ASTM C 227–03). Nesse caso, o agregado suspeito, triturado se necessário e em uma granulometria composta normalizada, é utilizado para a produção de barras de uma argamassa especial de cimento e areia, usando um cimento com um teor mínimo de álcalis de 0,6%. As barras são armazenadas imersas em água a 38°C, temperatura em que a expansão é mais rápida e em geral maior que uma temperatura maior ou menor. A reação também é acelerada pelo uso de uma relação água/cimento relativamente alta. O agregado em ensaio é considerado prejudicial se apresentar expansão maior que 0,05% após 3 meses ou mais de 0,1% após 6 meses.

O ensaio da barra de argamassa da ASTM não tem apresentado resultados válidos para os agregados britânicos. Nesse caso, tem-se considerado mais adequada a realização de ensaios em corpos de prova de concreto, como é o caso da BS 812–123: 1999. Para minimizar o risco de reação álcali-sílica, na Inglaterra são recomendadas as seguintes precauções:

(a) evitar o contato do concreto com fontes externas de umidade;
(b) utilizar cimentos Portland com teor de álcalis inferior a 0,6% expresso como Na_2O (a soma do teor real de Na_2O mais 0,658 vezes o teor de K_2O do cimento);
(c) utilizar uma composição de cimento Portland comum (Tipo I ASTM) e escória granulada de alto-forno, com teor mínimo de 50% de escória;
(d) utilizar uma composição de cimento Portland comum (Tipo I ASTM) e no mínimo 25% de cinza volante, garantindo que o teor de álcalis fornecido pelo componente cimento ao concreto seja menor que 3,0 kg/m^3. O teor de álcalis do concreto é calculado pela multiplicação do teor de álcalis do cimento Portland (expresso como uma fração) pelo consumo máximo esperado de cimento;
(e) limitar o teor de álcalis do concreto a 3,0 kg/m^3 que é, a partir de agora, o teor de álcalis do cimento composto (expresso como uma fração) vezes o consumo máximo esperado de material cimentício;
(f) utilizar uma composição de agregados avaliados como potencialmente inócuos.

Deve ser destacado que se pressupõe que tanto a escória como a cinza volante não contribuem com álcalis reativos no concreto, apesar de ambos materiais possuírem níveis de álcalis elevados. Entretanto, a maioria desses álcalis provavelmente está contida em estruturas vitrificadas de escória ou cinza volante e não participam na reação com os agregados. Além disso, paradoxalmente, a cinza volante atenua os efeitos danosos da reação álcali-sílica. A reação ainda ocorre, mas o material siliçoso, finamente dividido, na cinza volante forma de preferência um produto inofensivo. Em outras palavras, existe um teor pessimum[1] de sílica reativa no concreto, acima do qual os danos são pequenos.

---

[1] Pessimum é o oposto de ótimo, ou seja, um teor de sílica em que menos danos ocorrem com teores mais elevados ou menores de sílica.

Nos Estados Unidos, a ACI 201.2R–01 recomenda o uso de cimento com baixo teor de álcali (inferior a 0,6%) e de um material pozolânico adequado, conforme prescrição da ASTM C 618–05. Caso a combinação potencialmente deletéria entre cimento e agregado não possa ser evitada, é recomendada a utilização de uma pozolana e no mínimo 30% (em massa) de agregado graúdo de origem calcária. Entretanto, é importante que o concreto resultante não apresente aumento da retração ou diminuição de resistência ao congelamento (obviamente com incorporação de ar). Reforçando, é essencial que, ao sanar um problema, tenha-se o cuidado de não causar novos efeitos indesejáveis ao concreto.

Outro tipo de reação álcali-agregado deletéria é aquela entre alguns agregados de calcário dolomítico e os álcalis do cimento. Essa é a *reação álcali-carbonato*. As diferenças importantes entre as reações álcali-silica e álcali-carbonato são a inexistência de quantidades expressivas de gel de álcali-carbonato, sendo as reações expansivas quase sempre associadas à presença de argila e à incerteza sobre o efeito pozolânico no controle da reação.

A reação álcali-carbonato é rara e não tem sido observada no Reino Unido. Métodos de ensaios desenvolvidos nos Estados Unidos incluem o exame petrográfico para identificar calcários dolomíticos com característica de textura e composição em que cristais relativamente grandes estão dispersos em uma matriz de calcita e argila de granulação fina. São medidas a variação do comprimento de amostras de rochas imersas em uma solução de hidróxido de sódio (ASTM C 586–05) e a variação no comprimento de corpos de prova de concreto contendo rochas suspeitas utilizadas como agregado.*

Corrosão da armadura

A natureza fortemente alcalina do $Ca(OH)_2$ (pH na casa de 13) previne a corrosão da armadura pela formação de uma fina camada protetora na superfície do metal. Essa proteção é conhecida como *passivação*. Entretanto, caso o concreto seja permeável de modo que a carbonatação atinja o concreto em contato com o aço ou que soluções com cloretos possam penetrar até a armadura *e* existindo água e oxigênio, será iniciado processo de corrosão da armadura. A camada passivadora de óxido de ferro é destruída quando o pH cai abaixo de 11,0; a carbonatação diminui o pH para cerca de 9,0. A formação de compostos ferrosos expansivos resulta em um aumento do volume em relação ao aço original, de modo que as tensões de expansão causam fissuração e lascamento do concreto (ver Fig. 13.14 e Tabela 13.4).

Os efeitos prejudiciais da carbonatação foram discutidos no Capítulo 13, enquanto a ação deletéria dos cloretos provenientes dos agregados, adicionados na forma de cloreto de cálcio ou vindos de fontes externas (sais descongelantes e ambientes marinhos), foram abordados no Capítulo 8. A corrosão do aço ocorre devido à ação eletroquímica que, normalmente, é encontrada quando dois metais diferentes estão em contato elétrico, na presença de umidade e oxigênio. Entretanto, o mesmo processo ocorre

---

* N. de T.: No Brasil, a série de normas 15577–1:2008 a 15577–6:2008 prescrevem os procedimentos relativos à análise da reatividade álcali-agregado.

no aço isolado, em função das diferenças entre o potencial eletroquímico na superfície, que formam regiões anódicas e catódicas conectadas pelo eletrólito na forma de solução salina no cimento hidratado. Os íons ferrosos positivamente carregados (Fe^{++}) no anodo passam para a solução, enquanto os elétrons livres negativamente carregados (e^-) passam pelo aço até o cátodo, onde são absorvidos pelos constituintes do eletrólito e se combinam com a água e oxigênio para formar íons hidroxila (OH^-). Estes, por sua vez, combinam-se com os íons ferrosos para formar hidróxido ferroso, sendo convertidos pela oxidação posterior em hidróxido férrico (ferrugem) (ver Fig. 14.5(a)).

Portanto:

$Fe \rightarrow Fe^{++} + 2e^-$ (reação anódica)

$4e^- + O_2 + 2H_2O \rightarrow 4(OH)^-$ (reação catódica)

$Fe^{++} + 2(OH)^- \rightarrow Fe(OH)_2$ (hidróxido ferroso)

$4Fe(OH)_2 + 2H_2O + O_2 \rightarrow 4Fe(OH)_3$ (hidróxido férrico)

Deve ser enfatizado que essas são descrições esquemáticas.

Verifica-se que o oxigênio é consumido, mas a água é regenerada e é necessária para a continuidade do processo. Portanto, não existe corrosão em uma atmosfera totalmente seca, provavelmente em umidade relativa menor que 40%. Da mesma for-

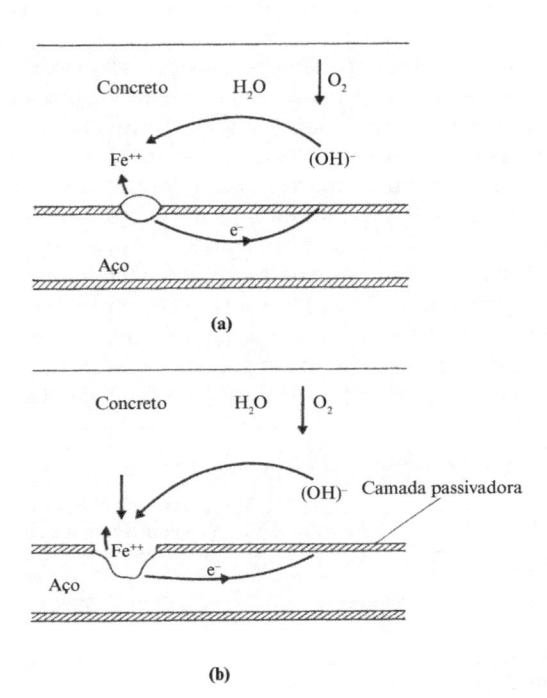

Figura 14.5 Representação esquemática da corrosão eletroquímica: (a) processo eletroquímico e (b) corrosão eletroquímica na presença de cloretos.

ma, não ocorre corrosão expressiva em concreto totalmente imerso em água, exceto quando a água puder incorporar ar. Tem sido sugerido que a umidade relativa ótima para a corrosão está entre 70 e 80%. Em umidades relativas maiores, a difusão do oxigênio é consideravelmente reduzida e as condições ambientais ao longo do aço são mais uniformes.

Os íons cloretos presentes na pasta de cimento que envolve a armadura reagem em regiões anódicas formando o ácido clorídrico que destrói a camada de passivação no aço. A superfície do aço se torna então localmente ativada para formar o anodo, com a camada de passivação formando o cátodo. A corrosão subsequente é na forma localizada puntiforme ou por pites. Na presença de cloretos, as reações esquematizadas são (ver Fig. 14.5(b)):

$$Fe^{++} + 2Cl^- \rightarrow FeCl_2$$
$$FeCl_2 + 2H_2O \rightarrow Fe(OH)_2 + 2HCl$$

Portanto, o Cl^- é regenerado. As outras reações, e especialmente a reação catódica, são da mesma forma que na ausência de cloretos.

Deve ser notado que a ferrugem não contém cloretos, embora o cloreto férrico seja formado em uma etapa intermediária.

Devido ao ambiente ácido no pite, uma vez formado, ele continua ativo e sua profundidade aumenta. A corrosão por pites ocorre em um determinado potencial, denominado potencial de pites. Esse potencial é mais elevado em concreto seco do que em umidades elevadas. Tão logo um pite começa a se formar, o potencial do aço na vizinhança cai, de modo que nenhum pite novo se forma por algum tempo. Eventualmente, pode ocorrer uma propagação em grande escala da corrosão e é possível a ocorrência de corrosão generalizada na presença de grandes quantidades de cloretos.

É importante enfatizar mais uma vez que, na presença de cloretos, bem como em sua ausência, a corrosão eletroquímica somente ocorre quando estão disponíveis água e oxigênio e somente este último é consumido. Mesmo com a presença de grandes quantidades de cloretos não existe corrosão em concreto seco.

A corrosão de armadura por cloretos é pequena em concreto executado com cimento Portland comum (Tipo I ASTM) quando o *total* de íons cloreto é menor que 0,4% da massa de cimento. Para o cimento em si, a BS 12: 1991 especifica um limite de 0,1%. Os limites recomendados pelo ACI 318–05 são dados na Tabela 14.3.

Tabela 14.3 Limites do teor de cloretos (ACI 318–05)

Tipo	Máximo de íon cloreto solúvel em água (Cl^-) no concreto por massa de cimento
Concreto protendido	0,06
Concreto armado exposto a cloretos em serviço	0,15
Concreto armado que permanecerá seco ou protegido da umidade em serviço	1,00
Outros concretos armados	0,30

Embora a BS 8110–1: 1997 ainda esteja em vigor, as recomendações sobre durabilidade foram removidas e substituídas pelas da BS EN 206–1:2000 e BS 8500: 2006. O teor máximo de cloretos, em relação à massa de cimento, para concreto sem armadura, exceto dispositivos para içamento resistentes à corrosão, é 1,0%. No caso de armadura ou qualquer outro metal embutido, são dados dois limites: 0,2 e 0,4%. De maneira similar, para concreto protendido são dados limites mais baixos: 0,1 e 0,2%. Para ambas categorias, a escolha do limite depende das condições válidas no local e da utilização do concreto. Deve ser destacado que, quando são utilizadas adições do Tipo II, o teor máximo de íon cloreto é expresso como uma porcentagem da massa de material cimentício.*

Somente os cloretos solúveis são relevantes para a corrosão do aço, estando os demais fixados aos produtos de hidratação. Por exemplo, a presença de C_3A pode ser benéfica nesse aspecto, já que reage com os cloretos para formar cloroaluminato de cálcio. Por essa razão, o uso de cimento resistente a sulfatos (Tipo V ASTM), que têm baixo teor de C_3A, pode aumentar o risco de corrosão por cloretos. Entretanto, a fixação pode não ser permanente e, além disso, a carbonatação simultânea destrói a capacidade do cimento hidratado de fixação dos cloretos, de modo que a corrosão pode ocorrer em um teor menor de cloretos. O ataque por sulfatos também leva a liberação de cloretos em solução, agravando a corrosão.

O uso de cimento com escória ou cimento Portland pozolânico parece ser benéfico ao restringir a mobilidade dos íons cloreto na pasta de cimento hidratado.

Como a água do mar contém cloretos, seu uso não é aconselhável para amassamento ou cura, conforme mencionado na página 74. Em concreto protendido, as consequências do uso de água do mar como água de amassamento podem ser bem mais sérias que no caso de concreto armado devido ao risco de corrosão das armaduras protendidas, em geral de menor diâmetro.

A importância do cobrimento da armadura foi mencionada na discussão sobre o ataque por água do mar. A mesma precaução é necessária para prevenir a corrosão do aço devido à carbonatação. Por meio da especificação de um concreto adequado para um determinado meio, é possível garantir que a velocidade de avanço da carbonatação diminua em um curto período de tempo para um valor menor que 1 mm por ano. Garantindo que uma espessura adequada de cobrimento está presente, a passivação da armadura deve estar preservada pela vida útil projetada da estrutura.

A Tabela 14.4 dá os requisitos de durabilidade da BS 8500–1: 2006 para elementos estruturais de concreto produzidos com agregados de dimensão máxima igual a 20 mm, para uma vida útil projetada de 100 anos, expostos a várias condições. Com agregados de dimensão máxima diferente, para uma determinada relação água/materiais cimentícios, o consumo mínimo desses materiais está dado na Tabela 14.5. A BS 8500–1: 2006 também especifica os requisitos de durabilidade para vida útil projetada menor, 50 anos. Nesse caso, existe uma menor amplitude do cobrimento

---

* N. de T.: A NBR 12655:2006 estabelece o teor máximo de íons cloreto para a proteção das armaduras do concreto. As espessuras de cobrimento são estabelecidas pela NBR 6118:2007.

Tabela 14.4 Recomendações de durabilidade da BS 8500-1: 2006 para elementos de concreto armado ou protendido com vida útil projetada de no mínimo 100 anos quando submetidos a diferentes condições de exposição. Concreto normal com agregados de dimensão máxima de 20 mm

Tipo de corrosão	Condição de exposição	Tipo de cimento (Tabela 2.7)	Cobrimento nominal do concreto, mm							
			40	45	50	55	60	65	70	75
Por carbonatação	Seca ou sempre úmida	Todos	C20/25* 0,7, 240	C20/25 0,7, 240	C20/25 0,7, 240	C20/25 0,7, 240	C20/25 0,7, 240	C20/25 0,7, 240	C20/25 0,7, 240	C20/25 0,7, 24
	Úmida ou raramente seca	Todos	C25/30** 0,65, 260	C25/30 0,65, 260	C25/30 0,65, 260	C25/30 0,65, 260	C25/30 0,65, 60	C25/30 0,65, 260	C25/30 0,65, 260	C25/30 0,65, 260
	Moderadamente úmida	Todos exceto IVB	C40/50 0,45, 340	C35/40 0,50, 320	C30/37 0,55, 300	C28/35 0,60, 280	C25/30 0,65, 260	C25/30 0,65, 260	C25/30 0,65, 260	C25/30 0,65, 260
	Ciclos de molhagem e secagem	—	—	C40/50 0,45, 340	C35/45 0,50, 320	C30/37 0,55, 300	C28/35 0,60, 280	C25/30 0,65, 260	C25/30 0,65, 260	C25/30 0,65, 260
Por cloretos (exceto água do mar)	Névoa salina, mas sem contato direto	I, IIA, IIB-S, SRPC	C45/55 0,40, 380	C40/50 0,45, 360	C35/45 0,50, 340	C32/40 0,55, 320	C28/35 0,60, 300	C28/35 0,60, 300	C28/35 0,60, 300	C28/35 0,60, 300
		IIB-V, IIIA	—	—	C35/45 0,45, 360	C32/40 0,50, 340	C28/35 0,55, 320	C28/35 0,55, 320	C28/35 0,55, 320	C28/35 0,55, 320
		IIIB	—	—	C32/40 0,45, 360	C28/35 0,50, 340	C28/35 0,55, 320	C28/35 0,55, 320	C28/35 0,55, 320	C28/35 0,55, 320
		IVB-V	—	—	C28/35 0,45, 360	C25/30 0,50, 340	C20/30 0,55, 320	C20/30 0,55, 320	C20/30 0,55, 320	C20/30 0,55, 320
	Úmida, raramente seca	I, IIA, IIB-S, SRPC	—	—	—	—	—	C45/55 0,35, 380	C40/50 0,40, 380	C35/45 0,45, 360
		IIB-V, IIA	—	—	—	C40/5 0,35, 380	C35/45 0,40, 380	C32/40 0,45, 360	C28/35 0,5, 340	C25/30 0,55, 320
		IIB, IVB-V	—	—	—	C32/40 0,40, 380	C28/35 0,45, 360	C25/30 0,50, 340	C25/30 0,55, 320	C25/30 0,55, 320

Capítulo 14 Permeabilidade e Durabilidade

Ciclos de molhagem e secagem	I, IIA, IIB-S, SRPC	—	—	—	C40/50 0,35, 380	—	C45/55 0,35, 380	C35/45 0,45, 360
	IIB-V, IIIA	—	—	C35/45 0,40, 380	C32/40 0,40, 380	C40/50 0,40, 380	C32/40 0,45, 360	C25/30 0,55, 320
	IIIB, IVB-V	—	—	C35/45 0,45, 360	C28/35 0,45, 360	C28/35 0,45, 360	C25/30 0,50, 340	C25/30 0,50, 340
Por água do mar — Névoa salina, mas sem contato direto	I, IIA, IIB-S, SRPC	—	—	—	C45/55 0,35, 380	C40/50 0,40, 380	C35/45 0,45, 360	C35/45 0,45, 360
	IIB-V, IIIA	—	C35/45 0,40, 380	C32/40 0,45, 360	C28/35 0,50, 340	C25/30 0,55, 320	C25/30 0,55, 320	C25/30 0,55, 320
	IIIB	—	C35/45 0,45, 360	C30/37 0,5, 340	C28/35 0,55, 320	C25/30 0,55, 320	C25/30 0,55, 320	C25/30 0,44, 320
	IVB-V	—	C40/50 0,45, 360	C35/45 0,50, 340	C30/37 0,55, 320	C28/35 0,55, 320	C28/35 0,55, 320	C28/35 0,55, 320
Úmida, raramente seca	I, IIA, IIB-S, SRPC	—	—	C35/45 0,45, 360	C32/40 0,50, 340	C40/50 0,40, 380	C28/35 0,55, 320	C28/35 0,55, 320
	IIB-V, IIA	—	—	C32/40 0,45, 360	C28/35 0,50, 340	C25/30 0,55, 320	C28/35 0,55, 320	C28/35 0,55, 320
	IIIB, IVB-V	—	—	C28/35 0,45, 360	C25/30 0,50, 340	C20/35 0,55, 320	C20/35 0,55, 320	C20/35 0,55, 320
Zona de borrifos	I, IIA, IIB, SRPC	—	—	—	C40/50 0,35, 380	—	C45/55 0,35, 380	C40/50 0,40, 380
	IIB-V, IIIA	—	—	—	C32/40 0,45, 360	C35/45 0,40, 380	C28/35 0,50, 340	C25/30 0,55, 320
	IIIB, IVB-V	—	—	—	C32/40 0,40, 380	C28/35 0,45, 360	C25/30 0,50, 340	C25/30 0,50, 340

* Também aplicável a cobrimentos de 25 mm e 35 mm; ** Também aplicável a cobrimento de 35 mm. O cobrimento inclui tolerâncias de execução de 10 mm. Em algumas regiões do Reino Unido, não é possível a produção, em condições usuais, de concreto com relação água/cimento máxima menor que 0,35. Esta tabela também se aplica a concreto pesado. Para concreto leve, a classe de resistência à compressão deve ser alterada para a classe leve com base de cilindros de mesma resistência. As classes de resistência sublinhadas indicam que é especificado o uso de incorporador de ar, conforme as recomendações da Tabela 15.1 e a resistência à compressão mínima pode ser reduzida para C28/35. Quando necessário, devem ser consideradas as recomendações de resistência aos danos por gelo-degelo, agressividade química e abrasão.

do concreto, isto é, entre 25 e 60 mm e, como esperado, para um determinado cobrimento exposto a condições mais severas, a classe de resistência mínima é menor, a relação água/materiais cimentícios é maior e o teor mínimo de material cimentício é

Tabela 14.5 Consumo mínimo de material cimentício (kg/m³) com agregados de dimensão máxima diferente de 20 mm

Valores limites por dimensão do agregado		Dimensão máxima do agregado		
Relação a/c máxima	Consumo mínimo de material cimentício	≥ 40 mm	14 mm	10 mm
0,70	240	240	260	260
0,65	260	240	280	300
0,60	280	260	300	320
0,55	300	280	320	340
0,55	320	300	340	360
0,50	320	300	340	360
0,50	340	320	360	380
0,45	340	320	360	360
0,45	360	340	380	380
0,40	380	360	380	380
0,35	380	380	380	380

a/c = relação água/materiais cimentícios

Tabela 14.6 Requisitos da ACI 318-05 para relação a/c e resistência em condições especiais de exposição*

Condição de exposição	Relação água/materiais cimentícios, em massa, concreto normal	Resistência de projeto mínima, concreto normal e leve
Concreto com necessidade de baixa permeabilidade quando exposto à água	0,50	28
Concreto exposto a gelo-degelo em ambiente úmido ou a agentes descongelantes químicos	0,45	31
Para proteção contra a corrosão da armadura em concreto exposto a cloretos de agente descongelante químico, sal, água salgada, água salobra, água do mar ou borrifos destas fontes	0,40	25

* N. de T.: Na NBR 12655:2006 estão apresentadas as exigências para condições especiais de exposição, concretos expostos a sulfatos e a cloretos.

menor. As exigências correspondentes da ACI 310–05 estão dadas nas Tabelas 14.6 e 14.7 (ver também a página 362). Deve ser destacado que a incorporação de ar para as condições de gelo-degelo e para exposição aos sais de degelo é obrigatória nos Estados Unidos e aconselhável no Reino Unido (ver Capítulo 15).

Tabela 14.7 Requisitos da ACI 318–05 para espessura de cobrimento de armadura mínimo*

	Cobrimento mínimo (mm)		
Condição de exposição	Concreto armado moldado in sito	Concreto pré--moldado	Concreto protendido
Concreto moldado em contato com o solo ou exposto permanentemente ao solo	70	–	70
Concreto exposto ao solo ou intempéries:			
Paredes	40–50	20–40	25
Lajes e vigas	40–50	–	25
Outros elementos	40–50	33–50	25–40
Concreto não exposto às intempéries ou contato com o solo			
Lajes	20–40	15–30	20
Vigas e pilares	25–40	10–40	20–40
Cascas, elementos plissados não protendidos	15–20	10–15	10
	–	–	> 20
Concreto exposto a sais descongelantes, água salobra, água do mar ou borrifos destas fontes:			
Paredes e lajes	50	40	–
Outros componentes	60	50	–

Nota: A amplitude do cobrimento depende da dimensão do aço utilizado.

A prevenção de corrosão por pites em concreto não carbonatado pode ser conseguida pela aplicação de proteção catódica moderada ou pela restrição da disponibilidade de oxigênio. A proteção catódica implica em conectar eletricamente as barras da armadura, utilizando um anodo inativo e passando uma corrente oposta à gerada na corrosão eletroquímica, prevenindo assim a corrosão.

---

* N. de T.: A NBR 6118:2007 estabelece os limites para os cobrimentos de armadura conforme a classe de agressividade ambiental.

Bibliografia

Ataque por sulfatos

14.1 Building Research Establishment, *Concrete in Aggressive Ground*, BRE Special Digest No. 1, 3rd Edn, (Watford 2005).

Reação álcali-agregado

14.2 221.1R–98: Report on alkali–aggregate reactivity (Reapproved 2008), Part 1, *ACI Manual of Concrete Practice* (2007).
14.3 W. G. HIME, Alkalis, chlorides, seawater and ASR, *Concrete International*, 29, No. 8, pp. 65–76 (2007).
14.4 B. SIMONS, Concrete performance specifications: New Mexico experience, *Concrete International*, 26, No. 4, pp. 68–71 (2004).

Corrosão das armaduras

14.5 ACI COMMITTEE 318–05, Building code requirements for reinforced concrete and commentary (ACI 318R–05), Part 3, *ACI Manual of Concrete Practice* (2007).
14.6 A. M. NEVILLE, *Neville on Concrete: an Examination of Issues in Concrete Practice*, Second Edition (BookSurge LLC and www.amazon.co.uk 2006).
14.7 O. A. EID and M. A. DAYE, Concrete in coastal areas of hot-arid zones, *Concrete International*, 28, No. 9, pp. 33–8 (2006).

Ataque por água do mar

14.8 ACI COMMITTEE 201.2R–92 (Reapproved 1997), Guide to durable concrete, Part 1, *ACI Manual of Concrete Practice* (2007).

Problemas

14.1 Estabeleça a influência da relação água/cimento e idade na permeabilidade do concreto.
14.2 Discorra sobre a influência do teor de sílica no agregado na reação álcali-silica.
14.3 Explique o papel da cinza volante na minimização da reação álcali-silica.
14.4 Quais são as consequências dos sulfatos nos agregados?
14.5 O que se entende por concentração de íons cloretos?
14.6 Por que é especificada a espessura do cobrimento da armadura?
14.7 Compare a permeabilidade de concretos curado a vapor e com cura úmida.
14.8 A granulometria dos agregados afeta a permeabilidade do concreto?
14.9 Quais são as condições necessárias para a ocorrência da reação álcali-silica?
14.10 Por que é importante conhecer se um determinado cimento é Portland comum (Tipo I ASTM) ou Portland de alto-forno?
14.11 Qual é o mecanismo do ataque do concreto por sulfatos?
14.12 Qual é a ação dos ácidos no concreto?
14.13 Por que não se pode prever a permeabilidade do concreto a partir de sua porosidade?
14.14 Como os sulfatos no solo e na água subterrânea afetam o concreto?
14.15 Quais são os efeitos dos sulfatos no concreto armado?
14.16 Como o esgoto cloacal ataca o concreto?
14.17 Como a água pantanosa ataca o concreto?

14.18 Quando a capilaridade se torna segmentada?
14.19 Que poros influenciam na permeabilidade do concreto?
14.20 Que poros têm pouca influência na permeabilidade do concreto?
14.21 Descreva a corrosão do aço no concreto sujeito à carbonatação.
14.22 Descreva a corrosão do aço no concreto que contém cloreto de cálcio.
14.23 O que se entende por reação álcali-agregado?
14.24 Que cimento deve ser utilizado com agregado potencialmente reativo a álcalis?
14.25 Como a reatividade aos álcalis dos agregados pode ser determinada?
14.26 Compare agregados silicosos reativos a álcalis e agregados carbonosos reativos a álcalis.
14.27 Por que é especificado o consumo mínimo de cimento?
14.28 O que se entende por durabilidade do concreto?
14.29 Por que a permeabilidade do concreto é importante para sua durabilidade?
14.30 Por que o uso de cloreto de cálcio no concreto é indesejável?
14.31 Por que a porosidade do concreto não é uma função direta de sua porosidade?
14.32 Como a força de uma solução de sulfatos é expressa?
14.33 Que cimentos minimizam o ataque por sulfatos e por quê?
14.34 Qual é a diferença entre a ação de uma solução de sulfatos e a água do mar no concreto?
14.35 Disserte sobre as medidas necessárias para prevenir os efeitos adversos da água do mar no concreto armado.
14.36 Como o ataque por ácido pode ser prevenido?
14.37 Explique as diferenças entre o ataque de sulfatos por taumasita e por formação de etringita tardia.

15
Resistência ao Gelo-Degelo

No Capítulo 9, foram discutidos os problemas específicos associados ao concreto em clima frio e a necessidade de proteção adequada do concreto fresco de modo que, quando endurecido, seja resistente e durável. Neste capítulo, o enfoque será na vulnerabilidade do concreto, produzido em temperaturas normais, a ciclos repetidos de gelo-degelo. Este é um item específico da durabilidade, mas sua importância é tão grande que a ele é dedicado um capítulo separado. O problema está relacionado à presença de água no concreto, mas não pode ser explicado somente pela expansão da água no congelamento.

Ação do congelamento

A água pura em ambiente aberto congela a 0°C; no concreto, a "água" é na realidade uma solução de vários sais, de modo que seu ponto de congelamento é mais baixo. Além disso, a temperatura em que a água congela é mais baixa quanto menor for a dimensão dos poros preenchidos com água. No concreto, a dimensão dos poros varia desde muito grandes até muito pequenos (ver página 100), de modo que não existe um ponto de congelamento único. Em especial, os poros de gel são muito pequenos para permitir a formação de gelo e a maior parte do congelamento ocorre nos poros capilares. Também pode ser observado que poros maiores, resultantes de um adensamento incompleto, estão em geral cheios de ar e não são significativamente afetados à ação inicial de congelamento.

Quando a água congela, ocorre um aumento de aproximadamente 9% em seu volume. Com a diminuição da temperatura do concreto, o congelamento ocorre gradualmente, de maneira que a água ainda em estado líquido nos poros capilares está sujeita à pressão hidráulica pelo maior volume do gelo. Caso essa pressão não seja aliviada, o resultado pode ser tensões de tração internas de magnitude suficiente para causar ruptura local no concreto. Isso ocorreria, por exemplo, em um concreto poroso saturado que não contivesse espaços vazios por onde a água pudesse se movimentar. No descongelamento subsequente, a expansão causada pelo gelo é mantida, originando então mais espaço para água absorvida adicional. Em novo congelamento, mais expansão ocorre. Portanto, os ciclos repetidos de gelo-degelo têm um efeito acumulativo, e é a *repetição* do ciclo de gelo-degelo, em vez de uma única ocorrência de congelamento, que causa danos.

Existem dois outros processos considerados como contribuintes ao aumento da pressão hidráulica da água não congelada nos capilares. Inicialmente, como há um desequilíbrio termodinâmico entre a água de gel e o gelo, a difusão da água de gel para dentro dos capilares resulta no crescimento do volume congelado e, portanto, em um acréscimo da pressão hidráulica. Em segundo, a pressão hidráulica é aumentada pela pressão *osmótica* provocada por aumentos localizados na concentração da solução devido à remoção de água (pura) congelada da solução original.

Por outro lado, a presença de bolhas de ar adjacentes e capilares vazios permitem um alívio da pressão hidráulica (causada pela formação de gelo) em função do fluxo de água para o interior desses espaços. Este é o fundamento da incorporação intencional de ar ao concreto, que será discutida posteriormente. A magnitude do alívio depende da velocidade de congelamento, da permeabilidade da pasta de cimento e da extensão que água tem de atravessar. O efeito final do alívio é a contração do concreto (ver Fig. 15.1). Essa contração é maior que a contração térmica sozinha devido ao alívio da pressão adicional induzida pela difusão da água de gel e pela osmose.

A extensão dos danos causados por repetidos ciclos de gelo-degelo varia desde *escamação superficial* até a desintegração completa conforme as camadas de gelo se formam, começando na superfície exposta do concreto e avançando por sua espessura. Meios-fios de rodovias que permanecem úmidos por longos períodos são mais vulneráveis ao congelamento que qualquer outro concreto. Pavimentos rodoviários também são vulneráveis, especialmente quando são utilizados sais[1] para o degelo, já que são absorvidos pela camada superior do pavimento, resultando em uma pressão osmótica mais elevada que impele a água em direção às regiões mais frias, onde ocorre o congelamento. Os danos podem ser prevenidos a partir da garantia de que o concreto com ar incorporado não seja vibrado em excesso de modo que se forme uma camada de nata de cimento superficial, e pelo uso de misturas ricas, com baixas relações água/cimento. O concreto deve receber cura úmida por um período suficiente seguido por um período de secagem antes da exposição (ver página 284). A ASTM C 672-03 prescreve um ensaio para verificação visual da *resistência à escamação* (*lascamento*) do concreto.

Os principais fatores que determinam a resistência do concreto ao gelo-degelo são o grau de saturação e a estrutura de poros da pasta de cimento. Outros fatores são resistência, elasticidade e fluência do concreto.

Abaixo de um valor crítico de saturação (80 a 90%), o concreto é altamente resistente ao congelamento, enquanto o concreto seco é não imune. Deve ser destacado que, mesmo em um corpo de prova submetido à cura úmida, nem todos os espaços residuais estão preenchidos com água e, na verdade, essa é a razão pela qual um corpo de prova não apresenta falha no *primeiro* congelamento. Na prática, uma grande parte do concreto seca parcialmente, pelo menos uma vez em sua vida e, ao se umedecer novamente ele não irá reabsorver a mesma quantidade de água que foi perdida antes (ver página 235). De fato, essa é a razão pela qual é prudente, se possível, secar o concreto antes de sua exposição em condições de inverno.

---

[1] Os sais de degelo normalmente utilizados são os cloretos de sódio e cálcio e menos frequentemente ureia. Sais de amônia, mesmo em pequenas concentrações, são muito prejudiciais e nunca devem ser utilizados.

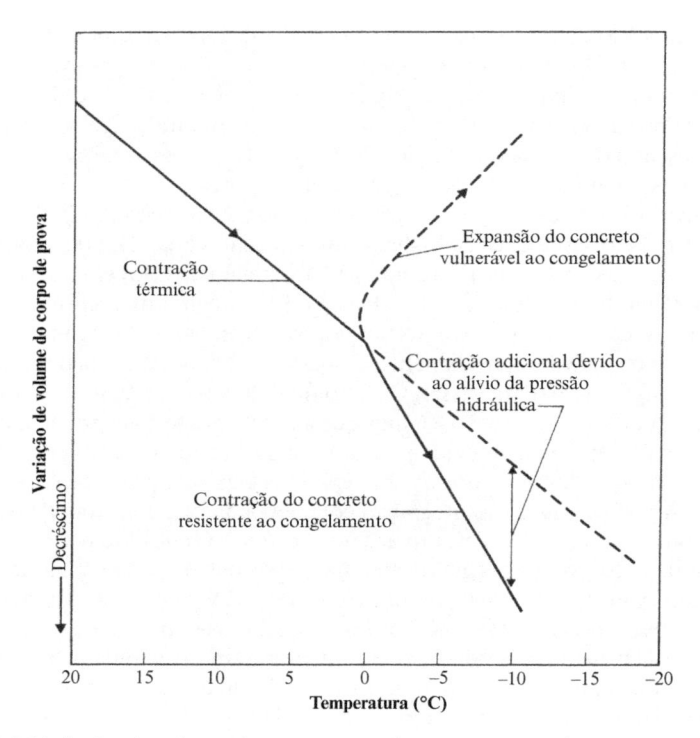

Figura 15.1 Variação de volume de concretos resistentes ao congelamento e concretos vulneráveis ao resfriamento.
(Baseado em: T. C. POWERS, Resistance to weathering – freezing and thawing, *ASTM Sp. Tech. Publicn.* No. 169, pp. 182-7 (1956).)

Concreto resistente ao congelamento

Com o objetivo de prevenir a deterioração do concreto por ciclos repetidos de gelo-degelo, pode ser feita a incorporação proposital de ar no interior da pasta de cimento com o uso de agentes incorporadores de ar. Esse método é discutido na página 285. Entretanto, a incorporação de ar somente é eficaz quando realizada em misturas de baixas relações água/cimento, de modo que a pasta de cimento tenha somente um pequeno volume de capilares segmentados ou descontínuos. Para conseguir essa característica, o concreto deve ser bem adensado e uma hidratação substancial (o que requer cura adequada) deve ter ocorrido antes da exposição ao congelamento.

Para condições menos severas de congelamento, um concreto de boa qualidade, sem ar incorporado, pode ser suficiente. A Tabela 15.1 mostra os valores limites da composição e propriedades de concretos simples para resistir ao gelo-degelo em diferentes condições de exposição, estabelecidos pela BS 8500–1:2006. Esses valores se referem ao concreto curado, antes da exposição, pelos períodos especificados na

Tabela 10.1, e não são aplicáveis quando outros agentes agressivos atuarem em conjunto com a ação do congelamento (ver Capítulo 14). O uso de agregados de grande dimensão ou grande quantidade de partículas lamelares não é aconselhável, já que podem se formar bolsões de água abaixo dos agregados graúdos.

Uma partícula de agregado por si só não será vulnerável se tiver uma porosidade muito baixa ou se seu sistema capilar é interrompido por um número suficiente de macroporos. Uma partícula de agregado pode ser considerada como um recipiente fechado, já que a baixa permeabilidade da pasta de cimento endurecida não irá permitir que a água se mova suficientemente rápido para o interior dos poros. Assim, uma partícula de agregado saturada acima de aproximadamente 92% irá, no congelamento, destruir a argamassa circundante. Agregados comuns têm porosidade entre 0 e 5%, sendo preferível evitar partículas de agregados de alta porosidade. Entretanto, o uso desses agregados não necessariamente resulta em deterioração por congelamento. Na verdade, os grandes poros presentes no concreto celular (ver página 351) e no concreto sem finos (ver página 352) provavelmente contribuem para a resistência ao congelamento desses materiais. Caso uma partícula vulnerável esteja próxima à superfície do concreto, em vez de desagregar a pasta de cimento circundante, pode causar *pipocamentos*.

Existe um tipo de fissuras em concreto de pavimentos rodoviários, pontes e pistas de aeroportos que está particularmente relacionada ao agregado. Ela é denominada *fissuração-D* e consiste no desenvolvimento de fissuras finas próximo às bordas livres de lajes, mas a fissuração inicia mais abaixo na laje, onde há acúmulo de água e o agregado graúdo chega a um nível de saturação crítico. A fissuração-D pode se manifestar muito lentamente, algumas vezes atingindo o topo da laje somente após 10 ou 15 anos, de modo que a atribuição de responsabilidade é difícil.

A adequação da resistência de um determinado concreto ao ataque por congelamento pode ser determinada por *ensaios de congelamento e descongelamento (gelo-degelo)*. Dois métodos são prescritos pela ASTM 666–03. Em ambos, é aplicado o congelamento acelerado, mas em um deles o gelo-degelo se dá na água, enquanto no outro o congelamento se dá ao ar e o degelo na água. Essas condições pretendem simular possíveis situações reais de exposição. A BS 5075–2: 1982 também prescreve o congelamento em água. O dano pelo congelamento é avaliado após um número de ciclos de gelo-degelo pela medida da perda de massa do corpo de prova, do aumento de seu comprimento, da diminuição de sua resistência ou da diminuição do módulo de elasticidade dinâmico, sendo este último o mais comum. Nos métodos da ASTM, os ciclos de gelo-degelo são repetidos por 300 vezes ou até o módulo dinâmico ser reduzido a 60% de seu valor original, ou o que ocorrer primeiro. O *fator de durabilidade*, D_f, é dado por:

$$D_f = \frac{n}{3}\left[\frac{E_{dn}}{E_{do}}\right]$$

onde: n = número de ciclos ao final do ensaio
E_{dn} = módulo dinâmico ao final do ensaio
E_{do} = módulo dinâmico no início do ensaio

Tabela 15.1 Valores limites estabelecidos pela BS 8500-1: 2006 para a composição e propriedades do concreto para resistir ao gelo-degelo

Condições de exposição	Localizações típicas	Classe de resistência mínima*	Relação a/c máxima**	Teor mínimo de ar incorporado (%) e consumo mínimo de material cimentício (kg/m³) por dimensão máxima do agregado (mm)			
				32 ou 40	20	14	10
Saturação moderada de água, sem agente descongelante[1]	Superfícies verticais: fachadas, pilares expostos a chuva e congelamento. Superfícies não verticais não saturadas em excesso, mas expostas a congelamento e a chuva ou água	C25/30	0,60	3,0 / 260	2,5 / 280	4,5 / 300	5,5 / 320
		C28/35 ou LC28/31	0,60	– / 260	– / 80	– / 300	– / 320
Saturação moderada de água, com agente descongelante[1]	Partes de pontes que estão expostas a agentes de dégelo, tanto diretamente quanto por *spray* ou escoamento	C25/30	0,60	3,0 / 260	3,5 / 280	4,5 / 300	5,5 / 320
		C32/40 ou LC32/35	0,55	– / 280	– / 300	– / 320	– / 340

Capítulo 15 Resistência ao Gelo-Degelo

			3,5	4,5	5,5
Elevada saturação de água, sem agente descongelante[2]	Superfícies horizontais, como partes de edifícios onde há acúmulo de água exposta ao congelamento. Superfícies sujeitas a respingos frequentes de água e expostas ao congelamento	C25/30	0,60	3,0 260	3,5 280	4,5 300	5,5 320
		C40/50 ou LC40/44	0,45	– 320	– 340	– 360	– 360
Elevada saturação de água, com agente descongelante[2]	Superfícies horizontais como rodovias e pavimentos expostos a congelamento e a agentes de degelo diretamente ou por *spray* ou escoamento. Superfícies sujeitas a respingos frequentes de água contendo agentes descongelantes e expostas ao congelamento	C28/35	0,55	3,0 280	3,5 300	4,5 320	5,5 340
		C40/50 ou LC40/44	0,45	– 320	– 340	– 360	– 360

[1] Todos os materiais cimentícios da Tabela 2.7 são apropriados.
[2] Todos os materiais cimentícios da Tabela 2.7, exceto o Tipo IVB–V, são apropriados e os agregados devem ser resistentes ao gelo-degelo. O material cimentício que contém mais de 65%, em massa, de escória granulada pode não ser adequado para a resistência ao desgaste superficial do pavimento de concreto devido à possibilidade de escamação superficial nos primeiros milímetros superiores.
* A classe de resistência é a resistência característica de cilindros ou de cubos, em MPa; LC é a classe de concreto leve.
** a/c = relação água/materiais cimentícios.

O valor de D_f é de interesse principalmente para a comparação de concretos diferentes, de preferência quando somente uma variável (por exemplo, o agregado) é alterada. Em geral, um valor menor que 40 significa que o concreto provavelmente é insatisfatório; valores entre 40 e 60 são considerados como duvidosos e valores maiores que 60 indicam que o concreto provavelmente é satisfatório.

As condições de ensaio da ASTM C 666–03 são mais rigorosas que as que ocorrem na realidade, pois o ciclo de aquecimento e resfriamento prescrito é entre 4,4 e –17,8°C, a uma velocidade de resfriamento de até 14°C por hora. Na maior parte do mundo, a velocidade de 3°C/h raramente é excedida.

O ensaio de gelo-degelo em concreto celular autoclavado (ver página 351) é prescrito pela **BS EN 15304: 2007** e, para o concreto normal, foi proposto um novo método europeu (**DD CEN/TS 12390–09: 2006**).

Pode-se verificar que vários ensaios e modos de avaliação dos resultados estão disponíveis, e não é surpresa que a interpretação dos resultados dos ensaios seja difícil. Caso os ensaios tenham o objetivo de mostrar informações indicativas do comportamento do concreto em situação real, as condições de ensaio não devem diferir muito das condições de campo. A maior dificuldade está no fato de que um ensaio deve ser acelerado em comparação às condições externas de congelamento, e não se sabe até que ponto a aceleração afeta a validade dos resultados. Uma diferença entre as condições no laboratório e as condições reais de exposição está no fato de que, nesta última, existe uma secagem sazonal durante os meses de verão, mas, com a saturação permanente imposta por alguns ensaios de laboratório, todos os vazios podem eventualmente se tornar saturados com a consequente desagregação do concreto. Na realidade, é provável que o fator influente mais importante na resistência do concreto aos ciclos de gelo-degelo seja o grau de saturação, e ele pode aumentar pela concreção do gelo em período de congelamento prolongado, por exemplo, em águas árticas. A duração do período de congelamento é, portanto, importante.

Pode-se afirmar que alguns ensaios de gelo-degelo em laboratório resultam na desagregação de um concreto que na realidade pode ser satisfatório. De fato, os números de ciclos em um ensaio e em um concreto real em uso não são facilmente relacionados. Entretanto, a capacidade do concreto de suportar um número considerável de ciclos de laboratório (por exemplo, 150) é uma indicação provável de seu elevado grau de durabilidade em condições reais de uso.

Agentes incorporadores de ar

O restante deste capítulo discorrerá sobre a proteção do concreto contra os danos resultantes de ciclos alternados de gelo-degelo pela incorporação intencional de bolhas de ar no concreto com o uso de aditivos apropriados. Esse ar deve estar claramente distinguido do ar aprisionado de forma acidental, que ocorre na forma de bolhas maiores deixadas durante o adensamento do concreto fresco.

Quando misturados com água, os aditivos incorporadores de ar produzem bolhas *discretas* que se incorporam à pasta de cimento. O constituinte essencial do aditivo incorporador de ar é um agente tensoativo que diminui a tensão superficial da água para facilitar a formação de bolhas e garantir que elas sejam estáveis. Os agentes tensoativos se concentram nas interfaces ar/água e têm propriedades hidrofóbicas (repelentes à água) e hidrófilas (atraem água) que são responsáveis pela dispersão e estabilização das bolhas de ar. Na pasta de cimento, as bolhas são separadas do sistema de poros capilares e nunca são preenchidas com os produtos de hidratação do cimento, já que o gel se forma somente na água. Os principais tipos de agentes incorporadores de ar são:

(a) gorduras animais e vegetais, e óleos e seus ácidos graxos;
(b) resinas naturais de madeira que reagem com o calcário do cimento para formar um resinato solúvel. A resina deve ser pré-neutralizada com NaOH, de modo que se obtém um sabão de resina ácida solúvel em água;
(c) agentes secativos como sais alcalinos de compostos orgânicos sulfatados ou sulfonados.

Várias marcas comerciais de aditivos incorporadores de ar estão disponíveis, mas o desempenho de aditivos desconhecidos deve ser verificado por misturas experimentais segundo as exigências da ASTM C 260–01 ou BS EN 934–2: 2001 (Tabela 8.1). A exigência essencial de um aditivo incorporador de ar é que produza rapidamente um sistema de espuma finamente dividido e estável. As bolhas individuais devem resistir à coalescência, e a espuma não deve ter efeitos químicos prejudiciais ao cimento.*

Os agentes incorporadores de ar estão disponíveis como adição e como aditivo.** O primeiro é moído em conjunto com o cimento em proporções fixas, como nos cimentos Tipo IA e IIA das normas ASTM. O uso como adição limita a flexibilidade nas alterações do teor de ar de diferentes misturas de concreto em relação ao uso como aditivo. Por outro lado, o uso como aditivo requer cuidadoso controle das operações de dosagem para garantir que a quantidade de ar incorporado esteja dentro dos limites especificados; caso contrário, as vantagens do concreto com ar incorporado podem ser perdidas. A dosagem recomendada é entre 0,005 e 0,05% em relação à massa de cimento e é necessário pré-misturar essas pequenas quantidades com parte da água de amassamento de modo a facilitar a dispersão uniforme do agente incorporador de ar.

Para proteção do concreto, o volume mínimo de vazios é 9% do volume de *argamassa*, e é claro que é essencial que o ar seja distribuído em toda a pasta de cimento. O fator de controle efetivo é o espaçamento das bolhas, ou seja, a espessura da pasta de cimento entre as bolhas adjacentes, que deve ser menor que 0,25 mm para proteção total contra a deterioração por congelamento (Fig. 15.2). O espaçamento pode ser visto como o dobro da distância que a água tem que percorrer de modo a aliviar a pressão.

A adequação da incorporação de ar em um determinado concreto pode ser estimada pelo *fator de espaçamento*, conforme prescrição da ASTM C 457–06. Esse fator é um indicador da distância máxima de qualquer ponto na pasta de cimento des-

---

* N. de T.: O aditivo incorporador de ar para concreto é normalizado no Brasil pela NBR 11768:2011.
** N. de T.: Conforme definição do Capítulo 8.

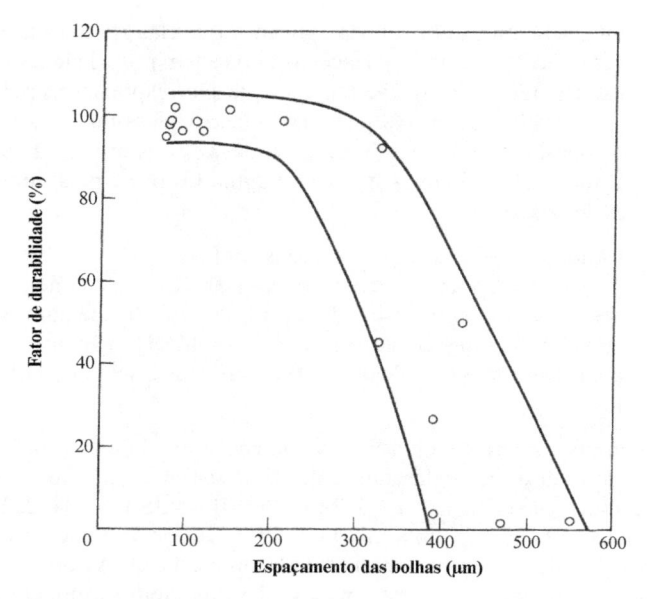

Figura 15.2 Relação entre durabilidade e espaçamento das bolhas de ar incorporado. (De: U.S. BUREAU OF RECLAMATION, The air-void systems of Highway Research Board co--operative concretes, *Concrete Laboratory Report* No. C-824 (Denver, Colorado, April 1956).)

de a periferia de uma bolha. O fator é calculado considerando que todos os vazios de ar são esferas de mesma dimensão, arranjadas em um arranjo cúbico simples. O cálculo exige o conhecimento do teor de ar do concreto endurecido, o número médio de seções de vazios de ar por unidade de comprimento e o teor de pasta de cimento por volume. Um fator de espaçamento máximo de 0,25 mm é exigido para proteção satisfatória contra o gelo-degelo. Um método para determinação das características do vazio de ar e do fator de espaçamento do concreto endurecido também é prescrito pela **BS EN 480–11: 2005**.

As bolhas de ar devem ser tão pequenas quanto possível, já que o volume total de vazios (porosidade) afeta a resistência do concreto (ver Capítulo 6). Suas dimensões dependem em grande parte do agente incorporador de ar utilizado. Na realidade, os vazios não são todos de mesmo tamanho (0,05 a 1,25 mm) e é prático expressar suas dimensões em termos de superfície específica, ou seja, área superficial por unidade de volume.

Deve ser relembrado que o ar acidental está presente em qualquer concreto, tenha ele ou não ar incorporado, e como esses dois tipos de vazios não podem ser facilmente distinguidos, a superfície específica representa um valor *médio* para todos os vazios de uma determinada pasta. Para um concreto com ar incorporado de qualidade satisfatória, a superfície específica dos vazios é normalmente entre 16 e 24 mm^{-1}, enquanto a superfície específica do ar acidental é menor que 12 mm^{-1}.

Fatores que influenciam na incorporação de ar

Apesar do ar incorporado estar presente somente na pasta de cimento, é usual especificar e medir o teor de ar como uma porcentagem do volume do *concreto*. Valores típicos de teor de ar necessário para um espaçamento de 0,25 mm são dados na Tabela 15.2, que indica que misturas mais ricas requerem um volume maior de ar incorporado do que misturas pobres. Os teores de ar para concretos com agregados de diferentes dimensões máximas são dados na Tabela 15.3 (ACI 201.2R–01).

Geralmente, quanto maior a quantidade de agente incorporador de ar, mais ar é incorporado, mas existe uma dosagem limite além da qual não há mais aumento no volume de vazios. Para uma determinada quantidade de agente incorporador de ar, outros fatores que influenciam são os seguintes:

(a) uma mistura mais trabalhável retém mais ar que uma mistura mais seca;
(b) um aumento na finura do cimento diminui a eficácia do incorporador de ar;
(c) o teor de álcalis do cimento maior que 0,8% aumenta a quantidade de ar incorporado;
(d) um aumento no teor de carbono da cinza volante diminui a quantidade de ar incorporado. O uso de aditivos redutores de água (ver Capítulo 8) resulta em aumento do ar incorporado mesmo que o aditivo *por si* não tenha propriedades de incorporação de ar (a influência do superplastificante é menos clara; portanto, sempre devem ser realizados ensaios);

Tabela 15.12 Teor de ar necessário para espaçamento de vazios de 0,25 mm

Consumo aproximado de cimento (kg/m³)	Relação água/ cimento	Ar necessário, expresso como uma porcentagem do volume de concreto, para superfície específica de vazios (mm^{-1}) de:				
		14	18	20	24	31
445		8,5	6,4	5,0	3,4	1,8
390	0,35	7,5	5,6	4,4	3,0	1,6
330		6,4	4,8	3,8	2,5	1,3
445		10,2	7,6	6,0	4,0	2,1
390	0,49	8,9	6,7	5,3	3,5	1,9
330		7,6	5,7	4,5	3,0	1,6
280		6,4	4,8	3,8	2,5	1,3
445		12,4	9,4	7,4	5,0	2,6
390		10,9	8,2	6,4	4,3	2,3
330	0,66	9,3	7,0	5,5	3,7	1,9
280		7,8	5,8	4,6	3,1	1,6
225		6,2	4,7	3,7	2,5	1,3

De: T. C. Powers, Void spacing as a basis for producing air-entrained concrete, *J. Amer. Conc. Inst.* 50, pp. 741–60 (May 1954), and Discussion, pp. 760–1 – 760–15 (Dec. 1954).

Tabela 15.13 Teor de ar recomendado para concretos contendo agregados de diferentes dimensões máximas segundo a ACI 201.2R-01

Dimensão máxima do agregado (mm)	Teor total de ar recomendado do concreto (%) por condição de exposição	
	Moderada*	Severa**
10	6,0	7,5
12,5	5,5	7,0
20	5,0	6,0
25	4,5	6,0
40	4,5	5,5
70	3,5	4,5
150	3,0	4,0

* Clima frio onde o concreto, eventualmente, será exposto à umidade antes do congelamento e sem utilização de agentes descongelantes, por exemplo, paredes externas, vigas, lajes sem contato com o solo.

** Ambiente externo em clima frio onde o concreto estará, na maior parte do tempo, em contato com a umidade antes do congelamento ou são utilizados agentes descongelantes, por exemplo, tabuleiros de pontes, pavimentos, calçadas e reservatórios de água.

(e) um excesso de partículas muito finas de areia reduz a quantidade de ar incorporado, mas o material na faixa de 300 a 600 μm aumenta a quantidade de ar;
(f) água de amassamento dura reduz o teor de ar incorporado;
(g) o tempo de mistura deve ser ótimo, pois, se for muito curto, causa uma dispersão não uniforme das bolhas, e se excessivo, causa a expulsão gradual de parte do ar;
(h) velocidade de rotação da betoneira muito elevada aumenta a quantidade de ar incorporado;
(i) temperaturas mais elevadas resultam em uma maior perda de ar e a cura a vapor do concreto pode causar uma fissuração incipiente devido à expansão das bolhas de ar;
(j) transporte e vibração prolongados reduzem a quantidade de ar incorporado (por isso, o teor de ar deve ser determinado no concreto tal como *lançado*).

Determinação do teor de ar

Existem três métodos para a determinação do teor de ar *total* do concreto fresco: *gravimétrico* (ASTM C 138–01a); *volumétrico* (ASTM C 173–01) e *pressométrico* (ASTM C 231–04 e BS EN 12350–7: 2000). Como o ar incorporado não pode ser distinguido das grandes bolhas do ar acidental, é importante que o concreto seja totalmente adensado.

O método mais seguro e preciso é o pressométrico, que é baseado na relação entre o volume de ar e uma pressão aplicada (a temperatura constante) dada pela lei de Boyle. As proporções da mistura ou propriedades dos materiais não precisam ser conhecidas e a porcentagem de ar é obtida diretamente. Entretanto, em altitudes

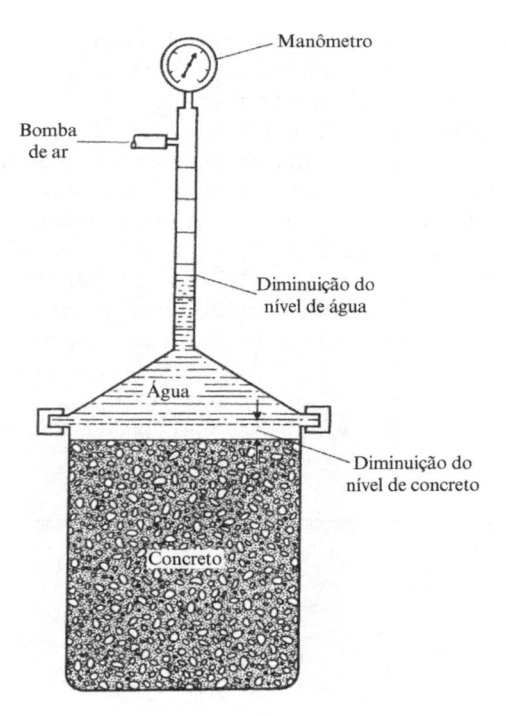

Figura 15.3 Medidor de ar pressométrico.

elevadas, o medidor pressométrico deve ser recalibrado e o método não é adequado para uso com agregados porosos.

Um medidor típico é mostrado na Fig. 15.3. O procedimento consiste, essencialmente, na observação da diminuição do volume de uma amostra de concreto adensado quando sujeito a uma pressão conhecida, aplicada por uma pequena bomba. Quando o manômetro registra o valor requerido, a diminuição do nível de água em um tubo calibrado acima do concreto dá a diminuição do volume de ar no concreto, ou seja, a porcentagem do teor de ar.

Conforme mencionado previamente, o teor de ar do concreto *endurecido* é medido em seções polidas de concreto por um microscópio. Alternativamente pode ser usado um medidor de alta pressão.*

Outros efeitos da incorporação de ar

Conforme exposto na página 280, o efeito benéfico da incorporação de ar no concreto sujeito a ciclos de gelo-degelo é a criação de espaço para a movimentação da

---

* N. de T.: O método pressométrico é normalizado pela NBR NM 47: 2002. O método gravimétrico é normalizado pela NBR 9833:2008, versão corrigida 2009.

água sob pressão hidráulica. Entretanto, existem outros efeitos nas propriedades do concreto, alguns benéficos, outros não. Um dos mais importantes é a influência dos vazios na resistência do concreto em qualquer idade. A Figura 15.4 mostra que, quando é incorporado ar a uma mistura, a diminuição da resistência é proporcional ao teor de ar até um nível de 8%. Todavia, a incorporação de ar tem efeito benéfico na trabalhabilidade do concreto, provavelmente porque as bolhas de ar esféricas atuam como agregados miúdos de baixíssimo atrito superficial e alta compressibilidade. Assim, para manter a trabalhabilidade constante, a adição de ar incorporado pode ser acompanhada pela redução da relação água/cimento, o que compensa a diminuição da resistência. Esse efeito compensador depende da riqueza da mistura: a perda líquida de resistência em uma mistura rica é maior que a de uma mistura mais pobre porque na primeira o efeito da incorporação de ar na melhora da trabalhabilidade é menor. No caso de concreto massa, onde o desenvolvimento do calor de hidratação (e não a resistência) é mais importante, a incorporação de ar permite

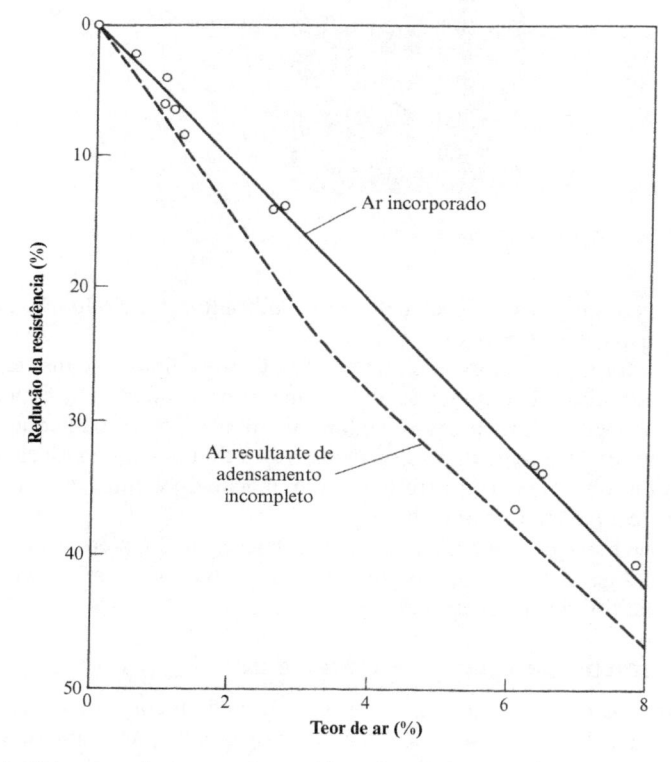

Figura 15.4 Efeito do ar incorporado e acidental na resistência do concreto.
(De: P. J. F. WRIGHT, Entrained air in concrete, *Proc. Inst. C. E.*, Part 1, 2, No. 3, pp. 337-58 (London, May 1953); TRRL, Crown copyright.)

o uso de menores consumos de cimento, resultando assim em menor elevação de temperatura.

A presença de ar incorporado também é benéfica na redução da exsudação, pois as bolhas de ar mantêm as partículas sólidas em suspensão, de modo que a sedimentação é reduzida e a água, não expelida. Por essa razão, a permeabilidade e a formação de nata superficial são reduzidos, resultando em maior resistência ao congelamento para concretos expostos. A segregação também é diminuída, garantindo que o concreto fresco não seja vibrado em excesso.

A adição de ar incorporado diminui levemente a massa específica do concreto, o que é uma vantagem econômica, desde que os materiais correspondam.

A principal dificuldade no uso de aditivos incorporadores de ar é o fato de o teor de ar do concreto endurecido não poder ser controlado diretamente em função de ser afetado por vários fatores. Essa dificuldade é remediada pelo uso de partículas de espuma rígida ou *microesferas* (conformadas em microcápsulas de medicamentos) que têm diâmetro entre 10 e 60 μm e, portanto, cobrem um intervalo menor que as bolhas de ar incorporado. Como consequência, um volume menor de microesferas pode ser utilizado para a mesma proteção contra gelo-degelo, e com isso a perda de resistência é menor. A incorporação de cerca de 2,8% em relação ao volume da pasta de cimento endurecida resulta em um fator de espaçamento de 0,07 mm, que é bem menor que 0,25, valor normalmente recomendado com o uso de ar incorporado. O efeito das microesferas na trabalhabilidade é o mesmo que do ar incorporado e elas não interagem com outros aditivos, mas sua principal desvantagem é o custo elevado.

Bibliografia

15.1 ACI 201.2R–01, Guide to durable concrete, Part 1, *ACI Manual of Concrete Practice* (2007).
15.2 B. SUPRENANT, Dealing with frozen ground, *Concrete International*, 27, No. 10, pp. 35–7 (2005).
15.3 A. TAGNIT-HAMOU and P. C. AITCIN, Cement and superplasticizer compatibility, *World Cement*, 24, No. 8, pp. 38–42 (1993).

Problemas

15.1 O que se entende por ar incorporado?
15.2 Disserte sobre os fatores que afetam o teor de ar em concreto com ar incorporado.
15.3 Como pode ser determinado o teor de ar no concreto endurecido?
15.4 Explique como o ar incorporado melhora a resistência do concreto ao gelo-degelo.
15.5 O que se entende por fator de espaçamento na pasta de cimento?
15.6 Quais os tipos de ar no concreto determinados com os medidores de ar?
15.7 Quais são os métodos de determinação do teor de ar no concreto?
15.9 Que concreto sofrerá maior deterioração devido ao gelo-degelo: (a) seco ou úmido; (b) bem curado ou mal-curado; (c) jovem ou velho? Justifique.
15.10 O que se entende por fator de durabilidade?

15.11 O que causa maior dano: um ciclo de forte congelamento ou vários ciclos de congelamentos leves? Justifique.
15.12 Qual é a diferença entre ar aprisionado e ar incorporado?
15.13 Como é a variação do teor de ar incorporado necessário para a durabilidade com a dimensão máxima do agregado?
15.14 Explique por que existe uma diferença entre o teor de ar medido na betoneira e após o lançamento.
15.15 Quais fatores afetam o teor de ar do concreto produzido com uma determinada quantidade de aditivo incorporador de ar?
15.16 Qual é o efeito da temperatura do ar no teor de ar do concreto produzido com uma determinada quantidade de aditivo incorporador de ar?
15.17 Por que o teor de ar do concreto deve ser medido no local do lançamento?
15.18 Descreva o mecanismo de ataque por congelamento ao concreto endurecido.
15.19 Como a difusão e a osmose contribuem para o ataque por congelamento?
15.20 O que se entende por fissuração-D e pipocamento?
15.21 Descreva o benefício do uso de microesferas.

16
Ensaios

É claro que não é suficiente ter o conhecimento de como selecionar uma mistura de concreto com a expectativa de que ela tenha determinadas propriedades e como especificar essa mistura. Também é necessário garantir que esta é a escolha correta.

O método básico para verificar se o concreto atende às especificações (ver Capítulo 17) é realizar ensaios de sua resistência utilizando cubos ou cilindros produzidos a partir de amostras de concreto fresco. O ideal seria planejar a realização de ensaios de *conformidade* para as misturas de concreto *fresco*, antes mesmo de ser lançado, mas infelizmente esses ensaios são bastante complexos e não apropriados para canteiros de obra. Por consequência, a resistência do concreto *endurecido* deve ser determinada em um momento em que uma quantidade considerável de concreto suspeito pode ter sido lançada. Para compensar essa desvantagem, algumas vezes são utilizados ensaios *acelerados* como base para a conformidade.

Deve-se ressaltar que a não conformidade em um ensaio de um único corpo de prova, ou mesmo um grupo, não significa necessariamente que o concreto de onde foram obtidos os corpos de prova seja inferior ao especificado. A reação do engenheiro deve ser a realização de uma investigação maior sobre o concreto. Isso pode ser feito por ensaios não destrutivos no concreto da estrutura (ver BS 1881–201: 1986) ou pela extração de testemunhos para avaliação da resistência. Todos esses aspectos serão discutidos a partir de agora.

Precisão dos ensaios

No próximo capítulo, serão feitas referências à variabilidade das propriedades do concreto. Ela somente pode ser determinada por meio de ensaios, e os ensaios por si só introduzem erros. É importante ter consciência disso e compreender o que se entende por *precisão* dos ensaios de concreto. A precisão exprime grau de concordância entre resultados de ensaios independentes, obtidos sob condições estipuladas, em termos de *repetitividade* e *reprodutibilidade*.

A BS ISO 5725-1 define repetibilidade como a precisão de resultados de ensaios independentes, realizados em um determinado período de tempo nas mesmas condições, ou seja, mesmo laboratório, o mesmo método, corpos de prova idênticos, mesmo operador e utilizando o mesmo equipamento. Reprodutibilidade dos ensaios é a precisão de resultados obtidos com o mesmo método, corpos de prova idênticos em laboratórios diferentes, com operadores e equipamentos diferentes. Essas definições da BS ISO 5725-1: 1994 e as da norma cancelada BS 5497-1: 1993 são similares. Esta última define precisão como o valor máximo que se admite, com uma determinada probabilidade (em geral 95%), para a diferença absoluta entre dois resultados de ensaios individuais.

Valores de repetitividade e reprodutibilidade são aplicados de várias formas, por exemplo:

(a) para verificar se os procedimentos experimentais de um laboratório atendem os requisitos;
(b) para comparar os resultados de ensaios realizados em uma amostra de um lote de materiais com a especificação;
(c) para comparar os resultados de ensaios obtidos por um fornecedor e por um consumidor a partir do mesmo lote de material;

Segundo a BS 5497-1: 1993, repetitividade r e reprodutibilidade R são dados por:

$$r = 1{,}96(2\sigma_r^2)^{\frac{1}{2}} = 2{,}8\sigma_r$$

$$R = 1{,}96\,(2[\sigma_L^2 + \sigma_r^2])^{\frac{1}{2}}$$

$$= 1{,}96(2\sigma_R^2)^{\frac{1}{2}}$$

ou

$$R = 2{,}8\sigma_R$$

onde: σ_r^2 = Variância da repetitividade
σ_L^2 = Variância entre laboratórios (incluindo variâncias entre operadores e entre equipamentos) e
σ_R^2 = Variância de reprodutibilidade

Nas expressões acima, o coeficiente de 1,96 é para a distribuição normal (ver página 323) com um número suficiente de resultados de ensaios. O coeficiente $2^{\frac{1}{2}}$ é derivado do fato de que r e R se referem às diferenças entre resultados de dois ensaios isolados.

As normas especificam o atendimento de exigências de precisão para os ensaios de concreto. Para a resistência à compressão, a BS EN 12390-3: 2002 estabelece uma repetitividade de 9% e reprodutibilidade de 13,2% para cubos de 150 mm, ensaiados aos 28 dias de idade. Para cilindros de 160 × 320 mm, os valores de repetitividade e reprodutibilidade são, respectivamente, 8 e 11,7%. Para o método de amostragem de concreto fresco no canteiro, a BS 1881-01: 1983 controla a precisão pelo erro de amostragem e erro dos resultados de ensaios de resistência à compressão, sendo que ambos valores devem ser menores que 3% para um procedimento de amostragem satisfatório. A BS 812-101: 1984 também aconselha o uso de valores da repetitividade para a verificação dos dados, e o acompanhamento do desempenho de um laboratório. Na mesma norma, é dada informação sobre o uso de valores da reprodutibilidade para a comparação de dois ou mais laboratórios no estabelecimento de limites das especificações.

Análise do concreto fresco

A determinação da composição do concreto nas primeiras idades pode ser uma grande vantagem, pois, se as proporções efetivas corresponderem às especificadas, a necessidade de ensaios no concreto endurecido será menor. As duas propriedades de maior interesse são a relação água/cimento e o consumo de cimento, em função de serem os principais responsáveis por garantir que o concreto é adequado, tanto em relação à resistência, quanto à durabilidade.

No Reino Unido, a BS 1881-1: 1997 descreve métodos para a verificar o teor de cimento, incluindo os teores de cinza volante e escória de alto-forno. Para o teor de cimento, existem cinco métodos. O *método da balança hidrostática* estabelece que uma amostra de concreto seja pesada ao ar e na água e então lavada em uma série de peneiras para separar o cimento e os finos do agregado. Os finos são definidos como o material passante na peneira 150 μm. O agregado lavado é pesado na água e a proporção de cimento é determinada pela diferença entre a massa da amostra na água e a massa do agregado na água. São necessários ensaios de calibração para determinar as massas específicas dos agregados e a fração de agregado passante na peneira 150 μm, de modo a possibilitar correções nas relativas ao silte e areia fina na "fração cimento".

No *método químico*, uma amostra de concreto é pesada e lavada em uma série de peneiras para separar o material mais fino que 300 μm. Não deve existir material calcário nos finos. Uma amostra da suspensão de cimento e finos é tratada com ácido nítrico e a concentração de cálcio é determinada com a utilização de um fotômetro de chama, sendo necessários ensaios de calibração. O teor de água do concreto é determinado pela estimativa da diluição de uma amostra padrão de cloreto de sódio. Um recipiente sifonado é usado para determinar o teor de agregado graúdo, sendo o agregado miúdo determinado por diferença.

O *método do volume constante* utiliza uma amostra que é pesada e transferida para uma coluna de elutriação, onde o fluxo ascendente de água separa o material menor que 600 μm. Uma parte desse material é vibrada em uma peneira de 150 μm, floculada e transferida para um recipiente de volume constante. Este é pesado e, com a utilização de um gráfico de calibração, o teor de cimento é determinado. Uma correção para partículas de agregados menores que 150 μm deve ser feita e a calibração de ser realizada para cada conjunto de materiais utilizado.

O *método de separação física* exige que uma amostra de concreto seja pesada e lavada através de uma série vibratória de peneiras para separar o material passante na peneira 212 μm. As lavagens são amostradas automaticamente e os sólidos são floculados, coletados e secos. O cimento é separado da areia fina por centrifugação de uma pequena amostra em bromofórmio, que é um líquido com uma massa específica situada entre a do cimento e a de um agregado comum. Alternativamente, a quantidade de areia fina na amostra de cimento e areia fina pode ser determinada por meio de ensaios de calibração.

No *método do filtragem sob pressão,* a amostra de concreto é pesada, agitada com água e lavada em uma série de peneiras para separar o cimento e os finos passantes na peneira 150 μm. O material fino é então filtrado sob pressão e as quantidades separadas são pesadas. É necessária calibração para determinar a quantidade de areia fina passante na peneira 150 μm. Também são necessárias correções para a solubilidade do cimento e para a fração de cimento retida na peneira. O teor de agregado é determinado após a secagem e pesagem do material retido nas peneiras.

A quantidade de água do concreto fresco pode ser obtida conforme o método químico ou, alternativamente, pode ser utilizado um método de secagem rápida. Durante o aquecimento, a amostra deve ser agitada continuamente para evitar a formação de grumos. A quantidade de água é determinada pela diferença de massa antes e depois da secagem, mas deve ser considerada uma tolerância para a água absorvida. A determinação da quantidade de água também é complicada devido às alterações que ocorrem com a hidratação do cimento.

Foram descritos cinco métodos diferentes de análise do concreto fresco, mas devido às dificuldades com sua precisão, até o momento não foram adotados ensaios de *conformidade* para o teor de cimento e relação água/cimento do concreto fresco. Entretanto, a BS 5328–4: 1990 estabelece a análise do concreto fresco para determinar as proporções da mistura com a ressalva que o método de ensaio tem uma precisão de ± 10% em relação ao valor real, com um intervalo de confiança de 95%[1]. Também deve ser observado que outras propriedades do concreto fresco são determinadas com o objetivo de verificar a conformidade: massa específica, trabalhabilidade, teor de ar e temperatura (ver Capítulo 17).*

Ensaios de resistência

Por razões práticas óbvias, a resistência do concreto é determinada com a utilização de corpos de prova de pequenas dimensões. Como foi visto nos Capítulos 6 e 11, a resistência de um determinado corpo de prova de concreto é influenciada por vários fatores secundários, como velocidade de carregamento, condição de umidade, dimensão do corpo de prova e condições de cura. Além disso, o tipo de equipamento de ensaio influencia nos resultados dos ensaios obtidos. Consequentemente, os procedimentos de produção dos corpos de prova e realização de ensaios devem ser padronizados para avaliar com precisão a qualidade do concreto.

Resistência à compressão

Normalmente é determinada com a utilização de cilindros de 150 × 300 mm e cubos de 150 mm, embora seja admitido pelas normas o uso de corpos de prova menores, dependendo da dimensão máxima do agregado.

---

* N. de T.: No Brasil, o método para a reconstituição de traço (consumo de cimento e relação a/c) do concreto fresco é estabelecido pela NBR 9605:1992.

[1] J. B. Kennedy and A. M. Neville, *Basic Statistical Methods for Engineers and Scientists*, 3rd Edition (Harper & Row, 1985).

Conforme a ASTM C 470–02a, o *corpo de prova cilíndrico* é moldado em um molde reutilizável, preferencialmente com uma base removível, ou em um molde não reutilizável. O primeiro tipo de molde é feito em aço, ferro fundido, latão e vários plásticos; os não reutilizáveis podem ser feitos com chapas metálicas, plástico, produtos de papel à prova d'água ou outros materiais que atendam às exigências físicas de estanqueidade, absorção e deformação. Uma camada fina de óleo mineral deve ser aplicada nas superfícies internas na maioria dos tipos de moldes, de modo a evitar a aderência entre o concreto e o molde. O concreto é colocado no molde em camadas. O adensamento de um concreto com elevado abatimento de tronco de cone é realizado em três camadas, com cada uma delas sendo compactada com 25 golpes de uma barra metálica de ponta arredondada de 16 mm de diâmetro. Para concreto com abatimento de tronco de cone baixo, o adensamento é feito em duas camadas com utilização de vibração interna ou externa (detalhes desse procedimento são prescritos pela ASTM C 192–06).*

A superfície superior do cilindro, acabada com uma colher de pedreiro ou espátula, não é plana e lisa o suficiente para o ensaio; portanto, exige preparação adicional. A ASTM C 617–98 (Reapproved 2003) exige que as bases tenham planicidade com uma tolerância de 0,05 mm, valor que também se aplica aos pratos da máquina de ensaio. Existem dois métodos para se obter uma superfície plana e lisa: retificação e capeamento. O primeiro método é satisfatório, mas caro. Para o capeamento, podem ser utilizados três materiais: uma pasta cimento Portland de consistência seca em concreto recém-moldado e uma mistura de enxofre com um material granular (por exemplo, argila refratária moída), ou gesso de alta resistência no caso de concreto endurecido. O capeamento deve ser fino, preferencialmente com espessura entre 1,5 e 3 mm, e ter resistência similar à do concreto em ensaio. Provavelmente o melhor material para capeamento é a mistura de enxofre e argila, que é adequada para concretos de resistência de até 100 MPa. Entretanto, é necessário o uso de capelas de exaustão, pois são produzidos vapores tóxicos.**

Além de serem planas, as bases do corpo de prova cilíndrico devem ser normais ao seu eixo, e isso garante também que as superfícies planas são paralelas uma à outra. Entretanto, é admitida uma pequena tolerância, uma inclinação do eixo do corpo de prova em relação ao eixo da máquina de ensaio, geralmente de 6 mm em

---

* N. de T.: A NBR 5738:2008 prescreve os procedimentos para moldagem e cura de corpos de prova, adotando procedimentos similares aos descritos. Em relação aos moldes, é prescrito que eles devem ser de aço ou outro material não absorvente que não reaja com o cimento. Os diâmetros prescritos são 100, 150, 200, 250, 300 e 450 mm. A dimensão deve ser no mínimo quatro vezes maior que a dimensão máxima do agregado graúdo. O número de camadas e golpes para o adensamento, bem como o processo a ser adotado, varia com a dimensão do corpo de prova, podendo ser manual ou mecânico. Para os corpos de prova de 100 mm de diâmetro, é estabelecida a moldagem em duas camadas, cada uma com 12 golpes, quando utilizado adensamento manual ou uma camada no caso de adensamento mecânico. Para os corpos de prova de 150 mm, estes valores são, respectivamente, três camadas e 25 golpes em cada uma, ou duas camadas quando utilizado vibrador.

** N. de T.: Para a regularização das bases, a NBR 5738:2008 estabelece o remate com pasta de cimento. O remate deve ser executado em um período de 6 a 15 horas após a moldagem. Caso isso não seja realizado, a norma sugere a realização de retificação ou capeamento. Não são prescritos materiais para o capeamento, apenas feitas recomendações em relação a aderência, compatibilidade química, fluidez, resistência à compressão.

300 mm, e aparentemente não ocorre perda de resistência como resultado desse desvio. Da mesma forma, uma pequena falta de paralelismo entre os topos de um corpo de prova não afeta sua resistência, desde que garantido que a máquina de ensaio seja equipada com um apoio que pode alinhar-se livremente, conforme prescrito pela ASTM C 39–05.

As condições de cura para *corpos de prova cilíndricos padrão* são especificadas pela ASTM C 192–06. Quando produzidos em laboratório, os corpos de prova são mantidos por no mínimo 20 horas e no máximo 48 horas, em uma temperatura de 23 ± 1,7°C, de forma que seja evitada a perda de água. Em seguida, após desmoldados, os corpos de prova são conservados na mesma temperatura e em ambiente úmido ou em água saturada com cal até a idade de ensaio especificada. Por estarem sujeitos a condições padronizadas, esses cilindros fornecem a resistência *potencial* do concreto. Adicionalmente, para determinar a qualidade *real* do concreto na estrutura, podem ser utilizados corpos de prova cilíndricos de *serviço* (ASTM C 31–03a), desde que submetidos às mesmas condições da estrutura. Esse procedimento é de interesse quando se deseja decidir quando as fôrmas podem ser retiradas, quando outros serviços (superpostos) podem continuar ou quando a estrutura pode ser colocada em serviço.*

A resistência à compressão dos cilindros é determinada, segundo a ASTM C 39–05, com a aplicação pela máquina de ensaio de uma tensão com velocidade constante de 0,25 ± 0,05 MPa/s. Uma velocidade maior é permitida durante a aplicação da primeira metade da carga prevista. A carga máxima registrada dividida pela área da seção transversal do corpo de prova dá a resistência à compressão, que é expressa com precisão de 0,05 MPa.**

Segundo a BS EN 12390–1: 2000, o *corpo de prova cúbico* é moldado em moldes de aço ou ferro fundido de dimensões e planeza normalizadas, com a parte superior do molde acoplada à base. A BS EN 12390–2: 2000 prescreve o preenchimento do molde em camadas aproximadas de 50 mm. O adensamento de cada camada é feito por pelo menos 35 golpes (cubos de 150 mm) ou 25 golpes (cubos de 100 mm) de um soquete quadrado de aço. Alternativamente pode ser utilizada vibração. Os cubos são então curados até a idade de ensaio, conforme as prescrições da BS EN 12390–2: 2000. Após o topo ter sido acabado com uma desempenadeira, o cubo deve ser arma-

---

* N. de T.: Em relação à cura dos corpos de prova, a NBR 5738:2008 cita que durante as primeiras 24 horas os corpos de prova devem ser armazenados protegidos das intempéries e deve ser evitada a perda de água. Após a desforma, os corpos de prova destinados a comprovação da qualidade e uniformidade do concreto durante a construção devem ser mantidos em solução saturada de hidróxido de cálcio a uma temperatura de 23 ± 2°C ou em câmara úmida (umidade relativa superior a 95% e mesma temperatura). A norma prevê corpos de prova para verificação das condições de proteção e cura do concreto, sendo que estes, após a desmoldagem devem ser posicionados sobre a estrutura e receber as mesmas condições de proteção e cura da estrutura. Não é feita menção em relação ao uso desses corpos de prova para retirada de formas e outros usos citados. A NBR 14931:2004 estabelece que, para a retirada das formas, devem ser estabelecidos pelo projetista estrutural valores mínimos de resistência à compressão e de módulo de elasticidade. Estes dados devem ser avaliados conforme os ensaios normalizados.

** N. de T.: A NBR 5739:2007 estabelece os procedimentos para o ensaio de determinação da resistência à compressão. Diferencia-se do método citado em relação à velocidade de carregamento, sendo adotado o padrão de 0,45 ± 0,15 MPa/s constante durante todo o ensaio.

zenado a uma temperatura de 20 ± 5°C quando forem ensaiados a sete dias ou mais. Quando a idade de ensaio for inferior a sete dias, os cubos devem ser mantidos a 20 ± 2°C. De preferência a umidade relativa não deve ser menor que 90%, mas o armazenamento sob um material úmido com uma cobertura impermeável é permitido. O cubo é desmoldado imediatamente antes do ensaio quando a idade for 24 horas. Para idades de ensaio maiores, a desmoldagem é realizada entre 16 e 28 horas após a adição de água à mistura, e os corpos de prova são armazenados em um tanque de cura a 20 ± 2°C até a idade especificada. A idade de ensaio mais comum é 28 dias, mas ensaios adicionais podem ser feitos aos 3 e 7 dias e, menos comumente, a 1, 2 e 14 dias, 13 e 26 semanas e 1 ano.

Os procedimentos e cura precedentes se aplicam a *corpos de prova cúbicos padrão*, mas, como no caso dos cilindros, também podem ser utilizados *cubos de serviço* para determinar a qualidade *real* do concreto na estrutura por meio da cura dos cubos nas mesmas condições aplicadas no concreto da estrutura.

A BS EN 12390–3: 2002 especifica que o cubo seja posicionado na máquina de ensaio com as faces moldadas em contato com os pratos da máquina, ou seja, a posição dos cubos no ensaio é em ângulo reto em relação à posição de moldagem. A carga é aplicada a uma velocidade constante na faixa de 0,2 a 1,0 MPa/s e a resistência de ruptura é expressa com aproximação de 0,5 MPa.

Na página 99 foi analisada a ruptura do concreto submetido à compressão uniaxial (pura). Isso seria o modo ideal de ensaio, mas o ensaio de compressão impõe um sistema mais complexo de tensões, principalmente devido às forças laterais desenvolvidas entre as bases do corpo de prova e os pratos de aço da máquina de ensaio. Essas forças são induzidas pela restrição à tentativa de deformação lateral do concreto (efeito de Poisson) imposta pelo aço, que é muitas vezes mais rígido e tem deformação lateral muito menor. O grau de *restrição dos pratos* na seção de concreto depende do atrito desenvolvido nas interfaces concreto-prato e da distância das bases do corpo de prova. Consequentemente, além da compressão uniaxial aplicada, existe a tensão lateral de cisalhamento, que tem o efeito de aumentar a resistência à compressão aparente do concreto.

A influência da restrição dos pratos pode ser visualizada a partir dos modos típicos de ruptura de cubos, mostrados na Fig. 16.1. O efeito de cisalhamento sempre está presente, embora diminua na direção do centro do cubo, de modo que as faces do cubo têm fissuras quase verticais ou estão completamente desintegradas de forma a deixar um núcleo central relativamente intacto (Fig. 16a). Isso acontece quando o ensaio é realizado em uma máquina de ensaios rígida. Uma máquina menos rígida pode armazenar mais energia, de modo que pode haver a possibilidade de uma ruptura explosiva (Fig. 161(b)). Nesse caso, a face em contato com o prato fissura e desintegra, deixando uma pirâmide ou um cone. Outros tipos de ruptura diferentes dos mostrados na Fig. 16.1 são tidos como não satisfatórios e indicam uma provável falha na máquina de ensaio.

Quando a relação entre a altura e a largura do corpo de prova aumenta, a influência do cisalhamento diminui, de modo que a parte central do corpo de prova pode romper por tração lateral (ocasionando fissuração lateral). Esse é o caso de um corpo de prova cilíndrico padrão, no qual a relação altura/diâmetro é 2. A Fig.

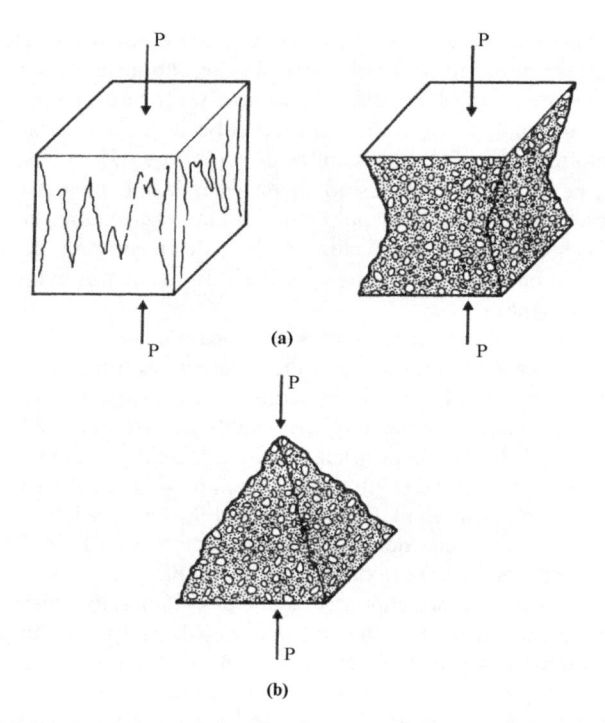

Figura 16.1 Padrões de ruptura adequados de corpos de prova cúbicos, segundo a BS EN 12390-3: (a) não explosivo e (b) explosivo.

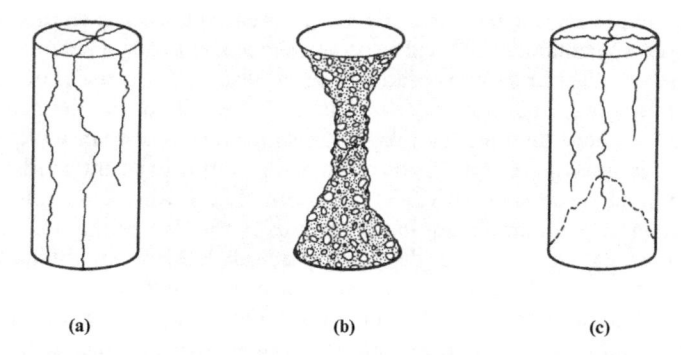

Figura 16.2 Configurações típicas de ruptura de corpos de prova cilíndricos: (a) tração lateral (b) cisalhamento (cone) e (c) tração lateral e cisalhamento (cone).

16.2 mostra os modos de ruptura possíveis, dos quais o mais comum é por tração e cisalhamento (Fig. 16.2(c)).

Algumas vezes são verificados cilindros de diferentes relações altura/diâmetro, por exemplo, *testemunhos* (ver página 305) extraídos de concreto *in sito*. Nesse caso, o diâmetro depende da máquina extratora, enquanto a altura do testemunho depende da espessura da laje ou elemento. Caso o testemunho seja muito alto, ele pode ser cortado para a obtenção de uma relação altura/diâmetro igual a 2, mas se for muito curto é necessário estimar a resistência que seria obtida com a utilização de uma relação altura/diâmetro de 2, por meio da aplicação de *fatores de correção*. Estritamente falando, os fatores de correção dependem do nível de resistência do concreto, mas valores gerais são dados pela ASTM C 42–04. A Fig. 16.3 mostra, de forma geral, a influência da relação altura/diâmetro na resistência à compressão aparente do corpo de prova cilíndrico.*

Como a influência da restrição dos pratos no modo de ruptura é maior no cubo do que no cilindro padrão, a resistência do cubo é *aproximadamente* 1,25 maior que a resistência do cilindro, mas a relação real entre as resistências dos dois tipos de corpos de prova depende do nível de resistência e das condições de umidade do concreto no momento do ensaio. É óbvio que, se o atrito nas extremidades for eliminado, o efeito da altura/diâmetro na resistência irá desaparecer, mas isso é de difícil obtenção em ensaios rotineiros e não é viável para a faixa de resistências normalmente encontrada.

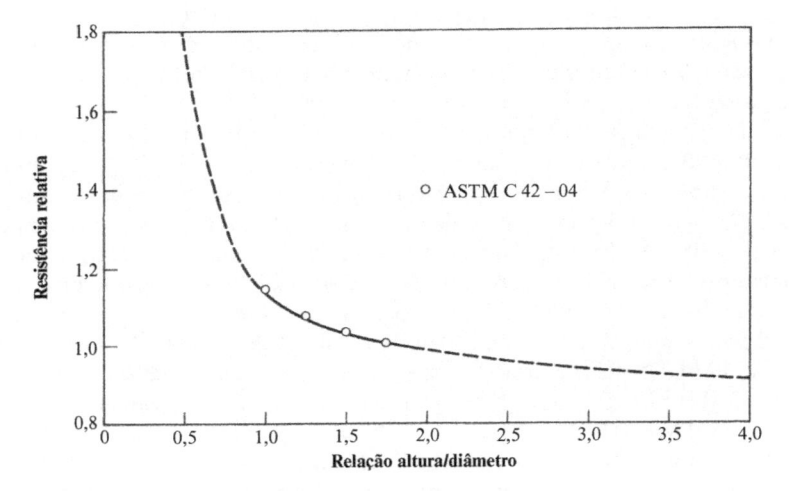

Figura 16.3 Influência da relação altura/diâmetro na resistência aparente do concreto.

---

* N. de T.: A NBR 7680:2007 estabelece os fatores de correção para corpos de prova cilíndricos com relação altura/diâmetro menor que 2. A mesma norma cita que, na impossibilidade de obtenção de testemunhos com a altura mínima especificada, pode ser realizada a montagem de corpos de prova a partir de testemunhos de dimensões reduzidas.

É razoável questionar se o cubo ou o cilindro é o melhor corpo de prova. Comparado com o cubo, o cilindro tem as vantagens de menor restrição nas extremidades e uma distribuição de tensões mais uniforme na seção transversal. Por essas razões, a resistência do cilindro é, provavelmente, mais próxima à resistência à compressão uniaxial do concreto do que a resistência do cubo. Entretanto, o cubo tem a grande vantagem de não exigir o procedimento de capeamento. Assim, diferentes países continuam utilizando um ou outro corpo de prova.

Resistência à tração

Em virtude da difícil aplicação de tração uniaxial a um corpo de prova de concreto (devido à necessidade de fixação das extremidades e para evitar a ocorrência de flexão, ver página 190), a resistência à tração do concreto é determinada por métodos indiretos: o *ensaio de resistência à tração na flexão* e o *ensaio de resistência à tração por compressão diametral*. Estes métodos têm resultados mais elevados que a resistência à tração "real", obtida por carregamento uniaxial pelas razões citadas na página 191.

No ensaio à flexão, a tensão teórica máxima de tração atingida na fibra inferior da viga de ensaio é conhecida como *módulo de ruptura*, que é um valor importante para o projeto de pavimentos de rodovias e aeroportos. O ensaio foi prescrito inicialmente como de conformidade, mas agora é considerado inadequado em função de os corpos de prova serem pesados e facilmente danificados. O valor do módulo de ruptura depende das dimensões da viga e, principalmente, do arranjo da aplicação de carga. Hoje a aplicação de carga em dois pontos (nos terços do vão) é utilizada tanto no Reino Unido quanto nos Estados Unidos. Isso produz um momento fletor constante entre os pontos de carga, de modo que um terço do vão está sujeito à tensão máxima e, portanto, é o ponto onde a fissuração é mais provável.

A Fig. 16.4 mostra o equipamento do ensaio de flexão, conforme a BS EN 12390–5: 2000. A viga mais comum tem dimensões de 150 × 150 × 750 mm, mas quando a dimensão máxima do agregado é menor que 25 mm, podem ser utilizadas vigas de 100 × 100 × 500 mm. A moldagem e cura das vigas normalizadas são normalizadas pela BS EN 12390–2:2000. A utilização de corpos de prova serrados, obtidos de concreto *in situ*, é permitida pela BS EN 12390–5:2000. As vigas são posicionadas para ensaio na face lateral em relação à posição de moldagem, em condição úmida, com uma velocidade de aplicação de tensão na fibra inferior entre 0,04 e 0,06 MPa/s.

A ASTM C 78–02 prescreve um ensaio à flexão similar, exceto que a dimensão da viga é 152 mm × 152 mm × 508 mm e a velocidade de carregamento varia entre 0,0143 e 0,020 MPa/s.*

Caso a ruptura ocorra no terço médio da viga, o módulo de ruptura (f_{bl}) é calculado, com base na teoria da elasticidade, com aproximação de 0,1 MPa, ou seja:

---

* N. de T.: Este ensaio é normalizado no Brasil pela NBR 12142:2010. A seção do corpo de prova pode ser de 100 mm, 150 mm, 250 mm e 450 mm, conforme a dimensão máxima do agregado. O comprimento deve ser no mínimo 50 mm maior que o vão de ensaio e 50 mm maior que três vezes a dimensão do lado da seção transversal. Os procedimentos de moldagem e cura são estabelecidos pela NBR 5738:2003 Emenda1:2008. A velocidade de carregamento varia entre 0,9 e 1,2 MPa/min, sendo o corpo de prova ensaiado em condição úmida.

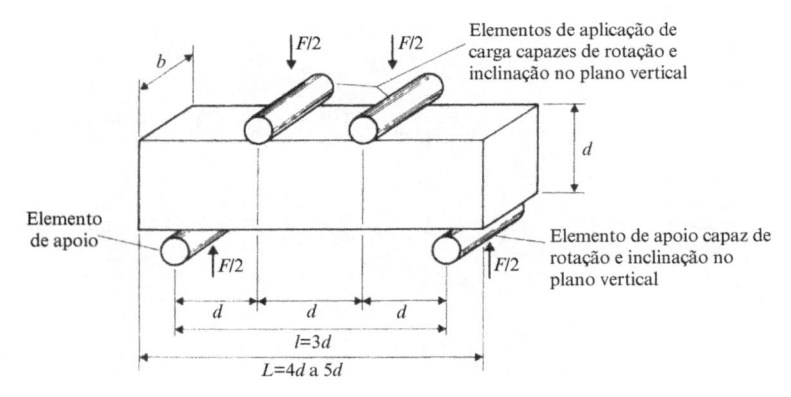

Figura 16.4 Dispositivo para ensaio de tração na flexão.

$$f_{ct,f} = \frac{Fl}{bd^2} \qquad (16.1)$$

onde:

$f_{ct,f}$ = resistência à tração na flexão (MPa);
F = carga máxima registrada (N);
ℓ = vão (mm);
b = largura média da viga (mm);
d = altura média da viga (mm)

Segundo a BS EN 12390–5: 2000, caso a ruptura ocorra fora do terço médio, o fato deve ser relatado no resultado do ensaio. Por outro lado, a ASTM C 78–02 adota, para ruptura fora dos pontos de aplicação de carga, a uma distância média "a" do apoio mais próximo, a equação

$$f_{ct,f} = \frac{3Fa}{bd^2}. \qquad (16.2)$$

Entretanto, se a ruptura ocorrer em uma seção de modo que $(\ell/3 - a) > 0{,}05\ell$, o resultado deve ser descartado.*

No *ensaio de resistência à tração por compressão diametral*, um cilindro de concreto (ou, menos usual, um cubo) similar ao utilizado no ensaio de resistência à compressão é posicionado segundo seu eixo horizontal, entre os pratos de uma máquina de ensaios, sendo a carga aumentada até que a ruptura ocorra pela segmentação no plano que contém o diâmetro vertical do corpo de prova. A Fig. 16.5 ilustra os elementos necessários para posicionamento dos corpos de prova em uma máquina de ensaio à compressão padrão, conforme prescrito pela BS EN 12390–6:2000. A

---

* N. de T.: O ensaio de determinação da resistência à tração na flexão ($f_{ct,f}$), normalizado pela NBR 12142:2010, adota as Equações 16.1 e 16.2, com a ressalva de que esta última é válida para o caso em que a ruptura ocorre em uma distância "a" no máximo de 5% do vão (ℓ).

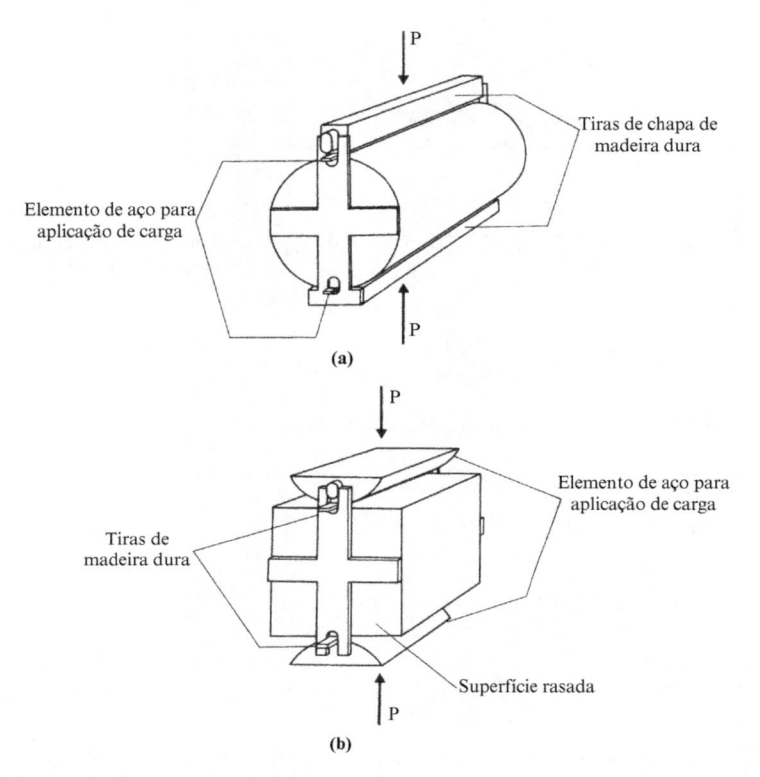

Figura 16.5 Gabarito para apoio de corpos de prova para determinação da resistência à tração por compressão diametral, segundo BS EN 12390-6: 2000: (a) cilindro e (b) cubo ou prisma.

ASTM C 496–04 prescreve um ensaio similar. Para prevenir concentração de tensões elevadas nas linhas de carregamento, são interpostas tiras estreitas de madeira dura ou madeira compensada entre o corpo de prova e os pratos. Nessas condições, ocorre uma elevada tensão de compressão horizontal nas partes superior e inferior do cilindro, mas ela é acompanhada por uma tensão vertical de compressão de magnitude semelhante. Há um estado de compressão biaxial, de modo que a ruptura não ocorre nesses locais; em vez disso, a ruptura inicia pela tensão de tração uniforme horizontal que atua na seção transversal remanescente do cilindro.

A carga é aplicada a uma velocidade constante de incremento na tensão de tração de 0,04 a 0,06 MPa/s, segundo a BS EN 12390–6:2000, e 0,011 a 0,023 MPa/s, segundo a ASTM C 496–04. A resistência à tração por compressão diametral ($f_{ct,sp}$) é calculada, com aproximação de 0,05 MPa conforme segue

$$f_{ct,sp} = \frac{2F}{\pi dl} \qquad (16.3)$$

onde:
 $f_{ct,sp}$ = resistência à tração por compressão diametral (MPa)
 F = carga máxima aplicada (kN),
 ℓ = comprimento do corpo de prova (mm),
 d = diâmetro ou largura do corpo de prova (mm)*

Ensaios em testemunhos

Conforme mencionado na introdução deste capítulo, o objetivo principal de determinar a resistência do concreto com *corpos de prova* normalizados é garantir que a resistência potencial do concreto na *estrutura real* seja satisfatória. Entretanto, caso a resistência dos corpos de prova normalizados resulte abaixo do valor especificado (ver página 324), o concreto da estrutura pode não ser satisfatório ou os corpos de prova podem não ser representativos do concreto da estrutura. Esta última possibilidade não deve ser ignorada em questões litigiosas sobre a aceitação ou não de uma parte suspeita da estrutura. Os corpos de prova podem ter sido moldados, manuseados ou curados de maneira inadequada ou a máquina de ensaios pode apresentar falhas. A discussão é frequentemente resolvida por ensaios de testemunhos de concreto endurecido extraídos da parte suspeita da estrutura de modo que seja possível estimar a resistência *potencial* do concreto na estrutura. A resistência potencial é o valor equivalente à resistência de corpos de prova padrão aos 28 dias. Na transformação da resistência do testemunho em resistência potencial, devem ser levadas em conta as diferenças entre o tipo de corpo de prova, as condições de cura, a idade, e o grau de adensamento entre o testemunho e o corpo de prova padrão.**

Em outras situações, pode-se desejar avaliar a resistência *efetiva* do concreto em uma estrutura em função, por exemplo, da suspeita de danos por congelamento em idades muito pequenas ou quando não há certeza se o concreto adequado foi utilizado e não foram moldados corpos de prova. Deve ser ressaltado, entretanto, que a extração de testemunhos causa danos à estrutura, de forma que somente devem ser extraídos testemunhos quando outros métodos, não destrutivos, não forem apropriados (ver páginas 311-16).

Os métodos para a determinação da resistência à compressão com testemunhos são prescritos pela BS EN 12504-1: 2000 e pela ASTM C 42-04. Ambas são essencialmente similares. No Reino Unido, o diâmetro mais usual do testemunho é 150 mm e a relação entre o diâmetro e a dimensão máxima do agregado não deve ser menor que 3. O comprimento deve estar entre uma e duas vezes o diâmetro. A retificação é o método preferencial de preparação das bases, mas pode ser realizado o ca-

---

* N. de T.: O ensaio de tração por compressão diametral ($f_{ct,sp}$) é normalizado pela NBR 7222:2011. A carga é aplicada com uma velocidade de modo que a tensão cresça a uma velocidade de 0,05 ± 0,02 MPa/s.
** N. de T.: No original, é citado o termo *potential strength*, mas no Brasil a expressão resistência potencial é usualmente utilizada para o valor obtido no ensaio do corpo de prova de concreto moldado, curado e ensaiado em condições normalizadas, ou seja, a máxima resistência possível de ser obtida por um determinado concreto. Para o valor da resistência do concreto na estrutura, é utilizada a expressão resistência efetiva ou real, sendo adotada a expressão resistência efetiva.

peamento. Após a determinação da resistência à compressão média dos testemunhos úmidos, a resistência estimada efetiva do cubo[2] é obtida pela antiga norma BS 1881–120: 1983.

$$f_{cubo} = \frac{D}{1{,}5 + \frac{1}{\lambda}} \times f_{testemunho} \tag{16.4}$$

onde D é 2,5 para testemunhos extraídos horizontalmente e 2,3 para testemunhos extraídos verticalmente, e λ = relação entre o comprimento (após a preparação das bases)/diâmetro do testemunho.

A situação ideal é obter testemunhos sem armaduras, mas, caso elas existam, deve ser aplicado à Equação 16.4 um fator de correção em função da quantidade e posição da armadura no testemunho.

O procedimento para estimar a resistência potencial é dado no Concrete Society Technical Report No 11 (ver Bibliografia); concretos que contenham cimento diferente do Portland, pozolanas e agregados leves estão excluídos. Quando composição, adensamento e histórico de cura do concreto suspeito são considerados "normais" e não existe armadura no testemunho, a resistência estimada potencial de um cubo normalizado aos 28 dias é:

$$f_{cubo} = \frac{D'}{1{,}5 + \frac{1}{\lambda}} \times f_{testemunho} \tag{16.5}$$

onde D' é 3,25 para testemunhos extraídos horizontalmente e 3,0 para testemunhos extraídos verticalmente.

A palavra "normal" significa que o testemunho é representativo do concreto na estrutura (extraído abaixo de 20% da altura em relação à superfície da estrutura), o volume de vazios[3] no testemunho (estimado por verificação visual ou por medidas de massa específica) não excede o de um cubo bem moldado, produzido com o mesmo concreto e curado nas condições típicas no Reino Unido. Caso um desses três fatores seja considerado anormal, devem ser aplicados fatores de correção à Equação 16.5, juntamente com o fator que leva em conta a presença de armadura no testemunho.

A ACI 318–05 considera que o concreto na parte da estrutura representada pelos testemunhos é adequado se a resistência média de três testemunhos é igual a no mínimo 85% da resistência especificada e nenhum testemunho tiver resistência menor que 75% do valor especificado. Deve-se destacar que, segundo a ACI, os testemunhos são ensaiados em condição seca, o que resulta em maior resistência do que quando ensaiados em condição úmida (como prescrito pelas normas ASTM e BS), ou seja, as exigências da ACI são relativamente mais liberais.

---

[2] Não pode ser comparada à resistência de cubos aos 28 dias.
[3] Testemunhos que contêm falhas de concretagem não devem ser utilizados.

Foi analisado até agora o uso de testemunhos para a determinação da resistência, mas eles também são extraídos para vários outros propósitos, conforme apresenta a Tabela 16.1. Por exemplo, ensaios para a determinação da composição do concreto endurecido são utilizados principalmente para dirimir litígios, e não como uma ferramenta de controle da qualidade do concreto. A ASTM C 1084–02 e a BS 1881–124: 1988 descrevem ensaios químicos para determinação do consumo de cimento, enquanto a mesma norma britânica dá um método para a determinação da relação água/cimento original.*

Cura acelerada

A maior desvantagem do ensaio normalizado de resistência à compressão é o tempo necessário para a obtenção dos resultados, ou seja, 28 dias ou mesmo 7 dias, período em que uma quantidade adicional considerável de concreto pode ter sido lançada na estrutura. Consequentemente, pode ser tarde para uma ação reparadora se o concreto for de resistência muito baixa. Caso seja muito resistente, a mistura provavelmente será antieconômica.

É claro que seria vantajoso prever a resistência aos 28 dias em poucas horas após a moldagem. Infelizmente, a resistência entre 1 e 3 dias de uma determinada mistura curada em condições normais não é confiável para isso em função de ser muito sensível a pequenas variações na temperatura durante as primeiras horas após a moldagem e à variação na finura do cimento. Para prever a resistência aos 28 dias é, portanto, necessário que o concreto tenha atingido em poucas horas após a moldagem uma grande parte de sua resistência aos 28 dias. Isso pode ser feito com ensaios baseados em métodos de cura acelerados.

A ASTM C 684–99 (Reapproved 2003) estabelece métodos de cura acelerada. No *método da água morna*, os corpos de prova cilíndricos, ainda nos moldes, são imersos em água a 35°C e, após o capeamento, são ensaiados na idade de 24 horas. O *método da água em ebulição* prescreve uma cura inicial em ambiente úmido a 21°C por 23 horas, antes da cura em água em ebulição por 3½ horas. Após o resfriamento por 1 hora, o cilindro é capeado e ensaiado na idade de 28½ horas. O terceiro método, conhecido como *método autógeno*, utiliza cura por isolamento por 48 horas antes do capeamento e ensaio na idade aproximada de 49 horas.

A BS 1881–112: 1983 também descreve três métodos, todos envolvendo a cura de cubos nos moldes em água aquecida a 35°C, 55°C e 82°C, respectivamente. O

---

* N. de T.: A NBR 7680:2007 estabelece os procedimentos para extração, preparo e ensaio de testemunhos cilíndricos e prismáticos de concreto simples, armado e protendido. Os testemunhos podem ser utilizados para ensaios de resistência à compressão, tração por compressão diametral e para a determinação da resistência à tração na flexão em placas de pavimentos não armadas. Em relação aos testemunhos para ensaio de resistência à compressão, o diâmetro do testemunho deve ser, preferencialmente, maior ou igual a 100 mm, respeitando o limite citado entre diâmetro e dimensão do agregado. São feitas considerações em relação à presença de barras de aço, relação altura/diâmetro. A norma também estabelece um procedimento para a montagem de corpos de prova para o ensaio de resistência à compressão, a partir de testemunhos de dimensões reduzidas, para os casos em que não for possível a obtenção de testemunhos com relação altura/diâmetro menor que 1,0. A avaliação da resistência deve ser realizada segundo os procedimentos recomendados pelas NBR 6118:2007 e NBR 12655:2006.

Tabela 16.1 Outros ensaios, além da resistência à compressão, possíveis de realização em testemunhos para fornecer subsídios de auxílio à interpretação dos dados de resistência e para outros fins, segundo a Concrete Society

Não destrutivos	Observação visual direta do testemunho antes da retificação e capeamento (a olho nu ou lentes portáteis)	Agregado graúdo	Dimensão máxima nominal Granulometria – contínua ou descontínua Forma das partículas Mineralogia, classificação por grupo Proporção relativa, distribuição no concreto
		Agregado miúdo	Dimensão máxima nominal Granulometria: fina ou grossa Tipo: natural, britado ou composto Forma das partículas Proporção relativa, distribuição Mineralogia
		Cimento	Cor da matriz de concreto
		Concreto	Compactação, segregação, porosidade, falhas de concretagem Composição geral, agregados graúdos aparentes em proporção à argamassa Profundidade de carbonatação Evidência de exsudação Evidência de assentamento plástico, perda de aderência Presença de ar aprisionado Acabamentos aplicados, profundidade e outras características visíveis Resistência à abrasão Profundidade e abertura de fissuras e outras características Espessura de concreto, largura Inclusões, especialmente impurezas Juntas frias
		Armadura	Tipo (arredondada, quadrada, torcida, deformada) Dimensão, número, espessura do cobrimento
		Danos pela extração	Deformação Arestas

Observação visual indireta do testemunho antes da retificação e capeamento (com microscópio ou técnicas petrográficas)	Mineralogia Teor de ar e areia, dimensão e espaçamento de vazios Microfissuração Textura superficial das partículas de agregados Forma das partículas de agregado miúdo, dimensão máxima, granulometria Degradação
Ensaios físicos de rotina em testemunhos antes do capeamento	Massa específica Absorção de água Velocidade de onda ultrassônica
Ensaios físicos especiais de testemunhos irmãos*	Resistência à tração indireta Resistência à abrasão (somente superficial) Resistência ao congelamento Característica de movimentações**
Ensaios físicos de rotina após a ruptura	Relação agregado/cimento Tipo de cimento Granulometria do agregado (reconstituição) Sulfatos Cloretos Contaminantes Aditivos
Ensaios químicos de rotina em testemunhos irmãos (que não serão utilizados para resistência à compressão)	Relação água/cimento
Ensaios especiais em testemunhos após a ruptura	Ataque por sulfatos Cimento e outros minerais e fases minerais e grupos moleculares como NaCl, CaCl$_2$, SO$_3$, C$_3$A, etc. Contaminantes Ataque por cloretos Conversão de alto teor de alumina Reatividade do agregado

CONCRETE SOCIETY, Concrete core testing for strength, *Technical Report* No. 11, p. 44 (London, 1976).
* N. de T.: Corpos de prova extraídos nas mesmas condições.
** N. de T.: Movimentações resultantes de variações térmicas e unidade.

método de 35°C estabelece que os cubos sejam mantidos por 24 horas na temperatura estabelecida, exceto pelo período máximo de 15 minutos imediatamente após a imersão dos corpos de prova. O método de 55°C estabelece que os corpos de prova devem ser armazenados e mantidos em repouso por no mínimo 1 hora a 20°C antes da imersão por um período aproximado de 20 horas na temperatura estabelecida. Os cubos são ensaiados após resfriamento entre 1 e 2 horas em água a 20°C. O método de 82°C cita que os cubos devem permanecer em repouso por pelo menos 1 hora antes da colocação em um tanque de cura vazio. O tanque é preenchido com água à temperatura ambiente, que é elevada a 82°C em um período de 2 horas, sendo mantida nessa temperatura por mais 14 horas. Em seguida, a água é liberada rapidamente e os cubos, ensaiados em até 1 hora, enquanto ainda estão quentes.

As resistências aceleradas obtidas por qualquer dos métodos anteriores são todas diferentes e menores que a resistência aos 28 dias de corpos de prova normalizados. Entretanto, para uma determinada mistura, a resistência acelerada determinada por qualquer método pode ser correlacionada com a resistência aos 7 ou 28 dias de corpos de prova padrão (ver Fig. 16.6). A relação entre as duas resistências deve ser estabelecida antes do lançamento do concreto na estrutura, de modo que o ensaio acelerado possa ser utilizado como um ensaio rápido de controle para determinar a variação nas proporções da mistura (ver página 331).

No Canadá, foi estabelecida uma relação entre a resistência acelerada, R_a, e a resistência aos 28 dias de cilindros, R_{28}, que é independente de tipo de cimento, proporções da mistura e tipo de aditivo, ou seja:

$$R_{28} = \frac{180\,R_a}{R_a + 80}\ (\text{MPa}) \tag{16.6}$$

O procedimento requer um retardo na cura acelerada até que um grau de endurecimento estabelecido tenha ocorrido, conforme determinação da penetração da agulha de Proctor[4] sob 24 MPa. Após um retardo de 20 minutos, o cilindro moldado padrão é colocado na água em ebulição por 16 horas, sendo então desmoldado e resfriado por 30 minutos. A resistência é determinada (após o capeamento do corpo de prova) 1 hora após a retirada do cilindro da água em ebulição. A desvantagem desse método, denominado *método fixed-set*, é o tempo necessário para garantir o endurecimento do concreto e a imprecisão intrínseca do ensaio de penetração da agulha.

Deve-se lembrar que o ensaio de resistência à compressão padrão é, na realidade, somente uma medida *relativa* de resistência do concreto utilizado na estrutura e isso pode ser utilizado como argumento de que não há uma superioridade inerente do ensaio padrão aos 28 dias em relação aos outros métodos. Na verdade, existe uma linha de pensamento em que o ensaio de resistência acelerada pode ser considerado como base para a aceitação do concreto, e não somente como um meio de previsão da resistência aos 7 e 28 dias, especialmente em função da variabilidade

---

[4] Ver ASTM C 403–05.

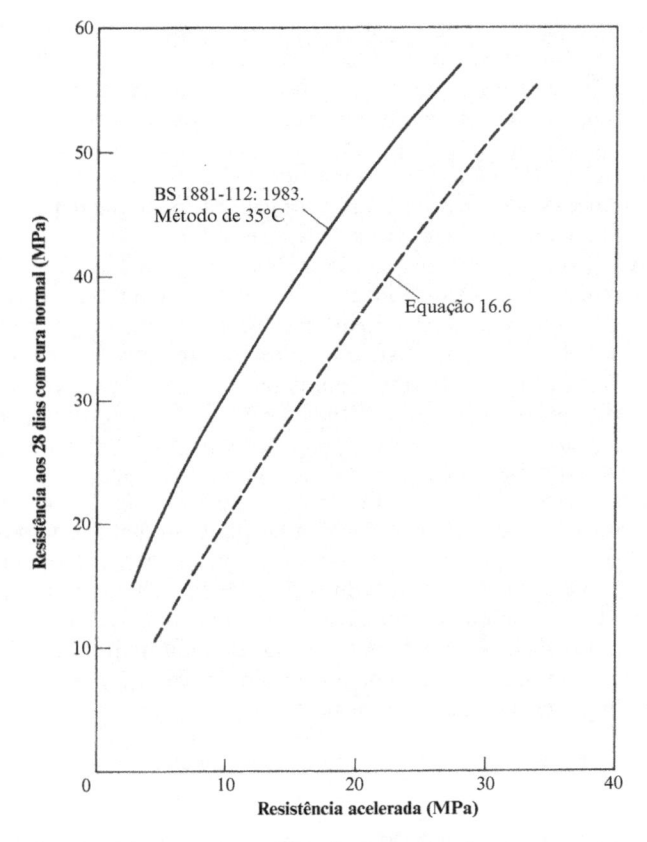

Figura 16.6 Relações típicas entre a resistência determinada por cura acelerada e a resistência aos 28 dias com cura normal.

dos resultados de resistência acelerada a ser mesma, ou menor, que a obtida em ensaios de corpos de prova padrão.*

Esclerômetro Schmidt

Este ensaio também é conhecido como *método de ensaio do esclerômetro de reflexão* ou *ensaio esclerométrico ou esclerometria*. É um *método não destrutivo* de ensaio de concreto e é baseado no princípio de que a reflexão (recuo) de uma massa elástica depende da dureza da superfície contra a qual a massa colidiu. A Fig. 16.7 mostra o esclerômetro, no qual a massa impulsionada por uma mola tem uma determinada

---

* N. de T.: No Brasil, a NBR 8045:1993 normaliza o método de determinação da resistência acelerada pelo método de água em ebulição.

quantidade de energia transmitida pela extensão de mola até uma posição estabelecida. Isso é feito pela pressão de uma haste contra uma superfície lisa de concreto que deve estar firmemente apoiada. Após a liberação, o recuo da massa da haste (ainda em contato com a superfície de concreto) e a distância percorrida pela massa, expressa como uma porcentagem da extensão inicial da mola, é denominada como *índice esclerométrico*. É indicada por um cursor que se move ao longo de uma escala graduada. O índice esclerométrico é um valor arbitrário, já que depende da energia armazenada em uma determinada mola e a dimensão da massa.

O ensaio é sensível à presença de agregados e vazios imediatamente abaixo da haste, de forma que é necessário realizar 10 a 12 leituras em uma área a ser testada. A haste deve estar sempre normal à superfície de concreto, mas a posição relativa do esclerômetro em relação à vertical afeta o índice esclerométrico devido à influência da gravidade na massa móvel. Portanto, para um determinado concreto, o índice esclerométrico de um piso é menor que de um teto (ver Fig. 16.8), enquanto superfícies inclinadas e verticais resultam em valores intermediários. A variação real é melhor determinada experimentalmente.

Não existe uma relação única entre a dureza e a resistência do concreto, mas relações experimentais podem ser determinadas para um dado concreto. A relação é dependente de fatores que afetam a superfície do concreto, como o grau de saturação (ver Fig. 16.8) e carbonatação. Em consequência disso, o ensaio com o esclerômetro Schmidt é válido como uma medida da uniformidade e qualidade relativa do concreto em uma estrutura ou da produção de uma quantidade de elementos similares pré-moldados, mas não como um ensaio de aceitação. A ASTM C 805–02 e BS EN 12504–2: 2001 descrevem o ensaio.*

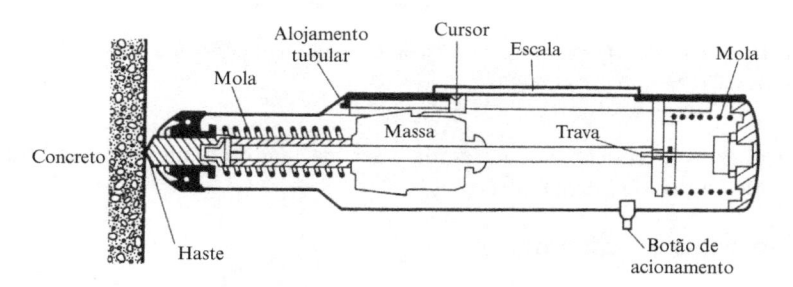

Figura 16.7 Esclerômetro de reflexão.

---

* N. de T.: Este método é normalizado no Brasil pela NBR 7584:1995 e determina a dureza superficial do concreto endurecido, fornecendo subsídios para a avaliação de sua qualidade. Para avaliação direta da resistência, a norma cita que deve existir uma correlação confiável efetuada com os materiais locais.

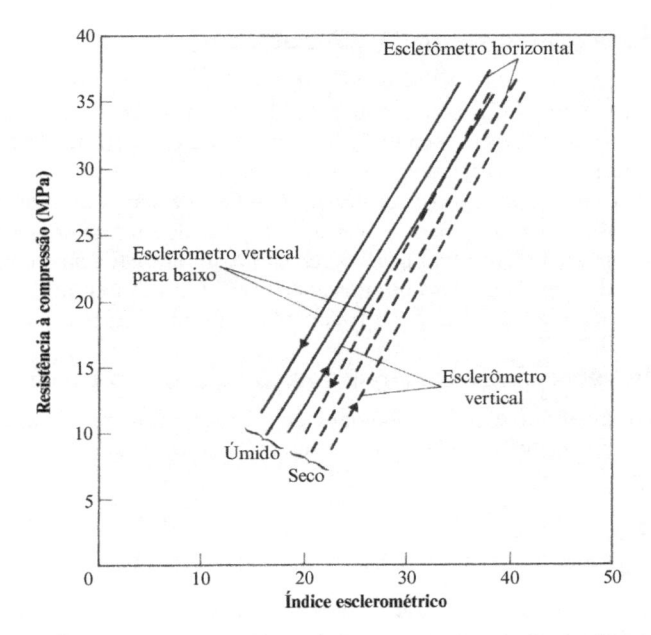

Figura 16.8 Relações típicas entre resistência à compressão e índice esclerométrico com o esclerômetro em posição horizontal e vertical em superfícies de concreto seca e úmida.

Resistência à penetração

Este ensaio, conhecido comercialmente como ensaio da *agulha de Windsor* (*penetrômetro de Windsor* ou *pistola de Windsor*), estima a resistência do concreto a partir da profundidade de penetração de um pino no concreto a partir de uma determinada energia gerada por uma carga de pólvora. O princípio básico é que, para condições padronizadas de ensaio, a penetração é inversamente proporcional à resistência à compressão do concreto, embora a relação dependa da dureza do agregado. Gráficos de resistência versus penetração (ou comprimento exposto do pino) estão disponíveis para agregados com dureza entre 3 e 7 na escala Mohs. Entretanto, na prática, a resistência à penetração deve ser correlacionada com a resistência à compressão de corpos de prova normalizados ou testemunhos do concreto realmente utilizado.

Da mesma forma que o ensaio com esclerômetro Schmidt, o ensaio de resistência à penetração mede, basicamente, a dureza e não pode fornecer valores absolutos da resistência, mas a vantagem deste último ensaio é que a dureza é medida a uma certa profundidade do concreto e não somente na superfície. O ensaio de resistência à penetração pode ser considerado como quase não destrutivo, já que o dano é somente local e é possível realizar outro ensaio na proximidade. A ASTM C 803–02 descreve o ensaio.

Ensaio de arrancamento (Pull-out Test)

Este método, descrito pela ASTM C 900–01, mede a força necessária para o arrancamento de um pino metálico com extremidade alargada *previamente*, embutido no concreto (Fig. 16.9). Devido a sua forma, o pino metálico é arrancado com um fragmento de concreto com a forma aproximada de um tronco de cone. A *resistência ao arrancamento* é calculada como a relação entre a força e a área teórica do tronco de cone. O valor obtido é aproximado à resistência ao cisalhamento do concreto, mas a resistência ao arrancamento tem boa correlação com a resistência à compressão de testemunhos ou corpos de prova cilíndricos padrão para uma grande variedade de condições de cura e idades. A Fig. 16.10 mostra resultados típicos.

Ensaio de velocidade de propagação de onda ultrassônica

O princípio deste ensaio é que a velocidade do som em um material sólido, V, é uma função da raiz quadrada da relação entre seu módulo de elasticidade, E, e sua densidade, ρ, ou seja:

$$V = f\left[\frac{gE}{\rho}\right]^{\frac{1}{2}} \qquad (16.7)$$

onde g é a aceleração da gravidade. Essa relação pode ser utilizada para a determinação do módulo de elasticidade do concreto se o coeficiente de Poisson do concreto for conhecido (ver página 212) sendo, portanto, um meio de verificação da qualidade do concreto.

O aparelho gera um pulso de vibrações em uma frequência ultrassônica que é transmitida por um transdutor eletroacústico (emissor) mantido em contato com o

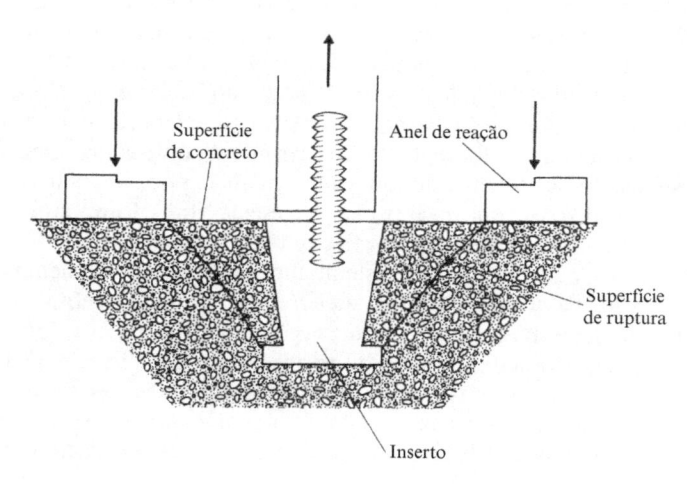

Figura 16.9 Representação esquemática do ensaio de arrancamento.

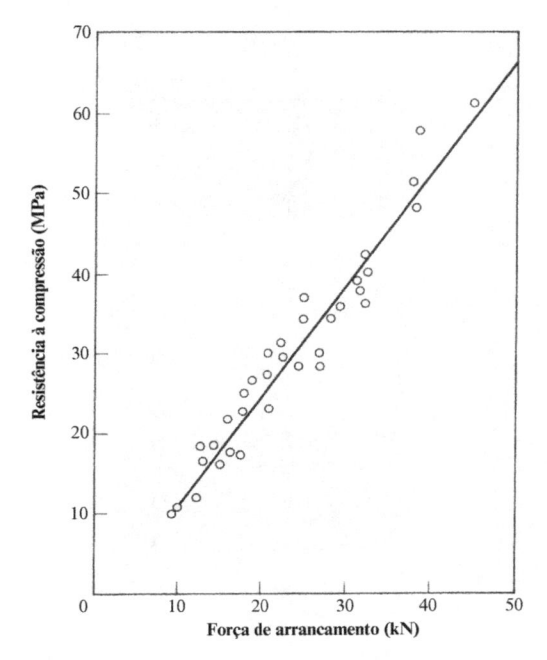

Figura 16.10 Relação entre resistência à compressão de testemunhos e força de arrancamento para estruturas reais.
(De: U. BELLANDER, Strength in concrete structures, *CBI Report* 1:78, p. 15 (Swedish Cement and Concrete Research Inst. 1978).

concreto em ensaio. Após passar pelo concreto, as vibrações são recebidas e convertidas em um sinal elétrico por um segundo transdutor (receptor). O sinal é enviado por um amplificador para um osciloscópio de raios catódicos. O tempo gasto pelo pulso para atravessar o concreto é medido por um circuito medidor de tempo com precisão de ± 0,1 microssegundo e, conhecendo-se a distância percorrida através do concreto, pode ser calculada a velocidade do pulso.

É necessário um pulso de elevada energia para se obter uma onda inicial bem definida devido às interfaces entre as diversas fases de materiais no interior do concreto fazerem com que o pulso seja refletido e enfraquecido. Na realidade, são produzidas ondas longitudinais (compressão), transversais (cisalhamento) e superficiais. Para maior sensibilidade, o pico principal das ondas longitudinais é detectado por um transdutor-receptor localizado na face do concreto, oposta ao transdutor-emissor. Trata-se da transmissão direta, mostrada na Fig. 16.11, bem como duas posições alternativas dos transdutores: transmissão semidireta e transmissão indireta ou superficial, sendo que estes utilizam a presença das ondas transversais e superficiais. Claramente, as posições alternativas podem ser utilizadas quando não

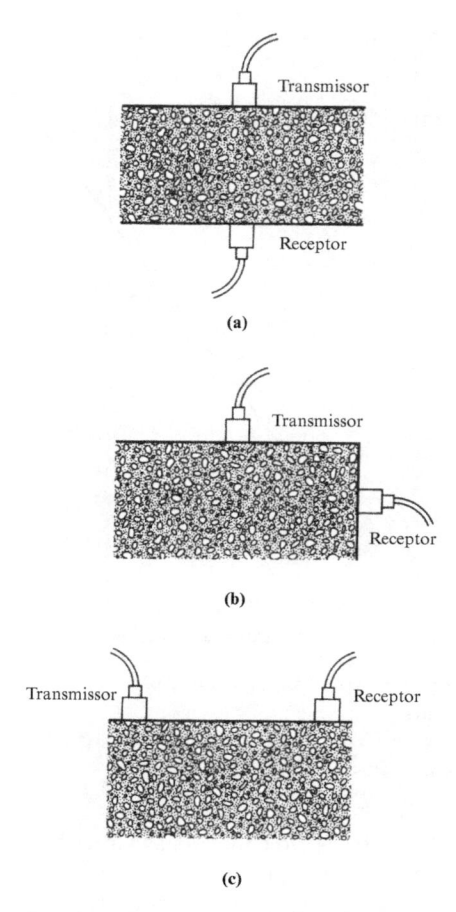

Figura 16.11 Métodos de propagação e recepção de pulsos ultrassônicos: (a) transmissão direta; (b) transmissão semidireta e (c) transmissão indireta ou superficial.

for possível o acesso às faces opostas de um elemento de concreto, mas a energia recebida e, portanto, a precisão é menor que na transmissão direta.

A técnica de velocidade de pulso ultrassônico é descrita pela ASTM C 597–02 e BS EN 12504–4: 2004. O uso principal do método é no controle de qualidade de concretos similares, podendo ser detectadas falhas de adensamento e alteração na relação água/cimento. Entretanto, a velocidade do pulso não pode ser utilizada como um indicador geral da resistência à compressão, pois, por exemplo, o tipo de agregado graúdo e seu teor no concreto influenciam muito na relação entre a velocidade do pulso e a resistência (ver Fig. 16.12). Outros fatores que afetam a relação são teor de umidade, idade, presença de armadura e temperatura.

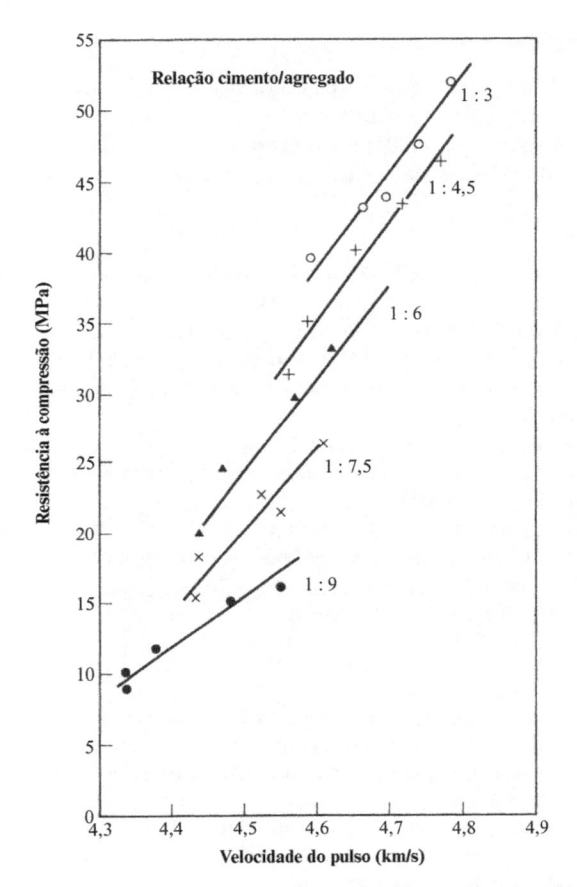

Figura 16.12 Relação entre resistência à compressão e velocidade de pulso ultrassônico de cubos de concreto de misturas de diferentes proporções.
(De: R. JONES and E. N. GATFIELD, Testing concrete by an ultrasonic pulse technique, *DSIR Road Research Tech. Paper* No. 34 (London, HMSO, 1955.)

Outras aplicações importantes da técnica de velocidade de pulso ultrassônico são a detecção de desenvolvimento de fissuras em estruturas como barragens e a verificação da deterioração devido ao congelamento ou à ação química.*

---

* N. de T.: O método para a determinação da velocidade de propagação de onda ultrassônica em concreto endurecido está normalizado no Brasil pela NBR 8802:1994 e, segundo a norma, tem por objetivo a verificação da homogeneidade do concreto, detecção de falhas internas de concretagem, profundidade de fissuras e outras imperfeições e monitoramento de variações no concreto, ao longo do tempo, decorrentes da agressividade do meio.

Outros ensaios

Técnicas especializadas para ensaios de concreto variam desde o uso de equipamentos eletromagnéticos para a medição do *cobrimento* da armadura (BS 1881–204: 1988) até *radiação gama* para a determinação da variação da qualidade do concreto, por exemplo, a falha de adensamento ou localização de vazios (BS 1881–205: 1986).

Bibliografia

16.1 ACI COMMITTEE 228. 1R–03, In-place methods to estimate concrete strength, Part 2, *ACI Manual of Concrete Practice* (2007).
16.2 A. M. NEVILLE, *Neville on Concrete: an Examination of Issues in Concrete Practice*, Second Edition (BookSurge LLC and www.amazon.co.uk 2006).
16.3 CONCRETE SOCIETY, Concrete core testing for strength, *Technical Report No. 11*, pp. 44 (London, 1976).
16.4 CONCRETE SOCIETY, In-situ concrete strength – an investigation into the relationship between core strength and standard cube strength, *Technical Report No. CS 126*, 50 pp. (London, 2004).
16.5 BRITISH STANDARDS INSTITUTION BS EN 13791: 2007, Assessment of in-situ compressive strength in structures and precast concrete components.
16.6 P. SMITH and B. CHOJNACKI, Accelerated strength testing of concrete cylinders, *Proc. ASTM*, 63, pp. 1079–1101 (1963).

Problemas

16.1 Comente sobre o uso do esclerômetro Schmidt em superfícies com diferentes inclinações.
16.2 Alguns elementos de concreto pré-moldado estiveram sujeitos ao congelamento em idades muito baixas, enquanto outros não. Como você pode investigar se ocorreu dano por congelamento?
16.3 O que se entende por repetitividade e reprodutibilidade?
16.4 Discorra sobre as possíveis razões para a diferença entre a resistência em cilindros padrão e testemunhos de um mesmo concreto.
16.5 Por que existe diferença entre a resistência à tração por flexão (módulo de ruptura) e a resistência à tração por compressão diametral para um dado concreto?
16.6 Quais as vantagens e desvantagens do ensaio de arrancamento (pull-out test)?
16.7 Quais as vantagens e desvantagens do penetrômetro de Windsor?
16.8 Como você pode investigar uma suspeita da existência de vazios em uma laje de concreto?
16.9 Que ensaio você utilizaria para determinar a idade para a desforma antecipada de uma laje de teto?
16.10 Como você pode converter a resistência de um testemunho de concreto para a resistência estimada de um ensaio em cubos?
16.11 Qual é a distribuição de tensões em um corpo de prova submetido à tração indireta antes da ruptura?
16.12 Qual é a influência das fissuras na velocidade de pulso ultrassônico do concreto?
16.13 Por que os corpos de prova cilíndricos são capeados?
16.14 Como a resistência à tração por compressão diametral se relaciona à tração na flexão (módulo de ruptura)?

16.15 Explique a diferença entre a resistência em dois corpos de prova cilíndricos, um maior e outro menor, produzidos de uma mesma mistura.
16.16 Qual é a importância da precisão nos ensaios?
16.17 Como é determinada a velocidade de pulso ultrassônico no concreto?
16.18 Qual é o objetivo da determinação da velocidade de pulso ultrassônico do concreto?
16.19 Qual é a influência do teor de umidade do concreto em sua velocidade de pulso ultrassônico?
16.20 Como você pode determinar a resistência à tração por compressão diametral do concreto?
16.21 Por que a resistência à tração direta do concreto normalmente não é determinada?
16.22 Como a resistência potencial do concreto é determinada?
16.23 Como a resistência real ou efetiva do concreto é determinada?
16.24 Qual é a diferença entre a resistência potencial dos corpos de prova de concreto e a resistência *in situ*?
16.25 Quais são os ensaios não destrutivos para a determinação da resistência do concreto?
16.26 Explique como falhas na máquina de ensaio à compressão podem afetar os resultados dos ensaios.
16.27 Explique como a cura incorreta dos corpos de prova pode afetar os resultados dos ensaios.
16.28 Explique como a moldagem incorreta de corpos de prova pode afetar os resultados dos ensaios.
16.29 Por que a resistência de corpos de prova submetidos à cura acelerada é diferente de corpos de prova padrão?
16.30 Por que o corpo de prova padrão não fornece uma informação adequada sobre a resistência do concreto na estrutura?
16.31 Por que os corpos de prova padrão não são ensaiados nas idades de 1 ou 2 dias?
16.32 Discuta sobre as vantagens e desvantagens de corpos de prova cilíndricos e cúbicos.
16.33 Discuta sobre os vários tipos de ensaios para a determinação da resistência à tração do concreto.
16.34 O que se entende por métodos de ensaio de concreto não destrutivos?
16.35 Descreva o ensaio de arrancamento.
16.36 Por que os corpos de prova cúbicos são curados de maneira normalizada?
16.37 Por que o modo de ruptura do cubo é insatisfatório?
16.38 Discorra sobre a diferença entre a resistência obtida em corpos de prova normalizados cúbicos e cilíndricos?
16.39 Quais são os usos do ensaio de velocidade de pulso ultrassônico?
16.40 Sugira um ensaio não destrutivo para a investigação da suspeita da existência de vazios em uma grande massa de concreto. Justifique.
16.41 Sugira um ensaio não destrutivo para comparar a qualidade de elementos pré-moldados para pavimentos. Justifique.
16.42 Por que a resistência de testemunhos é diferente da resistência de um cubo padrão?
16.43 Descreva sucintamente dois métodos de análise de concreto fresco.
16.44 Descreva três métodos normalizados para cura acelerada.

17
Conformidade com as Especificações

O projeto de estruturas de concreto é baseado na hipótese de que algumas propriedades mínimas (eventualmente máximas) do concreto, como a resistência (mas resistência real do concreto, tanto produzido em canteiro como em laboratório), sejam uma grandeza variável. As fontes de variabilidade são várias: variações nos componentes da mistura, mudanças na produção e lançamento do concreto e também, em relação aos resultados dos ensaios, as variações no procedimento de amostragem e no próprio ensaio. É importante minimizar essa variabilidade por meio de procedimentos de controle de qualidade e pela adoção dos procedimentos de ensaios normalizados descritos no Capítulo 16. Além disso, o conhecimento da variabilidade é necessário para que possa ser possível interpretar de maneira adequada os valores de resistência ou, em outras palavras, detectar alterações estatisticamente significativas na resistência contrapondo às variações aleatórias.

O conhecimento da variabilidade forma a base do planejamento para a conformidade do concreto ou o critério de aceitação para a resistência das misturas dosadas. Em outros casos, propriedades como as proporções das misturas, massa específica, teor de ar e trabalhabilidade devem atender às especificações, de modo a atender tanto a resistência quanto as exigências de durabilidade.

Variabilidade da resistência

Já que a resistência é uma grandeza variável, ao dosar uma mistura de concreto, deve-se considerar uma resistência média mais alta que a mínima exigida pelo projeto estrutural, de modo que cada parte da estrutura seja produzida com um concreto de resistência adequada.

Suponha a existência de uma grande amostra de corpos de prova similares, que represente todo o concreto da estrutura. Os resultados dos ensaios mostrarão uma dispersão ou distribuição em relação à resistência média. Essa distribuição pode ser representada por um *histograma*, em que o número de corpos de prova dentro de um intervalo de resistências (frequência) é plotado nesse intervalo de resistência. A Figura 17.1 mostra um histograma no qual a distribuição das resistências é aproximada à curva tracejada, que é denominada *curva de distribuição de frequência*. Para o concreto, essa curva é considerada como tendo uma forma característica, denominada distribuição *gaussiana* ou *normal*.

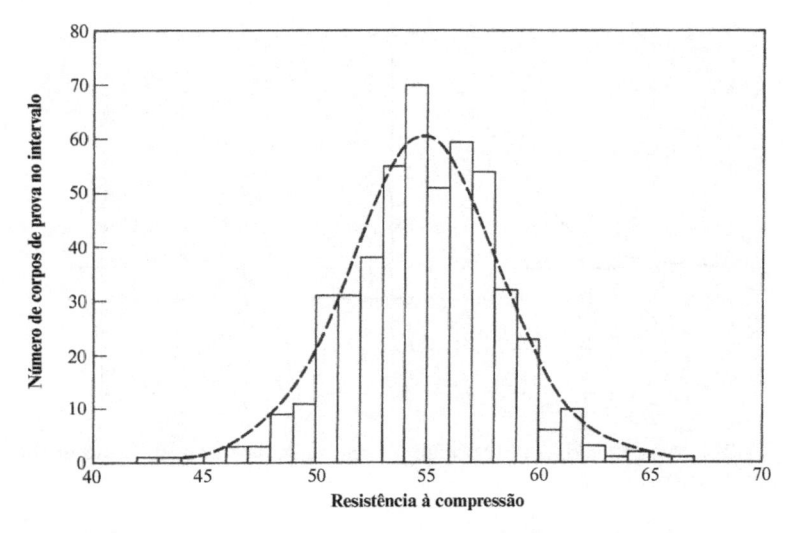

Figura 17.1 Exemplo de histograma de valores de resistência.

Esta curva é descrita pela resistência média, f_m, e pelo *desvio padrão*, s, sendo este uma medida da distribuição ou dispersão da resistência em relação à média, definido como:

$$s = \left[\frac{\sum_{1}^{n}(f_i - f_m)^2}{n-1}\right]^{\frac{1}{2}} \quad (17.1)$$

ou

$$s = \left[\frac{n\sum_{1}^{n}f_i^2 - \left(\sum_{1}^{n}f_i\right)^2}{n(n-1)}\right]^{\frac{1}{2}} \quad (17.1a)$$

onde f_i = resistência do corpo de prova i,

$$f_m = \frac{\sum_{1}^{n}f_i}{n}$$

e n = número de corpos de prova.

A distribuição normal teórica está representada graficamente na Fig. 17.2. Pode ser visto que a curva é simétrica em relação ao valor médio e se estende desde menos até mais infinito. Na prática, esses valores de resistência muito baixos e altos não ocorrem no concreto, e os extremos podem ser ignorados, pois a maior parte da área abaixo da curva (99,6%) está dentro de ±3s e pode ser considerada como representativa de todos os valores da resistência do concreto. Em outras palavras, pode ser dito que a probabilidade de um valor de resistência estar dentro do intervalo ±3s, a partir

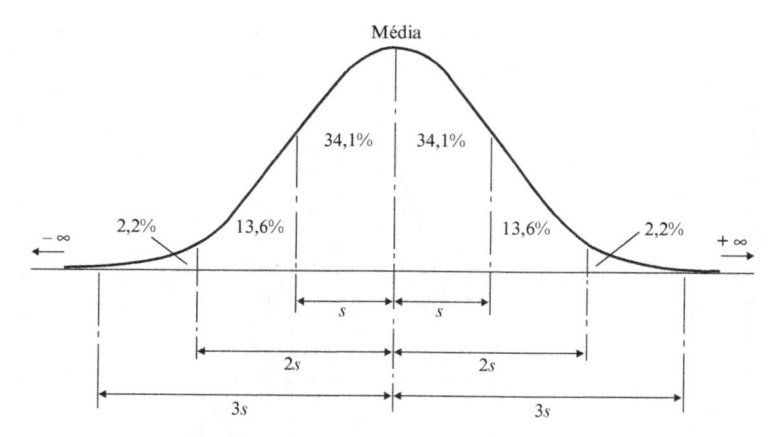

Figura 17.2 Curva de distribuição normal; porcentagem de corpos de prova em intervalos de um desvio padrão.

da média, é 99,6%. Da mesma forma, pode ser calculada a probabilidade de um valor se situar entre determinados limites em relação à média ($f_m \pm ks$). A Tabela 17.1 lista valores de probabilidade para vários valores de k (*fator de probabilidade*), juntamente com a probabilidade de encontrar um valor de resistência abaixo ($f_m - ks$).

Os métodos de dosagem são discutidos no Capítulo 19, mas, neste momento, é adequado esboçar o primeiro passo da dosagem de um concreto, ou seja, o uso do desvio padrão de modo que a *resistência média* (ou resistência média exigida) possa ser calculada. A resistência média f_m é dada por:

$$f_m = f_{min} + ks \qquad (17.2)$$

onde f_{min} = resistência mínima que, no caso de compressão, é denominada *resistência característica*, f_{ck} (Reino Unido) ou *resistência de projeto* especificada, f'_c (EUA).*

Tabela 17.1 Probabilidades de valores de resistência no intervalo de $f_m \pm ks$ e abaixo de $f_m - ks$ para a distribuição normal

Fator de probabilidade k	Probabilidade de resistência no intervalo de $f_m \pm ks$ (%)	Probabilidade de resistência no intervalo de $f_m - ks$ (%)
1,00	68,2	15,9 (1 em 6)
1,64	90,0	5,0 (1 em 20)
1,96	95,0	2,5 (1 em 40)
2,33	98,0	1,0 (1 em 100)
3,00	99,7	0,15 (1 em 700)

---

* N. de T.: No Brasil, a denominação é resistência característica à compressão (f_{ck}).

O fator de probabilidade, k, é usualmente adotado como 1,64 ou 2,33, ou seja, existe a probabilidade de que, respectivamente, 1 em 20 ou 1 em 100 valores de resistência resultem abaixo da resistência mínima (ver Tabela 17.1). No Reino Unido, o termo ks, na Eq. 17.2 é denominado como *margem* e o desvio padrão utilizado para seu cálculo deve ser baseado em resultados obtidos com a utilização dos mesmos equipamentos, materiais e controle. Na falta desses dados, o valor utilizado depende do número de resultados disponíveis, n, e da resistência característica f_{min}. Quando $n < 20$,

$$s = 0{,}40 f_{min} \text{ (para } f_{min} \leq 20 \text{ MPa)}$$
$$s = 8 \text{ MPa (para } f_{min} \geq 20 \text{ MPa)}$$
(17.3)

Quando $n \geq 20$

$$s = 0{,}20 f_{min} \text{ (para } f_{min} \leq 20 \text{ MPa)}$$
$$s = 4 \text{ MPa (para } f_{min} \geq 20 \text{ MPa)}$$
(17.4)

Os desvios padrão estimados pelas Eq. 17.3 e 17.4 somente devem ser utilizados até que dados da produção suficientes estejam disponíveis.

No método britânico de dosagem de concreto com ar incorporado, considera-se que há uma diminuição de 5,5% nos resultados da resistência à compressão para cada 1% de volume de ar incorporado na mistura (ver Fig. 15.4). Essa redução na resistência é levada em consideração pela adoção de uma resistência média maior, ou seja:

$$f_m = \frac{f_{min} + ks}{1 - 0{,}055a}$$
(17.5)

onde a é a porcentagem de ar incorporado.

A abordagem do ACI Building Code Requirements for Reinforced Concrete (ACI 318–05) é baseada em vários critérios. Quando existirem pelo menos 30 resultados consecutivos de ensaios com materiais e condições similares em uma série, e quando a resistência de projeto especificada (f'_c) diferenciar-se no máximo 7 MPa da resistência agora desejada, o desvio padrão é calculado pela Eq. (17.1). Quando são utilizadas duas séries de ensaios para a obtenção de no mínimo 30 resultados, o desvio padrão utilizado será a média *estatística*, $\bar{s}$, dos valores calculados para cada série, conforme segue:

$$\bar{s} = \left[\frac{(n_1 - 1)s_1^2 + (n_2 - 1)s_2^2}{n_1 + n_2 - 2} \right]^{\frac{1}{2}}$$
(17.6)

onde s_1 e s_2 são os desvios padrão calculados das duas séries de ensaios e n_1 e n_2 são o número de ensaios de cada séries. Ressalte-se que $\bar{s}$ não é a média aritmética de s_1 e s_2.

Caso o número de resultados de ensaios seja entre 15 e 29, o desvio padrão calculado é majorado pelos coeficientes dados na Tabela 17.2. Quando não existir um número adequado de resultados de ensaios, a resistência média exigida (f'_{cr} = resistência média de dosagem) deve ser maior que a resistência especificada de projeto (f'_c) em um valor que depende desta última (ver Tabela 17.3), mas a partir da disponibilidade de dados durante a construção, o desvio padrão pode ser calculado de acordo com o número adequado de resultados de ensaios.

Tabela 17.2 Coeficiente de majoração do desvio padrão dado pelo ACI 318-05

Número de ensaios	Fator para desvio padrão
15	1,16
20	1,08
25	1,03
30 ou maior	1,00

Tabela 17.3 Majoração exigida para a resistência à compressão especificada quando não existem resultados de ensaios, conforme ACI 318-05

Resistência à compressão especificada (MPa)	Acréscimo exigido na resistência (MPa)
Menos que 21	7
21 a 35	8,5
35 ou maior	10,0

Uma vez que o desvio padrão tenha sido determinado, a resistência exigida média (resistência média de dosagem), f'_{cr}, é obtida pelo maior dos valores das seguintes equações:

$$f'_{cr} = f'_c + 1,34s \qquad (17.7)$$

e, quando $f'_c \leq 35$ MPa

$$\text{MPa:} \quad f'_{cr} = f'_c + 2,33s - 3,5; \qquad (17.8a)$$

ou quando $f'_{cr} > 35$ MPa

$$f'_{cr} = 0,90 f'_c + 2,33s \qquad (17.8b)^*$$

---

* N. de T.: A NBR 12655:2006 estabelece que a resistência média de dosagem (equivalente a f_m na Equação 17.2), prevista para a idade de j dias (f_{cj}) é calculada pela expressão: $f_{cj} = f_{ck} + 1,65 \cdot S_d$, onde S_d é o desvio padrão de dosagem, ou seja, a resistência característica à compressão é o valor acima do qual se espera ter 95% dos resultados. A norma prevê duas situações: desvio padrão conhecido ou desconhecido. Considera-se que o valor do desvio padrão é conhecido (concreto elaborado com os mesmos materiais, equipamentos similares e condições equivalentes) quando for obtido a partir de no mínimo 20 resultados consecutivos obtidos no intervalo de 30 dias, em período imediatamente anterior. Nessas condições, adota-se o valor calculado, mas em nenhum caso pode ser adotado valor menor que 2,0 MPa. Nas demais situações, o desvio padrão é considerado como desconhecido, sendo definido em função das condições preparo do concreto. São definidas 3 condições (A, B, C) em que variam a forma de medição dos materiais (em massa ou em volume), da água de amassamento (com dispositivo dosador ou em volume), da medição do teor de umidade dos agregados (medição ou estimativa) e da classe de resistência do concreto (f_{ck} variando de 15 MPa a 80 MPa). Os valores de desvio padrão a serem adotados, respectivamente para as condições A, B e C, são: 4,0; 5,5 e 7,0 MPa.

Recebimento e conformidade

Retomando o tópico principal deste capítulo: recebimento e verificação da conformidade a uma resistência especificada. Segundo a BS EN 206–1: 2000 para concreto normal, concreto pesado e concreto leve, a amostragem e os ensaios devem ser realizados em composições individuais de concreto ou em famílias de concreto de compatibilidade bem estabelecida, sendo exceção o caso de concreto de alta resistência. Uma família de concreto é um grupo de composições* com relações confiáveis estabelecidas entre cada composição individual da família e um concreto de referência de dentro da família, de modo que seja possível transpor os resultados de resistência à compressão individual de cada concreto para o concreto de referência.**

No plano de amostragem e ensaios, é feita uma distinção entre a produção inicial e a produção contínua. A produção inicial abrange a produção até que estejam disponíveis no mínimo 35 resultados, enquanto a produção contínua é até que sejam obtidos no mínimo 35 resultados em um período inferior a 1 ano. As amostras de concreto devem ser selecionadas aleatoriamente e retiradas conforme a BS EN 12350–1: 2000. Os critérios mínimos de amostragem e ensaios são mostrados na Tabela 17.4.

A verificação da conformidade é realizada com a utilização de amostras tomadas durante um período menor que os últimos 12 meses; os corpos de prova são ensaiados para a resistência à compressão, em geral, aos 28 dias. Dois critérios são utilizados: a resistência média, f_{cm}, de grupos com resultados de ensaios sobrepostos ou não sobrepostos, e a resistência à compressão de cada resultado individual de ensaio, f_{ci}. Como os critérios foram desenvolvidos com base em resultados não sobrepostos, o risco de rejeição é aumentado pela aplicação de resultados sobrepostos. A conformidade com a resistência característica à compressão, f_{ck}, (ver Eq. 17.2) é confirmada se ambos critérios da Tabela 17.5 são satisfeitos.

Nas Tabelas 17.4 e 17.5, o desvio padrão, s, é calculado a partir de pelo menos 35 resultados consecutivos de ensaios obtidos em um período de no mínimo 3 meses imediatamente antes do período de produção inicial que está tendo a conformidade avaliada. O valor de s é tomado como a estimativa do desvio padrão da população e a validade do valor adotado deve ser verificada durante a subsequente produção por um dos métodos estabelecidos na BS EN 206–1: 2000.

Quando a conformidade de uma família de concreto é verificada, o Critério 1 é aplicado ao concreto de referência, levando em conta todos os resultados transpostos da família. O Critério 2 é aplicado aos resultados de ensaios originais. Para confirmar que cada membro individual pertence à família, a média de todos os resultados de ensaios não transpostos (f_m) para um membro individual da família é avaliado pelo Critério 3 (Tabela 17.6). Qualquer membro da família de concreto que não atenda a esse critério deve ser removido da família e avaliado individualmente para verificação da conformidade.

---

* N. de T.: Também denominado traços.
** N. de T.: A NBR 12655:2006 define família de concreto como um grupo de traços para o qual uma relação confiável entre as propriedades relevantes é estabelecida e documentada.

Tabela 17.4 Critério mínimo de amostragem e ensaios para verificação da conformidade segundo a BS EN 206-1: 2000

Etapa de produção	Amostragem mínima		
	Primeiros 50 m³ de concreto	50 m³ subsequentes de concreto*	
		Com certificação	Sem certificação
Inicial	3 amostras	1 a cada 200 m³ ou 2 por semana de produção	1 para cada 150 m³ ou por dia de produção
Contínua**	–	1 a cada 400 m³ ou 1 por semana de produção	1 por dia de produção

* A amostragem deve ser distribuída por toda a produção e não mais que 1 amostra a cada 25 m³
** Caso o desvio padrão obtido com os 15 últimos resultados de ensaios supere 1,37s, o critério de amostragem é aumentado para o referente à produção inicial para os próximos 35 resultados.

Tabela 17.5 Critérios de conformidade para a resistência à compressão conforme exigências da BS EN 206-1: 2000

Produção	Número n de resultados de ensaio no grupo	Critério 1 Média de n resultados, f_{cm} (MPa)*	Critério 2 Qualquer resultado de ensaio individual de, f_{ci} (MPa)
Inicial	3	$\geq f_{ck} + 4$	$\geq f_{ck} - 4$
Contínua	No mínimo 15	$\geq f_{ck} + 1,48s$	$\geq f_{ck} - 4$

Tabela 17.6 Critério de aceitação da resistência de membros de uma família de concreto, conforme especificação da BS EN 206-1: 2000

Número n de resultados de ensaios de resistência à compressão para um concreto único	Critério 3 Resistência média de n resultados (f_m) para um membro individual da família (MPa)
2	$\geq f_{ck} - 1,0$
3	$\geq f_{ck} + 1,0$
4	$\geq f_{ck} + 2,0$
5	$\geq f_{ck} + 2,0$
6	$\geq f_{ck} + 3,0$

Para a verificação da conformidade da resistência à tração por compressão diametral, o conceito de famílias de concreto não é aplicável e a verificação é baseada em composições individuais de concreto. Como no caso da resistência à compressão, dois critérios são aplicados à resistência média de grupos de resultados de ensaios, f_{tm}, e a resultados individuais de ensaios, f_{ti}. A conformidade com a resistência característica à tração por compressão diametral, f_{tk}, é confirmada se os resultados dos ensaios atendem a ambos critérios para os estágios inicial e contínuo de produção. A Tabela 17.7 mostra estas exigências.

Tabela 17.7 Critérios de conformidade para a resistência à tração por compressão diametral, segundo a BS EN 206-1: 2000

Estágio de produção	Número n de ensaios no grupo	Critério 1 Média de n resultados (f_{tm}), (MPa)	Critério 2 Qualquer resultado de ensaio individual (f_{ti}), (MPa)
Inicial	3	$\geq f_{tk} + 0,5$	$\geq f_{tk} - 0,5$
Contínua	No mínimo 15	$\geq f_{tk} + 1,48s$	$\geq f_{tk} - 3,5$

A avaliação e aceitação do concreto estabelecida pelo ACI Building Code Requirements for Reinforced Concrete (ACI 318–05) é baseada na média da resistência de ensaio de *dois* cilindros produzidos da mesma amostra de concreto e, normalmente, ensaiados na idade de 28 dias. A resistência de um determinado concreto é considerada satisfatória se ambos critérios seguintes forem atendidos:

(a) a resistência média de todos os conjuntos de três ensaios consecutivos é, no mínimo, igual à resistência especificada de projeto;
(b) nenhum resultado de resistência individual situa-se abaixo da resistência especificada de projeto em mais de 3,5 MPa quando f'_c é 35 MPa ou menor, ou que $0,10 f'_c$ quando f'_c for maior que 35 MPa.*

Deve ser ressaltado que a não conformidade não significa uma rejeição automática do concreto. Ela somente serve como um alerta ao engenheiro de que devem ser realizadas mais investigações. São dois os fatores a serem considerados. Primeiro a validade dos resultados de ensaio deve ser estudada: os corpos de prova foram moldados e ensaiados conforme os procedimentos prescritos? A máquina de ensaios estava em boas condições de uso? (ver página 300). Segundo, a não conformidade pode causar colapso estrutural, prejudicar o desempenho em serviço ou prejudicar a durabilidade?

Caso, após essas considerações, forem necessárias ações adicionais, estas devem ser na forma de ensaios não destrutivos, seguidos por ensaios em testemunhos extraídos da

---

* N. de T.: A NBR 12655:2006 estabelece dois tipos principais de controle da resistência: por amostragem total e por amostragem parcial. A mesma norma define o tamanho mínimo da amostra. A partir dos resultados dos ensaios, é calculada a resistência característica estimada ($f_{ck,est}$), e esse valor deve ser no mínimo igual à resistência característica à compressão (f_{ck}) para a aceitação do concreto.

estrutura e finalmente por provas de carga na estrutura. Caso o concreto seja considerado insatisfatório, a estrutura deve ser reforçada ou, em último caso, demolida.*

Exigências de conformidade para outras propriedades

Para outras propriedades que não a resistência, segundo a BS EN 206–1: 2000, a avaliação da conformidade é baseada na contagem do número de resultados obtidos no período de avaliação que não atendam um valor limite especificado ou uma classe de limites ou tolerâncias em relação a um valor alvo e na comparação desse número total com o valor máximo tolerado. Esse processo é denominado *método de atributos*.

Os critérios de conformidade para outras propriedades, diferentes da resistência, são dados na Tabela 17.8. A consistência do concreto fresco é considerada separadamente na Tabela 17.9. A conformidade a uma propriedade exigida é confirmada se:

(a) o número de resultados fora dos limites especificados, classe de limites ou tolerâncias em relação a um valor alvo não é maior que os números de aceitação das Tabelas 17.8 e 17.9. Os números de aceitação se aplicam a um Nível de Qualidade Aceitável (NQA) de 4% (Tabela 17.8) e 15% (Tabela 17.9), conforme estabelecido pela BS 6001–1: 1999;
(b) todos os resultados individuais de ensaio estão dentro dos desvios permitidos das Tabela 17.8 e 17.9.

A BS EN 206–1: 2000 também inclui a inspeção visual como um método para verificar a conformidade da consistência, no qual o aspecto é comparado ao de um concreto com a consistência especificada.

Nas seções anteriores, foram discutidos os requisitos de conformidade para as propriedades do concreto fresco e endurecido de um *traço projetado***, que são misturas em que o desempenho é especificado pelo projetista, mas as proporções reais da mistura são determinadas pelo produtor do concreto". Um *traço prescrito**** é aquele que tem as proporções da mistura já especificadas e, nesse caso, a BS EN 206–1: 2000 não exige ensaios de conformidade da resistência e sim em relação à composição da mistura e trabalhabilidade, com a expectativa de que o concreto provavelmente atingirá uma resistência adequada. Os traços prescritos são utilizados para casos especiais, em que a resistência é usualmente de importância secundária, por exemplo, para a obtenção de um acabamento especial. Os *traços padronizados***** são

---

* N. de T.: A NBR 6118:2007 cita que, em casos de não conformidade, devem ser adotadas as seguintes medidas corretivas: a) revisão do projeto com os valores obtidos nos ensaios para verificação se a estrutura ou parte dela pode ser aceita; b) caso exista deficiência de resistência do concreto, devem ser extraídos e ensaiados testemunhos, sendo em seguida realizada verificação, conforme (a) com os valores obtidos; c) constatada a existência de não conformidade, deve ser escolhida uma das hipóteses: i) estabelecer restrições de uso para a estrutura; ii) providenciar reforço; iii) decidir pela demolição total ou parcial.
** N. de T.: Termo original *designed mixes*.
*** N. de T.: Termo original *prescribed mixes*.
**** N. de T.: Termo original *standard mixes*.

Tabela 17.8 Critérios de conformidade da BS EN 206-1: 2000 para as propriedades do concreto, exceto a resistência

Propriedade (unidades especificadas)	Número mínimo de amostras ou determinações	Desvio máximo permitido em relação aos limites para o resultado de um ensaio		Número de aceitação por número de resultados de ensaios (NQA = 4%)	
		Valor inferior	Valor superior	Número de resultados de ensaios[#]	Número de aceitação
Massa específica do concreto pesado (kg/m^3)	Mesmo que para resistência à compressão (Tabela 17.5)	–30 kg/m^3	Não limitado	1 a 12	0
Massa específica do concreto leve (kg/m^3)	Mesmo que para resistência à compressão (Tabela 17.5)	–30 kg/m^3	+30 kg/m^3	13 a 19	1
				20 a 31	2
				32 a 39	3
				40 a 49	4
				50 a 64	5
Relação água/cimento	1 verificação por dia	Não limitado*	+0,02	65 a 79	6
Consumo de cimento (kg/m^3)	1 determinação por dia	–10 kg/m^3 (–17 lb/yd^3)	Não limitado*	80 a 94	7
Teor de ar de concreto com ar incorporado (%)	1 determinação por dia de produção quando estabilizada	–0,5 %	+1,0 %	95 a 100	8
Teor de cloretos no concreto (%)	1 determinação para cada composição de concreto**	Não limitado*	Não permitido	—	0

[#] Quando o número de ensaios for maior que 100, os números de aceitação são obtidos da BS 60001-1: 1999
* A menos que tenham sido especificados limites
** Deve ser repetido se houver um aumento no teor de cloretos de qualquer constituinte

traços prescritos utilizados, em geral, em pequenas obras quando a resistência aos 28 dias é no máximo 25 MPa. Existe um quarto tipo de traço, o *traço designado*,* em que o produtor do concreto seleciona a relação água/cimento e o consumo mínimo de cimento utilizando uma tabela de aplicações estruturais associada com traços padronizados.**

A verificação da conformidade para os traços prescritos, incluindo os traços padronizados, é aplicável ao consumo de cimento, dimensão máxima e teor de agregados, caso especificado, e quando relevante a relação água/cimento, a quantidade de aditivo ou adições. Os consumos de cimento, água, agregado total e adições (> 5% em massa) conforme registro no controle de dosagem devem atender o limite de ± 3% das quantidades exigidas. Para aditivos e adições utilizados em quantidade superior a 5%, em relação à massa de cimento, a tolerância é de ± 5% da quantidade prescrita. A relação água/cimento deve obedecer a uma variação de ± 0,04 do valor especificado.

A verificação da conformidade para as classes de resistência e para os componentes: cimento, agregados, aditivos ou adições e para fornecedores dos componentes, é realizada pela comparação do controle de produção e documentos de entrega com as exigências especificadas.

Quando a conformidade da composição do concreto deve ser avaliada pela análise do concreto fresco, os métodos de ensaio e limites de conformidade são acordados antecipadamente entre consumidor e produtor, levando em conta os limites mencionados e a precisão dos métodos de ensaio. Para a verificação da conformidade da consistência, são aplicáveis os critérios da Tabela 17.9.

---

* N. de T.: Termo original *designated mix*.
** N. de T.: No Brasil, a NBR 12655:2006 atribui responsabilidades aos profissionais envolvidos com a estrutura em execução. Cabe ao projetista estrutural, entre outros aspectos: a) a especificação da resistência à compressão para as etapas construtivas, como retirada de escoramentos, manuseio de pré-moldados, etc; b) especificação dos requisitos correspondentes à durabilidade da estrutura e elementos pré-moldados, durante a vida útil, inclusive a classe de agressividade ambiental adotada no projeto; c) especificação de requisitos correspondentes às propriedades especiais do concreto durante a construção e vida útil da estrutura, como módulo de deformação mínimo para desforma e outras propriedades. Ao profissional responsável pela obra cabem, entre outras, as seguintes responsabilidades: a) escolha da modalidade de preparo do concreto (preparado pelo executante da obra ou por empresas de serviços de concretagem); b) escolha do tipo de concreto a ser utilizado, englobando sua consistência, dimensão máxima do agregado, etc; c) aceitação do concreto; d) atendimento a todos os requisitos de projeto, inclusive quanto à escolha de materiais. Quando o concreto for preparado pelo executante da obra, cabe a ele a responsabilidade sobre todas as etapas de preparo, desde a caracterização dos materiais até o estudo de dosagem e a elaboração do concreto. Em caso de concreto produzido por empresa de serviços de concretagem, cabe à ela a responsabilidade das etapas de preparo. A mesma norma também estabelece que a composição de concretos de classe C15 (f_{ck} = 15 MPa) ou superior deve ser definida em dosagem racional e experimental, atendendo às especificações de projeto e execução.

Tabela 17.9 Critérios de conformidade para consistência conforme prescrições da BS EN 206-1: 2000**

Propriedade	Desvio máximo em relação aos limites especificados para o resultado de um ensaio		Número de aceitação, n, para número de resultados de ensaios, N, (NQA = 15%)	
	Valor inferior	Valor superior	N_r	n
Abatimento de tronco de cone	−10 mm −20 mm*	2mm +30 mm*	1 a 2 3 a 4	0 1
Vebe	−2 s −4 s*	+4 s +6 s*	5 a 7 8 a 12	2 3
Grau de compactação	−0,03 −0,05*	+ 0,05 + 0,07*	13 a 19 20 a 31	5 7
Mesa de espalhamento	−20 mm −30 mm*	+30 mm +40 mm*	32 a 49 50 a 79 80 a 100	10 14 21

* Somente aplicável para ensaios de consistência da descarga inicial de caminhões-betoneira
** A frequência do número mínimo de amostra ou determinações é a mesma adotada para resistência à compressão (Tabela 17.5) ou quando realizados ensaios para determinação do teor de ar.

Gráficos de controle de qualidade

A necessidade da realização do controle de qualidade o mais rigoroso possível vem não somente da necessidade de atendimento das especificações, mas também de razões econômicas para o produtor de concreto. Por exemplo, um controle de má qualidade resultará em maior desvio padrão e, com isso, uma maior resistência média deverá ser produzida, com maior consumo de cimento de modo a obter a resistência especificada de projeto ou resistência característica.

O objetivo do *controle de qualidade* é medir e controlar a variação dos componentes da mistura e das operações que afetam a resistência ou uniformidade do concreto, ou seja, proporcionamento, mistura, lançamento, cura e ensaios. O controle de qualidade distingue-se da *garantia da qualidade*, que é definida como a ação sistemática necessária para prover a confiança necessária que um produto terá desempenho adequado em serviço.

Os gráficos (ou cartas) de controle de qualidade são largamente utilizados pelos fornecedores de concreto pré-misturado e pelo engenheiro da obra para verificar continuamente a resistência do concreto. Existem vários métodos disponíveis, mas nesta seção somente um será considerado.

No Reino Unido, a soma cumulativa, ou *método cusum*, é frequentemente utilizada para controlar a resistência estimada de cubos aos 28 dias, a partir da previsão da resistência acelerada em 24 horas, utilizando uma relação estabelecida previamente. O procedimento é tomar cubos duplicados em intervalos aproximadamente diários, sendo que um deles é armazenado por 28 dias, enquanto o outro é ensaiado após 24 horas de cura acelerada. A análise cusum é então realizada para monitorar ao mesmo tempo a resistência média (cusum *M*), a variabilidade ou amplitude (cusum *R*) e o método de previsão (cusum *C*).

Inicialmente será analisada a resistência média. Conforme cada resultado sucessivo é obtido, as diferenças entre o valor alvo conhecido e o valor real são registradas em uma base cumulativa. Um exemplo é mostrado na Fig. 17.3, onde o cusum M é plotado em um gráfico padrão que tem uma escala adequada para a detecção de tendências significativas da resistência real em relação ao valor alvo. As inclinações positiva e negativa mostram que a resistência medida é respectivamente maior e menor que a resistência alvo.

De modo a detectar uma tendência significativa, e não somente uma alteração aleatória, são utilizadas *máscaras V* truncadas, especialmente preparadas (ver Fig. 17.3). O intervalo de decisão e a inclinação da linha de decisão dependem do desvio padrão esperado da central de concreto. Posicionando o ponto O sobre o último valor plotado, qualquer parte do gráfico cusum plotado anteriormente que cruze uma das duas linhas de decisão pode ser visualizado. A parte do traçado entre o ponto O e o ponto de intervenção indica uma tendência estatisticamente significante da resistência alvo. Na Fig. 17.3 isso ocorre quando o cubo nº 9 foi ensaiado, ou seja, para os resultados de 17 cubos ensaiados anteriormente, medidos a partir do ponto O. Para este exemplo, em especial, a magnitude de sua variação é um decréscimo no valor desejado da resistência média de aproximadamente 2,5 MPa, conforme indica-

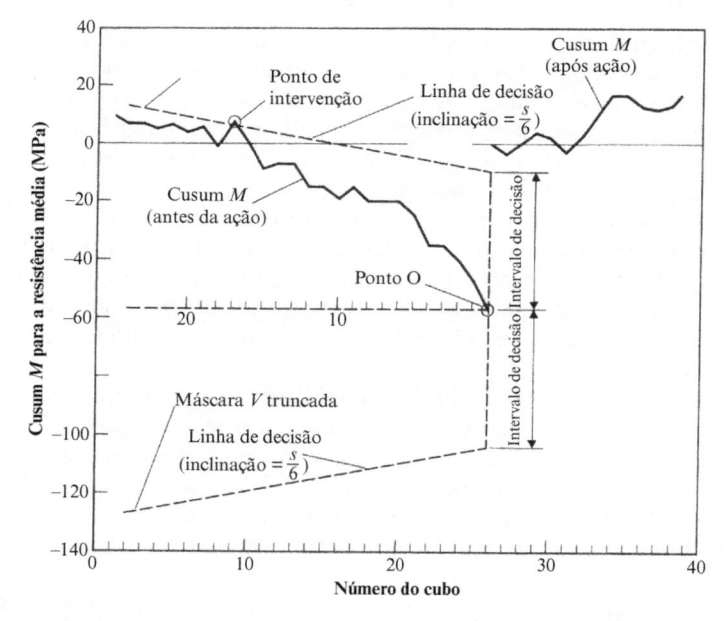

Figura 17.3 O gráfico cusum da Bristish Ready Mixed Concrete Association para a resistência média, ilustrando o uso de uma máscara *V* truncada para determinar a resistência média significativamente menor que o valor alvo da resistência média; s = desvio padrão alvo, considerado como 6 MPa para o exemplo dado.

do na Fig. 17.4. A mesma figura também mostra a alteração necessária do consumo de cimento para restabelecer a resistência média ao valor alvo, que nesse caso é um acréscimo de 15 kg/m³. Esse ajuste no consumo de cimento da mistura é adotado para restabelecer a resistência média alvo e o gráfico cusum M é reiniciado de zero. Nenhum ajuste é feito nos gráficos cusum R ou cusum C.

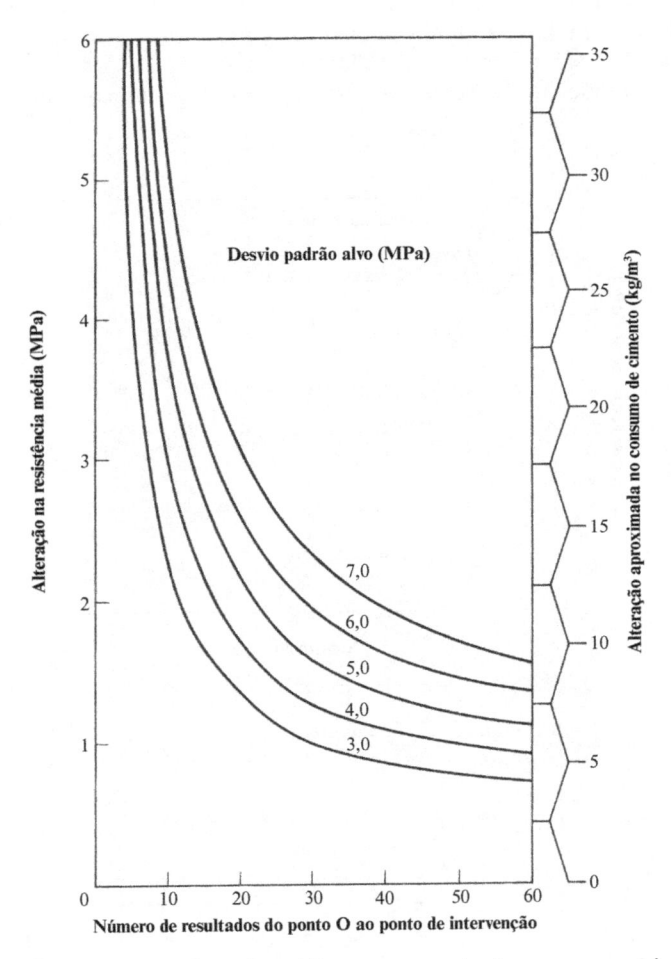

Figura 17.4 Alterações na resistência média e consumo de cimento necessárias para restabelecer a resistência média à resistência alvo, conforme utilizado pela British Ready Mixed Concrete Association. Esta figura considera que uma alteração no consumo de cimento de 6 kg/m³ resulta em uma elevação na resistência de 1 MPa.
(De: BRMCA, The Authorization Scheme for Ready Mixed Concrete, 5th Edn, p. 42 (March 1982).)

O cusum R é baseado na amplitude entre resultados sucessivos e é a diferença cumulativa entre a amplitude alvo conhecida (igual a 1,128s) e a amplitude real. Alterações significativas no cusum R são detectadas por outro conjunto de máscaras V, como a mostrada na Fig. 17.5(a). No exemplo mostrado, a alteração ocorreu 31 resultados antes, ou seja, quando o cubo n° 10 foi ensaiado. Pela Fig. 17.6 pode ser visto que a importância dessa alteração é uma diminuição no desvio padrão de 1,5 MPa em relação ao valor alvo 6 MPa. A mesma figura indica que o consumo de cimento da mistura deve ser diminuído em 20 kg/m³. Admite-se que essa diminuição no consumo de cimento reduz em 3 MPa a resistência média (ver nota de rodapé da Fig. 17.6), de modo que, se o controle é baseado no cusum R, nenhum outro ajuste é

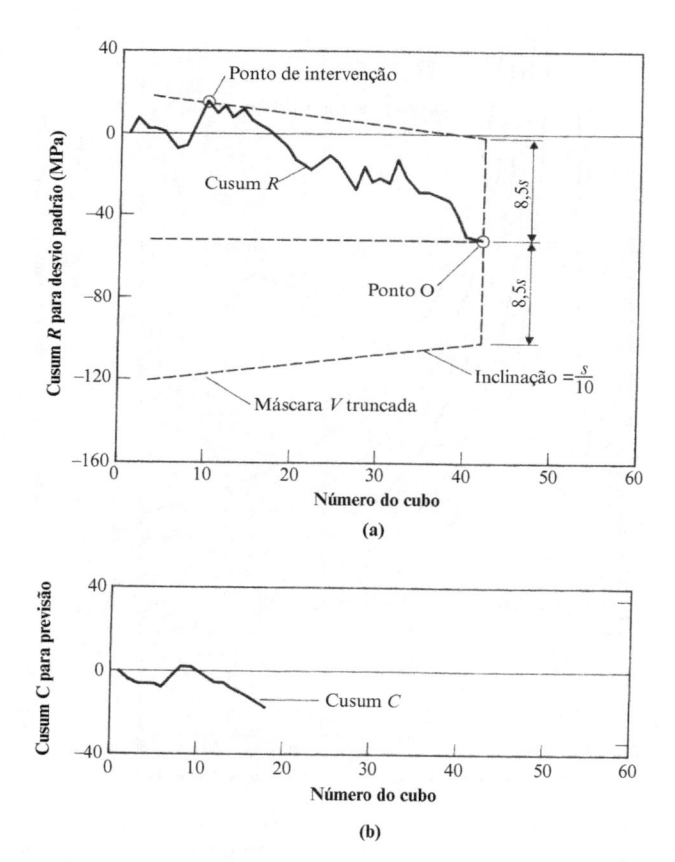

Figura 17.5 Gráficos cusum da Bristish Ready Mixed Concrete Association para a amplitude e método de previsão para a estimativa da resistência aos 28 dias a partir de resistência acelerada em 24 horas: (a) gráfico cusum R para amplitude com máscara V (desvio padrão s = 6 MPa) e (b) gráfico cusum C para o método de previsão.

necessário nos gráficos cusum *M* ou cusum *C*. Entretanto, o gráfico cusum *R* é reiniciado de zero e, devido à diminuição do desvio padrão, uma nova máscara *V* deve ser utilizada para as futuras análises do cusum *R* e cusum *M*.

Na realização dos procedimentos anteriores, um operador experiente irá verificar ao mesmo tempo o cusum *M* e cusum *R* e fazer uma análise do ajuste do consumo de cimento com base em ambos gráficos.

O terceiro gráfico, cusum *C*, é necessário devido ao método de previsão ser sensível a alterações nos materiais e condições de cura. A soma cumulativa da diferença entre a resistência real aos 28 dias e a prevista é plotada conforme mostrado na Fig. 17.5(b). Qualquer mudança significativa no método de previsão é detectada com a máscara *V*, que tem três intervalos e linhas de decisão (regular, normal e alta) e dependentes da sensibilidade do desvio padrão da central de produção. Quando uma alteração é detec-

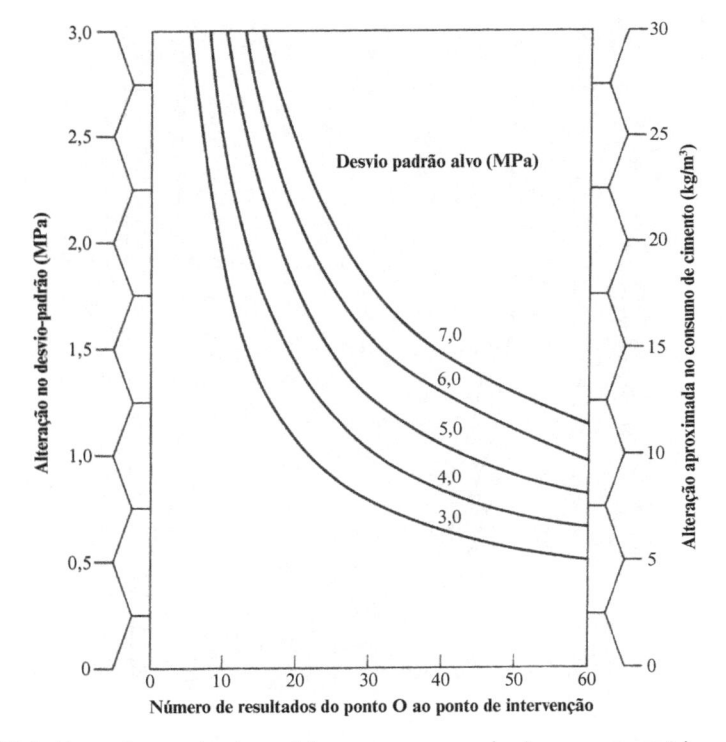

Figura 17.6 Alterações no desvio padrão e no consumo de cimento necessário para manter a amplitude alvo, conforme a Bristish Ready Mixed Concrete Association. Esta figura considera que a alteração no consumo de cimento de 6 kg/m^3 resulta em uma alteração da resistência média de 1 MPa.
(De: BRMCA, The Authorization Scheme for Ready Mixed Concrete, 5th Edn, p. 42 (March 1982).)

tada, o gráfico é ajustado por um valor indicado na Fig. 17.7. Ao mesmo tempo, todos os valores estimados de resistência aos 28 dias devem ser recalculados a partir do ponto de intervenção onde a alteração na previsão ocorreu ou desde o último ponto de alteração no consumo de cimento, ou o que for mais recente. Os novos valores corrigidos da resistência aos 28 dias são plotados no gráfico cusum M, verificados com a máscara V apropriada e corrigidos, se necessário, por uma alteração no consumo de cimento.

Estes breves resumos mostram como a interpretação de um conjunto contínuo de dados pode ser benéfica economicamente sendo, portanto, superior ao simples uso de resultados de ensaios individuais.

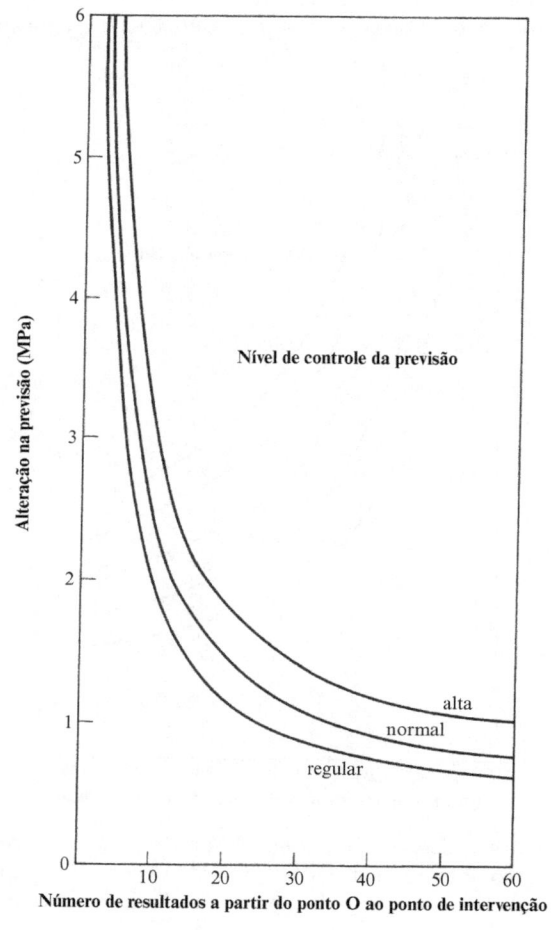

Figura 17.7 Alteração no método de previsão para a estimativa da resistência aos 28 dias a partir da resistência acelerada em 24 horas, conforme utilizada pela Bristish Ready Mixed Concrete Association.

Bibliografia

17.1 ACI COMMITTEE 214R–02, Evaluation of strength test results of concrete, Part 1, *ACI Manual of Concrete Practice* (2007).
17.2 ACI COMMITTEE 318R–05, Building code requirements for structural concrete and commentary, Part 3, *ACI Manual of Concrete Practice* (2007).
17.3 B. SIMONS, Concrete performance specifications: New Mexico experience, *Concrete International*, 26, No. 4, pp. 68–71 (2004).
17.4 P. TAYLOR, Performance-based specifications for concrete, *Concrete International*, 26, No. 8, pp. 91–3 (2004).

Problemas

17.1 O que é um histograma?
17.2 Explique o significado de distribuição normal.
17.3 Qual é o termo utilizado para medir a dispersão da resistência em relação à média?
17.4 Na verificação da conformidade, o que é uma família de concretos?
17.5 Quais são as principais propriedades do concreto utilizadas para a verificação da conformidade às especificações?
17.6 Descreva a técnica cusum para os ensaios de resistência.
17.7 Explique o fator de probabilidade.
17.8 Por que você deve visar uma resistência média mais elevada que a resistência especificada no projeto?
17.9 Quais são as exigências de conformidade da resistência à compressão nos Estados Unidos?
17.10 O que é um traço projetado?
17.11 O que é controle de qualidade do concreto?
17.12 O que é um traço prescrito?
17.13 O que é garantia da qualidade do concreto?
17.14 A garantia de qualidade pode substituir a supervisão no canteiro?
17.15 O que é o método de atributos?
17.16 O que se entende por resistência característica do concreto?
17.17 Qual é a diferença entre a resistência de projeto e resistência média do concreto?
17.18 Explique a diferença entre especificações prescritivas e de desempenho para o concreto.
17.19 No Reino Unido, qual é a diferença nas exigências de conformidade das resistências à compressão e à tração?
17.20 O que se entende por margem? Sendo a resistência característica igual a 15 MPa, calcule a resistência média para 80 resultados de cubos, adotando um fator de probabilidade de 2,33.

Resposta: 22,0 MPa

17.21 Uma série de 20 resultados de ensaios em cilindros tem um desvio padrão de 2,76 MPa. Uma segunda série de 15 resultados de ensaios tem um desvio padrão de 4,14 MPa. Calcule o desvio padrão médio para as duas séries e a resistência média de dosagem para uma resistência à compressão especificada de 20,7 MPa.

Resposta: 3,41 MPa; 25,3 MPa

18
Concreto Leve

Este capítulo trata do concreto isolante e do concreto estrutural, cuja massa específica é consideravelmente menor que a dos concretos produzidos com agregados normais. As propriedades que distinguem o concreto leve do concreto normal são analisadas, bem como os tipos de agregados leves.

Classificação dos concretos leves

É conveniente classificar os vários tipos de concretos leves segundo o método de produção. São eles:

(a) Pela utilização de agregados porosos leves, ou seja, de massa específica menor que 2,6 g/cm^3. Este tipo de concreto é conhecido como concreto com agregados leves.
(b) Pela introdução de vazios de grandes dimensões no concreto ou na argamassa. Esses vazios devem estar claramente distinguidos dos vazios extremamente pequenos produzidos pela incorporação de ar. Este tipo de concreto é conhecido por vários nomes: *aerado, celular, espumoso*.
(c) Pela exclusão dos agregados miúdos da mistura de modo que existe um grande número de vazios intersticiais. Normalmente são utilizados agregados graúdos normais, sendo este concreto conhecido como concreto *sem finos*.

Em essência, a diminuição na massa específica do concreto em cada método é obtida pela presença de vazios, seja no agregado, na argamassa ou nos interstícios entre as partículas de agregados graúdos. Fica claro que a presença desses vazios reduz a resistência do concreto leve quando comparado ao concreto normal, mas em muitas aplicações a alta resistência não é essencial e, em outras, há compensações (ver página 340).

Por conter vazios preenchidos com ar, o concreto leve proporciona bom isolamento térmico e tem uma durabilidade satisfatória, mas não tem boa resistência à abrasão. Em geral, o concreto leve é mais caro que o concreto comum, e mistura, transporte e lançamento exigem maior cuidado e atenção que o concreto comum. Entretanto, para vários propósitos, as vantagens do concreto leve compensam suas desvantagens, e existe uma contínua tendência mundial de maior utilização do concreto leve em aplicações como concreto protendido, edifícios altos e mesmo em coberturas do tipo casca.

O concreto leve também pode ser classificado segundo a utilização prevista, em concreto leve estrutural (ASTM C 330-05), concreto leve para componentes para alvenaria (ASTM 331-05) e concreto isolante (ASTM 332-99). A classificação de concreto leve estrutural é baseada em uma resistência mínima e, segundo a ASTM C 330-05, a resistência à compressão aos 28 dias em corpos de prova cilíndricos não deve ser inferior a 17 MPa. A massa específica de cada concreto (determinada no estado seco) não deve ser maior que 1840 kg/m^3 e, normalmente, situa-se entre 1400 e 1800 kg/m^3. Por outro lado, o concreto para alvenaria geralmente tem uma massa específica entre 500 e 800 kg/m^3 e resistência entre 7 e 14 MPa. A propriedade essencial do concreto isolante é seu coeficiente de *condutividade térmica*, que deve ser menor que 0,3 J/m^{2}s°C/m,* enquanto a resistência situa-se entre 0,7 e 7 MPa.

Em estruturas de concreto, o peso próprio normalmente representa uma grande parcela da carga total da estrutura e, portanto, existem vantagens consideráveis na redução da massa específica do concreto. As principais são a redução da carga permanente e, consequentemente, as cargas totais dos diversos elementos, e a correspondente redução nas dimensões das fundações.

Além disso, com um concreto mais leve, as fôrmas precisarão resistir a uma pressão menor que no caso do concreto comum, e a massa total de material a ser transportado é reduzida, com consequente aumento da produtividade. Assim, a opção do uso de concreto estrutural fica determinada por considerações econômicas.**

Tipos de concreto leve

A primeira diferenciação pode ser feita entre os agregados naturais e os artificiais. Os principais agregados leves *naturais* são diatomita, pedra-pomes, escória, cinzas vulcânicas e tufos. Exceto a diatomita, todos são de origem vulcânica. A pedra-pomes é mais largamente empregado que qualquer um dos outros, entretanto, por serem encontrados somente em algumas regiões, os agregados leves naturais não são muito utilizados.

A pedra-pomes é um vidro vulcânico, de cor clara e aparência esponjosa com massa específica na faixa de 500 a 900 kg/m^3. Essas variedades de pedra-pomes que não sejam de resistência muito baixa produzem um concreto satisfatório com massa específica entre 700 e 1400 kg/m^3 e boas características isolantes, mas alta absorção e alta retração.

Escória é uma rocha vesicular vítrea, semelhante às cinzas industriais, e produz um concreto de propriedades similares.

Os agregados *artificiais* são conhecidos por várias denominações, mas a melhor classificação é com base na matéria-prima utilizada e método de produção.

---

* N. de T.: A unidade SI é W/m.K.
** N. de T.: A NBR NM 35:1995 determina que o concreto leve estrutural deve ter resistência à compressão mínima variando entre 17 e 28 MPa, conforme a variação de sua massa específica aparente de 1680 a 1840 kg/m^3.

No primeiro tipo estão incluídos os agregados produzidos pela aplicação de calor, de modo a causar a expansão de argila, folhelho, ardósia, folhelho diatomáceo, perlita, obsidiana ou vermiculita. O segundo tipo é obtido por processos especiais de resfriamento pelos quais se obtém uma expansão da escória de alto-forno. As cinzas industriais formam o terceiro e último grupo.

Argila, folhelho e ardósia expandidas são obtidas pelo aquecimento de matéria-prima em um forno rotativo até a temperatura de fusão incipiente (temperatura de 1000 a 1200°C). Nessa temperatura ocorre a expansão do material devido à geração de gases que ficam aprisionados em uma massa piroplástica viscosa. Essa estrutura porosa é mantida no resfriamento de modo que a massa específica do material expandido é menor que antes do aquecimento. Frequentemente o material é reduzido à dimensão desejada antes do aquecimento, mas a britagem após a expansão também pode ser realizada. A expansão também pode ser obtida pelo uso de uma esteira de sinterização. Nesse caso, o material umedecido é conduzido por uma esteira sobre queimadores, de maneira que o calor penetra gradualmente na espessura total da camada de material. Sua viscosidade é tal que os gases expandidos são aprisionados. Da mesma forma que no forno rotativo, tanto a massa resfriada pode ser britada, como o material inicial utilizado pode ser pelotizado.

O uso de material pelotizado produz partículas com uma capa ou revestimento liso (50 a 100 µm de espessura) sobre o interior celular. Essas partículas aproximadamente esféricas, com um revestimento vitrificado, pouco permeável, têm uma absorção de água menor que as partículas não revestidas, cuja absorção varia entre 12 e 30%. As partículas revestidas são mais facilmente manuseadas e misturadas e produzem concretos de elevada trabalhabilidade, mas são mais caras que as partículas não revestidas.

Os agregados produzidos com folhelho e argila expandidos produzidos pelo processo de esteira de sinterização têm uma massa específica de 650 a 900 kg/m^3 e 300 a 650 kg/m^3 quando produzidos em um forno rotativo. Produzem concreto com massa específica, em geral, na faixa de 1400 a 1800 kg/m^3, embora valores reduzidos como 800 kg/m^3 tenham sido obtidos. O concreto produzido com agregados de folhelho ou argila expandida, em geral, tem uma resistência mais alta do que quando qualquer outro agregado é utilizado.

A *perlita* é uma rocha vulcânica vítrea encontrada na América, na Irlanda do Norte, na Itália e em outras regiões. Quando aquecida rapidamente até o ponto de fusão incipiente (900 a 1100°C), expande devido à formação do vapor e forma uma material celular com uma massa específica bastante baixa, ente 30 e 240 kg/m^3. O concreto produzido com perlita tem resistência bastante baixa, retração bastante elevada (devido ao baixo módulo de elasticidade, ver página 238) e é utilizado principalmente para fins de isolamento. Uma vantagem desse concreto é que é de secagem rápida e pode receber acabamento rapidamente.

A *vermiculita* é um material natural com uma estrutura lamelar, semelhante à da mica, e é encontrada na América e na África. Quando aquecida a uma temperatura entre 650 é 1000°C, sofre expansão por esfoliação de suas finas lâminas. A expansão é várias vezes superior ao volume inicial, podendo chegar a até 30 vezes. Como resultado, a massa específica da vermiculita esfoliada varia entre valores de 60 a 130 kg/m^3 e o concreto produzido com ela é de resistência muito baixa e apresenta alta retração, mas é um excelente isolante térmico.

A *escória expandida de alto-forno* ou *escória espumosa* é produzida de três maneiras. No primeiro método, uma quantidade limitada de água na forma de um *spray* entra em contato com a escória fundida conforme ela vai sendo descarregada do forno (na produção de ferro-gusa). É gerado vapor, que causa expansão da escória ainda plástica. Desse modo, a escória endurece em uma forma porosa, similar à da pedra-pomes. Esse é o processo do jato de água. No processo por máquina, a escória fundida é agitada rapidamente com uma quantidade controlada de água. O vapor é aprisionado e também ocorre a formação de gases devido às reações químicas de alguns componentes da escória com o vapor de água.

A britagem da escória expandida é necessária em ambos métodos. Um método mais moderno é a produção de escória expandida de alto-forno pelotizada. Nesse caso, a escória fundida é projetada por um *spray* de água de modo a formar pelotas. Elas são esféricas e têm uma superfície lisa revestida (ou selada). Entretanto, a britagem deve ser realizada para a obtenção de partículas pequenas, processo que destrói o revestimento. Um controle de produção apropriado garante a formação de um material cristalino que é preferível na utilização como agregado, contrapondo com as pelotas de escória de alto-forno utilizadas na fabricação de cimento de alto-forno (ver página 28). Somente agregados produzidos por expansão de argila, folhelho, ardósia, cinza volante ou escória de alto-forno podem ser utilizados para produzir concreto estrutural.

O *agregado de clínquer*, conhecido nos Estados Unidos como *cinzas*, é produzido a partir de resíduos calcinados de fornos industriais de alta temperatura, fundidos ou sinterizados na forma de torrões. É importante que o clínquer seja isento de resíduos de carvão não queimados prejudiciais, que podem sofrer expansão no concreto, causando instabilidade. A BS 3797: 1990 (cancelada) limitava a perda ao fogo e o teor de sulfato solúvel no agregado de clínquer a ser utilizado em concreto simples destinado a uso geral e no concreto em interiores, não exposto normalmente a ambientes úmido. A norma não recomendava o uso de agregado de clínquer em concreto armado ou em concreto com exigência específica de elevada durabilidade.

O ferro ou a pirita no clínquer podem causar manchamentos das superfícies e, portanto, devem ser removidas. A instabilidade devido à cal não extinta pode ser evitada pelo armazenamento do clínquer em condição úmida por um período de várias semanas: a cal será estabilizada e não irá sofrer expansão no concreto.

O *pó de carvão** é o nome dado a um material similar ao clínquer, mas menos sinterizado e com menor grau de calcinação. Não existe uma divisão clara entre o "pó de carvão" e o clínquer.

Quando são utilizadas cinzas, tanto como agregado miúdo quanto como agregado graúdo, obtém-se um concreto com uma massa específica na ordem de 1100 a 1400 kg/m^3; entretanto, frequentemente é utilizada areia natural com o objetivo de

---

* N. de T.: No original *breeze*.

melhorar a trabalhabilidade da mistura. Nesse caso, a massa especifica resultante situa-se entre 1750 e 1850 kg/m^3.

Deve ser destacado que, diferentemente do agregado normal, as partículas menores dos agregados leves em geral têm uma massa específica maior que as partículas de agregados graúdos. Isso é causado pelo processo de britagem: a fratura ocorre pelos poros maiores, de modo que quanto menor as partículas, menores serão os poros.

É interessante destacar uma característica geral dos agregados artificiais. Como as partículas são produzidas sob condições rigorosamente controladas, elas são menos variáveis que muitos dos agregados naturais.

Variações típicas da massa específica de concretos produzidos com vários agregados leves, principalmente baseada na classificação da ACI, estão mostradas na Fig. 181.1. Algumas exigências gerais para agregados leves são prescritas pelas normas ASTM C 330-05, C 331-05 e C 332-99 e pela BS EN 13055-1: 2002.

As exigências de granulometria da ASTM C 330-05 são mostradas na Tabela 18.1. Por outro lado, a BS EN 13055-1: 2002 especifica somente o método de ensaio (BS EN 933-1: 1997) com a exigência de que a granulometria do agregado deve ser declarada, e deve-se tomar cuidado para evitar a degradação dos agregados friáveis. A norma americana especifica um limite para a perda ao fogo de 5%, enquanto a norma britânica exige um valor a ser declarado, em conjunto com os valores de outras propriedades, ou seja, teor de umidade e absorção de água, teor de cloretos, teor de sulfatos solúveis, resistência ao esmagamento e resistência ao gelo-degelo.

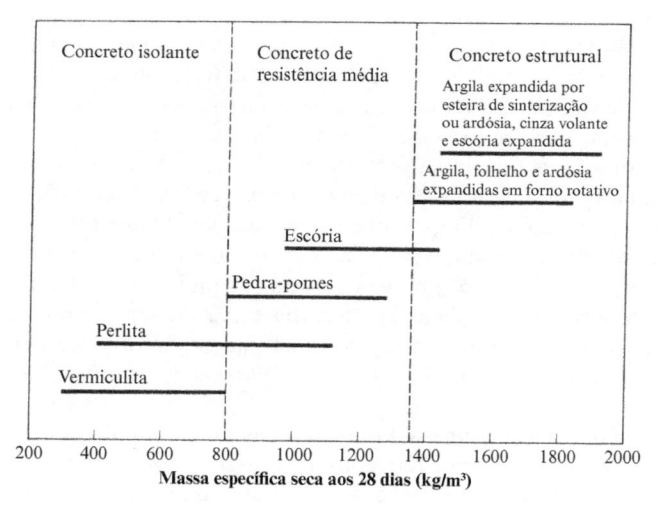

Figura 18.1 Variações típicas da massa específica de concretos produzidos com vários agregados leves.

Tabela 18.1 Exigências de granulometria da ASTM C 330-05 para agregado leve destinado a concreto estrutural

	Porcentagem passante, em massa, nas peneiras ASTM						
	Dimensão nominal do agregado graúdo classificado				Agregado miúdo	Dimensão nominal do agregado combinado (miúdo e graúdo)	
Dimensão da peneira ASTM	1 in. a No. 4 (25 mm a 4,75 mm)	3/4 in. a No. 4 (19 mm a 4,75 mm)	1/2 in. a No. 4 (12,5 mm a 4,75 mm)	3/8 in. a No. 8 (9,5 mm a 2,36 mm)	No. 4 ou menor (4,75 mm ou menor)	1/2 in. (12,5 mm)	3/8 in. (9,5 mm)
1 in. (25,0 mm)	95–100	–	–	–	–	–	–
3/4 in. (19,0 mm)	–	100	–	–	–	100	–
1/2 in. (12,5 mm)	25–60	90–100	100	–	–	95–100	100
3/8 in. (9,5 mm)	–	–	90–100	100	–	–	90–100
4 (4,75 mm)	0–10	10–50	40–80	80–100	100	50–80	65–90
8 (2,36 mm)	–	0–15	0–20	5–40	85–100	–	35–65
16 (1,18 mm)	–	–	0–10	0–20	–	–	–
50 (300 μm)	–	–	–	–	10–35	5–20	10–25
100 (150 μm)	–	–	–	–	5–25	2–15	5–15
200 (75 μm)	0–10	0–10	0–10	0–10	–	–	0–10

Tabela 18.2 Propriedades típicas de concretos leves

Tipo de concreto		Massa unitária do agregado (kg/m³)	Proporções da mistura, em volume, cimento: agregado
Celular	cinza volante*	950	1:3
	areia	1600	1:3
Celular autoclavado		–	–
Escória expandida			1:8
	miúdo	900	1:6
	graúdo	650	1:3,5
			1:11
Argila expandida de forno rotativo	miúdo	700	1:6
	graúdo	400	1:5
			1:4
Argila expandida de forno rotativo e areia natural	graúdo	400	1:5
Argila expandida de esteira	miúdo	1050	1:5
	graúdo	650	1:4
Ardósia expandida de forno rotativo	miúdo	950	1:6
	graúdo	700	1:4.5
Cinza volante sinterizada	miúdo	1050	1:5.9
			1:5.3
	graúdo	800	1:4.5
			1:3.1
Cinza volante sinterizada com areia natural	graúdo	800	1:6.1
			1:5.5
			1:5.0
			1:3.6
Pedra-pomes		500–800	1:6
			1:4
			1:2
Vermiculita esfoliada(expandida)		65–130	1:6
perlita		95–130	1:6

* Ou cinza volante pulverizada.

Massa específica do concreto seco (kg/m³)	Resistência à compressão MPa	Retração por secagem 10⁻⁶	Condutividade térmica J/m² sec °C/m
750	3		0,19
		700	
900	6		0,22
800	4	800	0,25
1700	7	400	0,45
1850	21	500	0,69
2100	41	600	0,76
650–1000	3–4	–	0,17
1100	14	550	0,31
1200	17	600	0,38
1300	19	700	0,40
1350–1500	17	–	0,57
1500	24	600	0,55
1600	31	750	0,61
1700	28	400	0,61
1750	35	450	0,69
1490	20	300	–
1500	25	300	–
1540	30	350	–
1570	40	400	–
1670	20	300	–
1700	25	300	–
1750	30	350	–
1790	40	400	–
1200	14	1200	–
1250	19	1000	0,14
1450	29	–	–
300–500	2	3000	0,10
–	–	2000	0,05

É válido destacar que os agregados leves para uso em concreto estrutural, independentemente de sua origem, são produtos industrializados e, em função disso, são em geral mais uniformes que o agregado natural. Como consequência, o agregado leve pode ser utilizado para a produção de concreto estrutural de qualidade constante.*

A massa unitária do agregado leve deve ser devidamente definida (ver página 51). A massa unitária é a massa de agregado que preenche uma unidade de volume e o método de preenchimento deve ser claramente especificado. A massa unitária é influenciada pelo grau de compactação das partículas de agregado, que depende de sua granulometria. Entretanto, mesmo quando as partículas são de mesma dimensão nominal, suas formas influenciam no grau de compactação quando é utilizado um método padrão de preenchimento do recipiente do ensaio. Isso não se difere em nada do procedimento para agregados normais, exceto que o agregado leve não é compactado quando a massa unitária é determinada.

Os agregados leves têm uma característica importante que não existe nos agregados normais e que deve ser considerada para a seleção das proporções da mistura e as propriedades associadas do concreto resultante. Essa característica é a capacidade do agregado leve em absorver grandes quantidades de água e permitir o ingresso limitado de pasta de cimento fresco nos poros (superficiais) abertos das partículas de agregado, especialmente as maiores. Quando a água é absorvida pelas partículas de agregado, sua massa específica se torna mais elevada que a massa específica das partículas secas em estufa. É essa massa específica maior que é importante para a massa específica do concreto com agregados leves. A capacidade de agregado leve em absorver grandes quantidades de água também tem outras consequências.

Na etapa de mistura, quando uma determinada quantidade de água é adicionada, a água disponível para a molhagem e reação com o cimento dependerá da quantidade de água absorvida pelo agregado leve. Isso varia muito, dependendo se o agregado foi pré-umedecido e por quanto tempo. A absorção de agregados leves em 24 horas varia entre 5 e 20% em relação à massa de agregado seco, mas para agregados de boa qualidade, em geral é menor que 15%. A quantidade real de água disponível para reação com o cimento é utilizada para a obtenção da relação água/cimento efetiva ou livre (ver página 54).

Para efeito de comparação, a absorção dos agregados normais é em geral menor que 2%. Por outro lado, o agregado miúdo normal pode ter um teor de umidade de 5 a 10%, mas essa é uma água adsorvida, ou seja, água na superfície das partículas dos agregados. Consequentemente, essa água faz parte da água de amassamento e está totalmente disponível para a hidratação (ver página 100). A partir da discussão anterior, pode ser deduzido que a água absorvida é irrelevante para a relação água/

---

* N. de T.: A NBR NM 35:1995 estabelece as exigências para os agregados leves destinados a concreto estrutural. São listadas exigências em relação à granulometria, massa específica aparente (variável entre 880 e 1040 kg/m^3) e substâncias deletérias. A NBR 7213:1984 especifica as exigências para agregados leves para emprego em concreto com função de isolamento térmico.

cimento e para a trabalhabilidade, mas pode ter sérias consequências na resistência ao gelo-degelo.

Outra importante consequência da absorção de água pelo agregado leve é o aumento da hidratação devido à "cura úmida interna". A hidratação do cimento diminui a umidade relativa dos poros capilares na pasta de cimento, causando a migração da água absorvida do agregado para os capilares, contribuindo assim para hidratação adicional. Essa característica torna o concreto com agregado leve menos sensível à cura inadequada.

Propriedades do concreto com agregados leves

Os vários tipos de agregados leves disponíveis possibilitam a variação da massa específica do concreto desde um pouco mais de 300 até 1850 kg/m^3, com uma variação correspondente na resistência de 0,3 a 40 MPa, ou mesmo mais elevada em alguns casos. Resistências maiores que 60 MPa podem ser obtidas com consumos de cimento muito elevados (560 kg/m^3). Em geral, com agregado leve, o consumo de cimento varia desde os mesmos valores do concreto normal até 70% a mais para um concreto de mesma resistência.

Os agregados leves, mesmo com aparência similar, podem produzir concretos com propriedades amplamente variáveis, de modo que é necessária a verificação criteriosa do desempenho de cada agregado novo. A classificação do concreto segundo o tipo de agregado utilizado é difícil, já que as propriedades do concreto são afetadas também pela granulometria do agregado, consumo de cimento, relação água/cimento e grau de adensamento. Propriedades típicas estão listadas na Tabela 18.1 e, na Fig. 18.2, a condutividade térmica é mostrada como uma função da massa específica.

A adequação de um concreto leve é determinada pelas propriedades desejadas: massa específica, custo, resistência e condutividade térmica. A baixa condutividade térmica do concreto com agregado leve é claramente vantajosa para usos que requerem um isolamento muito bom, mas a mesma propriedade causa uma maior elevação da temperatura na cura de grandes massas de concreto, o que é importante para a possibilidade de fissuração térmica nas primeiras idades (ver Capítulo 13).

Outras propriedades que devem ser consideradas são trabalhabilidade, absorção, retração por secagem e a movimentação de água. Para uma mesma trabalhabilidade (facilidade de adensamento), o concreto com agregado leve apresenta um menor abatimento de tronco de cone e um menor fator de compactação que o concreto normal devido à ação da gravidade ser menor no caso do material mais leve. Um risco consequente é que, ao utilizar uma trabalhabilidade maior, será maior a tendência à segregação.

A natureza porosa dos agregados leves significa que eles têm uma absorção elevada e rápida. Portanto, se o agregado estiver seco no momento da mistura, ele rapidamente irá absorver água e a trabalhabilidade irá diminuir. A solução é misturar o agregado com no mínimo metade da água de amassamento antes da adição do cimento. Conhecendo a absorção de água (ver Capítulo 3), a relação água/cimento

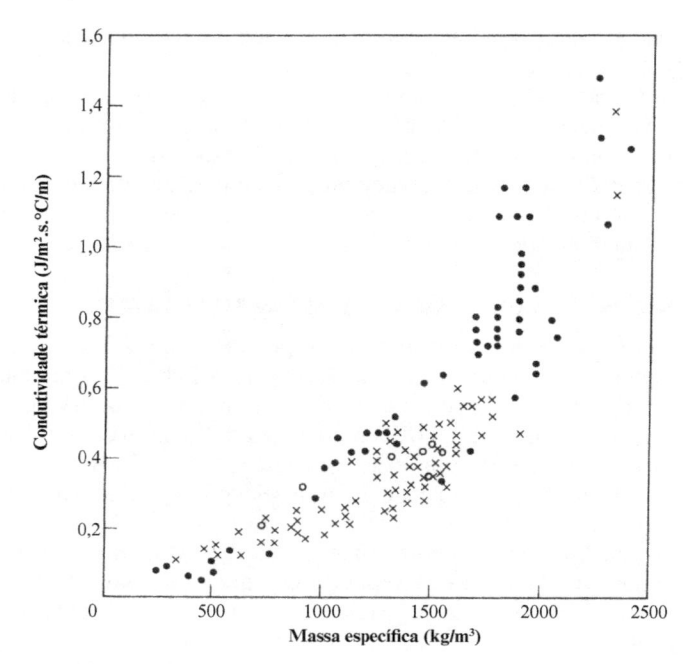

Figura 18.2 Condutividade térmica de concretos com agregados leves de vários tipos. (De: N. DAVEY, Concrete mixes for various building purposes, *Proc. of a Symposium on Mix Design and Quality Control of Concrete*, pp. 28-41 (London, Cement and Concrete Assoc., 1954).)

efetiva (ver página 54) pode ser calculada. Entretanto, esse procedimento irá causar uma elevação da massa específica do concreto e diminuição do isolamento térmico. Para compensar essas desvantagens, é possível impermeabilizar o agregado com uma película de betume, utilizando um processo especial, mas isso raramente é feito.

As misturas de agregados leves tendem a ser mais *ásperas*, mas a aspereza pode ser reduzida pela incorporação de ar. A demanda de água é reduzida e com isso a tendência à exsudação e segregação. Os teores de ar *totais* usuais, em volume, são 4 a 8% para agregado de dimensão máxima de 20 mm, e 5 a 9% para agregado de dimensão máxima de 10 mm. Teores de ar maiores que esses valores diminuem a resistência à compressão em cerca de 1 MPa para cada ponto percentual adicional de ar.

O uso de agregados miúdos leves, bem como de agregados graúdos leves, agrava o problema da baixa trabalhabilidade. Portanto, pode ser preferível utilizar agregado miúdo normal com agregados graúdos leves. Esse concreto é classificado como um concreto *semileve* e, claro, a massa específica e a condutividade térmica são maiores que quando todos os agregados utilizados são leves. Tipicamente, para a mesma trabalhabilidade, o concreto semileve irá demandar 12 a 14% menos água de amassamento que o concreto com agregado leve. O módulo de elasticidade do concreto semileve é mais alto e sua retração é menor que quando todos agregados utilizados são leves.

Deve ser destacado que a substituição *parcial* de agregado miúdo por agregados normais também é possível. Em todo caso, a substituição deve ser feita pelo mesmo *volume*.

Quando o agregado leve é utilizado em concreto armado, devem ser tomados cuidados especiais para proteger a armadura contra a corrosão, devido à profundidade de carbonatação (ver página 236), ou seja, a espessura em que a corrosão, sob condições adequadas, pode ocorrer. Essa espessura pode ser até duas vezes maior que no concreto normal. O comportamento de diferentes agregados varia consideravelmente, mas, em geral, com agregados leves, um cobrimento de armadura adicional de 10 mm é recomendável. Alternativamente, o uso de revestimento de argamassa ou a proteção da armadura com uma argamassa rica têm se mostrado úteis. No caso do agregado de clínquer, existe um risco de corrosão adicional devido à presença de enxofre no clínquer, e a proteção do aço é necessária, embora a utilização desse agregado não seja comum.

Todos os concretos produzidos com agregados leves apresentam um *movimentação de água* (ver página 235) maior que no caso do concreto normal.

A Tabela 18.3 mostra que o coeficiente de dilatação térmica do concreto com agregado leve é, em geral, menor que no caso do concreto normal. Isso pode criar alguns problemas quando são utilizados ao mesmo tempo concreto com agregado leve e concreto comum, mas, por outro lado, os elementos de concreto com agregado leve têm uma menor tendência ao empenamento ou flambagem devido a gradientes de temperatura diferentes.

Algumas outras propriedades dos concretos com agregados leves quando comparadas ao concreto normal podem ser de interesse:

Tabela 18.3 Coeficiente de dilatação térmica de concreto com agregado leve

Tipo de agregado utilizado	Coeficiente de dilatação térmica linear (determinada em uma faixa de – 22°C e 52°C) 10^{-6} por °C
Pedra-pomes	9,4 a 10,8
Perlita	7,6 a 11,0
Vermiculita	8,3 a 14,2
Cinzas	cerca de 3,8
Folhelho expandido	6,5 a 8,1
Escória expandida	7,0 a 11,2

(a) Para a mesma resistência, o módulo de elasticidade é entre 25 e 50% menor, consequentemente as deformações são maiores.
(b) A resistência ao gelo-degelo é maior devido à maior porosidade do agregado leve *desde que* o agregado não esteja saturado antes da mistura.
(c) A resistência ao fogo é maior devido aos agregados leves terem uma menor tendência ao lascamento (*spall*). O concreto também sofre uma menor perda de resistência com a elevação da temperatura.
(d) O concreto leve tem maior facilidade de realização de cortes e fixação de móveis.
(e) Para a mesma resistência à compressão, a resistência ao cisalhamento é entre 15 e 25% menor e a resistência de aderência é entre 20 e 50% menor. Essas diferenças devem ser levadas em consideração no projeto de vigas de concreto armado.
(f) A capacidade de deformação na tração (ver página 166) é cerca de 50% maior que no concreto normal. Com isso, a capacidade de resistir a restrições às movimentações, por exemplo, devido a gradientes internos de temperatura, é maior para o concreto leve.
(g) Para a mesma resistência, a fluência do concreto com agregado leve é aproximadamente a mesma do concreto normal.
(h) A água no agregado pode ser liberada para cura interna.

Concreto celular

Conforme mencionado anteriormente, um modo de obtenção de concreto leve é introduzir bolhas de gás na argamassa (cimento e areia) plástica de maneira a produzir um material com uma estrutura celular, contendo vazios com dimensões entre 0,1 e 1 mm. A "capa" dos vazios ou células deve ser capaz de suportar a mistura e o adensamento. O concreto resultante é conhecido como concreto aerado ou *celular*, embora rigorosamente falando, o termo concreto é inadequado, já que em geral não há agregados graúdos.

Existem dois métodos para produzir a aeração e uma denominação adequada é dada a cada produto resultante.

(a) O *concreto gasoso* é obtido por uma reação química que gera um gás na argamassa fresca, de forma que após o endurecimento fique incorporada uma grande quantidade de bolhas de gás. A argamassa deve ter a consistência adequada para que o gás sofra expansão, mas não escape. Desse modo, a velocidade de evolução do gás, a consistência da argamassa e seu tempo de pega devem ser compatibilizados. O pó de alumínio, finamente dividido, é o agente mais comumente utilizado, em uma proporção na ordem de 0,2% sobre a massa de cimento. A reação do pó ativo com o hidróxido de cálcio ou álcalis libera bolhas de hidrogênio. Podem ser utilizados também o zinco em pó ou ligas de alumínio e, em algumas situações, emprega-se peróxido de hidrogênio para a incorporação de bolhas de oxigênio.

(b) O *concreto espumoso* é produzido pela adição de um agente espumante (normalmente alguma proteína hidrolisada ou resinas de sabão) à mistura. O agente introduz e estabiliza bolhas de ar durante a mistura em alta velocidade. Em alguns processos, uma espuma pré-formada estável é adicionada à argamassa durante a mistura em um misturador comum.

O concreto celular pode ser produzido sem areia, mas somente para fins não estruturais, como para isolamento térmico onde uma massa específica na faixa de 200 a 300 kg/m^3 pode ser obtida. Misturas mais comuns (com areia) têm massa específica entre 500 e 1100 kg/m^3 quando é utilizada uma mistura de cimento e areia muito fina.

Da mesma forma que outros concretos leves, a resistência varia proporcionalmente à massa específica, o mesmo ocorrendo com a condutividade térmica. Um concreto com uma massa específica de 500 kg/m^3 pode ter valores de 12 a 14 MPa e 0,4 J/m^{2}sC/m. Comparando, a condutividade térmica do concreto convencional é cerca de 10 vezes maior. Deve ser destacado que a condutividade térmica cresce linearmente com o teor de umidade. Quando esta é 20%, a condutividade é quase o dobro de quando o teor de umidade é zero.

O módulo de elasticidade do concreto celular é, normalmente, entre 1,7 e 3,5 GPa. A fluência expressa com base na relação tensão/resistência é praticamente a mesma do concreto comum; entretanto, com base na mesma tensão, a deformação específica do concreto celular é maior (ver Capítulo 12). Quando comparado a um concreto com agregados leves de mesma resistência, o concreto celular tem maior movimentação térmica, maior retração e maior movimento de água, mas isso pode ser reduzido pelo processo de autoclavagem (cura com vapor a alta pressão), o que também melhora a resistência à compressão.

Os métodos de determinação das propriedades do concreto celular autoclavado são prescritos pela BE EN 678: 1994 (resistência à compressão), BS EN 1351: 1997 (resistência à tração na flexão), BS EN 679: 2005 (massa específica seca) e BS EN 680: 2005 (retração).

O concreto celular é utilizado, principalmente, para fins de isolamento térmico devido a sua baixa condutividade térmica e para fins de proteção contra o fogo, devido a sua maior resistência nesse aspecto em relação ao concreto normal. Estruturalmente o concreto celular é utilizado, principalmente, na forma de blocos autoclavados ou elementos pré-moldados, mas pode ser utilizado também para a produção de pisos ou lajes pré-fabricadas com vigotas, substituindo o elemento de enchimento. Camadas isolantes contínuas podem ser obtidas com concreto celular fluido utilizando superplastificantes (ver página 154).

Outras vantagens do concreto celular são as seguintes: pode ser serrado, tem capacidade de suporte para pregos e é razoavelmente durável, pois, apesar de sua absorção de água ser elevada, a velocidade de penetração de água através do concreto celular é baixa, já que os grandes poros não se enchem por sucção. Por isso, o concreto aerado tem uma resistência ao congelamento comparativamente boa e, quando revestido, pode ser utilizado para a construção de paredes.

A armadura não protegida no concreto aerado pode estar vulnerável à corrosão, mesmo quando o ataque externo não é muito severo. Portanto, ela deve ser tratada por imersão em um líquido anticorrosivo adequado. Tem-se obtido resultados bem sucedidos com soluções betuminosas e resinas epóxi, sem nenhum efeito adverso em relação à aderência.*

Concreto sem finos

Este concreto é obtido pela exclusão do agregado miúdo da mistura, de modo que ocorra uma aglomeração de partículas de agregados graúdos, nominalmente, de uma só dimensão, sendo cada uma delas envolvida por uma camada de pasta de cimento de espessura aproximada de 1,3 mm. Dessa forma, existem grandes poros no corpo do concreto que são responsáveis por sua baixa resistência, mas, da mesma forma que no concreto celular, suas grandes dimensões implicam em não haver a ocorrência de movimentação capilar de água; consequentemente, a taxa de penetração de água é baixa.

Para um determinado tipo de agregado, a massa específica do concreto sem finos depende principalmente da granulometria do agregado. Com agregado de uma mesma dimensão, a massa específica é cerca de 10% menor que quando utilizados agregados bem graduados de mesma massa específica. A dimensão usual do agregado varia entre 10 e 20 mm, admitindo-se grãos até 5% maiores e 10% menores, mas nenhum material deve ser menor que 5 mm. Um concreto sem finos com massa específica bastante baixa, na ordem de 640 kg/m^3, pode ser obtido com o uso de agregados leves. Por outro lado, com agregados normais, a massa específica varia entre 1600 a 2000 kg/m^3 (ver Tabela 18.4). Agregados com arestas cortantes devem ser evitados, pois pode ocorrer esmagamento localizado quando sob um carregamento.

Comparado com o concreto comum, o concreto sem finos é pouco adensável; na realidade, a vibração deve ser aplicada somente por períodos de tempo bastante curtos, caso contrário, a pasta de cimento pode escapar. O apiloamento não é recomendado, já que pode levar a uma elevada densidade localizada, provocando o arqueamento da forma. Não existem ensaios de trabalhabilidade para o concreto sem finos, sendo adequada uma inspeção visual para garantir um revestimento uniforme de todas as partículas. Já que o concreto sem finos não segrega, ele pode ser lançado a partir de alturas consideráveis e em camadas de grandes espessuras.

A resistência à compressão do concreto sem finos varia, em geral, entre 1,4 e 14 MPa, dependendo, principalmente, de sua massa específica, que é governada pelo consumo de cimento (ver Tabela 18.4). As misturas práticas apresentam ampla variação, com um limite inferior da relação cimento/agregado, em volume, variando entre 1:10 e 1:20, com consumos de cimento aproximados entre 130 kg/m^3 e 70 kg/m^3. Enquanto para o concreto normal, produzido com agregados bem graduados, a relação água/cimento é o elemento que controla a resistência (ver Capítulo 6),

---

* N. de T.: No Brasil, existe normalização para o concreto celular espumoso destinado a paredes moldadas no local (NBR 12644:1992; NBR 12645:1992 e NBR 12646:1992) e para blocos de concreto celular autoclavado (NBR 13438:1995; NBR 13439:1995 e 13440:1995).

Tabela 18.4 Dados típicos de concretos sem finos, com agregados entre 10 e 20 mm

Relação agregado/ cimento, em volume	Relação água/ cimento, em massa	Massa específica (kg/dm³)	Resistência à compressão aos 28 dias (MPa)
6	0,38	2020	14
7	0,40	1970	12
8	0,41	1940	10
10	0,45	1870	7

isso não ocorre para o concreto sem finos, em que existe um valor ótimo, bastante justo, de relação água/cimento para qualquer agregado dado. Uma relação água/cimento mais alta que a ótima pode fazer com que a pasta escoe para fora das partículas de agregados, enquanto uma pasta de relação água/cimento baixa pode não ser suficientemente adesiva e não formar uma composição uniforme do concreto. A relação água/cimento ótima típica varia entre 0,38 e 0,52, dependendo do consumo de cimento necessário para uma cobertura suficiente dos agregados.

A resistência real do concreto tem de ser determinada por ensaios, mas o crescimento da resistência com a idade é similar ao do concreto comum. A resistência à tração na flexão (ver página 302) do concreto sem finos, entretanto, é cerca de 30% da resistência à compressão, uma porcentagem maior que no concreto normal.

Devido ao concreto sem finos apresentar baixa coesão, as fôrmas devem permanecer montadas até que uma resistência suficiente tenha se desenvolvido. A cura úmida é importante, especialmente em climas secos ou em condições ventosas, por causa da pequena espessura de pasta de cimento envolvente.

A retração do concreto sem finos é consideravelmente menor que o concreto normal porque contração é restringida pelo grande volume de agregado em relação à pasta. A taxa inicial de retração, porém, é elevada devido à grande área superficial da pasta de cimento exposta ao ar. Valores típicos de retração após 1 mês de secagem situam-se entre 120×10^{-6} e 200×10^{-6}.

A movimentação térmica do concreto sem finos é cerca de 70% do valor do concreto normal, sendo o valor real do coeficiente de dilatação térmica dependente, é claro, do tipo de agregado utilizado. Como no concreto celular, uma vantagem do concreto sem finos é sua baixa condutividade térmica, sendo aproximadamente 0,22 J/m²s°C/m com agregado leve e 0,80 J/m²s°C/m com agregado comum; um elevado teor de umidade no concreto aumenta consideravelmente a condutividade térmica.

A ausência de capilares torna o concreto sem finos, altamente resistente ao congelamento, desde que os poros não estejam saturados, caso em que o congelamento pode causar uma rápida desagregação. A alta absorção de água torna o concreto sem finos inadequado para uso em fundações. Apesar de em condições menos severas a absorção ser menor, ainda é necessário o revestimento dos dois lados de paredes externas, uma prática que reduz a permeabilidade ao ar, bem como as propriedades de absorção de som do concreto sem finos. Em situações em que as propriedades acústicas são consideradas de importância fundamental, um dos lados de uma parede *não* deve ser revestido.

Embora a resistência do concreto sem finos seja consideravelmente menor que do concreto normal, sua resistência, em conjunto com seu baixo peso próprio, é suficiente para o uso em edifícios, mesmo de vários andares, e em muitas outras aplicações. O concreto sem finos normalmente não é utilizado em concreto armado, mas, caso isso seja necessário, a armadura deve ser revestida com uma fina camada (cerca de 3 mm) de pasta de cimento para melhorar as características de aderência e prevenir a corrosão. A maneira mais fácil de revestir a armadura é com concreto projetado (ver página 138).

Como não existe areia e o consumo de cimento no concreto sem finos é baixo, seu custo é comparativamente baixo. Em misturas pobres, o consumo de cimento pode ser bastante pequeno, na faixa de 70 a 130 kg por metro cúbico de concreto.

Bibliografia

18.1 ACI COMMITTEE 213.R–03, Guide to structural lightweight aggregate concrete, Part 1, *ACI Manual of Concrete Practice* (2007).

18.2 ACI COMMITTEE 523.1R–06. Guide for cast-in-place low density concrete; ACI COMMITTEE 523.2R–96, Guide for low density precast concrete floor, roof, and wall units. Part 6, *ACI Manual of Concrete Practice* (2007).

18.3 V. H. VILLARREAL and D. A. CROCKER, Better pavements through internal hydration, *Concrete International*, 29, No. 2, pp. 32–6 (2007).

18.4 RILEM, *Autoclaved Aerated Concrete: Properties, Testing, and Design*, E. & F. N. Spon, London (1993).

Problemas

18.1 Discorra sobre o uso de concreto sem finos.
18.2 Discorra sobre as propriedades do concreto isolante.
18.3 Quais são as diferenças entre o concreto leve e o concreto com agregado leve?
18.4 O que se entende por concreto leve estrutural? Como ele é classificado?
18.5 O que acontece quando o pó de alumínio é colocado em uma mistura de concreto?
18.6 O que se entende por agregado leve artificial?
18.7 Descreva alguns métodos de produção de agregados leves.
18.8 Quais são as principais categorias de agregados leves?
18.9 Em que aspecto o comportamento tensão-deformação do concreto leve difere do concreto normal?
18.10 Quais são as principais diferenças entre agregados leves e normais?
18.11 Para que fins são utilizados agregados leves?
18.12 O que é concreto leve não estrutural?
18.13 O que é concreto semileve?
18.14 Quais são as vantagens do concreto semileve quando comparado ao concreto leve?
18.15 Quais são as vantagens do concreto semileve quando comparado ao concreto normal?
18.16 Compare o módulo de elasticidade de concretos produzidos com agregados leves e normais.

18.17 Compare a retração de concretos produzidos com agregados leves e normais.
18.18 Compare a fluência de concretos produzidos com agregados leves e normais.
18.19 Como o agregado leve influencia na corrosão da armadura?
18.20 Dê os nomes alternativos para o concreto celular.
18.21 Discuta o efeito da massa específica e teor de umidade na condutividade térmica do concreto.
18.22 Comente sobre a resistência ao cisalhamento do concreto produzido com agregado leve.
18.23 Compare a variabilidade dos agregados normais e dos agregados leves artificiais.

19
Dosagem

Como se decide qual é o concreto necessário para uma utilização específica? As propriedades exigidas do concreto *endurecido* são especificadas pelo projetista estrutural, e as propriedades do concreto *fresco* são determinadas pelo tipo de obra e pelas técnicas de transporte e lançamento. Esses dois conjuntos de exigências tornam possível determinar a composição da mistura*, levando em consideração o nível de controle executado na obra. Em função disso, a dosagem pode ser definida como o processo de seleção dos componentes adequados e a determinação de suas proporções com o objetivo de produzir um concreto econômico, que tenha algumas propriedades mínimas, particularmente trabalhabilidade, resistência e durabilidade.

Nos capítulos anteriores, foram discutidos detalhadamente os vários fatores que influenciam nas propriedades do concreto. Neste capítulo, serão brevemente resumidos os fatores importantes considerados no processo de dosagem aplicados aos traços projetados**, não abordando os traços prescritos, padronizados e designados*** (ver página 329). As especificações estabelecem os valores limites para uma gama de propriedades que devem ser atendidas. Essas propriedades normalmente são relação água/cimento máxima, consumo mínimo de cimento, resistência mínima, trabalhabilidade mínima, dimensão máxima do agregado e limites para o teor de ar.****

Deve-se explicar que traço projetado no estrito sentido da palavra não é possível: os materiais utilizados são variáveis em vários aspectos, e muitas de suas propriedades não podem ser avaliadas de maneira totalmente quantitativa, de modo que está sendo feita nada mais que uma hipótese inteligente de uma combinação ótima dos componentes com base nas relações estabelecidas nos capítulos anteriores. Por

---

* N. de T.: A NBR 12655:2006 define os termos traço ou composição como a expressão das quantidades, em massa ou volume, dos componentes do concreto, em geral referido ao cimento.
** N. de T.: Termo original *designed*.
*** N. de T.: Termos originais, respectivamente, *prescribed*, *standard* e *designated*.
**** N. de T.: A NBR 12655:2006 reconhece dois tipos de estudos de dosagem: a dosagem racional e experimental e a dosagem empírica. A dosagem experimental deve ser utilizada em concreto com resistência de classe C15 (f_{ck} = 15 MPa) ou superior, utilizando os mesmos materiais e condições semelhantes às da obra. O estudo deve ser realizado com antecedência em relação ao início da concretagem e devem ser levadas em conta as prescrições do projeto e as condições de execução. A dosagem empírica somente pode ser utilizada para concreto C10 (f_{ck} = 10 MPa) e deve ter um consumo mínimo de cimento de 300 kg por metro cúbico.

isso, não é surpresa que, com o objetivo de obter uma mistura satisfatória, sejam feitas verificações das proporções estimadas por meio de misturas experimentais e, se necessário, sejam realizados ajustes apropriados nas proporções até que uma mistura satisfatória seja obtida.

Nas seções subsequentes, será abordado o método de dosagem americano (ACI 211.1-91) para concreto normal. A ACI 211.1-91 também aborda concreto pesado e concreto massa. Além disso, será discutido o método britânico para concreto normal, desenvolvido pelo Department of the Environment em 1975 e revisado em 1988. São apresentados exemplos de ambos métodos. A seção final aborda a dosagem de concreto com agregado leve, principalmente conforme prescrições da ACI 211-2-91 (Reapproved 2004).

Fatores a serem considerados

Serão agora descritos os fatores econômicos e técnicos, bem como os procedimentos para a estimativa das quantidades da mistura. Praticamente em todos os casos a resistência do concreto deve ser considerada. O custo real do concreto é relacionado aos materiais necessários para a produção de uma determinada resistência média, mas, como visto no Capítulo 17, o projetista estrutural especifica um valor de resistência mínima. Em geral, a resistência para fins estruturais é exigida aos 28 dias, mas outras considerações podem prescrever a resistência em outras idades, por exemplo, prazos para retirada das fôrmas. A variabilidade esperada ou conhecida determina a resistência média. A partir da adoção de técnicas de controle de qualidade, a variabilidade da resistência do concreto pode ser minimizada de modo que uma resistência média menor seja exigida para atender uma determinada resistência de projeto. Entretanto, o custo da implementação e operação de um sistema de controle mais elaborado deve ser verificado em relação à possível economia em cimento resultante de uma menor resistência média.*

Relação água/cimento

A relação água/cimento necessária para produzir um determinada resistência média é melhor determinada a partir de relações previamente estabelecidas para misturas produzidas com componentes similares ou pela realização de ensaios utilizando misturas experimentais com os materiais que serão utilizados na obra, incluindo aditivos. As Tabelas 19.1, 19.2 e 19.3 e a Figura 19.1, entretanto, podem ser utilizadas para estimar uma relação água/cimento aproximada dos cimentos listados a cada conjunto de valores. Para outros cimentos, a relação água/cimento deve ser estabelecida por misturas experimentais.

No caso do método britânico de dosagem, a partir do conhecimento do tipo de agregado graúdo, tipo de cimento e idade exigida, a resistência média para uma

---

* N. de T.: Nas normas brasileiras, a resistência especificada pelo projetista é a resistência característica à compressão (f_{ck}) e a resistência de dosagem é designada como f_{cj}, que é a resistência média do concreto à compressão, prevista para a idade de j dias.

Tabela 19.1 Relação entre relação água/materiais cimentícios e a resistência à compressão média do concreto, segundo a ACI 211.1-91 (Reapproved 2002)

Resistência à compressão média aos 28 dias (MPa)	Relação água/materiais cimentícios efetiva, em massa	
	Concreto sem ar incorporado	Concreto com ar incorporado
41,4	0,41	–
34,5	0,48	0,40
27,6	0,57	0,48
20,7	0,68	0,59
13,8	0,82	0,74

Para concreto sem ar incorporado com teor de ar aprisionado de no máximo de 2% e 6% para concreto com ar incorporado. Para uma relação água/cimento constante, a resistência deve ser conservativa e deve ser alterada quando materiais cimentícios diferentes forem utilizados. A velocidade de desenvolvimento da resistência também pode ser alterada.

Resistência baseada em corpos de prova cilíndricos normalizados e concreto produzido com agregados de dimensão máxima entre 20 e 25 mm. A resistência irá aumentar conforme a dimensão nominal do agregado diminuir.

relação água/cimento livre (ou efetiva) de 0,5 é obtida a partir da Tabela 19.2. Esse valor é levado à Figura 19.1 e uma curva de resistência versus relação água/cimento é plotada por interpolação entre as curvas adjacentes ao valor introduzido. A partir disso, a relação água/cimento livre para a resistência desejada pode ser obtida no gráfico.

É importante que a relação água/cimento selecionada com base na resistência seja adequada também para as exigências de durabilidade. Além disso, a relação

Tabela 19.2 Resistência à compressão aproximada de misturas de concreto com água/cimento livre de 0,5 segundo o método britânico de 1997

Tipo de cimento	Tipo de agregado graúdo	Resistência à compressão na idade de (dias)			
		3	7	28	91
Portland comum (Tipo I ASTM)	Natural	22	30	42	49
Portland resistente a sulfato (Tipo V ASTM)	Britado	27	36	49	56
Alta resistência inicial (Tipo III ASTM)	Natural	29	37	48	54
	Britado	34	43	55	61

* Medida em cubos
Building Research Establishment, Crown copyright

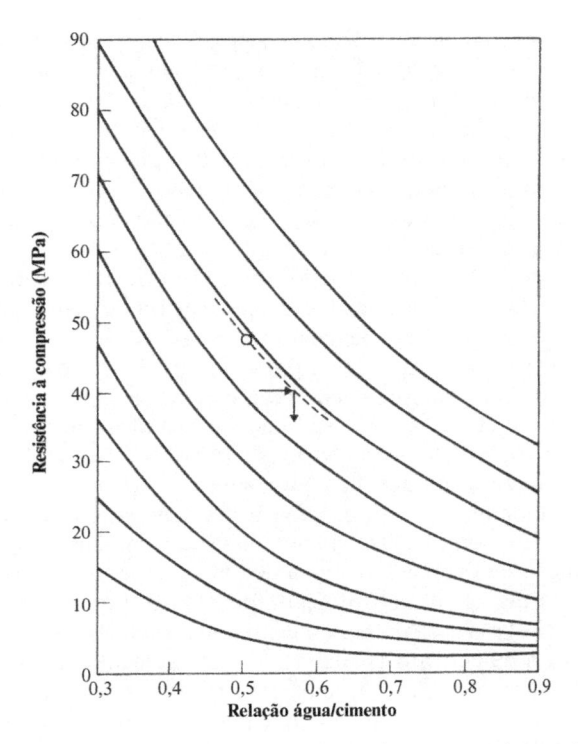

Figura 19.1 Relação entre resistência à compressão e relação água/cimento livre para utilização no método britânico de dosagem. Um exemplo é mostrado, em que o cimento Portland resistente a sulfatos (Tipo V ASTM) é utilizado para a produção do concreto. Conforme a Tabela 19.2, para um relação água/cimento livre de 0,5, a resistência aos 28 dias é 49 MPa. Este ponto é plotado e a curva tracejada é interpolada entre as curvas adjacentes. A partir desta curva, a relação água/cimento para uma resistência de 40 MPa é estimada em 0,57.

água/cimento relativa à durabilidade deve ser estabelecida antes do início da realização do projeto estrutural, pois, se é menor que a necessária para os aspectos estruturais, podem ser obtidas vantagens no projeto estrutural pelo uso de um concreto de maior resistência.

Quando são utilizadas pozolana ou escória no concreto, deve ser considerada a relação água/materiais cimentícios, em massa.* Com pozolanas, a abordagem da ACI 211.1-91 é considerar a relação água/materiais cimentícios equivalente à relação água/cimento de uma mistura de cimento Portland, seja tendo a mesma massa de material cimentício, seja tendo o mesmo volume de material cimentício de cimento em uma mistura pura de cimento Portland. No método da massa, a relação água/

---

* N. de T.: Também denominada de relação água/aglomerantes.

materiais cimentícios é igual à relação água/cimento de uma mistura pura de cimento Portland, mas, como os materiais cimentícios possuem menor massa específica que o cimento Portland, o volume desses materiais é maior que o volume de cimento Portland na mistura pura. No método do volume, a massa de materiais cimentícios é menor que a massa de cimento em uma mistura pura, de modo que a relação água/materiais cimentícios é maior que na mistura contendo somente cimento Portland.

Qualquer que seja o critério adotado, a substituição parcial do cimento por pozolana, em geral, reduz a resistência nas idades iniciais (ver Fig. 2.6). Por essa razão, o método de dosagem da ACI 211.1-91 é utilizado principalmente para concreto massa, em que a redução do calor de hidratação é de fundamental importância (ver página 166) e a resistência inicial, de menor importância.

O uso de cinza volante (CV), uma pozolana artificial, no concreto em geral, e não somente para um fim específico, recentemente se tornou mais comum. Em consequência, o concreto deve ser dosado de modo a alcançar as exigências de resistência aos 28 dias, bem como, é claro, os requisitos de durabilidade. No Reino Unido, um enfoque é reconhecer dois fatores resultantes do uso da cinza volante: melhor trabalhabilidade e, portanto, redução da demanda de água, e redução da resistência inicial. Para a mesma trabalhabilidade que uma mistura pura de cimento Portland, a redução da demanda de água de uma mistura com cinza volante cresce com o aumento do teor de substituição. Entretanto, para compensar a redução da resistência inicial, a massa de material cimentício (comparada com a massa de cimento na mistura de cimento Portland) deve ser aumentada. Como consequência, a relação água/materiais cimentícios é menor que a relação água/cimento da mistura com cimento Portland. Esse enfoque pode ser descrito como um método de substituição modificado, que é um compromisso entre a simples substituição parcial do cimento por pozolana e a adição de pozolana ao cimento. Um novo método de dosagem para concreto contendo cinza volante foi desenvolvido pelo Department of the Environment em 1988. Defensores do uso de elevado teor de cinza volante recomendam teores de cinzas de até 50% de materiais cimentícios, mas isso pode resultar em problemas quando aditivos estiverem sendo usados.

Tipo de cimento

As propriedades dos diferentes tipos de cimento foram discutidas no Capítulo 2. A escolha do tipo de cimento depende da velocidade de desenvolvimento de resistência exigido, da possibilidade de ataque químico e de considerações térmicas. Todas foram discutidas anteriormente, mas é válido reiterar a necessidade de um cimento com elevada taxa de liberação de calor de hidratação para concretagem em clima frio e um com baixa taxa de liberação de calor de hidratação para concreto massa e para concretagem em clima quente (ver Capítulo 9). Neste último caso, pode ser necessário o uso de uma relação água/cimento baixa, de modo a garantir uma resistência inicial satisfatória. A resistência ao gelo-degelo não é um fator de escolha do cimento, exceto nos casos de cimentos com elevados teores de cinza volante e escória granulada de alto-forno (ver Tabela 15.1).

Durabilidade

Condições de exposição severas exigem rigoroso controle da relação água/cimento em função de ela ser um fator fundamental na permeabilidade da pasta de cimento e em grande parte do concreto resultante (ver Capítulo 14). Além disso, um cobrimento das armaduras adequado é essencial. As exigências da BS 8500-1: 2006 dadas na Tabela 14.4 são a base para o cobrimento mínimo para concreto armado e protendido expostos às diferentes condições estipuladas na Tabela 15.1. O cobrimento mínimo deve ser sempre maior que a dimensão das barras e que a dimensão máxima nominal do agregado. A qualidade do concreto do cobrimento é especificada pela máxima relação água/materiais cimentícios, consumo mínimo de materiais cimentícios e classe de resistência do concreto.* Para concretos resistentes a gelo-degelo (ver Tabela 15.1), as exigências de durabilidade para diferentes condições de exposição são dadas em função dos mesmos parâmetros. A razão para a especificação do consumo mínimo de material cimentício e resistência é que a relação a/c não é de fácil medida e controle para fins de conformidade. Entretanto, a relação água/cimento pode ser avaliada indiretamente por meio da trabalhabilidade da mistura, teor de material cimentício e resistência. Deve ser lembrado que, para uma determinada trabalhabilidade, o aumento da dimensão máxima do agregado reduz a demanda de água da mistura, de modo que, se a relação a/c é fixada em função de requisitos de durabilidade, o consumo de material cimentício pode então ser reduzido pelo uso de agregados maiores (ver página 64).

As exigências da ACI 318-05 para concreto armado são dadas nas Tabelas 14.6 e 14.7. Nesse caso, a relação a/c máxima é especificada para concreto normal, enquanto a resistência mínima é especificada para concreto com agregados leves devido à incerteza da determinação da relação a/c efetiva ou livre. Deve ser lembrado que o ar incorporado é essencial em condições de gelo-degelo ou exposição a sais de degelo (ver Tabelas 15.1 e 15.3), embora o ar incorporado não proteja o concreto que contém agregados que sofrem alterações de volume destrutivas quando congelados em condição saturada.

A Tabela 14.1 lista os tipos de cimento apropriados e as máximas relações a/c livre (ou resistências mínimas no caso de concreto com agregados leves) para várias condições de exposição a sulfatos, segundo a ACI 318-05. No Reino Unido, a BS EN 206-1: 2000 estipula o consumo mínimo de material cimentício (ver Tabela 14.5) para várias dimensões máximas de agregados, bem como a relação a/c livre e classe de resistência para concretos duráveis na presença de sulfatos (ver Tabela 14.2).

Deve-se ressaltar que, além da correta seleção do tipo de material cimentício, relação água/material cimentício e teor de ar incorporado, também são essenciais para a obtenção de concretos duráveis um adensamento adequado e um período mínimo de cura úmida.**

---

* N. de T.: No Brasil, resistência característica à compressão $-f_{ck}$. A NBR1655:2006 e a NBR6118:2007 estabelecem valores máximos de relação água/cimento e mínimos de resistência do concreto (f_{ck}) e consumo de cimento em função das condições de exposição, para concreto armado e protendido.

** N. de T.: As exigências das normas brasileiras em relação a estes aspectos foram apresentadas nos respectivos capítulos.

Trabalhabilidade e quantidade de água

Até o momento, foram consideradas as exigências para o concreto ser satisfatório no estado endurecido, mas, conforme citado antes, suas propriedades durante o manuseio e lançamento são igualmente importantes. Uma exigência essencial nesse estado é trabalhabilidade adequada.

A trabalhabilidade considerada desejável depende de dois fatores. O primeiro é a dimensão da seção a ser concretada, e a quantidade e o espaçamento das barras da armadura. O segundo é o método de adensamento a ser utilizado.

É claro que, quando a seção é estreita e complexa, ou quando existem vários cantos ou partes inacessíveis, o concreto deve ter elevada trabalhabilidade, de modo que o adensamento total seja obtido com uma quantidade aceitável de energia. O mesmo se aplica quando existem peças de aço e acessórios embutidos ou quando a quantidade e o espaçamento da armadura dificultam o lançamento e o adensamento. Como essas características são determinadas durante o projeto, o tecnologista responsável pela dosagem recebe requisitos preestabelecidos, cabendo a ele pouca escolha. Por outro lado, quando não existem essas limitações, a trabalhabilidade pode ser escolhida dentro de limites amplos, mas os meios de adensamento devem ser escolhidos de acordo. É importante que o método de adensamento prescrito seja realmente utilizado durante toda a duração da obra. Um guia sobre trabalhabilidade para diferentes tipos de obras é dado nas Tabelas 5.1 e 19.3.

O custo da mão de obra é bastante influenciado pela trabalhabilidade da mistura. Uma trabalhabilidade inadequada aos métodos de adensamento disponíveis resulta em maior custo de mão de obra para que o concreto seja suficientemente adensado. Para um determinado consumo de cimento, a trabalhabilidade ótima é determinada pela relação agregado miúdo/graúdo e pela dimensão máxima do agre-

Tabela 19.3 Valores recomendados de abatimento de tronco de cone para vários tipos de obras, conforme a ACI 211-91 (Reapproved 2002)

Tipo de obra	Faixa do abatimento de tronco de cone* mm
Estruturas de contenção armadas e sapatas	20–80
Blocos, tubulões, ensecadeiras e paredes em subsolo	20–80
Vigas e paredes armadas	20–100
Pilares de edifícios	20–100
Pavimentos e lajes	20–80
Concreto massa	20–80

*O limite superior do abatimento de tronco de cone deve ser aumentado em 20 mm quando for realizado adensamento manual.

O abatimento de tronco de cone pode ser aumentado quando são utilizados aditivos, desde que o concreto com aditivo tenha relação água/materiais cimentícios igual ou menor e não apresente segregação ou exsudação excessiva.

gado. A trabalhabilidade pode ser melhorada pela adição de mais cimento e água ou pelo uso de aditivos (ver Capítulo 8), mas seu custo deve ser considerado.

A partir da escolha da trabalhabilidade, a quantidade de água da mistura pode ser estimada (massa de água por unidade de volume de concreto). A ACI 211.1-91 dá a quantidade de água para várias dimensões máximas de agregados e trabalhabilidades com e sem a incorporação de ar (ver Tabela 19.4). Os valores se aplicam a agregados graúdos angulosos de formas adequadas.

O método britânico de dosagem de 1997 adota um enfoque similar para estimar a quantidade de água livre, mas faz uma diferenciação entre agregados naturais e britados (ver Tabela 19.5). No caso de concreto com ar incorporado, a quantidade de água livre é selecionada para a próxima categoria de menor trabalhabilidade da Tabela 19.5, por exemplo, a quantidade de água para um abatimento de tronco de cone especificado de 30 a 60 mm é selecionada a partir da categoria de abatimento de tronco de cone de 10 a 30 mm.

Para uma determinada trabalhabilidade, a quantidade de água de uma mistura contendo cinza volante depende do nível de substituição de cimento Portland. No método britânico, a quantidade de água estimada de uma mistura pura de cimento Portland é reduzida pelas quantidades da Tabela 19.6. Deve ser destacado que, para uma determinada trabalhabilidade, uma mistura com cinza volante tem menor abatimento de tronco de cone que uma mistura pura de cimento Portland. Na realidade, uma regra geral é permitir uma redução no abatimento de tronco de cone de aproximadamente 25 mm.

Quando estiver sendo feito o uso de escória granulada de alto-forno na forma de substituição do cimento Portland, a trabalhabilidade pode ser obtida com menores quantidades de água, já que normalmente ela age como um agente redutor de água. Como uma aproximação, o método britânico recomenda que as quantidades de água da Tabela 19.5 sejam reduzidas em 5 kg/m^3 de concreto.

Escolha do agregado

Como estabelecido anteriormente, no concreto armado a dimensão máxima do agregado que pode ser utilizado é determinada pela largura da seção e pelo espaçamento das armaduras. A partir dessa condição, é, em geral, desejável utilizar a maior dimensão de agregado possível. Entretanto, deve ser lembrado que as melhorias nas propriedades do concreto com o aumento da dimensão do agregado não continuam para dimensões acima de 40 mm, de modo que a utilização de agregados ainda maiores não é vantajosa (ver página 64).

Além disso, o uso de uma dimensão maior implica que um maior número de pilhas de agregados deve ser mantido e as operações de proporcionamento se tornam correspondentemente mais complicadas. Isso pode se tornar antieconômico em obras pequenas, mas, em situações em que serão utilizadas grandes quantidades de concreto, o custo extra de operação pode ser compensado pela redução no consumo de cimento da mistura.

Tabela 19.4 Demandas de água de amassamento aproximadas e teor de ar para diferentes trabalhabilidades e dimensões nominais de agregados segundo a ACI 211.1-91 (Reapproved 2002)

Trabalhabilidade ou teor de ar	Quantidade de água (kg/m³) de concreto por dimensão máxima de agregado							
	10 mm	12,5 mm	20 mm	25 mm	40 mm	50 mm	70 mm	150 mm
	Concreto sem ar incorporado							
Abatimento de tronco de cone:								
30–50 mm	205	200	185	180	160	155	145	125
80–100 mm	225	215	200	195	175	170	160	140
150–180 mm	240	230	210	205	185	180	170	–
Teor aproximado de ar aprisionado (%)	3	2,5	2	1,5	1	0,5	0,3	0,2

Concreto com ar incorporado

Abatimento de tronco de cone:								
30–50 mm	180	175	165	160	145	140	135	120
80–100 mm	200	190	180	175	160	155	150	135
150–180 mm	215	205	190	185	170	165	160	—
Teor médio de ar total recomendado (%)								
Exposição amena	4,5	4,0	3,5	3,0	2,5	2,0	1,5*	1,0*
Exposição moderada	6,0	5,5	5,0	4,5	4,5	4,0	3,5*	3,0*
Exposição severa†	7,5	7,0	6,0	6,0	5,5	5,0	4,5*	4,0*

Valores do abatimento de tronco contendo agregado maior que 40 mm são baseados em ensaios de abatimento realizados após a remoção das partículas maiores que 40 mm por peneiramento via úmida.

As quantidades de água para agregado de dimensão nominal de 70 mm e 150 mm são valores médios para agregados com forma adequada, bem graduados, desde graúdos aos miúdos.

*Para concreto contendo agregados de grandes dimensões que serão peneirados em peneira maior que 40 mm antes do ensaio do teor de ar, a porcentagem de ar esperada no material menor que 40 mm deve ser conforme tabelada na coluna de 40 mm. Entretanto, o cálculo da dosagem inicial deve ser baseado no teor de ar como uma porcentagem da mistura total.

†Estes valores são baseados no critério de que é necessário um teor de ar 9% na fase argamassa do concreto.

Tabela 19.5 Quantidade de água livre necessária para vários níveis de trabalhabilidade, segundo o Método Britânico de 1997

Agregado		Quantidade de água (kg/m³) para:				
Dimensão máxima (mm)	Tipo	Abatimento de tronco de cone (mm)	0–10	10–30	30–60	60–180
		Vebe (s)	>12	6–12	3–6	0–3
10	Natural		150	180	205	225
	Britado		180	205	230	250
20	Natural		135	160	180	195
	Britado		170	190	210	225
40	Natural		115	140	160	175
	Britado		155	175	190	205

Building Research Establishment, Crown copyright

A escolha da dimensão máxima do agregado também pode ser determinada pela disponibilidade do material e por seu custo. Por exemplo, quando várias dimensões são selecionadas de uma jazida, em geral é preferível não rejeitar a maior dimensão, desde que embasada em fundamentos técnicos.

As ressalvas no parágrafo anterior se aplicam igualmente à granulometria do agregado, já que, em geral, é mais econômico utilizar o material disponível no local, mesmo que ele exija uma mistura mais rica (desde que ele produza um concreto sem segregação), que transportar por maior distância um agregado mais bem graduado.

Tabela 19.6 Reduções na quantidade de água livre da Tabela 19.5 pela utilização de cinza volante

Porcentagem de cinza volante no material cimentício	Redução na quantidade de água (kg/m³) para:				
	Abatimento de tronco de cone (mm)	0–10	10–30	30–60	60–100
	Vebe (s)	>12	6–12	3–6	0–3
10		5	5	5	10
20		10	10	10	15
30		15	15	20	20
40		20	20	25	25
50		25	25	30	30

Building Research Establishment, Crown copyright

Uma importante característica de agregados adequados é a uniformidade de sua granulometria. No caso de agregados graúdos, isso é relativamente fácil pelo uso de pilhas separadas para cada dimensão. Entretanto, um cuidado muito maior é necessário para manter a uniformidade de agregados miúdos, e isso é especialmente importante quando a quantidade de água é controlada pelo operador da betoneira com base em trabalhabilidade constante. Uma mudança imprevista para uma granulometria mais fina exige água adicional para a manutenção da trabalhabilidade e isso se traduz por uma resistência menor da amassada em questão. Um excesso de agregado miúdo pode também tornar o adensamento total impossível e, com isso, causar uma diminuição da resistência.

Em termos gerais, pode ser dito que, ao mesmo tempo em que os limites especificados para a granulometria do agregado podem ser excessivamente restritivos, é essencial que, entre cada lote, a granulometria do agregado se apresente somente dentro dos limites especificados.

Como estabelecido na página 62, não existe uma granulometria composta* de agregados miúdos e graúdos ideal devido à influência de vários fatores interagindo na trabalhabilidade. Alternativamente, são recomendadas várias granulometrias práticas. As referentes aos agregados miúdos estão apresentadas na Tabela 3.8, enquanto as para agregados graúdos, nas Tabelas 3.9 e 3.10.

Para concreto massa com agregados de dimensão máxima superior a 40 mm, a ACI 211.1-91 recomenda a combinação de frações de agregados graúdos, de forma a resultar na maior massa específica e no mínimo de vazios. Nesse caso, uma curva granulométrica parabólica para a porcentagem de material passante em cada peneira representa a granulometria "ideal", ou seja:

$$P = \frac{d^x - 3{,}76^x}{D^x - 3{,}76^x} \times 100 \tag{19.1}$$

onde: P = porcentagem acumulada passante na peneira d;
d = dimensão da peneira (mm);
D = dimensão máxima nominal do agregado (mm);
x = expoente (0,5 para agregado arredondado e 0,8 para agregado britado).

A Tabela 19.7 mostra a granulometria ideal combinada para agregados de dimensão nominal máxima de 150 mm e 75 mm, conforme a Eq. (19.1).

Para exemplificar o proporcionamento das frações de agregados britados de forma a obter a granulometria ideal combinada da primeira coluna da Tabela 19.7, serão consideradas quatro frações de dimensões: 150 a 75 mm; 75 a 37,5 mm; 37,5 a 19 mm e 19 a 4,76 mm. As granulometrias dessas frações são dadas na Tabela 19.8.

Seja a a proporção de 150 a 75 mm, b a proporção de 75 a 37,5 mm, c a proporção de 37,5 a 19 mm e d a proporção de 19 a 4,76 mm, todas no total de agregados

---

* N. de T.: Ou mistura de agregados.

graúdos. Para atender a condição de que 55% do agregado combinado passe na peneira 75 mm, tem-se:

$$0,10a + 0,92b + 1,0c + 1,0d = 0,55(a + b + c + d).$$

A condição de que 28% do agregado combinado passe na peneira 37,5 mm requer:

$$0,06b + 0,94c + 1,0d = 0,28(a + b + c + d).$$

Da mesma forma para a peneira 19 mm,

$$0,04c + 0,92d = 0,13(a + b + c + d).$$

Para resolver as equações anteriores, de a a d, pode ser considerado que $a = 1$, de modo que b, c e d podem ser calculados como uma fração de 1. Este procedimento resulta nas seguintes proporções:

$a:b:c:d = 1:0,50:0,28:0,29$

ou, em outras palavras, são necessários 48% da fração entre 150 e 75 mm, 24% entre 75 e 37,5 mm, 14% entre 37,5 e 19 e 14% entre 19 e 4,76.

Para verificar a granulometria da mistura de agregados (agregado combinado), multiplica-se as colunas (1), (2), (3) e (4) da Tabela 19.8 por, respectivamente, 1, 0,50, 0,28 e 0,29. Os quatro produtos de cada linha são somados e divididos pela soma de $a + b + c + d$, ou seja, 2,07, para a obtenção da granulometria da mistura de agregados.

A Fig. 19.2 compara a granulometria da mistura com a curva "ideal". Pode ser visto que a concordância exata ocorre nas porcentagens acumuladas especificadas passantes nas peneiras escolhidas como origem das constantes b a d. Esse método, entretanto, não mostra ajustes perfeitos para outras dimensões de peneiras, mas os desvios não são muito grandes.

O método, portanto, é válido para a estimativa das quantidades de várias dimensões para a composição de um agregado graúdo de determinada granulometria. Isso se aplica para qualquer número máximo de agregados, mas para mais de quatro dimensões o procedimento é trabalhoso. Para concreto massa, a ACI 211.1-91 utiliza para esse fim um método de tentativa e erro.

Quando a dimensão máxima do agregado é 40 mm ou menor, um indicativo para a divisão do agregado graúdo em frações (na forma de porcentagem) é o seguinte:

Agregado graúdo total	5–10 mm	10–20 mm	20–40 mm
100	33	67	–
100	18	27	55

Tabela 19.7 Granulometria combinada "ideal" para agregados graúdos de dimensão nominal máxima de 150 mm e 75 mm, conforme a Eq. 19.1

Dimensão da peneira (mm)	Porcentagem acumulada passante para agregado de dimensão máxima (mm)			
	150		75	
	Britado	Arredondado	Britado	Arredondado
150	100	100	–	–
125	85	89	–	–
100	70	78	–	–
75	55	64	100	100
50	38	49	69	75
37,5	28	39	52	61
25	19	28	34	44
19	13	21	25	33
9,5	5	9	9	14

Existe um método computacional para a mistura de agregados de modo a ajustar à uma granulometria desejada. Ele é mais preciso e particularmente útil quando são necessários ajustes rápidos das proporções de agregados para compensar alterações na granulometria de pilhas separadas.

Tabela 19.8 Exemplo de granulometria de frações individuais de agregados britados para a composição de uma granulometria "ideal" para concreto massa

Dimensão da peneira (mm)	Porcentagem acumulada passante por fração			
	150–75 mm (1)	75–37,5 mm (2)	37,5–19 mm (3)	19–4,76 mm (4)
175	100	–	–	–
150	98	–	–	–
100	30	100	–	–
75	10	92	–	–
50	2	30	100	–
37,5	0	6	94	–
25	0	4	36	100
19	0	0	4	92
9,5	0	0	2	30
4,76	0	0	0	2

Consumo de cimento

Ao dosar um concreto, é adequado ter como objetivo um consumo moderado de cimento, porque esse material é mais caro que os agregados. Além disso, um consumo moderado de cimento confere a vantagem técnica de menor fissuração potencial no caso de concreto massa em que o calor de hidratação deve ser controlado (ver Capítulo 9), e no caso de concreto estrutural em que a retração é um problema (ver Capítulo 13).

Em termos técnicos, o consumo de cimento é controlado pela demanda de água de amassamento e pela relação água/cimento. Entretanto, o consumo mínimo de cimento deve atender às prescrições das normas em função dos critérios de durabilidade.

No caso de misturas contendo cinza volante, o método britânico calcula o consumo de cimento, C, como:

$$C = \frac{(100 - p)W}{(100 - 0{,}7p)[W/(C + 0{,}3F)]}$$

e o consumo de cinza volante, F, como $F = pC/(100 - p)$, onde $p = 100F/(C + F)$ é a porcentagem de cinza volante na massa total de material cimentício; W é a quantidade de água livre (Tabelas 19.5 e 19.6) e $W/(C + 0{,}3F)$ é a relação água/cimento livre para a resistência de projeto (a partir da Fig. 19.1). A relação água/material cimentício $W/(C + F)$ deve ser então comparada com o valor especificado.

O método britânico considera o emprego de escória granulada de alto-forno como substituição de até 40%, em massa, de cimento Portland. A mistura é dosada como sendo de 100% de cimento Portland e, em seguida, proporcionada para os teores de cimento Portland e escória. A justificativa para esse procedimento é que o desenvolvimento da resistência à compressão até 28 dias dessa mistura é similar ao traço com 100% de cimento Portland.

Consumo de agregados

Nos Estados Unidos, considera-se que o volume solto de agregado graúdo seco por unidade de volume de concreto depende do módulo de finura (ver página 61) do agregado miúdo e da dimensão máxima do agregado. A Tabela 19.9 mostra os detalhes. A massa de agregado graúdo pode então ser calculada a partir do produto do volume solto seco pela massa unitária do agregado graúdo seco.

O consumo de agregado miúdo por unidade de volume de concreto é então estimado tanto pelo método da massa, quanto pelo método do volume. No primeiro, a soma das massas de cimento, agregado graúdo e água é subtraída da massa de um volume unitário de concreto que frequentemente é conhecido por experiência prévia com os materiais dados. Entretanto, na falta dessa informação, pode ser utilizada a Tabela 19.9 como uma primeira estimativa, sendo o ajuste feito após misturas experimentais. Uma estimativa mais aproximada é obtida a partir da seguinte equação:

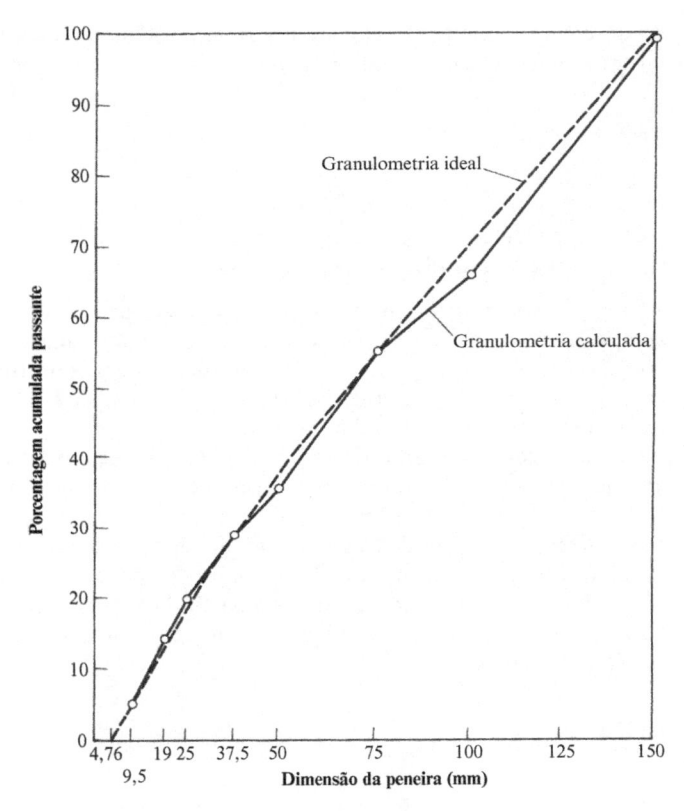

Figura 19.2 Comparação da granulometria combinada calculada de quatro diferentes dimensões de agregados graúdos britados com a granulometria ideal da Tabela 19.7 para um agregado de dimensão máxima nominal de 150 mm.

$$\text{em kg/m}^3\text{: } \rho = 10\, \gamma_a(100 - A) + C\left(1 - \frac{\gamma_a}{\gamma}\right) - W(\gamma_a - 1) \qquad (19.2)$$

onde: ρ = massa específica do concreto fresco (kg/m³);
  γ_a = média ponderada das massas específicas (SSS) do agregado miúdo e graúdo combinado, determinada por ensaios;
  A = teor de ar (%);
  C = consumo de cimento (kg/m³);
  γ_c = massa específica do cimento (em geral, 3,15[1] g/cm³);
  W = quantidade de água de amassamento, kg/m³.

---

[1] Para cimentos Portland.

O método do volume é um procedimento exato para cálculo da quantidade necessária de agregado miúdo. A massa de agregado miúdo, C_m, é dada por:

$$C_m = \gamma_m \left[1000 - \left(W + \frac{C}{\gamma} + \frac{C_g}{\gamma_g} + 10A \right) \right] \quad (19.3)$$

onde: C_m = consumo de agregado graúdo (kg/m³);
γ_m = massa específica (SSS) do agregado miúdo e
γ_g = massa específica (SSS) do agregado graúdo

No método britânico de dosagem, o consumo total de agregados por unidade de volume de concreto é obtido pela subtração da soma da quantidade de água livre e do consumo de material cimentício da massa específica do concreto fresco compactado. Esta última depende da quantidade de água livre e da massa específica dos agregados conforme mostrado na Fig. 19.3.

A quantidade de agregado miúdo por unidade de volume de concreto é, então, estimada com base na Fig. 19.4, que relaciona a quantidade de agregado miúdo como uma porcentagem da quantidade total de agregados com a relação água/cimento livre para diferentes valores de trabalhabilidade, dimensão máxima do agregado e granulometria do agregado miúdo. A massa específica no estado fresco de misturas com ar incorporado também é estimada a partir da Fig. 19.3, mas o valor é reduzido por $10\gamma a$, onde γ é a massa específica (SSS) do agregado e a é porcentagem de ar incorporado por volume.

Tabela 19.9 Volume de agregado graúdo seco por unidade de volume de concreto, segundo ACI 211.1-91 (Reapproved 2002)

Dimensão máxima do agregado (mm)	Volume de material solto compactado seco por unidade de volume de concreto para os módulos de finura da areia de:			
	2,40	2,60	2,80	3,00
9,5	0,50	0,48	0,46	0,44
12,5	0,59	0,57	0,55	0,53
19	0,66	0,64	0,62	0,60
25	0,71	0,69	0,67	0,65
37,5	0,75	0,73	0,71	0,69
50	0,78	0,76	0,74	0,72
75	0,82	0,80	0,78	0,76
150	0,87	0,85	0,83	0,81

Os valores dados produzirão uma mistura com trabalhabilidade adequada para obras de concreto armado. Para concretos menos trabalháveis, p.ex., aqueles utilizados em construção de rodovias, os valores podem ser aumentados em cerca de 10%. Para concretos de maior trabalhabilidade, como os lançados por bombeamento, os valores podem ser reduzidos em até 10%.

A quantidade de agregado graúdo por unidade de volume de concreto é obtida, simplesmente, pela subtração da quantidade de agregado miúdo da quantidade total de agregados. A quantidade de agregado graúdo pode ser subdividida caso seja realizada a composição de agregados de dimensões únicas (ver página 368).

As quantidades de agregado graúdo e miúdo a serem utilizadas devem considerar a umidade dos agregados. Em geral, os agregados estarão úmidos e suas massas estimadas devem ser consequentemente aumentadas. Caso as massas sejam determinadas secas, o total de umidade (absorção e teor de umidade) deve ser adicionado (ver página 53). Caso as massas sejam determinadas na condição saturado superfície seca (SSS), então o teor de umidade deve ser adicionado. Obviamente, a água adicionada à mistura é igual à água livre menos o teor de umidade dos agregados.

Misturas experimentais

As proporções calculadas da mistura devem ser verificadas por meio de misturas experimentais. Deve ser utilizada somente a quantidade de água suficiente para produzir a trabalhabilidade desejada, independentemente da quantidade calculada. A mistura experimental deve ser ensaiada em relação a trabalhabilidade, coesão, acabamento e teor de ar, devendo também ser determinada a massa específica e rendimento. Caso uma dessas propriedades, exceto as duas últimas, não seja adequada, são necessários ajustes nas proporções da mistura. Por exemplo, a falta de coesão pode ser corrigida pelo aumento da quantidade de agregado miúdo à custa da quantidade de agregado graúdo. As regras práticas da ACI 211.1-91 (Reapproved 2002) são as seguintes:

(a) caso o abatimento de tronco de cone não seja obtido, a quantidade estimada de água deve ser aumentada (ou diminuída) em 6 kg/m^3 para cada 25 mm de acréscimo ou decréscimo no abatimento de tronco de cone;

Tabela 19.10 Primeira estimativa da massa específica do concreto fresco, segundo ACI 211.1-91 (Reapproved 2002)

Dimensão máxima do agregado (mm)	Estimativa da massa específica do concreto fresco (kg/m^3)	
	Sem ar incorporado	Com ar incorporado
10	2285	2190
12,5	2315	2235
20	2355	2280
25	2380	2285
40	2415	2320
50	2445	2345
75	2495	2400
150	2530	2440

(b) caso o teor de ar desejado não seja obtido, a dosagem de aditivo incorporador de ar deve ser ajustada para produzir o teor de ar especificado. A quantidade de água é, então, aumentada (ou diminuída) em 3 kg/m^3 para 1% de diminuição (ou aumento) do teor de ar;

(c) caso a massa específica do concreto fresco estimada pelo método dado na página 337 não seja obtida e seja importante, as proporções das mistura devem ser ajustadas, ressalvando que haverá alteração no teor de ar.

Método americano – exemplos

Exemplo I

Concreto para uso em pilares internos de um edifício. A resistência especificada é 20 MPa aos 28 dias, sendo exigido que no máximo um resultado de ensaio[2] a cada 20 seja menor que a resistência especificada. As dimensões da seção do pilar e espaçamento das armaduras exigem um abatimento de tronco de cone de 50 mm e dimensão máxima do agregado de 20 mm. Os agregados graúdos e miúdos atendem as especificações de granulometria da ASTM C 33-03, sendo que o agregado miúdo tem

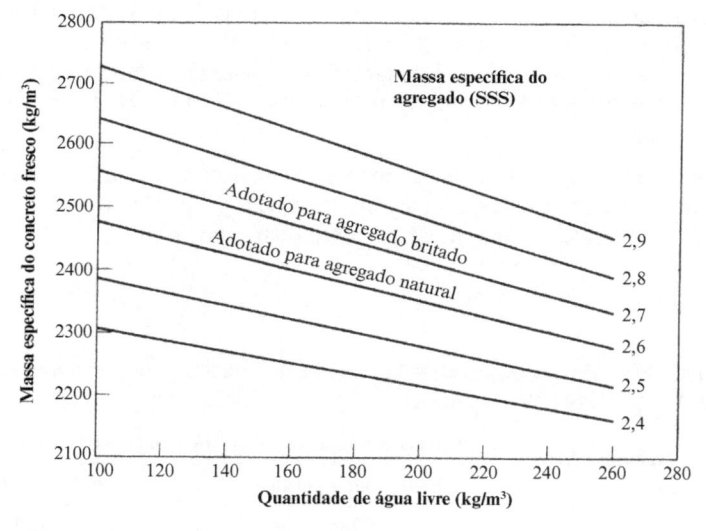

Figura 19.3 Estimativa da massa específica do concreto fresco totalmente adensado. (Crown copyright)
(De: D. C. TEYCHENNÉ, J. C. NICHOLLS, R. E. FRANKLIN and D. W. HOBBS, *Design of Normal Concrete Mixes*, p. 42 (Building Research Establishment, Department of the Environment, London, HMSO, 1988).)

---

[2] Média de dois corpos de prova cilíndricos.

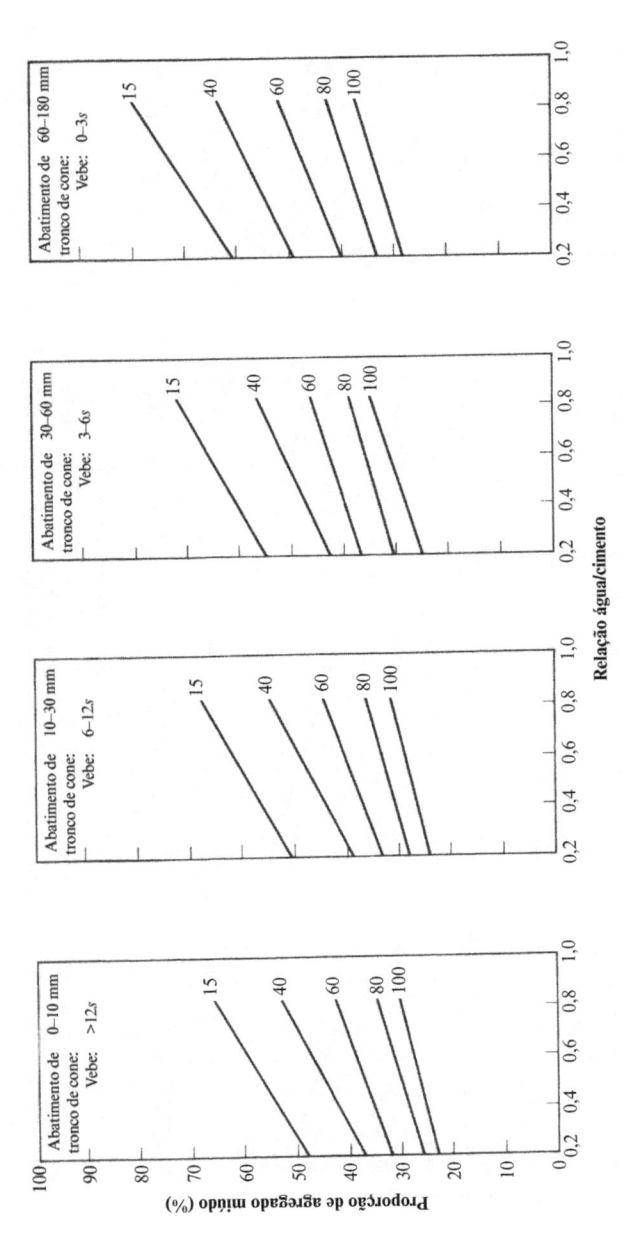

Figura 19.4 (a) Porcentagem recomendada de agregado miúdo em relação ao agregado total, em função da relação água/cimento livre para vários valores de trabalhabilidade e dimensão máxima de agregado: (a) 10 mm; (b) 20 mm; (c) 40 mm. Os números em cada gráfico são a porcentagem de material fino passante na peneira 600 μm.

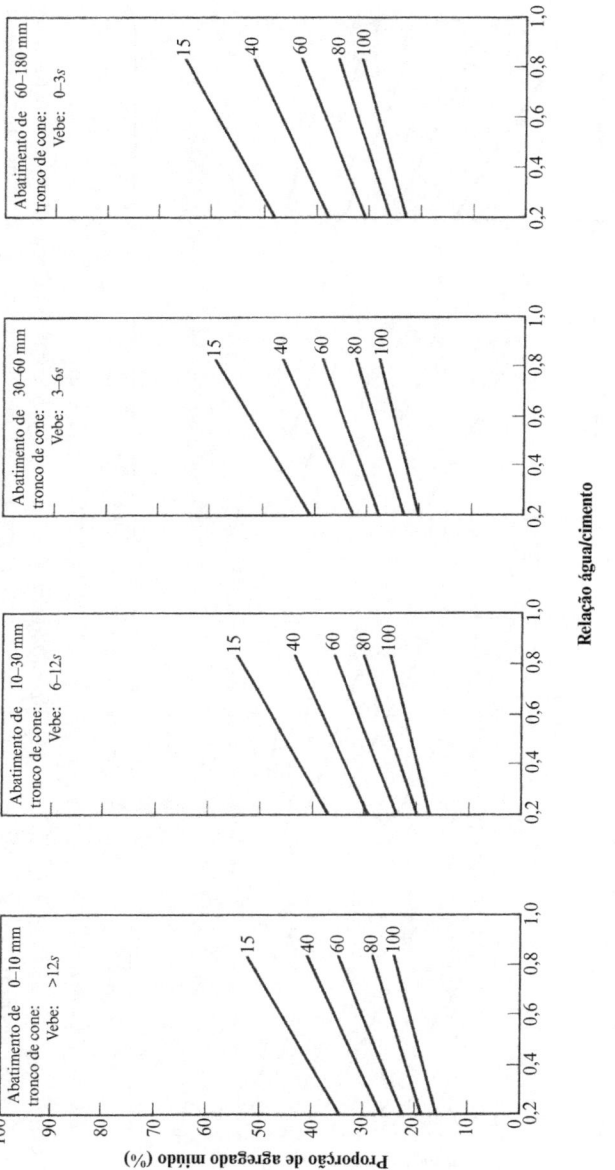

Figura 19.4 (b)

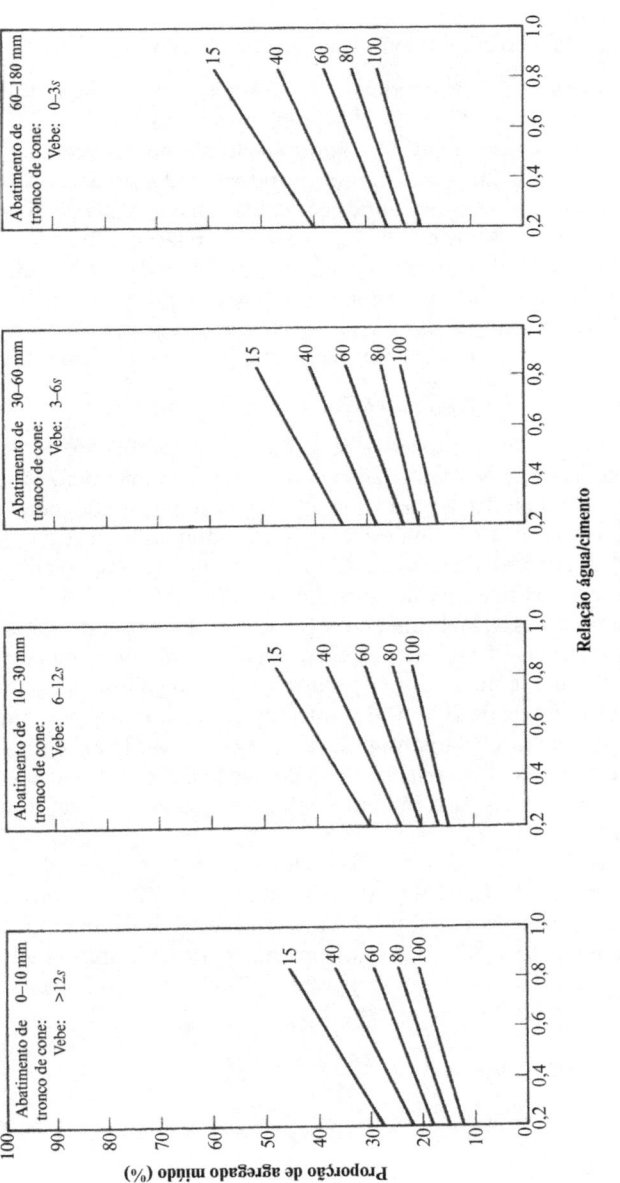

Figura 19.4 (c)

um módulo de finura de 2,60. Ensaios preliminares indicaram que ambos agregados possuem massa específica (SSS) de 2,65 g/cm³ e têm absorção e umidade desprezíveis. A massa unitária do agregado graúdo é 1600 kg/m³.

As quantidades dos componentes são estimadas conforme segue:

(a) Como não há nenhuma condição de exposição especial, será utilizado cimento Portland comum (Tipo I ASTM) sem ar incorporado;
(b) A partir de experiência anterior na produção de concreto com uma resistência de 25 MPa e materiais similares aos propostos, o desvio padrão de 20 resultados com corpos de prova cilíndricos (cada um é a média de dois corpos de prova) é 3,5 MPa. A probabilidade exigida em relação à resistência inadequada (risco) é 1 em 20 e, portanto, o fator de probabilidade adequado é 1,64 (ver página 324 e Tabela 17.1). Entretanto, como estão disponíveis somente 20 resultados de ensaio, o desvio padrão deve ser majorado pelo fator 1,08 (ver Tabela 17.2); portanto, a resistência média f_m pode ser calculada pela Eq. 17.2:

$f_m = 20 + (1,64 \times 3,5 \times 1,08) = 26$ MPa.

A partir da Tabela 19.1, para concreto sem ar incorporado, para uma resistência média de 26 MPa, a relação água/materiais cimentícios é 0,60.

(c) A partir da Tabela 19.4, para concreto sem ar incorporado, com abatimento de tronco de cone de 50 mm e agregado com dimensão máxima de 20 mm obtém-se a quantidade de água de 185 kg/m³ de concreto. Verifica-se também que o teor aproximado de ar aprisionado é 2%.
(d) O consumo necessário de cimento é 185/0,6 = 308 kg/m³ de concreto.
(e) A partir da Tabela 19.9, para agregado de dimensão máxima de 20 mm e agregado miúdo com módulo de finura de 2,60, o volume de agregado graúdo é 0,64 por unidade de volume de concreto. A partir disso, para produzir um concreto trabalhável, a quantidade de agregado graúdo é 0,64 × 1600 = 1024 kg/m³ de concreto. Como a absorção do agregado graúdo é desprezível, não é necessária nenhuma correção para obter a massa em base saturada superfície seca (SSS).
(f) A quantidade de agregado miúdo pode ser estimada utilizando o método da massa. A partir da Tabela 19.10, para a dimensão máxima aproximada do agregado, a primeira estimativa da massa específica do concreto sem ar incorporado é 2355 kg/m³. Alternativamente, pode ser utilizada a Eq. 19.2 para estimar a massa específica do concreto, γ. Considerando a massa específica do cimento como 3,15 g/cm³, tem-se:

$$\rho = 10 \times 2,65(100 - 2) + 308\left(1 - \frac{2,65}{3,15}\right) - 185(2,65 - 1)$$

ou $\rho = 2340$ kg/m³.

Apesar desse valor ser menor que a primeira estimativa (2355 kg/m³), a diferença não é significativa quando que estas são estimativas feitas com o único objetivo de executar misturas experimentais. Além disso, em algumas outras situações práticas, a massa específica dos agregados graúdos e miúdos serão diferentes, de modo que seria necessário determinar a massa específica ponderada do agregado combinado (γa) antes da utilização da Eq. 19.2.

Utilizando a primeira estimativa da massa específica do concreto, obtém-se a massa de agregado miúdo por unidade de volume de concreto como:

2355 − (185 + 308 + 1024) = 838 kg/m³ de concreto.

O método do volume para estimativa da massa de agregado miúdo por unidade de volume de concreto é mais preciso. A Equação 19.3 resulta em:

$$C_m = 2{,}65 \left[1000 - \left(185 + \frac{308}{3{,}15} + \frac{1024}{2{,}65} + 20 \right) \right]$$

ou

C_m = 824 kg/m³ de concreto

(g) Como todas as massas obtidas são na condição SSS e os agregados têm teor desprezível de umidade, não é necessário nenhum outro ajuste.

(h) As quantidades estimadas em kg por metro cúbico de concreto são as seguintes:

cimento:	308
agregado miúdo:	824
agregado graúdo:	1024
água adicionada:	185
Total:	2342

(i) Uma mistura experimental com as proporções acima foi preparada para produzir 0,02 m³ de concreto. Para esse volume, a quantidade esperada de água era 3,7 kg, que, entretanto, resultou em um abatimento de tronco de cone muito baixo, de modo que, para a obtenção de uma mistura trabalhável, foi necessário aumentar a água para 4,0 kg, sendo o abatimento de tronco de cone medido em 25 mm e a massa específica medida de 2320 kg/m³. Assim, as quantidades utilizadas foram:

cimento:	6,16 kg
agregado miúdo:	16,48 kg
agregado graúdo:	20,48 kg
água adicionada:	4,00 kg
Total:	47,12 kg

Agora, o volume da massa total de concreto (ou rendimento[3]) foi 47,12/2320 = 0,0203 m³. Em consequência, a demanda de água de amassamento por unidade de

---

[3] Ver Eq. (5.1).

volume de concreto passou a ser 4,0/0,0203 = 197 kg/m³ de concreto. Entretanto, a essa massa de água deve ser acrescentada outra de 6 kg/m³ de concreto devido ao abatimento de tronco de cone especificado de 50 mm não ter sido atingido pela mistura experimental (ver página 378). Portanto, a quantidade de água de amassamento passa a ser 197 + 6 = 203 kg/m³ de concreto. O consumo de cimento deve ser aumentado para manter a mesma relação água/cimento. O consumo é 203/0,6 = 338 kg/m³ de concreto.

Uma vez que a trabalhabilidade da mistura experimental tenha sido considerada satisfatória, a massa de agregado graúdo por unidade de volume de concreto será a mesma que na mistura experimental, ou seja, 20,48/0,0203 = 1009 kg/m³ de concreto.

Para recalcular a quantidade de agregado miúdo por unidade de volume de concreto, pode ser adotada a massa específica do concreto medida na mistura experimental, ou seja, 2320 kg/m³. Utilizando o método das massas, a quantidade de agregado miúdo é 2320 − (203 + 338 + 1009) = 770 kg/m³ de concreto. Consequentemente, as massas ajustadas em kg por metro cúbico de concreto são as seguintes:

cimento:	338
agregado miúdo:	770
agregado graúdo:	1009
água adicionada:	203
Total:	2320

Exemplo II

Concreto a ser aplicado em fundações, com exposição severa a sulfatos. A resistência média é 34,5 MPa aos 28 dias, com abatimento de tronco de cone entre 80 e 100 mm. O agregado graúdo disponível tem dimensão máxima de 40 mm, massa unitária compactada igual a 1600 kg/m³, a massa específica igual (SSS) de 2,68 g/cm³, absorção de 0,5% e teor total de umidade de 2%. O agregado miúdo tem uma massa específica (SSS) igual a 2,65 g/cm³, absorção de 0,7%, teor total de umidade de 6% e módulo de finura de 2,80. Os agregados atendem às exigências da ASTM C 33-03 em relação à granulometria.

As quantidades dos constituintes são estimadas conforme segue:

(a) Para a condição de exposição a sulfatos severa, a Tabela 14.1 indica que deve ser utilizado cimento Portland resistente a sulfatos (Tipo V ASTM), com relação água/cimento máxima de 0,45. Essa relação água/cimento provavelmente deve ser suficiente para prevenir a deterioração devido ao gelo-degelo, mas em todo caso será utilizado ar incorporado por resultar em um concreto mais trabalhável. A Tabela 15.3 sugere o valor de 5,5% como adequado para agregado de dimensão máxima de 40 mm.

(b) Da Tabela 19.1, obtém-se a relação água/cimento 0,40, para produzir uma resistência média de 34,5 MPa, que também atende a exigência (a), sendo, portanto, o valor utilizado.

(c) A Tabela 19.4 indica que 160 kg/m^3 é a quantidade de água de amassamento necessária pra a produção de concreto com ar incorporado e abatimento de tronco de cone na faixa de 80 a 100 mm e dimensão máxima de agregado de 40 mm.
(d) Como consequência, o consumo de cimento necessário é 160/0,4 = 400 kg/m^3 de concreto.
(e) A partir da Tabela 19.9, para o módulo de finura apropriado e a dimensão máxima do agregados, obtém-se o volume seco de agregado graúdo igual a 0,71 por unidade de volume de concreto. Portanto, para produzir um concreto trabalhável, a quantidade de agregado graúdo seco é 0,71 × 1600 = 1136 kg/m^3 de concreto. A absorção do agregado graúdo deve ser considerada, de modo a obter a massa em condição SSS, ou seja, 1136 × 1,005 = 1142 kg/m^3 de concreto.
(f) A quantidade de agregado miúdo será obtida utilizando o método das massas com a primeira estimativa da massa específica do concreto, dada pela Tabela 19.10, sendo 2355 kg/m^3. Como a quantidade total de água, cimento e agregado graúdo (160 + 400 + 1142) somam 1702 kg/m^3 de concreto, o agregado miúdo é 2355 − 1753 = 653 kg/m^3 de concreto. (Cabe a observação de que o método dos volumes também pode ser utilizado, resultando em 615 kg/m^3 de concreto.)
(g) As quantidades obtidas são em condição SSS. Devido aos agregados conterem umidade superficial, suas massas devem ser ajustadas. Como o teor de umidade total dos agregados graúdos e miúdos é, respectivamente, 2 e 6%, seus teores de umidade são as respectivas diferenças entre a umidade total e a absorção, isto é, 2 − 0,5 = 1,5 e 6 − 0,7 = 5,3.

Com isso, suas quantidades úmidas são:

Agregado graúdo: 1142 × 1,015 = 1159 kg/m^3 de concreto

Agregado miúdo: 653 × 1,053 = 688 kg/m^3 de concreto

Deve ser destacado que a água absorvida nos agregados não toma parte na hidratação do cimento, mas a água superficial sim. Consequentemente, a água superficial dos agregados deve ser descontada da quantidade de amassamento estimada a ser adicionada à mistura. Com isso, a água de amassamento ajustada é 160 − (1159 − 1142) + (688 − 653) = 108 kg/m^3 de concreto.
(h) As quantidades estimadas em kg por metro cúbico de concreto são as seguintes:

cimento:	400
agregado miúdo:	688
agregado graúdo:	1159
água adicionada:	108
Total:	2355

(i) É feito o preparo da mistura experimental.

Método britânico – exemplos

Exemplo III

Um traço para uma parede de concreto armado sujeita à carbonatação por 100 anos, nas condições moderadas de umidade da Tabela 14.4. A resistência à compressão média aos 28 dias é 40 MPa. A seção da parede e a armadura determinam um cobrimento nominal de 40 mm e a utilização de agregado de dimensão máxima de 20 mm.

O agregado graúdo disponível é natural, e tanto o agregado miúdo quanto o graúdo atendem às graduações da BS 882: 1992. O agregado miúdo corresponde à graduação M (ver Tabela 3.8), em que 50% é passante na peneira 600 μm. Os agregados têm absorção de 1%, teor total de umidade de 3% e massa específica igual a 2,65 g/cm^3.

(a) Pela Tabela 19.2, a resistência à compressão de uma mistura produzida com cimento Portland comum (Tipo I) e relação água/cimento de 0,50 é 42 MPa. A Figura 19.1 indica que, para a resistência média exigida de 40 MPa, a relação água/cimento é 0,53. Entretanto, a consulta à Tabela 14.4 mostra que, para o cobrimento nominal de 40 mm e condições de exposição de umidade e carbonatação moderadas, a relação água/cimento livre máxima permitida é 0,45. Portanto, será utilizado o menor valor relação água/cimento.

(b) Na Tabela 5.1, verifica-se que a trabalhabilidade adequada exige um abatimento de tronco de cone de 75 mm; portanto, a água livre aproximada necessária para agregado graúdo natural de dimensão máxima de 20 mm é 195 kg/m^3 de concreto (ver Tabela 19.5). Com isso, o consumo de cimento é 195/0,45 = 433 kg/m^3 de concreto. Segundo a Tabela 14.4, o consumo mínimo de cimento exigido é 340 kg/m^3 de concreto; logo, o consumo de cimento estimado é adequado.

(c) Segundo a Fig. 19.3, para agregado com massa específica de 2,65 g/cm^3 e quantidade de água livre de 195 kg/m^3, a massa específica do concreto fresco é 2.400 kg/m^3. Assim, a quantidade total de agregados é 2400 – (195 + 433) = 1772 kg/m^3 de concreto.

(d) Para a relação água/cimento livre de 0,45, abatimento de tronco de cone de 75 mm, dimensão máxima do agregado de 20 mm e a finura especificada, o teor de agregado miúdo é 40% do total de agregados (ver Fig. 19.4(b)). Portanto, a quantidade de agregado miúdo é 0,4 × 1772 = 709 kg/m^3 de concreto.

(e) A quantidade de agregado graúdo é 1772 – 709 = 1063 kg/m^3 de concreto.

(f) Como os agregados contêm 3–1 = 2% de umidade superficial, as quantidades estimadas de agregado graúdo e miúdo devem ser ajustadas para a condição SSS. Com isso, a quantidade de agregado miúdo passa a ser 709 × 1,02 = 723 kg/m^3 de concreto e a quantidade de agregado graúdo passa a ser 1063 × 1,02 = 1084 kg/m^3 de concreto. Como sempre, considera-se que a água superficial dos agregados está disponível para a hidratação do cimento, de modo que essa massa de água deve ser descontada da quantidade de água estimada, ou seja, 195 − [(723 − 709) + (1084 − 1063)] = 160 kg/m³ de concreto.

(g) As quantidades estimadas em kg por metro cúbico de concreto são as seguintes:

cimento:	433
agregado miúdo:	723
agregado graúdo:	1084
água adicionada:	160
Total:	2400

(h) É feito o preparo das misturas experimentais.

Exemplo IV

Concreto com as mesmas exigências do Exemplo III, exceto que 30% do material cimentício, em massa, é especificado como cinza volante (cimento Portland Tipo IIB-V da Tabela 2.7). Devem ser utilizadas as equações dadas na Seção de Consumo de Cimento da página 371. A relação água/cimento livre a ser utilizada na Fig. 19.1 é $w/(c + 0{,}3F)$.

(a) Segundo a Tabela 19.2, a resistência à compressão de uma mistura de cimento Portland comum (Tipo I) e cinza volante com uma relação $w/(c + 0{,}3F)$ de 0,50 é 42 MPa. Para uma resistência média de 40 MPa, a Fig. 19.1 indica uma relação $w/(c + 0{,}3F)$ de 0,53. A consulta à Tabela 14.4 indica que a máxima relação água/material cimentício permitida é 0,45 para quase todos os tipos de cimento, incluindo o Tipo IIB-V, então será utilizado esse valor menor.

(b) Da mesma forma que no Exemplo III, a quantidade de água aproximada é 195 kg/m³, mas, segundo a Tabela 19.6, ela deve ser reduzida em 20 kg/m³. As equações da página 371 dão o consumo de cimento como:

$$C = \frac{(100 - 30)(175)}{(100 - 0{,}7 \times 30)(0{,}45)} = 345 \text{ kg/m}^3,$$

e consumo de cinza volante como

$$F = \frac{30 \times 345}{(100 - 30)} = 148 \text{ kg/m}^3.$$

Assim, o consumo de material cimentício é 345 + 148 = 493 kg/m³ e a relação água/materiais cimentícios livre é 175/493 = 0,35. Tanto o consumo de material cimentício, quanto a relação água/materiais cimentícios atendem os valores especificados na Tabela 14.4.

(c) Como no Exemplo III, a massa específica fresca é 2400 kg/m³; portanto, a quantidade total de agregados é 2400 − (345 + 148 + 175) = 1732 kg/m³ de concreto.

(d) Para uma relação água/material cimentício livre de 0,35, a quantidade de agregado miúdo é 40% do total de agregados (Fig. 19.4(a)), ou seja, 0,40 × 1732 = 693 kg/m³ de concreto.
(e) Portanto, a quantidade de agregado graúdo é 1732 – 693 = 1039 kg/m³ de concreto.
(f) Com a consideração da umidade superficial dos agregados, a quantidade de agregado miúdo passa a ser 693 × 1,02 = 707 kg/m³, o agregado graúdo a 1039 × 1,02 = 1060 kg/m³ e a água adicionada à mistura a 175 – [(707 – 693) + (1060 – 1039)] = 140 kg/m³ de concreto.
(g) As quantidades estimadas em kg por metro cúbico são as seguintes:

cimento:	345
cinza volante:	148
agregado miúdo:	707
agregado graúdo:	1060
água adicionada:	140
Total:	2400

(h) É feito o preparo das misturas experimentais.

Dosagem de concreto com agregados leves

A influência da relação água/cimento na resistência do concreto normal se aplica da mesma forma ao concreto produzido com agregado leve; portanto, os mesmos procedimentos de dosagem podem ser utilizados quando são utilizados agregados leves. Essa é a abordagem no Reino Unido e nos Estados Unidos para concreto com agregado semileve (ver página 349). Todavia, é muito difícil determinar a massa específica (SSS) do agregado leve devido à sua elevada absorção (superior a 20%), bem como devido à *taxa* de absorção variar consideravelmente: em alguns casos a absorção continua por vários dias. Consequentemente é difícil calcular a relação água/cimento livre no momento da mistura.

O agregado leve artificial é, em geral, completamente seco. Caso seja saturado antes da mistura, a resistência do concreto produzido é cerca de 5 a 10% menor que no caso da utilização de agregados secos e mesmo consumo de cimento e trabalhabilidade e, é óbvio, com a consideração da água absorvida no cálculo da relação água/cimento efetiva. A explicação está no fato de que, no caso de agregados totalmente secos, parte da água de amassamento é absorvida após a mistura, mas antes da pega, de maneira que a relação água/cimento é ainda reduzida. Além disso, a massa específica do concreto produzido com agregado saturado é mais alta e a resistência desse concreto ao gelo-degelo é comprometida. Por outro lado, quando é utilizado um agregado com elevada absorção, sem umedecimento prévio, é difícil a obtenção de uma mistura suficientemente trabalhável e ainda coesa. Em geral, agregados com absorção acima de 10% devem ser pré-umedecidos e é recomendado o uso de incorporador de ar.

Para muitos agregados leves, a massa específica (ver página 49) varia com a dimensão as partículas, sendo as partículas menores mais pesadas que as maiores. Como o proporcionamento é feito em *massa*, mas são as proporções *volumétricas* que controlam a distribuição física do material, a porcentagem de material menor é maior que a resultante dos cálculos. Consequentemente, o volume final de vazios, a quantidade de pasta de cimento e a trabalhabilidade da mistura são afetados. Isso deve ser sempre lembrado. Caso seja obtido um agregado bem graduado, com um volume mínimo de vazios, o concreto necessitará de uma quantidade moderada de cimento e terá uma retração por secagem e movimentação térmica comparativamente menor. Os limites de granulometria da ASTM C 330-05 são dados na Tabela 18.1.

O método de dosagem da ACI 211.2-98 é aplicável a concreto com agregado leve com resistência à compressão maior que 17 MPa aos 28 dias e massa específica em condição seca de no máximo de 1840 kg/m³. O método também se aplica a concreto com agregado semileve, desde que os requisitos acima sejam atendidos.

Misturas experimentais fundamentam a dosagem, seja pelo método do consumo de cimento-resistência, seja pelo método das massas. O primeiro trata de uma abordagem volumétrica, e é aplicável tanto concreto com agregado leve ou semileve, enquanto o método das massas somente é aplicável ao concreto com agregado semileve. O método das massas é similar ao procedimento de dosagem de concreto com agregados normais, descrito anteriormente. O método do consumo de cimento-resistência será apresentado, seguindo-se um exemplo.

Caso não exista especificação para o abatimento de tronco de cone, um valor adequado à vigas, paredes de concreto armado, pilares de edifícios e lajes de pisos pode ser selecionado na Tabela 19.3. Para misturas experimentais, deve ser utilizado o valor mais elevado. A dimensão máxima do agregado não deve ser maior que ¹/₅ da menor dimensão do elemento, ⅓ da espessura da laje ou ¾ do espaçamento mínimo entre as barras ou feixe de barras.

A Tabela 19.11 mostra o volume esperado de ar aprisionado em concreto sem ar incorporado e os teores recomendados de ar incorporado segundo os requisitos de durabilidade.

O consumo de cimento pode ser grosseiramente estimado pela Tabela 19.12, mas o produtor do agregado pode fornecer um valor mais aproximado.

Para estimar o volume de agregado leve, pode-se considerar que o volume total de agregados será, em geral, entre 1,0 e 1,2 m³, medido em estado solto e seco, por metro cúbico de concreto. A proporção de agregado miúdo normalmente situa-se entre 40 e 50%. Para estimativas mais precisas, novamente é útil consultar o fabricante.

Tabela 19.11 Teor de ar em concreto com e sem ar incorporado conforme a ACI 211.2-98 (Reapproved 2004)

Nível de exposição	Teor de ar *total* recomendado (%) por dimensão máxima do agregado		
	10 mm	12,5 mm	20 mm
	(a) concreto com ar incorporado		
Suave	4,5	4,0	4,0
Moderado	6,0	5,5	5,0
Extremo	7,5	7,0	6,0
	(b) concreto sem ar incorporado		
Teor aproximado de ar aprisionado	3	2,5	2,0

Conhecendo as massas unitárias secas em estado solto dos agregados miúdo e graúdo, suas massas em estado seco são calculadas, sendo então realizada uma mistura experimental utilizando a água necessária para a obtenção do abatimento de tronco de cone exigido. Essa água consiste tanto na água adicionada quanto na água absorvida pelo agregado. Após a medida da massa específica do concreto fresco, o rendimento pode ser estimado, de modo que as quantidades de materiais da mistura podem ser calculadas.

Caso o consumo de cimento da mistura experimental se mostre diferente do especificado, mas as outras propriedades (como teor de ar, trabalhabilidade e coesão) sejam satisfatórias, o consumo de cimento deve ser ajustado. Adota-se que o volume de agregado (seco e solto) deve ser aumentado em 0,0006 m^3 para cada 1 kg diminuído no consumo de cimento e *vice-versa*. Essa "regra" se aplica somente para pequenos ajustes no consumo de cimento, de modo que as pequenas alterações na quantidade de agregado não alteram significativamente a exigência de água a ser adicionada.

Tabela 19.12 Relação aproximada entre o consumo de cimento e a resistência de concreto com agregado leve e semileve segundo a ACI 211.2-98 (Reapproved 2004)

Resistência à compressão em corpos de prova normalizados cilíndricos Mpa	Consumo de cimento (kg/m^3)	
	Somente agregado leve	Agregado semileve
17	210–310	150–270
21	240–325	190–310
28	300–385	250–355
34	355–445	300–415
41	415–505	355–475

Como primeira aproximação, deve-se considerar que a água *total* também permanece inalterada pelos ajustes. Para considerar o teor total de umidade do agregado, simplesmente se multiplica as quantidades secas pelo teor de umidade total apropriado, sendo esse acréscimo na massa de agregados (úmidos) descontado do total de água necessária.

Um método mais preciso para ajuste das proporções da mistura é utilizar um fator, *S*, conhecida como fator de massa específica, *S*, que é definido como a relação entre a massa de agregado na mistura e o volume efetivo deslocado pelo agregado (ou seja, o volume de agregado e sua umidade). A massa do agregado, portanto, inclui qualquer umidade, absorvida ou livre, no momento de colocação do agregado na betoneira. O fator de massa específica se diferencia da massa específica (SSS) por incluir a umidade livre (ver página 53).

O valor de *S* é dado por (ver página 50):

$$S = \frac{A'}{C - (B - A')}$$

onde A' = massa de agregado ensaiado (úmida ou seca);
B = massa do picnômetro com agregado e, em seguida, preenchido com água (em geral após 10 minutos da imersão da amostra) e
C = massa do picnômetro cheio com água.

Dessa maneira, o fator de massa específica tanto para o agregado miúdo, quanto graúdo pode ser obtido para diferentes teores de umidade (por exemplo, ver Fig. 19.5).

O procedimento descrito, mais preciso, para ajuste das proporções de concreto com agregados leves e semileves é baseado na abordagem do volume efetivo. Por exemplo, se uma mistura experimental tem trabalhabilidade e coesão satisfatórias, mas a resistência é muito baixa, é necessário um aumento no consumo de cimento. Considera-se que demanda total de água e quantidade de agregado graúdo não são alteradas, mas a quantidade de agregado miúdo terá de ser reduzida. Conhecendo a massa específica do cimento e o fator de massa específica do agregado graúdo no estado seco, o volume de agregado miúdo pode ser estimado pela dedução das somas dos volumes de cimento, agregado graúdo, água e ar do volume total de concreto. Como o fator de massa específica (seco) do agregado miúdo é conhecido, a massa desse constituinte pode ser calculada. Para concreto com agregado semileve, a massa de agregado normal é obtida pela utilização de sua massa específica (SSS).

As quantidades calculadas acima são secas, mas para o proporcionamento são necessárias as quantidades no estado úmido e os acréscimos nas massas de agregado leve miúdo e graúdo são obtidos pela simples multiplicação da massa seca por seus respectivos teores de umidade total. No caso de agregado miúdo normal, utiliza-se o teor de umidade. Consequentemente, o volume de água a ser adicionada é obtido pelo desconto da soma dos volumes de agregados úmidos, cimento e ar do volume total de concreto. O volume de água adicionada multiplicado por sua massa específica resulta na massa de água adicionada.

Deve ser realizada uma mistura experimental. A massa específica, teor de ar e abatimento de tronco de cone devem ser avaliados. Devem ser também verificadas as propriedades relativas ao acabamento da mistura, bem como se não há a ocorrência de segregação.

As quantidades da mistura podem ser calculadas a partir do rendimento. Quando são necessários ajustes no agregado miúdo, teor de ar ou abatimento de tronco de cone, são recomendadas as seguintes regras práticas:

(a) O acréscimo de cada ponto porcentual no teor de agregado miúdo em relação ao agregado total exige um acréscimo de água de 2 kg/m³ de concreto. Para manter a resistência, o consumo de cimento deve ser aumentado em aproximadamente 1% para cada aumento de 2 kg/m³ na quantidade de água.

(b) O aumento de 1% no teor de ar requer uma diminuição na quantidade de água de aproximadamente 3 kg/m³ de concreto para manter o mesmo abatimento de tronco de cone. Isso se aplica a teores de ar na faixa de 4 a 6% e a abatimentos de tronco de cone menores que 150 mm. Para teores de ar mais elevados, pode ocorrer uma perda de resistência de modo que pode ser necessário aumentar o consumo de cimento.

(c) Para um abatimento de tronco de cone inicial de aproximadamente 75 mm, um acréscimo de 25 mm requer um aumento de aproximadamente 6 kg/m³

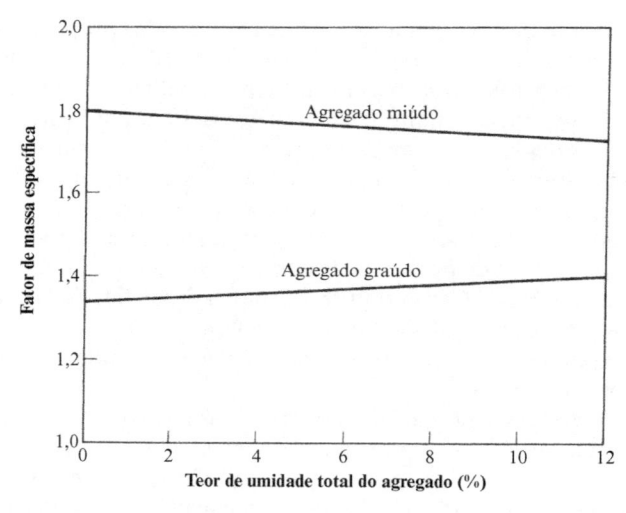

Figura 19.5 Exemplo da relação entre o fator de massa específica, S, e o teor de umidade total do agregado leve.

de concreto na quantidade de água. Para manter a resistência, o consumo de cimento deve ser aumentado em aproximadamente 3% para cada 6 kg/m³ de acréscimo na água.

Com qualquer alteração mencionada, serão necessários ajustes na massa de agregado miúdo (e graúdo no caso (a)) para manter o mesmo volume total de concreto. Esses ajustes são realizados pelo método descrito na página 373.

Exemplo V

Produção de um concreto com agregado leve com resistência média de 20 MPa aos 28 dias, teor de ar de 5,5%, consumo mínimo de cimento de 350 kg/m³ de concreto e abatimento de tronco de cone de 75 mm. O agregado graúdo tem uma massa unitária no estado solto de 720 kg/m³ e teor de umidade total de 3%. O agregado miúdo tem massa unitária solta igual a 900 kg/m³ e teor total de umidade de 7%.

O procedimento para escolha das proporções da mistura é o seguinte:

Considerando que o volume total dos dois agregados, em estado solto e seco, é 1,2 m³ por metro cúbico de concreto, e que os volumes de agregados graúdos e miúdos são iguais, as quantidades de materiais secos para uma mistura experimental de 0,02 m³ de concreto são as seguintes:

cimento:	$350 \times 0,02 =$	7,00 kg
agregado miúdo:	$0,60 \times 900 \times 0,02 =$	10,80 kg
agregado graúdo:	$0,60 \times 720 \times 0,02 =$	8,64 kg
água:		5,00 kg
Total:		31,44 kg

A massa de água é a necessária para produzir um abatimento de tronco de cone de 75 mm na mistura experimental com ar incorporado e consiste na água adicionada e na água absorvida pelos agregados.

A massa específica do concreto fresco foi determinada como sendo 1510 kg/m³. Portanto, o rendimento é 31,44/1510 = 0,0208 m³. As quantidades em estado seco em kg por metro cúbico de concreto são as seguintes:

$$\text{cimento:} \quad 7,00 \times \frac{1}{0,0208} = 336$$

$$\text{agregado miúdo:} \quad 10,80 \times \frac{1}{0,0208} = 519$$

$$\text{agregado graúdo:} \quad 8,64 \times \frac{1}{0,0208} = 415$$

$$\text{água:} \quad 5,00 \times \frac{1}{0,0208} = 240$$

$$\text{Total:} \qquad\qquad\qquad 1510$$

O consumo de cimento da mistura experimental é 14 kg/m³, menor que o especificado. Como as outras propriedades da mistura, incluindo a resistência, são satisfatórias e é necessária somente uma pequena alteração no consumo de cimento, pode ser feita uma diminuição do volume dos agregados secos de 0,0006 m³ para cada 1 kg de cimento acrescentado. Distribuindo a redução de forma igual entre o agregado miúdo e graúdo, as quantidades dos mesmos passam a ser:

agregado miúdo: $519 - \frac{1}{2}(14 \times 0{,}0006 \times 900) = 515$ kg/m³ de concreto

agregado graúdo: $415 - \frac{1}{2}(14 \times 0{,}0006 \times 720) = 412$ kg/m³ de concreto

Esses pequenos ajustes não alteram significativamente a quantidade de água a ser adicionada.

Para levar em conta o teor de umidade total do agregado, as quantidades de agregados miúdos e graúdos devem ser aumentadas e o total de água, diminuído na mesma quantidade. Dessa forma, as quantidades finais ajustadas, no estado úmido, em kg por metro cúbico de concreto são as seguintes:

cimento:	336 + 14 =	350
agregado miúdo:	515 × 1,07 =	551
agregado graúdo:	412 × 1,03 =	424
água:	240 − [(551 − 515) + (424 − 412)] =	192
Total:		1517

Exemplo VI

O mesmo exemplo será utilizado, mas considerando que a resistência média de 20 MPa aos 28 dias não foi alcançada com a utilização de consumo mínimo de cimento de 350 kg/m³ de concreto.

Para alcançar a resistência exigida, será considerado que é necessário um aumento no consumo de cimento de 50 kg/m³ de concreto. Para ajustar a mistura anterior de modo a obter um consumo de cimento de 400 kg/m³ de concreto, é necessário um método mais preciso. Agora será considerado que a demanda de água total e a quantidade de agregado graúdo permanecem inalteradas. Já que o aumento da quantidade de cimento fornece um material fino, a quantidade de agregados miúdos deve ser diminuída. Para estimar essa quantidade, será utilizado o fator de massa específica, definido na página 388. Esses valores devem ser determinados tanto em estado seco, quanto com o teor total de umidade, conforme mostrado, por exemplo, na Fig. 19.5.

Considerando que o fator de massa específica obtido foi 1,78 e 1,35, em estado seco, e 1,75 e 1,36 em estado úmido, respectivamente para o agregado miúdo e graúdo.

Em estado seco, o volume de concreto com consumo de cimento de 350 kg/m³ de concreto é:

$$\frac{350}{3{,}15 \times 1000} + \frac{515}{1{,}78 \times 1000} + \frac{412}{1{,}35 \times 1000} + \frac{240}{1000} + 0{,}055 = 1{,}0 \text{ m}^3.$$

(cimento)   (agregado miúdo)   (agregado graúdo)   (água)   (ar)

Para a mistura com consumo de cimento de 400 kg/m³ de concreto, a soma dos volumes de cimento, agregado graúdo, água e ar em estado seco é:

$$\frac{400}{1000 \times 3{,}15} + \frac{412}{1000 \times 1{,}35} + \frac{240}{1000} + 0{,}055 = 0{,}727 \text{ m}^3.$$

Consequentemente, o volume de agregado miúdo é $1{,}00 - 0{,}7277 = 0{,}273 \text{ m}^3$. A massa de agregado miúdo em estado seco será então:

$0{,}273 \times 1000 \times 1{,}78 = 486 \text{ kg/m}^3$ de concreto

Para estimar as quantidades em estado úmido, deve ser feita a correção da umidade total dos agregados, da mesma forma que antes, em kg por metro cúbico de concreto, resultando em:

agregado miúdo: $486 \times 1{,}07 = 520$

agregado graúdo: $412 \times 1{,}03 = 424$.

Agora, em vez de simplesmente descontar da quantidade de água total, a soma do aumento de massa dos agregados (do estado seco para úmido), a água adicionada é obtida com maior precisão, deduzindo a soma dos volumes de cimento, agregados úmidos e ar do volume total de concreto, ou seja:

$$1{,}000 - \frac{400}{1000 \times 3{,}15} - \frac{520}{1000 \times 1{,}75} - \frac{424}{1000 \times 1{,}36} - 0{,}055 = 0{,}209 \text{ m}^3$$

(concreto)   (cimento)   (agregado miúdo)   (agregado graúdo)   (ar)

(Ressalte-se o uso do fator de massa específica para os agregados.)

Portanto, a massa de água adicionada é

$1000 \times 0{,}209 = 209 \text{ kg/m}^3$ de concreto

Resumindo, as quantidades em estado úmido são as seguintes:

cimento:	400
agregado miúdo:	520
agregado graúdo:	424
água adicionada:	209
Total:	1553

Uma segunda mistura experimental é realizada para verificar se o concreto é satisfatório ou se são necessários mais ajustes nas quantidades.

Bibliografia

19.1 ACI COMMITTEE 211.1–91 (Reapproved 2002), Standard practice for selecting proportions for normal, heavyweight, and mass concrete, Part 1, *ACI Manual of Concrete Practice* (2007).

19.2 ACI COMMITTEE 211.2–98 (Reapproved 2004), Standard practice for selecting proportions for normal, heavyweight and mass concrete, Part 1, ACI Manual of Concrete Practice (2007).

19.3 ACI COMMITTEE 318R–05, Building code requirements for structural concrete and commentary – ACI 318–05/318R–05, Part 3, *ACI Manual of Concrete Practice* (2007).

19.4 D. P. BENTZ, P. LURA and J. W. ROBERTS, Mixture proportioning for internal curing, *Concrete International*, 27, No. 2, pp. 35–40 (2005).

19.5 A. M. NEVILLE, *Properties of Concrete* (London, Longman, 1995).

19.6 K. W. DAY, Perspectives on prescriptions, *Concrete International*, 27, No. 7, pp. 27–30, (2005).

19.7 D. C. TEYCHENNE, R. E. FRANKLIN and H. C. ERNTROY, Design of normal concrete mixes, Building Research Establishment, BRE Report 331 (1997).

19.8 R. J. TORRENT, A. ALVAREDO and E. POYARD, Combined aggregates: a computer-based method to fit a desired grading, *Materials and Construction*, 17, No. 98, pp. 139–44 (1984).

Problemas

19.1 O que se entende por uma dosagem experimental?

19.2 O que se entende por um traço prescrito?

19.3 Comente sobre a relação entre a dimensão máxima do agregado e seção de um elemento de concreto.

19.4 O que se entende por relação água/cimento livre?

19.5 Como é considerado o teor de umidade do agregado no cálculo das quantidades de materiais?

19.6 Descreva resumidamente o método de substituição modificado para dosagem de concreto com cinza volante.

19.7 Quais são os principais aspectos da dosagem de concreto em relação à durabilidade?

19.8 Descreva como o custo da mão de obra é influenciado pela trabalhabilidade da mistura.

19.9 Qual é a relação aproximada entre o teor de ar aprisionado e a dimensão máxima do agregado?

19.10 Compare as resistências e trabalhabilidades de concretos de mesmas proporções, mas um executado com agregado graúdo arredondado e outro com agregado britado.

19.11 Você tem uma mistura satisfatória. Quais serão as consequências caso seja adicionado um aditivo incorporador de ar a essa mistura?

19.12 Explique o que se entende por substituição parcial de cimento Portland por cinza volante.

19.13 Que propriedades da mistura são especificadas para um concreto a ser exposto ao gelo-degelo?

19.14 Quais são os fundamentos para a especificação da relação água/cimento para um concreto exposto ao gelo-degelo?
19.15 Quais são as desvantagens da utilização de uma mistura muito rica?
19.16 Existe uma granulometria ideal para agregados miúdos e graúdos? Justifique.
19.17 Descreva o método das massas e o método dos volumes para a estimativa da quantidade de agregado miúdo por unidade de volume do concreto, utilizando o método da ACI.
19.18 Qual é o objetivo das misturas experimentais quando é realizada uma dosagem experimental?
19.19 Na dosagem de concreto com agregado leve, por que é difícil determinar a relação água/cimento livre?
19.20 No método americano de dosagem, qual a diferença entre o método do consumo de cimento-resistência e o método das massas?
19.21 Explique o que se entende por fator de massa específica.
19.22 As granulometrias de um agregado miúdo e dois agregados graúdos são as seguintes:

Dimensão da peneira mm ou μm	Porcentagem acumulada passante para		
	Agregado miúdo	19,0–4,75 mm	38,1 – 19,0 mm
38,1	100	100	100
19,0	100	99	13
9,5	100	33	8
4,75	99	5	2
2,36	76	0	0
1,18	58		
600	40		
300	12		
150	2		

É necessário combinar os três agregados de modo que 24% do agregado total seja passante na peneira 4,75 mm e 50% passante na peneira 19,0 mm. Calcule a granulometria do agregado composto.

Resposta: Para cada dimensão de peneira listas, a porcentagem acumulada passante é: 100, 50, 34, 24, 17, 13, 9, 3, 0,5.

19.23 Utilize o método americano para dosar um concreto que deve ter uma resistência média especificada de 30 MPa aos 28 dias. A presença de armadura requer um abatimento de tronco de cone de 75 mm e dimensão máxima do agregado de 10 mm. Os agregados são normais e suas granulometrias atendem às normas específicas com um módulo de finura de 2,8.
Considere como desprezível a absorção e o teor de umidade. A massa unitária do agregado graúdo é 1600 kg/m^3 e as condições de exposição são extremas.

Resposta: Utilizando a primeira estimativa da massa específica e o método das massas, as quantidades em kg/m³ são:

           cimento: 435   cimento Portland comum (Tipo I)
  agregado miúdo: 819
  agregado graúdo: 736
  água adicionada: 200
      teor de ar: 7,5%

20
Concretos Especiais

Diferentes tipos de concreto foram desenvolvidos para usos especiais. Em geral, a matriz cimentícia é modificada de maneira a melhorar algumas propriedades específicas. Alguns desses concretos são inovações recentes no campo do concreto. Neste capítulo será apresentada resumidamente a situação atual, com o objetivo de familiarizar o leitor com esses novos materiais e conhecer superficialmente suas tecnologias.

Compósitos de concreto polímero

Antes da discussão dos diversos tipos de compósitos de concreto polímero, é adequada a definição de alguns termos químicos. Um *monômero* é uma molécula inorgânica capaz de se combinar quimicamente com moléculas, similares ou não, para formar um material de elevado peso molecular, conhecido como polímero. Um *polímero* consiste em numerosos monômeros ligados entre si em uma estrutura em forma de cadeia; o processo químico que causa essas ligações é denominado como *polimerização*. Os polímeros são classificados como termoplásticos ou termofixos. Os termoplásticos têm cadeias longas, lineares e paralelas, sem ligações cruzadas, e exibem reversibilidade no aquecimento e resfriamento. Por outro lado, os termofixos têm cadeias cruzadas orientadas aleatoriamente e não exibem reversibilidade com mudanças de temperatura. Os termoplásticos podem ser convertidos em termofixos pelo uso de agentes que causem o surgimento de ligações cruzadas.

Em geral, os polímeros são materiais quimicamente inertes com resistências à tração e à compressão mais altas que o concreto convencional. Entretanto, os polímeros têm menor módulo de elasticidade e maior fluência, e podem ser degradados por agentes térmicos oxidantes. Luz ultravioleta, agentes químicos, micro-organismos, bem como alguns solventes orgânicos podem causar fissuração. Várias dessas desvantagens podem ser compensadas pela escolha de um polímero adequado e pela adição de substâncias ao polímero, por exemplo, antioxidantes para inibir a oxidação e estabilizantes contra a luz para reduzir a degradação por ultravioleta.

Os polímeros são utilizados para a produção de três tipos de compósitos de concreto polímero: concreto impregnado com polímero (CIP), concreto polímero (CP) e concreto de cimento Portland com polímero (CPCP).

Para a produção do *concreto impregnado com polímero*, o concreto convencional de cimento Portland é secado e em seguida saturado com um monômero líquido, por exemplo, metil metacrilato (MMA) e estireno (S). A polimerização é obtida por meio de radiação gama ou processos termocatalíticos. Por ambos métodos são gerados radicais livres para formar o polímero. Por exemplo, utilizando os monômeros acima, são formados os termoplásticos polimetil metacrilato (PMMA) e poliestireno (PS). Uma impregnação maior é alcançada pela evacuação do concreto após a secagem a uma temperatura de 150°C, seguida pela impregnação com o monômero sob pressão. Para componentes maiores, as velocidades de aquecimento e resfriamento devem ser controladas para prevenir a fissuração do concreto.

Comparado com concreto pré-tratamento, o produto polimerizado tem valores bem maiores de resistências à compressão, à tração, ao impacto, maior módulo de elasticidade, menor deformação lenta e menor retração por secagem. A Tabela 20.1 mostra algumas propriedades típicas. Além disso, o concreto tratado tem maior resistência ao gelo-degelo, à abrasão e ao ataque químico do que o concreto sem tratamento. Todas essas melhorias decorrem da menor porosidade e permeabilidade do concreto impregnado com polímero, mas o grau de alteração das propriedades depende da relação água/cimento, profundidade de impregnação, eficiência da polimerização, grau de continuidade da fase polimérica e das propriedades mecânicas do polímero. Pelo lado negativo, o coeficiente de dilatação térmica é maior no concreto impregnado com polímero e suas propriedades mecânicas, quando exposto ao fogo, são mais seriamente afetadas que o concreto não tratado.

A principal desvantagem do concreto impregnado com polímero é seu custo elevado, mas a impregnação parcial de elementos de concreto pode ser economicamente viável. Por exemplo, a resistência ao cisalhamento de vigas de concreto armado, sem armadura para cisalhamento, pode ser aumentada em até 60%, e a resistência às tensões de ancoragem é aumentada. Desse modo, a impregnação das extremidades de componentes pré-fabricados para lajes irá aumentar sua capacidade de carga e a impregnação parcial de tabuleiros de pontes irá aumentar sua resistência à flexão, reduzir a deflexão e melhorar a estanqueidade à água e a durabilidade da superfície.

O *concreto polímero* é formado pela polimerização de um monômero misturado com agregados à temperatura ambiente, utilizando sistemas promotores-catalisadores ou agentes de cura. Os primeiros concretos polímeros foram produzidos com sistemas de resinas poliéster e epóxi, mas, no momento o sistema monomérico é baseado em metil-metacrilato e estireno. Quando é adicionado silano ao sistema de monômero, ele age como um agente de ligação, e a ligação interfacial entre o polímero e o agregado e, consequentemente, a resistência do compósito são melhoradas.

O agregado a ser utilizado no concreto polímero deve ter baixo teor de umidade e ser graduado de modo a produzir uma boa trabalhabilidade com um mínimo de monômero ou resina. Adições na forma de cimento Portland ou sílica irão melhorar a trabalhabilidade. O concreto polímero fresco pode ser lançado e adensado por vibração de maneira similar ao concreto convencional, mas são necessários solventes para a limpeza do equipamento no caso de uso de epóxis e poliésteres. Outros sistemas de monômeros não apresentam problemas de limpeza, mas alguns são voláteis e evaporam rapidamen-

Tabela 20.1 Propriedades mecânicas típicas do concreto impregnado com polímero

Monômero	Carga de polímero, porcentual da massa	Resistência (MPa)			Módulo de elasticidade (GPa)
		Compressão	Tração	Flexão	
Não impregnado	0	35	2	4	19
MMA	4,6–6,7	142	11	18	44
MMA + 10% TMPTMA	5,5–7,6	151	11	15	43
Estireno	4,2–6,0	99	8	16	44
Acrilonitrila	3,2–6,0	99	7	10	41
Cloroestireno	4,9–6,9	113	8	17	39
10% poliéster + 90% estireno	6,3–7,4	144	11	23	46
Cloreto de vinila[1]	3,0–5,0	72	5	–	29
Cloreto de vinilideno[1]	1,5–2,8	47	3	–	21
Estireno t-butil[1]	5,3–6,0	127	10	–	45
60% estireno + 40% MPTMA[1]	5,9–7,3	120	6	–	44

* Concreto seco a 105°C durante a noite anterior, polimerização por radiação
1 Seco a 150°C durante a noite anterior
De: J. T. DIKEAU, Development in use of polymer concrete and polymer impregnated concrete, pp. 539–82 in V. M. MALHOTRA (Editor), *Progress in Concrete Technology* (Energy, Mines and Resources, Ottawa (June 1980)).

te, produzindo misturas potencialmente explosivas. Nessas situações, são necessários equipamentos que não produzam faíscas e à prova de explosão.

Algumas propriedades mecânicas dos concretos polímeros estão mostradas na Tabela 20.2.

Os usos típicos de concreto polímero são em reparos urgentes em rodovias de alta intensidade de tráfego, na produção de painéis pré-moldados de parede armados com lâminas de fibra de vidro, em blocos de pavimentação e na produção de tubos de paredes finas reforçados com fibra de vidro para água e esgoto.

O *concreto de cimento Portland com polímero* é produzido pela adição ao concreto fresco de um polímero na forma de uma solução aquosa ou um monômero que é polimerizado *in sito*. Látex de borracha, acrílicos e acetato de vinila são os materiais típicos utilizados em conjunto com um agente antiespumante para minimizar o ar aprisionado. Os agentes incorporadores de ar nunca devem ser utilizados. As propriedades ótimas são obtidas com cura úmida entre 1 e 3 dias, seguida por cura seca.

Comparados ao concreto convencional, os maiores benefícios do concreto Portland com polímero são maior durabilidade e melhores características de adesão. As resistências ao gelo-degelo, à abrasão e ao impacto são altas, mas a deformação lenta é maior que no concreto convencional. Recapeamentos de tabuleiros de pontes e painéis pré-fabricados tipo *"curtain wall"* são usos típicos do CPCP.

Concreto com agregados reciclados

Os aspectos ambientais estão cada mais vez afetando a obtenção de agregados, variando de restrições à extração a problemas com a destinação de resíduos de demolição de construções e de resíduos domésticos. Ambos os tipos de resíduos podem ser transformados em agregados para uso em concreto e são de grande interesse, tanto por aspectos econômicos, quanto ambientais. Entretanto, na avaliação do uso de agregados reciclados, devem ser tomados alguns cuidados. Sua utilização tem perspectiva de crescimento no futuro devido a duas razões complementares. A primeira é que as fontes de rochas que podem ser britadas provavelmente irão diminuir, e em alguns países são instituídas taxações sobre todas as novas pedreiras. A segunda razão é que existe uma diminuição das áreas para descarte de materiais de demolição, incluindo concreto velho e, novamente, existem taxas incidentes sobre os aterros.

O tratamento necessário do resíduo não é simples e o uso de agregado proveniente de demolição requer conhecimento especializado, já que ele pode conter substâncias deletérias. Em relação aos agregados produzidos a partir de resíduos municipais ou industriais, a ACI 221-96 (Reapproved 2001) estabelece que a realização de misturas experimentais, um extensivo programa de ensaios, análises químicas e petrográficas, bem como registros de desempenho são fundamentais para a decisão de seu uso. Em geral, os materiais reciclados devem ser especificados e avaliados segundo a ASTM C 33-03.

Segundo a BS 8500-2: 2006, admite-se que o *agregado de concreto reciclado** contenha até 5% de material de alvenaria. O resíduo com teor maior de material

---

* N. de T.: Em inglês, RCA – *recycled concrete aggregate*. No texto será utilizada a sigla ARC (agregado de resíduo de concreto), utilizada na NBR 15116:2004.

Capítulo 20 Concretos Especiais **399**

Tabela 20.2 Propriedades mecânicas típicas do concreto polímero

Polímero-monômero	Relação polímero/agregado	Massa específica (kg/m³)	Resistência (MPa)			Módulo de elasticidade (GPa)
			Compressão	Tração	Flexão	
Poliéster	1 : 10	2400	117	13	37	32
Poliéster	1 : 9	2330	69	–	17	28
Poliéster + estireno	1 : 4	–	82	–	–	–
Epóxi + 40% dibutil ftalato	1 : 1*	1650	50	130	–	2
Epóli + poliamino-amida	1 : 9	2280	65	–	23	32
Epóxi + poliamida	1 : 9	2000	95	–	33	–
Epóxi-furano	1 : 1*	1700	65	7	0,1	–
NMA-TMPTMA	1 : 15	2400	137	10	22	35

* Argamassa polimérica

De: J. T. DIKEAU, Development in use of polymer concrete and polymer impregnated concrete, pp. 539–82 in V. M. MALHOTRA (Editor), *Progress in Concrete Technology* (Energy, Mines and Resources, Ottawa (June 1980)).

de alvenaria, chegando até 100%, é denominado como *agregado reciclado** e deve ser classificado separadamente. Uma segunda exigência para o ARC é a limitação do teor máximo de finos em 5%. As duas exigências se aplicam a concreto velho de composição conhecida, não utilizado anteriormente e não contaminado durante o armazenamento, por exemplo, componentes pré-fabricados excedentes ou concreto fresco devolvido. Caso contrário, a BS EN 8500-2 estabelece limites para material leve, asfalto, vidro, plásticos, metal e sulfatos solúveis. São estabelecidos limites para a utilização do novo concreto em relação à resistência máxima e determinadas condições de exposição, mas não no caso de ARC produzido de concreto velho não utilizado de composição conhecida.

Obviamente, para a produção do ARC, os grandes elementos de concreto velho devem ser reduzidos a partículas de dimensões aceitáveis. Entretanto, a dimensão não é o único critério. A forma e a textura também são fatores que, não sendo ótimos, normalmente causam aumento da absorção de água, em função dos poros adicionais no concreto originados do concreto velho reciclado. Por consequência, o ARC é frequentemente misturado com agregado de outras fontes. As exigências de equipamentos adicionais de proporcionamento e britagem devem ser analisadas com cuidado, pois podem tornar todo o processo antieconômico.

Até agora, o ARC tem sido utilizado principalmente em pavimentos rodoviários e em concreto não estrutural. Existe pouca dúvida de que o uso estrutural do ARC irá aumentar, mas devem ser tomadas precauções.

Segundo a ASTM C 294-05, o ARC é classificado como um agregado artificial. Para a utilização de concreto velho como agregado destinado à produção de concreto novo, devem ser obedecidos os seguintes pontos:

- Por o ARC ser constituído em parte por argamassa velha, a massa específica do concreto produzido com ARC é menor que a do concreto produzido com agregado convencional.
- Pela mesma razão, o concreto produzido com ARC tem maior porosidade e absorção.
- A absorção mais elevada do ARC pode ser explorada, caso ele seja saturado antes da mistura. A água absorvida proporciona uma cura interna. Isso ocorre, em especial, se o ARC contém grande quantidade de tijolos e blocos cerâmicos.
- A resistência à compressão potencial do novo concreto é governada principalmente pela resistência do concreto velho, desde que o agregado miúdo seja proveniente de britagem de rocha ou areia natural de boa qualidade.
- Uma diminuição substancial na resistência à compressão pode ocorrer se o agregado miúdo convencional é substituído, parcial ou totalmente, por agregado miúdo de concreto velho. Qualquer material menor que 2 mm deve ser descartado.

---

* N. de T.: Em inglês, RA – *recycled aggregate*. No Brasil é adotada a denominação agregado de resíduo misto (ARM), conforme a NBR 15116:2004.

- O uso de ARC diminui a trabalhabilidade do concreto fresco para uma determinada quantidade de água, aumenta a demanda de água para uma determinada consistência, aumenta a retração por secagem para uma determinada quantidade de água e reduz o módulo de elasticidade para uma determinada relação água/cimento. Esses efeitos são maiores quando o concreto velho é utilizado como agregado graúdo e miúdo.
- A resistência ao gelo-degelo do novo concreto depende do sistema de poros e da resistência do concreto velho, bem como das propriedades correspondentes do novo concreto.
- Os aditivos, incorporadores de ar e adições presentes no concreto velho não irão modificar significativamente as propriedades do concreto novo. Entretanto, altas concentrações de íon cloreto aquoso no concreto velho podem contribuir para a acelerar a corrosão de insertos de aço no concreto novo.
- Fontes potenciais de concreto velho podem se tornar inadequadas se foram submetidas a ataque químico agressivo ou lixiviação, deterioração por fogo ou utilização em alta temperatura, etc.
- A extensão da contaminação no concreto velho com substâncias deletérias, tóxicas ou radioativas deve ser analisada em relação ao uso futuro do concreto novo. A presença de materiais betuminosos pode prejudicar a incorporação de ar e concentrações apreciáveis de materiais orgânicos podem produzir excessiva incorporação de ar. Inclusões metálicas podem causar manchamento por oxidação de vesículas superficiais e fragmentos de vidros podem causar reação álcali-agregado.*

Concreto reforçado com fibras

Segundo a ACI 544.1R-96 (Reapproved 2002), o concreto reforçado com fibras é definido como sendo o concreto produzido com cimento hidráulico, contendo agregados miúdos ou miúdos e graúdos e fibras descontínuas discretas. Essas fibras podem ser produzidas a partir de material natural (por exemplo, asbesto, sisal, celulose) ou são produtos industrializados como vidro, aço, carbono e polímeros (por exemplo, polipropileno, kevlar).

Nos capítulos anteriores, foi citada a natureza um tanto frágil, tanto da pasta de cimento hidratado quanto do concreto. Os objetivos do reforço da matriz cimentícia com fibras são o aumento da resistência à tração pelo retardo da propagação de fis-

---

* N. de T.: A NBR 15116:2004 estabelece que os agregados reciclados destinam-se à utilização em obras de pavimentação viária e em concretos não estruturais. Os agregados são classificados como agregado de resíduo de concreto (ARC) e agregado de resíduo misto (ARM). O primeiro é definido como sendo o agregado produzido a partir do beneficiamento do resíduo de construção de classe A, conforme Resolução 307 do Conselho Nacional do Meio Ambiente – CONAMA (classe A são os resíduos recicláveis ou reutilizáveis como agregados, sendo compostos por resíduos de construção, demolição, reformas e reparos de obras de pavimentação e edificações e preparo e/ou demolição de peças pré-moldadas de concreto) e devem conter no mínimo 90%, em massa, de fragmentos de concretos e rochas. O segundo é o material que tem menos de 90%, em massa, de fragmentos de concretos e rochas. São feitas exigências em relação à composição granulométrica, dimensão máxima, índice de forma, material passante na peneira 0,42 mm e contaminantes.

suras e pelo aumento da tenacidade[1] pela transmissão de tensões através de uma seção fissurada, de modo que seja possível uma deformação muito maior após a tensão de pico do que sem o reforço com fibras. A Figura 20.1(a) mostra a resistência e tenacidade na flexão melhoradas do concreto reforçado com fibras, enquanto a Fig. 20.1(b) ilustra a maior tenacidade na compressão, sendo que a resistência à compressão não é afetada. O reforço com fibras melhora a resistência ao impacto e a resistência à fadiga, e também reduz a retração.

A quantidade de fibras utilizadas é pequena, tipicamente 1 a 5%, em volume, e para torná-las efetivas como reforço (armadura), resistência à tração, alongamento na ruptura e módulo de elasticidade das fibras devem ser substancialmente mais elevados que as propriedades correspondentes da matriz, e na Tabela 20.3 são mostrados valores típicos. Além disso, as fibras devem ter deformação lenta muito pequena, caso contrário irá ocorrer relaxação de tensão. O coeficiente de Poisson deve ser similar ao da matriz para evitar tensões laterais induzidas, pois qualquer tensão lateral grande pode afetar a aderência da interface, que deve ter uma resistência ao cisalhamento grande o suficiente para possibilitar a transferência da tensão axial da matriz para as fibras.

Algumas outras características significativas das fibras são: o fator de forma (ou seja, relação entre o comprimento e diâmetro médio), forma e textura superficial, comprimento e estrutura. A fibra pode suportar uma tensão máxima σ_f, que depende do fator de forma (L/d), ou seja:

$$\sigma_f = \tau \left(\frac{L}{d} \right) \quad (20.1)$$

onde: τ = resistência da aderência interfacial
d = diâmetro médio da fibra e,
L = comprimento da fibra ($L < L_c$).

L_c pode ser definido como o comprimento crítico da fibra, de modo que, se $L < L_c$, a fibra irá ser arrancada da matriz por falha de aderência, mas se $L > L_c$, a fibra irá romper por tração. O comprimento da fibra deve ser maior que a dimensão máxima das partículas dos agregados.

Segundo a Eq. 20.1, quanto maior a resistência de aderência interfacial, maior a tensão máxima na fibra. A resistência de aderência interfacial é melhorada quando a superfície das fibras é deformada ou rugosa, as extremidades são aumentadas, têm forma de gancho ou são onduladas. Por exemplo, o uso de fibras de polipropileno na forma de multifilamentos ou fibriladas, lisas ou retorcidas resulta em uma boa aderência interfacial e compensa a má aderência do plástico à pasta de cimento.

Obviamente, na orientação da fibra em relação ao plano de uma fissura no concreto influencia na capacidade de reforço da fibra. O benefício máximo ocorre quando a fibra é unidirecional e paralela à tensão de tração aplicada, e ela será menos benéfica quando tem orientação aleatória nas três dimensões. Essa afirmação está

---

[1] A energia total absorvida antes da separação total do corpo de prova.

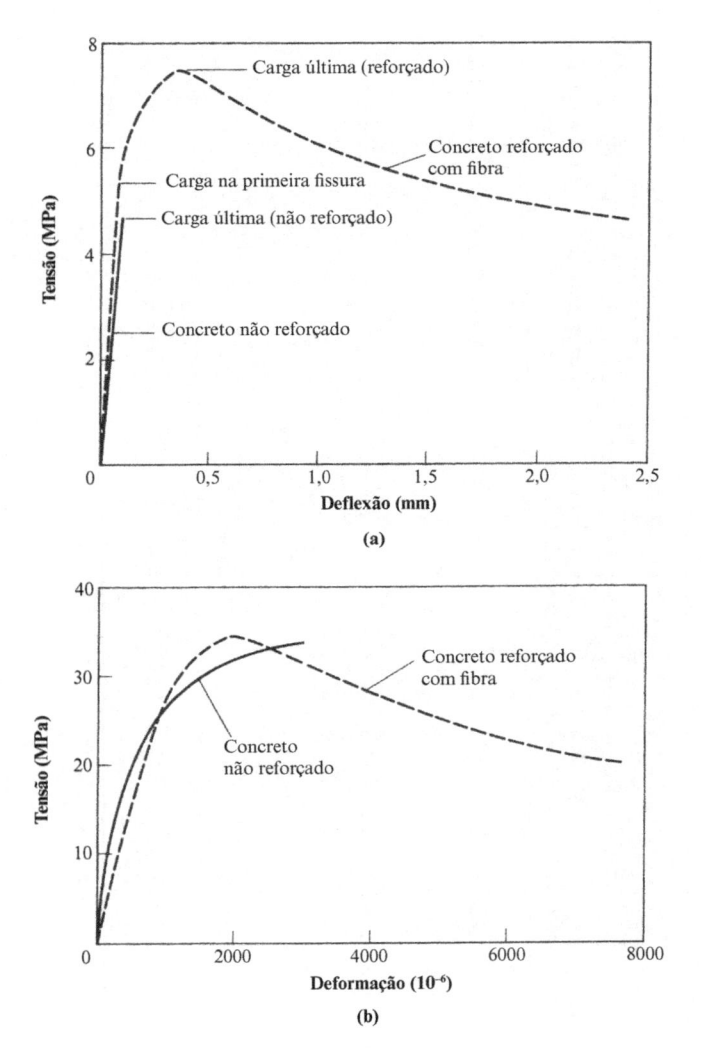

Figura 20.1 Comportamento típico de tensão-deformação do concreto reforçado com fibras e concreto não reforçado: (a) na flexão de uma viga; (b) na compressão de um cilindro.

Tabela 20.3 Propriedades típicas das fibras

Tipo de fibra	Massa específica	Resistência à tração (MPa)	Módulo de elasticidade (GPa)	Alongamento na ruptura (%)	Coeficiente de Poisson
Amianto crisotila	2,55	3 a 4,5	164	3	0,30
Vidro resistente a álcalis	2,71	2,0 a 2,8	80	2,0 a 3,0	0,22
Polipropileno fibrilado	0,91	0,65	8	8	0,29 a 0,46
Aço	7,84	1,0 a 3,2	200	3,0 a 4,0	0,30
Carbono	1,74 a 1,99	1,4 a 3,2	250 a 450	0,4 a 1,0	0,2 a 0,4
Kevlar	1,45	3,6	65 a 130	2,0 a 4,0	0,32

De: C. D. JOHNSTON, Fibre reinforced concrete, pp. 451–504 in V. M. MALHOTRA (Editor), *Progress in Concrete Technology* (Energy, Mines and Resources, Ottawa (June 1980)).

ilustrada na Fig. 20.2, que mostra também que maiores teores de fibras resultam em maior resistência.

A resistência última do compósito reforçado com fibra está relacionada com as propriedades da matriz e da fibra, conforme segue:

$$S_c = AS_m(1 - V_f) + BV_f\left(\frac{L}{d}\right) \quad (20.2)$$

onde S_c e S_m são, respectivamente, as resistências últimas do compósito e da matriz, V_f = proporção do volume de fibras e A = uma constante.

O coeficiente B da Eq. 20.2 depende da resistência da aderência interfacial e da orientação das fibras.

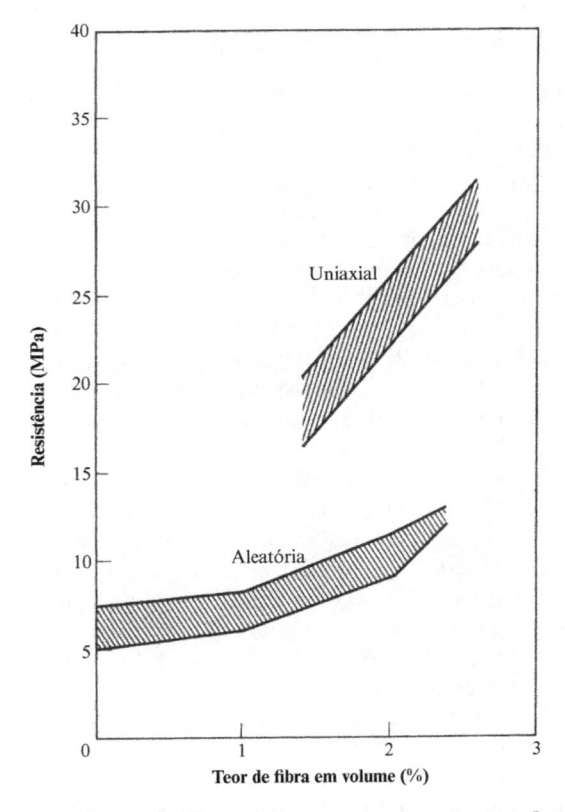

Figura 20.2 Influência do teor de fibras e orientação na resistência à flexão de matrizes reforçadas com fibra de aço.
(Baseado em: C. D. JOHNSTON, Fibre reinforced concrete, pp. 451–504 in V. M. MALHOTRA, *Progress in Concrete Technology* (Energy, Mines and Resources, Ottawa (June, 1980).)

É interessante destacar que o módulo de elasticidade do compósito reforçado com fibras pode ser estimado pelas propriedades individuais da matriz e da fibra, utilizando a abordagem de compósitos de duas fases do Capítulo 1.

É importante que as fibras não sejam danificadas no processo de adição à matriz, ou o efeito de reforço será menor ou mesmo inexistente. Embora algumas fibras sejam resistentes, outras são delicadas, o que significa que o processo de produção deve variar conforme o caso. Por exemplo, para produzir *cimento amianto*, as fibras, o cimento e a água são misturados para formar uma suspensão semifluida, que é cuidadosamente agitada enquanto uma fina camada do compósito fresco é puxada por uma correia móvel.

Para produzir chapas finas de *cimento reforçado com fibra de vidro* (GRC), as fibras na forma de *roving* (ou seja, multi-filamentos) são alimentadas continuamente em uma máquina de projeção a ar comprimido que as corta no comprimento necessário e as projeta juntamente com a pasta de cimento em um molde. Também existem outros métodos. O vidro deve ser resistente ao ataque químico pelos álcalis do cimento.

Para o reforço com fibras de aço, plástico ou de vidro, podem ser utilizadas técnicas normais de mistura, mas a ordem de colocação das fibras varia conforme o tamanho da amassada e o tipo de fibra. A operação de mistura deve garantir uma dispersão uniforme das fibras e deve prevenir a segregação ou o empelotamento das fibras. Em relação a esse fato, são relevantes o fator de forma, a dimensão do agregado graúdo, o volume porcentual de fibras, a velocidade de adição e se as fibras são ou não coladas (em feixes ou pentes).

Comparado com o concreto convencional, o concreto reforçado com fibras, em geral, tem maior consumo de cimento, maior teor de agregado miúdo e agregado graúdo de menor dimensão. Para cada tipo específico de fibra, as proporções da mistura são mais bem determinadas por misturas experimentais e a fibra e a mistura são ajustadas conforme o necessário para alcançar as exigências de trabalhabilidade, resistência e durabilidade.

A trabalhabilidade das misturas reforçadas com fibra diminui com o aumento do teor de fibra e do fator de forma. São adotados os ensaios usuais, ou seja, abatimento de tronco de cone e Vebe, mas este último nem sempre é um bom indicativo da trabalhabilidade. Por essa razão, foi desenvolvido o *ensaio de abatimento de tronco de cone invertido* para as misturas com fibras. A medida da mobilidade ou fluidez da mistura é dada, essencialmente, pelo tempo necessário para esvaziar um cone invertido normalizado preenchido sem compactação. A ACI 544.2R-89 (Reapproved 1999) descreve esse procedimento.

A utilização de cimento e concreto reforçado com fibras é comum. O cimento reforçado com fibras de vidro é utilizado em painéis decorativos pré-moldados, lisos ou conformados e material de acabamento com fins arquitetônicos ou para revestimentos. O cimento amianto é mais barato e pode ser usado para a produção de chapas planas, painéis resistentes ao fogo e tubos. As fibras de polipropileno têm um módulo de elasticidade baixo em velocidade normal de carregamento, mas o módulo aumenta substancialmente em cargas de impacto; portanto, esse material é utilizado para o revestimento externo de estacas cravadas de concreto convencional. Tanto as fibras de aço quanto as de vidro são utilizadas para a execução de recapeamentos de pavimentos de concreto, enquanto as fibras de aço podem ser incorporadas ao concreto projetado; é claro que pode haver problema da corrosão do aço, especialmente próximo a ou na superfície exposta ao tempo. Outros usos gerais dos produtos de cimento reforçado com fibra são formas permanentes ou reutilizáveis, e são proteção e reforço da camada externa de elementos de concreto.*

Argamassa armada

É uma forma de concreto armado, diferindo-se do convencional devido à armadura consistir em múltiplas camadas pouco espaçadas de telas ou barras finas totalmente circundadas por argamassa de cimento. A argamassa armada é bem menos espessa que o concreto armado, sendo que a tela pode ser conformada em qualquer forma, sem um formato convencional, e então moldada manualmente ou por jateamento.

O processo de produção faz uso intenso de mão de obra e, portanto, o custo de produção da argamassa armada pode ser elevado. Consequentemente seu uso é específico: barcos, casas móveis, piscinas, silos, reservatórios de água e coberturas curvas. Esses usos são um reflexo da alta relação entre a resistência à tração e a massa e da maior resistência à fissuração quando comparada ao concreto armado.

Em geral, a matriz de argamassa consiste em cimento Portland ou cimento Portland pozolânico, areia bem graduada e, se possível, agregados graúdos de pequena dimensão, dependendo do tipo e dimensão da tela. A relação areia/cimento de 1,5 a 2,5, em massa, e relação água/cimento de 0,35 a 0,55, em massa, produzem uma matriz satisfatória, que ocupa cerca de 95% do volume total da argamassa armada.

Existe uma grande variedade de materiais para as telas, desde telas de arame (tecidas ou intertravadas) a telas de aço soldado, lâminas de metal expandido e chapas perfuradas. Deve ser destacado que a definição de argamassa armada da ACI 549R-93 (Reapproved 1999) inclui materiais não metálicos, como fibras orgânicas naturais e fibras de vidro montadas em uma malha bidimensional.**

Concreto compacto com rolo

O concreto compacto com rolo (CCR) é um concreto seco (abatimento zero) que foi compactado por rolos compressores. As aplicações típicas são na construção de barragens, lançamento rápido de pavimentos de camada única de rodovias e pistas de pouso e lançamento de múltiplas camadas de fundações.

---

* N. de T.: As normas NBR 15305:2005 e NBR 15306-1 a 6:2005 estabelecem os parâmetros para produção e ensaios de produtos pré-fabricados de materiais cimentícios reforçados com fibra de vidro. A NBR 15530:2007 estabelece as especificações para fibras de aço para concreto.

** N. de T.: A NBR 11173:1990 normaliza o projeto e execução de argamassa armada. A armadura pode ser pré-fabricada ou não, e é constituída de fios ou lâminas de aço. As telas metálicas podem ser de lâminas de aço expandido ou fios de aço soldados ou tecidos.

Para um adensamento efetivo, o concreto compactado com rolo deve ser seco o suficiente para suportar a massa do equipamento de vibração, mas deve ser úmido o suficiente para possibilitar que a pasta de cimento seja uniformemente distribuída na massa durante o processo de mistura e adensamento. Para garantir a aderência adequada do concreto compactado com rolo com o concreto endurecido na camada abaixo ou em juntas frias, a segregação deve ser prevenida e uma mistura de argamassa de ligação de alta plasticidade deve ser utilizada no início do lançamento. O concreto compactado com rolo também pode ser utilizado para lançamentos contínuos sem juntas frias.

Para diminuir o calor de hidratação em lançamentos de concreto massa e, portanto, minimizar a fissuração, o consumo de cimento deve ser baixo e deve ser utilizado o agregado de maior dimensão possível, desde que não cause segregação. O uso de pozolanas é frequentemente mais econômico do que somente cimento, além de ter a vantagem de menor calor de hidratação. Na realidade, altos teores de cinza volante, entre 60 e 80% do volume de material cimentício, têm sido utilizados com sucesso na construção de barragens.

Concreto de alto desempenho

Concreto de alto desempenho, inicialmente denominado concreto de alta resistência, pode ser entendido como um concreto de alta durabilidade (baixa permeabilidade) e também de alta resistência. Em algumas aplicações, a propriedade buscada é um alto módulo de elasticidade. Hoje o alto desempenho, em termos de resistência, é considerado como a resistência acima de 80 MPa.*

O concreto de alto desempenho contém os seguintes componentes: agregados de boa qualidade; cimento Portland comum (Tipo I ASTM), embora o cimento de alta resistência inicial (Tipo III ASTM) possa ser utilizado quando é exigida elevada resistência inicial, em consumo elevado entre 450 e 550 kg/m^3; sílica ativa, entre 5 e 15%, em massa do total de material cimentício; algumas vezes outros materiais cimentícios, como cinza volante ou escória granulada de alto-forno; e sempre um aditivo superplastificante. O que faz com que o concreto seja de alto desempenho é a relação água/cimento muito baixa, em geral em torno de 0,25, chegando algumas vezes abaixo de 0,20. O superplastificante é utilizado em alto teor, de modo a obter a trabalhabilidade desejada.

O concreto de alto desempenho é muito denso e tem baixa porosidade com poros de dimensões reduzidas e segmentados. Mesmo após a cura úmida, uma quantidade substancial de cimento permanece não hidratada devido à água não conseguir penetrar no sistema de poros. A vantagem do concreto de alta resistência é a redução da seção de pilares ou a redução da quantidade de aço para uma mesma seção trans-

---

* N. de T.: A NBR 8953:2009 versão corrigida 1:2011 classifica o concreto em relação à resistência à compressão em dois grupos. O grupo I é formado pelos concretos com resistência característica à compressão (f_{ck}) de 20 MPa e 50 MPa (C10 a C50), enquanto o grupo II é formado pelos concretos com f_{ck} igual a 55 MPa, 60 MPa, 70 MPa e 100 MPa e a NBR 12655:2006 define o concreto de classe de resistência maior que C50 como sendo de alta resistência.

versal. Em edifícios altos, existe uma vantagem econômica devido ao aumento de área do pavimento para comercialização. Em pontes, o uso da alta resistência pode reduzir o número de vigas. As desvantagens parecem ser a resistência ao cisalhamento relativamente baixa e, para a mesma relação tensão de trabalho/resistência que no concreto de resistência normal, um menor módulo de elasticidade, deformação lenta aumentada e maior retração autógena. O aumento da deformação vem do menor teor de agregados e da estrutura de poros mais fina, que causa uma elevada retração autógena inicial (medida desde a pega). A retração por secagem é, na realidade, reduzida devido à baixa relação água/material cimentício e baixa permeabilidade (ver página 260).

Um tema relacionado são os concretos especiais de alta resistência, recentemente desenvolvidos. Um desses materiais é conhecido como concreto *MDF*,* produzido a partir do cimento aluminoso, misturado com um plastificante orgânico e água, utilizado para produzir produtos delgados com propriedades similares às de um plástico bastante resistente. Resistências à compressão de 100 a 300 MPa, resistências à flexão entre 30 e 45 MPa e módulos de elasticidade de 35 a 50 GPa são típicos.

Outro produto é conhecido como *DSP*,** em que a sílica ativa é um componente (ver página 37).

Concreto autoadensável

O concreto autoadensável (CAA) é uma mistura que expele o ar aprisionado sem vibração e flui por obstáculos, como a armadura, para preencher as fôrmas. Além disso, o CAA supera a dificuldade de acesso próximo às cordoalhas e ancoragens e tem as vantagens de redução do nível de ruído e danos à saúde dos funcionários que manuseiam os vibradores portáteis. O concreto autoadensável é muito útil para componentes de elevada tasca de armadura de qualquer forma com obstáculos, tanto em concreto pré-moldado, quanto para concreto moldado *in* sito, e para a produção de esculturas de concreto. A única limitação é que a face superior deve ser horizontal.

Para ser classificado como concreto autoadensável, existem três requisitos essenciais: fluidez, capacidade de passar entre armaduras de pequeno espaçamento e resistência à segregação. Os meios de obtenção de um concreto autoadensável são o uso de mais finos, menores que 600 μm; viscosidade apropriada obtida por um agente controlador; relação água/cimento aproximada de 0,4; uso de superplastificante; menos agregado graúdo que o usual (50% do volume de todos os sólidos) e agregado de boa forma e textura. Essas características promovem uma microestrutura mais uniforme e zona de transição menos porosa.***

---

* N. de T.: Termo original *macrodefect-free* – livre de macrodefeitos.
** N. de T.: Termo original *densified system containing homogeneously arranged ultrafine particle* – densificado com partículas pequenas.
*** N. de T.: As normas NBR 15823, partes 1 a 6 estabelecem os parâmetros e métodos de ensaio de concreto autoadensável no Brasil.

Bibliografia

20.1 ACI COMMITTEE 207.5R–99, Roller compacted mass concrete, Part 1, *ACI Manual of Concrete Practice* (2007).
20.2 E. TAZAWA (Ed.), *Autogenous shrinkage of concrete*, E. & F.N. Spon, London, p. 411 (1998).
20.3 ACI COMMITTEE 544.2R–89 (Reapproved 1999), Measurement of properties of fiber reinforced concrete, Part 6, *ACI Manual of Concrete Practice* (2007).
20.4 ACI COMMITTEE 548.1R–97, Guide for the use of Polymers in concrete, Part 6, *ACI Manual of Concrete Practice* (2007).
20.5 ACI COMMITTEE 549.1R–93 (Reapproved 1999), Guide for the design, construction and repair of ferrocement, Part 6, *ACI Manual of Concrete Practice* (2007).
20.6 ACI COMMITTEE 549.2R–04, Report on thin reinforced cementitious products, Part 6, ACI *Manual of Concrete Practice* (2007).
20.7 L. HJORTH, Development and application of high density cement-based materials, *Phil. Trans. Royal Soc.*, A310, pp. 167–73 (1983).
20.8 K. KENDALL, A. J. HOWARD and J. D. PIRCHALL, The relation between porosity, microstructure and strength, and the approach to advanced cement-based materials, *Phil. Trans. Royal Soc.*, A310, pp. 139–53 (1983).
20.9 T. C. LUI and C. MEYER, ACI Special Publication, SP-219, Recycling concrete and other materials for sustainable development, ACI Special Publication, 202 pp. (2004).
20.10 G. de SCHUTER, P. J. M. BARTOS, P. DOMONE and J. GIBBS, *Self-Compacting Concrete*, CRC Press (2008).
20.11 ACI COMMITTEE 237R–07, Self-consolidating concrete, Part 6, *ACI Manual of Concrete Practice* (2007).

Problemas

20.1 Explique o que se entende por concreto impregnado com polímero.
20.2 Explique o que se entende por concreto polímero.
20.3 Sob quais condições você recomendaria o uso de concreto impregnado com polímero?
20.4 Descreva os efeitos da incorporação de fibras no concreto.
20.5 Discorra sobre a importância do módulo de elasticidade das fibras incorporadas ao concreto.
20.6 Discorra sobre os usos do cimento reforçado com fibras de vidro.
20.7 O que é polimerização?
20.8 O que se entende por concreto compactado com rolo?
20.9 Qual é a diferença entre polímeros termofixos e termoplásticos?
20.10 Explique o que se entende por concreto de cimento Portland com polímero?
20.11 Explique as diferenças entre agregado reciclado de concreto (ARC) e agregado reciclado (ARM).
20.12 Discorra sobre os possíveis efeitos colaterais do ARC nas propriedades do concreto.
20.13 O que é o ensaio de abatimento de tronco de cone invertido?
20.14 Explique o que se entende por argamassa armada.
20.15 Em qual situação você recomendaria o uso do teor de cinza volante de 70% em volume do material cimentício para a produção de concreto?
20.16 Cite três tipos de concreto de resistência muito elevada.
20.17 O que se entende por CAA?

21
Uma Visão Geral

Em geral, um livro deste tipo não inclui um epílogo, mas nesse caso pode ser válido revisar o que se tentou obter ao dosar e lançar uma mistura de concreto e comparar o teórico com o prático.

É justo dizer que, em geral, a distância entre a teoria e a prática é grande. As duas estão próximas em grandes obras de engenharia civil, onde milhares de metros cúbicos de concreto são lançados. Nesse tipo de obra, grande parte dos esforços é dedicada à obtenção do melhor concreto possível para um determinado uso.

Pode valer a pena dar, em alguns detalhes, a forma de abordagem da produção de concreto em grandes projetos, porque isso serve de base para a elaboração de uma lista de verificação em que os itens específicos de um determinado projeto podem ser selecionados. A importância da especificação do concreto não pode ser superestimada. Ela deve identificar os vários tipos de concreto que podem ser necessários, talvez um para uso estrutural geral, outro para concreto protendido ou um concreto com características especiais de durabilidade, podendo estar incluídas nestas a resistência ao gelo-degelo, a resistência a ataques químicos específicos ou à abrasão. Não se está propondo uma profusão de misturas de concreto (pois isso complica a operação do canteiro e aumenta o risco de erros), mas somente o reconhecimento do fato de que a mistura deve ser adaptada às necessidades técnicas.

Diferentes critérios para as misturas levarão a diferentes especificações. Por exemplo, a resistência pode ser garantida pela relação água/cimento; a durabilidade a agentes químicos, pelo tipo e consumo de cimento ou pela relação água/cimento e, possivelmente, pelo tipo de agregado. A resistência ao gelo/degelo é dada pela relação água/cimento e pelo teor de ar incorporado. O lançamento do concreto em uma região da estrutura em que a armadura é densa pode exigir uma especificação de trabalhabilidade ou o uso de um aditivo específico, etc.

Entretanto, a especificação deve ser elaborada com base no conhecimento do que é disponível ou possível. Por exemplo, a especificação de um cimento que deverá ser trazido de longas distâncias pode ser uma solução extremamente cara, devendo o responsável pela especificação encontrar outra solução, como o uso de maior consumo de cimento para a prevenção da penetração do agente agressivo ou mesmo o uso de revestimentos de proteção. Não estão sendo listadas as várias soluções possíveis, mas simplesmente está sendo chamada a atenção para os vários meios possíveis de obtenção do objetivo desejado.

Em uma grande obra, é improvável que os agregados sejam trazidos de longas distâncias, portanto é importante que o responsável pela especificação tenha conhecimento das propriedades dos agregados efetivamente disponíveis e dose o concreto considerando essas propriedades. Podem ser relevantes a forma do agregado, possivelmente o teor de partículas lamelares ou o fato disso resultar em baixa resistência.

Em alguns casos, algumas propriedades bastante específicas dos agregados podem ser de interesse. Por exemplo, em vasos de pressão de concreto protendido em reatores nucleares, a fluência do concreto é importante, sendo então necessários ensaios dos agregados para determinar suas propriedades de deformação lenta antes da dosagem ser finalizada.

A produção do concreto, entendida como a exatidão e precisão do proporcionamento e uniformidade da mistura, é obviamente maior em centrais automatizadas de grande porte do que quando é utilizada uma betoneira móvel, e o proporcionamento é feito de forma manual. A razão disso não é somente a qualidade técnica do sistema de proporcionamento e mistura, mas também o nível de treinamento da mão de obra. Com uma central, seja no canteiro, seja em uma empresa concreteira, provavelmente a mão de obra é especialista em concreto, enquanto em canteiro a produção de concreto é uma entre as demais atividades dos funcionários. Pelas mesmas razões, o concreto produzido em laboratório, mesmo com a utilização de uma betoneira de pequeno porte, é provavelmente de alta qualidade. Embora esse fato não deva ser levado em conta para os objetivos da produção em canteiro, é importante ter em mente o seguinte aspecto: é errado considerar que a alta qualidade do concreto produzido em laboratório pode ser reproduzida em obra. Consequentemente os valores alvo de resistência de corpos de prova produzidos em laboratório são maiores, e isso é considerado nas normas.

O manuseio, transporte, lançamento e adensamento do concreto dependem da qualidade da equipe de trabalho e da supervisão. Essa qualidade mais uma vez será maior quando os envolvidos têm experiência do que quando exercem essas atividades ocasionalmente ou quando há envolvimento do supervisor somente esporadicamente. Não se quer dizer, entretanto, que em uma obra pequena não se pode obter concreto de boa qualidade. É possível, mas é necessário um esforço determinado e consciente. Espera-se que o leitor esteja agora persuadido da necessidade desse esforço e da recompensa de uma estrutura de boa qualidade.

Como a boa qualidade é verificada e mantida? Em grandes obras, pode existir um laboratório dedicado a esse objetivo. O laboratório pode ser operado pelo construtor, mas com mais frequência o controle é exercido por uma empresa independente. Esse laboratório deve ser de alto nível em função de laboratórios por si mesmos estarem sujeitos a controle. Com o laboratório estando no local da obra, os problemas podem ser resolvidos rapidamente e informações podem ser obtidas de maneira mais rápida. Comunicações demoradas sobre resultados de ensaios com baixa resistência entre o engenheiro-residente e o gerente da obra, bem como entre suas respectivas sedes, perdem maior parte do valor se o concreto não satisfatório continuar a ser produzido enquanto o tempo passa. A dimensão do problema, ou seja, a quantidade de concreto suspeito aumenta e a solução torna-se mais difícil e cara.

Os parágrafos anteriores fornecem a base sobre o que considerar na qualidade do concreto para uma determinada obra. Quando a quantidade de concreto a ser lançada é moderada, alguns procedimentos e precauções podem ser desnecessários ou muito caros. Como consequência, as margens de segurança, por exemplo, na resistência média ou no consumo de cimento devem ser aumentadas. Existe um claro equilíbrio entre o controle e os valores alvo e mínimos. É impossível, de modo geral, descobrir esse equilíbrio, mas é importante tê-lo em mente no planejamento de cada operação de concretagem.

Os capítulos individuais deste livro dão os detalhes das várias considerações técnicas, mas, no intuito da obtenção de um bom concreto, a experiência também é necessária. A experiência sem o embasamento do conhecimento pode levar a armadilhas, mas, por outro lado, não é possível obter um bom concreto em uma estrutura somente com base no conhecimento bibliográfico, mesmo se amparado por experiência laboratorial. O engenheiro bem sucedido é aquele que obtém uma estrutura de boa qualidade e combina um sólido conhecimento sobre concreto e seus materiais com experiência.

Esta é uma nota positiva no fim de um livro sobre um material que tem sido utilizado em inúmeras estruturas, mas talvez uma nota final de advertência pode ser admitida. O que foi apresentado neste livro representa a boa prática do dia a dia, baseada em conhecimento atualizado. Entretanto, novos materiais estão sendo desenvolvidos e novos usos para o concreto estão sendo encontrados. Com frequência, no início, essas alterações podem ser vistas simplesmente como melhorias ou extensões do *status quo*. Isso pode ser verdade em vários aspectos, mas em outros pode haver um efeito colateral que somente se manifesta com o passar do tempo. Um engenheiro atento às possibilidades perguntará a si mesmo todas as questões necessárias sobre possíveis consequências de qualquer inovação, desde o efeito imediato da mudança até o mais remoto. Isso não foi feito no passado, quando alguns tipos de cimentos e aditivos foram utilizados ou métodos mais eficientes de adensamento possibilitaram uma redução no consumo de cimento. As desagradáveis consequências desses casos custaram milhões de libras ou dólares e provocaram a necessidade de grandes reparos. Espera-se que as exortações anteriores garantam que isso não ocorra no futuro.

Problemas

21.1 Por que é melhor construir estruturas com concreto do que com aço?
21.2 Em que aspectos o aço é superior ao concreto?
21.3 Por que é necessário manter as estruturas de concreto?

Normas Brasileiras Citadas

A seguir são apresentadas as normas brasileiras citadas nos diversos capítulos. A versão da norma citada era a em vigor no momento da tradução. A verificação da versão mais atualizada de cada norma pode ser feita junto à Associação Brasileira de Normas Técnicas (www.abnt.org.br).

Capítulo 2

ABNT NBR 5732:1991:	Cimento Portland comum
ABNT NBR 5733:1991:	Cimento Portland de alta resistência inicial
ABNT NBR 5735:1991:	Cimento Portland de alto-forno
ABNT NBR 5736:1991 Versão Corrigida: 1999:	Cimento Portland pozolânico
ABNT NBR 5737:1992:	Cimentos Portland resistentes a sulfatos
ABNT NBR 5751:1992:	Materiais pozolânicos – Determinação de atividade pozolânica – Índice de atividade pozolânica com cal
ABNT NBR 5752:1992:	Materiais pozolânicos – Determinação de atividade pozolânica com cimento Portland – Índice de atividade pozolânica com cimento
ABNT NBR 5753:2010:	Cimento Portland – Ensaio de pozolanicidade para cimento Portland pozolânico
ABNT NBR 7214:2012:	Areia normal para ensaio de cimento – Especificação
ABNT NBR 7215:1996 Versão Corrigida: 1997:	Cimento Portland – Determinação da resistência à compressão
ABNT NBR 8809:1985:	Cimento Portland – Determinação do calor de hidratação a partir do calor de dissolução – Método de ensaio
ABNT NBR 11578:1991 Versão Corrigida: 1997:	Cimento Portland composto – Especificação
ABNT NBR 11579:1991:	Cimento Portland – Determinação da finura por meio da peneira 75 µm (n° 200) – Método de ensaio (em revisão)

ABNT NBR 11582:1991:	Cimento Portland – Determinação da expansibilidade de Le Chatelier – Método de ensaio (em revisão)
ABNT NBR 15894-1:2010:	Metacaulim para uso com cimento Portland em concreto, argamassa e pasta – Parte 1: Requisitos
ABNT NBR 12006:1990:	Cimento – Determinação do calor de hidratação pelo método de garrafa de Langavant – Método de ensaio
ABNT NBR 12653:1992 Errata 1:1999:	Materiais pozolânicos – Especificação
ABNT NBR 12826:1993:	Cimento Portland e outros materiais em pó – Determinação do índice de finura por meio de peneirador aerodinâmico – Método de ensaio
ABNT NBR 12989:1993:	Cimento Portland branco – Especificação
ABNT NBR 13116:1994:	Cimento Portland de baixo calor de hidratação – Especificação
ABNT NBR 13956-1:2012	Sílica ativa para uso com cimento Portland em concreto, argamassa e pasta – Parte 1: Requisitos
ABNT NBR 13847:2012:	Cimento aluminoso para uso em materiais refratários
ABNT NBR NM 10:2012:	Cimento Portland – Análise química – Disposições gerais
ABNT NBR NM 11-1:2012:	Cimento Portland – Análise química – Método optativo para determinação de óxidos principais por complexometria – Parte 1: Método ISO
ABNT NBR NM 11-2:2012:	Cimento Portland – Análise química – Determinação de óxidos principais por complexometria – Parte 2: Método ABNT
ABNT NBR NM 12:2012:	Cimento Portland – Análise química – Determinação de óxido de cálcio livre
ABNT NBR NM 13:2012:	Cimento Portland – Análise química – Determinação de óxido de cálcio livre pelo etileno glicol
ABNT NBR NM 14:2012:	Cimento Portland – Análise química – Método de arbitragem para determinação de dióxido de silício, óxido férrico, óxido de alumínio, óxido de cálcio e óxido de magnésio
ABNT NBR NM 15:2012:	Cimento Portland – Análise química – Determinação de resíduo insolúvel
ABNT NBR NM 16:2012:	Cimento Portland – Análise química – Determinação de anidrido sulfúrico
ABNT NBR NM 17:2012:	Cimento Portland – Análise química – Método de arbitragem para a determinação de óxido de sódio e óxido de potássio por fotometria de chama

ABNT NBR NM 18:2012:	Cimento Portland – Análise química – Determinação de perda ao fogo
ABNT NBR NM 19:2012:	Cimento Portland – Análise química – Determinação de enxofre na forma de sulfeto
ABNT NBR NM 20:2012:	Cimento Portland e suas matérias primas – Análise química – Determinação de dióxido de carbono por gasometria
ABNT NBR NM 21:2012:	Cimento Portland – Análise química – Método optativo para a determinação de dióxido de silício, óxido de alumínio, óxido férrico, óxido de cálcio e óxido de magnésio
ABNT NBR NM 22:2012:	Cimento Portland com adições de materiais pozolânicos – Análise química – Método de arbitragem
ABNT NBR NM 43:2003:	Cimento Portland – Determinação da pasta de consistência normal
ABNT NBR NM 65:2003:	Cimento Portland – Determinação do tempo de pega
ABNT NBR NM 76:1998:	Cimento Portland – Determinação da finura pelo método de permeabilidade ao ar (Método de Blaine)
ABNT NBR NM 124:2009:	Cimento e clínquer – Análise química – Determinação dos óxidos de Ti, P e Mn
NM 125:1997:	Cimento – Análise química – Determinação de dióxido de carbono por gasometria por decomposição química

Capítulo 3

ABNT NBR 6502:1995:	Rochas e solos
ABNT NBR 6467:2006 Errata 2:2009:	Agregados – Determinação do inchamento de agregado miúdo – Método de ensaio
ABNT NBR 7211:2009:	Agregados para concreto – Especificação
ABNT NBR 7218:2010:	Agregados – Determinação do teor de argila em torrões e materiais friáveis
ABNT NBR 7221:1987 Errata 1:2000:	Agregados – Ensaio de qualidade de agregado miúdo
ABNT NBR 7809:2006 Versão Corrigida:2008:	Agregado graúdo – Determinação do índice de forma pelo método do paquímetro – Método de ensaio
ABNT NBR 9775:2011	Agregado miúdo – Determinação do teor de umidade superficial por meio do frasco de Chapman – Método de ensaio

ABNT NBR 9938:1987:	Agregados – Determinação da resistência ao esmagamento de agregados graúdos – Método de ensaio
ABNT NBR 12655:2006	Concreto de cimento Portland – Preparo, controle e recebimento – Procedimento
ABNT NBR 12695:1992:	Agregados – Verificação do comportamento mediante ciclagem natural – Método de ensaio
ABNT NBR 12696:1992:	Agregados – Verificação do comportamento mediante ciclagem artificial água-estufa – Método de ensaio
ABNT NBR 12697:1992:	Agregados – Avaliação do comportamento mediante ciclagem acelerada com etilenoglicol – Método de ensaio
ABNT NBR NM 30:2001:	Agregado miúdo – Determinação da absorção de água
ABNT NBR NM 45:2006:	Agregados – Determinação da massa unitária e do volume de vazios
ABNT NBR NM 46:2003:	Agregados – Determinação do material fino que passa através da peneira 75 um, por lavagem
ABNT NBR NM 49:2001 Versão Corrigida:2001:	Agregado miúdo – Determinação de impurezas orgânicas
ABNT NBR NM 51:2001:	Agregado graúdo – Ensaio de abrasão "Los Angeles"
ABNT NBR NM 52:2009:	Agregado miúdo – Determinação da massa específica e massa específica aparente
ABNT NBR NM 53:2009:	Agregado graúdo – Determinação da massa específica, massa específica aparente e absorção de água
ABNT NBR NM 66:1998:	Agregados – Constituintes mineralógicos dos agregados naturais – Terminologia
ABNT NBR NM 248:2003:	Agregados – Determinação da composição granulométrica

Capítulo 4

ABNT NBR 6118:2007:	Projeto de estruturas de concreto – Procedimento
ABNT NBR 15900-1:2009:	Água para amassamento do concreto – Parte 1: Requisitos
ABNT NBR 15900-2:2009:	Água para amassamento do concreto – Parte 2: Coleta de amostras de ensaios
ABNT NBR 15900-3:2009:	Água para amassamento do concreto – Parte 3: Avaliação preliminar

Normas Brasileiras Citadas **419**

ABNT NBR 15900-4:2009:	Água para amassamento do concreto – Parte 4: Análise química – Determinação de zinco solúvel em água
ABNT NBR 15900-5:2009:	Água para amassamento do concreto – Parte 5: Análise química – Determinação de chumbo solúvel em água
ABNT NBR 15900-6:2009:	Água para amassamento do concreto – Parte 6: Análise química – Determinação de cloreto solúvel em água
ABNT NBR 15900-7:2009:	Água para amassamento do concreto – Parte 7: Análise química – Determinação de sulfato solúvel em água
ABNT NBR 15900-8:2009:	Água para amassamento do concreto – Parte 8: Análise química – Determinação de fosfato solúvel em água
ABNT NBR 15900-9:2009:	Água para amassamento do concreto – Parte 9: Análise química – Determinação de álcalis solúveis em água
ABNT NBR 15900-10:2009:	Água para amassamento do concreto – Parte 10: Análise química – Determinação de nitrato solúvel em água
ABNT NBR 15900-11:2009:	Água para amassamento do concreto – Parte 11: Análise química – Determinação de açúcar solúvel em água

Capítulo 5

ABNT NBR 8953:2009 Versão Corrigida 1:2011:	Concreto para fins estruturais – Classificação pela massa específica, por grupos de resistência e consistência
ABNT NBR 10342:1992:	Concreto – Perda de abatimento – Método de ensaio (em revisão)
ABNT NBR 15558:2008:	Concreto – Determinação da exsudação
ABNT NBR NM 67:1998:	Concreto – Determinação da consistência pelo abatimento do tronco de cone
ABNT NBR NM 68:1998:	Concreto – Determinação da consistência pelo espalhamento na mesa de Graff

Capítulo 7

ABNT NBR 7212:2012:	Execução de concreto dosado em central
ABNT NBR 14026:1997:	Concreto projetado – Especificação
ABNT NBR 14931:2004:	Execução de estruturas de concreto – Procedimento

Capítulo 8

ABNT NBR 6118:2007:   Projeto de estruturas de concreto – Procedimento

ABNT NBR 11768:2011:   Aditivos químicos para concreto de cimento Portland – Requisitos

Capítulo 9

ABNT NBR 14931:2004:   Execução de estruturas de concreto – Procedimento

Capítulo 10

ABNT NBR 12655:2006   Concreto de cimento Portland – Preparo, controle e recebimento – Procedimento

ABNT NBR 14931:2004:   Execução de estruturas de concreto – Procedimento

Capítulo 11

ABNT NBR 6118:2007:   Projeto de estruturas de concreto – Procedimento

ABNT NBR 7222:2011:   Concreto e argamassa – Determinação da resistência à tração por compressão diametral de corpos de prova cilíndricos

ABNT NBR 12042:1992:   Materiais inorgânicos – Determinação do desgaste por abrasão – Método de ensaio

ABNT NBR 12142:2010:   Concreto – Determinação da resistência à tração na flexão de corpos de prova prismáticos

Capítulo 12

ABNT NBR 8522:2008:   Concreto – Determinação do módulo estático de elasticidade à compressão

Capítulo 14

ABNT NBR 9778:2005 Versão Corrigida 2:2009:   Argamassa e concreto endurecidos – Determinação da absorção de água, índice de vazios e massa específica

ABNT NBR 10786:1989:   Concreto endurecido – Determinação do coeficiente de permeabilidade à água – Método de ensaio

Normas Brasileiras Citadas 421

ABNT NBR 10787:2011:	Concreto endurecido – Determinação da penetração de água sob pressão
ABNT NBR 12655:2006	Concreto de cimento Portland – Preparo, controle e recebimento – Procedimento
ABNT NBR 13583:1996:	Cimento Portland – Determinação da variação dimensional de barras de argamassa de cimento Portland expostas à solução de sulfato de sódio
ABNT NBR 15577-1:2008 Versão Corrigida:2008:	Agregados – Reatividade álcali-agregado – Parte 1: Guia para avaliação da reatividade potencial e medidas preventivas para uso de agregados em concreto
ABNT NBR 15577-2:2008:	Agregados – Reatividade álcali-agregado – Parte 2: Coleta, preparação e periodicidade de ensaios de amostras de agregados para concreto
ABNT NBR 15577-3:2008 Versão Corrigida:2008:	Agregados – Reatividade álcali-agregado – Parte 3: Análise petrográfica para verificação da potencialidade reativa de agregados em presença de álcalis do concreto
ABNT NBR 15577-4:2008 Versão Corrigida 2:2009:	Agregados – Reatividade álcali-agregado – Parte 4: Determinação da expansão em barras de argamassa pelo método acelerado
ABNT NBR 15577-5:2008:	Agregados – Reatividade álcali-agregado – Parte 5: Determinação da mitigação da expansão em barras de argamassa pelo método acelerado
ABNT NBR 15577-6:2008 Versão Corrigida:2008:	Agregados – Reatividade álcali-agregado – Parte 6: Determinação da expansão em prismas de concreto

Capítulo 15

ABNT NBR 9833:2008 Versão Corrigida:2009:	Concreto fresco – Determinação da massa específica, do rendimento e do teor de ar pelo método gravimétrico
ABNT NBR 11768:2011:	Aditivos químicos para concreto de cimento Portland – Requisitos
ABNT NBR NM 47:2002:	Concreto – Determinação do teor de ar em concreto fresco – Método pressométrico

Capítulo 16

ABNT NBR 5738:2003 Emenda 1:2008:	Concreto – Procedimento para moldagem e cura de corpos de prova
ABNT NBR 5739:2007:	Concreto – Ensaios de compressão de corpos de prova cilíndricos

ABNT NBR 6118:2007:	Projeto de estruturas de concreto – Procedimento
ABNT NBR 7222:2011:	Concreto e argamassa – Determinação da resistência à tração por compressão diametral de corpos de prova cilíndricos
ABNT NBR 7584:1995:	Concreto endurecido – Avaliação da dureza superficial pelo esclerômetro de reflexão
ABNT NBR 7680:2007:	Concreto – Extração, preparo e ensaio de testemunhos de concreto
ABNT NBR 8045:1993:	Concreto – Determinação da resistência acelerada à compressão – Método da água em ebulição – Método de ensaio
ABNT NBR 8802:1994:	Concreto endurecido – Determinação da velocidade de propagação de onda ultra-sônica – Método de ensaio
ABNT NBR 9605:1992:	Concreto – Reconstituição do traço de concreto fresco – Método de ensaio
ABNT NBR 12142:2010:	Concreto – Determinação da resistência à tração na flexão de corpos de prova prismáticos
ABNT NBR 12655:2006	Concreto de cimento Portland – Preparo, controle e recebimento – Procedimento
ABNT NBR 14931:2004:	Execução de estruturas de concreto – Procedimento

Capítulo 17

ABNT NBR 6118:2007:	Projeto de estruturas de concreto – Procedimento
ABNT NBR 12655:2006	Concreto de cimento Portland – Preparo, controle e recebimento – Procedimento

Capítulo 18

ABNT NBR 12644:1992:	Concreto celular espumoso – Determinação da densidade de massa aparente no estado fresco – Método de ensaio
ABNT NBR 12645:1992:	Execução de paredes de concreto celular espumoso moldadas no local – Procedimento
ABNT NBR 12646:1992:	Paredes de concreto celular espumoso moldadas no local – Especificação
ABNT NBR 13438:1995:	Blocos de concreto celular autoclavado – Especificação
ABNT NBR 13439:1995:	Blocos de concreto celular autoclavado – Verificação da resistência à compressão – Método de ensaio

ABNT NBR 13440:1995:	Blocos de concreto celular autoclavado – Verificação da densidade de massa aparente seca – Método de ensaio
NM 35:1995 Errata 1:2008:	Agregados leves para concreto estrutural – Especificação

Capítulo 19

ABNT NBR 6118:2007:	Projeto de estruturas de concreto – Procedimento
ABNT NBR 12655:2006	Concreto de cimento Portland – Preparo, controle e recebimento – Procedimento

Capítulo 20

ABNT NBR 8953:2009 Versão Corrigida 1:2011:	Concreto para fins estruturais – Classificação pela massa específica, por grupos de resistência e consistência
ABNT NBR 11173:1990:	Projeto e execução de argamassa armada – Procedimento
ABNT NBR 15116:2004:	Agregados reciclados de resíduos sólidos da construção civil – Utilização em pavimentação e preparo de concreto sem função estrutural – Requisitos
ABNT NBR 15305:2005:	Produtos pré-fabricados de materiais cimentícios reforçados com fibra de vidro – Procedimentos para o controle da fabricação
ABNT NBR 15306-1:2005:	Produtos pré-fabricados de materiais cimentícios reforçados com fibra de vidro – Método de ensaio – Parte 1: Medição da consistência da matriz
ABNT NBR 15306-3:2005:	Produtos pré-fabricados de materiais cimentícios reforçados com fibra de vidro – Método de ensaio – Parte 3: Medição do teor de fibra da mistura projetada
ABNT NBR 15306-4:2005:	Produtos pré-fabricados de materiais cimentícios reforçados com fibra de vidro – Método de ensaio – Parte 4: Medição da resistência à flexão – Método "ensaio simplificado de flexão"
ABNT NBR 15306-5:2005:	Produtos pré-fabricados de materiais cimentícios reforçados com fibra de vidro – Método de ensaio – Parte 5: Medição da resistência à flexão, método "ensaio completo de flexão"
ABNT NBR 15306-6:2005:	Produtos pré-fabricados de materiais cimentícios reforçados com fibra de vidro – Método de ensaio – Parte 6: Determinação da absorção de água por imersão e da massa unitária seca

Normas Brasileiras Citadas

ABNT NBR 15823-1:2010:	Concreto autoadensável – Parte 1: Classificação, controle e aceitação no estado fresco
ABNT NBR 15823-2:2010:	Concreto autoadensável – Parte 2: Determinação do espalhamento e do tempo de escoamento – Método do cone de Abrams
ABNT NBR 15823-3:2010 Versão Corrigida: 2010:	Concreto autoadensável – Parte 3: Determinação da habilidade passante – Método do anel JABNT NBR 15823-4:2010: Concreto autoadensável – Parte 4: Determinação da habilidade passante – Método da caixa L
ABNT NBR 15823-5:2010:	Concreto autoadensável – Parte 5: Determinação da viscosidade – Método do funil V
ABNT NBR 15823-6:2010 Versão Corrigida: 2012:	Concreto autoadensável – Parte 6: Determinação da resistência à segregação – Método da coluna de segregação

Normas Americanas Importantes

Os dois números após o hífen indicam os dois últimos dígitos do ano de publicação.
As referências a estas normas no texto podem ter uma data anterior, mas não apresentam diferenças significativas.

Cimento

C 91–05	Specification for Masonry Cement
C 109/C 109M–07e1	Test for Compressive Strength of Hydraulic Cement Mortars (Using 2-in. or [50-mm] Cube Specimens)
C 114–07	Tests for Chemical Analysis of Hydraulic Cement
C 115–96a (2003)	Test for Fineness of Portland Cement by the Turbidimeter
C 150–07	Specification for Portland Cement
C 151–05	Test for Autoclave Expansion of Hydraulic Cement
C 186–05	Test for Heat of Hydration of Hydraulic Cement
C 191–08	Tests for Time of Setting of Hydraulic Cement by Vicat Needle
C 204–07	Tests for Fineness of Hydraulic Cement by Air Permeability Apparatus
C 230/C 230M–08	Specification for Flow Table for Use in Tests of Hydraulic Cement
C 266–08	Test for Time of Setting of Hydraulic Cement Paste by Gillmore Needles
C 311–07	Tests for Sampling and Testing Fly Ash or Natural Pozzolans for Use in Portland Cement Concrete
C 348–02	Test for Flexural Strength of Hydraulic Cement Mortars
C 349–02	Test for Compressive Strength of Hydraulic Cement Mortars (Using Portions of Prisms Broken in Flexure)
C 430–96 (2003)	Test for Fineness of Hydraulic Cement by the 45-μm (no. 325) Sieve

C 451–08	Test for Early Stiffening of Hydraulic Cement (Paste Method)
C 452–06	Test for Potential Expansion of Portland-Cement Mortars Exposed to Sulfate
C 465–99 (2005)	Specification for Processing Additions for Use in the Manufacture of Hydraulic Cements
C 595–08	Specification for Blended Hydraulic Cements
C 618–08a	Specification for Coal Fly Ash and Raw or Calcined Natural Pozzolan for Use in Concrete
C 845–04	Specification for Expansive Hydraulic Cement
C 917–05	Test for Evaluation of Cement Strength Uniformity from a Single Source
C 989–06	Specification for Ground Granulated Blast-Furnace Slag for Use in Concrete and Mortars
C 1012–04	Test for Length Change of Hydraulic Cement Mortars Exposed to a Sulfate Solution
C 1157–08	Performance Specification for Hydraulic Cement
C 1240–05	Specification for Silica Fume Use in Cementitious Mixtures

Agregados

C 29/C 29M–07	Test for Bulk Density ('Unit Weight') and Voids in Aggregate
C 33–07	Specification for Concrete Aggregates
C 40–04	Test for Impurities in Fine Aggregates for Concrete
C 70–06	Test for Surface Moisture in Fine Aggregate
C 87–05	Test for Effect of Organic Impurities in Fine Aggregate on Strength of Mortar
C 88–05	Test for Soundness of Aggregates by Use of Sodium Sulfate or Magnesium Sulfate
C 117–04	Test for Materials Finer than 75-mm (No. 200) Sieve in Mineral Aggregates by Washing
C 123–04	Test for Lightweight Particles in Aggregate
C 127–07	Test for Density, Relative Density (Specific Gravity), and Absorption of Coarse Aggregate

C 128–07a	Test for Density, Relative Density (Specific Gravity), and Absorption of Fine Aggregate
C 131–06	Test for Resistance to Degradation of Small-Size Coarse Aggregate by Abrasion and Impact in the Los Angeles Machine
C 136–06	Test for Sieve Analysis of Fine and Coarse Aggregates
C 227–03	Test for Potential Alkali Reactivity of Cement-Aggregate Combinations (Mortar-Bar Method)
C 289–07	Test for Potential Alkali-Silica Reactivity of Aggregates (Chemical Method)
C 294–05	Descriptive Nomenclature for Constituents of Concrete Aggregates
C 295–03	Guide for Petrographic Examination of Aggregates for Concrete
C 330–05	Specification for Lightweight Aggregates for Structural Concrete
C 331–05	Specification for Lightweight Aggregates for Concrete Masonry Units
C 332–07	Specification for Lightweight Aggregates for Insulating Concrete
C 441–05	Test for Effectiveness of Pozzolans or Ground Blast-Furnace Slag in Preventing Excessive Expansion of Concrete Due to the Alkali-Silica Reaction
C 566–97 (2004)	Test for Total Evaporable Moisture Content of Aggregate by Drying
C 586–05	Test for Potential Alkali Reactivity of Carbonate Rocks as Concrete Aggregates (Rock-Cylinder method)
C 778–06	Specification for Standard Sand
C 1105–08	Test for Length Change of Concrete due to Alkali-Carbonate Rock Reaction
C 1137–05	Test for Degradation of Fine Aggregate Due to Attrition
C 1646/C 1646M–08	Making and Curing Test Specimens for Evaluating Frost Resistance of Coarse Aggregate in Air-Entrained Concrete by Rapid Freezing and Thawing
E 11–04	Specification for Wire Cloth and Sieves for Testing Purposes

Aditivos

C 260–06	Specification for Air-Entraining Admixtures for Concrete
C 494/C 494M–08a	Specification for Chemical Admixtures for Concrete
C 618–08a	Specification for Coal Fly Ash and Raw or Calcined Natural Pozzolan for Use in Concrete
C 979–05	Specification for Pigments for Integrally Colored Concrete
C 1017/C 1017M–07	Specification for Chemical Admixtures for Use in Producing Flowing Concrete

Concreto

C 31/C31M–08a	Making and Curing Concrete Test Specimens in the Field
C 39/C 39M–05e2	Test for Compressive Strength of Cylindrical Concrete Specimens
C 42/C 42M–04	Test for Obtaining and Testing Drilled Cores and Sawed Beams of Concrete
C 78–08	Test for Flexural Strength of Concrete (Using Simple Beam with Third-Point Loading)
C 94/C 94M–07	Specification for Ready-Mixed Concrete
C 125–07	Terminology Relating to Concrete and Concrete Aggregates
C 138/C 138M–08	Test for Density (Unit Weight), Yield, and Air Content (Gravimetric) of Concrete
C 143/C 143M–08	Test for Slump of Hydraulic-Cement Concrete
C 156–05	Test for Water Retention by Liquid Membrane-Forming Curing Compounds for Concrete
C 157/C 157M–08	Test for Length Change of Hardened Hydraulic-Cement Mortar and Concrete
C 171–07	Specification for Sheet Materials for Curing Concrete
C 173/C 173M–08	Test for Air Content of Freshly Mixed Concrete by the Volumetric Method
C 192/C 192M–07	Making and Curing Concrete Test Specimens in the Laboratory
C 215–08	Test for Fundamental Transverse, Longitudinal, and Torsional Frequencies of Concrete Specimens

C 227–03	Test for Potential Alkali Reactivity of Cement-Aggregate Combinations (Mortar-Bar Method)
C 231–08c	Test for Air Content of Freshly Mixed Concrete by the Pressure Method
C 232–07	Tests for Bleeding of Concrete C 293–08 Test for Flexural Strength of Concrete (Using Simple Beam With Center-Point Loading)
C 309–07	Specification for Liquid Membrane-Forming Compounds for Curing Concrete
C 403/C 403M–08	Test for Time of Setting of Concrete Mixtures by Penetration Resistance
C 418–05	Test for Abrasion Resistance of Concrete by Sandblasting
C 452–06	Test for Potential Expansion of Portland-Cement Mortars Exposed to Sulfate
C 457–08c	Test for Microscopical Determination of Parameters of the Air-Void System in Hardened Concrete
C 469–02e1	Test for Static Modulus of Elasticity and Poisson's Ratio of Concrete in Compression
C 470/C 470–08	Specification for Molds for Forming Concrete Test Cylinders Vertically
C 496/C 496–04e1	Test for Splitting Tensile Strength of Cylindrical Concrete Specimens
C 512–02	Test for Creep of Concrete in Compression
C 531–00 (2005)	Test for Linear Shrinkage and Coefficient of Thermal Expansion of Chemical-Resistant Mortars, Grouts, Monolithic Surfacings, and Polymer Concretes
C 567–05a	Test for Determining Density of Structural Lightweight Concrete
C 586–05	Test for Potential Alkali Reactivity of Carbonate Rocks as Concrete Aggregates (Rock-Cylinder Method)
C 597–02	Test for Pulse Velocity Through Concrete
C 617–98	(2003) Capping Cylindrical Concrete Specimens
C 618–08a	Specification for Coal Fly Ash and Raw or Calcined Natural Pozzolan for Use in Concrete
C 642–06	Test for Density, Absorption, and Voids in Hardened Concrete

C 666/C 666–03 (2008)	Test for Resistance of Concrete to Rapid Freezing and Thawing
C 672/C 672M–03	Test for Scaling Resistance of Concrete Surfaces Exposed to Deicing Chemicals
C 684–99 (2003)	Test for Making, Accelerated Curing, and Testing Concrete Compression Test Specimens
C 685/C 685M–07	Specification for Concrete Made by Volumetric Batching and Continuous Mixing
C 779/C 779M–05	Test for Abrasion Resistance of Horizontal Concrete Surfaces
C 803/C 803M–03	Test for Penetration Resistance of Hardened Concrete
C 805/C 805M–08	Test for Rebound Number of Hardened Concrete
C 856–04	Petrographic Examination of Hardened Concrete
C 873/C 873M–04e1	Test for Compressive Strength of Concrete Cylinders Cast in Place in Cylindrical Molds
C 878/C 878M–03	Test for Restrained Expansion of Shrinkage-Compensating Concrete
C 900–06	Test for Pullout Strength of Hardened Concrete
C 918/C 918M–07	Test for Measuring Early-Age Compressive Strength and Projecting Later-Age Strength
C 944/C 944M–99 (2005)e1	Test or Abrasion Resistance of Concrete or Mortar Surfaces by the Rotating-Cutter Method
C 1038–04	Test for Expansion of Hydraulic Cement Mortar Bars Stored in Water
C 1074–04	Estimating Concrete Strength by the Maturity Method
C 1084–02	Test for Portland-Cement Content of Hardened Hydraulic-Cement Concrete
C 1138M–05	Test for Abrasion Resistance of Concrete (Underwater Method)
C 1152/C 1152M–04e1	Test for Acid-Soluble Chloride in Mortar and Concrete
C 1202–07	Test for Electrical Indication of Concrete's Ability to Resist Chloride Ion Penetration
C 1602/C 1602M–06	Specification for Mixing Water Used in the Production of Hydraulic Cement Concrete
C 1603–05a	Test for Measurement of Solids in Water
C 1611/C 1611M–05	Test for Slump Flow of Self-Consolidating Concrete

Normas Britânicas Importantes

w/d = cancelada
BS EN indica uma norma britânica coincidente com uma norma europeia.

Cimento

BS EN 196–1: 2005	Methods of testing cement: determination of strength
BS EN 196–2: 2005	Chemical analysis
BS EN 196–3: 2005	Determination of setting time and soundness
BS EN 196–5: 2005	Pozzolanicity test for pozzolanic cements
BS EN 196–6: 1992	Determination of fineness
BS EN 196–7: 2007	Methods of taking and making samples
BS EN 196–21: 1992 (w/d 2005)	Determination of chloride, carbon dioxide and alkali content
BS EN 197–1: 2000	Cement. Composition, specifications and conformity criteria for common cements
BS EN 12878: 2005	Pigments for the colouring of building materials based on cement and/or lime
BS EN 14647: 2005	Calcium aluminate cement. Composition. specifications and conformity criteria
BS EN 15167–1: 2006	Ground granulated blast-furnace slag for use in concrete, mortar and grout. Definitions, specifications and conformity criteria
BS EN 15167–2: 2006	Ground granulated blast-furnace slag for use in concrete, mortar and grout. Conformity evaluation
BS 12: 1996 (w/d 2000)	Portland cement
BS 146: 1996 (w/d 2004)	Portland blast-furnace cement
BS 915–2: 1972 (w/d 2007)	High alumina cement

BS 1370: 1979	Low heat Portland cement
BS 3892–1: 1997 (w/d 2005)	Use of pulverized fuel ash with Portland cement
BS 4027: 1996	Sulfate resisting Portland cement
BS 4246–2: 1996 (w/d 2004)	High slag blast-furnace cement
BS 4248: 2004	Supersulfated cement
BS 4550–3.8: 1978	Methods of testing cement. Physical tests. Test for heat of hydration
BS 6558: 1996 (w/d 2000)	Portland pulverized fuel ash cements
BS 6610: 1996	Pozzolanic pulverized fuel ash cement
BS 6699: 1992 (w/d 2006)	Use of ground granulated blastfurnace slag with Portland cement

Agregados

BS EN 882: 1992 (w/d 2004)	Specification for aggregates from natural sources for concrete
BS EN 932–1: 1997	Tests for general properties of aggregates. Methods for sampling
BS EN 932–2: 1999	Tests for general properties of aggregates. Methods for reducing laboratory samples
BS EN 932–3: 1997	Tests for general properties of aggregates. Procedure and terminology for simplified petrographic description
BS EN 932–5: 2000	Tests for general properties of aggregates. Common equipment and calibration
BS EN 932–6: 1999	Tests for general properties of aggregates. Definitions of repeatability and reproducibility
BS EN 933–1: 1997	Tests for geometrical properties of aggregates. Determination of particle size distribution. Sieving method
BS EN 933–2: 1996	Tests for geometrical properties of aggregates. Determination of particle size distribution. Test sieves, nominal size of apertures
BS EN 933–3: 1997	Tests for geometrical properties of aggregates. Determination of particle shape. Flakiness index
BS EN 933–4: 2008	Tests for geometrical properties of aggregates. Determination of particle shape. Shape index

BS EN 933–5: 1998	Tests for geometrical properties of aggregates. Determination of percentage of crushed and broken surfaces in coarse aggregate particles
BS EN 933–6: 2001	Tests for geometrical properties of aggregates. Assessment of surface characteristics. Flow coefficient of aggregates
BS EN 933–7: 1998	Tests for geometrical properties of aggregates. Determination of shell content. Percentage of shells in coarse aggregates
BS EN 933–8: 1989	Tests for geometrical properties of aggregates. Assessment of fines. Sand equivalent test
BS EN 933–9: 1999	Tests for geometrical properties of aggregates. Assessment of fines. Methylene blue test
BS EN 933–10: 2001	Tests for geometrical properties of aggregates. Assessment of fines. Grading of fillers (air-jet sieving)
BS EN 933–11: 2009	Tests for geometrical properties of aggregates. Classification test for the constituents of coarse recycled aggregate
BS EN 1097–1: 1996	Tests for mechanical and physical properties of aggregates. Determination of the resistance to wear (micro-Deval)
BS EN 1097–2: 1998	Tests for mechanical and physical properties of aggregates. Methods for the determination of resistance to fragmentation
BS EN 1097–3: 1998	Tests for mechanical and physical properties of aggregates. Determination of loose bulk density and voids
BS EN 1097–4: 1999	Tests for mechanical and physical properties of aggregates. Determination of the voids of dry compacted filler
BS EN 1097–5: 1999	Tests for mechanical and physical properties of aggregates. Determination of the water content by drying in a ventilated oven
BS EN 1097–6: 2000	Tests for mechanical and physical properties of aggregates. Determination of particle density and water absorption
BS EN 1097–7: 2008	Tests for mechanical and physical properties of aggregates. Determination of the particle density of filler. Pyknometer method
BS EN 1097–8: 2000	Tests for mechanical and physical properties of aggregates. Determination of the polished stone value

BS EN 1097–9: 1998	Tests for mechanical and physical properties of aggregates. Determination of the resistance to wear by abrasion from studded tyres. Nordic test
BS EN 1097–10: 2002	Tests for mechanical and physical properties of aggregates. Determination of water suction height
BS EN 1367–1: 2007	Tests for thermal and weathering properties of aggregates. Determination of resistance to freezing and thawing
BS EN 1367–2: 1998	Tests for thermal and weathering properties of aggregates. Magnesium sulfate test
BS EN 1367–3: 2001	Tests for thermal and weathering properties of aggregates. Boiling test for sonnenbrand basalt
BS EN 1367–4: 1998	Tests for thermal and weathering properties of aggregates. Determination of drying shrinkage
BS EN 1367–5: 2008	Tests for thermal and weathering properties if aggregates. Determination of resistance to thermal shock
BS EN 1367–6: 2008	Tests for thermal weathering properties of aggregates. Determination of resistance to freezing and thawing in the presence of salt (NaCl)
BS EN 1744–1: 1998	Tests for chemical properties of aggregates. Chemical analysis
BS EN 12620: 2002+A1: 2008	Aggregates for concrete
BS EN 13055–1: 2002	Lightweight aggregates. Lightweight aggregates for concrete, mortar and grout
BS 812–102: 1989	Methods for sampling
BS 812–103.1: 1985	Method for determination of particle size distribution. Sieve tests
BS 812–103.2: 1989	Method for determination of particle size distribution. Sedimentation test
BS 812–104: 1994	Method for qualitative and quantitative petrographic examination of aggregates
BS 812–105.1: 1989	Methods for determination of particle shape. Flakiness index
BS 812–105.2: 1990	Methods for determination of particle shape. Elongation index of coarse aggregate
BS 812–106: 1985	Method for determination of shell content in coarse aggregate

BS 812–109: 1990	Methods for determination of moisture content
BS 812–110: 1990	Methods for determination of aggregate crushing value (ACV)
BS 812–111: 1990	Methods for determination of 10 per cent fines value (TFV)
BS 812–112: 1990	Method for determination of aggregate impact value (AIV)
BS 812–113: 1990	Method for determination of aggregate abrasion value (AAV)
BS 812–117: 1988	Method for determination of water-soluble chloride salts
BS 812–118: 1988	Methods for determination of sulphate content
BS 812–119: 1985	Method for determination of acid-soluble material in fine aggregate
BS 812–120: 1989	Method for testing and classifying drying shrinkage of aggregates in concrete
BS 812–121: 1989	Method for determination of soundness BS 812–123: 1999 Method for determination of alkali–silica reactivity. Concrete prism method
BS 812–124: 2009	Method for determination of frost-heave
BS 882–1992 (w/d 2004)	Specification for aggregates from natural sources for concrete
BS 1047: 1983 (w/d 2004)	Specification for air-cooled blast-furnace slag aggregate for use in construction
BS 3797: 1990 (w/d)	Specification for lightweight aggregates for masonry units and structural concrete

Aditivos

BS EN 480–1: 2006	Admixtures for concrete, mortar and grout. Test methods. Reference concrete and reference mortar for testing
BS EN 480–2: 2006	Admixtures for concrete, mortar and grout. Test methods. Determination of setting time
BS EN 480–4: 2005	Admixtures for concrete, mortar and grout. Test methods. Determination of bleeding of concrete
BS EN 480–5: 2005	Admixtures for concrete, mortar and grout. Test methods. Determination of capillary absorption

BS EN 480–6: 2005	Admixtures for concrete, mortar and grout. Test methods. Infrared analysis
BS EN 480–8: 1997	Admixtures for concrete, mortar and grout. Test methods. Determination of the conventional dry material content
BS EN 480–10: 1997	Admixtures for concrete, mortar and grout. Test methods. Determination of water soluble chloride content
BS EN 480–11: 2005	Admixtures for concrete, mortar and grout. Test methods. Determination of air void characteristics in hardened concrete
BS EN 480–12: 2005	Admixtures for concrete, mortar and grout. Test methods. Determination of the alkali content of admixtures
BS EN 934–2: 2001	Admixtures for concrete, mortar and grout. Concrete admixtures. Definitions, requirements, conformity, marking and labelling
BS EN 934–6: 2001	Admixtures for concrete, mortar and grout. Sampling, conformity control and evaluation of conformity
BS 5075–1: 1982 (w/d)	Concrete admixtures. Specification for accelerating admixtures, retarding admixtures and water reducing admixtures
BS 5075–2: 1982 (w/d)	Concrete admixtures. Specification for air-entraining admixtures
BS 5075–3: 1985 (w/d)	Concrete admixtures. Specification for superplasticizing admixtures

Concreto

BS EN 206–1: 2000	Concrete. Specification, performance, production and conformity
BS EN 678: 1994	Determination of the dry density of autoclaved aerated concrete
BS EN 679: 2005	Determination of the compressive strength of autoclaved aerated concrete
BS EN 680: 2005	Determination of the drying shrinkage of autoclaved aerated concrete
BS EN 1008: 2002	Mixing water for concrete. Specification for sampling, testing and assessing the suitability of water, including water recovered from processes in the concrete industry, as mixing water for concrete

BS EN 1351: 1997	Determination of flexural strength of autoclaved aerated concrete
BS EN 1355: 1997	Determination of creep strains under compression of autoclaved aerated concrete or lightweight aggregate concrete with open structure
BS EN 12350–1: 2000	Testing fresh concrete. Sampling
BS EN 12350–2: 2000	Testing fresh concrete. Slump test
BS EN 12350–3: 2000	Testing fresh concrete. Vebe test
BS EN 12350–4: 2000	Testing fresh concrete. Degree of compactability
BS EN 12350–5: 2000	Testing fresh concrete. Flow table test
BS EN 12350–6: 2000	Testing fresh concrete. Density
BS EN 12350–7: 2009	Testing fresh concrete. Air content. Pressure methods
BS EN 12390–1: 2000	Testing hardened concrete. Shape, dimensions and other requirements for specimens and moulds
BS EN 12390–2: 2009	Testing hardened concrete. Making and curing specimens for strength tests
BS EN 12390–3: 2009	Testing hardened concrete. Compressive strength of test specimens
BS EN 12390–4: 2000	Testing hardened concrete. Compressive strength. Specification for Testing machines
BS EN 12390–5: 2009	Testing hardened concrete. Flexural strength of test specimens
BS EN 12390–6: 2000	Testing hardened concrete. Tensile splitting strength of test specimens
BS EN 12390–7: 2009	Testing hardened concrete. Density of hardened concrete
DD CEN/TS 12390–9: 2006	Testing hardened concrete. Freeze-thaw resistance. Scaling
BS EN 12504–1: 2000	Testing concrete in structures. Cored specimens. Taking, examining and testing in compression
BS EN 12504–2: 2001	Testing concrete in structures. Non-destructive testing. Determination of rebound number
BS EN 12504–4: 2004	Testing concrete. Determination of ultrasonic pulse velocity
BS EN 12649: 2008	Testing hardened concrete. Concrete compactors and smoothing machines. Safety

BS EN 13791: 2007	Assessment of in-situ compressive strength in structures and pre-cast concrete components
BS EN 15304: 2007	Determination of the freeze-thaw resistance of autoclaved aerated concrete
BS ISO 5725: Parts 1–6: 1994	Accuracy (trueness and precision) of measurement methods and results
BS 1047: 1983 (w/d)	Specification for air-cooled blast-furnace slag aggregate for use in construction
BS 1305: 1974	Specification for batch type concrete mixers
BS 1881–5: 1970	Testing concrete. Methods of testing hardened concrete for other than strength
BS 1881–101: 1983	Testing concrete. Method of sampling on site
BS 1881–102: 1983 (w/d)	Testing concrete. Method for determination of slump
BS 1881–103: 1993 (w/d)	Testing concrete. Method for determination of compacting factor
BS 1881–104: 1983 (w/d)	Testing concrete. Method for determination of Vebe time
BS 1881–105: 1984 (w/d)	Testing concrete. Method for determination of flow
BS 1881–106: 1983 (w/d)	Testing concrete. Methods for determination of air content of fresh concrete
BS 1881–107: 1983 (w/d)	Testing concrete. Method for determination of density of compacted fresh concrete
BS 1881–108: 1983 (w/d)	Testing concrete. Method for making test cubes from fresh concrete
BS 1881–109: 1983 (w/d)	Testing concrete. Method for making test beams from fresh concrete
BS 1881–110: 1983 (w/d)	Testing concrete. Method for making test cylinders from fresh concrete
BS 1881–111: 1983 (w/d)	Testing concrete. Method of normal curing of test specimens (20 °C method)
BS 1881–112: 1983	Testing concrete. Methods of accelerated curing of test cubes
BS 1881–113: 1983	Testing concrete. Method for making and curing no-fines test cubes
BS 1881–114: 1983 (w/d)	Testing concrete. Methods for determination of density of hardened concrete

BS 1881–115: 1986 (w/d)	Testing concrete. Specification for compression testing machines for concrete
BS 1881–116: 1983 (w/d)	Testing concrete. Method for determination of compressive strength of concrete cubes
BS 1881–117: 1983 (w/d)	Testing concrete. Method for determination of tensile splitting strength
BS 1881–118: 1983 (w/d)	Testing concrete. Method for determination of flexural strength
BS 1881–119: 1983	Testing concrete. Method for determination of compressive strength using portions of beams broken in flexure (equivalent cube method)
BS 1881–120: 1983 (w/d)	Testing concrete. Method for determination of the compressive strength of concrete cores
BS 1881–121: 1983	Testing concrete. Method for determination of static modulus of elasticity in compression
BS 1881–122: 1983	Testing concrete. Method for determination of water absorption
BS 1881–124: 1988	Testing concrete. Methods for analysis of hardened concrete
BS 1881–125: 1986	Testing concrete. Methods for mixing and sampling fresh concrete in the laboratory
BS 1881–127: 1990	Testing concrete. Method of verifying the performance of a concrete cube compression machine using the comparative cube test
BS 1881–128: 1997	Testing concrete. Methods for analysis of fresh concrete
BS 1881–129: 1992	Testing concrete. Method for determination of density of partially compacted semi-dry fresh concrete
BS 1881–130: 1996	Testing concrete. Method for temperature-matched curing of concrete specimens
BS 1881–131: 1998	Testing concrete. Methods for testing cement in a reference concrete
BS 1881–201: 1986	Testing concrete. Guide to the use of non-destructive methods of test for hardened concrete
BS 1881–202: 1986 (w/d)	Testing concrete. Recommendations for surface hardness testing by rebound hammer
BS 1881–203: 1986 (w/d)	Testing concrete. Recommendations for measurement of velocity of ultrasonic pulses in concrete

BS 1881–204: 1988	Testing concrete. Recommendations on the use of electromagnetic covermeters
BS 1881–205: 1986	Testing concrete. Recommendations for radiography of concrete
BS 1881–206: 1986	Testing concrete. Recommendations for determination of strain in concrete
BS 1881–207: 1992	Testing concrete. Recommendations for the assessment of concrete strength by near-to-surface tests
BS 1881–208: 1996	Testing concrete. Recommendations for the determination of the initial surface absorption of concrete
BS 1881–209: 1990	Testing concrete. Recommendations for the measurement of dynamic modulus of elasticity
BS 3148: 1980 (w/d)	Methods of test for water for making concrete (including notes on the suitability of the water)
BS 3797: 1990 (w/d)	Specification for lightweight aggregates for masonry units and structural concrete
BS 5328–1: 1997 (w/d)	Concrete. Guide to specifying concrete
BS 5328–2: 1997 (w/d)	Concrete. Methods for specifying concrete mixes
BS 5328–3: 1990 (w/d)	Concrete. Specification for the procedures to be used in producing and transporting concrete
BS 5328–4: 1990 (w/d)	Concrete. Specification for the procedures to be used in sampling, testing and assessing compliance of concrete
BS 5497: Part 1: 1987 (w/d)	Precision of test methods. Guide for the determination of repeatability and reproducibility for a standard test method by inter-laboratory tests
BS 6100–9: 2007	Building and civil engineering. Vocabulary. Work with concrete and plaster
BS 8110–1: 1997	Structural use of concrete. Code of practice for design and construction
BS 8110–2: 1985	Structural use of concrete. Code of practice for special circumstances
BS 8500–1: 2006	Concrete. Complementary British Standard to BS EN 206–1. Method of specifying and guidance for the specifier
BS 8500–2: 2006	Concrete. Complementary British Standard to BS EN 206–1. Specification for constituent materials and concrete
DD CEN/TS 12390–9: 2006	Testing hardened concrete. Freeze-thaw resistance. Scaling

Índice

A

Abatimento, 83
  ensaio, 83
  ensaio invertido, 406-407
  perda, 79-80
Abatimento zero, 407-408
Abrasão, 201
Absorção de água, concreto leve, 347-348
Absorção superficial inicial, 258
Aceitação, 16, 325-326
Aceleradores, 145, 150
Adensamento (Compactação), 122, 131
  ensaio do fator de, 86-87
  mesas vibratórias, 137
  vibração, 134-135
  vibradores externos, 137
  vibradores internos, 136
Adensamento, 78, 134-135
Aderência da armadura, 202-203
Aderência do agregado, 47
Adições, 145, 150
Adições minerais, 157-158
Aditivo redutor de retração, 250-251
Aditivos, 145, 150
  acelerador, 145, 150
  acelerador de pega, 145, 150
  adesivos, 158-159
  bactericida, 158-159
  formador de gás, 157-158
  hidrorrepelente (Hidrofugante), 158-159
  impermeabilizante, 158-159
  pega rápida, 145, 150
  plastificante, 153-154
  redutor de água, 153-154
  retardador de pega, 152-153
  superplastificante, 154-155
Adulteração do cimento, 11-12
Agentes incorporadores de ar, 285
Agentes tensoativos, 153-154
Agitação, 127

Agregado, 41
  absorção, 53
  arredondamento, 44
Agregado bica corrida, 42
Agregado de concreto reciclado, 398
Agregado de granulometria descontínua, 71
Agregado leve
  concreto, 338
  propriedades, 347-348
  tipos, 339
Agregado natural, 41
Agregado reciclado, 398
Água
  combinada, 101-102
  de amassamento, qualidade, 74
  de cura, 76
  ensaios, 76
  evaporável, 101-102
  mar, 75
  não evaporável, 101-102
  potável, 74
  salobra, 75
Álcalis, 11-12, 265
Alita, 11-13
Aluminato tricálcico, 10
Análise granulométrica, 60-61
Aparelho de Vicat, 18
Ar aprisionado, 79, 104-105
ARC, 398
Areia, inchamento, 56
Argamassa, 20-21, 350-351
Argamassa armada, 406-407
Argamassa lançada pneumaticamente, 139
Argila expandida, 340
ARM, 398
Armadura galvanizada, 203-204
Arredondamento do agregado, 44
Artificial, 339
  classificação petrográfica, 42
  classificação segundo as dimensões, 42

condição SSS, 51-54
dimensão máxima, 65-66
dureza, 49-50
dureza, 49-50
efeito do pó (material pulverulento), 57-58
efeito do silte, 57-58
ensaio de abrasão, 50-51
esfericidade, 45
forma, 44
granulometria, 42, 60-61
granulometria contínua, 71
granulometria descontínua, 71
granulometria na dosagem, 367-369
granulometrias práticas, 66-67
impurezas orgânicas, 57-58
índice de desgaste por abrasão, 50-51
índice de esmagamento, 48
índice de impacto de agregados, 49-50
instabilidade, 56, 59-60
massa específica, 50-52
películas, 57-58
porosidade, 53
propriedades físicas, 50-51
propriedades mecânicas, 47
propriedades térmicas, 57-58
resistência, 48
resistência à fragmentação, 48-50
resistência ao desgaste, 50-51
saturado superfície seca, 51-54
seco ao ar, 54
seco em estufa, 54
substâncias deletérias, 57-58
teor, consumo, 370-372, 385-386
teor de conchas, 46
teor de umidade, 55
teor de vazios, 53
textura, 44
totalmente seco, 54
trituração, 126
valor de 10 de finos, 48
Ataque por ácidos, 265
Ataque por água do mar, 264
Ataque por congelamento, 280
Ataque por sulfatos, 10, 27-28, 259-261
Atrito, 201
Autoclavagem, 185
Autodessecação, 175

B

Belita, 11-13
Betoneira planetária, 123
Betoneiras, 122
   basculante, 122
   carregamento, 124
   contínua, 123
   desempenho, 125
   não basculante, 122
   planetária, 123
   tambor duplo, 123
   tambor reversível, 123
Blindagens nucleares, 141-143

C

C_3A, 10
   teor, 25-28
C_3S, 10
C_3S, 10
C_4AF, 10
CAA, 409
Cal livre, 11-13, 19, 24-25
Calor específico, 57-58, 163
Capacidade de deformação na tração, 165-166
Carbonatação, 235-237, 268
   concreto leve, 349-350
Casca de arroz, 38-39
CCR, 407-408
Choque térmico, 188
Cilindro e cubo, 298-299
Cimento, 8
   adulteração, 11-12
   calor de hidratação, 13-14
   composição química, 16
   constituintes, 10
   distribuição das dimensões das partículas, 16
   ensaios, 15
   ensaios de aceitação, 16
   ensaios de finura, 16
   expansão, 19
   expansibilidade, 18, 19
   expansibilidade, 19
   filers, 33-34
   finura, 16
   gel, 101-102
   hidratação, 11-13
   massa específica, 101-102
   produção, 8
   química, 9
   resistência, 13-14, 20-21
   resistência à flexão, 20-22
   resistência à tração, 20-21
   superfície específica, 16
   teor, 93, 307, 368-370
   teor de lime, 24-25
   tipos, 20-22
Cimento amianto, 406-407
Cimento bactericida, 33-34
Cimento branco com alto teor de alumina, 31
Cimento com baixo teor de álcalis, 267
Cimento compostos, 28-29, 31
Cimento de alvenaria, 33-34
Cimento de baixo calor de hidratação, 277
Cimento de escória, 28-30

Índice **443**

Cimento de escória de alto-forno, 28-29
Cimento de pega controlada, 27-28
Cimento de Portland de alto-forno de baixo calor de hidratação, 28-29
Cimento expansivo, 33-34
Cimento hidráulico, 8
Cimento hidrófugo, 33-34
Cimento modificado, 27-28
Cimento Portland, 8
 fabricação, 8
 tipos, 20-22
Cimento Portland branco, 31
Cimento Portland comum, 24-25
Cimento Portland de alta resistência inicial especial, 27-28
Cimento Portland de resistência inicial muito alta, 27-28
Cimento Portland pozolânico, 27-28, 31
Cimento pozolânico, 32
Cimento reforçado com fibra de vidro, 406-407
Cimento resistente a sulfatos, 27-28
Cimento resistente a sulfatos com baixo teor de álcalis, 28-29
Cimento supersulfatado, 30
Cinza volante, 32, 34-35, 166-167, 360-361, 407-408
CIP, 395
Cloreto de cálcio, 150-151
Cloretos, 268
Cobrimento, 265, 271, 361-362
Coeficiente de Poisson, 113-114, 212
Comportamento frágil, 96
Composição de Bogue, 10-12
Composição de óxidos, 10-12
Composição dos compostos, 10-12
Composição potencial, 10
Compósito de concreto polímero, 395
Compostos secundários, 11-12
Concretagem
 em climas frios, 168
 em climas quentes, 163
Concreto aerado (celular), 157-158, 350-351
Concreto aplicado pneumaticamente, 139
Concreto autoadensável, 409
Concreto autotensionante, 34-35
Concreto celular (aerado, espumoso), 338, 350-351
Concreto celular, 338
Concreto celular autoclavado, 350-351
Concreto com agregado pré-colocado, 141-142
Concreto com ar incorporado, 169, 280
Concreto com areia leve, 349
Concreto compacto com rolo, 407-408
Concreto de alta resistência, 154-155, 407-408
Concreto de alto desempenho, 407-408
Concreto de cimento Portland com polímero, 158-159, 395

Concreto de menor exigência de qualidade, 42
Concreto de retração compensada, 34-35
Concreto fluido, 154-155
Concreto fresco, 78
 análise química, 295
 massa específica, 93
 métodos de análise, 295
 produção, 93
Concreto impregnado com polímero, 395
Concreto jateado, 139
Concreto leve, 338
 classificação, 338
 estrutural, 339
 insolante, 339
Concreto magro, 117
Concreto massa, 164-165
Concreto misturado em trânsito, 127
Concreto misturado no caminhão, 127
Concreto modificado com látex, 158-159
Concreto parcialmente misturado, 127
Concreto pobre, 117
Concreto polímero, 395
Concreto pré-acondicionado, 141-142
Concreto pré-misturado, 126-127
Concreto projetado, 138
 processo por via seca, 139
 processo por via úmida, 139
Concreto reforçado com fibras, 401-402
Concreto sem finos, 338, 351-352
Concreto semileve, 348-349
Condutividade, 57-58
Condutividade térmica, 57-58, 339
Conformidade com as especificações, 320, 327-328
Consistência
 concreto, 78
 pasta de cimento, 18
Contaminação por sais, 59-60
Conversão, 36-38
Corpo de prova cilíndrico, 296-297
Corpo de prova cúbico, 298-299
Corpos de prova cilíndricos de serviço, 298-299
Corpos de prova cilíndricos padrão, 298-299
Corrosão da armadura, 76, 236-237, 250-251, 268
CP, 395
CPCP, 395
Cristalização, 9
Critérios de conformidade
 concreto fresco, 329
 consumo de cimento, 329
 relação água/cimento, 329
 resistência, 325-326
 teor de ar, 329
 trabalhabilidade, 329
Critérios de fratura, 100
C-S-H, 11-13
Cubo, modificado, 20-22

Cubo e cilindro, 298-299
Cubos de serviço, 298-299
Cura, 175
　acelerada, 307
　água, 76
　autoclavagem, 185
　clima frio, 168
　eficiência, 176-177
　interna, 346, 350-351, 400-401
　membranas, 176-177
　métodos, 176-177
　taxa de evaporação, 176
　tempo, 179
　vapor, 185
　vapor a alta pressão, 185
Cura a vapor, 185
Cura interna, 346, 400-401
Curvas S-N, 194
Cusum, 331
CV, ver Cinza volante

D

Danos por congelamento, 26, 57-58, 82, 279
　nas primeiras idades, 168
Decantação, 16
DEF, 264
Deformação
　capacidade, 194
　lateral, 113-114
　limite, 100
　restringida, 248-249
　taxa de, 113-114
　volumétrica, 113-114
Deformação permanente, 206
Deformação residual, 215
Diagrama de Goodman modificado, 196
Dimensão máxima do agregado, 65-66
Distribuição das dimensões de poros, 111-112
Dosagem, 356-357
　concreto com agregado leve, 383-384
　concreto normal, 356-357
　fatores, 357-358
DSP, 409
Durabilidade, 256
　fator, 281

E

EAF, 23, 28-29, 295, 363, 366-367, 370-372
Efeito de Poisson, 298-299
Eflorescência, 59-60, 75, 262-263
Elasticidade, 206
Emissão acústica, 113-114
Emuslsão polimérica, 158-159
Ensaio da agulha de Windsor, 51-52
Ensaio da bola de Kelly, 90-91

Ensaio da coroa de desbaste, 202-203
Ensaio da mesa de espalhamento, 89-90
Ensaio de abrasão das esferas de aço, 202-203
Ensaio de absorção de nitrogênio, 18
Ensaio de Blaine, 16
Ensaio de cubo modificado, 20-22
Ensaio de disco giratório, 202-203
Ensaio de flexão em cimento, 20-22
Ensaio de flexão em concreto, 301-302
Ensaio de Gilmore, 18
Ensaio de jateamento, 202-203
Ensaio de Le Chatelier, 18
Ensaio de penetração de bola, 90-91
Ensaio de tração por compressão diametral, 323
Ensaio de velocidade de propagação de onda ultrassônica, 314-315
Ensaio do método da balança, 55
Ensaio em autoclave, 19
Ensaio em cimento, 15
Ensaio em cubo, 298-299
Ensaio em testemunhos, 304-305, 308
Ensaio Los Angeles, 50-51
Ensaio Vebe, 86-88
Ensaios de conformidade, 293
Ensaios de cura acelerada, 307
　método 35 °C, 307
　método 55 °C, 307
　método 82 °C, 307
　método autógeno, 307
　método da água em ebulição, 307
　método da água morna, 307
　método fixed-set, 310-311
Erosão, 201-202
Escamação, 279
Esclerômetro de reflexão, 310-311
Esclerômetro Schmidt, 310-311
Escória, 28-29, 339
Escória de alto-forno, 28-29
Escória espumosa, 340
Escória expandida de alto-forno, 340
Escória granulada de alto-forno (EAF), 23, 28-29, 295, 363, 366-367, 370-372
Esfericidade, 45
Etringita, 10, 19, 33-34, 259-261
Expansão, 232
　previsão, 244-245
Expansão por molhagem, 234
Expansão térmica, 57-58, 244-245
Expansibilidade, 19
Expansibilidade do cimento, 19
Exsudação, 83
　concreto leve, 347-348

F

Fadiga, 194
Fadiga estática, 113-114, 192

Falsa pega, 18
Fator de espaçamento, 285
Fator de massa específica, 386-387
Fator de saturação de cal, 27-28
Ferroaluminato tetracálcio, 10
Filers, 157-158
Fim de pega, 18
Finos, 59-60
Finura do cimento, 11-12, 16
Fissuração, 248-249
   assentamento plástico, 249-251
   mapeada, 266
   plástica, 82, 232, 249-251
   propagação, 112-113
   retração plástica, 249-251
   retração por secagem, 249-251
   ruptura, 192
   térmica, 164-166
   térmicas nas primeiras idades, 249-251
   tipos, 249-251
Fissuração-D, 281
Fissuras, 111-112
Fissuras mapeadas, 266
Fluência, 112-113, 165-166, 212
   coeficiente, 223-225
   efeitos, 229
   específica, 221
   fatores que influenciam, 216
   função, 226
   previsão, 223-225
   recuperação, 215
   ruptura, 192
Fluência limite, 222-223
Forma deslizante, 134
Formação de etringita tardia, 264

G

Gás concreto, 157-158, 338, 350-351
Gel, 101-102
   água, 101-102
   poros, 101-102
   porosidade, 103
Gel de tobermorita, 11-13
Gelo-degelo, 246-248, 280
   ensaios
Granulometrias práticas, 66-67
Grau de adensamento, 86-87
Grau de compacidade, 86-88
Grau de hidratação, 101-102

H

Hidratação de cimento, 11-13
Hidratos, 11-13
Hidrorrepelentes (hidrofugantes), 158-159
Histerese, 194, 216

I

Imprimação, 123
Impurezas no cimento, 11-13
Inchamento da areia, 56
Incorporação de ar, 81, 274, 280, 347-348
   concreto leve, 350-351
   efeitos, 289-290
   fatores que influenciam, 287
Índice de alongamento, 45
Índice de angulosidade, 45
Índice de atividade pozolânica, 34-35
Índice de lamelaridade, 45
Índice esclerométrico, 312-313
Início de pega, 18
Insolamento, 168
Interfaces, 6

J

Juntas de movimentação, 168, 250-251

L

Lançamento, 122, 131
Latexes, 158-159
Lei de Abrams, 116
Lei de Darcy, 258
Lei de Feret, 116
Lei de Miner, 197
Limite de fadiga, 194

M

Magnésio livre, 11-13
Magnésio teor, 25-27
Mapeamento, 81, 250-251
Marga, 42
Margem, 323
Máscara V, 332
Massa específica
   concreto fresco, 93
   taxa, 86-88
Massa específica do agregado, 52
Massa unitária (SSS), 52
Materiais compósitos, 4
Material amorfo, 9
Material compósito duro, 4
Material compósito macio, 4
Maturidade, 183
MDF (livre de macrodefeitos), 409
MDF cimento, 409
Mecânica da fratura, 97
Mesas vibratórias, 137
Metacaulim, 38-39
Método autógeno, 307
Método cusum, 331
Método da água em ebulição, 307

Método da balança, 295
Método da balança hidrostática, 51-52
Método da permeabilidade ao ar, 16
Método de água morna, 307
Método de atributos, 328
Método de ensaio do esclerômetro de reflexão (esclerometria, ensaio esclerométrico), 310-311
Método de Lea e Nurse, 16
Método de peneiramento por lavagem, 59-60
Método de sedimentação, 59-60
Método de separação física, 295
Método do picnômetro, 51-52
Método do volume constante, 295
Método não destrutivo, 310-311
Microesferas, 291
Microfissuração, 6, 111-112, 221
Mistura, 122
    eficiência, 124
    tempo, 125
    uniformidade, 124
Misturas experimentais, 373-374
Modelo de compósito de duas fases, 4
Módulo de elasticidade, 207
    cordal, 209
    dinâmico, 208
    estático, 209
    fatores que afetam, 211
    relação com a resistência, 209
    secante, 208
    tangente, 207
    tangente inicial, 207
Módulo de finura, 62-63
Módulo dinâmico, 210, 212
Monômero, 395
Movimentação de umidade, 234
    concreto leve, 349-350
Movimentação térmica, 244-245

N
Nata, 81

P
Padrões de fissuras, 99
Passivação, 268
Pega instantânea, 9, 13-14, 36-38
Perda ao fogo, 11-12, 25-27
Perlita, 340
Permeabilidade, 82, 111-112, 256
    coeficiente, 256
    influência da dimensão dos poros, 257-259
    influência da porosidade, 257-259
pH, 75, 268
Pigmentos incorporadores de ar, 31
Pipocamentos, 281

Plastificantes, 153-154
Pó, 81, 82
Pó de carvão, 341
Polimerização, 395
Polímero, 395
Poros capilares, 101-102
Porosidade, 101-102
    agregado, 53
    capilar, 104-105
    concreto, 109
    gel, 103
    total, 104-105
Pozolanas, 31, 34-35
Pozolanicidade, 32
Prazos de desforma, 168
Precisão, 293
Precisão da amostragem, 125
Problemas com temperatura, 161
Processo via seca, 8
Processo via úmida, 8
Proteção catódica, 274

Q
Quantidade de água
    em dosagem, 361-362

R
Radiação gama, 318
Reação álcali-agregado, 11-12, 250-251, 266
Reação álcali-carbonato, 268
Reação álcali-sílica, 265
Rebote, 141-142
Recuperação instantânea, 215
Redosagem, 126, 155-156
Redutores de água, 153-154
Relação água/cimento, 36-39, 101-102, 357-358
    efetiva, 55, 82, 109, 117, 126
    valor mínimo, 103, 107-108
Relação água/cimento livre, 55, 82, 109, 117, 126
Relação água/material cimentício, 38-39, 282, 357-358
Relação cal/sílica, 30
Relação gel/espaço, 106-107
Relação tensão-deformação, 8
Relaxação de tensão, 215
Rendimento, produção, 93
Repetitividade, 293
Reprodutibilidade, 293
Resíduo insolúvel, 11-12, 25-27
Resistência, 95
    característica, 323
    característica específica, 323
    cimento, 13-14, 20-21
    classe, 262-263
    concreto leve, 338

critério de ruptura, 100
deformação limite, 100
desenvolvimento, 175
desvio padrão, 321
distribuição de frequência, 320
distribuição gaussiana, 320
distribuição normal, 320
efeito da idade, 116
efeito da porosidade, 106-107
efeito da relação agregado/cimento, 117
efeito da relação água/cimento, 116
efeito da restrição dos pratos, 100
efeito da temperatura, 175, 179-180
efeito de falhas, 95
efeito do adensamento, 116
efeito do agregado, 118-119
efeito do comprimento/diâmetro, 100
efeito dos poros, 95
efetiva, 304-305
ensaios, 296
fadiga, 192
fadiga estática, 192
impacto, 198
índice de atividade, 34-35
probabilidade, 322
pull-out, 313-314
recebimento, 325-326
ruptura por fluência, 192
teórica, 96
tração, 190
valor médio, 321
variabilidade, 320
Resistência à compressão
    ensaio de testemunhos, 304-305
    ensaio em cubos, 296-297
    ensaios, 296
    potencial, 306
    real, 304-305
Resistência à escamação (lascamento), 279
Resistência à fragmentação, 48-50
Resistência à penetração, 312-313
Resistência à ruptura frágil, 97
Resistência à tração, 190, 301-302
    na flexão (módulo de ruptura), 301-302
    por compressão diametral, 303-304, 323
    teórica, 96
Resistência à tração indireta, 191
Resistência ao arrancamento, 313-314
Resistência ao congelamento, 280
Resistência ao impacto, 198
Resistência característica específica, 323
Resistência de projeto especificada, 323
Resistência potencial, 10
Resistência real, 304-305
Restrição da retração, 240, 250-251
Restrição do prato, 100, 299-300

Restrição externa, 165-166
Restrição interna, 165-166
Retardadores de pega, 152-153
Retração, 219, 232
    autógena, 233
    carbonatação, 235
    diferencial, 240
    fatores que influenciam, 236-237
    fissuração, 165-166, 249-251
    previsão, 241
    restringida, 240
Retração plástica, 232
    fissuração, 82, 249-251
Retração por secagem, 234
Revibração, 138
Riqueza, 14

S
Sais de degelo, 279
Sanidade do agregado, 56
Sedimentação, 16
Segregação, 64-65, 81, 131
    concreto leve, 347-348
    efeito da granulometria, 81
    efeito da vibração, 81
Sílica ativa, 38-39, 409
Silicato dicálcico, 10
Silicato tricálcico 10
Silicatos, 10
Silicatos de cálcio, 11-13
Silte, 42
SO_3, 25-27
SSS, 52, 53
Sulfato de cálcio, 19, 259-261
Sulfoaluminato de cálcio (etringita), 10, 19, 259-261
Superfície específica, 16
Superplastificantes, 153-154

T
Taumasita, 264
Taxa de vazios, 53
Temperatura, influência na resistência, 179-180
Tempo de pega, 18
Tenacidade à fratura, 115
Tenacidade do agregado, 49-50
Tensão limite, 100
Teor de álcalis, 11-12
Teor de ar, 287, 347-348, 371-373
Teor de cal, 24-25
Teor de Shell, 46
Teor de umidade do agregado, 55
Testemunhos, 304-305, 308
Textura superficial, 47
Tipo de cimento, 20-22
    em dosagem, 360-361

Trabalhabilidade, 78, 361-362
  comparação de ensaios, 91
  concreto leve, 348-349
  efeito da água, 79-80
  efeito da finura do cimento, 79-80
  efeito da relação agregado/cimento, 79-80
  efeito da temperatura, 79-80
  efeito do agregado, 79-80
  efeito do agregado leve, 79-80
  efeito dos finos, 79-80
  em dosagem, 361-362
  ensaios, 83
  fatores que afetam, 79-80
  perda de abatimento, 79-80
Tração na flexão (módulo de ruptura), 191
  ensaio, 301-302
Traço designado, 328, 356-357
Traço padronizado, 328
Traço prescrito, 328, 356-357
Traço projetado, 328, 356-357
Tremie, 134
Turbidímetro, 16
Turbidímetro de Wagner, 16

V
Vazios no concreto, 82
  influência na massa específica, 78
  influência na resistência, 78
  total, 107-108
Vermiculita, 340
Vesículas, 82
Vibração, 134-135
Vibrador de agulha, 136
Vibrador de imersão, 136
Vibradores, 136
Vibradores externos, 137
Vidro, 9

Z
Zona de transição, 119-120